“十三五”国家重点出版物出版规划项目 | 星空译丛
世界名校名家基础教育系列 | 通识教育丛书

今日天文

恒星：从诞生到死亡

翻译版 · 原书第8版

[美] 埃里克·蔡森（Eric Chaisson）（Harvard University）
史蒂夫·麦克米伦（Steve McMillan）（Drexel University） 著

高健 詹想 译

本书主要讲述了恒星的一生。对广大天文爱好者来说，本书是不可多得的经典佳作。同时，本书可作为高校天文学专业的教材或教学参考书，也可作为天文通识教育选修课教材。

图书在版编目（CIP）数据

今日天文. 恒星：从诞生到死亡：翻译版：原书第8版/（美）蔡森（Chaisson，E.），（美）麦克米伦（McMillan，S.）著；高健，詹想译. —北京：机械工业出版社，2016.1（2024.6重印）

书名原文：Astronomy Today Volume 2: Stars and Galaxies（8th Edition）

"十三五"国家重点出版物出版规划项目. 世界名校名家基础教育系列

ISBN 978-7-111-52541-7

Ⅰ.①今…　Ⅱ.①蔡…②麦…③高…④詹…　Ⅲ.①天文学－普及读物②恒星－普及读物　Ⅳ.①P1-49

中国版本图书馆CIP数据核字（2015）第318549号

机械工业出版社（北京市百万庄大街22号　邮政编码100037）
策划编辑：张金奎　　责任编辑：张金奎　於　薇　任正一
责任校对：刘　岚　　责任印制：乔　宇
北京联兴盛业印刷股份有限公司印刷
2024年6月第1版第7次印刷
184mm×260mm · 21.75印张 · 3插页 · 600千字
标准书号：ISBN 978-7-111-52541-7
定价：88.00元

凡购本书，如有缺页、倒页、脱页，由本社发行部调换

电话服务
服务咨询热线：010-88361066
读者购书热线：010-68326294
　　　　　　　010-88379203
封面无防伪标均为盗版

网络服务
机 工 官 网：www.cmpbook.com
机 工 官 博：weibo.com/cmp1952
金 书 网：www.golden-book.com
教育服务网：www.cmpedu.com

作者简介

埃里克·蔡森

埃里克拥有哈佛大学的天体物理学博士学位，在哈佛大学艺术与科学系工作了10年。在其后二十多年的时间里，他在空间望远镜科学研究所担任高级科学工作人员，并且拥有约翰·霍普金斯大学和塔夫茨大学的多种教职。现在他又回到哈佛，在哈佛-史密松天体物理中心任教并进行研究。埃里克撰写了12本有关天文学的书，在专业期刊上发表了近200篇科学论文。

史蒂夫·麦克米伦

史蒂夫拥有剑桥大学的数学学士和硕士学位，以及哈佛大学的天文学博士学位。他在伊利诺伊大学和西北大学从事博士后科研工作，在那里继续有关理论天体物理、星团和高性能计算的研究。史蒂夫现在是德雷塞尔大学的杰出教授，并且是普林斯顿高级研究所和莱顿大学的长期访问学者。他在专业期刊上发表了超过100篇文章和科学论文。

推荐序一

（国家天文台副台长，中国天文学会第十一届理事会理事长　赵刚）

当人类文明发轫之际，就认识到日月经天和斗转星移这类最自然的天文现象，由此催生了最古老的天文学。然而天文学也是常新的，望远镜的发明和指向星空使人类对宇宙的认识日新月异，不断产生出一些突破性的重大发现。随着天文学向全波段的扩展和延伸，除了带给我们对宇宙更多的惊奇之外，是更新的认识和更深的理解。《今日天文》这部鸿篇巨著正是系统地介绍人类的认识是如何一步步从我们所在的太阳系向宇宙深处不断展开的美丽画卷，唤醒读者关注我们所处的不可思议的神秘星空。

《今日天文》作者Eric Chaisson和Steve McMillan都是长期从事天文学研究和教学工作的资深学者。他们的研究著述等身，《今日天文》是其中最突出的代表作，是当今最为畅销的天文学通识课程教材。全书气势恢宏，洋洋洒洒，蔚为大观，几乎涵盖了当今天文学的方方面面。作者为了展现天文学的广阔视野，省略了那些复杂的数学运算，但对所有概念和现象的描述十分严谨，许多地方均配以精美的彩图和注释，将博大精深的天文学栩栩如生地展现在人们面前。阅读此书，犹如跟随作者经历了一次人类逐步认识宇宙的过程，是一部不可多得的全面介绍天文学基础知识和最新研究进展的优秀科普作品。

《今日天文》自1993年首次出版后，与时俱进，一版再版，至今已经刊出第8版。本书译者高健和詹想就是在第7版的基础上开始利用业余时间将其翻译成文，历时两年多，最终完成时已是第8版的译本，其付出的心血是难以想象的。高健和詹想均毕业于北京师范大学天文系，他们天文专业背景扎实，有很好的英文功底，其译作基本上完全保留了原书风貌，同时保持了作者的行文风格，译文通顺流畅，是一部值得推荐的好作品。得知这部译作即将由机械工业出版社发行，在此向他们表示由衷的祝贺。

《今日天文》以广阔的时空视角，深入浅出、图文并茂地展示了当代天文学的基本概念、观测现象和研究发展的历程。我相信，无论是高中生、非物理或非天文专业的学生及广大天文爱好者，甚至是天文专业的学生，都将开卷有益，从中找到自己有兴趣的内容，感受天文学的奇妙与魅力！

赵刚

2016年4月于北京

推荐序二

《今日天文》——一部非常详尽的全景式天文科普图书

（北京天文馆馆长、天文科普专家　朱进）

还记得两年前，机械工业出版社的张金奎编辑谈到他们签下了美国天文教材《Astronomy Today》的版权，正在找译者翻译。当时听到这个消息时很激动。《Astronomy Today》是一本经典的天文学教材，几十年来长期用于美国大学低年级的非天文专业的学生学习天文。十五年前我在给北京大学地球物理系大一的本科生上基础天文课的时候，这本教材就是主要的参考书。

今天，中文版的《Astronomy Today》，也就是《今日天文》（中译本分“太阳系和地外生命探索”“恒星：从诞生到死亡”及“星系世界和宇宙的一生”三卷），终于翻译完成，即将出版。当手里拿着这部书的中文版样稿时，我的心情除了激动，更多了一份欣慰——国内的广大天文爱好者们，终于可以零障碍地阅读这部天文科普巨著了。

你也许注意到了，我在这里没有再把它称为教材，而将其称为了天文科普书。这部书的定位并不是给天文系的学生的，所以全书对涉及的物理和数学概念，基本上都是用生动而详尽的描述，结合绘制精良的插图来进行讲解，很少出现公式。基本上，只要你是一个科学爱好者，对科学概念有一些基本的了解，阅读这部书就不会有什么困难。

本书科学知识不难，但是涉及的知识面却非常广，基本包括了天文学的方方面面，从业余爱好者关注的星座、望远镜，到比较专业的星系团、宇宙学等，完全称得上是全景式展现天文学各个领域的一部巨著。如果你想只看一部书就对天文学有最大程度的了解，那么她是非常合适的选择。

本书的两位译者我都非常熟悉。高健是北京师范大学天文系一位优秀的青年天文教师，长期从事专业的天文基础教育和科研工作，并已经取得了不俗的成绩。詹想是我馆的一位优秀天文科普工作者，长期从事面向中小学生和公众的天文科普工作，同时参与一些科研项目。他们二位既有专业深度的保证，又有科学传播的经验，由他们共同翻译这部书对于保证翻译质量是非常重要的。

向所有人，尤其是热爱科学的高中生和初中生推荐这部书！

朱进

2016年4月于北京

推荐序三

（北京大学教授　徐仁新）

作为人类文明长河中一颗璀璨明珠，天文学对世界文化发展和社会进步的推动作用不可或缺。四百多年前，在伽利略第一次用自制的望远镜指向之前亚里士多德等先哲从未清晰审视的天穹之后，人类才逐渐形成崭新的宇宙观：不仅地球非宇宙中心，而且太阳在银河系内也并不起眼，甚至银河系也再普通不过了。不经过这样的世界观洗礼，很难想象会产生当今的科学和社会。此外，宇宙中各种极端物理环境是检验和发现自然基本规律的理想场所，以探测微弱天体信号为目的而发展起来的若干先进探测手段，促进了技术的提升、社会的现代化。

经过前几十年的经济发展，我国正处于社会转型期，而天文知识普及尤需加强。尽管目前直接参与专业天文教育和研究的人员规模较小，但天文学试图回答的问题往往是基本而终极的。这一特点奠定了天文通识教育在提升中华民族整体素质方面的独特地位。随着我国经济实力的增强，包括LAMOST、FAST、DAMPE、HMXT等国内地面和空间天文观测设备已经或即将建成，重要科学的产出越来越依赖于专业天文学者的加盟。普及天文知识是培养一支优质后备专业队伍的有力保障。

《今日天文》一书的作者Eric Chaisson和Steve McMillan擅长向大众介绍天文知识。该书第8版兼顾最新天文发现和理论解释，图文并茂，是初学者的理想读物。北京师范大学高健老师和北京天文馆詹想老师花大量精力翻译此著乃明智之举，势将有效地改善我国天文通用教材的现状！

相信《今日天文》亦将在华人文化圈内产生积极反响！

徐仁新

2016年4月于北京

译者的话

《今日天文》可能是世界上排名第一的、最为畅销的天文学通识课程教材，它的写作流畅、不拘一格，但却具有严肃的科学性，书籍配有令人赏心悦目的艺术性插图，并且致力于用新颖的媒体手段来传播推陈出新的天文内容。中译本分为三卷：第一卷“太阳系和地外生命探索”、第二卷“恒星：从诞生到死亡”及第三卷“星系世界和宇宙的一生”。全书涵盖了天文学的发展史、天文研究的物理基础和工具，带领读者探索地球、太阳系、恒星、星系和宇宙本身，引导读者超越地球的限制，跨越当前的时间，向外触及遥远的太空和宇宙，甚至是另一个地球、另一个文明。不仅如此，作者还通过引入科学研究的循环，让读者了解科学研究是如何进行的，我们如何利用这种科学方法来知晓宇宙的运作及各种天文现象的相互联系。

二十多年来，结合几乎是全世界使用最广泛的、最先进的在线天文教学和考核系统“MasteringAstronomy（精通天文学）”，《今日天文》占据了众多美国大学及部分欧洲大学天文通识课程的讲台，同时也积极推动了美国大学天文通识教育的普及。《今日天文》的影响也遍及我国，目前国内广泛使用的《天文学基础》《天文学概论》及《天文学教程》等教材都在一定程度上受到了该书的影响。如此好书，在之前二十多年里，由于种种原因没有得以引进，而绝大多数中国读者也因语言问题而无缘一读，实在是一大憾事。译者曾在上世纪90年代末得到过该书的第3版，由此得以窥见许多当时天文学的新发现。如今，机械工业出版社首次在国内引进该书纸质版，期望通过发行此书能促进天文科学在国内中学和普通高校内的普及。我们很高兴也很荣幸能够作为本书的译者向大家推荐这部对天文爱好者而言堪称鸿篇巨著的《今日天文》。虽然国内各类天文科普图书并不少，但非常系统又非常详细地把整个现代天文学全貌用图文并茂的生动形式彻底展示出来的可以说是凤毛麟角。这一点正是《今日天文》在国外流行多年的原因之一。

《今日天文》的定位主要是面向国外（美国）大学以前没有学习过大学数理基础类课程的、非物理或非天文专业的学生，它依靠定性推理并通过与学生熟悉的物体和现象进行类比来展示广阔的天文学，并在叙述中尽量避免复杂的数学和物理运算。鉴于国内中学物理和数学的教学已接近甚至超过美国普通大学的本科低年级，本书其实也很适合作为国内中学天文科学课程的教材使用。实际上，本书不只是教材，更是一部天文大全的科普书：有大量第一手的照片和精心绘制的彩图，行文生动活泼，用很多读者熟悉的日常事例来讲述天文知识。本书同样非常适合广大天文爱好者，尤其是爱好天文学的中学生和大学生阅读，不同年龄段和知识层次的读者都能从本书中获益良多。

本书的两位作者都非常专业。Eric Chaisson是哈佛大学的天体物理学博士，现在在著名的哈佛-史密森天体物理中心从事天体物理学的教学和研究工作。另一位作者Steve McMillan也是哈佛的天文学博士，现在是德雷克塞尔大学的物理学教授。两位作者都有丰富的科学论文和科学普及著作的写作经验，并曾获得过文学方面的奖项。他们的这部心血巨作，不仅向我们传达了他们对天文学的热情，也唤醒了我们对自己所处的不可思议的宇宙的关注。两位作者都非常勤奋，每隔几年就会结合当时最新的天文发现和理论，把全书内容更新再版。原书几乎每隔三年就会再版一次，如今已经是第8版。这一更新绝非简单地修改字词或者加上一两句话那么简单，而是内容的更新，甚至许多次会将整个章节体系重新编排。这样的编排再版也为我们的翻译工作带来了“麻烦”。当我们刚开始着手翻译时，参照的还是第7版。但当翻译工作进行了一大半时，编辑突然告知第8版已经出版，版权刚刚拿到，已经完成的翻译工作几乎要完全重新校排甚至是重新翻译……很难述说当时内心的感受！

拨云见日，经过近两年的翻译工作，《今日天文》的最新版（第8版）终于能够呈现在读者面前了。在这里我们非常感谢机械工业出版社的张金奎编辑，正是他的策划才使得《今日天文》的中译本得以付梓面世。如今，信息传播已经进入"互联网+"时代，我们也期望《今日天文》的电子版、网络版在不远的将来也能与读者会面。本书的出版还得到了北京师范大学天文系及北京天文馆领导的大力支持，北京师范大学的张同杰教授也十分关心本书的翻译工作。

《今日天文》翻译分工如下："太阳系和地外生命探索"卷第1、2章由高健翻译，第3~12章由詹想翻译；"恒星：从诞生到死亡"卷第1~11章由高健翻译；"星系世界和宇宙的一生"卷第1章由高健翻译，第2~6章由詹想翻译；原书序言由高健、詹想共同翻译，附录内容由高健翻译，全书最后由高健统校。当然，《今日天文》几乎涵盖了天文学的方方面面，内容博大精深，两位译者熟悉的天文领域不可能如此全面，加上自身才疏学浅，书中难免有翻译错漏、表达不及的地方，甚至谬误之处也在所难免，恳请各位专家和读者不吝批评指正。欢迎给我们发邮件进行交流：jiangao@bnu.edu.cn，universezx@bjp.org.cn，我们非常希望得到您的反馈和建议！

译 者

2016年4月于北京

原书序

天文学是一门充盈着新发现的科学。在新技术和新颖理论见解的推动下，对宇宙的研究不断地改变着我们对宇宙的理解。我们很高兴能有机会在这本书中呈现一些具有代表性的当今天文学中已知的事实、不断发展的思想和前沿发现的事例。

《今日天文》面向以前没有学习过大学科学课程和不主修物理或天文专业的学生，可用于一个或两个学期的非技术性的天文学课程。我们展示天文学的广阔视野，直截了当地进行描述，省略了复杂的数学运算。然而，复杂数学运算的缺失，却并不会妨碍我们讨论重要的概念。相反，我们依靠定性推理并用学生熟悉的物体和现象进行类比，用于解释问题的复杂性，以避免过分简化。我们试图向学生传达我们对天文学的热情，唤醒学生关注我们所处的不可思议的宇宙。

我们非常高兴地看到，本书的前七版深受众多天文教育团体的喜爱。很多老师和学生在使用本书的早期版本后，给了我们有益的反馈和建设性的批评，我们从中学会了如何更好地表达天文学的原理和兴奋点。许多受这些意见启发而得到的改进已被纳入了这个新版本中。

第8版的关注点

从第1版开始，我们便遇到了挑战：这本书需要既准确又简单易懂。对学生而言，天文有时看上去似乎意味着一个长长的清单，清单上充满了需要不断记忆和重复的陌生术语。本书将介绍许多新名词和新概念，但我们还希望学生们学习和记住科学是如何进行的，宇宙是如何运行的，以及事情是如何互相联系的。在第8版中，我们特意强化表现了天文学家是如何知其所知的，并强调构成其工作基础的科学原理，以及在发现过程中所使用的工序。

新的和经过修订的内容

天文学是一个快速发展的领域，在《今日天文》第7版出版至今的三年中，我们领略了大量覆盖天文研究的全部领域的新发现。第8版中几乎每一章都大幅更新了内容。有几章还重新编排了顺序，以精简总体性的介绍，强化我们的关注点——科学过程，反映当代天文学新的认识和重点。

除了更新全书众多天文对象的数字和性质外，我们还做出了许多实质性的改变：

- 在第4章中增加了一个新的关于ALMA干涉阵列的“探索”模块。
- 在第4章中，对红外望远镜的讨论进行了显著的修订——包括赫歇尔望远镜的新描写和詹姆斯·韦伯太空望远镜的介绍。
- 在第5章中，对太阳动力学天文台及其发现进行了新的介绍。
- 在第8章中，更新了对星团观测及其形成的讨论。
- 在第11章中，修改了对伽马射线爆和巨超新星的讨论。
- 添加了有用的注释，现在书中大约一半的图片都采用了这种非常有益于教学的工具。
- 在很多图中加入了距离标尺，以帮助学生了解和感受宇宙的浩瀚。
- 为了保持与时俱进和清晰起见，更换了一些较旧的图片。
- 更新了全书的艺术设计。
- 为网上资料（在线内容）增加了新的目录表，其中按章节列出了本书提供的所有在线资料：解说图、互动图、动画或视频，以及自学指南。

其他教学特色

正如本书的其他许多地方一样，教师引导我们明白了什么对学生的学习效果是最有帮助的。在他们的帮助下，我们修改了每一章的章首与章末，以提高其对学生的有用性。

学习目标（新） 研究表明，初学的学生都怕大段的文字内容。出于这个原因，在每章的开始，我们提出了一些（一般5个或6个）明确的“学习目标”。它们能帮助学生开始本章的阅读，还能测试他们对关键概念的掌握程度。这些“学习目标”都进行了编号，是每章小结中的关键点，而小结又相应地再次提到了书中的段落。突出每章最重要的内

图解说明

可视化在天文教学和实践中具有重要作用，我们将继续在书中大力强化这一方面。我们尝试在书中点缀的艺术概念图中结合美学和科学性、准确性，力求呈现最佳的和最新的宇宙天体的大尺度影像。每幅图都经过精心雕琢以促进学生的学习，并在教学法上与相关的重要科学事实和思想讨论紧密联系。这个版本包含超过100幅修订的图像，显示了最新的影像以及从中观察得到的成果。

复合艺术图

一幅单一的图像——无论是照片还是艺术概念图——都很难展示复杂问题的所有方面。只要有可能，我们会使用多图组合，以最生动的方式来传达最大量的信息：

- 可见光图像往往伴随着与其对应的在其他波长处拍摄的图像。
- 解释性线条往往叠加或并列在真实的天文照片上，以让读者真正“明白”照片揭示了什么。
- 多图分级显示，用于从大视场照片到放大的近距离详细图片，这样可以在更大的范围内理解展示的内容。

互动图像和照片 书中这个图标引导学生在“Mastering Astronomy”网站⊖中找到艺术图和照片的互动版本。使用网上的小程序，学生可以控制一些元素，如时间、波长、尺度和角度，以提高对这些图像的理解。

解说图（新） 解说图配有简短的视频，将学生从书中复杂的图像里解放出来，通过描述来扩展学生对基本概念的理解，包括讲述、增强的视觉效果，以及一到两个嵌入式问题，并伴随经过分级的一到两个解决问题的实践。教师可以根据它们在课堂上讲解主题，也可以指定它们为家庭作业、自学材料或是作为预习内容的一部分。

图注（改进） 第8版在图片的关键点上策略性地配上注释（总是呈现为蓝色字体），培养学生阅读和解释复杂图像的能力，让学生专注于最相关的信息，整合文字和图像知识。

全波段光谱覆盖和光谱图标 R I V U X G 天文学家利用电磁波谱的整个范围来收集有关宇宙的信息。本书采用在射电、红外、紫外、X射线或伽马射线波段拍摄的图像来补充可见光图像。由于有时很难（即使对专业人员来说）一眼识别出是可见光照片还是由其他波段生成的伪彩色图像，所以书中每幅照片都配以一个图标，以识别用于拍摄图像的电磁波的波长。

⊖ 网站资源仅限原版书用户免费使用。采用本书其他版本授课的教师可通过填写书后所附“教学支持申请表”获取部分免费资源。

学习目标

本章的学习将使你能够：

❶ 总结星际介质的组成和物理性质。
❷ 描述发射星云的性质，并说明其在恒星生命周期中的重要性。
❸ 列举出一些星际暗云的基本性质。
❹ 列举出探测星际物质性质所需的射电天文技术。
❺ 说明星际分子的性质和重要性。

容有助于学生按优先顺序区分信息，并且也有助于复习。“学习目标”按照可客观测试的方式组织和措辞，为学生提供衡量自己学习进程的手段。

知识全景（改进） 每章开篇的“知识全景”板块概述这一章所传授的总体信息，帮助学生了解该章内容如何与对宇宙的广泛理解发生联系。

终极问题（新） 每章以一个广泛的、开放式的问题结尾，旨在点燃学生对天文学研究最前沿中仍然悬而未决的问题的好奇心。“终极问题”建立在这一章所介绍的内容的基础上，邀请学生们思考比所学范围更广阔的领域。

知识全景 夜空中到处都是恒星。肉眼大约可见6000颗恒星，分布在88个星座中。如果使用双筒望远镜或小型天文望远镜，就可见更多的（上百万颗）恒星。恒星的总数是无法计量的，而且只有相当少的恒星被详细研究过。然而，相比宇宙中其他任何天体，恒星告诉了我们更多有关天文学的基础知识。

终极问题 我们的太阳将随着年龄的增大而膨胀，大约在50亿年内，它会耗尽燃料，并注定会迅速膨胀成为一颗红巨星。目前最吸引人的问题是，成为红巨星的太阳是否膨胀得足以吞噬掉地球？这一问题经常被提起，但由于时间还很遥远，所以很快又被忽视掉。没有人能确定这一点。我们知道的是，太阳正在失去大量的物质，从而使其引力变小。也许这将会使地球最终退后到相对安全的轨道上。

概念理解检查 我们在每一章中纳入了一些“概念理解检查”——这是一些关键性问题，需要读者重新思考一些刚刚讲述过的内容或尝试将这些知识放到一个更广阔的背景里去。“概念理解检查”中问题的答案附在书的后面。

概念理解 检查

✓ 为什么天文学家在内行星和外行星之间做出如此分明的区别?

科学过程理解检查 现在，每章还包括一个或两个“科学过程理解检查”，类似“概念理解检查”，但明确澄清下列问题：科学是如何进行的，科学家是如何得到结论的。“科学过程理解检查”中问题的答案也附在书的后面。

科学过程理解 检查

✓ 在哪种情况下我们能看到不同于一般的特殊彗星?

概念链接 和许多科学学科一样，天文学中几乎每个话题都可能会牵涉几乎所有其他的话题。特别是，书中提前对天文内容和物理原理之间的联系进行详细解释是非常重要的。提醒学生回想这些联系是很重要的，他们因此可以回忆起那些原理，以让后面的讨论更为轻松；而且，如果有必要，还可以进行复习。因此，我们在整本书中插入了“概念链接”——标记出不同章节内容之间的关键知识链接的记号。该链接以符号“∞”加上章节序号表示，说明正在讨论的内容在某些关键点上与前面提出的观点相关，并在继续学习前为复习提供方向。

关键术语 和所有学科一样，天文学也有自己的专业词汇。为了帮助学生学习，最重要的天文学术学语在书中首次亮相时以粗体显示。在每章的小结里，粗体显示的关键术语链接着定义该术语的页码。此外，本书结尾有一个扩展的按字母顺序排列的词汇表，定义了所有的关键术语，并指出它们在书中第一次被使用的位置。

赫罗图和透明片叠图 本书中所有的赫罗图均按照统一的格式绘制，并且使用真实的数据。此外，一组独特的透明叠加图醒目地向学生们演示了如何使用赫罗图来帮助我们整理有关恒星的信息，并追踪恒星的演化历史。

详细说明模块 这类文本框对正文中定性讨论的主题提供更定量的处理。把这些更具挑战性的话题从正文中移出，将它们放置在位于对应章节中的一个独立设计的模块内（以便在课堂上涉及它们，作为补充内容安排给学生，或者干脆留给那些感兴趣的学生选读），这样的设计将使得教师在设计课程深度时有更大的灵活性。

探索模块 探索各种有趣的补充内容，探索模块使读者能更深入地了解科学知识的发展，并强调科学过程。

章末问题、问答和实践活动（新） 大幅改组了章末内容的许多元素：

- 每一章都包含**复习和讨论**，可以用于课堂内复习或者布置为作业。同“概念自测”一样，这些复习题的答案可以在本章中找到。讨论题更深入地探讨特定的主题，通常需要给出观点，而不仅仅是列出事实。和所有讨论一样，这些问题通常没有一个“正确”的答案。以**POS**图标标记的问题，鼓励学生探索“科学过程”，每一个“学习目标”都体现在某个“复习和讨论”题中，并以**LO**标记出来。

- 每章还包含了选择题形式的**概念自测题**，包括挑选出来的直接与文中具体图片或图表绑定的问题，允许学生评估他们对本章内容的理解。这些问题均标记有**VIS**图标。本书的结尾会给出所有这些问题的答案。
- 章末的内容包括一些基于本章内容、需要一些数值计算的**问答**。在许多情况下，这类问题都与书中做出的定量描述（但没有详细的计算）直接相关。这些问题的解决方法并没有完整地包含在章节中，但解决这些问题所需的信息已在文中提及。本书末尾给出了奇数编号的问题的答案。
- 这一版还有一个新的内容，章末内容以与文中内容相关的协作和独立的**实践活动**结束。这些活动的范围从基本的肉眼和望远镜观测项目，到民意调查、问卷调查、小组讨论，以及网上天文研究。

章节回顾小结　“章节回顾小结”是主要的复习工具，与每章开头的“学习目标”相联系。每章介绍的一些关键术语再次被列出，贯穿上下文并以粗体表示，并且伴有关键图片及其出现在正文中的页码。

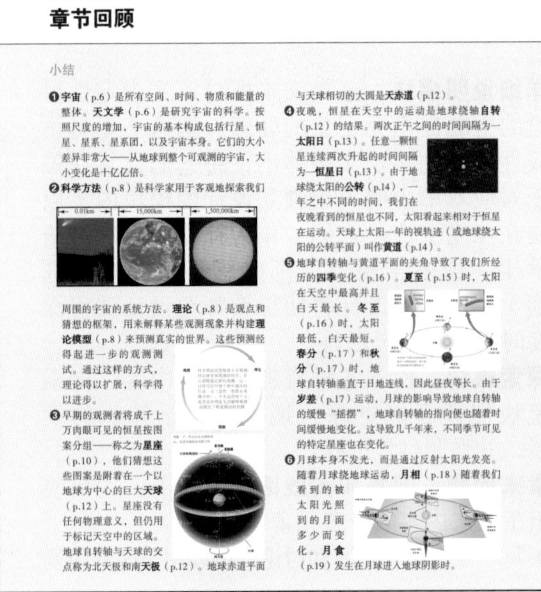

章节回顾

小结

❶**宇宙**（p.6）是所有空间、时间、物质和能量的整体。**天文学**（p.6）是研究宇宙的科学。按照尺度的增加，宇宙的基本构成包括行星、恒星、星系、星系团，以及宇宙本身。它们的大小差异非常大——从地球到整个可观测的宇宙，大小变化是十亿亿倍。

❷**科学方法**（p.8）是科学家用于客观地探索我们周围的宇宙的系统方法。**理论**（p.8）是观点和猜想的框架，用来解释某些观测现象并构建**理论模型**（p.8）来预测真实的世界。这些预测经得起进一步的观测测试。通过这样的方式，理论得以扩展，科学得以进步。

❸早期的观测者将成千上万肉眼可见的恒星按图案分组——称之为**星座**（p.10），他们猜想这些图案是附着在一个以地球为中心的巨大**天球**（p.12）上。星座没有任何物理意义，但仍用于标记天空中的区域。地球自转轴与天球的交点称为北天极和南**天极**（p.12）。地球赤道平面与天球相切的大圆是**天赤道**（p.12）。

❹夜晚，恒星在天空中的运动是地球绕轴**自转**（p.12）的结果。两次正午之间的时间间隔为一**太阳日**（p.13）。任意一颗恒星连续两次升起的时间间隔为一**恒星日**（p.13）。由于地球绕太阳的**公转**（p.14），一年之中不同的时间，我们在夜晚看到的恒星也不同，太阳看起来相对于恒星在运动。天球上太阳一年的视轨迹（或地球绕太阳的公转平面）叫作**黄道**（p.14）。

❺地球自转轴与黄道平面的夹角导致了我们所经历的**四季**变化（p.16）。**夏至**（p.15）时，太阳在天空中最高并且白天最长。**冬至**（p.16）时，太阳最低，白天最短。**春分**（p.17）和**秋分**（p.17）时，地球自转轴垂直于日地连线，因此昼夜等长。由于**岁差**（p.17）运动，月球的影响导致地球自转轴的缓慢“摇摆”，地球自转轴的指向便也随着时间缓慢地变化。这导致几千年来，不同季节可见的特定星座也在变化。

❻月球本身不发光，而是通过反射太阳光发亮。随着月球绕地球运动，**月相**（p.18）随着我们看到的被太阳光照到的月面多少而变化。**月食**（p.19）发生在月球进入地球阴影时。

教师资源

MA® 精通天文学网站

www.masteringastronomy.com

“MasteringAstronomy（精通天文学）”是全世界使用最广泛的、最先进的天文教学和考核系统。通过吸引全国（译者注：美国全国）学生按部就班地学习，“精通天文学”建立了无与伦比的关于学习挑战和学习模式的数据库。利用这些学生数据，一个知名的天文教育研究团队细化了每一项实践活动和每一个问题，结果得到了一个具有独特教育效力和评价精确度的实践活动库。“精通天文学”为学生提供了两种学习系统：动态自学区和参与网上协作的能力。

“精通天文学”也为教师提供了一个快速而有效的方式，既能保证网上家庭作业的数量、质量和较为广泛的覆盖范围，又能恰到好处地协调作业难度和花在作业上的时间。学习指南指导90%的学生从错误答案反馈中得到正确的答案。强大的后续诊断系统使得教师能够评估其班级的整体进步，或是快速确定个别学生遇到的困难。学习指南围绕本书的内容编写，书中所有的章末问题在“精通天文学”中都能找到。那里还包括一个有丰富媒体资源的自学区域，不管教师是否将其布置为作业，学生都可以使用。

教学指导　经过詹姆斯·希思（奥斯汀社区大学）的修订，该在线指南提供：教学大纲样板和课程安排，每一章的概述，教学技巧，有用的类比，课堂演示的建议，有关每章末尾“复习和讨论”题的写作问题、选读材料和答案及解法，其他参考资料和资源。

ISBN 0-321-91021-4

试题库　我们为第8版重新编辑和修订了大约2800道试题。这些试题是按章节和题目类型进行编排的。第8版的试题库已经被彻底修改，包括许多为增加的重点概念而编写的新选择题和问答题。这个试题库可用微软的Word格式和TestGen格式（见教师资源DVD中的描述）读取。

ISBN 0-321-91008-7

“精通天文学”中的教师资源区　“精通天文学”系统还有教师资源区，为教师提供课上或课下需要的所有电子资源。该区域不仅包含了教师资源手册，还包含了本书所有的图片，以JPEG和PowerPoint格式存储；并包含了额外的图像、星图，以及来自“精通天文学”学习区的动画和视频。该区域还包含TestGen，这是一个易于使用的、完全联网的程序，可以用于创建小测验以及期末考试。这里也提供试题库中的试题，教师可以用“试题编辑器”来修改现有的试题或是创建新的试题。它还包含分章节的讲解大纲以及概念性的“随堂”问题，都是PowerPoint格式的。这样的格式在个人计算机和苹果计算机中都能使用。

教师资源中心 培生教师资源中心包括“精通天文学”的教师资源区和教师DVD中的一切，不过没有书中的JPEG和PowerPoint格式的图片，因为它们太大了，无法下载。

教师资源DVD 该DVD包含“精通天文学”教师资源区中的所有资源，并给教师提供在课上或课下所需的几乎所有电子资源。该光盘包含本书中所有的图片，以JPEG和PowerPoint格式存储，另外还包含来自“精通天文学”学习区的动画和视频。教师资源IR-DVD还包含TestGen，这是一个易于使用的、完全联网的程序，可以用于创建小测验以及期末考试。该DVD中还提供试题库中的试题，教师可以用“试题编辑器”来修改现有的试题或是创建新的试题。该光盘还包含分章节的讲解大纲以及概念性的“随堂”问题，也都是PowerPoint格式的。

ISBN 0-321-90974-7

《以学习者为中心的天文学教学：ASTRO101策略》

蒂莫西 F. 斯莱特，怀俄明州立大学

杰弗里 P. 亚当斯，米拉斯维尔大学

“ASTRO101策略”是非科学专业的天文学入门课程的教师指导。这本书由天文学教育研究的两位领军人物撰写，详细介绍了各种技术——教师可以用它们来提高学生对天文主题的理解和记忆，重点强调使课堂讲授成为学生积极参与的论坛。根据最近旨在发现学生是如何学习的大样本研究，本书介绍了多种应用于天文学教学的随堂测验方法，主要针对非科学专业的学生。

ISBN 0-13-046630-1

《天文学的同伴教学法》

保罗J.格林，哈佛-史密松天体物理中心

同伴教学法是一个简单而有效的教授科学的方法。同伴教学法由哈佛大学在物理学导论等课程中进行了初步开发，并已经在物理教育界引起了关注和兴趣。这种方法让学生参与到教学过程中，使科学更容易理解。这本书针对不同年级提供了大量令人深思的、概念性的简答题。虽然已有数量显著的这类问题被用于物理教学中，但《天文学的同伴教学法》仍然提供了第一个这样的天文学样本。

ISBN 0-13-026310-9

学生资源

MA® 精通天文学网站

www.masteringastronomy.com

网站中的作业、指南、评价体系是独特的，能够独立指教每个学生，针对他们的错误答案提供即时的反馈。当他们遇到困难时，可以先解决比较容易的次要问题，这时采用的方法能为他们带来提高。学生也可以使用自学区，它包含测试练习、自学指南、新的解说和互动图、动画、视频等。

“精通天文学”提供“培生电子文本”，当与新书一起购买“精通天文学”时，它会自动提供，你也可以在线升级购买。培生电子文本包括文本，以及可以放大以便于更好观看的图片，当学生有机会上网时，他们就可以使用培生电子文本。通过培生电子文本，学生还能够熟悉定义和术语，以帮助他们记忆词汇和阅读材料。学生还可以使用注释功能在培生电子文本里做笔记。

《星光灿烂学院》学生授权码卡片，第7版

这款最畅销的天文软件可以让你逃离银河系，到7亿光年之外的太空深处去旅行。你可以在极其逼真的星域里欣赏超过1600万颗恒星，并放大成千上万的星系、星云和星团。你还能前后穿越20万年的时间，欣赏一个动态的、不断变化的宇宙中的关键性天文事件。你可以离开地球，从崭新的视角观赏行星的运动。基于其惊人的虚拟现实、强大的套件功能和直观易用性，《星光灿烂学院》没有辜负它是“天文软件中最闪亮的”这一声誉。

ISBN 0-321-71295-1

《星光灿烂学院》实践活动、观测和研究项目

这个可下载的补丁包含由艾琳·奥康纳

（圣巴巴拉城市学院）为Starry Night College天文软件编写的实践活动，以及由史蒂夫·麦克米兰编制的观测和研究项目。它能从“精通天文学”的学习区和培生Starry Night College《星光灿烂学院》下载站点上免费下载。

ISBN 0-321-75307-0

《天空凝望者5.0》学生授权码卡片

提供SkyGazer5.0的一次性下载——它结合了特殊的天文馆软件和预先打包的、信息广博的教程。基于广受欢迎的Voyager软件，该授权码卡片与天文学入门教科书的新副本打包在了一起，不收取额外费用。使用该软件，该授权码卡片还可以让用户下载Michael LoPresto的天文学媒体工作簿。

ISBN 0-321-76518-4

（也以CD的形式提供，ISBN 0-321-89843-5）

《天空和望远镜》

来源于最流行的业余天文学杂志，这个特别的学生增刊包含9篇埃文·斯基尔曼（Evan Skillman）的文章，每一篇包含1个总体概述和4个问题，聚焦于教授们最希望在课堂中解决的问题：综述、科学过程、宇宙的尺度以及我们在宇宙中的位置。

ISBN 0-321-70620-X

《埃德蒙科学恒星和行星定位器》

这是著名的旋转活动星图，显示了恒星、星座和行星相对于地平线的位置——在你确定时间和日期之后。这幅八角形的星图由已故的天文学家和制图师乔治·洛维（George Lovi）绘制。定位器的背面挤满了有关行星、流星雨和明亮恒星的额外数据。每份星图附带一本16页的口袋大小的详细说明书。

ISBN 0-13-140235-8

《天文学导论讲座教程》第3版

爱德华 E. 普拉瑟，亚利桑那大学

蒂莫西 F. 斯莱特，怀俄明州立大学

杰弗里 P. 亚当斯，米拉斯维尔大学

吉娜·布瑞森登，亚利桑那大学

由美国国家科学基金会资助，《天文学导论讲座教程》一书的目的是让长篇大论的讲座有更多的互动。第3版的主要特色是6个新的教程：温室效应，暗物质，理解宇宙和膨胀，哈勃定律，膨胀、回溯时间和距离，大爆炸。这44个讲座教程中的每一个都按课堂准备的形式呈现出来，让学生以两到三个小组的形式讨论10至15分钟，且不需要任何的设备。这些讲座教程用一系列精心设计的问题挑战学生，引发课堂讨论，让学生用批判推理的形式思考。

ISBN 0-321-82046-0

《天文观测练习》

这个由劳伦·琼斯制作的工作手册包含一系列技术性的、集成了天文馆软件的天文观测练习，这些软件包括Stellarium、Starry Night College、WorldWide Telescope，以及SkyGazer。使用这些在线产品增加了学生学习的互动层面。

ISBN: 0-321-63812-3

致谢

纵观最终成就这本书的许多草稿，我们一直依靠着很多同伴的批判性分析。他们建议的范围非常广泛，从全书整体组织的宏观问题，到每个句子的技术准确性的细微之处。我们还得益于来自本书第7版的用户的许多很好的意见和反馈。对许多帮助了我们的同伴，我们致以最诚挚的感谢。

第8版的审阅者

Brett Bochner
Hofstra University
James Brau
University of Oregon
Christina Cavalli
Austin Community College
Asifud–Doula
Pennsylvania State University
Robert Egler
North Carolina State University
David Ennis
The Ohio State University
Erika Gibb
University of Missouri, St.Louis
James Higdon
Georgia Southern University
Steve Kawaler
Iowa State University
Kristine Larsen
Central Connecticut State University
George Nock
Northeast Mississippi Community College
Ron Olowin
Saint Mary' s College
John Scalo
University of Texas, Austin
Trace Tessier
Central New Mexico Community College
Robert K.Tyson
University of North Carolina at Charlotte
Grant Wilson
University of Massachusetts, Amherst

之前版本的审阅者

Stephen G. Alexander
Miami University of Ohio
William Alexander
James Madison University
Robert H. Allen
University of Wisconsin, La Crosse
Barlow H. Allen
University of Wisconsin, La Crosse
Nadine G. Barlow
Northern Arizona University
Cecilia Barnbaum
Valdosta State University
Peter A. Becker
George Mason University
Timothy C. Beers
University of Evansville
William J. Boardman
Birmingham Southern College
Donald J. Bord
University of Michigan, Dearborn
Elizabeth P. Bozyan
University of Rhode Island
Malcolm Cleaveland
University of Arkansas
Anne Cowley
Arizona State University
Bruce Cragin
Richland College
Ed Coppola
Community College of Southern Nevada
David Curott
University of North Alabama
Norman Derby
Bennington College
John Dykla
Loyola University, Chicago
Kimberly Engle
Drexel University
Michael N. Fanelli
University of North Texas
Richard Gelderman
Western Kentucky University
Harold A. Geller
George Mason University
David Goldberg
Drexel University
Martin Goodson
Delta College
David G. Griffiths
Oregon State University
Donald Gudehus
Georgia State University
Thomasanna Hail
Parkland College
Clint D. Harper
Moorpark College
Marilynn Harper
Delaware County Community College
Susan Hartley
University of Minnesota, Duluth
Joseph Heafner
Catawaba Valley Community College
James Heath
Austin Community College
Fred Hickok
Catonsville Community College
Lynn Higgs
University of Utah
Darren L. Hitt
Loyola College, Maryland
F. Duane Ingram
Rock Valley College
Steven D. Kawaler
Iowa State University
William Keel
University of Alabama
Marvin Kemple
Indiana University–Purdue University, Indianapolis
Mario Klairc
Midlands Technical College
Kristine Larsen
Central Connecticut State University
Andrew R. Lazarewicz
Boston College
Robert J. Leacock
University of Florida
Larry A. Lebofsky
University of Arizona
Matthew Lister
Purdue University
M. A. Lohdi
Texas Tech University
Michael C. LoPresto
Henry Ford Community College
Phillip Lu
Western Connecticut State University
Fred Marschak
Santa Barbara College
Matthew Malkan
University of California, Los Angeles
Steve Mellema
GustavusAdolphus College
Chris Mihos
Case Western Reserve University
Milan Mijic
California State University, Los Angeles
Scott Miller
Pennsylvania State University
Mark Moldwin
University of California, Los

Angeles
Richard Nolthenius
Cabrillo College
Edward Oberhofer
University of North Carolina, Charlotte
Andrew P. Odell
Northern Arizona University
Gregory W. Ojakangas
University of Minnesota, Duluth
Ronald Olowin
Saint Mary's College of California
Robert S. Patterson
Southwest Missouri State University
Cynthia W. Peterson
University of Connecticut
Lawrence Pinsky
University of Houston
Andreas Quirrenback
University of California, San Diego
Richard Rand
University of New Mexico
James A. Roberts
University of North Texas
Gerald Royce
Mary Washington College
Dwight Russell
Baylor University
Vicki Sarajedini
University of Florida
Malcolm P. Savedoff
University of Rochester
John Scalo
University of Texas at Austin
John C. Schneider
Catonsville Community College
Larry Sessions
Metropolitan State College of Denver

Harry L. Shipman
University of Delaware
C. G. Pete Shugart
Memphis State University
Stephen J. Shulik
Clarion University
Tim Slater
University of Arizona
Don Sparks
Los Angeles Pierce College
George Stanley, Jr.
San Antonio College
Maurice Stewart
Williamette University
Jack W. Sulentic
University of Alabama
Andrew Sustich
Arkansas State University
Donald Terndrup
The Ohio State University
Craig Tyler
Fort Lewis College
Stephen R. Walton
California State University, Northridge
Peter A. Wehinger
University of Arizona
Louis Winkler
Pennsylvania State University
Jie Zhang
George Mason University
Robert Zimmerman
University of Oregon

培生公司的出版团队在我们撰写这本书的每一步中都在协助我们。特别要感谢特马·古德温（Tema Goodwin），他果断刚毅的管理解决了众多矛盾，其人格魅力是这本出版物的一部分。执行主编南希·威尔顿（Nancy Whilton）领导本版本通过各个阶段，开发主编芭芭拉·普赖斯（Barbara Price）贡献了她的专业媒体知识。Thistle Hill出版服务公司的制片经理安德烈娅·阿彻（Andrea Archer）和安吉拉·厄克特（Angela Urquhart）做出了非常出色的工作，把这个非常复杂的项目的线索紧紧捆绑在一起，将文字、艺术和电子媒体组合成为一个有机的整体。特别感谢封面和版式设计师珍妮·卡拉布雷西（Jeanne Calabrese）——她的制作令第8版看起来更加美观；献给马克·翁（Mark Ong）——他指导了书的整体外观。我们也向下列人员表达我们的感谢：凯特·布雷敦（Kate Brayton）——更新和维护“精通天文学”学习区的媒体资源；克里斯蒂娜·卡瓦里（Christina Cavalli）——“精通天文学”中解说图的作者。

最后，我们要感谢著名的太空艺术家达那·贝里（Dana Berry），他允许我们使用他的许多美丽的天文艺术作品；我们还要感谢洛拉·朱迪丝·蔡森（Lola Judith Chaisson），她组织和绘制了这一版本中所有的赫罗图（包括透明叠加图片）。

埃里克·蔡森
史蒂夫·麦克米伦

目　录

第3章　光谱学　原子的内在活动　53

第4章　望远镜　天文学的工具　73

恒星和恒星演化

第5章　太阳　我们的母亲恒星　109

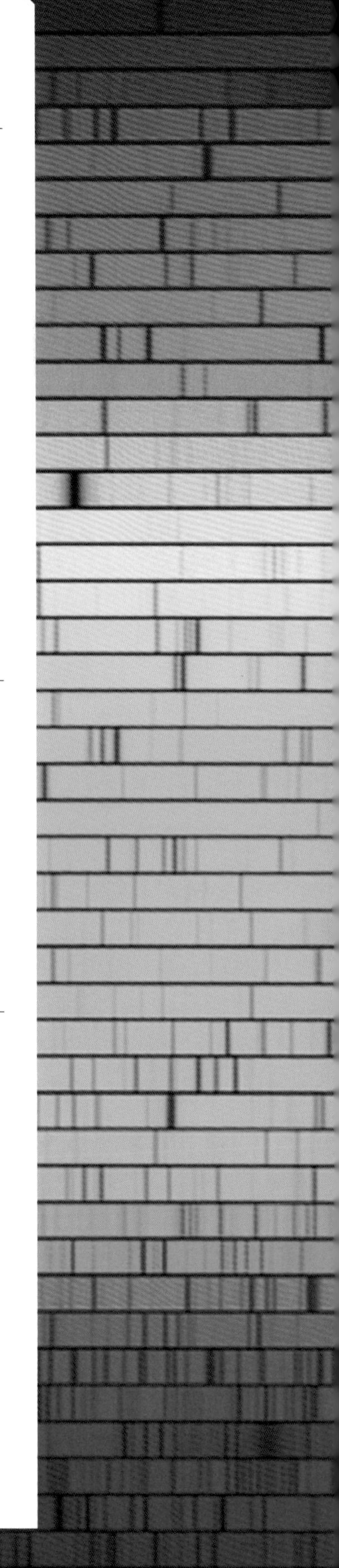

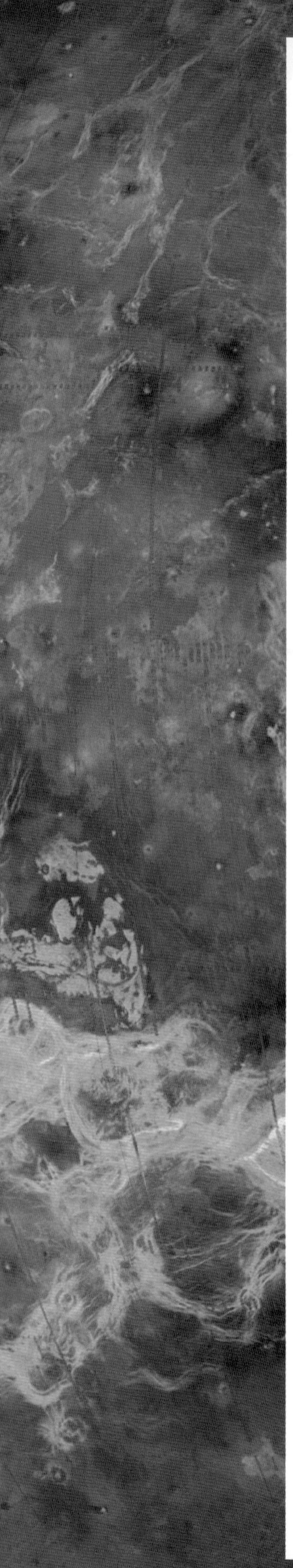

第9章 恒星演化 恒星的生和死 215

第10章 恒星爆发 新星、超新星，以及元素的合成 241

第11章 中子星和黑洞 物质的奇妙状态 263

附录

今日天文

恒星：从诞生到死亡

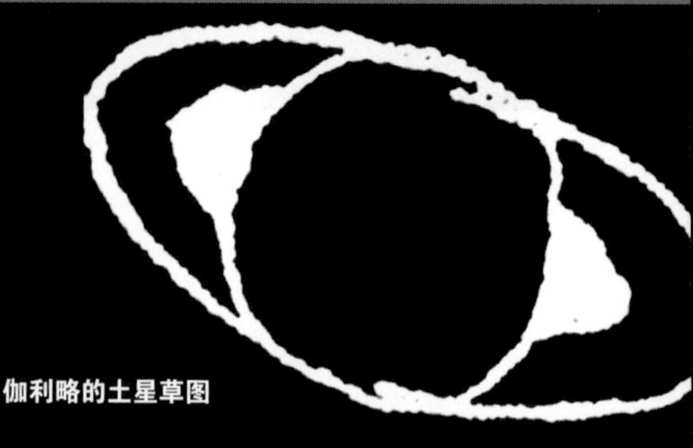

伽利略的土星草图

天文学与宇宙

常有人说，我们正处在天文学的黄金时代。然而，21世纪初期实际上是第二个拥有丰富发现和飞速探索的黄金时期。令世人震惊的第一个科学进步时代开始于文艺复兴后期。在现代天文学的早期奠基者中，最为著名的是意大利科学家伽利略·伽利莱（1564—1642）。随着他将望远镜转向苍穹，便彻底并永远地改变了我们对于人类所处的宇宙的看法。

虽然并不是伽利略发明了望远镜，但正是他在1610年首次记录了将一个小透镜（5cm直径）指向天空后的所见。正是伽利略的发现开创了天文学的一次革命。他第一次观察到了太阳上的黑斑、月球上的崎岖山脉、围绕木星转动的新世界，撼动了亚里士多德学派的宇宙观——苍穹是完美并且不变的观点。无疑，伽利略给那个时代的哲学家及神学家带来了麻烦。为了拥护科学方法，伽利略用工具来验证他的观点，而他所发现的却与当时的主导思想和信仰背道而驰。

伽利略对科学的推进简单但却意义深远：他用望远镜聚焦、放大并研究了从苍穹到达地球的辐射——尤其是从太阳、月球和行星来的光。光是地球上的人类最为熟悉的辐射，有了光，我们才能在我们的行星表面四处环游。光也让望远镜能看到太空深处的天体，让我们能探索比用肉眼能见的更遥远的地方。利用简单的光学望远镜，伽利略彻底改变了天文学这门最古老科学所追寻的道路。

伽利略发现的其他一些“奇思妙想的事物”还包括沿着银河系聚集的星团、外行星周围的卫星和光环，以及之前从来没有人发现过的色彩绚烂的星云。伽利略所作的一些草图重现在左边，右边则是用作比较的现代观测所见。

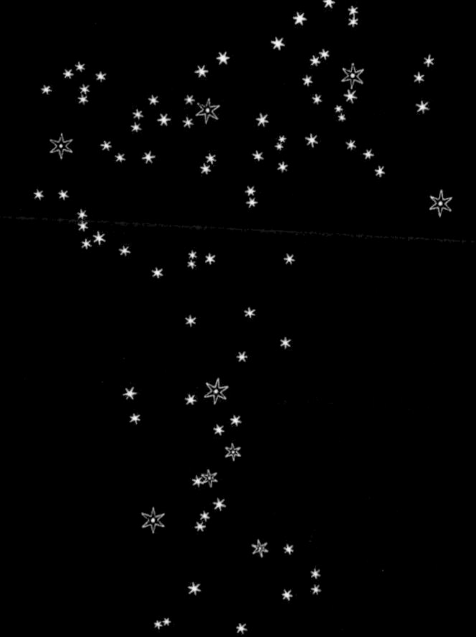

伽利略的猎户星座草图

伽利略·伽利莱

伽利略的昴星团草图

空间望远镜科学研究所）

如今，我们又再次处在另一个拥有无与伦比科学成就的时代之中——一个现代天文学家揭示无形宇宙的革命时代，正如伽利略曾经观察可见宇宙一般。我们学会了如何去探测、测量并分析从太空中暗黑天体发射而至的不可见的辐射流。再一次，我们的观念又被改变了。

天文学不再是乏味的知识分子通过长长的望远镜镜筒凝视天空的那般景象；宇宙也不再是指表现为不活跃、一成不变的存在，就像我们在夜空中所见的表象那样。如今，现代天文学家解密了一个更有活力、更为动态的宇宙——恒星在其中如生命一般涌现又死亡，星系向外喷涌出巨大的能量，而生命本身就被认为是物质演变的自然结果。

新的发现极快地促进了我们对宇宙的认识，同时也带来了新的疑惑。天文学家会在接下来的几十年里遭遇许多难题，但这都不会令我们灰心和沮丧，因为这正是科学所要经历的。每一个发现都为我们的知识宝库加上一笔，激发出许多导向更多发现的疑问，从而加速我们的基本认知。

最值得注意的是，我们开始察觉到宇宙自身各式各样的变化套路。仅靠一代人——不是我们父母或我们子女的那一代人，而是我们这一代人——就开启了可见光以外的整个电磁波谱。同时，我们已经发现的都是“奇思妙想的事物”。

我们对绚烂宇宙的认识主要来源于对不可见宇宙的研究，这也是新近有机会获得新科学见解的方向之一。未来的历史学家很可能会关注我们这一代，把我们看成是引起伟大跃进的一代，因为我们提供了对富饶造物宇宙的完整新一瞥。有史以来，仅有两个时期，在人类的一次生命周期内，对宇宙的认知就有如此革命性的改变：第一次发生在400年前伽利略所处的时代，第二次正是现在。

红外波段的猎户星座（加州理工）

光学波段的昴星团（美国大学天文联盟）

第1章　天图量绘

1

天文学基础

再也没有比晴朗黝黑夜晚的灿烂星空更壮观的自然景象了。静静地镶嵌上饱含古老神话和传奇的星座，夜空激发了古往今来人们的好奇心——引导着我们的想象超越地球的限制、跨越当前的时间，向外触及遥远的太空和宇宙时间本身。

源于对这种好奇心的回应，天文学建立在人类两个最为基本的特性之上：探索的需求和求知的需求。在好奇、发现和分析的相互交织中——这也是探索和求知的关键——人们寻找着源于远古时期的有关宇宙的疑问的答案。天文学是所有科学中最为古老的科学，然而它却从没有像今天这般令人心旷神怡。

知识全景　本书的主题是科学，这意味着需要丰富的细节和具体的思想。即便如此，我们也需要在脑中保持宏大的、广泛的视角。涉及天文学时，或许宇宙中再也没有比恒星更为宏伟的特征了——它们在夜空中无处不在，如同对页照片中可见的那些星星点点。可观测宇宙中的恒星数目大概和世界上所有海滩上的沙粒数目一样多，即约10^{23}颗。

左图：在高挂头顶的晴朗夜空中，我们可以看到一条布满恒星的条带，亦即银河（牛奶路）——因其像一条包含有数不清的星星的乳白色条带而得名。所有的这些恒星（或更多）都是一个叫作银河星系的大尺度系统的一部分，我们的恒星——太阳，就是其中的一名成员。这幅照片展示了无与伦比的灿烂银河系，它高高闪耀在欧洲南方天文台的一架大型望远镜之上，那是一台位于智利安第斯山脉高处的专业天文设备。［欧洲南方天文台（ESO）Y. 贝莱特斯基（Y.Beletsky）］

学习目标

本章的学习将使你能够：

1. 随尺度的增加排列宇宙的基本层次结构
2. 区别科学理论、猜想和观测，描述科学家是如何在研究宇宙的过程中结合观测、理论和测试的。
3. 描述天球，并说明天文学家如何利用星座和角测量来定位天空中的天体。
4. 描述如何以及为什么太阳和恒星看起来每月、每夜都在改变它们的位置。
5. 解释地球自转轴的倾斜如何导致季节变化，以及季节为何随着时间在改变。
6. 说明月相的变化，并解释地球、太阳和月球的相对运动是如何导致日食或月食的。
7. 给出例子说明，简单的几何推理如何能够用于测量其他方法无法直接测到的物体距离和大小。

精通天文学

访问MasteringAstronomy网站的学习板块，获取小测验、动画、视频、互动图，以及自学教程。

1.1 我们在太空中的位置

迄今为止，在所有科学见解中，有一个最为引人注目：地球既不是宇宙的中心，也不是独特的。我们居住在宇宙中一个并不独一无二的地方。特别是在过去的几十年内，天文学研究有力地说明了我们居住在一颗看似平常的岩石行星，亦即地球上，它是八个已知的绕一颗名为太阳的平常恒星运转的行星之一，而太阳位于一个拥有大量恒星聚集的名为银河星系的边缘，这个星系只是遍布可观测宇宙中数以亿计的星系中的一员。要初步了解这些不同类型的天体之间的关系，请查阅图1.1~图1.5。

不仅是通过我们的想象，而且凭借着共同的宇宙传承，让我们与时空中最为遥远的领地联结在一起。组成我们身体的绝大多数化学元素（氢、氧、碳及更多种的元素）是从亿万年前就已经永久销声匿迹的炽热的恒星中心里产生的。当它们的燃料耗费殆尽后，这些巨大的恒星便会在猛烈的爆炸中毁灭，并将它们深深的核心中所产生的元素扩散到四面八方。最终，这些物质又聚集成气体云，并缓慢塌缩，引发新一代恒星的诞生。太阳和它的行星家族正是以这样的方式在大约50亿年前形成的。地球上所有事物都包含了来源于宇宙中其他部分的原子，以及在比人类进化之初更为遥远的过去所产生的原子。或许恰在此时，在某个地方，有其他的生命——也许具有比我们还要高得多的智慧——正在惊奇地凝望着他们自己的夜空。也许对于他们来说，我们自己的太阳不过就是一个无关紧要的光点——如果是可见的话。然而，如果有这样的生命存在，那他们一定和我们有同样的宇宙起源。

简单地概括一下，**宇宙**是所有空间、时间、物质和能量的总体，而**天文学**是研究宇宙的学科。和其他的学科不一样，天文学需要我们彻底改变对于宇宙的看法，并从完全与日常经验不一样的尺度来看待事物。重新来看图1.4中的星系。这是一个有着约千亿颗恒星的群体——比地球上曾经生存过的人类总数还要多。整个集合蔓延在直径有100 000**光年**的巨大广阔空间中。虽然听起来像是一个时间的单位，但光年实际却是指光线以300 000km/s的速度在一年内所传播的距离。写出计算式来的话，光年等于300 000km/s × 86 400s/天 × 365天，亦即10万亿千米，或大约6万亿英里（1mile约1.6km）。典型的星系系统的大小才真正是“天文数字”。相比之下，地球的直径大约是13 000km，还不到一光秒的1/20。

◀**图1.1 人类**
我们清楚地知道我们自己的大小和高度。——成人一般高1.5m。而地球大约要比这大1 000万倍。［J. 罗德里格斯（J. Lodriguss）］

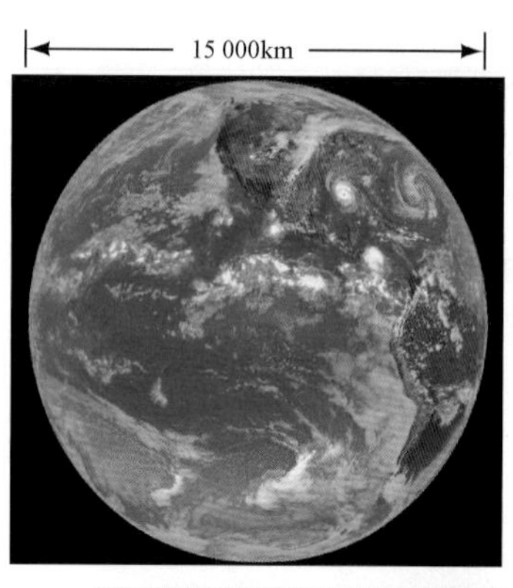

▲**图1.2 地球**
地球是一颗行星，是一颗主要由固体组成的天体，虽然它的海洋和核心中有一些液体、大气中有气体。在这幅图中，尽管大部分景象都是太平洋的海水，但北美和南美大陆仍然清晰可见。［美国国家航空航天局（NASA）］

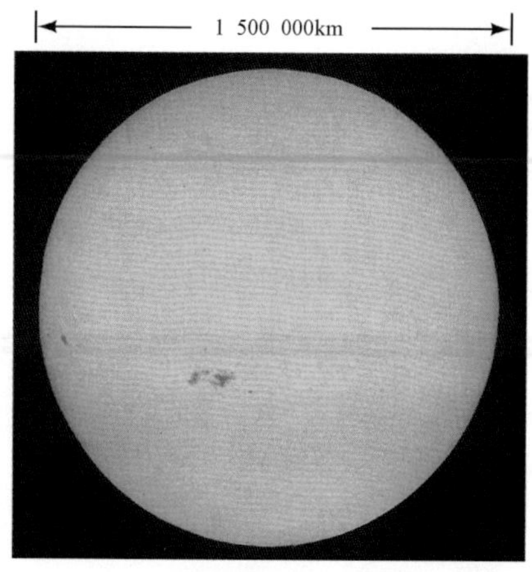

▲**图1.3 太阳**
太阳是一颗恒星，是一颗非常炽热的气体球，主要由氢和氦组成。它的个头比地球要大得多——超过地球直径的100倍——太阳靠自己的引力把一切聚集在一起。图中，太阳表面黑色的斑点是太阳黑子（见第16章）。［美国大学天文联盟（AURA）］

光年是天文学家引入的来帮助人们描述极大距离的单位。我们将在我们的学习过程中碰到许多这样的自定义的单位。正如在附录2中详细讨论的，天文学家经常用额外的单位来扩展标准的SI（Système Internationale，国际单位制）单位系统，以适合正在处理的特别问题。

一千（1000），一百万（1 000 000），十亿（1 000 000 000），甚至是万亿（1 000 000 000 000）——这些词语经常出现在我们的日常对话中。让我们花一点时间来理解这些数字的量级并鉴别一下它们之间的区别。1000足够简单并容易理解：以每秒一个数字的速度，你可以在1000s内数到1000——大约16min。然而，如果你想数到一百万，以每秒一个数字的速度，每天数16h（准许你每天睡8h），那你将需要超过两个星期的时间才能完成。同样，以每秒一个数字的速度，每天数16h，你将需要差不多50年才能从一数到十亿——这是人的一生中较美好的一段时间。

本书中，我们考虑的空间距离跨越了不止几十亿千米，而是几十亿光年；天体包含不止万亿个原子，而是万亿颗恒星；时间间隔不止几十亿秒或小时，而是几十亿年。你们将需要熟悉——并享受——这样一些庞大的数字。一个好的开始学习的方法是：认识比一千大多少是一百万，而比一百万大多少是十亿。附录1说明了科学家们用于记录和运算非常庞大或非常小的数字的简便方法。如果你对这种方法不太了解，请仔细阅读该附录——这里所描述的科学计数法将从第2章起，在本书中会一直使用。

▲图 1.4　星系
一个典型的星系聚集了千亿颗恒星，恒星之间都相隔着几乎是真空的浩瀚空间。我们的太阳是一颗相当平凡的恒星，位于一个叫作银河系的星系边缘。［R. 根德勒（R.Gendler）/科学数据库（Science Source）］

▲图1.5　星系团
这幅照片展示的是一个典型的星系团，它在空间中蔓延了约100万光年。其中的每个星系都包含着千亿颗恒星，或者还有行星，可能还有生命存在。［美国国家航空航天局（NASA）］

由于缺乏对所观测的天体的认识，于是早期的观天者编造故事来解释它们：太阳是被一辆由飞马牵引的战车载着拉过天空的，恒星构成的图案可追溯至天神放置在天空中的英雄和动物。我们所见的恒星是遥远的、炽热的圆球，比我们的整个地球大几百倍，它们构成的图案跨越了好几百光年。在第1章里，我们会介绍一些天文学家用来绘制我们周围空间的基本方法；我们还会描述科学知识的缓慢进展，从战车和天神到今天已经验证的理论和物理定律，用以解释为什么我们现在用科学来帮助我们解释宇宙，而不是用神话故事。

1.2 科学理论和科学方法

我们该怎样开始认识围绕我们的宇宙呢？该如何认识从图1.1~图1.5中所描绘出的宇宙透视图呢？已知的对宇宙最早的描述主要建立在想象和神话之上，而很少试着用已知的尘世间的经验来解释天空的运作。然而，一些早期的科学家们开始意识到仔细观测并测试他们的构想的重要性。他们的成功方法步步为营地改变了科学开筑的道路，开启了进一步全面理解自然的大门。随着逻辑和推理论证的影响力与日俱增，神话的力量减弱了。人们开始更努力地探究和钻研自己和宇宙。他们认识到，思索自然已不再足够——关注自然也是必需的。实验和观测成为探寻知识的过程中的核心部分。

▲**图1.6 科学方法**

为了变得高效，**理论**——用于解释某些观测并预言真实世界的观点及假想的框架——必须不断地接受验证。科学家实现了这个目标，利用理论建立了物理天体（比如行星或恒星）或者是现象（比如重力或光线）的**理论模型**，用来解释已被了解的属性。然后利用模型进一步地预测这些天体的性质，或是预测它们在新环境下可能的运动或是变化。如果实验和观测证实了这些预言，理论就能进一步完善和精炼。如果不符，那么理论就必须再次论述或是被丢弃，不管最初它看起来是如何的吸引人。这种方法类似于调研，结合了思考和操作，亦即理论和实践，因此被称为**科学方法**。如图1.6所示，这种结合了理论推导和实验验证的过程是现代科学的核心，可用于区分科学与伪科学、事实与虚构。

理论必须经过测试，而可能会被证明有错的观念有时会让人们忽视它们的重要性。我们都曾听到过这样的表述“当然，这仅仅是个理论”，这常用来嘲笑或忽视某些人的不被接受的观点。不要被愚弄了！万有引力（见2.7节）就“仅仅”是个理论，但基于它的运算引导着人类的宇宙飞船飞越了太阳系。电磁学（第2章）和量子力学（第3章）也是理论，然而它们已成为科技的基础。宇宙中类似的现象比比皆是。理论是智慧“黏合剂”，将看似无关的事实组合成连贯和相通的整体。

注意，图1.6中所描述的过程没有终点。一次错误的预测会使理论作废，但再多的观测或实验也不能证明理论“正确”。当理论预测反复被确认时，理论也就会变得越来越被广泛接受。现代科学理论有下列几个共同的重要特征：

- 理论必须是可测试的——也就是说，它们必须接受这样的可能性，理论的基本假设和预测在原则上可以通过实验来验证。这个特性用以区分科学与其他，例如，宗教、因果、宿命、神启或经文都无法在宗教体系中被挑战——我们不能设计一个实验来“证明上帝的心智”。可测试性也可用于区分科学和伪科学，如占星术，其基本假设和预测一直在被反复测试，却从未被验证过，但没有明显影响那些继续相信占星术的人的观点。
- 理论一定要不断地被测试，并且其结果也能被测试。这就是图1.6中描述的科学过程的基本循环。
- 理论应该是简单的。如果不能经过几个世纪的科学经验的实践检验，那么简单性至少是必需的——最成功的理论往往是最简单且符合事实的。这一观点常常可以归结为一个被称为“奥卡姆剃刀”（Occam's razor）的原则：如果两个相抵触的理论都能解释事实并有相同的预测，那么最简单的那个是最好的。换句话说，“保持简单”！一个好的理论不应当包含不是绝对必要的复杂性。
- 最后，大多数科学家都有额外的癖好，理论应该在某种意义上是优雅的。当一个清晰阐明的简单原则自然地与一些此前被认为是完全不相干的现象紧密联系在一起，并能解释

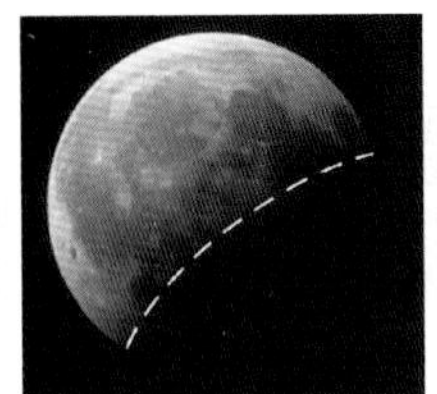

▲图1.7 月食
这些照片显示地球的影子在一次月食期间扫过月球表面。通过观测月食过程，亚里士多德认为地球是阴影的来源，并推断地球一定是圆形的。他的理论一直没有被认为是错误的 。［G. 施耐德（G. Schneider）］

它们时，便会被广泛认为是有力支持该新理论的论点。

现代科学的诞生往往与文艺复兴密不可分，在14世纪末到17世纪中叶的历史时期内，在经历了黑暗时代的混乱之后，艺术、文学和科学探索在欧洲文化里重生。然而，最先记录下来的有天文背景的科学方法应用之一是亚里士多德（公元前384—公元前322年）在大约2300年前实现的。通常，亚里士多德并不是因为他是这种方法的坚定倡导者而为人所知——他的许多最为著名的观点都是基于纯粹的思考，没有尝试过实验测试或验证。无论如何，他的才华触及很多如今被认为是现代科学的领域。他指出，在月食期间（见1.6节），地球在月球表面会投下弯曲的影子。图1.7显示了一次月食期间拍摄的一系列照片。地球的影子投影在月球的表面，的确是稍稍弯曲的。亚里士多德在很久以前一定看到并记录过这一点。

因为观测到的影子似乎一直是一个相同圆上的弧，所以亚里士多德推断地球——这个阴影的制造者——一定是圆的。不要低估这个看似简单的论断的作用。亚里士多德也必然认为黑暗区域确实是影子，而地球则是造成影子的原因——现今的我们认为这是显而易见的事实，但在2500年前，人们却对此一无所知。在此猜想的基础之上——观测事实有个可能的解释——亚里士多德接着预测，所有未来的月食中显现的地球阴影都是弯曲的，不管我们行星的方向如何。这样的预测已经被每一次发生的月食所验证了。这仍然没有被证明是错误的。亚里士多德并不是第一个认为地球是圆形的人，但他显然是第一个利用月食的现象提供观测证据的人。

这种基本的推理形成了现代科学调查的基础。仅仅依靠肉眼观测天空（望远镜差不多在此后2000年才被发明出来），亚里士多德首先进行了观测；接下来，他提出了一个假说来解释观测；然后，通过建立可以被进一步的观测确认或是反驳的预测，他验证了假说的有效性。观测、理论和测试——这是科学方法的基石，这种方法将贯穿全文、反复地证明自己的作用。

如今，世界各地的科学家使用的方法在很大程度上依赖于测试观。他们收集数据、建立工作假说来解释数据，然后利用实验和观测来测试假说所涉及的内容。最终，一个或者更多“有效验证”的假说可能会被提升到物理定律的高度，甚至开始成为更为广泛适用的理论的基础。理论的新预测会被一一测试，科学知识也会随之增长。实验和观测是科学探究过程中不可或缺的部分。不可测试的理论或是不被实验事实支持的理论，罕有在科学界获得任何程度上的认可。在正确使用一段时间之后，这种合理的、有条不紊的方法将使我们能够得出结论，基本不受任何一个科学家的个人偏见和价值观的影响——正是用科学方法才导出了我们对所处宇宙的客观认识。

科学过程理解 检查

✓ 科学一点讲，理论能否成为“事实”？

1.3 “显而易见”的风景

要了解天文学家如何利用科学方法来了解我们周围的宇宙，让我们先从一些最基本的观测开始。研究宇宙，研究现代的天文学，可以简单地从仰望夜空开始。夜空的整体形象现在看起来和我们祖先在数百甚至数千年前看到的没有什么不同，但随着天文学的发展和壮大，我们对于我们所见的阐释却已不可估量地改变了。

天上的星座

在日落和日出之间的晴朗夜晚，我们可以看见大约3000个光点。如果把从地球的另一边看到的也包括进来，那大约有6000颗恒星是我们肉眼可见的。人的本性倾向于将天体之间的关联与图案联系起来，即便它们不存在真正的联系。很早以前，人们就将最亮的恒星连接搭配在一起，并称之为**星座**——古代天文学家以神话事物、英雄和动物这些对他们来说重要的东西去命名星座。图1.8 显示每年10月至来年3月的夜空中尤为突出的星座：猎户座俄里翁（Orion）。俄里翁是希腊神话中的著名英雄，除了一些其他的著名事迹外，他还因热情地追求昴星团Pleiades（普勒阿得斯七姐妹）——巨人阿特拉斯的七个女儿而出名。根据希腊神话，为了使昴星团免受猎户座的骚扰，天神将她们放置在群星之间，猎户座每晚都在天空中悄悄地跟踪她们。许多星座都同样难以置信地联结着古老的传说。

或许这并不奇怪，星空图案有着强烈的文化偏好——古代中国的天文学家看到的神话图案不同于古代希腊人、巴比伦人，以及其他文化的人，即使他们看到的都是夜空中相同的恒星。有趣的是，不同的文明经常有着相同的基本恒星组群，尽管他们对所见的解释大相径庭。比如，在北美通常被叫作“长柄勺”（the Dipper）的七颗恒星的组群（北斗七星），在西欧被称为“马车”（the Wagon）或者是“犁钯”（the Plough）。古代希腊人把这些恒星看作是大熊（座）的尾巴，埃及人认为它们是头公牛的腿，西伯利亚人认为是牡鹿，一些美洲土著居民则认为是送葬的队伍。

早期的天文学家有着非常现实的理由去研究天空，比如一些星座能在航海导向中使用。北极星Polaris（小熊座的一部分）指向北方，它在夜空中的位置几乎是恒久不变的，时时刻刻、日日夜夜，它指引了旅行者几个世纪。其他一些星座发挥原始日历的作用来预测种植和收获的季节。比如，许多文明知道某些恒星在黎明前出现在地平线上时，就预示着春天的来临和冬天的结束。

在许多社会文明中，人们相信，如果能够跟踪天体有规律的位置变化，就会有其他的益处。人们出生时的恒星和行星的相对位置被占星家们仔细研究，并利用这些数据来预测人的命运。因此，在某种意义上，天文学和占星术源自相同的初衷——“预见”未来。在很长

这是猎户座的真实写照

(a)

这是猎户座的范围说明，大小比例完全一样

(b)

互动图1.8 猎户星座

MA （a）构成猎户星座的一群亮星的照片。（底部的图标简单表明这是可见光波段的图像，图示说明见前言）（b）恒星连接起来显示出希腊人想象中的图案——一名猎人的轮廓。希腊字母用于识别该星座中的一些亮星（参见图1.9）。通过识别猎户“腰带”上连成一线的三颗亮星，可以很容易地在北方冬天的夜空中找到猎户座。［P. 桑茨（P.Sanz）/阿拉米（Alamy）］

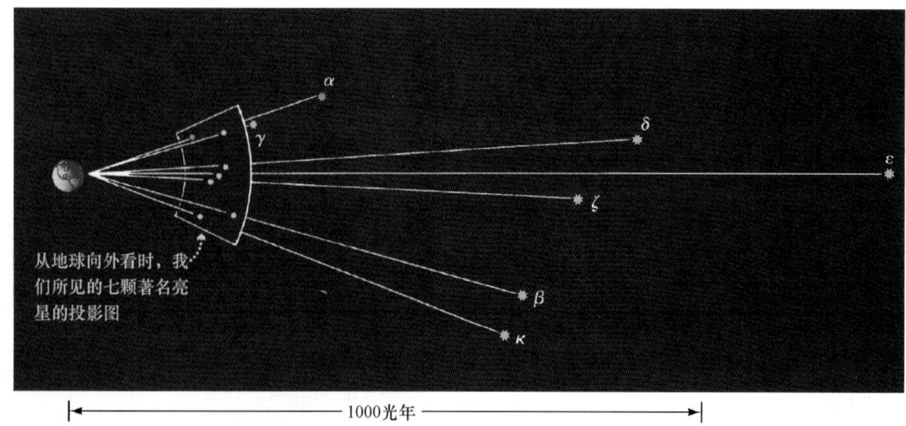

▲图1.9 猎户座的三维关系图
猎户座中最闪耀的恒星的三维关系图。恒星间的距离是20世纪90年代的依巴谷卫星所测量得到的。（见第6章）

的一段时间里，二者确实无法被区分开来。如今，大多数人认识到，占星术只不过是有趣的消遣（尽管数以百万计的人仍然每天早上在报纸上研究他们的星象）。虽然如此，但古代占星学术语——星座的名字和许多用来描述行星位置和运动的术语——仍然在整个天文界中使用。

一般来说，以图1.9中所示的猎户座为例，构成任何特定星座的恒星实际上在空间中彼此并不接近，即便是以天文的标准来看。他们仅仅是足够明亮，能用肉眼看到，并且碰巧从地球上看来位于天空中大致相同的方向。不过，星座为天文学家提供了便利的方法来指定天空中的大块区域，就像地质学家用大陆或政治家用选区来识别地球上的某些位置一样。图1.10展示了传统定义上的星座，覆盖了猎户座附近的一部分天空。总的说来，全天有88个星座，它们中的大多数每年在北美洲都有一段时间可见。

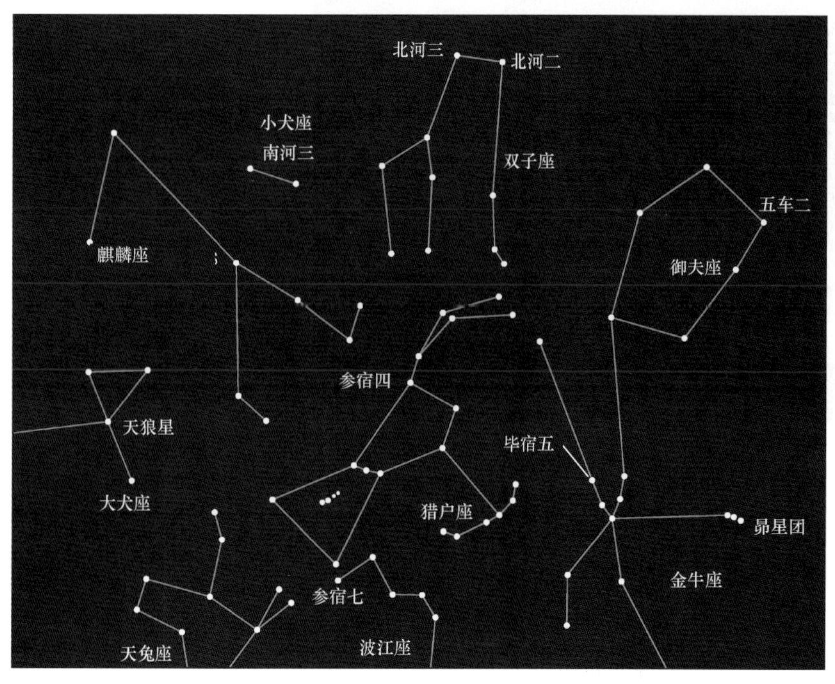

◀图1.10 猎户座附近的星座
传统的猎户星座以及一些邻近的星座（以大写单词标示）。一些著名的亮星也用小写单词标示出来。88个星座覆盖了整个天空，每一个天体都位于其中的一个星座中。

天球

夜晚时分，星座似乎在从东向西缓缓穿过天空，但古代的观天者都知道，恒星的**相对**位置并不随着这种夜间发生的运动而变化。[⊖]自然而然地，那些观测者认为，恒星一定是牢牢附着在环绕地球的**天球**上的——一个粘满恒星的穹盖像一幅天文绘画一样挂在神圣的天花板上。图1.11显示了早期的天文学家是如何描绘恒星随着天球绕着固定不动的地球运动的。图1.12显示了所有的恒星如何绕着非常靠近于北极星的一点做圆周运动的。对古人来说，这一点代表了整个天球旋转所围绕的轴。

如今，我们已经认识到恒星的视运动不是因为天球，而是由于地球的旋转，或者说是**自转**造成的。北极星指示的方向——正北——就是地球自转轴的指向。尽管我们现在知道天球不正确地描述了天空，但我们仍然使用这个虚构的概念，以帮助我们形象地表示恒星在天空中的位置。

地球自转轴和天球的交点被称为**天极**。在北半球，北天极正好位于地球北极的正上方。延长地球自转轴到相反方向便是南天极——地球南极的正上方。介于北、南天极正中的是**天赤道**，代表的是地球赤道平面和天球的交线。这些天球的组成部分都标示在图1.11中。

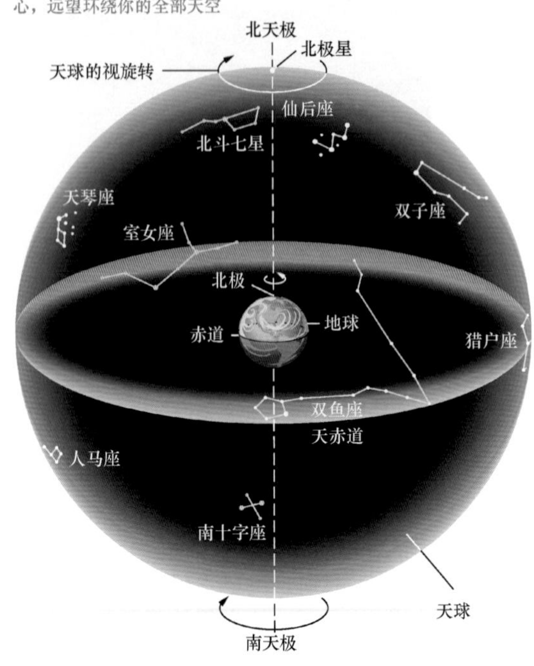

互动图1.11 天球

行星地球固定在天球的中心，所有的恒星都在天球上。这可能是最简单的宇宙模型之一了，但它并不符合现在天文学家所知的一切有关宇宙的事实。

这幅照片的曝光时间约为5h

互动图1.12 北方夜空

一幅北方夜空的延时曝光图。每个弯曲的踪迹都是一颗恒星划过夜空的路径。曝光持续了约5h，每颗恒星都划出了大约1/5个圆弧。这些同心圆以北极星附近为中心，而北极星则划出了短而亮的弧。［美国大学天文联盟（AURA）］

⊖ 我们现在知道，恒星其实也有相对运动，但这种横穿天空的自行太慢，以至于无法用肉眼辨别。∞（6.1节）

讨论恒星“在天空中”的位置时，天文学家自然而然地就会用到“角”位置和“角”分辨的术语。详细说明1-1中介绍了一些有关角测量的基本知识。

概念理解 检查

✓ 为什么天文学家发现保留天球这个虚构的概念会有助于描述天空？当我们谈论恒星在“天上”的位置时，丢失了哪些重要的信息？

1.4 地球的轨道运动

周日变化

我们利用太阳来测量时间。规律的日夜交替对我们的生活极为重要，因此我们把从正午到下一个正午之间的时间间隔，亦即24h的**太阳日**，作为基本的社会时间单位，这并不出人意料。太阳和其他恒星每天在天空中的运动被称为周日运动。正如我们所已知的，这是地球自转的结果。但恒星在天空中的位置在不同的夜晚却不尽相同。每个晚上，相对于地平线来说整个天球看起来像是比前一晚移动了一点。最简单的确认这种差异的方法是观测刚好在日落之后或日出之前出现的恒星。你会发现与前一晚相比，它们的位置会稍微有些变化。由于存在这种移动，通过恒星来度量的天——即**恒星日**，源于拉丁语“sidus”，意为“恒星”——与太阳日一天的长度有所不同。显然，比起简单的转动来，有视运动的天空更为复杂。

造成太阳日和恒星日之间差异的原因梗概显示在图1.13中。这是由于地球同时以两种方式运动所造成的——地球绕其中心轴自转的同时还绕着太阳**公转**。每当地球绕其自转轴旋转一周时，它也沿围绕太阳的轨道移动了一小段的距离。因此地球需要旋转比360°（360°——见详细说明1-1）稍微多一点，才能让太阳回到天空中的同一视位置。因此，某天正午到下一天正午（太阳日）的时间间隔要比真实的自转周期（一恒星日）要稍微长一点。我们的行星绕太阳运动一周要365天，因此多转的角度是360°/365=0.986°。由于地球的自转速度是15°/h，转过这个角度需要花大约3.9min，因此一个太阳日要比一个恒星日长3.9min（即1恒星日大约是23小时56分钟）。

季节变化

图1.14（a）中显示在晴朗的夏日，美国的大多数地点能够看见的主要恒星。最亮的恒星——织女星、天津四和牛郎星（河鼓二）——组成一个明显的三角形，高挂在靠近南方地平线的人马座和摩羯座之上。然而，在冬夜星空中，这些恒星将被图1.14（b）所示的另外一些恒星和著名的星座所替代，其中包括猎户座、狮子座和双子座。天狼星（狗星）位于大犬座，是天空中最亮的恒星。年复一年，一样的恒星和星座在恰当的季节又重新出现。每个冬夜，猎户座都高挂头顶；每个夏夜，则消失不见。（要查看不同季节更为详细的星图，请查阅本书结尾的星图。）

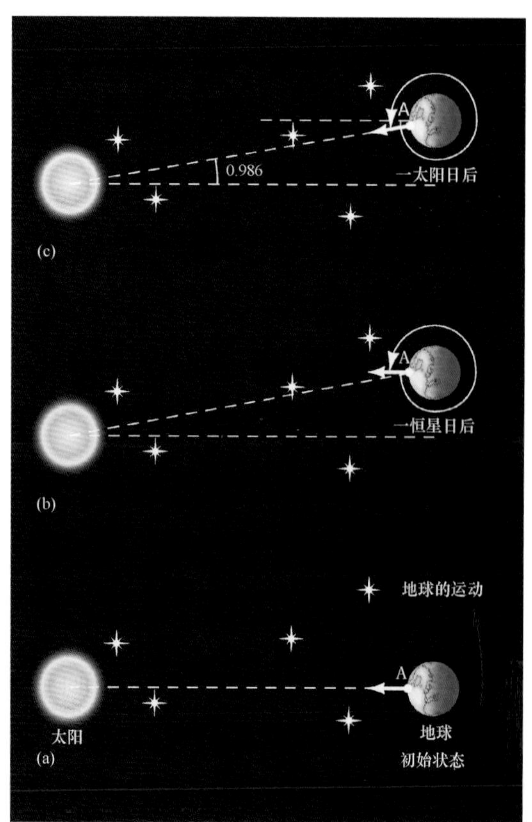

▲图1.13 太阳日和恒星日

一恒星日是地球真实的自转周期——我们的行星自转回到空间中相对于遥远恒星的同一方向所花费的时间。一太阳日是两次相邻的正午之间的时间。一旦我们了解地球在绕太阳公转的同时也在绕其自转轴自转，那么解释这两种定义的时间长度的差异就比较容易了。图（a）和（b）相隔一恒星天。在这段时间里，地球刚好绕其自转轴旋转了一圈，同时也沿绕太阳的公转轨道移动了一点——大约是1°。因此，从指向A点的某天正午到下一次指向同一点的正午，地球实际上旋转了大约361°（图c），太阳日因此比恒星日要长约4min。注意本图没有按比例显示；真实的1°角实际比这里显示的要小得多。

详细说明1–1

角度测量

测量长度和角度通常要给出大小和尺寸。长度测量的概念对我们大多数人来说是相当直观的。我们可能不太熟悉角度测量的概念，但如果牢记以下的几个简单事实，角度测量便能水到渠成：

- 完整的圆有360度（arc degree，记为360°）。因此，半圆，从地平线的这头延伸到那头，径直穿过头顶并在任何时候横跨天空的可见部分，包含的度数便是180° 。
- 每1° 的变化可以再进一步细分为度的分数，即角分（arc minute）。1° 里包含了60角分（记为60′）。（术语“角”用于区分角度单位和时间单位。）太阳和月球在太空中投影的大小都是30′（半度）。保持你的小指头距离一只手臂远时，角度大小也和此接近，占约40′，只是180° 长的地平线的一小部分。
- 一个角分也能被分为60个角秒（arc second，记为60″）。换句话说，一角分是1/60度，而1″是1/60 × 1/60=1/3600度。1″ 是非常小的角度测量单位——相当于在大约2km（比一英里多一些）的距离上观看1cm大小的物体（比如说一角的硬币）时，看起来的角大小。

附图说明了如何将圆逐渐细分成更小的单位。

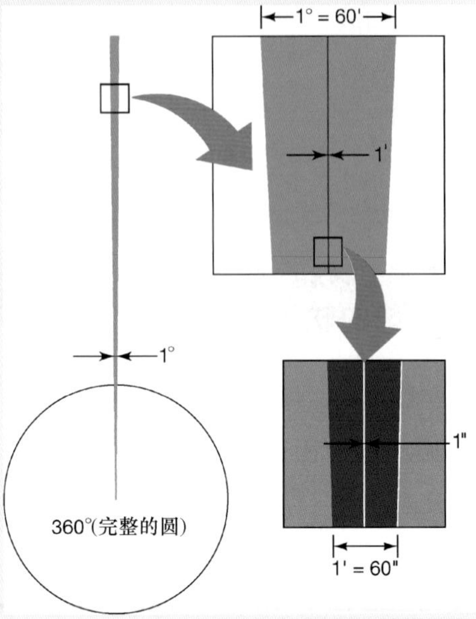

不要混淆用于测量角度的单位。角分和角秒与时间测量丝毫无关，角度与温度测量也毫无关系。度、角分、角秒是衡量宇宙中物体大小和位置的简单方法。

物体的角大小取决于它的实际大小和到我们的距离。比如，以目前月球到地球的距离，它的角直径是0.5°，或者说30′。如果月球的距离是现在的两倍远，那么它看起来就会只有现在的一半大——角直径为15′ ——而月球的实际大小并没有变化。因此，角大小本身并不足以确定一个物体的实际直径——除非物体的距离也已知。详细说明1–2中将更仔细地讨论这一点。

这样有规律的季节变化是由于地球围绕太阳**公转**造成的：每晚地球黑暗的半球面对的空间方向都有小小的不同。变化的程度仅仅是每晚约1° （图1.13）——太小甚至在两晚后也很难用肉眼发觉，但经过几周或几个月的时间后，变化无疑是显而易见的，正如图1.15所示。6个月以后，地球运动到其公转轨道上相对的位置，我们在夜晚面对的将是完全不同的一群恒星和星座。由于这种运动，太阳看起来（对于地球上的观测者来说）相对于恒星背景又运动了一年的时间。太阳在空中的这种视运动在天球上划出一道叫作“**黄道**”的轨迹。

对以前的占星家来说，太阳在黄道上运动时穿过的12个星座——如果不是被太阳的光芒所掩盖，我们在朝向太阳的方向上就会看到的这些星座——有着特别的意义。这些星座被统称为“**黄道十二宫**”。

如图1.16所示，黄道在天球上形成一个大圆，与天赤道的夹角是23.5° 。实际上，正如图1.17所示，黄道面是地球公转轨道平面。黄道的倾斜是因地球自转轴与其公转轨道之间存在夹角而造成的。

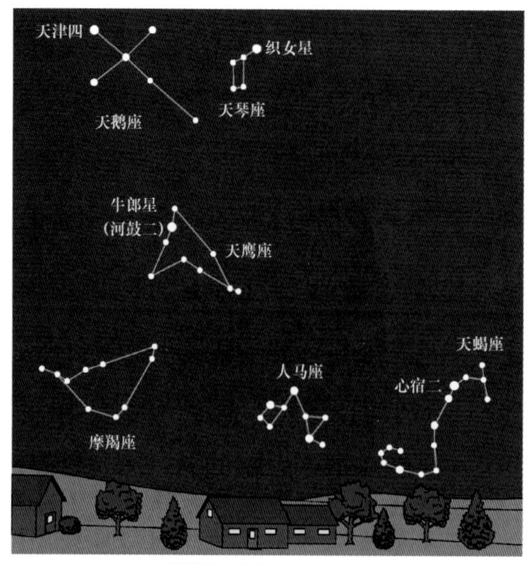

(a) 南方地平，夏天

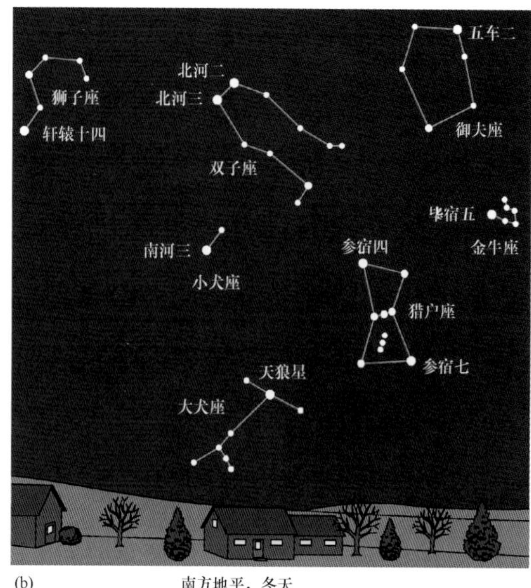

(b) 南方地平，冬天

▲图1.14 典型的星空
（a）一个典型的美国夏夜星空[㊀]。图中显示了一些亮星和星座。（b）一个典型的美国冬夜星空。

当太阳位于相对于天赤道最北的一点时，黄道上的这一点被称为**"夏至点"**（取自拉丁词sol，意为"太阳"，以及"stare"，意为"站"）。如图1.17所示，这一点代表的是，当地球北极指向最靠近太阳指向的方向时，太阳在地球公转轨道上的位置。此时大约是每年的6月21日——具体日期每年都稍有变化，因为一年的实际长度并不是天的整数。随着地球的自转，地球赤道以北在这一天受到太阳光照射的时间最长。因此，夏至对应于一年中北半球白昼最长的、南半球白昼最短的一天。

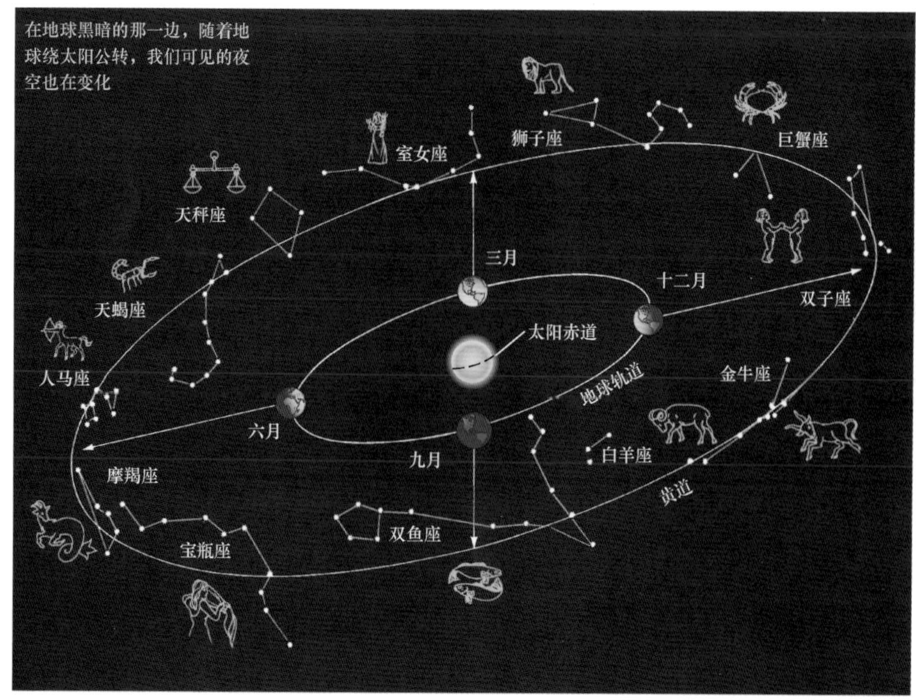

互动图1.15 黄道十二宫
一年中不同的时间，地球上夜晚的那面会面向不同的星座。图中给出名字的12个星座组成了占星学中的黄道十二宫。箭头指示出一年中不同时期的夜空中最为突出的黄道星座。比如，在六月，当太阳"处于"双子座时，夜空中可见人马座和摩羯座。

㊀ 也是典型的中国夏夜星空。——译者注

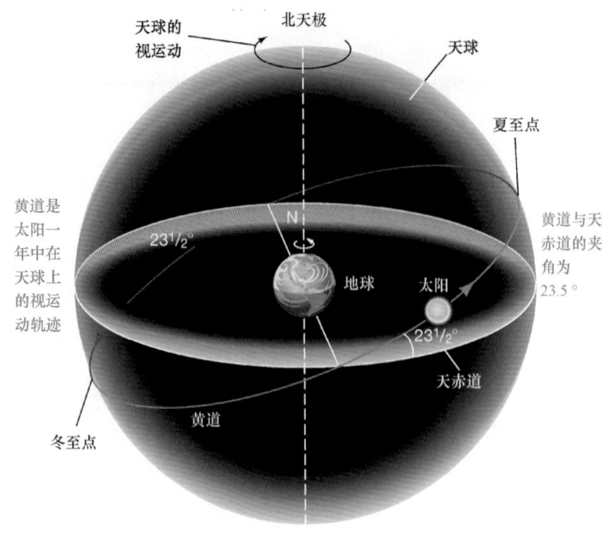

◀图1.16 黄道
太阳在一年中沿天球运动的视路径被叫作黄道。如图所示，黄道与天赤道有23.5° 的夹角。图中所示的天空中，季节变化导致太阳到天赤道的高度发生改变。在夏至，太阳在黄道上最靠北的一点上，因而此时从北半球看，太阳在空中最高，白天也最长；在冬至时则正相反。在春分和秋分时，太阳穿过天赤道，昼夜长度相等。

六个月后，太阳位于天赤道下面的最南端（图1.16）——或者换句话说，北极此时距离太阳最远（图1.17）。这时我们迎来**冬至**（12月21日），地球上北半球白昼最短、南半球白昼最长的一天。

地球自转轴相对于黄道的倾斜造成了我们所经历的**四季**变化——炎热夏季和寒冷冬月有着显著的温度差异。如图1.17所示，两种因素的结合导致了这种变化。首先，夏天比冬天的白天要长几个小时。要明白这是为什么，可以参看图中画在地球表面的黄线。（更明确一点，这些黄线对应于北纬45°——美国五大湖区或法国南部的大致纬度。）在夏季，黄线被太阳光照到的部分要多得多，更多的白天日光照射意味着受到的太阳能加热更多。其次，如图1.17中的小图所示，当夏季太阳高挂天空时，照射在地球表面的太阳光要更为集中——比冬天时覆盖的面积要小。这导致我们感觉太阳光更热。由于太阳在地平线上的最高处、白天时间最长，因此夏天通常要比冬天温暖得多，而冬天的太阳位置低、白昼短。

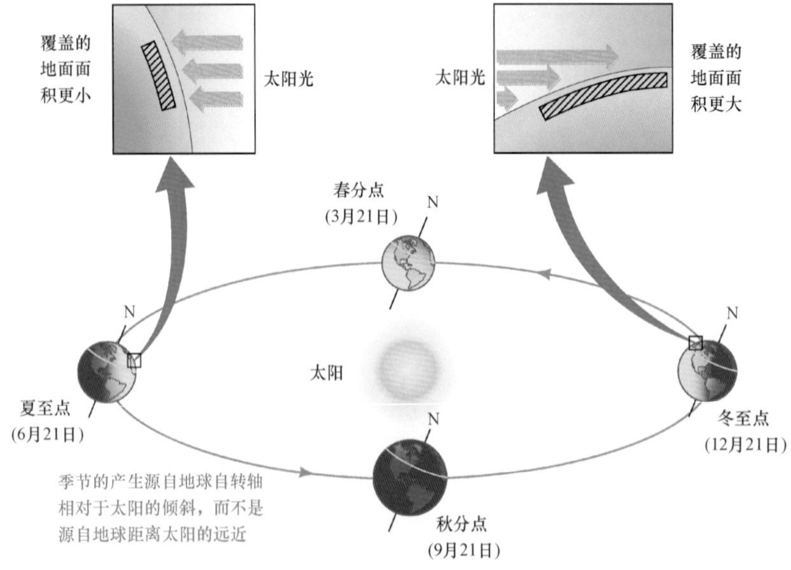

◀互动图1.17 季节
MA® 地球上的季节变化源自地球自转轴相对于其公转平面的倾角。夏至点位于地球公转轨道上指向太阳与北极点最为接近的地方，冬至点则相反。春分和秋分点对应于地球公转轨道上，当地球自转轴垂直于地球与太阳连线时的位置。两幅小图显示，当太阳光倾斜地照到地面上时（如北半球的冬天时），比太阳光近乎直射时（如北半球夏天时）覆盖了更大的面积。因此，当太阳高挂在天空时，地球表面给定区域接收到的太阳热量是最多的。

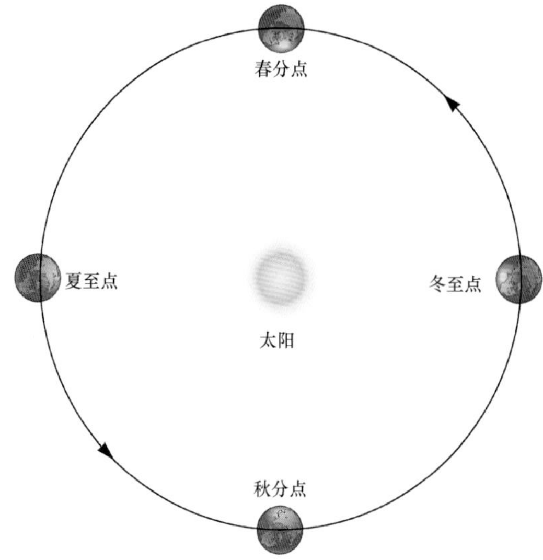

▲**图1.18 地球轨道**
从上俯瞰，地球绕日轨道几乎是个完美的圆。日地距离在一年当中仅有微小的变化，并不是造成我们在地球上经历四季温差变化的原因。

一个广泛的误解是认为季节变化与地球到太阳的距离有关。图1.18说明了为什么事实并非如此。图中显示了“俯瞰的”地球轨道，而不是像图1.17那样，从轨道的侧面看去。注意，地球轨道近乎是一个完美的圆，因此在一年内，地球到太阳的距离变化非常小（事实上，仅有3%的变化）——远不能解释季节性的温度变化。而且，实际上，地球最接近太阳是在一月初，即北半球的隆冬时分，因此到太阳的距离不是影响气候的主要因素。

黄道与天赤道的两个交点（图1.16）——当地球自转轴垂直于日地连线时的位置——被称为**二分点**。在这些日子里，昼夜时间相等。（二分点equinox这个词来源于拉丁语，意为“equal night”，即昼夜平分。）在秋天（北半球），当太阳从北半球运动到南半球时，这一交点被称为**秋分点**（9月21日）。**春分**出现在北半球的春天，在3月21日左右，当太阳穿过天赤道向北运动时。由于春分点与冬天的结束和新的生长季节的开始联系在一起，因此在早期的天文学家和占星家看来，春分特别重要。它也在人类计时方面扮演着重要的角色：两次春分之间的时间间隔——365.2422平太阳日——被称为一个回归年。

长期变化

地球有许多种运动方式——绕轴自转、绕太阳公转，以及跟随太阳穿过银河系。我们已经了解到，这些运动有的导致了夜间星空的变换和季节的变换。实际情况更加复杂。一个旋转的陀螺在绕其自转轴高速自转的同时，其自转轴也在缓慢地绕垂直于地面的轴线旋转，类似地，地球自转轴随时间也在改变方向（尽管自转轴与垂直于黄道面的直线夹角总是保持在23.5°左右）。如图1.19所示，这种变化被称为“**岁差**”。是由于作用在地球上的力矩（扭转力）所造成的，它源自于月球和太阳的引力对地球的影响，大致与地球自身的引力对陀螺造成的力矩一样。在一个完整的岁差运动周期内——大约是26 000年——地球自转轴会描绘出一个锥形的轨迹。

相对于恒星来说，地球完成绕太阳公转一圈所需的时间被称为一**恒星年**。一恒星年长约365.256平太阳日——比一回归年长约20min。地球的**岁差**运动是造成这种细微差别的原因。回想一下，春分发生在地球自转轴垂直于日地连线之时，此时太阳从南向北穿过天赤道。如果没有岁差，在一恒星年内，这将正好发生一次，回归年与恒星年将完全一样。然而，由于地球自转轴指向的缓慢进动，自转轴下一次与日地连线垂直的时刻将比期望的略微提前。因此，春分点随着岁差的周期运动会缓慢地沿黄道西移（“后退”）。

回归年是我们日历中所用的年。如果我们依照恒星年来计时，随着地球的岁差运动，季节便会在日历上缓慢变化——13 000年前，北半球的夏季是在二月底到来！使用回归年能确保七月和八月总是（北半球的）夏季月份。然而，在13 000年后，猎户座就将在夏夜星空中出现。

概念理解 检查

✓ 天文中，什么是夏天和冬天？为什么在这些季节看到的星座不同？

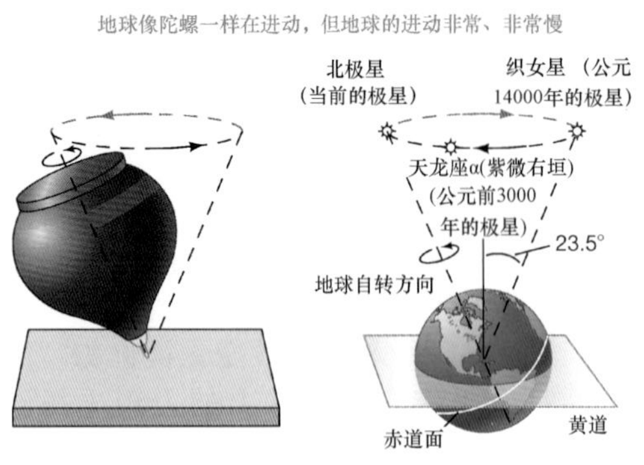

(a)

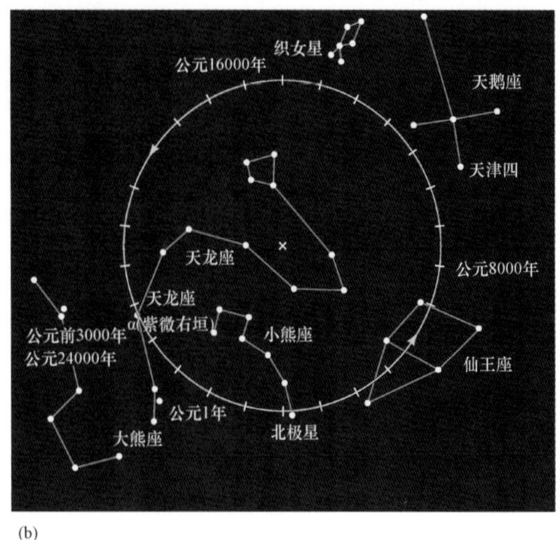

(b)

互动图1.19　岁差

（a）地球自转轴当前指向靠近北极星的方向。从现在起到约12 000年后——几乎是岁差周期的一半——地球的自转轴将指向织女星——那个时候的“北极星”。5000年前，北极星是天龙座里面的恒星天龙座α（紫微右垣）。（b）黄色圆圈显示了北天极在北半天球的亮星之间划出的岁差轨迹。每一刻度线的间隔为1000年。

1.5　月球的运动

月球是我们在太空中最近的邻居。除了太阳外，它也是天空中可见的最亮的天体。像太阳一样，相对于恒星背景，月球看起来也在运动。然而与太阳不同的是，月球实际上是在绕着地球运转。它每天在天空中大约运动12°，这意味着在大约1h的时间里，月球移过的角距离等于它自己的角直径——30′。

月相

月球的外观，即**月相**，有着规律的周期性变化，需要约29.5天完成一次循环。图1.20显示在每月的不同时间，月球的不同面貌。从新月（朔）开始（此时月球在天空中几乎完全不可见），每晚月球看起来渐盈（增大）一点，逐渐可见日益变大的峨眉月（图1.20中照片1）。朔后一周，我们可见月球圆面的一半（照片2）。此时的相位被称为上弦月。在接下来的一周内，月面继续增大，经过渐盈凸月阶段（照片3）；直到朔两周以后，才可见满月（望）（照片4）。在接下来的2周内，月球渐亏（缩小），依次经过渐亏凸月、下弦月、残月阶段（照片5~7），最终又回到新月（朔）阶段。

从地球上看，月球在空中相对于太阳的位置也随着月相在变化。例如，随着太阳在西边落下，月球从东方升起，然而上弦月实际是在正午时分升起的，当天色渐晚，太阳光黯淡时，才能被看见。此时的月球早已高挂在天空中。图1.20给出了月相和月球出没时间的一些关系。

当然，每个晚上的月球其实并没有改变大小和形状。月球圆面在任何时间一直都在。那么，为何我们见到的不一直是满月呢？这个问题的答案在于，与太阳和其他恒星不同，月球本身并不发光，它通过反射太阳光来发亮。如图1.20所示，任何时候，月球都只有一半的表面被太阳光照亮。然而，并不是月面上所有被太阳光照射到的地方都能被我们看到，因为月球相对于地球和太阳的位置在改变。满月（望）时，我们看到整个“亮面”，此时太阳和月球在天空中分别位于地球两边相对的地方。在新月（朔）时，月球和太阳几乎处于天空中同一方向，月球被照亮的一面背对着我们。朔时，从我们的角度来看，太阳几乎是躲在月球的后面。

随着月球绕地球运转，我们的卫星相对于恒星的位置也在天空中变化着。在1个**恒星月**内（27.3天），月球完成一次公转并回到天球上的同一起点，在天空中划出一个大圆。月球完成一次完整的相位周期所需的时间——**朔望月**，要稍微长一些——大约29.5天。朔望月比恒星月要长一点的原因同太阳日比恒星日要稍长的原因一样：由于地球绕太阳运动，所以月

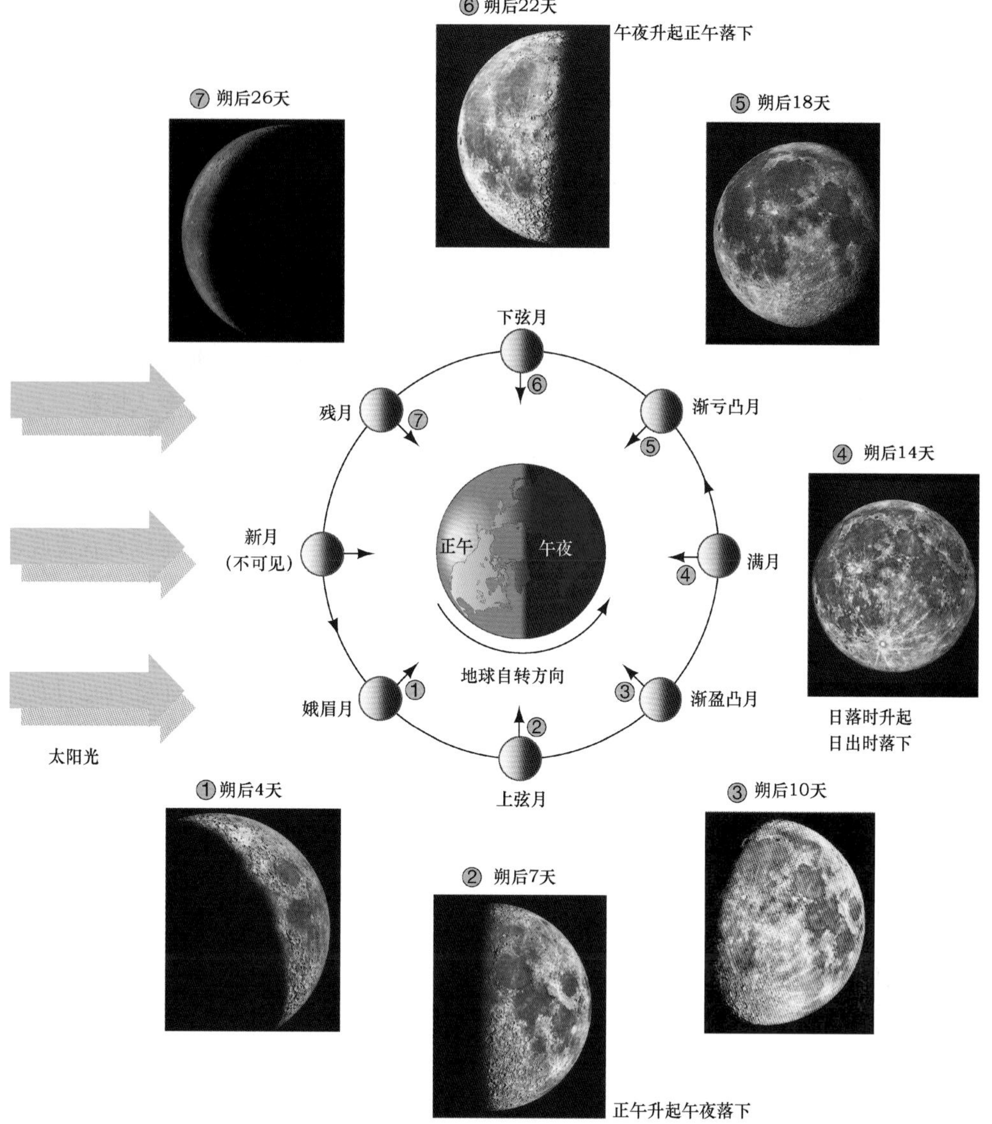

解说图1.20 月相变化

由于月球环绕地球运动，所以月球被太阳光照射到的可见部分每晚都在变化，尽管月球始终是以相同的一面朝向地球的。（注意小而直的箭头所示的位置，它指的是在各个不同相位时，月球表面上的相同一点。）一个完整的月球相位周期需要29.5天，如从娥眉月开始，沿月球轨道逆时针旋转所示。在某些相位，月球升起和下落的时间也一同标出。［加利福尼亚大学（UC）/利克天文台（Lick Observatory）］

球必须完成比自转一圈多一点的运动，才能回到轨道上的同一个相位点（图1.21）。

（日、月）食

有时——但仅在朔或者望时——从地球上看，太阳和月球恰好连成一线，此时我们将观测到被称为“**月食**”的壮观天象。当从地球上看，太阳和月球刚好处于相对的位置时，地球的阴影会扫过月球，短暂地遮挡住太阳光并使月球变暗，从而形成月食，如图1.22所示。从地球上看，地球弯曲边缘的阴影开始切过满月的表面，并慢慢蚕食月面。大多数时候，太阳、地球和月球的排列并非完全是一条直线，因此，地球阴影并不能完全覆盖住月球。这时发生的叫作**月偏食**。然而，整个月面偶尔会在**月全食**时被完全遮挡，正如图1.22中的小插图所示。月全食持续的时间和月球在地球阴影里穿行所需的时间一样长——不超过100min。在这段时间内，月球通常会呈现出诡异的红色——这是由于少量的太阳光被地球大气红化后折射到

互动图1.21 恒星月

朔望月与恒星月之间的差别源于地球相对于太阳的运动。由于地球绕日运动的轨道周期是365天，所以在两次朔之间的29.5天（1朔望月）里，地球运动的角度近似为29°。于是，月球在两次朔之间转过的度数一定会超过360°。因此，恒星月（月球相对于恒星背景正好公转360°时所花的时间）比朔望月要短约2天。

月球表面上所形成的（同样的原因也会造成日落时呈现出同样的颜色），因此，地球的阴影并不是完全黑暗的。

从地球上看，当月球和太阳恰好处在同一方向时，更加令人惊叹的景象就将发生。月球从太阳正前方经过，形成**日食**，将白天短暂地变为黑夜。日全食时，当三者完美对齐时，由于太阳光几乎被完全遮住了，使得大行星和一些恒星在白天也能被看到。同时，我们也能看到太阳幽灵般的外层大气，即日冕（图1.23）。㊀日偏食时，月球的路径稍微“偏离中心”，仅会有部分的太阳表面被遮挡。不管是哪种日食，太阳似乎都被黑色圆盘似的月球所吞蚀，这种景象至今仍令人惊骇。无疑，这一定激起了早期观测者的恐惧。因而，将预测日食的能力看成是高度珍贵的本领也就不足为奇了。

不像月食能够同时被地球处在夜晚那一侧的所有地方看到，地球处在白天的一侧仅有小部分范围能看到日全食。月球投到地球表面的影子大约有7000km宽——大约是月球直径的两倍。而在阴影之外，是不能看见日食的。然而，在被称为**本影**的阴影中心部分，看到的是日全食；在本影之外的称为**半影**的阴影部分，看到的是日偏食；离阴影中心越远，太阳被遮蔽的部分会越少。

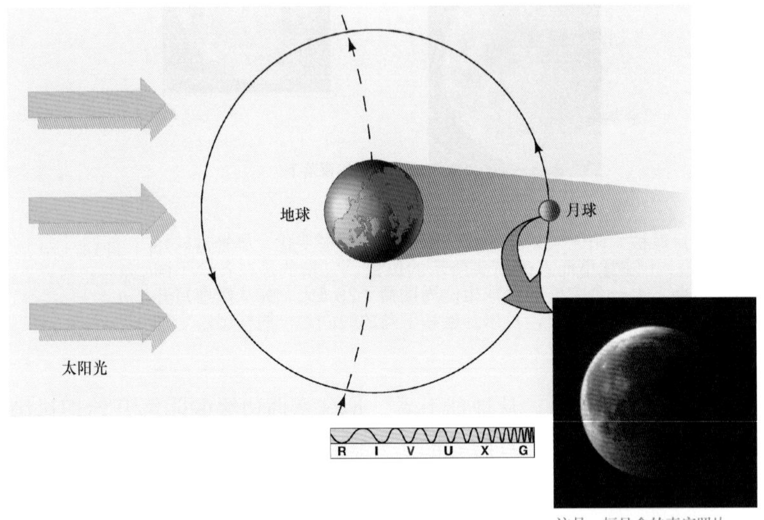

这是一幅月食的真实照片，月食是肉眼可见的伟大光影秀之一

互动图1.22 月食

当月球途经地球的阴影时，我们会看到一个变暗的、铜红色的月球，如小插图中的偏食所示。红色是由于地球大气将太阳光折射到月球表面而发生的。［插图：G. 施耐德（G. Schneider）］

㊀ 虽然日全食无疑是壮观的景象，但实际上，日冕的可见性可能是现今这种天象中最为重要的天文科学因素了。它使得我们能够研究太阳其他难以见到的部分。（见第5章）

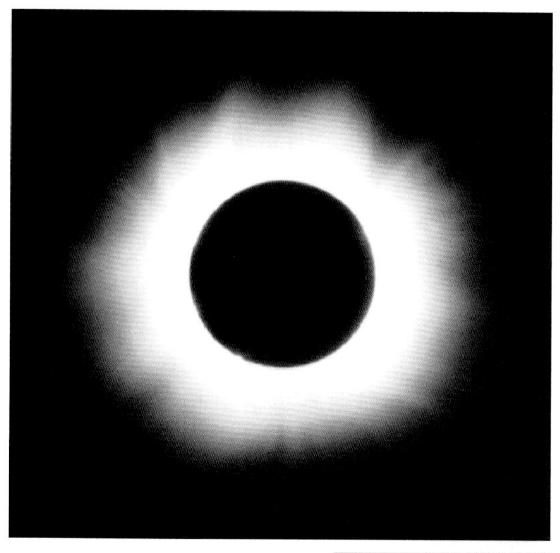

▲图1.23　日全食
日全食期间，被遮蔽的日面周围可见的形状不规则的光晕是太阳日冕。这是在1999年八月发生的日食，观测地点位于保加利亚索菲亚附近的多瑙河畔。［B. 安格洛夫（B. Angelov）］

本影和半影的联系，以及地球、太阳和月球的相对位置如图1.24中所示。本影的范围总是很小，即使是在最理想的情况下，它的直径也不会超过270km。由于阴影以超过1700km/h的速度扫过地球表面，所以日全食在地球上任意指定地点上的持续时间绝不会超过7.5min。

月球环绕地球运动的轨道不完全是圆形的。因此，在日食发生时，月球可能距离地球很远，以至于月面不能将日面完全遮盖，尽管此时它们的中心连成一线。在这种情况下，日面上没有哪里会被完全遮挡——本影根本不会投到地球上，仍然会有一个细细的环绕月球的太阳光环能被看见。这样的现象被称为**日环食**，如图1.24（c）所示；更清晰的说明如图1.25所示。在所有已发生的日食中，约有一半是日环食。

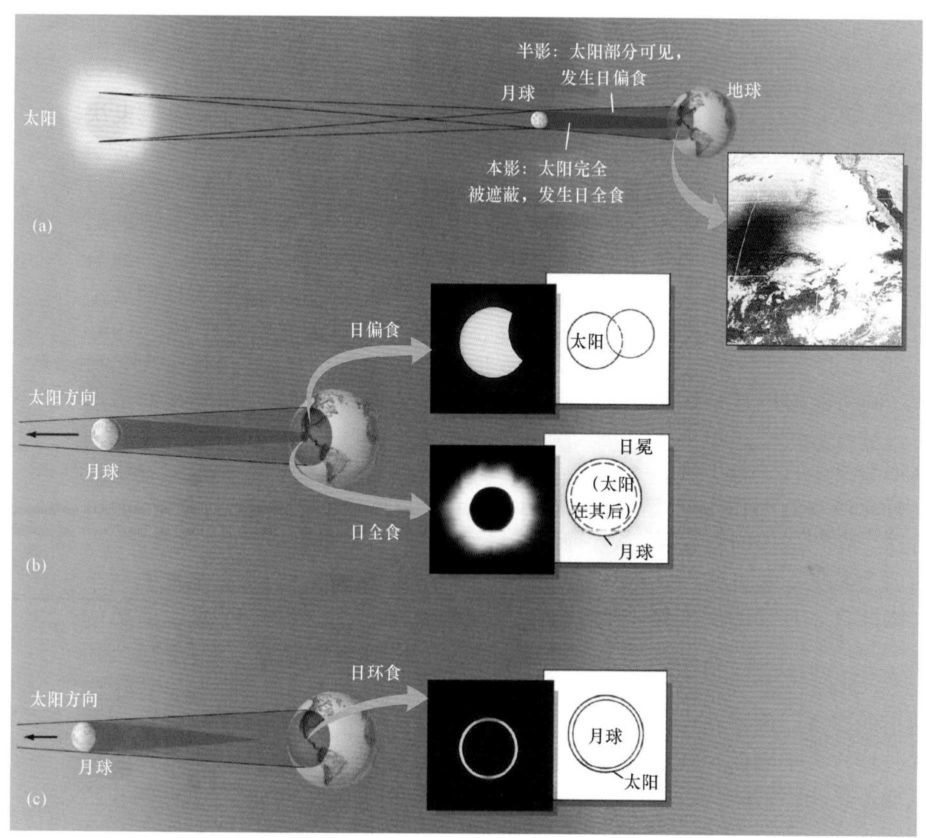

互动图1.24　日食的种类
MA（a）月球的阴影由两部分组成：本影，在其中看不到任何太阳光；半影，部分太阳光可见。（b）如果我们位于本影区，将会看到日全食；位于半影区，可见日偏食。（c）如果发生日食的时候，月球距离地球太远，本影就不能投影到地球上，也就不会发生日全食；相反地，发生的是日环食。（注意，这些图不是按比例绘制的。）［插图：美国国家海洋和大气管理局（NOAA）、G. 施耐德（G. Schneider）］

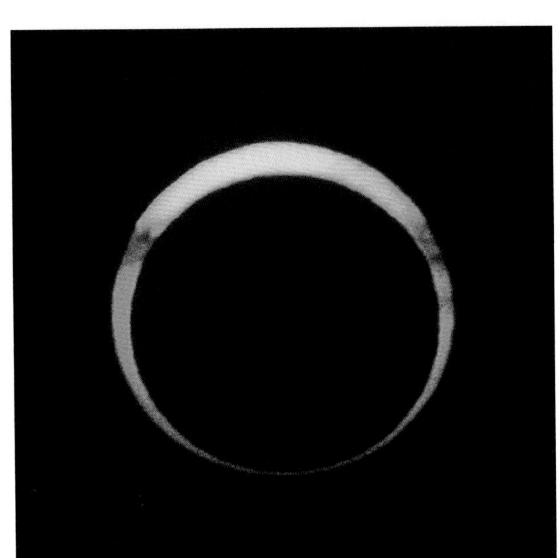

▲**图1.25　日环食**
日环食期间，月球不能完全遮蔽住太阳，还能看见细细的光环。这种情况下不能看到日冕，因为即使只有少量的太阳光可见，也能完全地淹没日冕微弱的光芒。图中是发生在1973年12月的日环食，观测地位于阿尔及尔。（顶部左右灰色模糊的区域是地球大气中的云层。）［G. 施耐德（G. Schneider）］

食季

为什么不是每个朔都会发生日食，也不是每一次望都会发生月食呢？换而言之，为什么月球不是每次公转都正好经过地球和太阳之间，或者是每两周都正好穿过地球的阴影呢？

答案在于，月球的轨道与黄道之间存在微小的夹角（角度为5.2°），因此在朔（或望）时，月球恰巧穿过黄道平面（地球、月球和太阳完美地排成一条线）的机会是极少的。图1.26显示了这三个天体之间可能的位置结构。如果在朔（或望）时，月球碰巧位于黄道平面的下面或上面，那么将不会发生日（月）食。这样的位置构型是日、月食产生的不利构型。在位于有利构型时，月球会在朔或望时穿过黄道平面，日、月食这时就会发生。不利构型比有利构型要更加普遍，因此日、月食的发生是罕见的。

如图1.26（b）所示，月球轨道与黄道平面的两个交点被称为轨道的交点。连接交点的直线，亦即地球轨道和月球轨道平面的交线，被称为交点线。当交点线不是正指向太阳时，情况不利于发生食。然而，当交点线大致沿着地日连线方向时，食是有可能发生的。这两个时期被称为**食季**，是唯一可能发生日、月食的时候。注意，此时也不能保证日、月食一定会发生。对日食来说，食季期间一定要有一次朔（新月）。同样地，月食也只能发生在包含望（满月）的食季内。

我们非常准确地知道地球和月球的轨道，因此可以预测遥远的未来会发生的日月食。图1.27显示了2010年到2030年期间所有日全食发生的地点和持续时间。有趣的是，日食的轨迹从西延伸到东——这与我们更为熟悉的日出和日落现象恰恰相反，越在东边的观测者能越早地看到日出或日落。原因在于月球阴影扫过地球表面的速度要快于地球自转，因此，日食实际上比地面的观测者运动得要快。

我们所见的日食凸显了宇宙的非凡巧合。虽然太阳距离地球要比月球距离地球远许多倍，但太阳的个头也更大。事实上，距离之比几乎与大小之比一样，因此太阳和月球有着几乎相同的角直径——从地球上看，大约都是0.5°。这样，月球才能几乎完全遮住日面。如果月球更大一些，我们将永远不会看到日环食，而日全食会更为普遍。如果月球更小一些，那我们就只能看到日环食了。

随着时间慢慢改变，太阳的引力拖曳决定了月球轨道的取向，亦即交点线的方向。因此，交点线指向太阳的位置构型（每次月球都会同样地穿越黄道）前后两次出现的时间间隔并不刚好是1年，而是346.6天——有时这被称为1个食年。于是，食季的日期逐渐向前推移，每年约早19天发生。例如，1999年的食季是在2月和8月，在8月11日，大多数欧洲和南亚的地方有幸目睹了千禧年的最后一次日全食（图1.23）。到2002年，食季悄然变到12月和6月，那一年的日食实际发生在6月10日和12月4日。通过研究图1.27，就可以跟踪食季发生的日期变化。

结合食年和月球的朔望周期会产生一个有趣的长期的日（月）食循环周期。简单的计算表明，19个食年几乎恰巧等于223个朔望月。因此，每隔6585个太阳日（实际为18年又11.3天），“同样”的日、月食就会重现，地球、月球和太阳便会出现相同的相对位置构型。几个这样的重现展示在图1.27中——比如，2010年7月11日的日食轨迹（食带）会重现在2028年7月22日。（注意，我

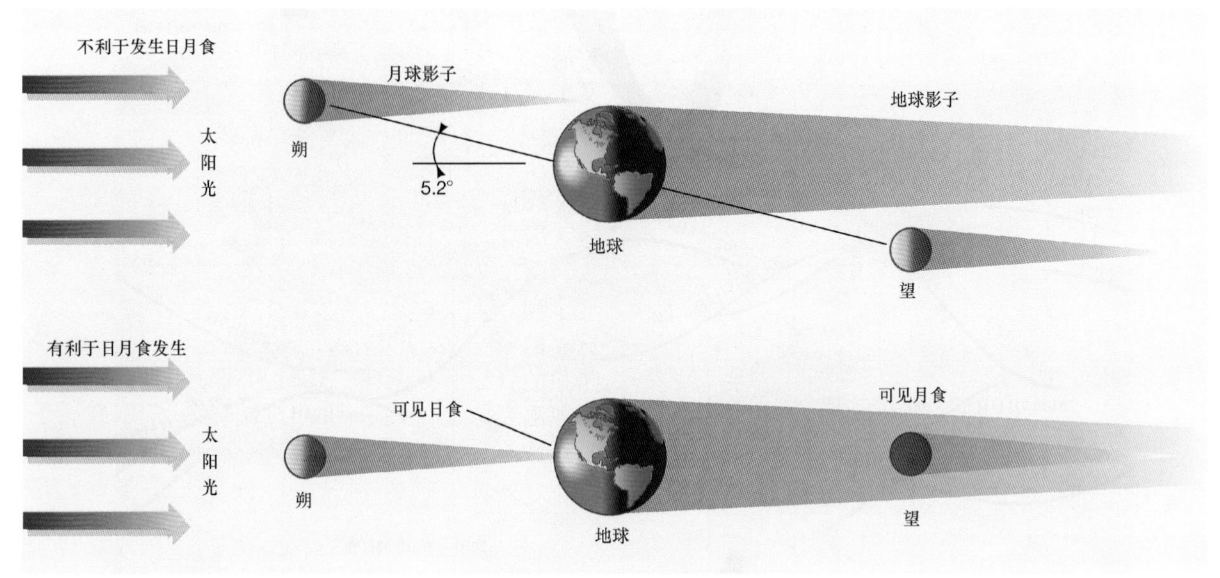

(a)

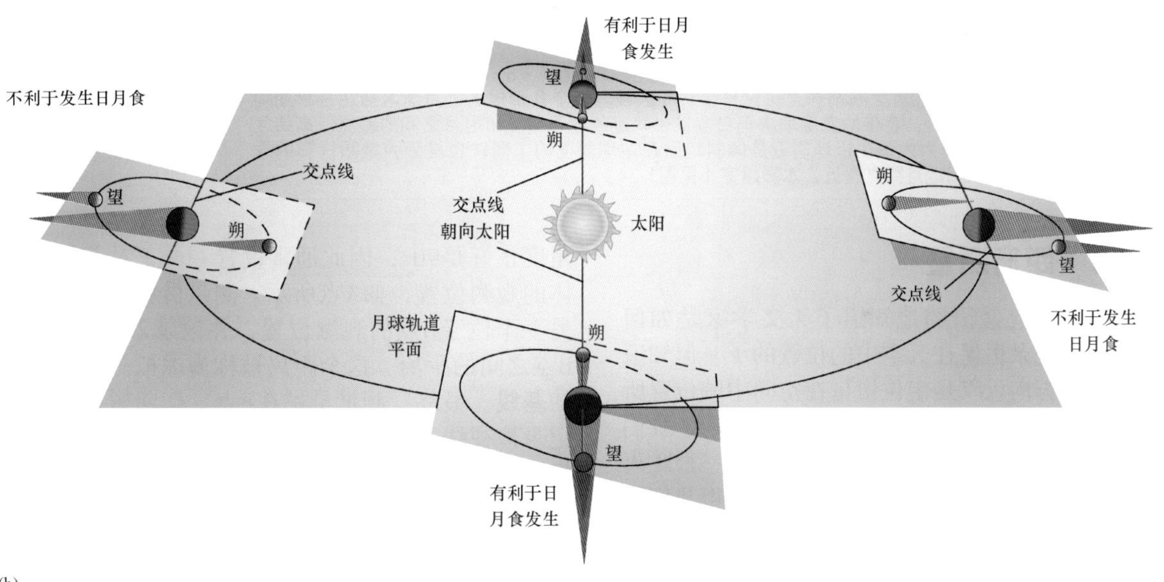

(b)

▲图1.26　日月食几何示意图

（a）日月食发生在地球、月球和太阳完全排成一线时。如果月球的轨道平面与黄道平面正好重叠，这种情况将每月发生一次。但月球轨道与黄道有5° 左右的夹角，因此不是所有情况都有利于发生日月食。（b）日月食发生时，两个平面的交线一定会沿地日连线方向。因此，一年中只有特定的时间才会有日月食发生。为清楚起见，图中只显示了天体的本影（见图1.24）。

们必须要适当地考虑闰年才能得到正确的日期！）120° 的经度变化大约对应于地球自转0.3天。这样的周期变化被称为沙罗周期。古代天文学家熟知这一点，这无疑是他们具有“神秘”的预测日月食能力的关键所在。

概念理解 检查

✓ 如果地球到太阳的距离变为现在的两倍，我们将看到什么类型的日食呢？如果距离变为现在的一半呢？

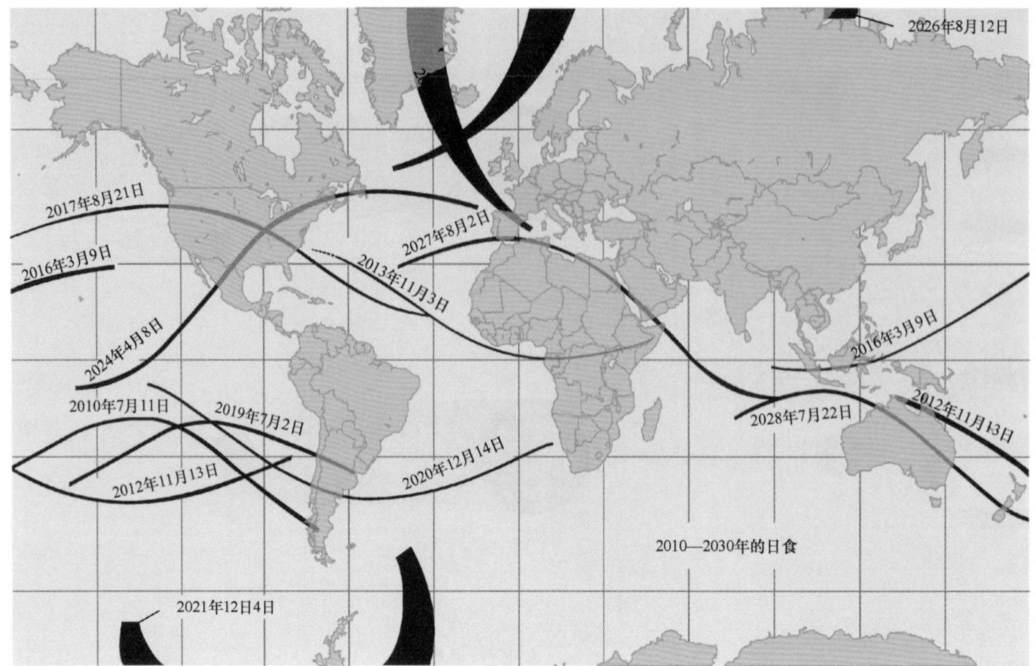

▲图1.27 日食带

图示为2010年至2030年之间地球上可见日全食的区域。每个食带代表了月球本影在日食期间扫过地球表面的路径。食带的宽度取决于日食发生轨迹的地理纬度和地月之间的距离。高纬度的食带要宽些，因为太阳在极地附近是倾斜地照在地球表面的（同样也是因为地图投影的原因）。日全食期间地月距离越近，本影越宽（见图1.24）。

1.6 距离测量

我们已经简约地知道了天文学家是如何跟踪和记录恒星在天空中的位置的了。但知道天体的方向仅仅是定位恒星在空间中的位置所需的信息之一。在系统地研究天空之前，我们必须要找到方法来测量“距离”。有一种距离测量的方法是**三角测量**，它以欧几里得几何原理为基础，在当今地学和天文领域中被广泛使用。测量员用这种古老的几何方法来间接测量遥远物体之间的距离。三角测量方法是距离测量技术家族的基础，而这些测量技术的测量结果构成了**宇宙距离尺度**。

三角测量和视差

想象一下如何测量与河对岸的树之间的距离。最直接的方法是带个卷尺穿过河，但这并不是最简单的方法（由于水的流动，这甚至也是没有可能的）。一名聪明的测量员会通过观测一个虚构的三角形（三角测量的来历）来进行测量，从附近岸边的两个位置观测另一边河岸上的树，如图1.28所示。最简单的三角形是直角三角形，其中一个角的角度正好是90°，因此通常设置一个正对着物体的观测位置，如A点所示。测量员接着移到另一个位于B点的观测位置，并记录下A点到B点之间的距离。这个距离被称为虚拟三角形的**基线**。最终，测量员站在B点，朝向树，并记录该视线方向在B点处与基线的夹角。已知直角三角形一条边（AB）的值和两个角的大小（A点处的直角和B点处记录的角度），测量员用几何学构造其他的边和角，并得到从A点到树的距离。

利用三角测量来测量距离，测量员必须要熟悉三角几何，这是有关几何角度和距离的数学运算。然而，即使我们完全不知道三角几何，我们也能通过图形化的方式来解决这个问题，如图1.29所示。假设我们步测基线AB，得到它的距离为450m，再测量基线与B点和树连线之间的夹角为52°，如图中所示。令图中每个格子表示地面上25m的距离，我们可以把问题转移到纸上进行。在纸上画出AB，并完成三角形的另外两条边，以及90°角（A点处）和52°角（B点处），我们测得纸上从A点到树的距离为23格——也就是575m。我们通过纸上建

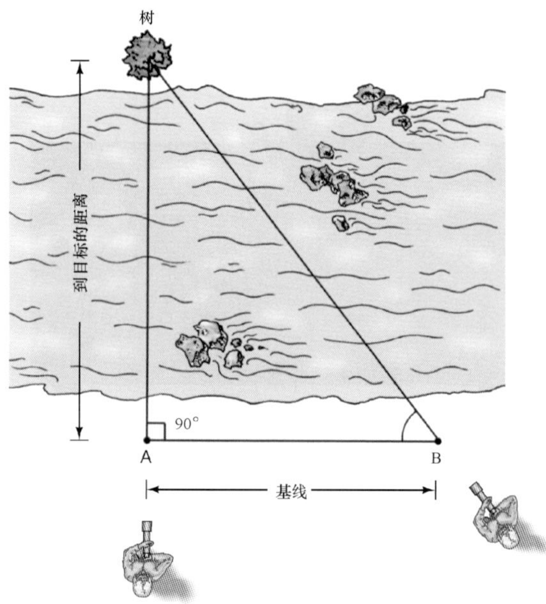

▲图1.28　三角测量法
测量员常常采用三角测量法，利用简单的几何和三角几何来估计遥远目标的距离。通过测量A点和B点处的角度和基线的长度，不需要直接测量就能计算出距离。

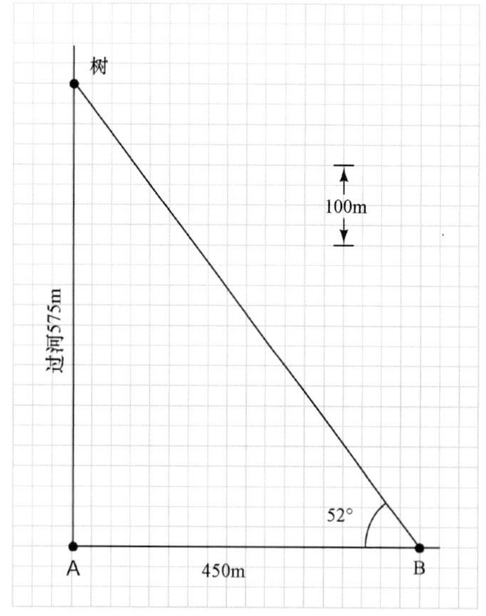

▲图1.29　几何缩放
甚至不需要三角几何就能间接估计出距离。就像这张坐标纸上所示的那样，一般按比例估计就可以。

模解决了实际问题。这里需要记住一点：不需要任何比基本几何更复杂的东西就能推断过于遥远或是无法直接测量的物体的距离、大小和形状。

显然，对于固定的基线，随着树到A点距离的增加，三角形会变得又窄又长。狭长的三角形会带来麻烦，因为精确测量A点和B点处的角度会变得困难。我们可以通过“增宽”三角形来使测量变得简单——即延长基线——但在天文中可以选择的基线长度是有限制的。例如，考虑一个从地球延伸到附近空间的天体的虚拟三角形，有可能是一颗附近的行星。即使是一个相当近的天体（按宇宙标准来说），这样的三角形也是极其狭长的。图1.30（a）展示了一个例子，利用了地球上可能的最长基线——地球直径来测量从A点到B点的距离。

原则上，两名观测者可以从地球上相对的位置观测行星，并测量A点和B点处的角度。然而事实上，测量虚拟三角形的第三个角要更为简单。观测者朝向行星，记录下它相对于某些遥远恒星在天空中的投影位置。A点的观测者看到行星相对于图1.30（a）中的那些恒星的视位置为A′点，B点的观测者看到行星在B′点。如果每名观测者都拍摄天空中恰当范围的照片，那么两幅图片里行星出现的位置会稍有不同。如图1.30（b）所示，相对于视场中遥远的背景恒星，行星在照片中的图像稍稍移动了。背景恒星本身看起来没有产生位移，是因为它们距离观测者要更为遥远。

随着观测者的位置变化，前景目标相对于背景的视位移被称为**视差**。图1.30（b）中所示的位移大小，即在天球上测量出的角位移，是图1.30（a）中的第三个小角。天文环境下的视差常是非常小的。例如，以地球赤道直径为基线观测月球上的一点得到的视差大约是2°；金星在最接近地球时（4500万千米），视差仅为1′（见详细说明1–2）。

物体距离观测者越近，视差越大。图1.31正解释了这一点。将一支铅笔垂直地放在你的鼻子前面，并将眼神集中在某些遥远的物体上——比如，远处的墙。闭上一只眼睛，然后睁开并闭上另外一只眼睛。你应该会发现，铅笔投影在远处墙上的视位置大大地变化了——出现了大的视差。在这个例子中，一只眼睛对应于A点，另一只眼睛则对应于B点，两个眼球之间的距离是基线，铅笔对应于行星，远处的墙则对应于遥远的恒星背景视场。现在保持铅笔在一只手臂长的地方，对应于一个较为遥远的天体（但并不是和更遥远的恒星一样

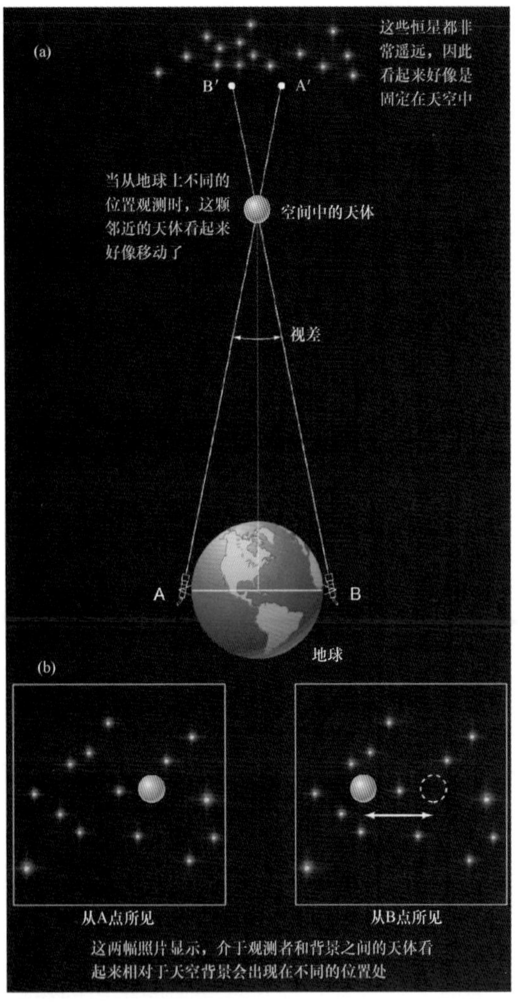

▲图1.30　视差
（a）虚拟的三角形从地球延伸到邻近空间的一个天体上（例如一颗行星）。顶部的那群恒星代表着非常遥远的恒星背景视场。（b）在假想的同一恒星视场的照片中，显示了邻近天体相对于遥远的、不动的恒星的视位移。

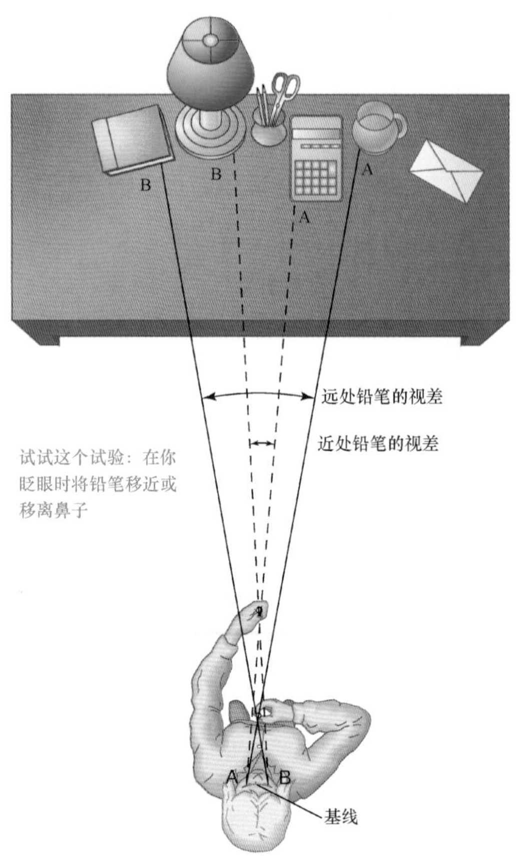

▲图1.31　视差几何
视差与物体的距离成反比。靠近鼻子的物体的视差比一臂远的物体的视差要大得多。

远）。铅笔的视位移这时将变小。你甚至可以验证视位移与到铅笔的距离是成反比的。移动铅笔到更远的地方，我们会使三角形变窄并导致视差变小（这也使精确测量变得更加困难）。如果将铅笔贴在墙面上，对应于要观测的天体和背景恒星视场一样遥远，换不同的眼观测根本不会产生铅笔的视位移。

视差的大小与天体的距离成反比。小的视差意味着远的距离，而大的视差则意味着近的距离。已知视差的大小（以角度表示）和基线的长度，我们可以很容易地利用三角测量方法得到距离。详细说明1-2更详细地探讨了角度测量和距离之间的联系，介绍了如何使用初等几何来确定遥远天体的距离和尺寸。

大地测量员经常使用这样的简单几何方法来绘制地图。作为太空的测量者，天文学家采用了相同的基本原理来绘制天图。

测量地球大小

到此，我们学习了天文学家所运用的一些测量工具，让我们用一个经典的例子来结束这一章——科学方法结合刚刚介绍过的基本几何方法，早期的科学家们是如何进行一些真正“全球”性的计算的呢？

大约在公元前200年，一位叫作埃拉托塞尼的希腊哲学家（前276—前194年）利用简单的几何推导计算了我们行星的大小。他知道夏季第一天的正午，埃及城市西奈（如今叫作阿斯旺）的观测者会看到太阳正过头顶。观测事实也表明了这点，因为垂直的物体没有影子并且太阳光照射到了深井的底部，如图1.32所示。然而，同一天正午时，在亚历山大，一个往北5000视距尺（stadia）的城市里，太阳的照射则稍微有些倾斜。（视距尺stadium是希腊的长度单位，大约等于0.16km——现代的阿斯旺城位于亚历山大南部约780km，或490mile处。）通过测量直杆影子的长度并应用初等三角几何，埃拉托塞尼测得太阳在亚历山大相对于铅垂线的角位移为7.2°。

是什么导致了两次测量结果的差异？这不是因为测量错误而导致的——每次重复观测得到的结果都一样。相反，原因很简单（如图1.32所示）：因为地球表面不是平的，而是弯曲的。我们的地球是个球体。埃拉托塞尼并不是第一个意识到地球是球形的人——哲学家亚里士多德在此前100年就意识到了这一点（见1.2节），但埃拉托塞尼显然是第一个根据该知识，并结合几何和直接测量推断出地球尺寸的人。他的方法如下：

到达地球的光线来自于像太阳这样的很遥远的天体，而且几乎是平行传播过来的。因此，如图所示，在亚历山大测得的太阳光与铅垂线（即亚历山大与地心的连线）之间的夹角，等于从地心处看来西奈与亚历山大之间的夹角。（为清楚起见，图中的角度被放大了。）如详细说明1-2中所讨论的，该角度的大小正比于从西奈到亚历山大的那部分地球周长：

$$\frac{7.2^\circ\text{（西奈与亚历山大之间的夹角）}}{360^\circ\text{（整圆的度数）}}=\frac{5000\text{视距尺}}{\text{地球周长}}$$

地球周长因此是50×5000=250 000视距尺，或约40 000km，从而地球半径是250 000/2π视距尺，或6366km。现在由轨道航天器精确测量出的地球周长和半径的准确值分别是40 070km和6378km。

埃拉托塞尼的推理是个非凡的成就。在2000多年前，他只用简单的几何和基本的科学推理，就估计出了精度在1%以内的地球周长。仅靠测量地球表面一小部分，一个人根据观测和纯粹的逻辑推理就能计算出整个行星的大小——这是早期科学方法的胜利。

概念理解 检查

✓ 为何初等几何在天文测距中是至关重要的？

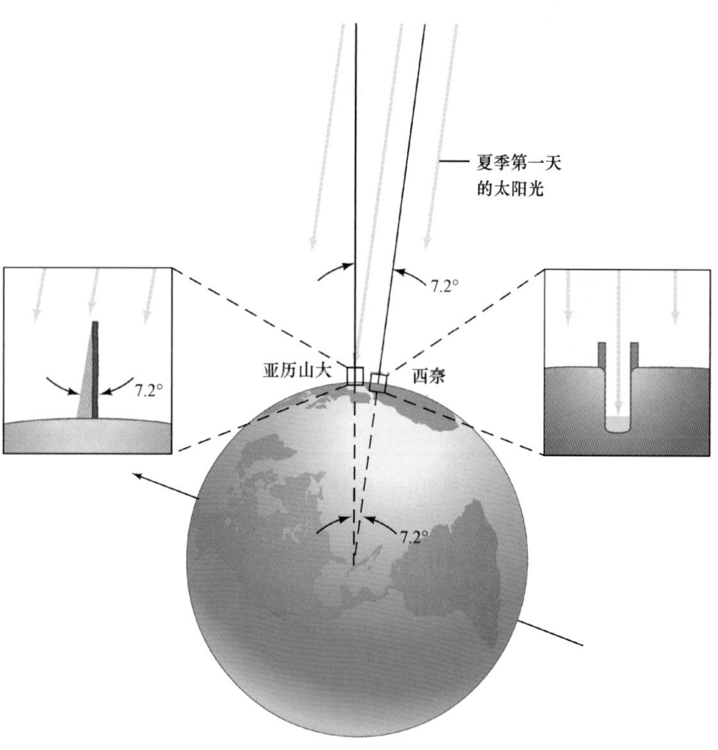

图1.32 测量地球半径
太阳光以不同的角度照射到地球表面的不同部分。希腊哲学家埃拉托塞尼意识到这种不同源自于地球的弯曲，从而能用简单的几何来确定地球的半径。

详细说明1-2

利用几何进行距离测量

简单的几何推理成为本书中几乎所有关于宇宙大小和尺度陈述的基础。从非常现实的意义来说，有关宇宙的现代知识依赖于古希腊的基本数学。让我们花点时间来更详细地说明天文学家是如何利用几何来测量近处或远处天体的距离和大小的。

我们可以利用希腊几何学家欧几里得创立的参数将基线和视差转换成距离，反之亦然。下图与图1.30（a）的情况类似，但调整了比例，并增加了以目标行星为中心并穿过地球基线的圆：

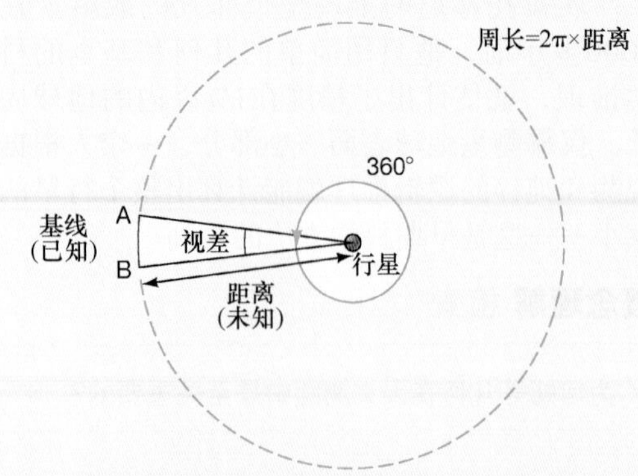

要明白行星的视差是如何与其距离相关的，请注意（已知的）基线AB与图中大圆周长之比一定等于视差与整圆度数360°之比。回想一下，圆的周长总是它半径的2π倍（其中π是希腊字母“pi”——近似等于3.142）。对图中的大圆应用这种关系，我们能发现

$$\frac{\text{基线}}{(2\pi\times\text{距离})}=\frac{\text{视差}}{360°},$$

从而可以推出

$$\text{视差}=\left(\frac{360°}{2\pi}\right)\times\frac{\text{基线}}{\text{距离}},$$

上面方程中的角度360°/2π≈57.3°，通常称为1弧度。

示例1 金星在距离地球最近时约为45 000 000km。两个距离为13 000km（即地球直径的两端）的观测者观测金星时，测得的视差将是57.3°×（13 000km/45 000 000km）=0.017°=1.0′，如文中所述。

同样，如果已知视差（直接测量得到，如利用1.6节中介绍的照相方法），重新整理上面的方程后可得到行星的距离为：

$$\text{距离}=\text{基线}\times\frac{57.3°}{\text{视差}}$$

示例2 两个相隔1000km远的观测者观测月球测得的视差约为9.0′——即0.15°。按照上面的公式，那么月球的距离为1000km×（57.3/0.15）≈380 000 km。（利用阿波罗计划的宇航员放置在月面上的设备，基于激光测距得到的更精确的测量结果显示地月平均距离为384 000km。）

知道天体的距离后，我们可以确定它们的其他许多属性。例如，通过测量天体的角直径——我们所见到的天空中天体的两个边缘之间的角度——就可以计算出它的大小。下图说明了所涉及的几何原理：

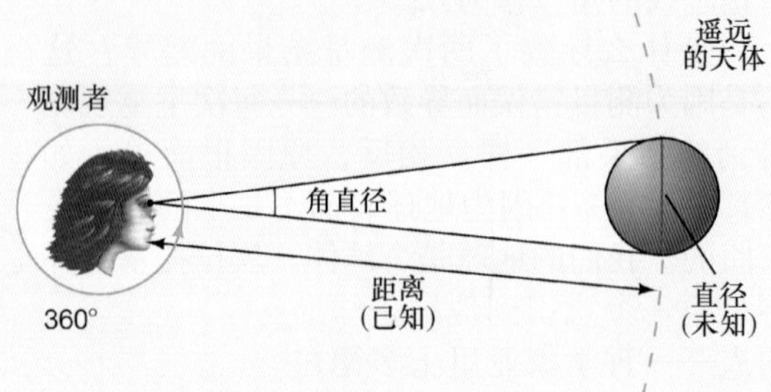

注意，这幅图基本上同前面的那幅图相同，不过现在已知的是角度（角直径）和距离，而不是角度（视差）和基线。根据与之前完全一样的推导，我们可以计算出直径。我们已知

$$\frac{\text{直径}}{(2\pi\times\text{距离})}=\frac{\text{角直径}}{360}$$

因此

$$\text{直径}=\text{距离}\times\frac{\text{角直径}}{57.3°}$$

示例3 月球的角直径约为31′——比半度多一点。从之前的讨论可见，月球实际的直径为380 000 km×（0.52°/57.3°）≈3450 km。更精确的测量给出的结果是3476km。

仔细研究上面的推导过程。本书中，我们将多次以各种不同的形式来使用这些简单的参数。

终极问题 重新审视本章开始时的壮丽照片。凝思所有的那些恒星——银河系独自就拥有约100，000，000，000颗恒星——太阳只是其中的一颗而已。我们不禁疑惑：是否也有行星围绕着其中的某些恒星运动，甚至在其中的某些行星上也有智慧生命的存在？天文学中未完成的伟大问题之一就是关注其他星球上的生命。没有人知晓答案，而我们将在最后一章回归这一令人着迷的话题。

章节回顾

小结

❶ **宇宙**（p.6）是所有空间、时间、物质和能量的整体。**天文学**（p.6）是研究宇宙的科学。按照尺度的增加，宇宙的基本构成包括行星、恒星、星系、星系团，以及宇宙本身。它们的大小差异非常大——从地球到整个可观测的宇宙，大小变化是十亿亿倍。

❷ **科学方法**（p.8）是科学家用于客观地探索我们

周围的宇宙的系统方法。**理论**（p.8）是观点和猜想的框架，用来解释某些观测现象并构建**理论模型**（p.8）来预测真实的世界。这些预测经得起进一步的观测测试。通过这样的方式，理论得以扩展，科学得以进步。

❸ 早期的观测者将成千上万肉眼可见的恒星按图案分组——称之为**星座**（p.10），他们猜想这些图案是附着在一个以地球为中心的巨大**天球**（p.12）上。星座没有任何物理意义，但仍用于标记天空中的区域。地球自转轴与天球的交点称为**北天极**和**南天极**（p.12）。地球赤道平面与天球相切的大圆是**天赤道**（p.13）。

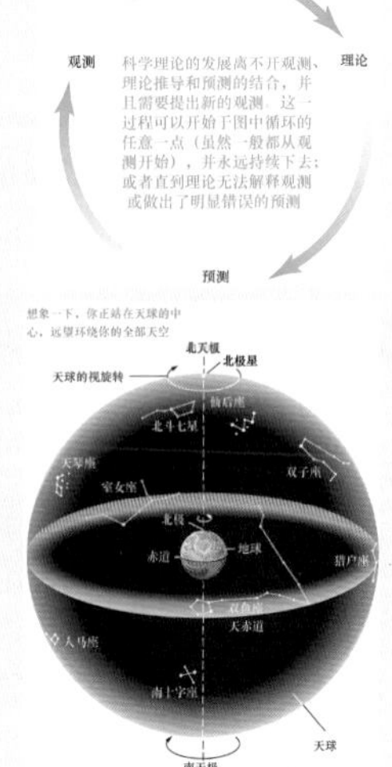

❹ 夜晚，恒星在天空中的运动是地球绕轴**自转**（p.12）的结果。两次正午之间的时间间隔为一**太阳日**（p.13）。任意一颗恒星连续两次升起的时间间隔为一**恒星日**（p.13）。由于地球绕太阳的**公转**（p.14），一年之中不同的时间，我们在夜晚看到的恒星也不同，太阳看起来相对于恒星在运动。天球上太阳一年的视轨迹（或地球绕太阳的公转平面）叫作**黄道**（p.14）。

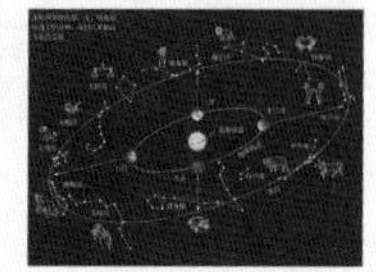

❺ 地球自转轴与黄道平面的夹角导致了我们所经历的**四季**变化（p.16）。**夏至**（p.15）时，太阳在天空中最高并且白天最长。**冬至**（p.16）时，太阳最低，白天最短。**春分**（p.17）和**秋分**（p.17）时，地球自转轴垂直于日地连线，因此昼夜等长。由于**岁差**（p.17）运动，月球的引力导致地球自转轴的缓慢"摇摆"，地球自转轴的指向也随着时间缓慢地变化。这导致几千年来，不同季节可见的特定星座也在变化。

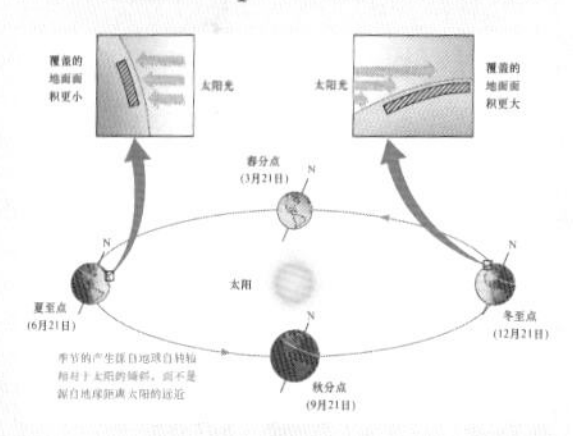

❻ 月球本身不发光，而是通过反射太阳光发亮。随着月球绕地球运动，**月相**（p.18）随着我们看到的被太阳光照到的月面多少而变化。**月食**（p.19）发生在月球进入地球阴影时。

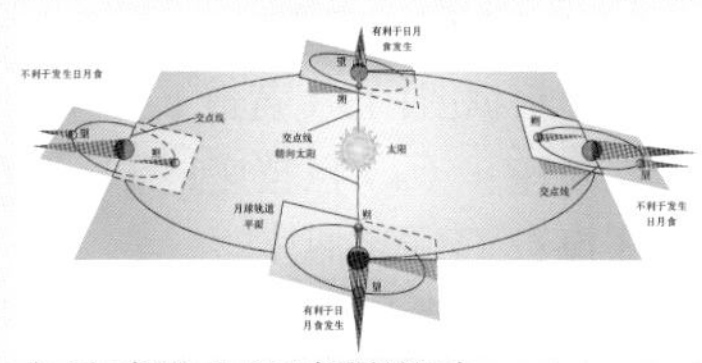

日食（p.20）发生在月球经过地球和太阳中间时。当所考虑的天体（月球或太阳）被**完全**遮挡时可见**全食**（p.20），如果只有部分表面被遮挡则可见**偏食**（p.20）。如果月球碰巧距离地球太远以至于不能完全遮挡日面，则发生日环食（p.21）。由于月球绕地球的轨道稍微倾斜于黄道，因此日、月食都是相当罕见的天象。

7 天文学家利用**三角测量**（p.24）来测量行星和恒星的距离，从而形成宇宙距离尺度（p.24）的基础，这是天文学家用来描绘宇宙大小的**距离测量技术**的总称。**视差**（p.25）是观测者位置变化时前景天体相对遥远背景的视运动。**基线**（p.24）越大——两个观测点之间的距离视差越大。同样的基本几何推理可以用于确定距离已知的天体的大小。希腊哲学家埃拉托塞尼利用初等几何方法确定了地球的半径。

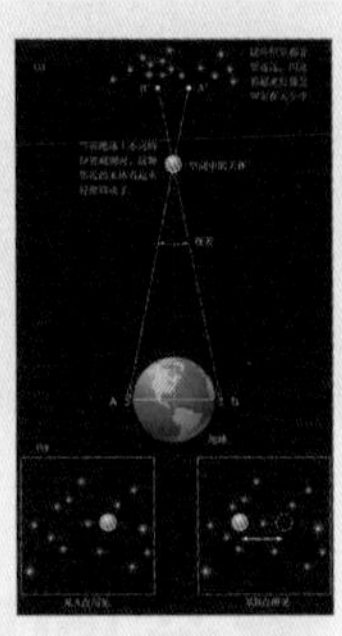

标记**POS**的问题探索科学过程。标记**VIS**的问题着重于对阅读和视听资讯的理解。
LO后紧跟的是本章引言中学习目标的编号。

指定的课后作业请访问MasteringAstronomy网站。

复习与讨论

1. **LO1**比较地球与太阳、银河系和整个宇宙的大小。
2. 天文家口中的“宇宙”指的是什么？
3. **LO2 POS**什么是科学方法，它和宗教有何区别？
4. **LO3** 什么是星座？为何星座有助于划分天空？
5. 为什么太阳每天东升西落？月球也是东升西落吗？恒星也这样吗？为什么？
6. **LO4** 为何利用太阳衡量的一天与利用恒星衡量的一天不一样？
7. 为什么我们每年不同时间见到的恒星不一样？
8. **LO5** 为什么地球上有四季？
9. 什么是岁差？又是由什么原因导致的？
10. 如果说月球的一个半球一直被太阳照射，为什么我们还能看到不同的月相？
11. **LO6** 什么导致了月食和日食呢？为什么不是每个月都有月食和日食？
12. **POS** 你觉得在其他行星上的观测者也能看到日食吗？为什么呢？
13. 什么是视差？举一个日常实例。
14. 为什么利用三角测量法测量太空中天体的距离时，必须有长的基线？
15. **LO7** 确定遥远天体的直径需要已知的哪两种信息？

概念自测：选择题

1. 如果地球比现在自转快两倍，而它绕太阳的运动保持不变，那么：（a）夜晚会变成两倍长；（b）夜晚会变成一半长；（c）年会变成一半长；（d）白天的长度不会变化。
2. 长长的薄云从正头顶延伸到西方地平线上，它的角大小为：（a）45°；（b）90°；（c）180°；（d）360°。
3. **VIS** 根据图1.15（黄道十二宫），一月份，太阳在星座：（a）巨蟹座；（b）双子座；（c）狮子座；（d）宝瓶座。
4. 如果地球绕太阳一周只需要9个月，而不是12个月，那么，相对于恒星日，一太阳日会变得：（a）更长；（b）更短；（c）不变。
5. 日出前能看到窄窄的月牙时，月球处于相位：（a）娥眉月；（b）朔；（c）残月；（d）上弦。
6. 月球的轨道要大一点的话，日食将会：（a）更可能是环食；（b）更可能是全食；（c）更频繁；（d）不变。
7. 如果月球绕地球公转是现在的两倍快，但轨道不变，日食的频率将：（a）变成两倍；（b）减少一半；（c）不变。
8. **VIS**图1.28中（三角测量法），更长的基线会导致：（a）树的距离会更不准确；（b）树的距离会更准确；（c）B点的角度更小；（d）河的横跨距离会更大。

9. VIS图1.30（视差）中，地球越小会导致（a）a视差角更小；（b）测量的到天体的距离更小；（c）更大的视位移；（d）恒星看起来彼此更靠近。

10. 如今，测量恒星的距离通过（a）雷达信号反射；（b）激光反射；（c）宇宙飞船的飞行时间；（d）几何法。

问答

问题序号后的圆点表示题目的大致难度。

1. ●1s内，光从洛杉矶大致能传播到（a）旧金山，大约500km；（b）伦敦，约10 000km；（c）月球，384 000km；（d）金星，近地点为45 000 000km；或（e）最近的恒星，距地球约4光年。哪一个是正确的？
2. ●（a）用科学计数法表示下列数字（如果不熟悉什么是科学计数法，请见附录1）：1000；0.000 001；1001；1 000 000 000 000 000；123 000；0.000 456。（b）用“普通”数学模式表示下列数字：3.16×10^7；2.998×10^5；6.67×10^{-11}；2×10^0。（c）计算：$(2\times10^3)+10^{-2}$；$(1.99\times10^{30})/(5.98\times10^{24})$；$(3.16\times10^7)\times(2.998\times10^5)$．
3. ●春分点现在刚好进入宝瓶座，如图1.15所示。那么在公元10 000年时，春分点会位于哪个星座？
4. ●相对于恒星，月球在（a）1小时；（b）1分钟；（c）1秒内移动多少度、多少角分或是多少角秒？月球需要花多长时间才能移动和其直径一样长的距离？
5. ●如果从1000km基线的两端测量，视差为（a）1°；（b）1′；（c）1″的物体的距离是多少？
6. ●当金星距离地球45 000 000km时，求金星的角直径，并计算金星的直径（用km表示）。
7. ●月球距离地球约384 000km，太阳距离为150 000 000km。如果从地球上看，它们的角直径一样，那么太阳要比月球大多少倍？
8. ●竖起你的拇指在一臂远处，估计一下它的角直径。

实践活动

协作项目

测量月球在夜晚和每月的运动。找一个晴朗的夜晚，画下包含月球在内的10°大小的天空范围，刚开始时让月球处在该天空范围的西侧。（如何估计天空的角度大小，请参见下面的个人项目2。）在一晚上内，每隔1h便重复观测相同的一组恒星。你会发现即使只有几个小时，月球相对于那些恒星的位置也会有明显的变化。那么月球的角速度是多大［用（°）/h表示］？然后在一个月内，在每个晚上相同的时刻观察月球。画下月球的外观并标注下每个晚上月球在天空中的位置。你们能根据地球、太阳和月球的相对位置来解释月球的相位变化吗？（见图1.20）

个人项目

1. 在夜晚的天空中找到北极星，也叫作“勾陈一”。在位置大致相同的邻近天空中寻找任何单独的恒星图案。过几小时后，至少等到午夜之后，再次找到北极星。看看北极星是否已经移动了？附近的恒星图案发生了什么变化呢？为什么？
2. 将你的小手指保持在一臂之外。你能用它挡住月面么？月球投影的角大小为30′（半度）；而你的手指更大，应该能够盖住月面。你可以用这一点来做一些基本的天空测量。简单给定一下，在一臂的距离处，你的小手指宽约1°、中间三指宽约4°、紧握的拳头宽约10°。如果猎户座可见，就用这一方法来估计“猎户腰带”的角大小，以及参宿四和参宿七之间的角距离。将你的估算结果同图1.8（a）相比较。

第2章　辐　射

2

来自宇宙的信息

天体不仅仅是夜空中美妙的物体。如果我们能完全理解我们在宇宙万事万物中的位置，那么行星、恒星和星系都会变得意味深长。每个天体都是我们宇宙物质面貌的信息来源——它的运动状态、温度、化学成分，甚至是它的过去。

这些信息以光的形式传给我们。当我们眺望恒星时，我们所见的光线实际上在几十年前或者几百年前，甚至是几千年前就开始了前往地球的旅程。来自最遥远的星系的微弱光线要花费数十亿年才能到达地球。夜空中的恒星和星系向我们展示的是遥远和从前。在这一章里，我们将开始学习天文学家如何从天体发出的光线中提取信息。这些有关辐射的基本概念是现代天文学的中心。

知识全景　人类的眼睛实际只能看到宇宙的一小部分——从字面上讲，我们看到的是光学的或是可见光的宇宙。在可见光之外，有更广阔的图景能被感知——诸如热辐射、射电波或X射线这样的不可见辐射。许多不同类型的辐射源源不断地穿越时空。对范围广阔的可见和不可见信息的细致研究，是天文学家研究地球之外的恒星和其他遥远天体的主要途径。

左图：在大约50亿年内，太阳将会耗尽它的燃料。它中心的气态氢将会被消耗殆尽，导致这颗衰老恒星的大部分物质缓慢地消散在太空中。通过观测其他正在死亡的恒星，我们能实际地观察到这一令人惊异事件。这幅令人惊叹的图片捕获了大约650光年远的螺旋星云——但不是通过可见光。这幅图展示的是来自于星云的前身星的不可见辐射。红外辐射（主要是图中的黄色）由斯必泽空间望远镜捕获，而紫外辐射（主要是蓝色）由星系演化探测器得到，它们让仔细洞察恒星死亡的非凡过程成为可能。［美国国家航空航天局（NASA），加州理工学院（Caltech）］

学习目标

本章的学习将使你能够：

1. 概括波动的基本属性。
2. 说明电磁辐射如何在星际空间中传播能量和信息。
3. 描述电磁波谱的主要范围，并解释地球大气如何影响我们在不同波段进行天文观测的能力。
4. 解释术语“黑体辐射”的意义并描述它的基本性质。
5. 描述我们如何通过观测天体发出的辐射来确定它的温度。
6. 展示辐射源与其观测者之间的相对运动是如何改变辐射的探测波长的，并解释该现象对天文学的重要性。

精通天文学

访问MasteringAstronomy网站的学习板块，获取小测验、动画、视频、互动图，以及自学教程。

2.1 来自天空的信息

图2.1显示了仙女星座内的一个星系。在漆黑晴朗的夜晚，远离城市或其他的光源，用肉眼可以在天空中看见通常被称为仙女星系的暗弱且模糊的斑块，角直径与满月差不多大。然而，从地球上可见的事实掩盖了这个星系到我们的巨大距离：它位于约250万光年之外。

在如此遥远距离上的天体的确是任何现实人类的意识所无法企及的。即使某个太空探测器可以奇迹般地以光速航行，它也需要250万年才能到达这个星系，并且需要另外的250万年才能带着发现返回。考虑到文明在地球上存在的时间不超过10 000年，并且文明在下个10 000年里的前景还无法预知，所以，即便是这种不可企及的技术壮举也不会为我们探索其他星系提供实用的方法。即使到达我们自己星系的最尽头，“仅仅”是数万光年远，这实际也超越了我们的实际造访能力，至少在可预见的未来里是这样。

考虑到在实际操作中不可能实现到如此遥远的宇宙角落的旅行，那么天文学家是如何了解这些远离地球的天体信息的呢？我们又能如何获得行星、恒星或是太过遥远的、人类或其他任何可控装置无法访问的星系的信息呢?答案是：我们可以利用我们在地球上已知的物理定律，来解释那些天体所发出的**电磁辐射**。

▲图2.1　仙女星系
薄饼状的仙女星系位于约250万光年之外，包含几千亿颗恒星。［R. 根德勒（R. Gendler）］

光和辐射

辐射是能量在空间中从一点传播到另一点的方式，它不需要两个位置之间有任何物理的连接。术语电磁只是意味着能量以快速波动的电场和磁场的方式传播（这将在后面的2.2节中更详细地讨论）。几乎所有我们对地球大气层之外的宇宙的了解都来源于对来自远处的电磁辐射的细致分析。我们对宇宙的理解完全取决于我们破译这些从太空而来的源源不断的数据的能力。

恒星（或星系、行星）有多亮，有多热？它们的质量是多少？它们的自转有多快？在宇宙空间中的运动如何？它们由什么构成？比例又是多少？问题列表很长，但有个事实是清楚的：电磁理论是提供答案至关重要的条件——没有它的话，我们将没有办法验证我们的宇宙模型，现代天文学也根本不会存在。∞（1.2节）

可见光是人眼恰巧敏感的特殊类型的电磁辐射。当光线进入人眼时，进入的能量引发的细小化学反应向大脑发送电脉冲，产生视觉。但现代仪器（见第4章）也能探测许多不可见的电磁辐射，这些完全是人眼不可见的。**射电**、**红外线**和**紫外线**，以及**X射线**和**伽马射线**，都属于这一类。

注意，尽管名称不同，但光线、射线、辐射和光波都指的是同样的事物。名称不同仅仅是历史原因造成的，反映的事实都是科学家花了许多年才意识到的，这些看起来明显不同的辐射类型其实在现实中是一类相同的物理现象。本书中，我们将通用术语光线和电磁辐射，二者一般指同一事物。

波动

尽管早期的混淆仍然反映在当前的用语中，但科学家们现在知道所有类型的电磁辐射都以**波**的形式在空间中传播。那么，要理解光的行为，我们就必须了解一些波动的知识。简单地说，波是能量从某处转移到别处的方式，并且同时不会有物质从一个位置到另一个位置的物理运动。在波动时，能量是被某种形式的扰动携带的。这种扰动，不管其性质如何，均以独特的、重复的模式发生。池塘表面的波纹、空气中的声波，以及空间中的电磁波，尽管它们有许多明显的差异，但都有着这些基本的典型属性。

想象一根树枝漂浮在池塘里（见图2.2）。扔进池塘里并与树枝有一定距离的一颗鹅卵石会扰乱水面，使水面上下运动。这种扰动会从撞击点以波的形式向外迁移。当波抵达树枝时，一些来自鹅卵石的能量就会传给树枝，使树枝在水面上忽沉忽浮。通过这样的方式、能量和信息——鹅卵石被扔进水里的事实——从鹅卵石入水的地方便传播到了树枝所在的地方。我们可以仅仅通过观察树枝就能判断有鹅卵石（或者其他物体）被扔进了水里。加上一点额外的物理知识，我们甚至能够估计鹅卵石的能量。

波从鹅卵石撞击水面的位置被激起

传到树枝漂浮的地方

小插图显示了波穿过池塘表面时的一系列"快照"

没有被扰动的池塘表面

波的传播方向

互动图2.2 水波
波在穿过池塘时使水面上下起伏，但是并没有水从池塘的一边移动到另一边。

波不是一个有形的物体。没有水从鹅卵石的撞击点移动到树枝处——从表面的任何位置看，水面只是在波传过时简单地上下起伏。那么，是什么穿过了池塘的表面呢？如图2.2中所示，答案是：波是上下运动的模式。这种运动模式随着扰动在水面移动时，从一点传播到下一点。

图2.3展示了如何量化波的性质，并解释了一些标准术语。波的**周期**是波在空间中任意给定的位置处重复发生所需的秒数，**波长**是波在给定时间内重复发生时所需的米数。波长可以通过测量两个相邻的波峰之间的距离得到，或者是相邻的两个波谷，或者是相邻波动周期中相似的两点（比如图中标记为×的地方）。波在一个周期内移动的距离等于它的一个波长。

波离开非扰动状态的——静止的空气或者平坦的池塘表面——最大位置被称为波的**波幅**。

单位时间内通过任意给定点的波峰数量被称为波的**频率**。如果给定波长的波高速运动，那么每秒内通过的波峰会很多，频率也会很高。相反，如果相同的波移动得缓慢，那么它的频率会低。也就是说，波的频率正好是周期的倒数：

$$频率=\frac{1}{周期}$$

频率表示为时间单位的倒数（也就是，s^{-1}，或者周期每秒），称为赫兹（Hz），以纪念19世纪的德国科学家海因里希·赫兹，他研究了无线电波的性质。因此，周期为5s的波的频率为（1/5）周期/s=0.2 Hz，这意味着每5s会有一个波峰通过空间中给定的点。

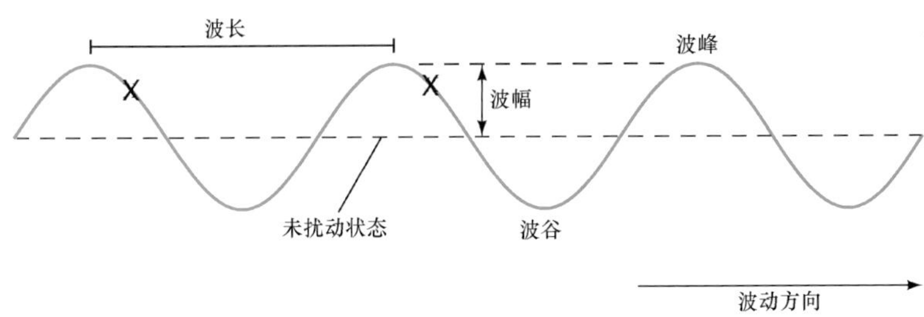

互动图2.3 波的性质
图中展示了一个典型的波，显示了波动方向、波长以及波幅。在一个波动周期内，这里展示的整个波动模式向右移动了一个波长。

波在一个周期内传播一个波长，由此可见，波速等于波长除以周期：

$$波速=\frac{波长}{周期}$$

由于周期是频率的倒数，所以我们可以同样（更常用）将此关系表示为：

$$波速=波长\times频率$$

因此，如果之前的例子中波的波长为0.5m，那么它的速度将是0.5m/5s，或者为0.5m × 0.2Hz=0.1m/s。对于电磁辐射来说，波速为光速。请注意，波长和频率是互为倒数的——一个翻倍时，另一个将减半。

可见光的组成

白光是颜色的混合光，我们通常将其分为六种主要的颜色：红、橙、黄、绿、蓝和紫。如图2.4所示，让白光通过棱镜，我们可以将一束白光分成这些基本颜色的彩虹——称为光谱（spectrum）（复数为spectra）。这个实验首先由艾萨克·牛顿在300多年前记录。原则上，让光谱通过第二个棱镜复合彩色光束后，可以复原原始的白光束。

是什么决定了光束的颜色呢？答案是它的频率（或者被说是它的波长）。我们能看到不同的颜色，是因为我们的眼睛对不同频率的电磁波有不同的反应。棱镜将光束分成单独的颜色是因为不同频率的光线通过棱镜时被弯曲或者说被折射得略有不同——红色最小、紫色最大。红光的频率大约为4.3×10^{14}Hz，对应波长约为7.0×10^{-7}m。紫光，处在可见光范围的另一端，频率约为红光的两倍——7.5×10^{14}Hz——波长刚好超过红光的一半长（因为光速是不变的），为4.0×10^{-7}m。我们看见的其他颜色光的频率和波长介于两者之间，横跨如图2.4所示的整个可见光谱。在此范围之外的辐射，人眼是不可见的。

科学家常常采用被称为纳米（nanometer，符号为nm）的单位来描述光的波长（见附录2）。1m=10^9nm。早期也广泛使用被称为埃（angstrom，1Å=10^{-10}m=0.1nm）的单位。（该单位以19世纪的瑞典物理学家安德斯·埃格斯特朗命名——发音为“ong strem.”）然而，在国际单位制中，纳米是标准用法。因此，可见光谱覆盖的波长范围为400nm~700nm（4000~7000Å）。人眼最敏感的辐射波长大约位于该范围的中间，约为550nm（5500Å），位于光谱的黄绿色范围内。这不是巧合。该波长位于太阳发出的绝大部分电磁能量的波长范围内——我们的眼睛已经进化了，最大限度地利用了可用的光线。

▼图2.4 可见光谱
穿过棱镜时，白光被分解为它的组成颜色，涵盖了从红色到紫色的电磁波谱的可见部分。辐射光束通过狭窄缝隙，投影在屏幕上的常见彩色“彩虹”，只是狭缝的一系列不同颜色的像。

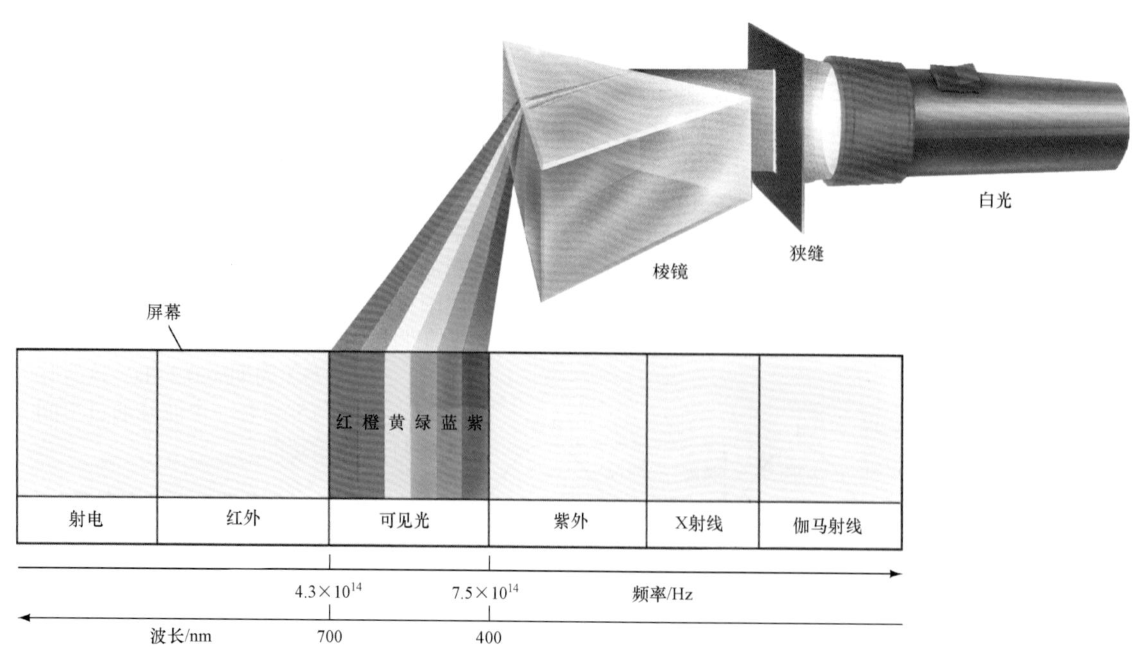

2.2 波是什么?

辐射波与水波、声波或是其他在物质媒介中传播的波根本不同，辐射不需要这样的媒介。当光从遥远的星系或者任何其他的宇宙天体传来时，它通过的是虚无的真空。相反，声波不能这样传播，尽管你可能在每部科幻电影中都能听到声音！如果我们将一个房间内的所有空气都移走的话，那对话将是不可能的（即使有合适的设备让我们的实验对象都活着！），因为声波不能离开空气或其他承载它们的物理媒介而存在。然而，通过手电筒或是无线电交流却是完全可行的。

光能在真空中传播曾经是一个伟大的谜。光或是其他任何类型的辐射不需要任何媒介就能波动的观点似乎有悖常理，然而，它现在却是现代物理学的基石。

带电粒子之间的相互作用

要了解更多有关光的性质，可暂时考虑一颗带电粒子，比如一个**电子**或一个**质子**。和质量一样，电荷是物质的基本属性。电子和质子是基本粒子——它们是原子和所有物质的“积木”——携带着基本单位的电荷。电子携带一个负电荷，而质子则携带一个等量但相反的正电荷。

正如一个大质量物体对其他所有有质量的物体都有引力那样，一个带电粒子也对宇宙中其他每个带电粒子有电场力作用。当你把衣服从衣物烘干机中取出时，电荷的累积（正电荷相比负电荷的净余量，或是相反）是导致衣服上产生“静电吸附”的原因；在特别干燥的日子里，这也是造成有时你在触摸金属门框时感受到电击的原因。

不像万有引力总是吸引力那样，电场力可能是吸引力，也可能是排斥力。如图2.5（a）所示，带同极性电荷的粒子（亦即都是负电荷或都是正电荷——例如，两个电子或两个质子）互相排斥。带不同极性电荷的粒子（亦即符号相反的电荷——如一个电子和一个质子）互相吸引。

电场力如何通过空间传播呢？任何带电粒子向各个方向的延伸称为**电场**，它决定了粒子对宇宙中所有其他带电粒子产生的电场力［见图2.5（b）］。和引力场的强度一样，电场的强度随到电荷距离的增加按平方反比定律而减小。通过电场，所有的其他带电粒子，无论远近，都能“感受”到粒子的存在。

现在，假设我们的粒子开始振动，或许是因为它被加热，或是与其他某个粒子产生碰撞。它的位置改变导致它所产生的电场变化，这样的变化电场继而会使作用在其他带电粒子上的电场力发生变化［见图2.5（c）］。如果我们测量其他带电粒子所受到的力的变化，我们就可以得知力的来源粒子的信息。因此，粒子运动状态的信息通过变化的电场在空间中传播。粒子电场中的扰动以波的形式在空间中传播。

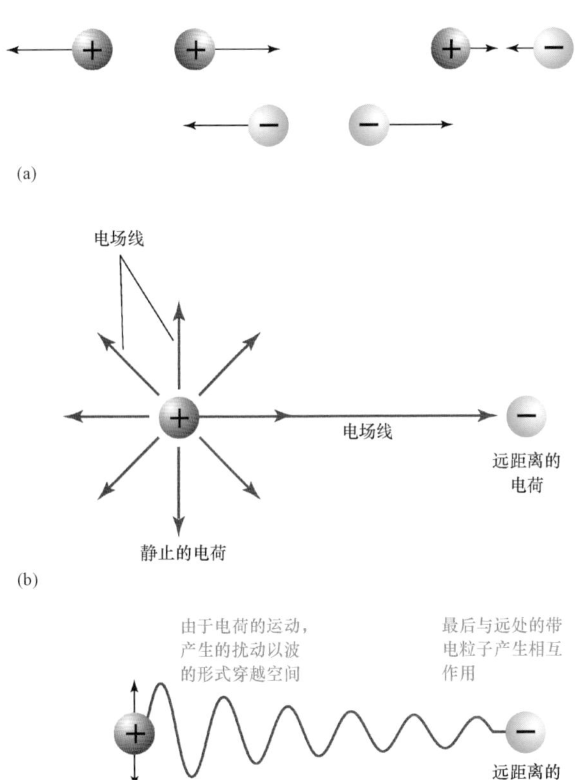

▲图2.5 带电粒子
（a）携带同极性电荷的粒子相互排斥，而不同极性电荷的粒子互相吸引。（b）带电粒子周围是电场，决定了该粒子对其他带电粒子的影响力。我们用一系列的电场线来表示电场。（c）如果一个带电粒子开始振动，那么它的电场就会产生变化。由此产生的扰动以波的形式穿越空间，最后与远处的带电粒子相互作用。

电磁波

物理定律告诉我们，每一个变化的电场都一定伴有**磁场**。磁场支配着被磁化的物体对另一个被磁化的物体的影响，就像电场支配了带电粒子之间的作用一样。事实上，指南针始终指向磁场北极的原因在于被磁化的针与地球磁场之间的相互作用（见图2.6）。磁场也对移动的电荷有作用力（比如说电流）——电表和电动机的工作就是基于这个基本事实。相反，运动的电荷会产生磁场（电磁铁是大家都熟悉的例子）。简而言之，电场和磁场相互密不可分：任何一个的变化必然会引起另一个的变化。

因此，如图2.7所示，图2.5（c）中由运动电荷产生的扰动实际上由振动的电场和磁场组成，一起在空间中传播。而且，如图所示，电场和磁场的方向总是互相垂直并垂直于波的传播方向。它们不能作为独立实体存在；相反，它们是同一个物理现象——**电磁场**——的不同方面。它们一起构成电磁波，携带能量和信息从宇宙的一边传播到另一边。

现在考虑一个真正的宇宙天体——一颗恒星。当恒星中某些带电的物质运动时，它们的电场会发生变化，我们可以探测到这些变化。由此产生的电磁波以波的形式在空间中向外传播（辐射），不需要物质媒介作为载体。我们眼睛里的或是仪器设备里的小的带电粒子，最终会对电磁场的变化有所反应，产生和接收到的辐射频率一致的振动。这正是我们如何能探测辐射——也是我们如何能看到事物的原因。

当一个电荷开始移动时，引起的电磁场变化对另一个电荷的影响有多快？这是个重要的问题，因为这相当于在问电磁波传播得有多快。它是以某种可测量的速度传播呢？还是瞬时的？理论和实验都告诉我们，所有的电磁波都以非常特定的速度传播——**光速**（总是用字母c表示）。它在真空中的精确值为299 792.458 km/s（在如空气或水这样的物质内传播时要慢一些）。我们将该数值四舍五入为$c=3.00\times10^5$km/s，这是一个非常快的速度。在你打个响指的时间内（大约为1/10s），光就能绕着地球传播3/4圈！如果当前已知的物理定律是正确的话，那么光速是可能达到的最快速度（见详细说明11–1）。

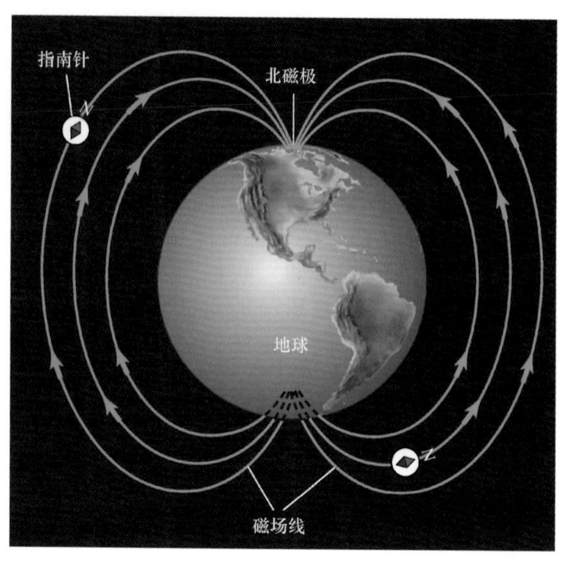

▲图2.6　磁场
地球磁场与磁型指南针相互作用，使指南针沿磁场排列——也就是说，指向地球北（磁）极。北磁极实际上位于北纬80°，西经107°处，距离地理北极约1140km。

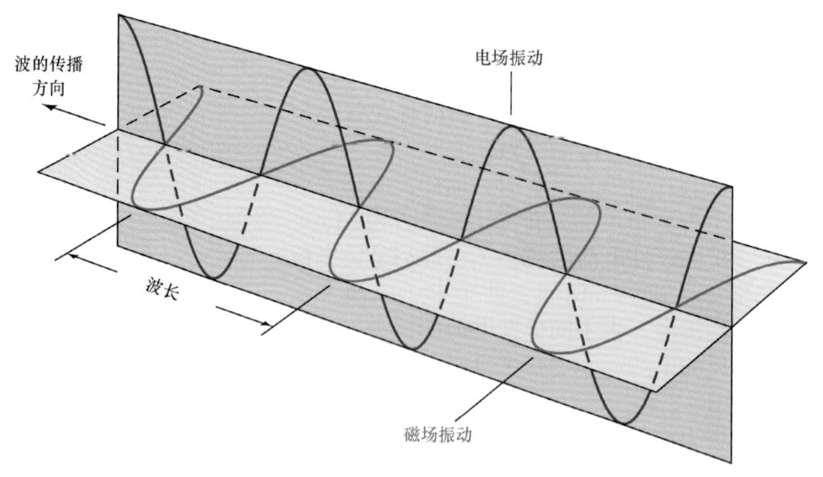

▲图2.7　电磁波
电场和磁场互相垂直振动。它们联合起来形成电磁波并以光速在空间传播，方向垂直于构成电磁波的电场和磁场。

光速是很快，但它仍然是有限的。也就是说，光不能瞬时地从一个地方传播到另一个地方。这一事实对于我们研究遥远的天体产生了一些有趣的影响。光需要时间——通常是很长的时间——在空间中传播。我们看到的来自于最近的大星系——如图2.1所示的仙女星系的光，在约250万年前从仙女星系里发出，那时，人类的第一个祖先才出现在地球上。我们对于该星系今天的存在一无所知。我们所知道的，甚至可能已经不再存在了！只有我们的后代，在250万年后的未来，才能知道它现在是否还存在。因此，当我们研究宇宙中的天体时，要牢记我们所见到的光是很久以前离开那些天体的。我们永远不能观测到宇宙的现在——只能观测到它的过去。

辐射的波动理论

本章描述了光和其他形式的辐射以电磁波的形式在空间传播，这被称为**辐射的波动理论**。这是一个成功的引人入胜的科学理论，充盈着解释和预测能力，深入洞察了光与物质之间复杂的相互作用——是现代物理学的基石。

然而，在两个世纪前，波动理论并没有太坚实的科学基础。大约在1800年前，科学家对光本性的认识有着分歧。一些人认为光是波动现象（尽管那时电磁学还不为人知），然而其他人则坚持认为光实际是沿直线传播的粒子流。鉴于当时可用的实验仪器，无论哪个阵营都不能找到确凿的证据来反驳对方的理论。探索2–1中讨论了一些对现代天文学来说尤其重要的波的性质，描述了在19世纪早期，利用可见光进行的实验所获得的发现，如何打破这两种科学观点的平衡，转而支持波动理论的。

但这并不是故事的结局。波动理论，正如所有优秀的科学理论一样，可以而且必须不断地通过实验和观测来验证。∞（1.2节）大约在20世纪初，物理学家在非常小的（原子）尺度上，做出了一系列有关辐射与物质相互作用的发现，这些发现并不能简单地用刚刚描述的“经典的”波动理论来解释。必须要有所改变了。正如我们将在第3章里看到的，现代辐射理论实际上混合了曾经相互竞争的波动和粒子观点，结合各自的关键点形成了一个至少现在是统一的、无异议的整体。

科学过程理解 检查

√ 描述揭示光是一种电磁波的科学推理过程。

2.3 电磁波谱

图2.8画出了电磁辐射的整个范围，说明了早前我们列出的各种不同类型的电磁辐射之间的关系。注意，区分不同类型辐射的特征是波长，或者频率。比可见光频率更低、波长更长的一端是射电和红外辐射。射电波段的频率包括雷达、微波辐射和我们熟悉的AM调幅、FM调频和TV电视波段。我们感受到的热辐射是红外辐射。在更高频率（更短波长）的一端是紫外线、X射线和伽马辐射。紫外辐射就位于可见光谱紫色的那端以外，会导致皮肤被晒黑和晒伤。波长更短的X射线最为人知的能力可能是它们能穿过人体组织并揭露人体内部的状况，而不需要通过外科手术。伽马射线是波长最短的辐射，它们通常与放射性有关，随时会损害它们所遇到的活体细胞。

辐射谱

所有这些光谱范围，包括可见光谱，共同构成了**电磁波谱**。记住，尽管它们的波长有很大不同，并且它们在地球日常生活中所起的作用也非常不同，但从根本上讲，它们都是相同的现象，并且都以共同的速度——光速c传播。

图2.8值得认真考量，因为它包含了大量的信息。注意波的频率（以赫兹为单位）从左到右地增加，而波长（以米为单位）从右到左地增加。通常，科学家们对这类图表中展示波长和频率的“正确”方法有着不同的看法。为了生动地说明波长和频率，本书将始终遵循频率往右是增加的。

还需要注意的是，图2.8中波长和频率的尺度不是按10等量增加的。相反，水平轴上标记出的连续数值是按10的倍数变化的——每个数值都比相邻的数值大10倍。这种尺度类型被称为对数尺度，经常在科学上用于将某些大范围变化的量压缩成容易处理的大小。要是我们用线性尺度来表示图中的波长范围，那么将会有许多光年长！本书中，我们常常会发现，使用对数尺度能方便地将某些宽范围的量压缩到单幅、易理解的图中。

图2.8展示了波长从山脉大小（射电辐射）变化到原子核的大小（伽马射线辐射）的过程。右上角的小插图着重说明了电磁波谱的可见光部分到底有多小。宇宙中，绝大部分天体大量辐射的是不可见的辐射。事实上，它们中的许多在可见光范围内辐射的能量仅是它们

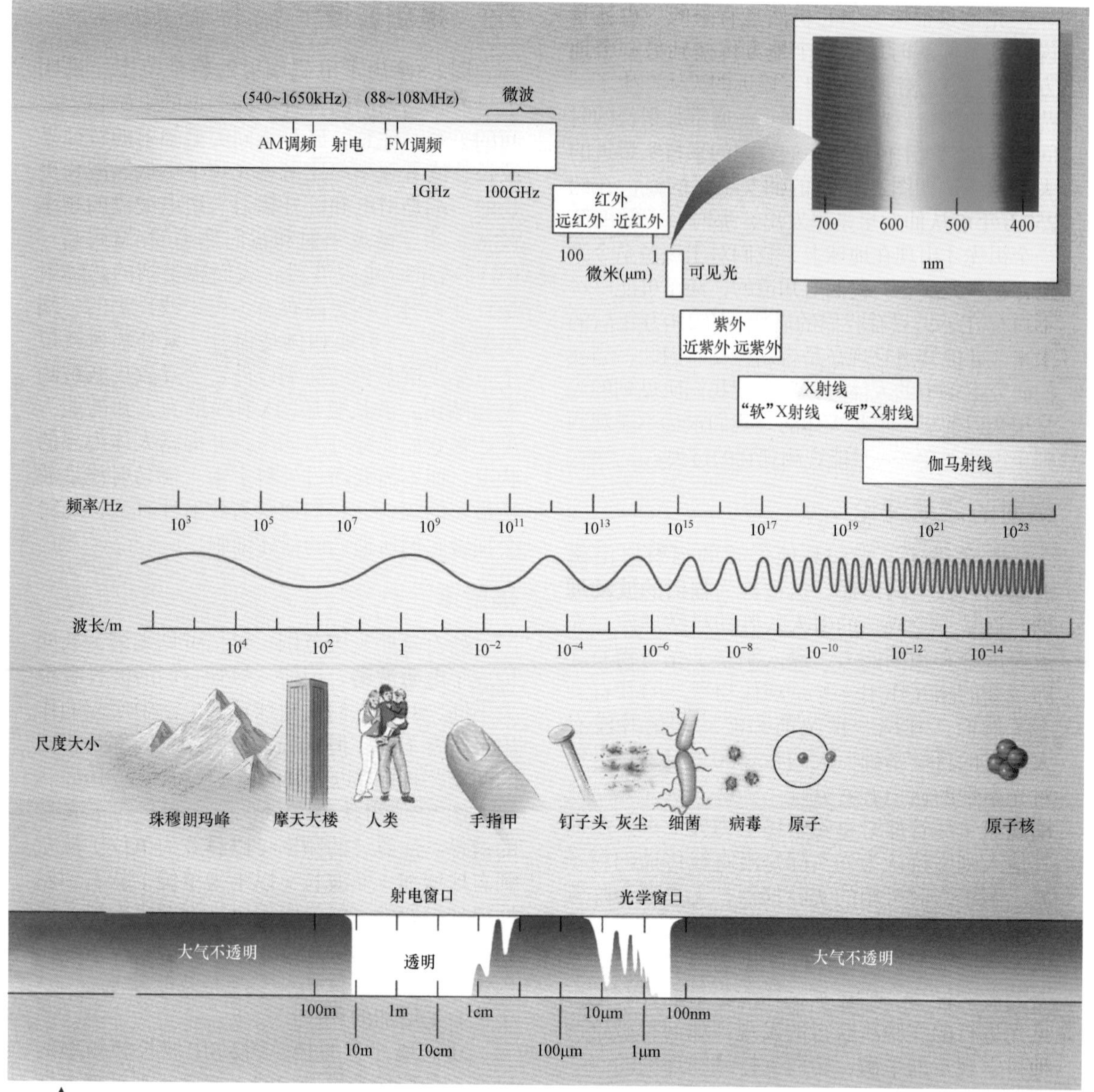

互动图2.8 电磁波谱

整个电磁波谱，从长波、低频的射电波到短波、高频的伽马射线。

辐射总能量的微不足道的一部分。通过研究电磁波谱的不可见部分，可以获得大量的非常特别的知识。

为了让大家记住这个重要事实，并能区分所做的观测位于电磁波谱的哪个范围，我们在书中展示的每幅天文图片下都附加了下面的光谱图标—— R I V U X G ——即图2.8中波长尺度的理想化版本。因此，我们能够通过一瞥红色高亮的"V"来明白图2.1是用可见光拍摄的图片，而图2.11中的第一幅图片是在光谱的射电波段（"R"）范围获取的。第4章里更详细地讨论了天文学家如何利用望远镜和定制的对不同波段电磁波敏感的探测器来实现这些观测。

大气不透明度

因为地球大气的不透明，天体产生的辐射只有一小部分能够到达地球表面。不透明度是辐射在介质中传播时被阻挡的程度——这里所说的介质是空气。物体越不透明，能穿过的辐射就越少（透明与不透明正好相反）。图2.8的底部，地球大气的不透明度沿着波长和频率的刻度被标绘出来。阴影部分的大小正比于不透明度。在阴影最大的地方（比如光谱中X射线或“远”红外的范围），没有辐射可以进出。在完全没有阴影的地方（光学和部分射电波段），地球大气几乎完全是透明的。在光谱的某些部分（比如，微波波段和一些红外波段），地球大气是部分透明的，这意味着入射的一部分辐射，但不是全部，可以到达地球表面。

探索2-1

辐射的波动性

直到19世纪早期，科学界围绕关于光的本性仍有激烈的争论。一方面，艾萨克·牛顿提出的粒子或微粒理论坚持认为光是由做直线运动的微小颗粒构成的。不同颜色的光对应于不同的粒子。而另一方面，由17世纪的荷兰天文学家克里斯汀·惠更斯倡导的波动理论认为，光是一种波动现象，颜色由频率或波长决定。在19世纪的前几十年里，越来越多的实验证据表明，光展现出了波的两个关键属性——衍射和干涉——这有力地支持了波动理论。

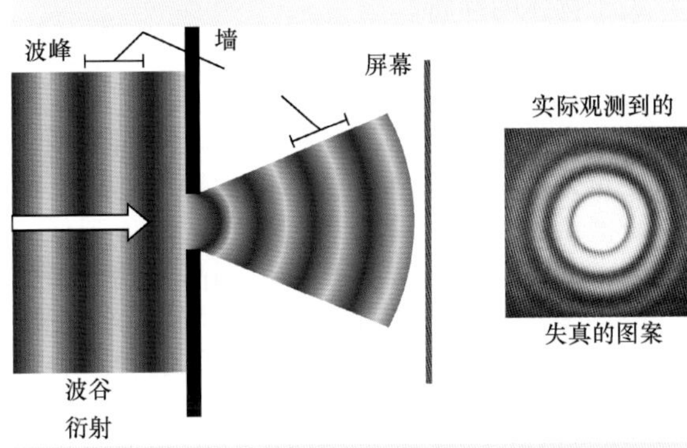

衍射是波在通过拐角或是穿过狭缝时产生的偏转或“弯曲”。我们可能会认为，光在通过障碍物上边缘清晰的洞时会产生清晰的影子，特别是如果辐射由完全按直线运动的光线或粒子构成时。然而，如第一幅图所示，仔细观察会发现，所成的影子实际上有着“模糊”的边缘，如右边的照片所示——一个小圆孔产生了衍射图案。

我们通常不知道日常生活中也有这类效应，因为可见光产生的衍射一般非常小。对于任何波来说，衍射的大小正比于波长与狭缝宽度的比率。波长越长或狭缝越窄，波衍射的角度越大。因此，可见光由于波长极短，只有在通过非常狭窄的细缝时才会发生明显的衍射。声波的衍射要更为明显。没有人会怀疑自己听到别人说话的能力，即使那人在拐角的另一边，我们看不到他。

干涉是两个或两个以上的波相互增强或抵消的能力。第二幅图显示两组波穿过空间中的同一位置。两个波所处的位置恰好让波峰和波谷对应在一起。在上面的子图中，两个波的波长相等，但绿色波的波幅是与其波峰方向相反的橙色波的两倍。最终效果是，两个波的运动互相干扰，从而形成右边的波。这种现象被称为相消干涉。相反，当两个波互相增强时，如下面的子图所示，该效应被称为相长干涉。

与衍射一样，日常生活中可见光波的干涉不

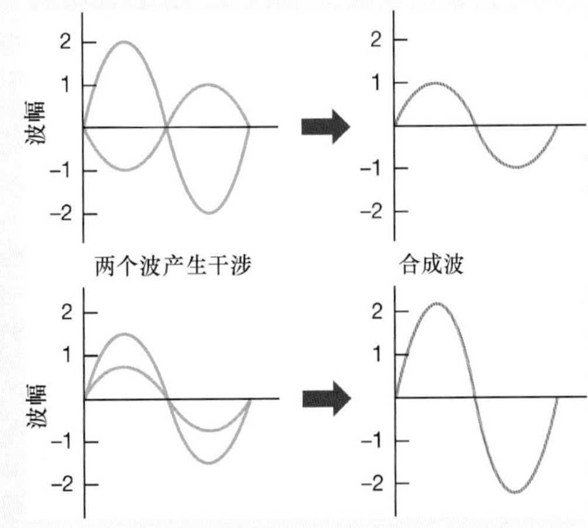

明显，但很容易在实验室中被测量出来。最后的照片展示了当两个相同的光源并排放置时，产生的特别干涉图案。亮带和暗带是由两个光源所发出的光束产生的相消和相长干涉所造成的。这个经典的实验首先由英国物理学家托马斯·杨在1805年左右实现，它促进了辐射的波动性理论的建立。

衍射和干涉都是光的波动理论所预言的现

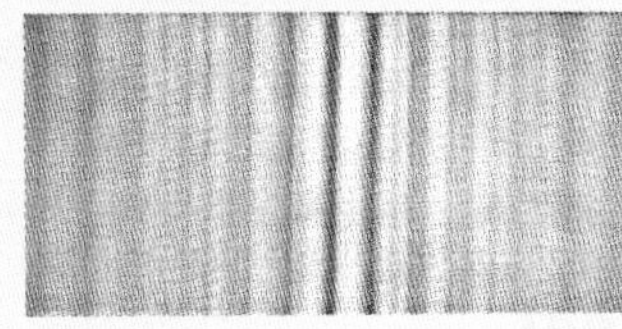

象。光的粒子理论并没有预言到这些；事实上，粒子理论预言这两种现象都不会发生。直到19世纪30年代，这两种现象才在实验中被清楚地观测到，这让大多数科学家相信，波动理论才是电磁辐射的正确描述。但过了近一个世纪后，辐射的粒子描述又再次露面，但却是以彻底不同的形式出现，正如我们将在第4章中所看到的那样。

大气不透明度的影响在于，地球大气层只对电磁波谱中少数界限清楚的光谱窗口是透明的。大部分射电波段和光谱的可见光范围的不透明度低，我们可以在地面上通过这些波段来研究宇宙。在部分红外波段，大气层是部分透明的，因此我们可以在地面上做特定波段的红外观测。将观测地点移动到山顶，尽可能地位于大气层的上部，可以改善观测效果。然而，在其他光谱范围，大气层是不透明的：紫外、X射线和伽马射线的观测只能通过在大气层之外运行的卫星进行。

是什么造成了不透明度沿光谱的变化呢？大气层中的某些气体在某些波长对辐射的吸收非常显著。例如，水蒸气（H_2O）和氧气（O_2）吸收波长短于一厘米的射电波，而水蒸气（H_2O）和二氧化碳（CO_2）对红外辐射的吸收非常强，紫外、X射线和伽马射线辐射被地球大气中的臭氧（O_3）层完全阻挡。可见光波段偶然出现的并且不可预知的大气不透明是由于大气层中的云层遮挡光线而造成的。

此外，太阳的紫外辐射和地球高层大气之间的相互作用产生了一个稀薄的、高度约为100km的带电传导层。这一层被称为电离层，像镜子反射可见光一样反射长波射电辐射（波长长于10m）。这样，地球之外的无线电波被挡在外面，而地球上的无线电波——如由调频广播发出的——被保持在地球上。（这正是为什么某些无线电频率能绕过地平线传播的原因——无线电波在电离层上会被反弹回来。）

概念理解 检查

√ 在何种意义上，射电波、可见光和X射线是同一现象？

2.4 热辐射

所有的宏观物体——火焰、冰块、人、恒星——不管它们的大小、形状或化学组成如何，都在不停地发出辐射。它们产生辐射的原因主要是因为组成它们的微观带电粒子不断地变化其随机运动，每当带电粒子相互作用（“碰撞”）并改变运动状态时，就会有电磁辐射发出。物体的**温度**是直接估量物体中微观运动快慢的量（见详细说明2-1）。物体越热——也就是说温度越高——组成其的粒子的运动就越快，它们的碰撞就越剧烈，辐射出的能量就越多。

黑体谱

强度是通常用于描述空间中任意一点辐射大小或强弱的术语。与频率和波长一样，强度也是辐射的一种基本性质。没有任何自然物体只在一个频率上发出所有的辐射。相反，由于粒子以许多不同的速度发生碰撞——一些碰撞轻微，另一些要剧烈得多——因此能量通常在一段频率范围内传播。通过研究辐射的强度是如何沿电磁波谱分布的，我们就可以了解许多关于物体的性质。

图2.9描述了一个物体产生的辐射的分布。其中，曲线的峰值位于某个单一、固定的频率上，并随着频率的增大或减小而减弱。注意，曲线的形状不像对称的钟形那样，沿峰值两边均匀地降低。相反，从峰值到低频端，强度下降的要比从峰值到高频端下降的慢得多。这样的整体形状是任何物体所发出的热辐射的特有特征，不管物体的大小、形状、成分或温度如何。

图2.9（a）画出的曲线是数学理想化后物体的辐射分布曲线，即黑体——一个吸收所有落在它上面的辐射的物体。处于稳定状态时，黑体一定会重新发出与其吸收的能量大小相同的辐射。图中所展示的**黑体曲线**描绘了这种重新辐射的分布。（该曲线也被称为普朗克曲线，以德国物理学家马克思·普朗克命名，他在1900年对这种热发射的数学分析在现代物理学的发展过程中起到了关键作用。）

没有真实的物体像完美黑体那样吸收和发出辐射。例如，图2.9（b）展示了太阳的实际发射曲线。然而，在许多情况下，黑体曲线是实际情况的很好近似，黑体的属性提供了洞察实际物体行为的重要信息。

详细说明2-1

开尔文温标

构成任何一块物质的原子和分子都在不断地随机运动着。这种运动代表着被称为热能的能量形式，或者被更普遍地称为：热。我们称之为温度的量是物体内部运动的直接量度：物体的温度越高，构成它的粒子的随机运动平均越快。注意，这两个概念尽管是明显相关的，但却是不同的。每块物质的温度代表了它所包含的粒子的平均热能。

我们熟悉的华氏温标，如同古老的英语语系中以英尺来度量长度、用磅来度量重量一样，其重要性多少令人怀疑。事实上，“华氏度”现在是美国的一个特色。世界上大多数国家使用摄氏温标来表示温度（也被称为百分温标）。在摄氏温度系统中，水的冰点是0摄氏度（0℃），沸点是100摄氏度（100℃），如附图所示。

当然，温度也可以低于水的冰点。原则上，温度可以低至-273.15℃（尽管我们知道宇宙中没有任何地方会有如此之冷）。这被称为绝对零度，即理论上所有原子和分子的热运动都会停止的温度。由于没有任何物体能有比此更低的温度值，所以科学家发现以绝对零度作为起点的温标要方便得多。这种温标被称为开尔文温度（开氏温标），以纪念19世纪的英国物理学家开尔文勋爵。由于从绝对零度开始，

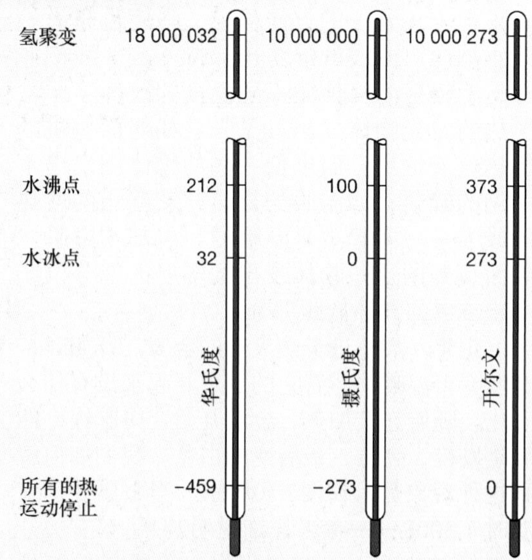

所以开氏温标与摄氏温标相差273.15°。本书中，我们四舍五入掉小数点后的数值，简单地采用以下公式：

开氏温标=摄氏度 + 273.

因此

- 所有的热运动在0开尔文（0 K）时停止。
- 水的冰点是273开尔文（273 K）。
- 水的沸点是373开尔文（373 K）。

注意，单位是开尔文或K，而不是开尔文度或°K。（有时用绝对温度来代替。）

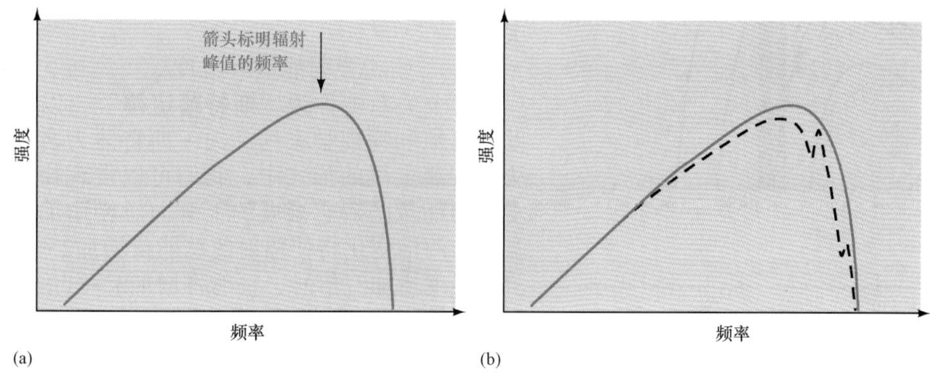

▲图2.9 黑体曲线，理想情况和实际情况

黑体曲线或普朗克曲线代表了任意物体在所有可能频率上发出的辐射的强度分布。箭头指出辐射峰值的频率。注意（a）图中的纯粹的、“教科书”化的曲线与（b）图中太阳的真实发射曲线（虚线）做了对比。太阳大气和地球大气的吸收是导致不同的原因。

辐射定律

当物体的温度上升时，黑体曲线会朝更高频率（短波）的方向移动，强度也越大。即便如此，曲线的形状也保持不变。我们非常熟悉辐射的峰值频率随温度的改变：非常炙热的发光物体发出可见光，如烤面包机的加热丝或恒星；温度低一些的物体则发出不可见的辐射，如温暖的岩石，家庭用的散热器或人——摸起来是温暖的，但却不耀眼。后面提到的这些物体发出的辐射大部分位于电磁波谱的红外低频部分。

想象一块放进炙热火炉的金属。开始时，金属变得温暖，尽管它的外观开起来没有什么变化。随着它被加热，金属开始变得暗红，然后是发橙、亮黄，最后变成白色。我们如何解释这种现象呢？如图2.10所示，当金属处于室温时（300K——参考详细说明2–1了解有关开氏温标的内容），它仅仅发出不可见的红外辐射。随着金属变热，它的黑体曲线的峰值也朝着高频方向移动。例如，在1000K时，虽然大多数辐射还是红外辐射，但现在也开始有一小部分的可见光（暗红）辐射。（注意，1000K的黑体曲线的高频部分刚刚能与图中的可见光范围重叠。）

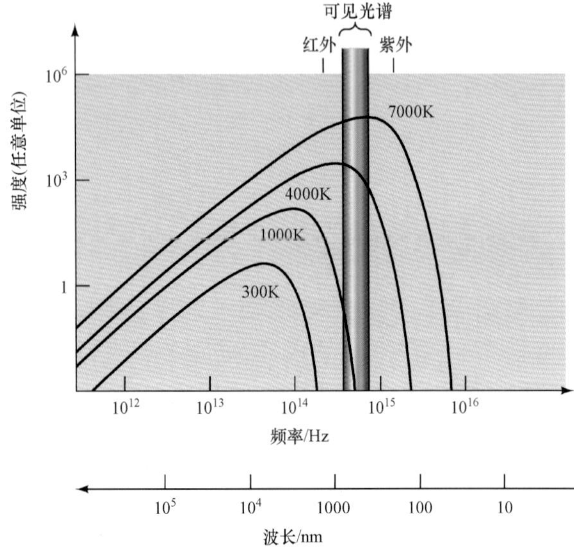

▲图2.10 不同的黑体曲线
当物体被加热时，它发出的辐射的峰值更高，峰值的频率也越高。这里展示的黑体曲线对应于温度300K（室温）、1000K（颜色开始变得暗红）、4000K（炙热红），以及7000K（炽白）。

随着温度继续上升，金属的黑体曲线的峰值穿过可见光谱，从红色（4000K的曲线）变成黄色。最终，金属变得发白，因为当黑体曲线的峰值位于光谱的蓝色或紫色部分时（7000K的曲线），曲线的低频端延伸穿过整个可见光谱（图中左边），这意味着也发出了大量的绿色、黄色、橙色和红色光线。所有这些颜色组合在一起形成了白色。

通过对黑体曲线的详细研究，我们得到了辐射物体的绝对温度（即以开尔文表示的温度）与其产生的主要辐射的波长之间的简单关系：

$$\text{辐射的峰值波长} \propto \frac{1}{\text{温度}}$$

（记住这里的符号 ∝ 意思是“正比于”。）该关系被称为“**维恩定律**”，以德国科学家威廉·维恩命名，他在1897年建立了该关系。

简而言之，维恩定律告诉我们，越热的物体，它的辐射越蓝。例如，一个温度为6000K的物体发出的大部分能量位于光谱的可见光部分，峰值波长为480nm。600K的物体辐射的峰值波长是4800nm，恰好位于光谱的红外部分。温度为60 000K时，峰值会完全移出可见光谱范围，为48nm，位于紫外范围内，如图2.11所示。

这也是一个重要的日常经验，随着物体温度的增加，它所辐射的总能量（所有频率的辐射累加起来）也迅速增加。例如，随着电热器温度的增加，它产生的热量急剧增加并开始发出可见光。细致实验得出的结论是，每单位时间内辐射的能量总量实际正比于物体温度的四次方：

$$\text{总发射能量} \propto \text{温度}^4.$$

这个关系被称为“**斯特藩定律**”，以19世纪奥地利物理学家约瑟夫·斯特藩为名。从斯特藩定律的形式中，我们可以发现物体发出的能量随着它温度的上升而急剧增加。温度的两倍变化将使辐射的总能量增加2^4=16倍；温度增加三倍时，辐射将增加3^4=81倍，以此类推。

详细说明2–2中将更为详细地介绍辐射定律。

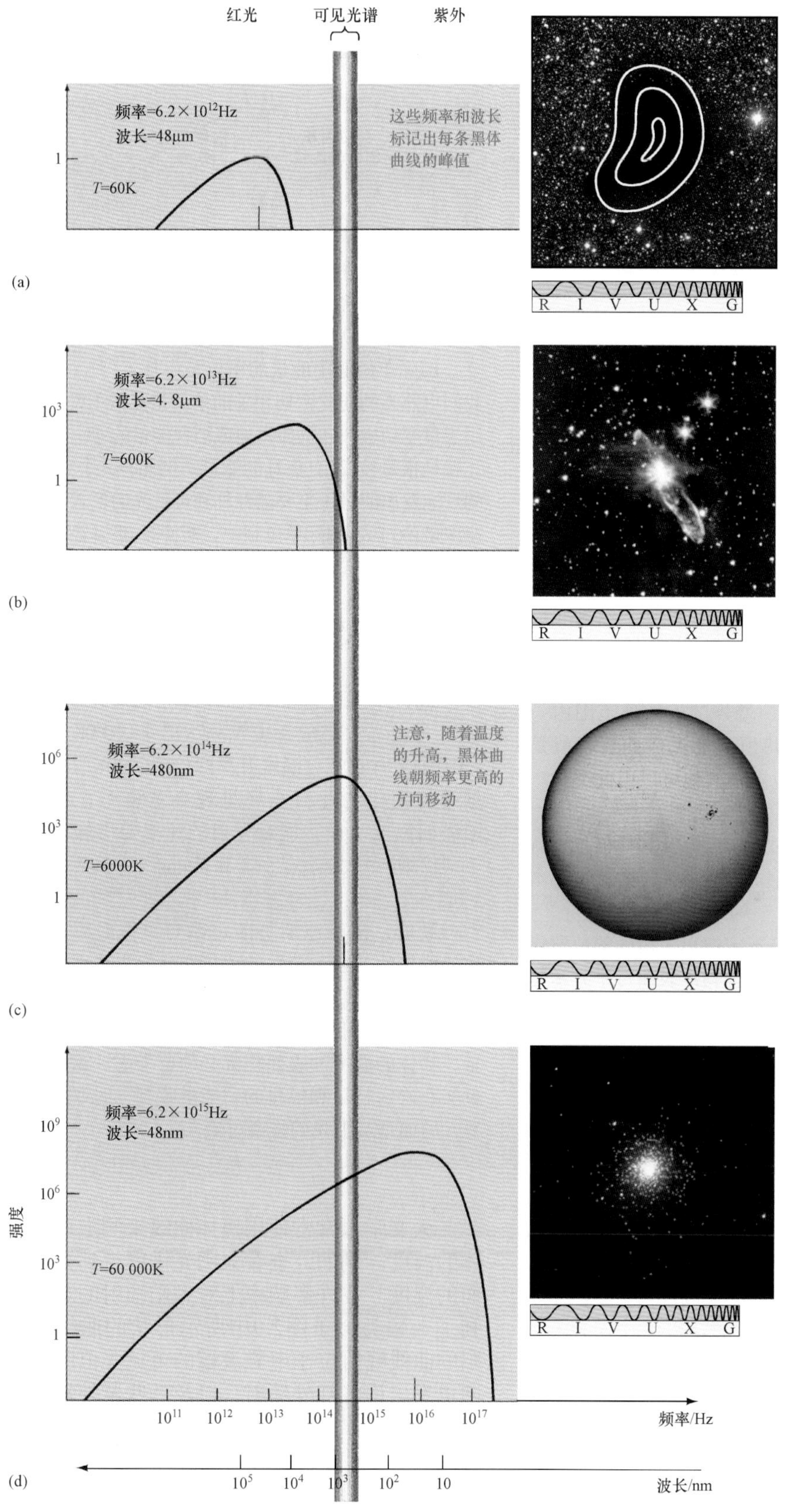

互动图2.11 天文温度计

MA 四种宇宙天体的黑体曲线比较。辐射峰值的频率和波长都已标示了出来。（a）一团冰冷黑暗的名为巴纳德68的星系气体，温度为60K，它发出的大部分是射电辐射，这里用重叠的等高线画出来。（b）一颗名为赫比格–阿罗46的暗淡的年轻恒星（插图中的白色部分）。恒星的大气温度为600K，主要在红外波段发出辐射。（C）太阳表面，温度近似为6000K，在电磁波谱的可见光范围内最亮。（d）位于名为梅西耶2的星团内的一些非常炽热、明亮的恒星，由地球大气之外沿轨道运行的太空望远镜所拍摄。这些恒星的温度为60 000K，在紫外波段有强烈的辐射。［欧洲南方天文台（ESO）、美国大学天文联盟（AURA）、斯必泽空间望远镜（SST）、星系演化探测器（GALEX）］

详细说明2-2

辐射定律的更多说明

正如2.4节中所提到的，维恩定律将物体的温度T与物体发出的主要辐射的波长联系起来。（希腊字母λ，通常用于表示波长。）数学上，如果我们以开尔文测量温度T，用毫米（mm）量度λ_{max}，那我们可以得到正文中所提到的关系的比例系数，可得

$$\lambda_{max}=\frac{2.9\text{mm}}{T}$$

我们还可以利用关系$f=c/\lambda$（见2.1节），将维恩定律等价地转换为用频率f来表述，其中c是光速，但该定律通常还是用波长来表述，这样可能更容易记忆。

示例1 对于和太阳表面温度T（≈6000K）相同的黑体，辐射强度最大时的波长为λ_{max}=（2.9/6000）mm，即480nm，对应于可见光谱的黄绿部分。温度为T=3000 K的较冷的恒星的峰值波长为λ_{max}=（2.9/3000）mm ≈970nm，正好位于可见光谱红色一端外的近红外范围内。温度为12 000K的较热恒星的黑体曲线峰值是242nm，位于近紫外范围，其他可以以此类推。

事实上，仅仅通过查看光谱及其峰值位置就可估计行星、恒星和宇宙中其他天体的温度，本书将广泛运用这一点。

我们也可以给斯特藩定律更为精确的数学化公式。以开尔文度量温度，物体表面每平方米每秒钟辐射的总能量（该量被称为能量通量F）可由下式给出

$$F=\sigma T^4.$$

该方程通常被称为斯特藩–玻耳兹曼方程。

$$F=\sigma T^4.$$

斯特藩的学生，路德维希·玻耳兹曼是一位奥地利物理学家，他在19世纪末和20世纪初的热力学定律的发展过程中起到了核心作用。常数σ（希腊字母西格玛）被称为斯特藩–玻耳兹曼常数。

国际单位制中能量的单位是焦耳（J）。可能我们更熟悉的与此密切相关的单位是瓦特（W），用于量度功率——物体发射或消耗能量的速率。一瓦特是指每秒发出1焦耳的能量。例如，一个100W的灯泡发出能量（主要以红外和可见光的形式）的速率是100 J/s。国际单位制中，斯特藩–玻耳兹曼常数的值为$\sigma=5.67\times10^{-8}$ W/（$m^2\cdot K^4$）.

示例2 注意，随着温度的增加，能量通量的增加会非常快。一块火炉里的金属，当温度为T=3000K时，每平方厘米表面积辐射能量的速率为$\sigma T^4\times(1\text{cm})^2=5.67\times10^{-8}\text{W/m}^2\cdot\text{K}^4\times(3000\text{K})^4\times(0.01\text{m})^2=460\text{W}$。温度升高两倍到6000K时（根据维恩定律，此时金属呈现金黄色），与太阳表面温度一样，能量发射的速率要增加16倍（“倍增”4次），达到7.3kW/cm^2（7300W）。

最后，请注意斯特藩定律与单位面积上释放的能量的关系。喷灯的火焰要比篝火热得多，但篝火发出的总能量要多得多，因为篝火的个头要大得多。因此，要计算炽热物体所发出的总能量，物体的温度和表面积都必须要考虑。这样的事实在确定行星和恒星的“能量收支”时非常重要，后面章节中我们将会讨论。

天文中的应用

没有任何已知的地球上的自然物体有足够高的温度能发出非常高频的辐射。只有人造的热核爆炸才足够炽热，发出的光谱峰值位于X射线和伽马射线范围。（大多数发出短波、高频辐射的人类发明，比如X光机，只用于发出只在一个特定波长范围内的辐射，并且不用在高温下进行操作，它们都发出非热辐射谱。）然而，许多地球之外的物体却会发出大量的紫外、X射线，甚至是伽马射线辐射。

天文学家常常使用黑体曲线来测定遥远天体的温度。例如，查看太阳光谱能得到太阳表面的温度。在许多频率上对太阳辐射的观测得到了一幅类似于图2.9中所示形状的曲线。太阳的曲线峰值位于电磁波谱的可见光范围；太阳也发出许多红外辐射，以及一些紫外辐射。根据维恩定律，我们能知道太阳表面的温度大约是6000K。（将维恩定律应用在能够最佳拟合太阳光谱的黑体曲线上，得到的更为精确的测量结果显示温度为5800K。）

其他的宇宙天体有着比太阳更为寒冷或者更为炽热的表面，发出的辐射主要位于光谱的不可见范围。例如，一颗非常年轻的恒星有着相对寒冷的表面，温度为600K，主要发出的是红外辐射。从中形成恒星的星际气体云更冷；温度为60K，这样的气体云发出的主要是长波辐射，位于光谱的射电和红外波段。相比之下，最亮的恒星的表面温度高达60 000K，因此发出的主要是紫外辐射，如图2.11所示。

概念理解 检查

√ 当你用调节开关调整一个白炽灯泡的亮度时，从“关”到“最亮”时，灯泡的模样会如何变化?为什么会有这样的变化?

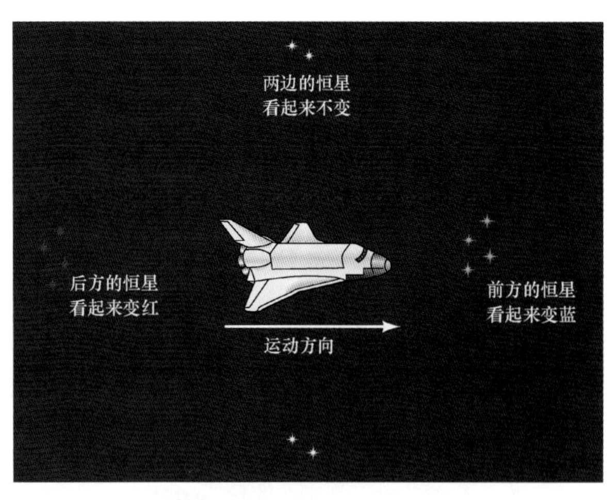

▲图2.12 高速运动的观测者
高速运动的飞船内的观测者看到前方的恒星比平常要蓝，而飞船后面的恒星则比平常要红。恒星的性质实际没有改变——颜色的变化源自于观测者与恒星之间的相对运动。

2.5 多普勒效应

假设一艘火箭飞船带着足够多的燃料从地球发射，并能加速到接近光速。当飞船的速度增加时，将会发生一个非常特别的事情（如图2.12所示）。乘客们会注意到，他们飞行方向上的恒星系所发出的光看起来好像变蓝了。事实上，飞船前面所有的恒星看起来都会比正常情况偏蓝，并且飞船的速度越大，颜色的变化会越大。此外，飞船后的恒星看起来比通常要红，但飞船两侧的恒星模样却不会有变化。随着飞船慢下来，相对于地球静止时，所有的恒星将会回复原貌。

旅行者会得到这样的结论：恒星改变了它们的颜色，不是因为它们的物理性质有任何实质性的变化，而是因为飞船自身的运动。这种由运动引起的波的观测频率的变化被称为**多普勒效应**，以纪念19世纪的奥地利物理学家克里斯汀·多普勒，他在1842年首先解释了这种现象。多普勒效应不只限于电磁辐射和飞速运动的飞船。在铁路路口等待快速列车通过时，我们大多数人都体会过，随着火车的到来和离开，我们听到的火车汽笛鸣响会从尖锐（高频、短波）到低沉（低频、长波）。解释基本上是相同的。应用到宇宙电磁波源上后，多普勒效应已成为所有现代天文学中最为重要的测量手段。应用如下。

如图2.13（a）所示，假设一个波从波源所处的地方传播到相对于波源静止的观测者处。通过记录两个连续波峰之间的距离，观测者可以确定发出的波的波长。现在假设不仅仅是波在移动，波源也在运动。如图2.13（b）所示，由于波源在两个连续波峰发出的时间内运动了，沿着波源运动方向的连续波峰看起来比通常时靠得要更近，而波源后面的波峰之间的间隔要更大。位于波源前进方向的观测者因此测量得到的波长比平常要短，而波源运动方向后面的观测者看到的则是更长的波长。图中数字标明（a）图中波源所发出的连续波峰以及图（b）中波源在发出每个波峰时所处的位置。

源和观测者之间的相对速度越大，观测到的变化越大。如果所涉及的运动速度相比波速来说并不大——只有波速的百分之几——那我们就可以把观测者的所见用特殊的简单公式表示出来。根据源和观测者之间的退行速度，视波长和频率（观测者所测得的）与真实值（源所发出的波长和频率）之间的关系如下：

$$\frac{\text{视波长}}{\text{真实波长}} = \frac{\text{真实频率}}{\text{视频率}} = 1 + \frac{\text{退行速度}}{\text{波速}}$$

互动图2.13 多普勒效应

MA® （a）波源发出的波向相对于波源静止的观测者运动。以观测者看来，波源并没有移动，因此波峰都是同心球（图中显示为圆）。（b）移动的波源发出的波趋向于向移动方向“堆积”，而在相反方向上“被拉伸”。这样导致处于波源前方的观测者测得比正常值要短的波长——即蓝移——而位于波源后方的观测者看到的则是红移。图中所显示的波源在运动。然而，每当波源和观测者之间有任何相对运动时，相同的情况就会发生，天文学家因此能够探测遥远天体的运动。

对于电磁辐射来说，波速是光速c。本书大部分内容中，退行速度比光速要小的假设是恰当的。只有当我们讨论黑洞（第11章）的性质和宇宙的最大尺度结构（见《今日天文——星系世界和宇宙的一生》第3、4章）时，才需要重新考虑该公式。

注意图2.13中的波源是运动的（如同我们假设的火车运动），而在之前宇宙飞船的例子中（图2.12），观测者是在运动的。对电磁辐射来说，任何一个例子中得到的结果都是一样的——只有源和观测者之间的相对运动才是关键。同样要注意，上述方程中只包括沿着源和观测者连线方向上的运动——称为径向运动。与视线方向垂直的横向（垂直）运动对此没有显著影响。㊀注意，顺便说一句，多普勒效应仅与源和观测者之间的相对运动有关；它与二者之间的距离没有任何关系。

位于移动的波源前方的观测者测得的波发生的是蓝移，因为蓝光的波长要比红光短。同样，位于波源后方的观测者将测量得到比正常值偏长的波长——这样的辐射发生的是红移。这样的术语甚至也用在不可见辐射上，虽然此时“红”和“蓝”没有什么意义。任何波长变短的频移被称为蓝移，而任何波长变长的频移被称为红移。例如，紫外辐射可能被蓝移到光谱的X射线波段或是红移到可见光波段，红外辐射则可能会红移到微波范围，诸如此类。详细说明2-3中叙述了天文学中是如何利用多普勒效应来测量速度的。

㊀ 实际上，爱因斯坦的相对论（见第11章）暗示了当横向速度与光速相当时，波长会发生被称为横向多普勒频移的变化。然而，对于大多数地球上和天文上的应用，这种频移是微不足道的，我们将忽略这种频移。

详细说明2-3

利用多普勒效应测量速度

由于光速c是如此巨大——300 000 km/s——因此地球上日常出现的速度所对应的多普勒效应是微不足道的。例如，考虑一个波源以地球在公转轨道上的速度（30 km/s）远离观测者，这一速度比日常生活中所出现的任何速度都要大得多。利用正文中的公式，我们得到一束蓝光发生的波长变化仅为：

$$\frac{\text{波长的变化}}{\text{真实波长}} = \frac{\text{退行速度}}{\text{波速}} = \frac{30\text{km/s}}{300\ 000\text{km/s}} = 0.01\%$$

这就是说，波长将从400nm变到400.04nm——确实是一个非常细微的变化，人眼是无法分辨出来的。然而，用现代仪器很容易就能检测出来。

天文学家可以利用多普勒效应来得到任何宇宙天体的视向速度，只需测量它所发出的光被红移或被蓝移的程度。让我们用一个简单的例子来说明如何进行测量。

示例 假设上面所提到的蓝光观测得到的波长为401nm，而不是它发出时的400nm。（下一章中我们再讨论观测者如何知道发射光的波长。）利用前面的公式，重新表述为：

$$\frac{\text{退行速度}}{\text{波速}c} = \frac{\text{波长的变化}}{\text{真实波长}} = 1\text{nm}/400\text{nm} = 0.0025$$

观测者能计算得到源的退行速度为300 000km/s的0.002 5，即750km/s。

基本推导过程简单却非常强大。邻近恒星和遥远星系的运动——甚至是宇宙本身的膨胀——都用这种方法测量得到了。

高速公路上因超速而被拦截的司机经历的是另一个更实际的应用：附图中，警用雷达利用多普勒效应测量速度，像用雷达枪来测量投手投出的快球或是网球选手发球的速度那样。如插图所示，从驶来的汽车上反射回的辐射波（蓝色波峰）波长变短的量与汽车的速度成正比。明白了吧？

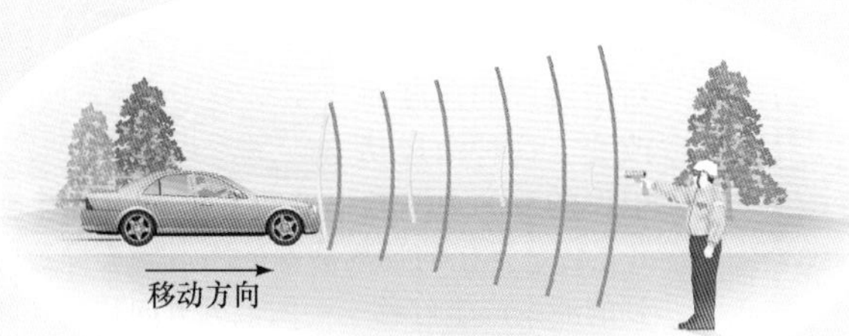

运动

实践中，很难测量整个黑体曲线的多普勒频移，这仅仅是因为黑体曲线覆盖了许多波长，使得很难精确确定小的频移。然而，如果辐射范围更窄，仅仅是光谱中的一条窄窄的“薄片”，那么就可以精确地测量多普勒效应。在下一章里我们将看到，在许多情况下，这正是精确测量能够进行的原因，这使得多普勒效应成为观测天文学家最强大的工具之一。

概念理解 检查

√ 天文学家观测两颗恒星互相绕转。多普勒效应在确定恒星质量的过程中能起到什么作用？

终极问题 问题随之而来，是否有事物能够运动得比光速还快？与普遍观点相反，我们稍后将学习的爱因斯坦的相对论，并不禁止物体运动得更快。也有证据表明，早期宇宙的实际扩张速度比光速要快。然而，没有人确切知道光速是否是宇宙中终极的速度限制，因此仍需继续进行实验，以验证这一非常基本的概念。

章节回顾

小结

❶ **电磁辐射**（p.34）在空间中以**波**（p.34）的形式传播。波的特性有：**周期**（p.35），即完成一个完整循环所需要的时间；**波长**（p.35），两个连续的波峰之间的距离；**波幅**（p.35），量度与波有关的扰动的大小。波的**频率**（p.35）是1s内经过某给定点的波峰的数目。

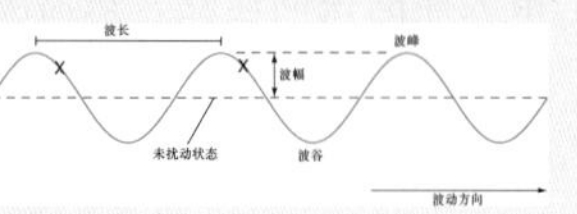

❷ 任何带电物体周围都有**电场**（p.37），这决定了物体作用在其他带电物体上的力。当一个带电粒子运动时，有关其运动的信息通过粒子**电场**和**磁场**的变化（p.37~38）在宇宙空间中传播。相关信息以电磁波的形式以**光速**（p.38）传播。**衍射**（p.41）和**干涉**（p.41）都是辐射作为波动现象的属性。

❸ 可见光的颜色可以简单地通过它的波长来估计——红光比蓝光的波长要长。整个**电磁波谱**（p.39）包括（按频率增加的顺序）**射电波**、**红外辐射**、**可见光**、**紫外辐射**、**X射线**，以及**伽马射线**（p.34）。只有射电波、某些红外波段以及可见光可以从太空中穿透大气层到达地面。

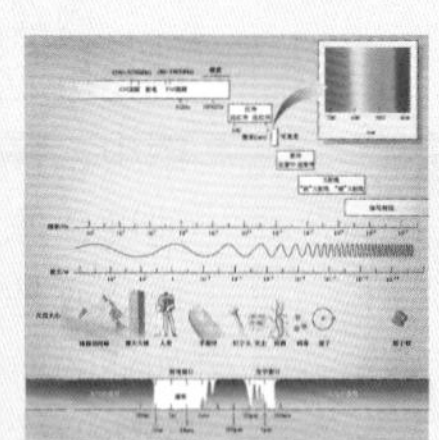

❹ 物体的**温度**（p.42）是衡量组成它的粒子运动速度的指标。一个炙热物体发出的不同频率辐射的强度可用被称为**黑体曲线**（p.42）的分布特征来表示，它仅与物体的温度有关。

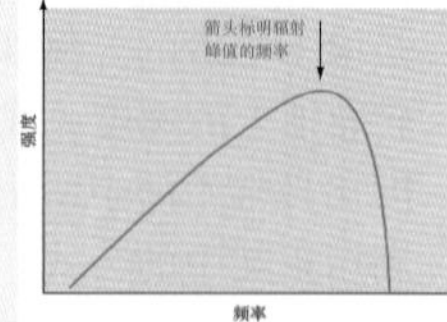

❺ **维恩定律**（p.44）告诉我们，物体辐射大部分能量的波长与其温度成反比。测量得到峰值波长能告诉我们物体的温度。**斯特藩定律**（p.44）表明辐射的总能量与温度的四次方成正比。

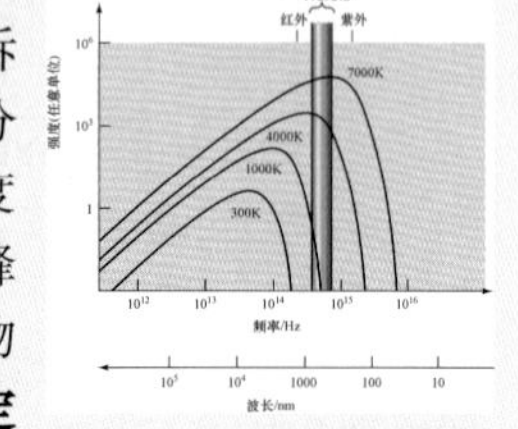

❻ 我们所感知到的光束波长会因我们相对于波源的速度而改变。这种由运动引发的波的观测频率的改变被称为**多普勒效应**（p.47）。任何远离波源的净运动会导致所接收到的波束产生红移——向低频方向移动。朝向波源的运动会导致蓝移。频移的大小直接与观测者相对于波源的径向速度成正比。

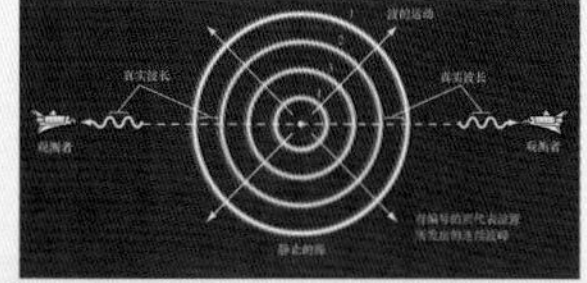

标记**POS**的问题探索科学过程。标记**VIS**的问题着重于阅读和视听资讯的理解。
LO后紧跟的是本章引言中学习目标的编号。

指定的课后作业请访问MasteringAstronomy网站。

复习与讨论

1. 波是什么？
2. **LO1**波长、波的频率和波速之间的关系是什么？
3. 衍射是什么?它与光的波动性有何关联？
4. **POS**光速c为什么如此特别？
5. 指出组成白光的颜色。是什么导致我们看到它们的颜色不同？
6. 正电荷对邻近的负电荷会产生什么作用？
7. **LO2**描述光从恒星发出、在真空中传播并最终被地球上的某个观测者所观测到的过程。
8. 为何光被看成是一种电磁波？
9. 射电波、红外辐射、可见光、紫外辐射、X射线和伽马射线有何共同之处？它们又有什么不同？
10. **LO3**大气层对电磁波谱的哪些部分内是透明的，并且可以从地面进行观测？
11. **LO4** 什么是黑体？它辐射的主要特征是什么？

12. **POS** 维恩定律揭示了天空中恒星的什么？
13. **LO5** 根据其黑体曲线，描述当一块炽热燃烧的碳冷却时会发生什么？
14. **LO6** 天文学家如何利用多普勒效应来确定天体的速度？
15. **POS** 如果地球表面被云层完全遮盖，我们不能看见天空，那我们是否还能感知云层之外的宇宙王国？哪些类型的辐射还可能被接收到？

概念自测：选择题

1. 与紫外辐射相比，红外辐射有更大的：（a）波长；（b）波幅；（c）频率；（d）能量。
2. 与红光相比，可见光中的蓝光传播得要：（a）快些；（b）慢些；（c）一样快。
3. 电子与原子发生碰撞时会：（a）不再具有电场；（b）产生电磁波；（c）改变电荷性质；（d）被磁化。
4. **VIS**根据图2.8（“电磁波谱”），绿光的波长大小约为：（a）一个原子；（b）一个细菌；（c）一个手指甲；（d）一幢摩天大厦。
5. 一台位于南极洲的X射线望远镜将无法正常工作，因为：（a）极度寒冷；（b）臭氧洞；（c）极昼；（d）地球大气层。
6. **VIS**图2.11中（“多个黑体曲线”），1000K的物体主要辐射出：（a）红外光；（b）红光；（c）多种绿光；（d）蓝光。
7. 根据维恩定律，最炽热的恒星也有：（a）最长的峰值波长；（b）最短的峰值波长；（c）最多的辐射位于光谱的红外范围；（d）直径最大。
8. 斯特藩定律表明，如果太阳温度翻倍的话，它所发出的能量会：（a）b变成现在值的一半；（b）翻倍；（c）增加4倍；（d）增加16倍。
9. 一颗比太阳冷得多的恒星看起来：（a）是红色的；（b）是蓝色的；（c）更小；（d）更大。
10. 一颗向着地球运动的恒星的黑体曲线的峰值会移向：（a）更高的强度；（b）更高的能量；（c）更长的波长；（d）更低的强度。

问答

问题序号后的圆点表示题目的大致难度。

1. ●在水中传播的声波频率为256Hz，波长为5.77m。那么声音在水中的速度是多少？
2. ●100MHz（“FM100”）的无线电信号的波长是多少？
3. ●●估算你向四周辐射出的总能量。
4. ●人体的正常温度约为37℃。该温度是多少开尔文？这样体温的人所发出的峰值波长是多少？位于光谱的什么部分？
5. ●太阳的温度是5800K，它的黑体辐射峰值波长约为500nm。一颗温度为1000K的原恒星辐射最强的波长是多少？
6. ●两个相同物体的温度分别为300K和1500K。哪一个辐射的能量更多？是另外一个物体辐射能量的多少倍？
7. ●一艘飞船要朝什么方向、以多大速度运动，地球上无线电台发出的100MHz信号才能被收音机在99.9 MHz上收到？
8. ●观测到从邻近的恒星半人马座阿尔法星发出的辐射波长（修正地球轨道运动之后）减少了99.9933%。那么半人马座阿尔法星相对于太阳的退行速度是多少？

实践活动

协作项目

站在铁轨或繁忙的高速公路附近（但是不要靠得过近），等待火车或车辆经过。你们能注意到发动机噪声、汽笛和喇叭音高的多普勒效应吗？声音的频率与火车的（a）速度和（b）朝向或远离你的运动如何相关？将你所在的团队分成两组。一组记录火车运动的时间，从而计算出它的近似速度。当火车开始朝你们运动，然后又远离你们时，另外一组（由更有音乐细胞的成员组成）估计所能听见的汽笛声的频率变化。

个人项目

找到猎户星座。它的两颗亮星是参宿四和参宿七。哪一颗更炽热呢？你如何能够判断出来？分散在夜空中的其他恒星，哪些更炽热？哪些温度稍低呢？

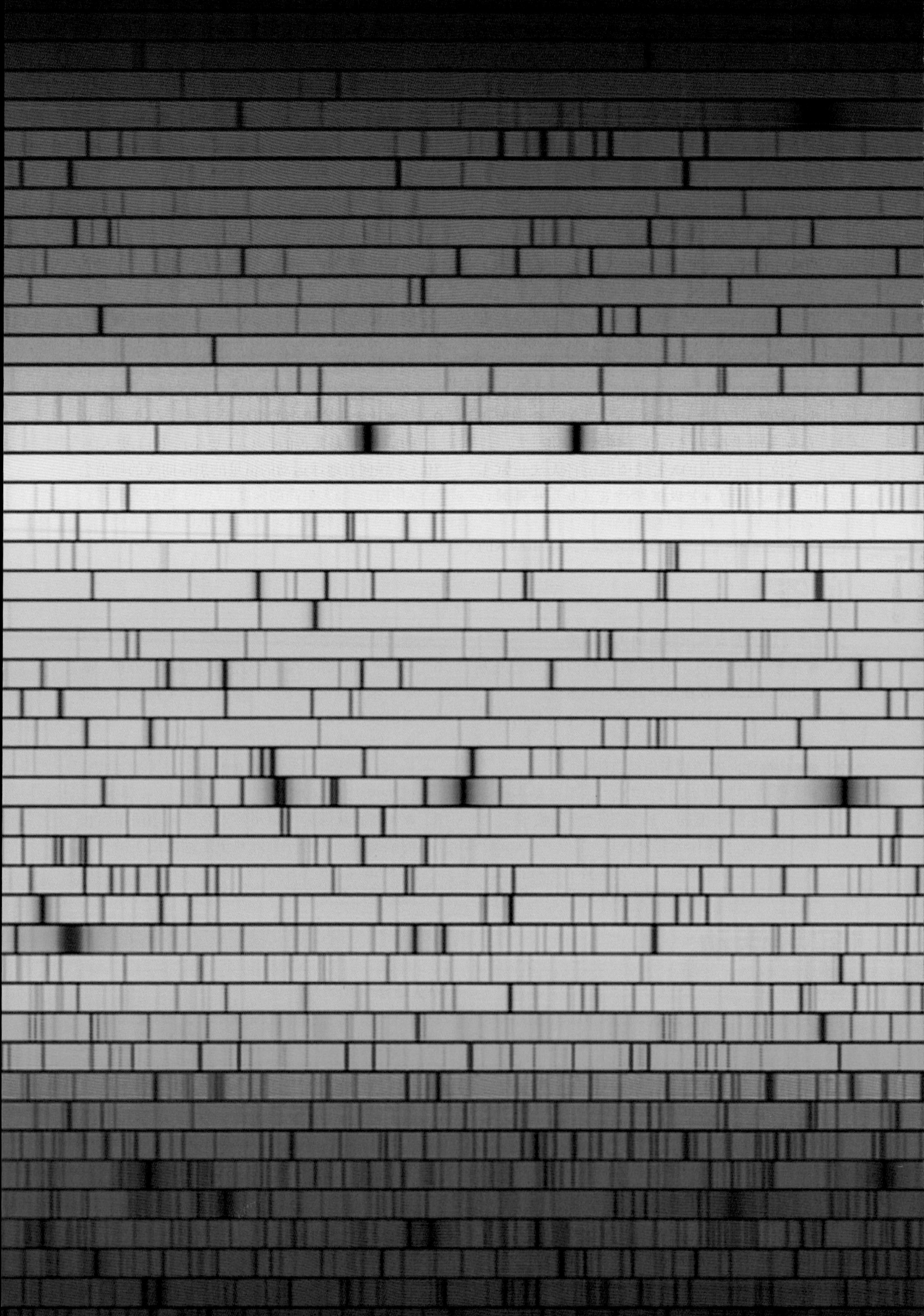

第3章　光谱学

3

原子的内在活动

辐射的波动描述让19世纪的天文学家开始可以破译从宇宙到达地球的、以可见光和不可见光的形式传播的信息。然而，在20世纪初期，电磁现象的波动理论很显然是不完善的——光在某些方面不能简单地用纯粹的波动术语来解释。

当辐射与物质在原子尺度上相互作用时，它不再表现得像连续波那样，而是显得不稳定、不连续——实际上，像粒子一样。通过这一发现，科学家很快认识到，原子也一定表现得不连续，一场科学革命开始登上舞台——量子力学——几乎影响了现代生活的所有领域。

知识全景　光谱是天文学家所使用的一种结合望远镜和理论研究的观测手段，可以通过物质发出和吸收的辐射来推断其性质。这一强大的技术不仅能揭示遥远恒星的化学成分，而且也能提供许多有关整个宇宙中恒星起源、演化及其命运的信息。光谱学是现代天体物理学不可或缺的基础。

左图：这里展示了恒星南河三美丽的、从红色到蓝色的可见光谱，其中成百上千的暗线是由这颗炽热恒星的较冷大气对光的吸收而产生的。完整的光谱通常横跨6米（20英尺）长，但为了在一页中展示整个光谱，这里将其剪切成数十个水平条带并垂直叠放在一起。［美国国家光学天文台（NOAO）/美国大学天文联盟（AURA）］

学习目标

本章的学习将使你能够：

1. 描述连续谱、发射谱和吸收谱的性质，以及它们各自产生的条件。
2. 解释发射线和吸收线之间的关系，以及我们可以通过它们了解到什么。
3. 指出原子的基本构成并描述我们对其结构的现代看法。
4. 概述使科学家得出光具有粒子和波动性结论的观测。
5. 解释原子中的电子跃迁如何在它们的光谱中产生独特的发射和吸收特征。
6. 描述分子产生的光谱的一般特征。
7. 列出并解释通过分析天体的光谱能获得哪些种类的信息。

精通天文学

访问MasteringAstronomy网站的学习板块，获取小测验、动画、视频、互动图，以及自学教程。

3.1 谱线

第3章里，我们了解了一些天文学家是如何通过分析来自太空的电磁辐射来获得遥远天体信息的内容。这个过程中至关重要的一步就是光谱信息——将入射辐射的组成波长细致分解。但在现实中，没有任何宇宙天体发出的辐射是完美的黑体谱，就像我们之前讨论过的那样。∞（2.4节）所有的光谱都与理想形式的光谱有所偏离——一些只有一点差别，而另一些的差别却很大。然而，这并不能否定我们之前的研究，这些偏差包含了丰富的有关辐射源内在物理条件的详细信息。光谱是如此重要，有必要让我们来研究一下天文学家是如何获得并解释它们的。

辐射可以利用一种被称为**分光镜**的仪器来进行分析。这种装置最基本的形式包括一个不透明的且有狭缝的屏障（生成光束）、一块棱镜（用于将光束分解为组成颜色）以及一个目镜或屏幕（允许使用者查看生成的光谱）。图3.1展示了这样的一个组合。而天文学家使用的被称为光谱仪或分光计的研究设备要更加复杂，包括一台望远镜（收集辐射）、一套色散装置（将辐射分散为光谱），以及一个探测器（记录结果）。尽管它们更加复杂，但它们的基本操作在概念上与图中所展示的简易分光镜一样。

在许多大型仪器中，棱镜已被一种名为衍射光栅的设备所替代，该设备由一片刻有许多密集平行条纹的透明材料构成。条纹之间的间隔一般是几微米（10^{-6}m），与可见光的波长相当。间隔起到许多微小狭缝的作用，光在通过光栅时发生衍射（或是从光栅上反射，这取决于装置是如何设计的）。∞（探索2–1）由于不同波长的电磁辐射在遇到光栅时产生的衍射大小不同，最终效果就是光束被分成它的组成颜色。你可能比自己所认为的要更加熟悉衍射光栅——从光盘上反射回的光线中可见“彩虹”的颜色，那就是这一过程产生的结果。

发射线

我们在第2章中所遇到的光谱是**连续谱**的例子。比如一个灯泡发出的辐射覆盖所有波长（主要位于可见光范围），其强度分布可以用对应于灯泡温度的黑体曲线来很好地进行描述。∞（2.4节）透过分光镜观察，灯泡所发出的光的光谱呈现出熟悉的颜色彩虹，从红色到紫色，没有间断，如图3.2（a）所示。

然而，并不是所有的光谱都是连续的。比如，如果我们取一罐装有纯氢气的罐子，并对它放电（有点像一道闪电弧穿过地球大气），那么氢气就会开始发光——也就是说发出辐射。如果我们用分光镜来查看这种辐射，我们便会发现它的光谱是由黑暗背景上的几条亮线构成的，完全不像炽热灯泡所产生的连续谱。图3.2（b）展示了该实验的布置和结果示意图。（更详细的氢光谱图见图3.3顶部。）注意，该实验中氢所产生的光并不包含所有可能的颜色，相反只包括少许狭窄的、清晰的**发射线**——连续谱上的细“条”。黑色背景代表的是所有氢不能辐射出的波长。

经过几次实验后，我们也会发现，尽管我们可以改变发射线的强度——比如通过改变罐子里氢气的多少或是放电的强度——但我们不能改变发射线的颜色（亦即它们的频率或波长）。光谱中发射线的排列展示了氢元素的性质。不管我们何时进行这个实验，得到的都将是同样的颜色特征。

到19世纪早期，科学家们已经对许多不同的气体进行了类似的实验。他们利用火焰把固体或液体气化，将他们的研究扩展到了平常不是气态的物

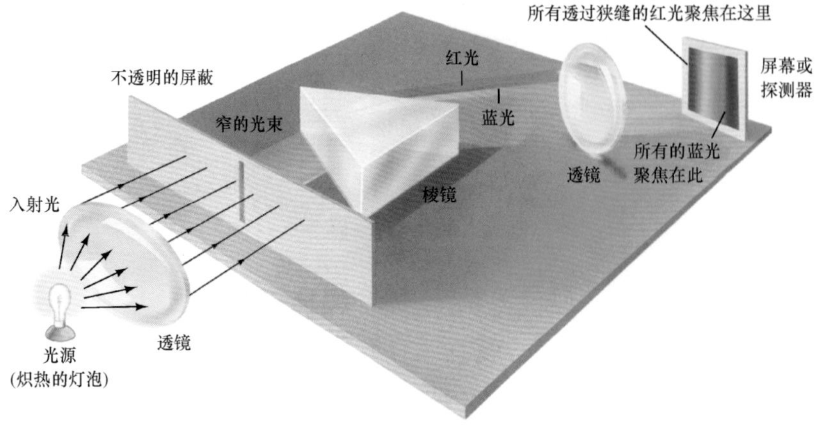

◀**图3.1　分光镜**
一个简单的分光镜允许细细的光束通过窄窄的狭缝，然后光线继续透过棱镜，在那里被分散为不同的颜色。透镜则将光线聚焦成为清晰的像，投影在屏幕上或是由探测器收集分析，如图所示。

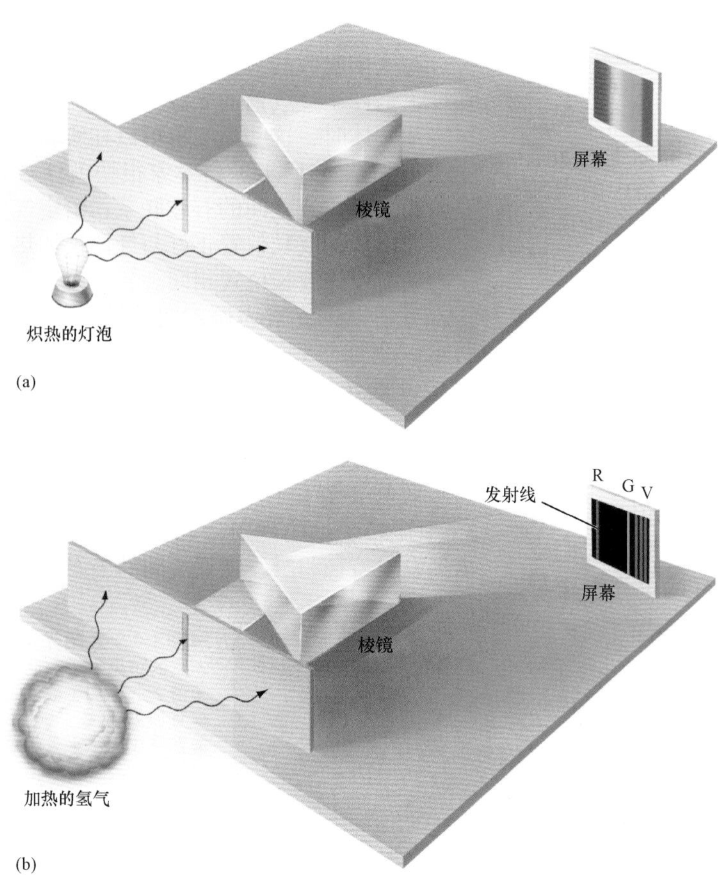

互动图3.2 连续谱和发射谱

MA 当通过狭缝并被棱镜色散时，来自连续辐射光源（a）的光产生了人们熟悉的彩虹颜色。相反，来自被激发的氢气（b）的光则由被称为发射线的一系列明显的明亮谱线所组成。（为清楚起见，聚焦透镜被省略了——见4.1节。）

质上。有时，发射线的排列相当简单，有时也很复杂，但总是对应特定的元素。即便不理解发射线的起源，研究者也很快意识到，这些发射线提供了所研究物质独一无二的“指纹”。他们可以探测到某种特定的原子或分子（原子通过化学键结合在一起，见3.4节）的存在，仅仅通过研究它所发出的光。科学家们已经积累了大量的数据，记录下了许多不同的热气体所发出辐射的特定波长。某种给定化学成分的气体所发出的光的独有图案排列被称为该气体的**发射谱**。图3.3展示了一些常见物质的发射谱。

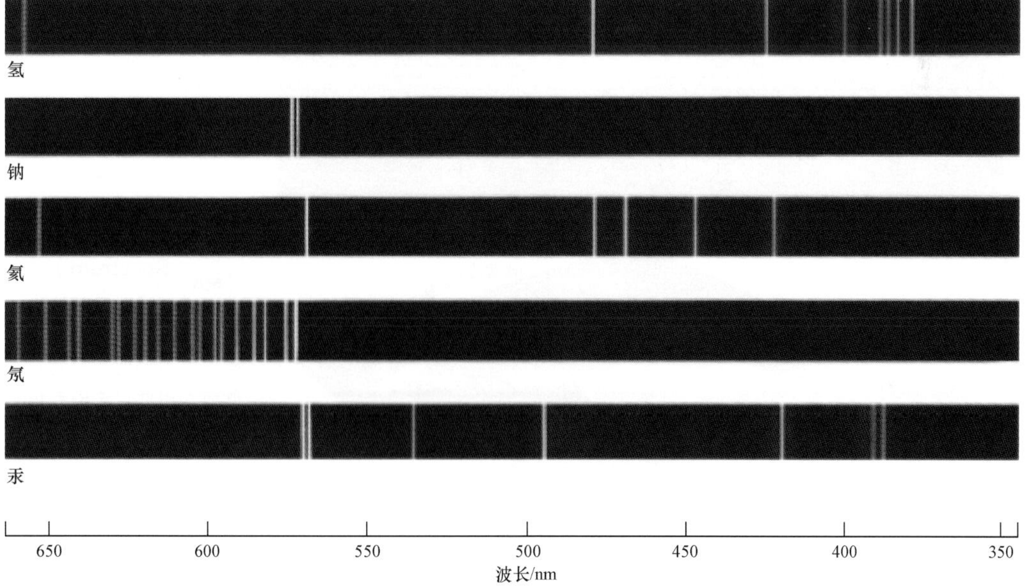

▲图3.3 元素的发射

一些众所周知的元素的发射谱。按照本书所采用的约定，频率向右为增加。注意，这里所显示的紫色阴影，波长要约短于400纳米，实际上位于光谱的紫外范围中，人眼是看不见的。［沃巴什仪器公司（Wabash Instrument Corp.）］

吸收线

当太阳光被棱镜色散时，乍一看似乎是一个连续谱。然而，仔细察看光谱后会发现，太阳光谱被大量的狭窄暗线垂直隔断了，如图3.4所示。我们现在知道，这些线条中的大部分都展现了被太阳外层大气或地球大气中所存在的气体移除（吸收）的光的波长。这些光谱上的缝隙被称为**吸收线**。

英国天文学威廉·渥拉斯顿在1802年第一次注意到太阳的吸收线。之后德国物理学家约瑟夫·冯·夫琅禾费对其做了约10年的非常细致的研究，测量并编目了其中600条以上的谱线。这些谱线现在被统称为夫琅禾费谱线。尽管太阳是迄今为止最容易研究的恒星，也有最为丰富的可观测到的吸收线，然而我们也已经知道，类似的谱线在所有恒星光谱中都存在。

与太阳吸收线被发现几乎同时，科学家们发现，当产生连续谱的光源所发出的一束光通过冷却气体时，这些谱线也可以在实验室中被生成，如图3.5所示。科学家很快就注意到了发射线和吸收线之间的有趣联系：给定气体的吸收线出现的波长位置正好与气体被加热时产生的发射线的波长位置相同。

考虑以钠元素为例，它的发射线如图3.6所示。当加热到高温时，钠蒸汽样品发出的强烈可见光只位于两个波长——589.6nm和589.0nm——位于光谱的黄色区域。当连续谱穿过相对较冷的纳蒸汽时，两条清晰的、暗黑的吸收线正好出现在完全相同的波长处。图3.6中比较了钠的发射谱和吸收谱，清楚地显示了发射特征与吸收特征之间的关系。

◀**图3.4　太阳光谱**
太阳的可见光谱在明亮的连续谱之上叠加了数以百计的垂直暗吸收线。一组48条垂直叠放的水平条带展示了太阳的高分辨率光谱：每个条带从左到右覆盖了整个光谱的一小部分。波长范围从左上的长波（红色）延伸到右下的短波（蓝色）处。也可参考第52页章节开篇处的光谱。［美国大学天文联盟（AURA）］

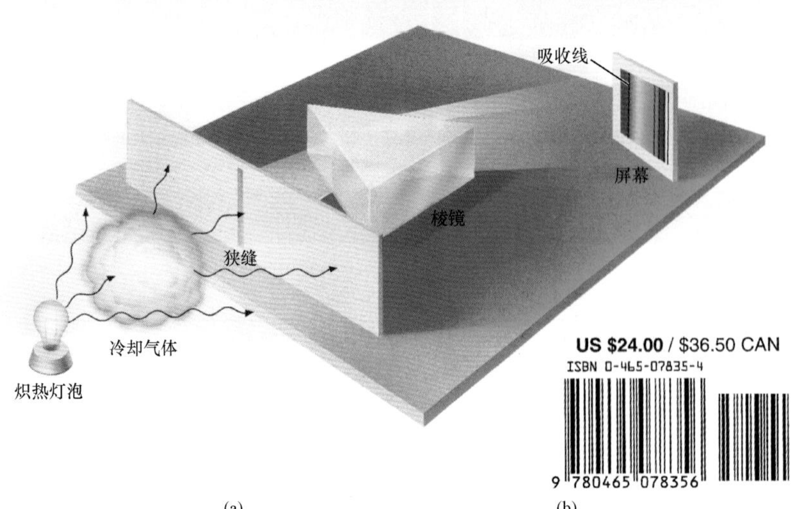

互动图3.5　吸收谱（Absorption Spectrum）
MA
（a）当冷却气体被放置在连续辐射光源（比如一个炽热的灯泡）和探测器（屏幕）之间时，由此产生的彩色光谱上叠加了一系列的暗吸收线。这些吸收线是由中间的冷却气体吸收原始光束中特定波长（颜色）的辐射而形成的。吸收线出现的位置正好与气体被加热到高温时所产生的发射线的波长位置相同，如图3.2所示。（b）日常生活中类似于这些谱线的是超市条形码，它们唯一地决定了商品的价格。

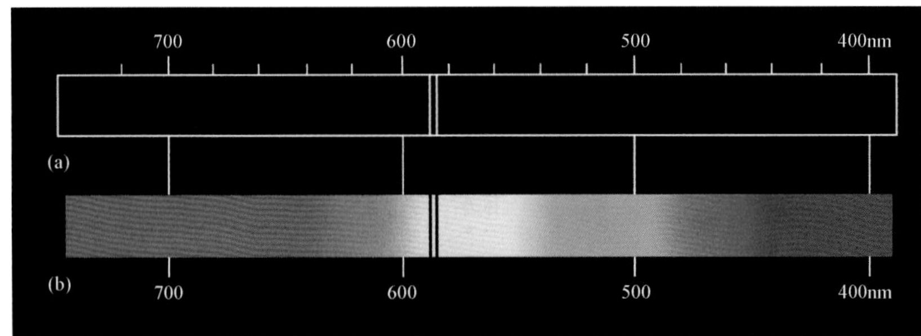

互动图3.6 钠光谱

（a）钠发射线的特征。图中心的两条亮线出现在光谱的黄色区域。（b）钠的吸收谱。两条暗线正好出现在与钠发射谱中两条亮线波长相同的位置处。

基尔霍夫定律

光谱学用于分析物质发出和吸收辐射的方式。早期的光谱学家之一、德国物理学家古斯塔夫·基尔霍夫于1859年总结了三种光谱类型——连续谱、发射线和吸收线——之间的观测关系。他阐述了三条支配着光谱形成的光谱学准则，现在被称为**基尔霍夫定律**：

1. 发光固体或液体，或足够致密的气体发出所有波长的光，因此产生的是连续谱辐射。

2. 低密度、热气体发出的光的光谱由一系列明亮的发射线组成，这些发射线是气体的化学成分所特有的。

3. 冷且稀薄的气体吸收连续谱中特定波长的辐射，使产生吸收的位置变暗形成吸收线，叠加在连续谱之上。同样，这些吸收线也是中介气体的成分所特有的——它们正好出现在与气体在高温时发出的发射线波长相同的位置上。

图3.7说明了基尔霍夫定律以及吸收线和发射线的关系。直观地看，光源、热固体（灯泡的灯丝）产生的是连续谱（黑体）。当透过冷却的氢气云观看光源时，可见一系列暗黑的吸收线，并叠加在光谱中氢所特有的波长位置处。吸收线的出现是因为这些波长处的光被氢吸收了。正如我们将在本章后面部分见到的那样，吸收的能量随后被重新辐射到空间中——不但沿着光束的最初方向，还朝着四面八方。因此，当在黑暗背景下从侧面查看气体云时，也能看见一系列暗弱的发射线。这些发射线包含了光束在前进方向上所丢失的能量。如果气体被加热至炽热状态，它就会产生正好位于相同波长处更强的发射线。

识别星光

到19世纪末，光谱学家已经发展出强大的技术宝库来解释从太空中接收到的辐射了。一旦天文学家知道了谱线是化学成分的指示器，他们就开始标识太阳光谱中被观测到的谱线。在来自地球之外的光线中，几乎所有的谱线都可以归因于已知的元素。例如，太阳光中许多夫琅禾费线与铁元素有关，这个事实首先被基尔霍夫及其同事罗伯特·本生（因本生灯而闻名）在1859年认识到。然而，一些陌生的谱线也出现在了太阳光谱中。1868年，天文学家认识到，这些谱线一定对应于一种之前未知的元素，它的名字叫氦，来自于希腊词helios，意为“太阳”。在太阳光中探测到氦后过了几乎30年，直到1895年，氦才在地球上被发现！（图3.3中有氦的实验室光谱。）

然而，在19世纪的天文学家从恒星光谱中可以提取到的所有信息中，仍然缺乏光谱本身是如何产生的理论解释。尽管有复杂的分光设备，但他们对恒星本质的了解比伽利略或牛顿几乎没有多多少。要理解如何能够从天体发出的光中提取到光谱的详细信息，我们必须要更深入地讨论谱线产生的过程。

概念理解 检查

✔ 吸收线和发射线是什么，它们能告诉我们有关产生它们的气体成分的什么？

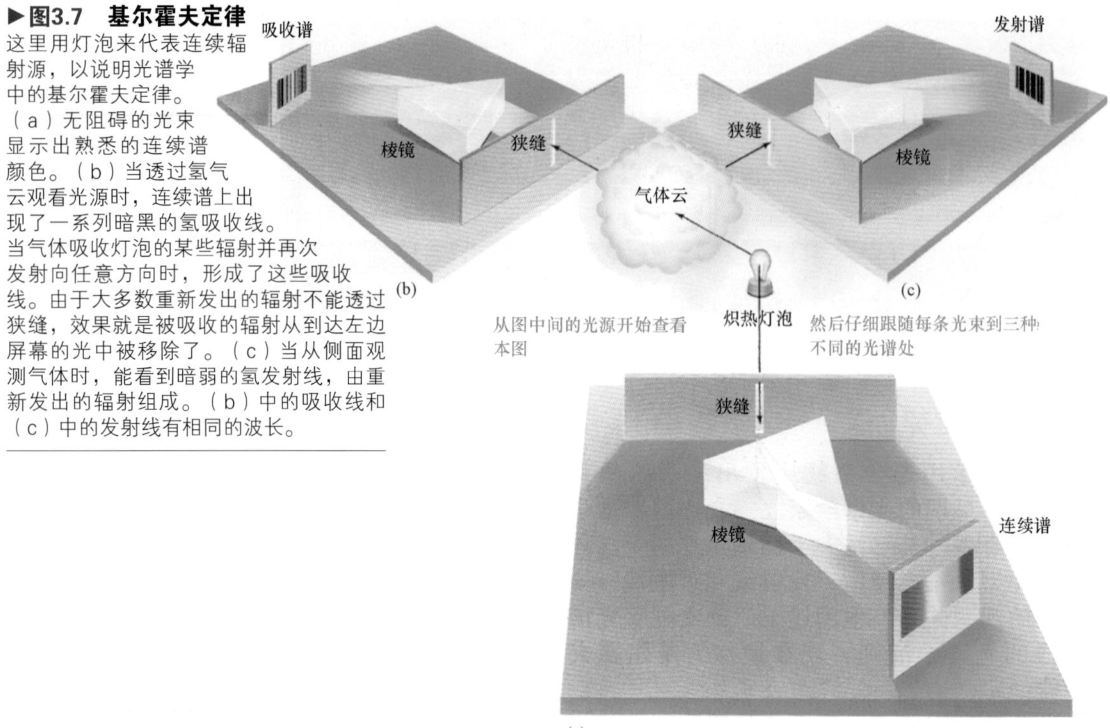

▶**图3.7 基尔霍夫定律** 这里用灯泡来代表连续辐射源，以说明光谱学中的基尔霍夫定律。（a）无阻碍的光束显示出熟悉的连续谱颜色。（b）当透过氢气云观看光源时，连续谱上出现了一系列暗黑的氢吸收线。当气体吸收灯泡的某些辐射并再次发射向任意方向时，形成了这些吸收线。由于大多数重新发出的辐射不能透过狭缝，效果就是被吸收的辐射从到达左边屏幕的光中被移除了。（c）当从侧面观测气体时，能看到暗弱的氢发射线，由重新发出的辐射组成。（b）中的吸收线和（c）中的发射线有相同的波长。

3.2 原子和辐射

到20世纪初时，物理学家已经积累了大量实质性的证据，表明光有时的表现形式无法用波动理论来解释。正如我们刚刚看到的，吸收线和发射线的产生仅涉及光的某些频率或波长。如果光表现得像连续波那样，并且物质总是遵从牛顿的力学定律，那么这将不是预期的表现。其他同时期展开的实验进一步加强了这样的结论：辐射是波的看法是不完整的。显然，当光与物质在非常小的尺度上相互作用时，不再是以连续的方式，而是以不连续的、“逐步”的方式发生作用。挑战变成了寻找这种意想不到的现象的解释。最终的解答彻底地改变了我们对自然的看法，并形成了现在所有物理学和天文学的基础——甚至是几乎所有现代科学的基础。

原子结构

为了解释发射线和吸收线的形成，我们不仅必须了解光的性质，而且还需要了解**原子**的结构——原子是所有物质构成的微观积木。让我们先从最简单的原子开始：氢原子。一个氢原子由一个带负电荷的电子绕一颗带正电荷的质子运动而构成。质子形成原子中心的**原子核**（nucleus，复数：nuclei）。氢原子整体上是电中性的。等值且电荷相反的质子与绕转的电子产生电场吸引，结合在一起形成原子。

这样的氢原子形象是如何同与氢气有关的发射线和吸收线特征产生关联的呢？如果一个原子吸收一些辐射形式的能量，那么这些能量一定引起了某些内部的变化。类似地，如果原子发出能量，那么能量一定来源于原子内部某处。原子吸收或是释放能量与做轨道运动的电子运动状态的改变相关联，这样的假设是合理的（并且是正确的）。

第一个提供解释氢的观测谱线的原子理论是丹麦物理学家尼尔斯·玻尔在1912年建立的。现在简称其为原子的玻尔模型，其基本特征如下：

1. 存在能量最低的状态——**基态**，代表电子在绕原子核运动时的“正常”状态。

2. 电子要保持作为原子的一部分，所以存在能量最大的状态。一旦电子获得的能量超过最大能量，那么它将不再被原子核所束缚，即原子被**电离**了；失去一个或更多电子的原子被称为离子。

3. 最重要的（也是最直观的）是，在最低和最高两个能级之间，电子只能以某些界限清晰的能量状态存在，通常被称为**“电子轨道”**。

这样对原子的描述与牛顿力学的预测形成了鲜明对比：牛顿力学允许轨道以任何能量存在，而不仅仅是某些特定的值。在原子领域内，这样的不连续表现是很正常的。用该领域的专业术语来表达，即轨道的能量是**量子化**的。**量子力学**是支配原子和亚原子粒子行为的物理学分支，和日常生活中的经验大相径庭。

在玻尔的原始模型中，每个电子轨道都有着特定的半径，非常像太阳系中一颗行星的轨道，如图3.8所示。然而，现代观点并不如此简单。如图3.8所示，尽管每个轨道有明确的能量，但轨道边界却并不明确。相反，现在假想电子拖曳出一团围绕着原子核的“电子云”，如图3.9所示。我们不能断定电子“在哪儿”，我们只能谈及在云里某个位置发现它的概率。通常把电子云到原子核的平均距离作为电子轨道的“半径”。当氢原子处于基态时，轨道半径约为0.05nm（0.5Å）。随着轨道能量的增加，半径也随之增加。

为让接下来的图清晰起见，我们在本章内用实线来表示电子轨道。（参考60页的详细说明3-1，了解氢原子能级的详细细节。）但是，你应该永远牢记，图3.9是更加准确的真实描述。

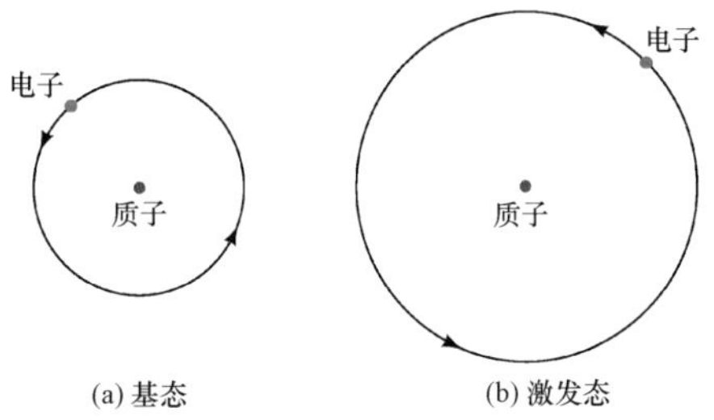

▲图3.8 经典原子
20世纪早期的氢原子概念——玻尔模型——描绘出电子处在围绕中心质子的一个界限清楚的轨道上，就像行星围绕着太阳。图中显示了两个不同能量的电子轨道：（a）基态和（b）激发态。

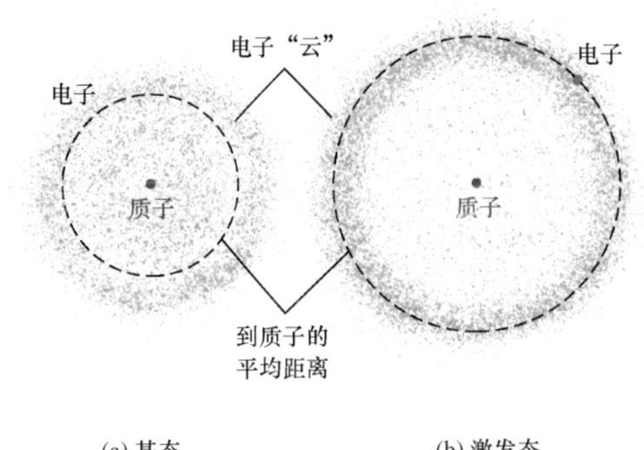

▲图3.9 现代原子
现代观点的氢原子中可见电子像“云”一样围绕着原子核。和图3.8一样，本图显示了同样的两个能态。

原子并不总是处于基态。当一个电子处于比到其母原子核正常距离远的轨道上时，原子处于**激发态**。处于这样激发态的原子有着高于常值的能量。能量最低的激发态（也就是能量最接近于基态的状态）被称为第一激发态，能量第二低的是第二激发态，以此类推。原子可以通过两种方式之一而激发：通过从某个电磁辐射源吸收能量或者同其他一些粒子（比如其他的原子）碰撞。然而，电子不能一直处在较高的轨道上；基态才是原子可以无限期逗留的唯一的状态。8~10s后，激发的原子会回到基态。

辐射的粒子性

由于电子只存在于有特定能量的轨道上，所以原子只能吸收特定数量的能量，并伴随着其电子提升到激发态。同样，随着电子掉落回较低的能态，原子只能辐射出特定数量的能量。因此，在这些过程中吸收或辐射的光能量的大小，必须精确地对应于两个轨道之间的能量差。原子的量子化能级要求光以不同的电磁辐射“包”的形式被吸收和辐射，每个包带有特定量的能量，我们称这些包为“**光子**”。实际上，光子就是电子辐射的“粒子”。

光有时表现得不像连续的波，而像粒子流，这样的观点在1905年由阿尔伯特·爱因斯坦提出，以解释当时困扰物理学家的许多实验结果（特别是光电效应——参见探索3-1）。此外，爱因斯坦能够量化光的双重性质的两方面之间的关系。他发现，光子所携带的能量必定正比于辐射的频率：

$$\text{光子能量} \propto \text{辐射频率}.$$

例如，频率为4×10^{14} Hz（或波长约为750nm）的“深红色”的光子能量是频率为8×10^{14} Hz（波长=375nm）的紫色光子能量的一半，是频率为8×10^{11} Hz（波长=375 μm）的微波光子能量的500倍。

前面所述关系里的比例常数现在被称为普朗克常数，以纪念德国物理学家马克思·普朗克，他确定了该数值的大小。通常总是用符号h来表示普朗克常数，涉及光子能量E与辐射频率f的关系的方程一般写为

$$E=hf$$

详细说明3-1

氢原子

通过观察氢的发射谱并利用爱因斯坦首先提出的光子能量和颜色之间的关系（3.2节），尼尔斯·玻尔在20世纪早期确定了各种能级之间的能量差异应当是多少。利用这些信息，他就可以推断出氢激发态的实际能量。

原子物理中通常使用的能量单位是电子伏特（eV）。（这一名字实际上有着一定程度的科学含义：它是一个电子加速通过1V的电势时所获得的能量大小。然而，对我们的研究目标来说，这仅仅是一个便捷的能量大小。）1电子伏特（1 eV）等于1.60×10^{-19}J（焦耳）——大约为单个红光光子所携带能量的一半。将氢原子从基态电离所需的最小能量为13.6eV。玻尔对氢原子的能级进行了编号，能级1为基态，能级2为第一激发态，以此类推。他发现将基态的能量设定为零时，任何能态（即第n级）的能量可表示成如下形式：

$$E_n=13.6\left(1-\frac{1}{n^2}\right)\text{eV}.$$

因此，基态（n=1）的能量为E^1=0 eV，第一激发态（n=2）的能量为E^2=13.6×（1−1/4）eV=10.2 eV，第二激发态的能量为E^3=13.6×1−1/9）eV=12.1 eV，以此类推。基态与使原子电离的能量之间有无限多的激发态，随着n的增加越来越密集，E_n也越接近13.6 eV。

示例 利用玻尔计算每个电子轨道能量的公式，我们可以反过来推理并计算任意两个给定能态之间跃迁所对应的能量。要把电子从第一激发态激发到第二激发态，必须提供给原子E^3-E^2=12.1 eV−10.2 eV=1.9 eV的能量，即3.0×10^{-19}J。现在，通过书中提供的公式$E=hf$，我们发现这一能量对应于频率为4.6×10^{14}Hz的光子，波长为656nm，位于光谱的红色部分。（正文中更精确的计算给出的数值是656.3nm。）

附图中总结了氢原子的结构。能级的增加以一系列半径增加的圆来表示。这些能级之间的电子跃迁（箭头所示）通常被分组成族（线系），以其发现者命名，定义了用于鉴别特定谱线的专业术语。（注意，为了给图中的所有标示提供空间，能级之间的间隔在这里并未按比例画出。事实上，随着往外移动，这些圆圈应该变得越来越密集。）

从基态出发或者是终止于基态（能级1）的跃迁组成了莱曼线系，以美国光谱学家西奥多·莱曼命名，他在1914年发现了这些谱线。第一条是莱曼阿尔法（Lyα），对应于第一激发态（能级2）和基态之间的跃迁。二者的能量差别为10.2 eV，所以Lyα的波长是121.6nm（1216Å）。Lyβ（贝塔）跃迁，能级3（第二激发态）和基态之间的跃迁，对应的能量变化为12.10 eV，光子的波长为102.6nm（1026Å）。Lyγ（伽马）跃迁对应于能级4到能级1的跃迁，以此类推。所有莱曼线系谱线的能量均位于光谱的紫外范围。

接下来的一系列谱线，巴耳末线系，包括回到（或者从此开始）能级2——第一激发态的跃迁。该线系以瑞士数学家约翰·巴耳末命名，他并没有发现这些谱线（这些谱线在19世纪早期就被光谱学家们广泛了解），但是他在1885年发表了计算这些谱线波长的数学公式。所有巴耳末线系的谱线均位于或是靠近电磁波谱的可见光部分。

由于巴耳末线组成了氢光谱中最容易观测的部分，并且是首先被发现的，它们通常被简称为氢线系，以字母H表示。和莱曼线系一样，单一跃迁以希腊字母来表示。一个H_α光子（能级3到能级2）的波长为656.3nm，位于可见光谱的红色部分；H_β（能级4到能级2）的波长为486.1nm（绿）；Hγ（能级5到能及2）的波长为434.1nm（蓝），以此类推。我们将在此后的章节里频繁地使用这些符号（特别是H_α和H_β）。能量最大的巴耳末线系光子的能量正好超出可见光谱的蓝端，位于近紫外。

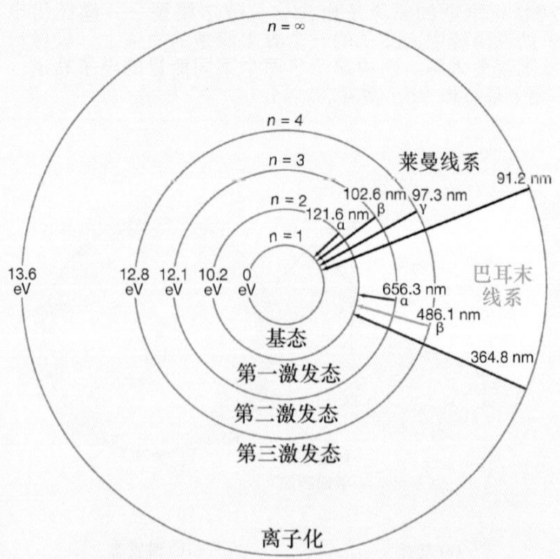

图中标记出一些组成莱曼线系和巴耳末（氢）线系的跃迁。还有其他无限多的谱线系，都处于光谱的红外和射电波段范围。但在天文学里，莱曼线系和巴耳末线系是最为重要的。

在国际单位制中，普朗克常数的数值是一个非常小的量：h=6.63 × 10^{-34}焦耳·秒（J·s）。因此，单个光子的能量是微不足道的。即便是非常高频的、频率为10^{22}Hz的伽马射线（能量最强的电磁辐射类型），能量也仅为（6.63 × 10^{-34}）× 10^{22}=7 × 10^{-12}J——约与一只会飞的小虫所带的能量相同。然而，这样的能量要损害活体细胞还是绰绰有余的。伽马射线对生命来说要比可见光更加危险，其基本原因在于，每个伽马射线光子携带的能量通常是可见光辐射的光子能量的数以百万倍、甚至是数十亿倍。

光子的能量和频率（或是其倒数波长）之间的等价关系完善了原子结构和原子光谱之间的联系。原子在其特殊内部结构所决定的特征波长上吸收和发出辐射。由于这种结构对于每种元素来说是独一无二的，因此吸收和辐射出的光子的颜色——我们所观测到的谱线——是元素的特征谱线，并只对应唯一的元素。我们所见到的光谱因而是所涉及原子的唯一标识符。

光可以表现出两种不同的方式，许多人会因此觉得困惑。实话实说，现代物理学家仍然不完全理解为什么大自然展示了这种波粒二象性。然而，辐射的这两方面都有着无可辩驳的实验证据。周围的条件最终决定哪种表述——波还是粒子流——能够更好地符合特定情况下电磁辐射的表现。作为一般的经验法则，在日常生活的宏观领域，辐射表述为波要更有效用；然而在原子的微观世界里，最好是表述为一连串的粒子。

科学过程理解 检查

✓ 描述得出光表现得既像波又像粒子的结论的科学推理

3.3 谱线的形成

以量子力学作为原子内部结构的指南，我们现在可以定量解释我们所看到的谱线。让我们从氢——最简单的元素开始，然后再转向更复杂的系统。

氢光谱

氢的完全光谱有许多谱线，遍布电磁波谱从紫外到射电波段的许多地方；我们这里仅关注这些谱线中的一些。详细说明3–1中更详细地讨论了能级和氢光谱。

图3.10展示了氢原子吸收和辐射光子的示意图。图3.10（a）显示了氢原子吸收光子并从基态过渡到第一激发态；然后它发出一个能量正好相同的光子并回落到基态。两个能态之间的能量差对应于波长为121.6nm（1216Å）的紫外光子。

吸收也可能将电子激发到比第一激发态更高的激发态去。图3.10（b）描绘的是吸收更高能量的紫外光子，一个波长为102.6（1026 Å）的光子。吸收这样的光子会让原子跳跃到第二激发态。与之前一样，原子迅速地回到基态，但这次，由于在该激发态以下有两个能态，所以原子可以通过下面两种可能的方式之一回到基态：

1. 原子可以直接回到基态，在此过程中发出一个与起初被激发时吸收的完全相同的紫外光子。

2. 或者，电子可以分级跌落，每次跌落一个轨道。如果发生这种情况，原子将会发出两个光子：一个的能量等于第二激发态与第一激发态的能量差，另一个的能量等于第一激发态与基态的能量差。

任何一种方式都可能发生，发生的概率大致相等。分级跌落的第二步中产生了一个121.6nm的紫外光子，正好如图3.10（a）所示。然而，第一步的跃迁中——从第二激发态到第一激发态的跃迁——产生的是波长为656.3nm（6563Å）的光子，位于光谱的可见光范围。该光子以红光可见。单独的一个原子——如果可以单独分离出来的话——将发出瞬时的红色闪光。这就是图3.3中所示的氢原子光谱中红色谱线的来源。

吸收额外的能量甚至能将电子激发到原子内部更高的轨道上。随着被激发的电子逐级回落到基态，原子可以发出许多光子，每个都有着不同的能量，也因此有着不同的波长，导致光谱上会出现许多谱线。在加热的氢气样本中，在任何时刻，原子的碰撞都确保原子处于许多不同的激发态上。因此，产生的完整氢发射谱包含的波长，对应于这些能级和更低能级之间发生的所有可能的跃迁。

对氢来说，所有最终回到基态的跃迁产生的均是紫外光子，但向下终止于第一激发态的跃迁产生的谱线位于或者接近电磁波谱的可见光部分（图3.3，详细说明3–1）。其他终止于较高能态的跃迁通常产生的是红外和射电波段的谱线。

探索3-1

光电效应

通过解释被称为**光电效应**的令人费解的实验结果，爱因斯坦在一定程度上突破性地洞察了辐射的本质。通过将一束光照在金属表面可以演示这种效应，如附图所示。当使用的是高频的紫外光时，跃迁后的电子被光束强行从金属表面去掉，很像一个台球击中另一个，并将其从桌上撞掉。然而，我们发现这些粒子从金属表面飞出的速度只与光线的颜色有关，而与其强度无关。对于更低频率的光——蓝光而言——电子探测器仍然能记录到电子的飞出，但这时它们的速度以及它们的能量都要更小。对于更低的频率——红光或红外线——根本不会有电子从金属表面被打出。

这些结果不太符合光的波动模型，该模型预言逃逸电子的能量应该随着任意频率光的强度的增加而有规律地增加。相反，随着入射光子的频率降到某一水平下，探测器会显示逃逸电子突然出现截止。爱因斯坦意识到，只有一种方式可以解释这种截止以及电子速度随着高于截止频率的光子频率而增加，就是将辐射想象成如同“子弹”或粒子那样传播，即光子。此外，为解释实验中的发现，任何光子的能量都要正比于辐射的频率。低频、长波的光子携带的能量比高频、短波的光子更少。

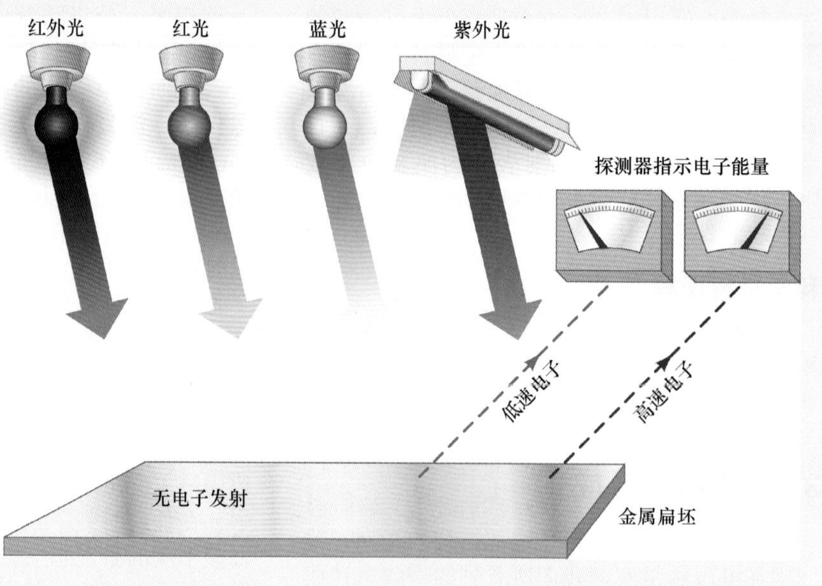

如果我们还假设把电子正好从金属上“剥离”需要某种最低的能量，那么我们就可以明白，为什么在低于临界频率时没有光子发出——图中红光所对应的光子正好没有携带足够的能量。高于临界频率时，光子就有足够的能量使电子剥离。而且，它们所携带的高于必需的临界能量的额外能量以动能的形式传递给了电子。因此，随着辐射频率的增加，光子的能量也随之增加，从金属表面解放出来的电子的速度也随之增加。

领悟和接受光既有波动性又有粒子性的事实是科学方法起作用的另一实例。尽管19世纪有大量成功的辐射的波动理论，实验证据引导20世纪的科学家不可避免地意识到这一理论是不完善的——不得不修改这一理论以符合光有时表现的像粒子的事实。虽然爱因斯坦如今最广为人知的可能是他的相对论，但实际上他1919年所获得的诺贝尔奖是由于他有关光电效应的工作。除了带来物理学全新分支（量子力学）的诞生外，爱因斯坦有关光电效应的解释从根本上改变了物理学家对光和所有其他形式辐射的认识方式。

图3.10中的插图显示出，天体的红颜色正是由61页中所提到的步骤2所产生的。当来自年轻、炽热恒星的紫外光子通过这颗新近形成的恒星外部环绕的冷却气态氢时，一些光子被气体所吸收，原子被激发到激发态或者被完全电离。随着原子逐步跃迁回到第一激发态，被激发的气态氢会产生656.3nm的鲜艳红色特征。这一现象被称为荧光。

基尔霍夫定律的解释

让我们按照刚刚提出的模型来重新考虑我们之前对发射线和吸收线的讨论。图3.7中是

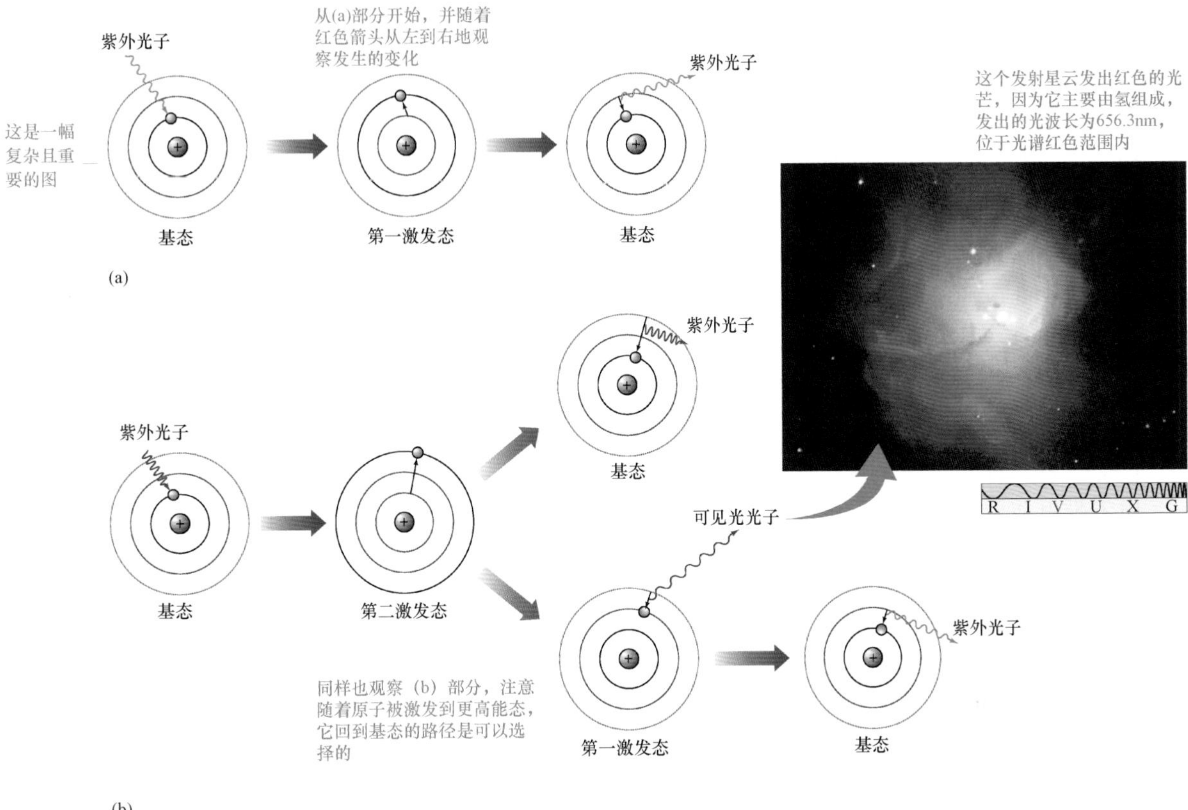

互动图3.10 原子激发

（a）一个紫外光子（UV，左）被氢原子吸收后，短暂地将氢原子激发到第一激发态（中）。大约10.8s后，氢原子回到基态（右），在此过程中发出一个与最初的光子能量完全一样的光子。（b）吸收更高能量的紫外光子可能会使氢原子被激发到更高的激发态，有几种可能的路径从此激发态回到基态。往上走，电子立即掉落回基态，并发出与其吸收的光子一样的光子；往下走，电子最先掉落回第一激发态，产生波长为656.3nm的可见光辐射——即被激发的氢的红色特征辉光（H_2）。（这就是为什么许多星云，如插图中的星云一样，都发出红色光芒。）随后，随着原子回到基态，它发出另外一个光子［和（a）部分的光子有着同样的能量］。［插图：美国国家航空航天局（NASA）］

被一束连续辐射照耀的气体氢云。该光束包含所有能量的光子，但其中大多数不会与气体产生相互作用——气体只能吸收那些具有导致电子轨道在能级之间变化的合适能量的光子。光束里的所有其他光子——其能量不能产生跃迁——完全不会与气体产生相互作用，从而畅通无阻地通过。有着合适能量的光子被吸收，激发气体，从而从光束中消失。这一系列过程是产生图3.7（b）中的光谱的黑暗吸收线的原因。这些谱线是组成气体的原子内部不同轨道能量差别的直接指示。

被激发的原子迅速回到最初的状态，在此过程中每次发出一个或是多个光子。大多数重新发出的光子偏转离开，不再穿过狭缝到达我们的探测器。从旁边观测的第二个探测器会记录下重新释放的能量，并产生发射谱，如图3.7（c）所示。天文学中的一个例子是图3.10中插图所示的发射星云。和吸收谱一样，发射谱也是气体的特征谱，并不是来自于最初的光束。我们所看到的光谱类型取决于我们相对源和其间云的位置。

图3.7（a）展示了一条连续谱，从灯泡中发出的光子与物质没有进一步的相互作用。事实上，致密辐射源（厚气体云或液体、或固体）内的情况要更加复杂。致密源中，在最终逃离之前，光子可能会和物体里的原子、自由电子和离子相互作用许多次，每次与物质的相互作用都会交换一些能量。最终结果导致发射出的辐射会呈现连续谱，和基尔霍夫第一定律一致。这类源的光谱大致与

同其温度相同的黑体谱一样。

更复杂的光谱

所有的氢原子都有着基本相同的结构——一个单一的电子绕着一个单一的质子运动——当然还有许多其他种类的原子，每一种都有着独一无二的内部结构。原子中原子核里的质子数目决定了它所代表的**元素**。正如所有的氢原子都只有唯一的一个质子那样，所有的氧原子都有8个质子，所有的铁原子都有26个质子，等等。

氢之后最简单的元素是氦。氦中心的原子核最常见的形式是由两个质子和两个**中子**构成（另一种基本粒子，质量比质子略大，但不带电荷），两个电子围绕着该原子核。与氢和所有其他原子一样，“正常”条件下的氦是显电中性的，绕转电子的负电荷正好可以完全抵消原子核所带的正电荷，如图3.11（a）所示。

更复杂的原子的原子核含有更多的质子（和中子），相应也有更多绕转的电子。例如，如图3.11（b）中所示的碳原子，包含六个绕原子核运动的电子，原子核由六个质子和六个中子构成。随着我们考虑越来越重的元素，轨道电子数目也在增加，可能的电子跃迁数量也在迅速增加。这导致了非常复杂的光谱的产生。原子光谱的复杂性通常反映了原子本身的复杂性。一个很好的例子就是铁元素，其贡献了太阳光谱中可见的将近800条夫琅禾费吸收线，如图3.4所示。

诸如铁的单元素原子可以产生许多吸收线，这主要有两个原因。首先，正常铁原子中的26个电子可以在所有可能的能级之间形成数量庞大的不同跃迁。第二，许多铁原子是被电离了的，26个电子中的一些被剥离了。被剥离的电子改变了原子的电磁结构，电离铁的能级与中性铁的能级大相径庭。电离后产生的每个新能级都产生了全新的谱线系。除了铁之外，许多其他的原子，也处于不同的激发和电离阶段，并吸收可见光波长范围内的光子。当我们观测整个太阳时，所有这些原子和离子同时产生吸收，产生我们所见的多彩光谱。

当气体云包含许多混合在一起的不同气体时，光谱学的力量是最显而易见的，因为它使我们能够研究一种原子或离子，仅仅通过专注于辐射的某些特定波长就能排除所有其他种类的原子或离子。通过鉴别许多不同原子重叠在一起的吸收和发射光谱，我们可以确定气体云的成分（更多细节见3.4节）。图3.12展示了一个从真正的宇宙天体所得到的实际光谱。如图3.10所示，这个发射星云的红色特征来源于氢的H_α跃迁，氢是该星云的主要成分。

谱线出现在整个电磁波谱上。通常，电子是在最轻元素的最低轨道上跃迁，比如氢和氦，从而产生可见光和紫外谱线。在氢和其他元素的非常高的激发态间发生的跃迁能够产生位于电磁波谱红外和射电波段的谱线。地球上的条件使得几乎不可能在实验室中探测到这些射电和红外特征，但却经常能通过射电和红外望远镜（见第4章）在来自太空的辐射中观测到。在较重、更复杂的元素内，低能级之间的电子跃迁产生X射线谱线，这在实验室中已被观测到。其中一些也在恒星和其他天体中被观测到。

概念理解 检查

√ 原子的结构如何决定原子的发射和吸收光谱?

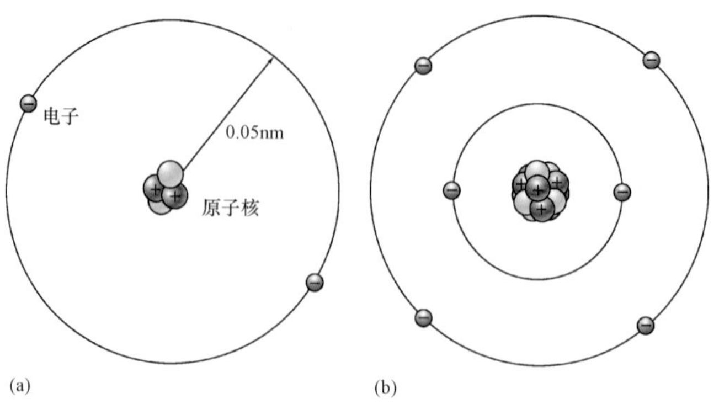

图3.11 氦和碳
（a）处于基态的氦原子。两个电子占据着最低的能量轨道，绕着含有两个质子和中子的原子核运动。（b）处于基态的碳原子。六个电子绕着含有六个质子和六个中子的原子核运动，其中两个电子位于内部轨道上，其他四个电子位于距离中心更远的轨道上。

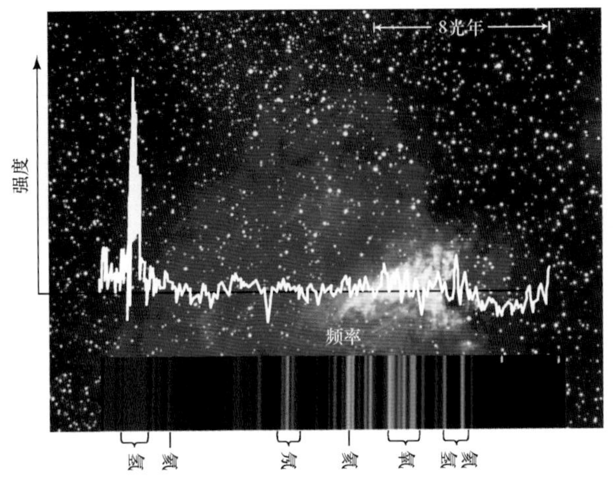

R I V U X G

▲图3.12 发射星云
欧米茄星云（M17）里热气体的可见光谱。［星云（nebula）这个词的意思是“气体云（gas cloud）”——是现今我们银河系中新恒星形成的许多地点之一。］在一些非常炽热的恒星光芒照耀下，星云中的气体产生具有亮线和暗线的复杂光谱（图底部）。同一光谱在本图中也显示为白色线条的强度频率图，从光谱的红端横跨到蓝端。［改编自欧洲南方天文台（ESO）］

3.4 分子

分子是一组紧密束缚在一起的原子，通过它们轨道电子的相互作用聚集在一起——我们把这样的相互作用称为化学键。与原子类似，分子只能以某种确定的能态存在，同样与原子一样，当从一个能态跃迁到另一个时，分子会产生独特的发射或吸收谱线。由于分子比单个的原子要复杂得多，分子物理的规律也要复杂得多。然而，与原子谱线一样，数十年来艰苦的实验工作确定了数以百万计的分子发射和吸收辐射的精确频率（或波长）。

除了由电子跃迁产生的谱线，还有另外两种变化能产生分子谱线，而这对原子来说是不可能发生的：分子可以旋转，同时也可以振动。图3.13显示了这些基本的分子运动。分子以特定的方式旋转和振动，正如原子态那样，分子物理的准则决定了只有某些转动和振动是可能的。当分子改变它的转动或振动状态时，就会发出或吸收光子。特定种类的分子产生特有的谱线。与原子产生的谱线一样，这些谱线是分子独一无二的“指纹”，使研究者能够排除所有其他分子，识别并研究某一种类的分子。一般来说：

● 分子内的电子跃迁产生可见光和紫外谱线（能量最大的变化）。

● 分子振动的变化产生红外谱线。

● 分子转动的变化产生电磁波谱中射电波段的谱线（能量最小的变化）。

分子谱线通常与构成它们的原子所对应的原子谱线没有什么相似之处。例如，图3.14（a）显示了已知的最简单的分子发射谱——氢分子。请注意它与图3.14（b）部分中所示的氢原子光谱有何不同。

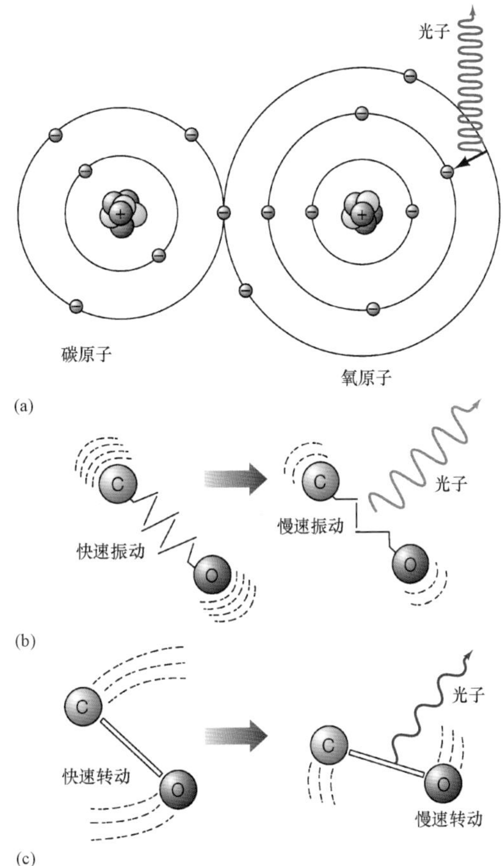

▲图3.13 分子发射
当发射和吸收电磁辐射时，分子可以有三种方式的变化。发出的光子颜色和波长代表了所涉及的相对能量。这里勾勒出的一氧化碳分子（CO）正在发生变化：（a）氧原子最外部轨道上的电子回落到较低的能态（发出一个波长最短的光子，位于可见光或紫外范围），（b）发生振动态的变化（光子波长居中，位于红外波段），（c）发生转动态的变化（光子波长最长，位于射电波段）。

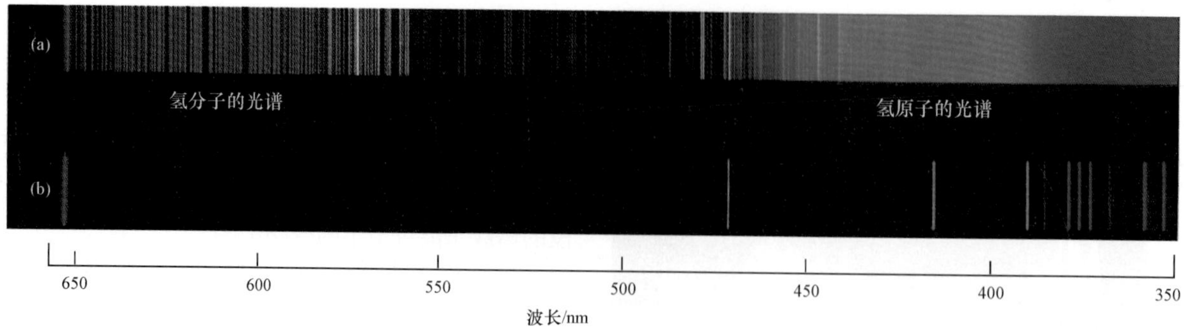

▲图3.14 氢光谱
（a）氢分子的光谱。请注意它与更简单的氢原子的光谱（b）有什么不同。［博士伦公司（Bausch & Lomb，Inc.）］

概念理解 检查

✓ 分子内什么样的内部变化会导致辐射的发射或吸收？

3.5 谱线分析

天文学家运用光谱学的规律分析来自地球之外的辐射。先前例子里的灯泡被邻近的恒星或是遥远的星系所取代。星际云或恒星（甚至是行星的）的大气起到了介入的冷却气体的作用，接在望远镜上的光谱仪取代了简单的棱镜和探测器。我们开始对电磁辐射进行研究，几乎所有我们对行星、恒星和星系的了解都来源于我们对来自它们的光的研究，并且我们已经介绍了一些获得知识的方法。这里，我们介绍其中一些方法。利用这些方法仔细分析地球上（或地球附近）接收到的辐射，可以获得发射源和吸收体的性质。随着对宇宙研究的展开，我们还将遇到其他重要的实例。

光谱温度计

在炽热的恒星内部，原子是被完全电离的。电子在气体中自由运动，不受任何原子核束缚，因此辐射谱是连续的。然而，在相对较冷的恒星表面附近，某些原子保留了一些甚至是大多数的轨道电子。如前所述，天文学家可以通过将他们所见的谱线与已知原子、离子和分子的实验室光谱相匹配，来确定恒星的化学成分。

谱线的强度（亮度或暗度，取决于在发射或吸收时谱线是否可见）取决于产生谱线的原子数量。越多的原子发射或吸收恰当频率的光子，谱线就越强。但谱线的强度也极度依赖于包含这些原子的气体温度，因为温度决定了在任意时刻有多少电子正处于正确的轨道并发生特定的跃迁。简而言之，在低温下，只有低能态的数目是倾向于增加的，这些能态向内或向外发生的跃迁主导了光谱。在更高温度下，更多的原子处于激发状态，一些可能被电离，这从根本上改变了可能发生的跃迁的性质以及我们因此可见的光谱。

光谱学家已经给出了相关的数学公式，将发射或吸收的光子数目与所涉及的原子能级以及气体的温度联系起来。一旦天体的光谱被测量得到，再通过将观测到的谱线强度与公式所预测的结果相匹配，天文学家就可以解释这些光谱。如此，天文学家能够从测量结果中提炼出产生这些谱线的气体成分和温度。这种温度测量方法通常比根据辐射定律和黑体辐射假设得到的粗略估计要精确得多。∞（2.4节）在第6章里，我们将看到这些创意是如何用于分类和解释恒星光谱的。

视向速度的测量

多普勒效应——由于波源相对于观测者的运动而产生的波的频率的观测变化——是所有波动共有的经典现象。∞（2.5节）然而，到目前为止，它最为重要的天文应用是其与原子和分子谱线观测的结合。

许多原子、离子和分子的光谱是因实验室测量而大白于天下的。然而，熟悉的谱线排列虽然经常出现，但这些谱线却偏离它们通常的位置。换句话说，正如图3.15所示，一组谱线可能被认为是属于某种特定元素的，但这些谱线相比正常波长都移动了相同的比值——蓝移或者红移。这些移动是由多普勒效应造成的，这使得天文学家可以测量辐射源沿观测者的视线方向移动得有多快（源的视向速度）。

后退 300km/s
H_α位于657.0nm
这些是以不同速度运动的天体所发出的理想光谱
H_β位于486.6nm
H_α位于434.5nm

静止时 0km/s
H_α位于656.3nm
H_β位于486.1nm
H_γ位于434.1nm

接近 600km/s
H_α位于655.0nm
H_β位于485.1nm
H_γ位于433.3nm

中间的光谱是未发生频移的静止天体的光谱

650 600 550 500 450 400
波长/nm

互动图3.15 多普勒频移

多普勒效应将运动天体的整个光谱向高频或低频方向移动。顶部光谱显示了以300km/s的速度远离观测者运动的天体的氢谱线红移。频移的大小（这里是0.1%）告诉我们天体的退行速度为0.001倍光速。底部光谱显示了以600km/s的速度靠近我们的天体的同一组谱线的蓝移。由于速度大小增加了一倍，因此频移大小是前面的两倍（0.2%），而由于运动方向的反转导致了谱线的位置相反。

例如，如图3.15所示，在来自遥远星系的光谱中，氢的486.1nm的H_β谱线在地球上被接收时的波长是485.1nm——稍稍往更短的波长蓝移了。（记住，我们知道这是H_β谱线，是因为所有的氢谱线都观测到了同样比值的频移——谱线的排列特征说明了这是氢的光谱。）我们可以利用2.5节提供的多普勒方程计算得到星系相对于地球的视向速度。计算本质上与详细说明2-3中所给出的是一样的：波长的变化是（观测值减去真实值）485.1nm－486.1nm=–1.0nm（负号表明波长变短）。因此，退行速度是：

$$\frac{-1.0\text{nm}}{486.1\text{nm}}\times c=-620\text{km/s}.$$

换句话说，该星系正在以620 km/s的速度接近我们（这正是负号的含义）。

本书将会有许多内容涉及整个宇宙中的行星、恒星和星系的运动。要记住，几乎所有的信息都来源于多普勒频移后的谱线的望远镜观测，它们可以位于电磁波谱的许多不同部分中。

谱线致宽

谱线本身的结构揭示了更多的信息。乍一看，之前展示的发射线看起来亮度均匀，但更细致的研究表明，事实上并非如此。如图3.16所示，谱线的亮度在中心最大、往两边下降。早前我们强调光子以非常确定的能量或者频率被发射和吸收。那么，为什么谱线不是极端狭窄、仅仅出现在特定波长上呢？这种谱线的增宽不是由于我们实验仪器的不足造成的；相反，它是由发射或吸收所处的环境导致的——即形成谱线的气体或恒星的物理状态。为明确起见，我们以图3.16和之后的图来说明发射线。但要明白，这样的观点也同样适用于吸收特征。

一些过程可能会使谱线致宽。最重要的过程涉及多普勒效应。如图3.17（a）所示，想象一团包含单个原子的炽热气体云，原子的随机热运动发生在每个可能的方向上。如果原子在发出光子时碰巧远离我们，由于多普勒效应，光子会发生红移——我们不会在原子物理所预测的精确波长处记录下该光子，相反却会记录下稍长一些的波长。红移的大小正比于原子远离探测器的瞬时速度。类似地，如果原子在发射的瞬时朝向我们运动，它发出的光会蓝移。简而言之，由于气体内部的热运动，观测到的发射线和吸收线的频率，相比当云里原子不动时我们所期待的那些谱线，会略有不同。

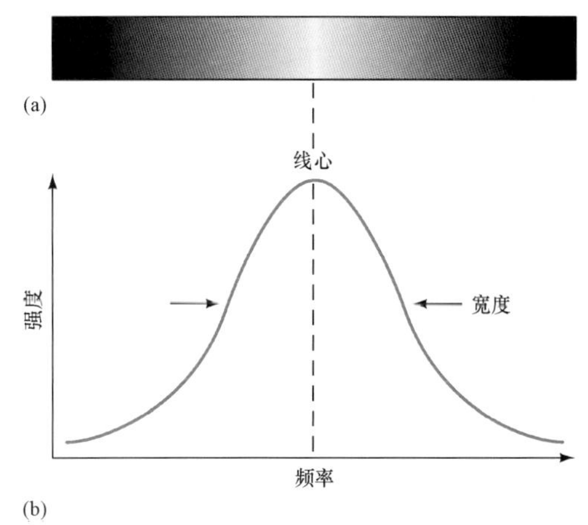

▲图3.16 谱线轮廓

沿纵断面追踪典型发射线（a）的亮度变化，同时扩大比例尺，我们得到谱线强度相对于频率的曲线（b）。

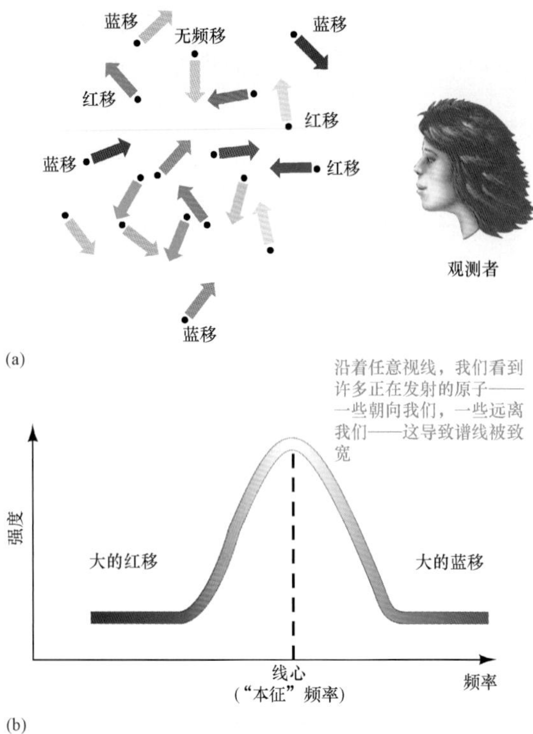

▲图3.17　热力学致宽
当单一的红移或蓝移后的发射线合并在我们的探测器上时，原子的随机运动（a）产生了致宽后的谱线（b）。气体越热，热力学致宽的程度越大。

在典型的星云里，大多数原子都有着小的热运动速度，因此在大多数情况下，谱线的多普勒频移只有一点点，仅有一些原子有较大的频移。因此，谱线的中心相比线“翼”要更为突出，产生如图3.17（b）所示的钟形光谱特征。于是，即使所有的原子只在一个精确的波长上发射和吸收光子，它们的热运动效应也会把谱线拖曳到一个波长范围内。气体越炽热，多普勒运动扩散得越广，谱线也就越宽。∞（详细说明 2-1）通过测量谱线的宽度，天文学家可以估算出粒子的平均速度，因而也能估算出产生谱线的气体的温度。

其他的过程，比如自转和湍流，也能产生类似的效果。考虑一个天体（一颗恒星或一团气体云）绕着某个轴自转，如图3.18所示的那样，或是有着某些其他的内部运动，比如各种尺度的湍流涡旋或漩涡。从那些碰巧朝向我们运动的区域发出的光子由于多普勒效应而产生蓝移；从那些远离我们的区域发出的光子则产生红移。由于研究对象通常太小或是距离太远，所以我们的设备不能区分或者分辨观测对象的不同部分——所有发出的光线混合落在我们的探测器上。这种情况导致观测到的谱线被净致宽。内部运动的速度越快，我们所见的致宽越大。注意，这种致宽与产生这些谱线的气体温度毫无关系，一般重叠在刚刚讨论过的热致宽上。

仍然有其他的致宽机制完全不依赖于多普勒效应。例如，如果电子在轨道之间运动时，它们的母原子正好与另外的原子发生碰撞，发出或吸收的光子能量会略有改变，使谱线柔化。这种机制通常被称为碰撞致宽，在致密气体中最常发生，因为那里的碰撞最为频繁。致宽的大小随着发射或吸收的气体的密度增加而增大。

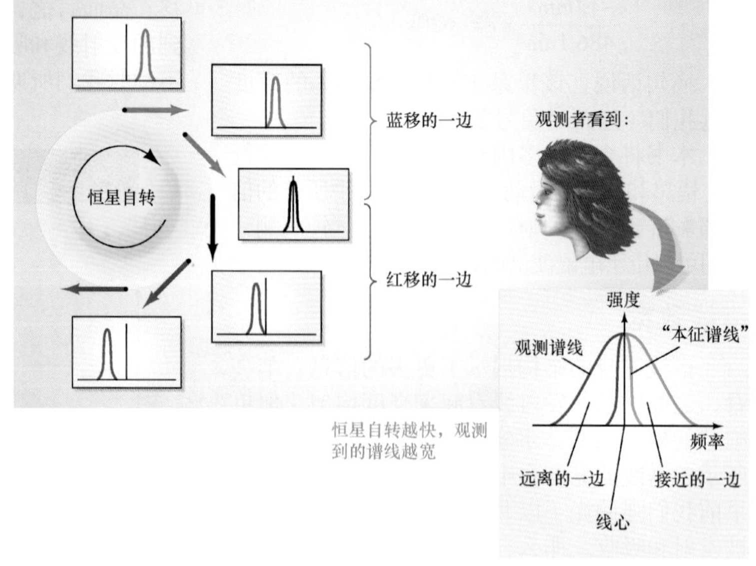

▲图3.18　旋转致宽
恒星自转会导致谱线致宽。因为大多数恒星不能被分辨——也就是说，它们是如此遥远，我们无法将恒星的一部分与它另外的部分区分开来——来自恒星上所有部分的光线合并产生致宽后的谱线。

最后，磁场也可以通过被称为塞曼效应的过程致宽谱线。原子里的电子和原子核像微小的旋转磁铁，每当原子处在磁场里时，原子物理的基本发射和吸收准则都会稍有改变，在许多恒星里或多或少都是这样。结果导致谱线产生微小分裂，然后融入整体致宽的谱线里去。一般来说，磁场越强，产生的致宽越明显。

星光的信息

如果拥有足够灵敏的设备，从星光中就可以获得几乎无穷尽的数据财富。表3.1列举了一些入射辐射束的基本可测量属性，并指出从中可以获得什么样的信息。

然而，重要的是要意识到，破译刚刚介绍过的影响光谱的每种因素的不同影响力是非常艰巨的任务。通常，许多元素的光谱是叠加在一起的，并且经常有几种互为抵消的物理效应同时发生，每种效应都以自己的方式改变光谱，进一步的分析通常需要分清它们。例如，如果我们知道发射气体的温度（可能是通过比较不同谱线的强度，如早前讨论过的），那么我们可以计算出由于热运动所产生的致宽大小，因此也可以计算刚刚介绍过的其他致宽机制所产生的致宽大小。除此之外，通过研究谱线的形状细节，一般也可以区分不同的致宽机制。

表3.1 从星光中得到的谱线信息

观测到的谱线特征	提供的信息
峰值频率或波长（只对连续谱）	温度（维恩定理）
出现的谱线	成分，温度
谱线强度	成分，温度
谱线宽度	温度，湍流，自转速度，密度，磁场
多普勒频移	视向速度

天文学家所面临的挑战是解码谱线轮廓，以获得产生谱线的辐射源的有意义的信息。在下一章里，我们将讨论天文学家用于获取寻求理解宇宙所需的原始数据的一些手段。

概念理解 检查

✓ 对天文学家来说，为什么详细分析谱线是如此重要?

终极问题 原子是构成普通物质的基本组件——再由物质构成恒星、行星和我们自己。反过来，所有的原子也由更小的基本粒子构成，包括质子、中子和电子。但即使是这些粒子也不是最基本的，物理学家知道质子和中子由夸克构成。我们仍在猜想，夸克是否由更小的实体组成呢?

章节回顾

小结

❶ **分光镜**（p.54）是将辐射分解成它的组成频率，以进行详细研究的设备。许多炽热物体发出**连续谱**（p.54）辐射，包含了所有波长的光。热气体可能会产生**发射谱**（p.55），仅由一些具有特定频率或颜色的清晰**发射线**（p.54）组成。当一束连续辐射通过冷却气体时会产生**吸收线**（p.56），正好出现在气体发射谱中对应发射线的相同频率处。

❷ **基尔霍夫定律**（p.57）描述了这些不同类型的光谱之间的关系。每种元素的发射线和吸收线都是独一无二的——它们是对应元素的“指纹”。研究不同物质产生的谱线的科学被称为**光谱学**（p.57）。对太阳光谱中夫琅禾费谱线的光谱研究得到了有关太阳成分的详细信息。

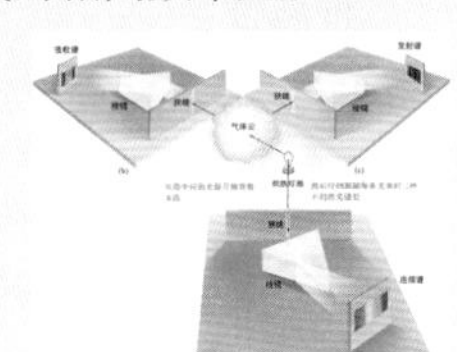

❸ **原子**（p.58）是由带负电荷的电子绕带正电荷的**原子核**（p.58）运动构成的，原子核由带正电荷的质子和电中性的**中子**（p.64）组成。原子核中质子的数量决定了原子所代表的特定的**元素**（p.64）。在**玻尔模型**（p.59）中，氢原子具有最小能量的**基态**（p.58）代表其“正常的”状态。当电子具有比正常能态高的能量时，原子就处于**激发态**（p.59）。对于任何给定的原子，只

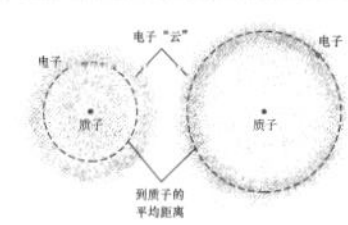

有特定的、能量明确的状态是可能的。以现代观点看来，电子被假想为弥散在原子核周围的“云”，但仍然具有明确大小的能量。

❹ 电磁辐射表现出波动和粒子两种属性。辐射的粒子被称为**光子**（p.59）。为了解释**光电效应**（p.62），爱因斯坦发现，光子的能量必须直接与光子的频率成正比。

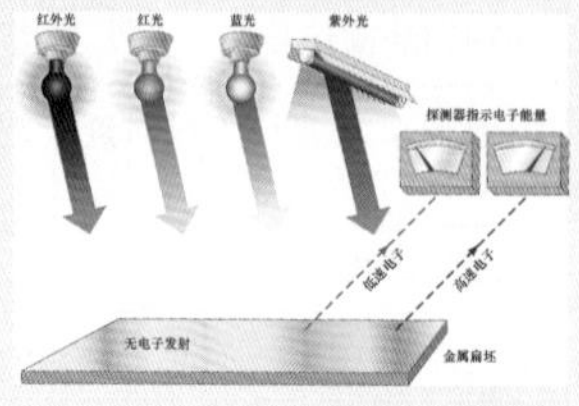

❺ 当电子在原子内的能级之间移动时，这些能态之间的能量差以光子的形式释放出来或被吸收。由于能级有明确的能量，因此光子也有明确的能量大小，从而具有特定的颜色，这正是所涉及的原子的类型特征。

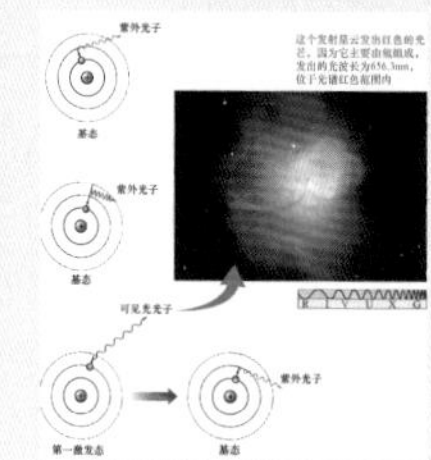

❻ **分子**（p.65）由两个或两个以上的原子通过电磁力组合在一起。和原子一样，分子以不同能态存在，遵循类似主宰原子内部结构的原则。当分子在不同能态之间跃迁时，它会发出或吸收使之独一无二的特征光谱。

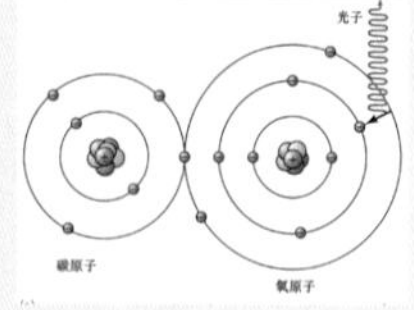

❼ 天文学家应用光谱学规律分析来自地球之外的辐射。一些物理机制会使谱线致宽。最重要的机制是多普勒效应，源自恒星的温度、自转或湍流，即其内部不断运动的原子。

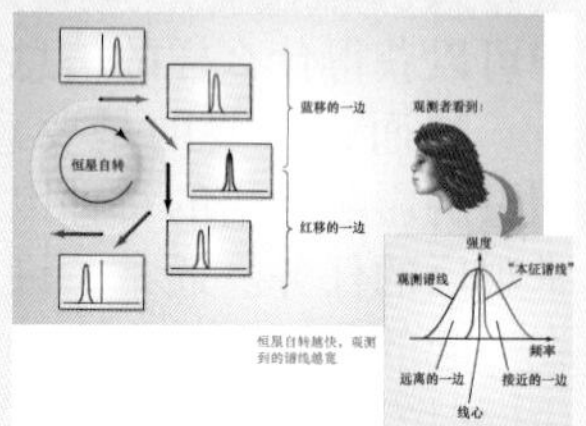

标记**POS**的问题探索科学过程。标记**VIS**的问题着重于阅读和视听资讯的理解。
LO后紧跟的是本章引言中学习目标的编号。

指定的课后作业请访问MasteringAstronomy网站。

复习与讨论

1. **LO1**吸收谱是什么?发射谱是什么?它们有什么关系?
2. 描述简单光谱的基本组成。
3. **LO2**如何利用光谱学来推断恒星的成分和温度?
4. 为什么伽马射线通常对生物是有害的?而射电波通常是无害的?
5. 在光的粒子性描述中，颜色是什么?
6. **LO3**原子是什么?玻尔模型的原子结构和现代观点有什么不同之处?
7. 简要描述一下氢原子。
8. **LO4**物理量的量子化是什么意思?为什么我们认为光是量子化的?
9. 原子的正常态是什么?激发的原子是什么?电子轨道是什么?
10. **LO5**为什么被激发的原子在其特征频率处会有吸收和再辐射?
11. **POS**恒星光谱中的吸收线和发射线是如何产生的?恒星光谱中的吸收线可能会揭示位于我们与恒星之间的冷却气体云的什么信息?
12. 为什么恒星光谱中某些元素的发射线可能会较弱，即使恒星中富含该种元素?
13. **LO6**为何分子产生的谱线与电子在不同能级间的运动无关?
14. 多普勒效应如何使谱线致宽?
15. **LO7 POS**列出从光谱观测中能得到的恒星的三种属性。

概念自测：选择题

1. 相比地面观测得到的光谱，在地球大气层之上进行观测得到的光谱会：（a）没有吸收线；（b）更少的发射线；（c）更少的吸收线；（d）更多的吸收线。
2. 从土星的寒冷卫星泰坦（土卫六）上反射回的太阳光的可见光谱会是：（a）连续谱；（b）发射谱；（c）吸收谱。
3. VIS图3.3（“元素发射”）展示了氖气体的发射谱。如果气体的温度增加，我们将会观测到：（a）更少的红色发射线和更多的蓝色发射线；（b）更多的红色发射线；（c）一些暗弱的吸收特征；（d）没有显著变化。
4. 相比一颗具有许多蓝色吸收线的恒星，具有许多红色和蓝色吸收线的恒星一定会：（a）较冷；（b）有着不同的成分；（c）远离观测者；（d）朝向另一颗恒星运动。
5. 一颗被电离的原子：（a）有相同数量的质子和电子；（b）质子比电子多；（c）具有放射性；（d）是电中性的。
6. VIS在图3.10（“原子激发”）中，相比电子从第一激发态到基态的跃迁，从第三激发态到第二激发态的跃迁发出的光子有：（a）更高的能量；（b）更低的能量；（c）相同的能量。
7. 相比像氖原子这样的复杂原子，像氢原子这样的简单原子有：（a）更多的激发态；（b）更少的激发态；（c）相同数量的激发态。
8. 比起更冷的恒星，更热的恒星的吸收线：（a）细而明显；（b）宽而模糊；（c）与较冷恒星的吸收线一样。
9. 相比自转慢些的恒星，快速自转的恒星的吸收线：（a）细而明显；（b）宽而模糊；（c）与自转慢些的恒星一样。
10. 天文学家通过分析星光可得到恒星的：（a）温度；（b）成分；（c）运动；（d）以上所有。

问答

问题序号后的圆点表示题目的大致难度。

1. ●450nm的蓝色光子能量是多少（以eV为单位——见详细说明3-1）？200nm的紫外光子呢？
2. ●100GHz（$1GHz=10^9Hz$）的微波光子的能量（以eV为单位）是多少？
3. ●（a）2eV的红色光子的波长是多少？（b）0.1eV的红外光子呢？（c）5000eV（5keV）的X射线呢？
4. ●1nm的伽马射线的能量要比10MHz的射电光子的能量多多少倍？
5. ●●列出氢原子所有处于可见光范围的谱线（波长400~700nm）。
6. ●●当氢原子从第三激发态直接或间接落回基态时，可以发出多少种不同的光子（即不同频率的光子）?它们的波长是多少?
7. ●一个遥远的星系正以3000km/s的视向速度远离地球。那么地球大气外的探测器接收到它的Ly α谱线的波长是多少?
8. ●●在光电效应的演示中，假设从金属表面轰出电子的最小能量为$5 \times 10^{-19}J$（3.1 eV），那么探测器有响应的辐射的最小频率（最长波长）是多少?

实践活动

协作项目

寻找一个有波长刻度的太阳光谱。谷歌（Google）是很好的搜索引擎。选择一些吸收线并用插值方法确定它们的波长。现在，尝试鉴别产生这些谱线的元素。比如用摩尔的“天体物理趣味多重线表”（A Multiplet Table of Astrophysical Interest）为参考，该表在NASA的天体物理数据系统里有提供。从最黑暗的谱线开始，再到较暗弱的谱线。你能找到多少种元素呢?

个人项目

找一个手持式分光镜（可以从学校的科学实验室或从网上获得），在荫凉处，将分光镜指向一团白云或是直接挡住太阳光的一张白纸。寻找太阳光谱的吸收线。注意从分光镜的刻度上得到的波长。对照各种天文参考书中或维基百科上给出的夫琅禾费谱线，你能识别出多少谱线?

第4章　望远镜

天文学的工具

4

究其核心，天文学是一门观测的科学。通常，对宇宙现象的观测要先于任何明确的对其本质的理论认识。因此，我们的探测设备——我们的望远镜——逐步发展，得以在尽可能宽的波长范围内进行观测。

直到20世纪中叶，望远镜仍仅限于收集可见光。从那之后的技术飞跃，将我们对宇宙的视野扩大到了电磁波谱的所有范围。一些望远镜坐落在地球上，而另一些必须放置在太空中。无论它们是如何建造的，无论它们在哪里运行，望远镜的基本目标都是收集电磁辐射并将它们传输到探测器中，以便进行详细的研究。

知识全景　望远镜是时间机器，天文学家在某种意义上是历史学家。望远镜的探测器提升了我们的感知，使我们能看到遥远的太空——从而回到久远的时间。一些最大的望远镜让我们能探索比我们肉眼能看到的更加遥远的天体，接收超出人类视觉的波长范围的辐射。没有望远镜的话，本书中几乎所有的内容都是无法知晓的。

左图：天文学家总是野心勃勃，真正的巨大望远镜现在正处于设计阶段。这是艺术家构思下的欧洲南方天文台的ELT——特大望远镜。有着直径约为40m的主镜，ELT将无与伦比的聚光能力与前所未有的展现宇宙天体细节的能力结合在一起。这个世界上最大的望远镜将建造在智利阿塔卡马沙漠中3000m高的赛罗亚马逊山顶上。［欧洲南方天文台（ESO）/L. 卡尔克达（L. 卡尔克达）］

学习目标

本章的学习将使你能够：

1. 概括光学望远镜是如何工作的，并指出折射式和反射式望远镜的优点。
2. 解释为什么更大的望远镜能集聚更多的光线并得到更清晰的图像。
3. 概述天文望远镜中所使用的一些探测器的用途。
4. 描述地球大气如何限制天文观测，天文学家如何克服这些局限。
5. 列举射电天文学和光学天文学的相对优势和劣势。
6. 说明干涉法如何用于改善天文观测。
7. 描述红外望远镜、紫外望远镜和高能望远镜的设计，并解释为什么某些望远镜必须要放置在太空中。
8. 说出为什么在电磁波谱的许多不同波长处进行天文观测是非常重要的。

精通天文学

访问MasteringAstronomy网站的学习板块，获取小测验、动画、视频、互动图，以及自学教程。

4.1 光学望远镜

从本质上说，**望远镜**就是一个“聚光桶”，它的主要功能就是在天空中给定的区域内捕捉尽可能多的光子，并将它们聚焦成一束光线以进行分析。就像水桶只能收集落入其内的雨水那样，望远镜只能截获落到它上面的辐射。

光学望远镜专门用于收集人眼可见的波长。这类望远镜有着悠久的历史，可以追溯到17世纪早期伽利略所处的时代，在过去四个世纪的绝大多数时间里，天文学家建造的这些仪器主要用于电磁波谱中窄而可见的范围。∞（2.3节）光学望远镜可能也是最著名的天文硬件设备，因此很适合从它们开始我们的学习。

这一节中提到的各种望远镜设计都源于光学天文，但这些讨论也同样适用于许多旨在捕获不可见辐射的设备，特别是在红外和紫外波段。许多大型地面光学设施也广泛用于红外观测。㊀实际上，许多新近建设的地面天文台都以红外观测作为其主要功能。

折射式和反射式望远镜

光学望远镜分为两种基本类型：折射式和反射式。**折射**是当一束光线穿过一种透明介质（如空气）进入另一种介质（如玻璃）时发生弯曲的现象。想想一根半浸在一杯水中的吸管看起来弯曲的例子（见图4.1）。吸管当然是直的，但当光线离开水进入空气时，我们看到的光线弯曲了——即折射，所以当光线接着进入我们的眼睛时，我们感觉吸管是弯曲的。

折射式望远镜用透镜收集和聚焦光束。图4.2（a）展示了如何利用在棱镜的两面发生的折射来改变光束的方向。如图4.2（b）所示，我们可以把透镜想象成一系列组装起来的棱镜，所有的光线平行于透镜的主轴（穿过透镜中心的虚拟直线）入射，不管光线距离轴有多远，折射后都通过一点，即焦点。主镜到焦点的距离被称为焦距。

图4.3展示了**反射式望远镜**是如何利用曲面镜代替透镜来聚焦入射光的。如图4.3（a）所示，光线被抛光的镜面反射回来，以与入射角相同的角度离开镜面。反射式望远镜的镜面构造使得所有平行于镜面主轴入射的光线反射后通过焦点（见图4.3b）。在天文学范畴内，聚集入射光的镜面通常被称为主镜，这是因为望远镜常常包含不止一面镜子。主镜的焦点因此被称为**主焦点**。

(a)

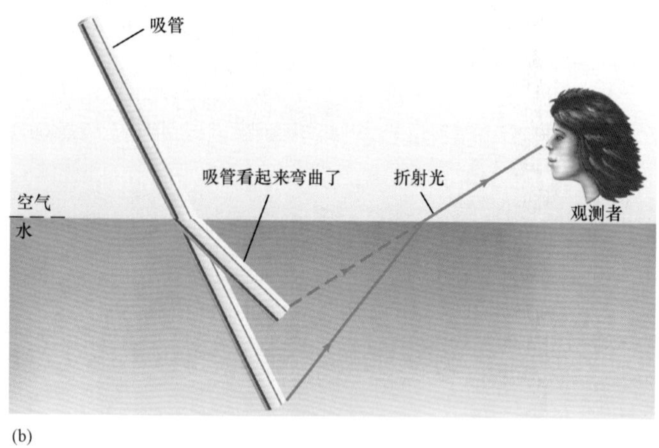

(b)

▲图4.1　折射
放置在一杯水中的吸管看起来是弯曲的，（a）因为来自水面下那部分吸管的光线在离开水面进入空气时发生了折射。（b）因此，在我们眼睛里形成的图像相比吸管真实的位置发生了移动。［R. 麦格纳（R.Megna）/基础图片，纽约（Fundamental，NY）］

㊀ 回忆第2章中的内容，虽然地球大气有效地阻止了所有的紫外辐射和绝大部分的红外辐射，但仍存在几个相当宽的光谱窗口可以进行地面红外观测。∞（2.3节）

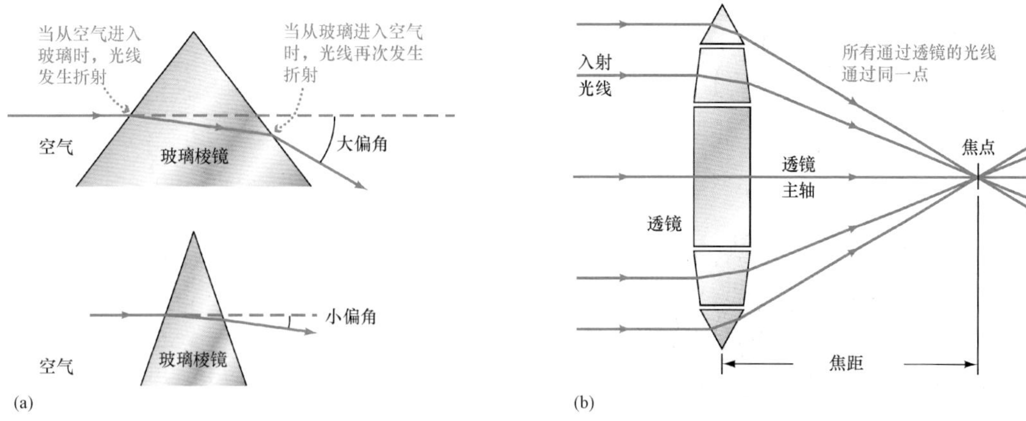

▲图4.2 折射透镜

（a）棱镜的折射改变光线的方向，改变的大小取决于棱镜表面的夹角。当两个表面的夹角大时，光线偏转大；当夹角小时，光线偏转小。（b）透镜可以看作是一系列的棱镜。

天文望远镜常常被用来获取观测视场（简单地说，就是望远镜可以“看见”的那部分天空）的**图像**。图4.4以一台反射式望远镜的镜面为例，说明了这是如何实现的。光从遥远的天体（图中是彗星）以平行或非常接近于平行的光线到达我们。所有光线平行于望远镜的主轴进入望远镜，然后与镜面接触并反射通过望远镜的主焦点。方向稍有不同的光线——相对主轴稍有倾斜——会聚集在略有差别的点上。通过这种方式，在主焦点附近会形成一幅图像。图像上的每一点都对应着视场里不同的点。

大型望远镜主焦点上形成的图像实际上相当小——整个视场的像可能仅仅只有1cm的跨度。通常，在用眼睛观测前，或者更有可能的是，在用照相底片或数字图像记录前，望远镜成的像会通过一个被称为目镜的透镜放大。放大后的图像的角直径要远远大于望远镜的视场，能够分辨更多的细节。图4.5（a）展示了一台简单的折射式望远镜的基本设计原理，演示了如何使用一个小目镜来观看通过透镜聚焦成的像。图4.5（b）展示了反射式望远镜是如何实现相同功能的。

折射镜和反射镜的比较

图4.5所示的两种望远镜设计实现了相同的目的：来自遥远天体的光被接收并聚焦成像。此外，乍看起来，在这两种望远镜之间，决定购买或建造哪种类型似乎区别并不大。然而，随着望远镜尺寸多年来的稳步增长（原因将在4.3节讨论），一些重要的因素倾向于选择反射系统，而不是折射系统。

1）事实上，光必须通过折射式望远镜的透镜是一个主要的不利条件。就像棱镜将白光色散成不同的颜色成分那样，折射式望远镜里的透镜也会让红光和蓝光聚焦在不同点。这种缺陷被称为色差。精心的设计和材料的选择能

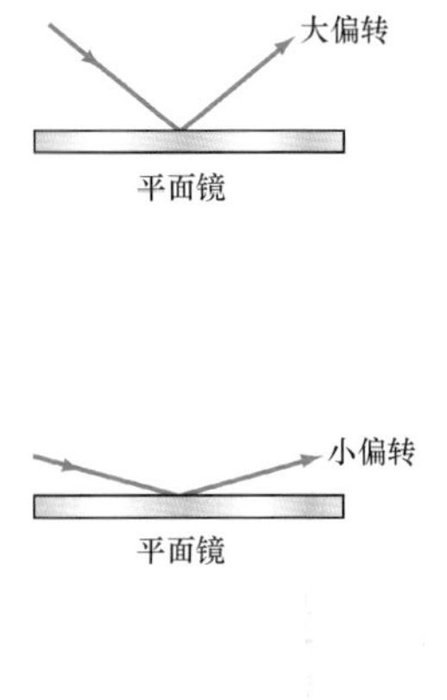

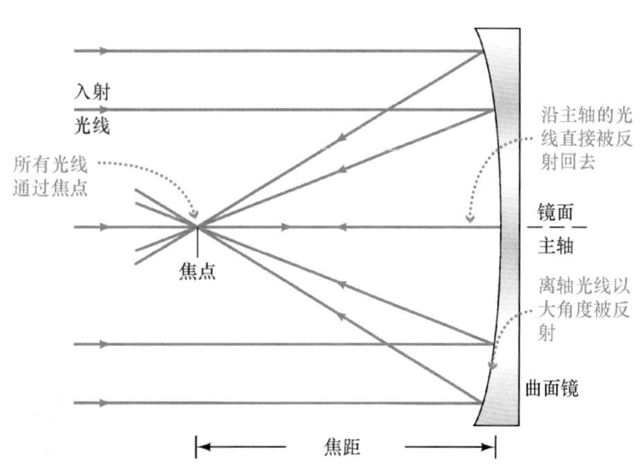

◀图4.3 反射镜

（a）平面镜上发生的反射，当光线被偏转时，偏转大小取决于其入射角。（b）曲面镜将所有通过平行镜面主轴入射的光线聚焦到一点。箭头指示入射光线和反射光线的方向。

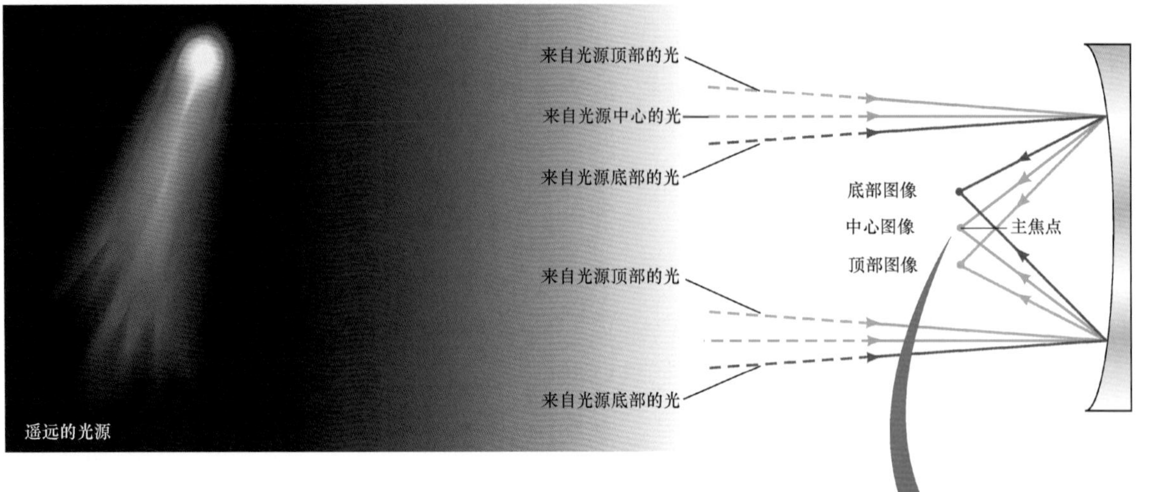

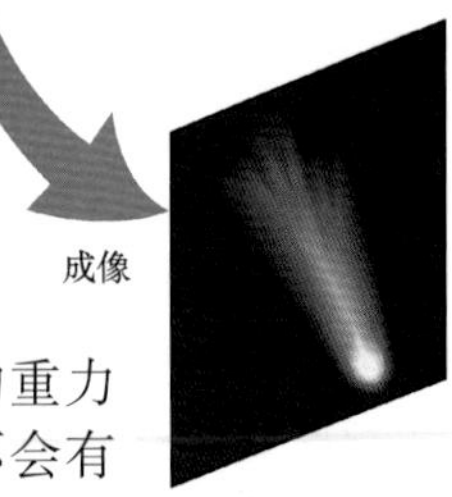

▲图4.4 成像过程
当来自遥远天体上不同点的光线通过镜面聚焦在略有不同的位置时，像就形成了。注意，所成的像是倒转的（亦即上下颠倒）。

在很大程度上弥补这一缺陷，但它是非常难以完全消除的。显然，这样的问题不会发生在镜面上。

2）当光通过透镜时，其中一些被玻璃吸收了。对可见光辐射来说，这样的吸收是相对微小的问题，但对红外和紫外观测来说，这是很严重的问题，因为玻璃阻挡了电磁波谱在这些波段范围内绝大部分的辐射。然而，这样的问题并不会出现在镜面上。

3）大的透镜会十分笨重。由于只能绕其边缘进行支撑（这样才能避免阻挡入射的辐射），所以透镜会在自身的重力作用下发生变形。而镜面不会有这样的缺点，因为可以从整个后表面来支撑。

4）透镜有两个表面，每个面都必须精确地加工和打磨——这实际是非常困难的任务——但是，镜面只有一面。

由于这些原因，所有大型现代望远镜都使用镜面作为主要的光线采集装置。有史以来最大的折射式望远镜有一个直径刚好超过1m（40in）的透镜，它于1897年被安装在威斯康星州的耶基斯天文台，并且今天仍在使用。相比之下，许多近来建造的反射式望远镜有着直径10m级的主镜，并且还有更大的仪器正在设计建造中。

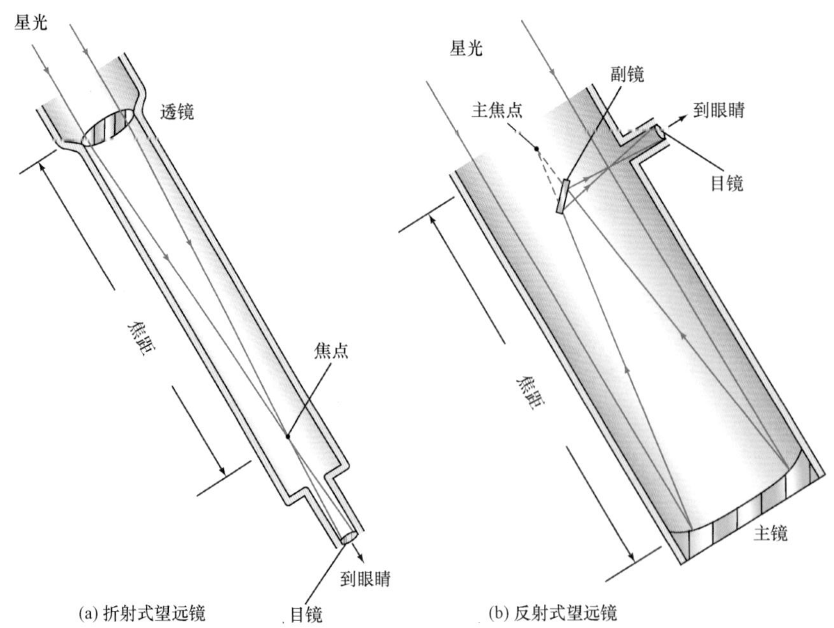

◀图4.5 折射式望远镜和反射式望远镜
折射式望远镜（a）和反射式望远镜（b）的比较：这两种类型的望远镜都是用来收集和聚焦电磁辐射的——由人眼观测或是记录在照相底片或计算机里。这两种望远镜都使用被称为目镜的小型透镜放大望远镜焦点上所成的像后供人观看。

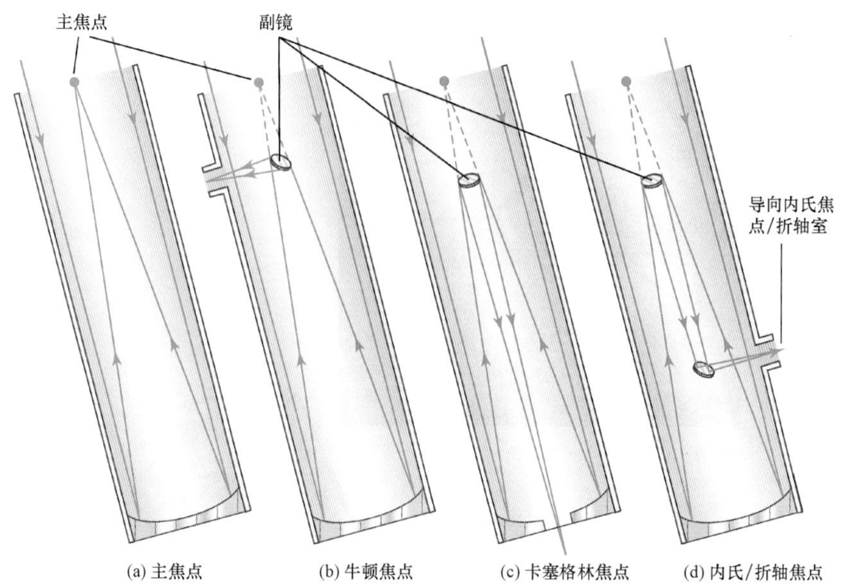

图4.6 反射式望远镜

四种反射式望远镜的设计：（a）主焦点（Prime focus），（b）牛顿焦点（Newtonian focus），（c）卡塞格林焦点（Cassegrain focus），（d）内氏/折轴焦点（Nasmyth/coudé focus）。每种设计都利用望远镜底部的主镜来捕捉辐射，然后将辐射导向不同的路径以进行分析。注意图（c）和图（d）中的副镜实际稍稍有些发散，这样它们可以把焦点移到望远镜之外。

反射式望远镜的种类

图4.6展示了一些反射式望远镜的基本设计。来自恒星的辐射进入仪器，向下通过主镜筒，投在主镜面上并反射回位于镜筒顶部附近的主焦点。天文学家有时会把记录仪器放置在主焦点上；然而，在这里悬挂笨重的装置会带来不便，甚至也是不可能的。更常见的是，光在传向焦点的路径上被副镜截获并被重新定向到更方便的位置，如图4.6（b）~（d）所示。

在**牛顿式望远镜**里（以艾萨克·牛顿爵士的名字命名，他发明了这种独特的设计），光在到达主焦点前被截获，然后被偏转90°，一般情况下导向位于仪器旁边的目镜。这是在小型反射式望远镜中流行的设计，比如那些业余天文学家所使用的望远镜，但在大型仪器中相对罕见。在大型望远镜中，牛顿焦点可能在距离地面很高的地方，这是难以放置仪器（或观测者）的地方。

或者，天文学家可以选择在后置平台上进行工作，在这里，他们可以使用诸如光谱仪之类的仪器，因为光谱仪太重，无法吊装在主焦点处。在这种情况下，主镜反射向主焦点的光被小一些的副镜截获，并将其向下反射穿过主镜中心的小孔。这样的设计被称为**卡塞格林式望远镜**（以法国镜头制作者基拉姆·卡塞格林命名）。星光最终汇聚到主镜后面的一点，被称为卡塞格林焦点。

更复杂的观测设置需要星光被几个镜面反射。按照卡塞格林的设计，光首先被主镜反射向主焦点，然后被副镜向下反射通过镜筒。接着，小得多的第三块镜面将光反射到望远镜外，在那里（取决于望远镜的建造细节），即内氏焦点（水平焦点），光束由位于内氏焦点上并排安置的探测器进行分析，还可能进一步利用一些镜面将光束导向一个环境可控的实验室中，即折轴（coudé，法语单词“弯曲”）室。实验室本身是独立于望远镜的，使得天文学家可以利用非常沉重和精密的仪器，而这些仪器是不可能放置在其他任何焦点上的（所有这些其他的焦点都必须与望远镜一起移动）。当望远镜跟踪天空中的天体时，这样的镜面安排不会改变光传向折轴室的路径。

为说明其中的一些要点，图4.7（a）展示了夏威夷莫纳克亚山上凯克天文台的两台10m直径的孪生光学/红外望远镜，它们由加州理工学院和加州大学共同运行。图4.7（b）画出了光路和一些焦点。依据用户的需求，观测可利用卡塞格林焦点、内氏焦点或折轴焦点进行。按照图4.7（c）中所显示的人的大小，这确实是一台非常巨大的望远镜——实际上，这两个镜面都是地球上最大的镜面之一。我们将在本书中见到凯克望远镜的众多重要发现。

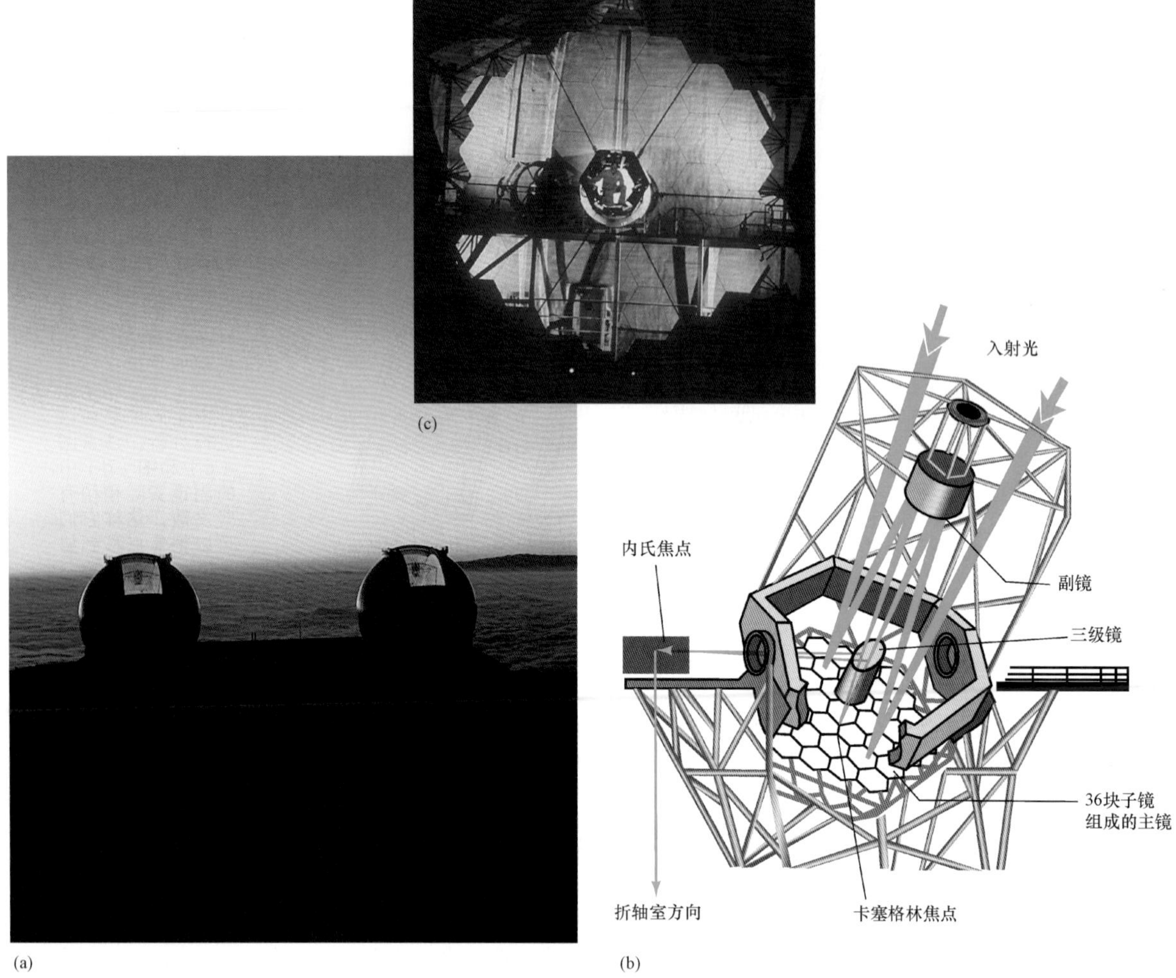

▲图4.7 凯克望远镜
（a）凯克天文台的两台10m望远镜。（b）望远镜、入射光束的光路和一些可能放置仪器的位置的艺术说明图。（c）其中一面10m主镜。（其奇怪的形状将在5.3节中说明。）注意中心穿橙色工作服的技术人员。［W. M. 凯克天文台（W. M. Keck Observatory）］

也许地球上（或地球附近）最著名的望远镜是哈勃太空望远镜（HST），简称哈勃望远镜，它以美国最著名的天文学家之一，埃德温·哈勃命名。它在1990年由美国宇航局的发现号航天飞机放置到地球轨道上，至今（到2013年）仍在运行，HST是一台卡塞格林式望远镜，所有的仪器都直接放置在2.4m主镜的后面，如图4.8（a）所示。望远镜的探测器能够在光学、红外和部分紫外波段进行观测，从100nm（紫外）到2200nm（红外）。

发射后不久，天文学家发现望远镜的主镜被打磨成了错误的形状，无法像预期那样准确地聚焦星光。1993年，在仪器寿命期间进行的五次维修任务的首次，也是最重要的一次中，奋进号航天飞机上的宇航员拜访了HST并通过在主镜后的光路中安装一套复杂的小镜子（每个都是硬币大小）弥补了HST的缺陷，纠正HST的建造错误。哈勃望远镜的灵敏度和分辨率现今接近最初的设计规范。

在20年的运行中，哈勃望远镜已经彻底地改变了我们对太空的认识，并一路帮助重建了不止一条有关宇宙的理论。图4.8（c）通过比较地面望远镜和哈勃望远镜所拍摄的旋涡星系M101的图像，展示了哈勃望远镜对图像质量的提高。本书中列出了许多展现哈勃望远镜非凡能力的惊人实例。

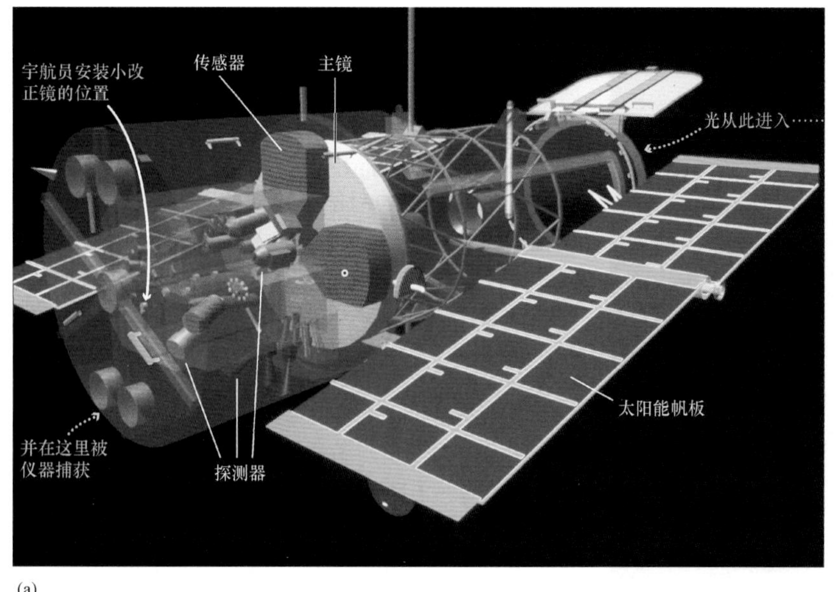

(a)

(b)

▲图4.8　哈勃太空望远镜

（a）“透视”图展示了HST主镜（浅蓝色）周围的硬件设备。（b）这两幅图像比较了利用基特峰山的大梅奥尔望远镜（下）和太空轨道中的哈勃望远镜（上）观测得到的宏伟的旋涡星系M101的图像。［D. 贝利（D.Berry）、美国大学天文联盟（AURA）、美国国家航空航天局（NASA）］

概念理解 检查

✓ 为什么现代望远镜利用镜面来汇集和聚焦光线?

4.2　望远镜的大小

现代天文望远镜与伽利略的简单装置相比已大相径庭。多年来的发展见证了望远镜口径的稳定增长。这主要有两个原因：第一，与望远镜可以聚集的光线多少——望远镜的聚光能力有关；第二，与通过望远镜可以看到的细节程度——望远镜的分辨能力有关。简而言之，大的望远镜相比小的望远镜，可以汇集和聚焦更多的辐射，使得天文学家可以研究更暗弱的天体和获取亮源更详细的信息。这一事实在决定同一时期仪器的设计方面起到了核心作用。

聚光能力

使用更大望远镜的一个重要原因无非是它有更大的**接收面积**（即能够收集辐射的总面积）。望远镜的反射镜（或折射透镜）越大，聚集的光也越多，就更容易观测和研究天体的辐射特性。天文学家花费了大量时间来观测非常遥远——因此也非常暗弱的——宇宙源。为了仔细地观测这些天体，非常大的望远镜是至关重要的。图4.9通过比较两个不同仪器所得到的仙女星系的图像，说明了望远镜尺寸增加的影响。大的接收面积对光谱观测来说尤其重要，因为在这种情况下，接收到的辐射必须被分解成组成波长，以进行进一步的分析。

观测到的天体亮度直接与望远镜镜面的面积成正比，因而与镜面直径的平方成正比。由于5m镜面的接收面积是1m镜面的5^2=25倍，因此5m望远镜得到的图像要比1m望远镜得到的图像亮25倍。我们也可以从望远镜收集足够的能量以便能在照相底片上产生可辨识的图像所需的时间来思考这一关系。5m望远镜得到一幅图像要比1m望远镜快25倍，因为它收集能量的速度要快25倍。换句话说，1m望远镜1h的曝光相当于5m望远镜2.4min的曝光。

(a)

(b)

▲图4.9 灵敏度
望远镜的尺寸会影响宇宙源的图像，比如仙女星系的图像。照片曝光的时间相同，但图（b）使用的望远镜尺寸是图（a）的两倍。随着望远镜镜面直径的增加，暗弱的细节也能被看到，因为更大的望远镜在单位时间内能够收集更多的光子，从而极大地扩展我们对宇宙的看法。［改编自美国大学天文联盟（AURA）］

直到20世纪80年代，传统观点仍然认为镜面直径大于5m或6m的望远镜太过昂贵，建造不太现实，因涉及铸造、冷却，以及将巨大的石英或玻璃抛光到非常高的精度（通常小于人发的直径），这些都很困难。然而，新的高科技制造技术加上全新的镜面设计，使得建造8~12m大小的望远镜几乎成为普遍的事情。专家现在可以制作相同尺寸的、比曾经认为的那样还要轻的镜面，也可以将许多较小的镜子组合起来，相当于制成一个大得多的单镜面望远镜。

凯克望远镜就是一个很好的例子，图4.7展示了其细节，图4.10展示了凯克全景。每个凯克望远镜由36面1.8m的六边形镜面组合而成，等效于单个10m反射镜的接收面积。第一台凯克望远镜于1992年开始全面运行；第二台建成于1996年。这些设备的大尺寸和高海拔运行能力，使其特别适合用于极暗弱天体的精细光谱研究，包括光谱的可见光和红外部分。莫纳克亚4200m（13 800ft）的海拔减少了大气对红外辐射的吸收，使得它成为地球上进行红外天文研究最好的台址之一。

图4.10中还可见许多其他的大型望远镜。一些望远镜专门设计用于红外研究；其他的一些望远镜，比如凯克望远镜，可在光学和红外波段运行。凯克望远镜圆顶的右边是8.3m口径的斯巴鲁（昴星团的日本名称）望远镜，是日本国立天文台的一部分。它的主镜显示在图4.10（b）里，仍然是目前建造的最大单镜面（与凯克望远镜使用的拼合技术截然相反）。斯巴鲁在1999年见到了“第一束光”。远处是另一台大型的单镜面望远镜：8.1m口径的双子座-北望远镜，由七个国家联合于1999年建成，其中包括美国。它的孪生望远镜——双子座-南望远镜——位于智利安第斯山脉，于2002年投入使用。

就总接收面积而言，目前在运行中的最大望远镜是欧洲南方天文台的光学-红外甚大望远镜（VLT），位于智利帕拉纳尔山丘，如图4.11所示。VLT由四面独立的8.2m口径的镜面组成，可以组合作为单台设备使用。四个镜面中的最后一块于2001年完成。

分辨能力

大型望远镜的第二个优点是它们出色的**角分辨率**。一般情况下，分辨率是指任意设备，比如相机或望远镜，产生视场里位置紧密的天体的清晰的、单独图像的能力。分辨率越精细，我们越能更好地区分天体并发现更多的细节。天文学中，我们总是关心角度的测量，“紧密”意味着“在天空中只相隔一个小的角度，”因此角分辨率是决定我们是否能够看到精细结构的因素。图4.12显示了随着望远镜角分辨率的变化，两个天体——即恒星——看起来的模样会如何变化。图4.13展示了提高分辨能力后得到的仙女座星系在不同分辨率下的图像。

是什么因素限制了望远镜的分辨能力？一

(a)

(b)

▲图4.10 莫纳克亚天文台

（a）世界上最高的地面天文台位于夏威夷莫纳克亚山，坐落在海拔4000多m（大约14 000ft）的休眠火山顶上。图中可见的圆顶容纳着3.6m口径的加拿大–法国–夏威夷望远镜、8.1m口径的双子座–北望远镜、夏威夷大学的2.2m口径望远镜、英国的3.8m红外望远镜，以及10m口径的凯克望远镜。在凯克双子望远镜的右边是日本8.3m口径的昴星团望远镜。高海拔台址的稀薄空气保证了大气对入射辐射更少的吸收，从而有比海平面更好的清晰视野，但空气是如此的稀薄，以至于天文学家偶尔在工作时必须要佩戴氧气面罩。（b）昴星团望远镜的镜面。［R. 温斯考特（R.Wainscoat）、日本国立天文台（NAOJ）］

个重要的因素是衍射，光在拐角处倾向弯曲的趋势——就衍射而言，所有其他类型的波也有这一问题。∞（探索2–1）因为衍射，当一束平行光进入望远镜时，光线稍稍有些发散，从而使光束无法聚焦到一个点，即使是有完美构造的镜面。衍射给任何光学系统都带来一定的“模糊性”或是分辨率的损失。模糊的程度——可以分辨的最小角间距——决定了望远镜的角分辨率。衍射的大小正比于辐射的波长，与望远镜镜面的直径成反比。对于圆形镜面和其他完美的光学系统，我们可得（以适当的单位）：

$$\text{角分辨率（arcsec）}=0.25\,\frac{\text{波长（}\mu\text{m）}}{\text{直径（m）}},$$

其中1μm（1微米）$=10^{-6}$m（见附录2）。

给定望远镜的尺寸，衍射的大小随使用的波长按比例增加，红外或射电波段的观测通常会受到该效应的限制。例如，用1m口径望远镜获得蓝光（波长为400nm）可能的最好角分辨率是0.1″。这个值被称为望远镜的**衍射极限分辨率**。但如果我们使用该1m口径望远镜在波长为10μm（10 000nm）的近红外波段进行观测，我们能够获得的最好的角分辨率只有2.5″。工作在1cm波长的1m口径射电望远镜的角分辨率最好只能达到1°。

▲图4.11 VLT天文台

欧洲南方天文台的甚大望远镜（VLT）位于智利阿塔卡马的帕拉纳尔天文台，是目前世界上最大的光学望远镜。四台8.2m口径的反射式望远镜组合起来，获得了相当于单台16m口径望远镜的有效面积。［欧洲南方天文台（ESO）］

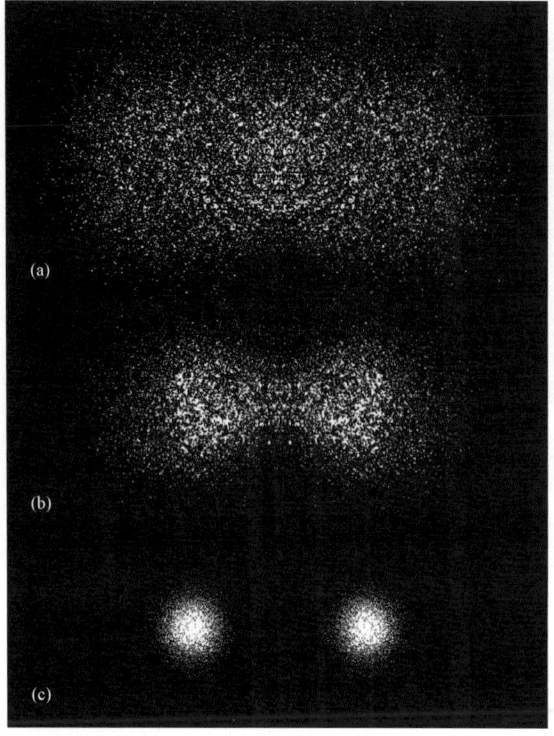

互动图4.12　分辨能力
用越来越精细的角分辨率观看时，两个一样亮的光源逐渐变得清晰。如图（a）所示，当角分辨率比分离两个天体所需的低得多时，天体看起来是单一的模糊“一团”。从图（b）到图（c），随着角分辨率的提高，可以辨别出两个源是独立的天体。

对于任何给定波长的光，大型望远镜产生的衍射要小于小型望远镜。5m口径望远镜观测蓝光的衍射极限分辨率比刚讨论过的1m口径望远镜要好5倍——大约是0.02″。口径为0.1m（10cm）的望远镜的衍射极限分辨率将只有1″，等等。相比之下，人眼在可见光范围中段的角分辨率约为0.5′。

科学过程理解 检查

✓ 给出天文学家需要建造非常大的望远镜的两个原因。

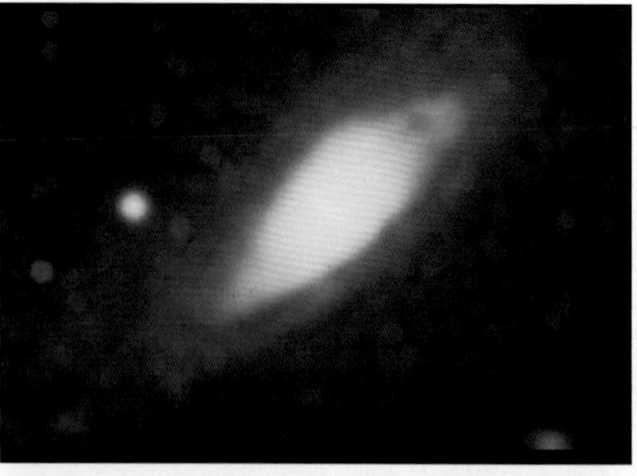
(a)

(b)

(c)

(d)

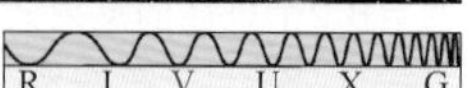

▶图4.13　角分辨率
从图（a）的10′到图（b）的1′，从图（c）的5″再到图（d）的1″，随着角分辨率提高约600倍，仙女座星系的细节变得越来越清晰。人眼的分辨率近似于图（b）——如果只用我们的双眼，其灵敏度足以看到这幅图像。［改编自美国大学天文联盟（AURA）］

4.3 图像和探测器

在前一节中，我们看到望远镜是如何收集和聚焦光线，并得到对应视场图像的。事实上，多数大型天文台使用很多不同的仪器来分析接收自太空的辐射——包括对不同波长的光敏感的探测器、研究发射线和吸收线的光谱仪，以及其他用于专门研究的定制设备。这些装置可能会沿着光路被放置在望远镜外部的不同位置——例如，图4.7（b）中的多个焦点和光路，或是哈勃太空望远镜中更紧凑的探测器排列（图4.8）。在本节里，我们会更仔细地了解望远镜的图像实际是如何得到的，以及一些广泛使用的其他类型的探测器。

图像采集

计算机在观测天文学里有着至关重要的作用。今天，大多数大型望远镜都通过计算机控制，或是由严重依赖计算机协助的操作员控制，图像和数据被记录成计算机程序容易读取和操作的形式。

在大型天文台里，使用照相设备作为主要的数据采集手段变得越来越罕见。相反，被称为**电荷耦合器件（CCD）**的电子探测器被广泛使用，它们直接将结果输出到计算机上。CCD由一块硅晶片构成，晶片被分成许多叫作**像素**的二维排列的图像元素，如图4.14（a）、（b）所示。当光线打到像素上时，就会在其上累积一个电荷。电荷的多少直接与打到每个像素上的光子数目成正比——换句话说，与那一点上光的强度成正比。电荷的累积被计算机监控着，由此得到二维图像，如图4.14（c）、（d）所示。

CCD通常只有几平方厘米的面积，可能包含几百万个像素，一般排列成正方形的网格。随着技术的进步，CCD的面积和它所包含的像素数目在不断增加。顺便说一下，该技术并不局限在天文学中使用，许多家庭摄影机也包含CCD芯片，它们的基本设计与世界知名天文台所使用的设计类似。

相比天文学家使用了一个多世纪的照相底片，CCD有两个重要的优势。首先，CCD比照相底片的效率更高，能记录下多达90%的入射光子；相比之下，照相方法只能记录不超过5%的光子。这种差异意味着，使用相同的望远镜和相同的曝光时间，CCD能显示的天体要比照相底片能显示的天体暗1/10~1/20。或者说，CCD能在照相技术所需时间的1/10内记录下同样的细节层次，或者使用更小的望远镜记录下同样程度的细节。第二，CCD产生的是图像数字化后的如实反映，可以直接存储在磁带或磁盘中，或者更常见的是，通过计算机网络发送到观测者的所属单位。

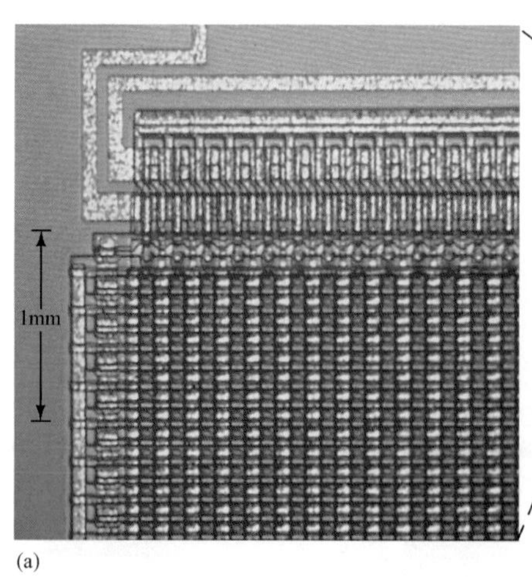

(a)

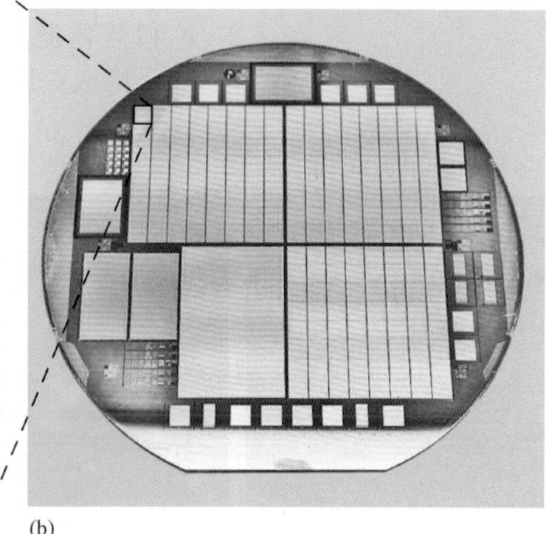

(b)

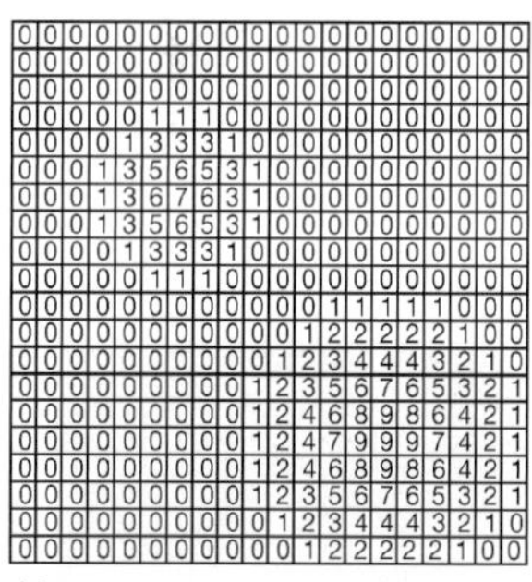

0	0	0	0	0	0	0	0	0	0	0	0	0	0	0	0	0	0	0	0
0	0	0	0	0	0	0	0	0	0	0	0	0	0	0	0	0	0	0	0
0	0	0	0	0	0	0	0	0	0	0	0	0	0	0	0	0	0	0	0
0	0	0	0	0	1	1	1	0	0	0	0	0	0	0	0	0	0	0	0
0	0	0	0	1	3	3	3	1	0	0	0	0	0	0	0	0	0	0	0
0	0	0	1	3	5	6	5	3	1	0	0	0	0	0	0	0	0	0	0
0	0	0	1	3	6	7	6	3	1	0	0	0	0	0	0	0	0	0	0
0	0	0	1	3	5	6	5	3	1	0	0	0	0	0	0	0	0	0	0
0	0	0	0	1	3	3	3	1	0	0	0	0	0	0	0	0	0	0	0
0	0	0	0	0	1	1	1	0	0	0	0	0	0	0	0	0	0	0	0
0	0	0	0	0	0	0	0	0	0	0	0	1	1	1	1	1	0	0	0
0	0	0	0	0	0	0	0	0	0	0	1	2	2	2	2	2	1	0	0
0	0	0	0	0	0	0	0	0	0	1	2	3	4	4	4	3	2	1	0
0	0	0	0	0	0	0	0	0	1	2	3	5	6	7	6	5	3	2	1
0	0	0	0	0	0	0	0	0	1	2	4	6	8	9	8	6	4	2	1
0	0	0	0	0	0	0	0	0	1	2	4	7	9	9	9	7	4	2	1
0	0	0	0	0	0	0	0	0	1	2	4	6	8	9	8	6	4	2	1
0	0	0	0	0	0	0	0	0	1	2	3	5	6	7	6	5	3	2	1
0	0	0	0	0	0	0	0	0	0	1	2	3	4	4	4	3	2	1	0
0	0	0	0	0	0	0	0	0	0	0	1	2	2	2	2	2	1	0	0

(c)

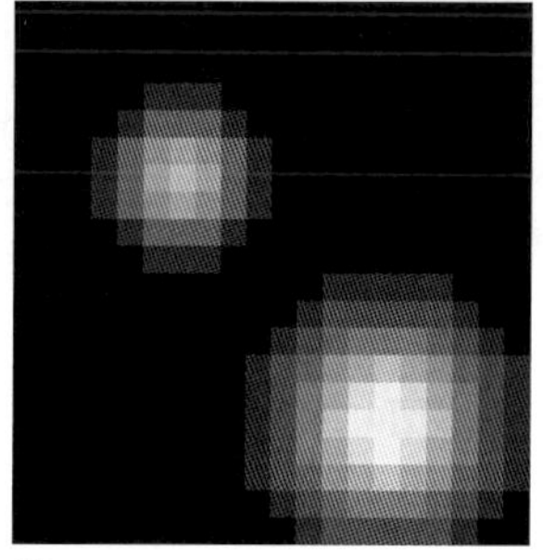

(d)

▲图4.14 芯片

电荷耦合器件（CCD）由数以百万计的、被称为像素的微小感光单元构成。光照射到像素上会引起像素内电荷的累积。通过电子线路读出每个像素上的电荷，计算机能重现照射在芯片上的光的图案——即图像。（a）CCD阵列细节。（b）装配好的、将用在望远镜焦点上的CCD芯片。（c）在这个简单例子里，从芯片读出的典型数据由从0到9的数字排列而成，每个数字代表照射在特定像素上的辐射强度。（d）当用计算机屏幕的强度标准来表示时，就产生了对应视场的图像。［麻省理工学院林肯实验室（MIT Lincoln Lab）、美国大学天文联盟（AURA）］

图像处理

计算机也广泛用于降低天文图像里的背景噪声。噪声是任何能破坏信息完整性的事物，如调幅广播中的静电干扰或电视屏幕上的“雪花”。噪声破坏望远镜图像是有很多原因的。在某种程度上，它来源于望远镜视场内暗弱的、无法被辨别的光源，以及由地球大气散射到视线方向上的光。它也可能来自于探测器本身的缺陷，这样的缺陷可能产生“嘶嘶”声，类似于当你用音响听一段特别安静的音乐时，可能听到的微弱的背景杂音。

尽管天文学家常常不能确定他们的观测噪声的来源，但至少他们能测量噪声的特点。例如，如果我们观测的那部分天空没有已知的辐射源，那么无论我们接收到什么信号（按定义来说），都是噪声。一旦测量得到信号的属性，借助高速计算机就能部分地消除噪声的影响，使天文学家能够从数据中发掘出可能仍然被隐藏的特征。

利用计算机来处理数据，天文学家也可以弥补已知的仪器缺陷。此外，计算机还可以经常用于进行许多在图像（或光谱）达到最终“干净”前，必须完成的相对简单但却乏味并耗时的杂务。图4.15说明如何用计算机图像处理技术来修正HST已知的仪器问题，这使哈勃望远镜预期的角分辨率在1993年的修理（见4.1节）之前就得以恢复许多。

测光

当CCD放置在望远镜的焦点上并用于记录仪器的视场图像时，望远镜实际上可以被看作是一台高性能的照相机。然而，天文学家常常要对接收到的来自太空的辐射进行更加具体的测量。

恒星（或其他任何的天体）的一个非常基本的属性是其亮度——每秒钟探测器上接收到的来自于恒星的光能量。亮度的测量被称为**测光**（字面意思即是“光的测量”）。原则上，确定恒星的亮度只是将CCD上所有对应于该恒星的像素的值累加起来，如图4.14（c）所示。然而，在实践当中，这一过程要更复杂，因为恒星的图像可能是重叠的，通常需要计算机的协助来解决。

天文学家常常结合有色滤光片的使用来进行测光测量，以限制所测量的波长。（除了某些特定的波长范围，滤光片会屏蔽其他所有的辐射：更详细的讨论见6.3节。）有许多标准的滤光片存在，从近红外到可见光，再到近紫外波段，覆盖了光谱中的各种“薄片”。通过将注意力转向这些相对较窄的波段范围，天文学家常常可以估计天体黑体曲线的形状从而能确定天体的温度，至少可以得到近似的温度。∞（2.4节）滤光片也在CCD图像中使用，以模拟自然的色彩。例如，本书中大多数HST的可见光图像实际上由三幅原始图像复合而成，分别由红色、绿色和蓝色滤光片拍摄得到，然后再组合起来重新构成一幅彩色图片。

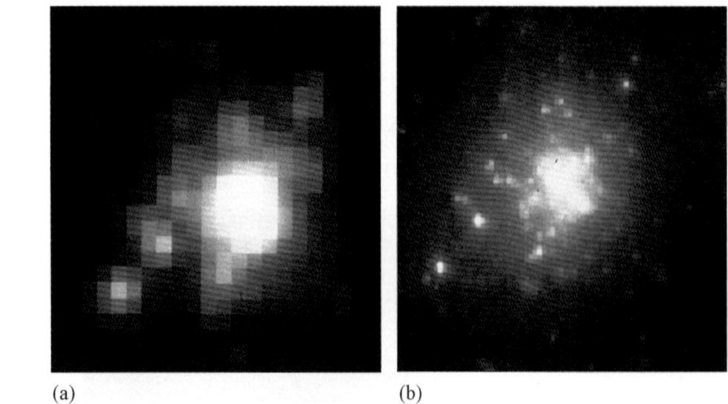
(a) (b)

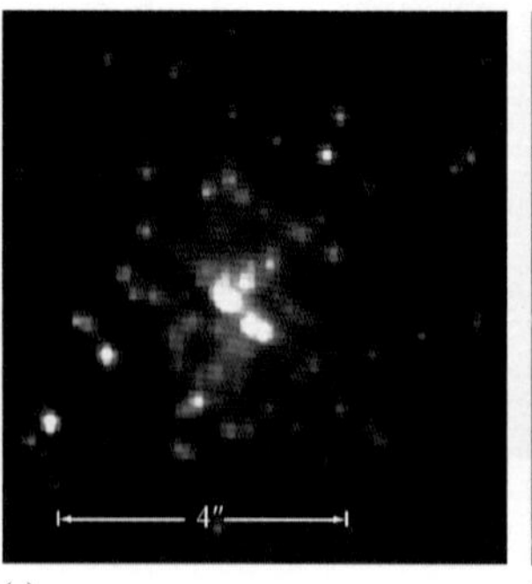

(c)

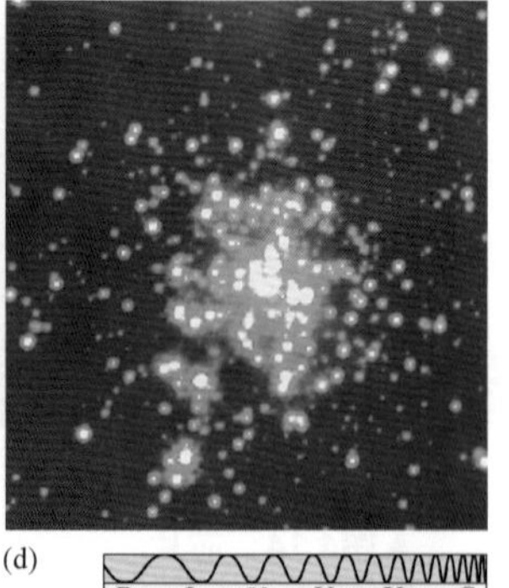

(d)

▲图4.15 图像处理
（a）从地面上看到的R136星团——大麦哲伦星云（一个近邻星系）里的一群恒星。（b）哈勃太空望远镜在1990年它的首次修理任务之前拍摄的同一区域的“原始”图像。（c）同一幅通过计算机处理后，部分补偿了镜面缺陷的图像。（d）修理后的HST在1994年拍摄的同一区域的图像，这里观测波段更短（蓝）一些。［美国大学天文联盟（AURA）/美国国家航空航天局（NASA）］

天体一般是暗弱的，而且大多数天文图像需要长时间的曝光——几分钟到几小时——以便看到精美的细节（4.2节）。因此，我们从图像上测量的亮度事实上是整个曝光的平均值。短期的波动（如果有的话）不会被发现。当需要高精度并快速地测量光的强度时，会使用一种被称为**光度计**的专业仪器。光度计测量从全部视场或部分视场内接收到的总光强。当只关心一部分视场时，可以简单地通过将视场的剩余部分遮挡（阻挡）来选择该区域。使用光度计通常意味着要“扔掉”空间细节——一般没有图像能生成——但作为回报，可以获得有关辐射源强度随时间变化的更多信息，比如脉动变星或超新星爆发。

光谱

通常天文学家想要研究入射光的光谱，会将大型**光谱仪**与光学望远镜配合使用。由主镜收集的光可能会重新定向到折轴室，通过狭缝，利用棱镜或衍射光栅色散（分成组成颜色），然后导向探测器上——这一过程在概念上与第3章中所描述的简易分光仪的操作没有太大区别。∞（3.1节）光谱可以进行实时研究（即在被望远镜接收的同时）或利用CCD（或者照相底片，如今很少用到）记录下来供以后分析。天文学家可以应用第4章中讨论过的分析技术，从它们所记录下的谱线中提取详细信息。∞（3.5节）

概念理解 测试

√ 为什么天文学家不满足于只拍摄星空的照片？

4.4 高分辨率天文学

即使是大型望远镜也有局限性。例如，按照前一节中的讨论，10m口径的凯克望远镜在蓝光波段的角分辨率应该约为0.01″。然而，实践中如果没有更进一步的技术进步，它的角分辨率不可能好于1″。实际上，除了采用特殊技术开发的用于研究一些极亮恒星的仪器外，在1990年前没有地面光学望远镜能分辨出细节好于1″的天体。原因是地球大气中的湍流——沿视线方向上的空气产生的小规模气旋，它在光线到达仪器之前会使恒星的图像变得模糊。

大气干扰

当我们观测恒星时，大气湍流使恒星与望远镜（或人眼）之间空气的光学性质产生持续不断的微小变化。因此，来自恒星的光在传向我们的过程中被轻微地折射，从而使恒星的像在我们的探测器上跳跃（或在我们的视网膜上）。这样连续的偏折是恒星“闪烁”的原因。在夏日隔着炙热的马路观察时，物体似乎在闪烁，这也是同样的原因：到达我们眼睛的不断偏移的光线产生了运动的错觉。

在最佳观测台址的良好夜晚，大气产生的最大偏折略小于1″（考虑拍摄恒星）。几分钟的曝光后（时间足够让其间的大气经历许多小的随机变化），恒星的图像被模糊在视直径大约为1″的近似为圆形的范围内。天文学家用术语“**视宁度**”来描述大气湍流的影响。恒星光线（或来自其他任何天体的光）被扩散形成的圆被称为**视宁圆面**。图4.16说明了一台小望远镜的视宁圆面的形成。㊀

大气湍流对波长较长的光影响不大——地面上的天文学家在红外波段的“观测”更好。然而，大气对多数红外波段完全或部分不透明的事实抵消了这种图像质量的提高。∞（2.3节）由于这些原因，为了获得可能的最好的观测条件，望远镜被放置在世界各地的山顶上（以尽可能地位于大气层上部），那里大气相当稳定而且相对不受灰尘与湿气的影响。另一个选择偏远地区的原因是人口密集地区日益严重的**光污染**问题——来自街道、停车场、家庭以及企业的讨厌的直直向上的灯光，它们被空气中的尘埃散射后进入望远镜，甚至淹没了天文学家想要观测的来自于遥远恒星和星系的暗弱信号。

在美国本土，这些台址往往位于西南部的沙漠中。北半球的美国国立光学天文台建成于1973年，高高坐落在亚利桑那州图森市附近的基特峰上。这一台址被选中，是因为它有许多干燥、晴朗的夜晚。视宁度小于1″的台址被认为是好台址，视宁度为几个角秒的台址对许多观测来说也是可以容忍的。夏威夷莫纳克亚山（图4.10）和智利安第斯山脉上的很多台址（图4.11和图4.17）的观测条件甚至更好，这正是为什么近来许多大型望远镜建造在这些大气特别清澈的地方的原因。

㊀事实上，对于大型仪器来说——直径超过1m的望远镜——情况要复杂得多，因为入射到望远镜表面不同部分的光线实际上穿过的是大气中不同的湍流。然而，最终的结果仍然是一个视宁圆面。

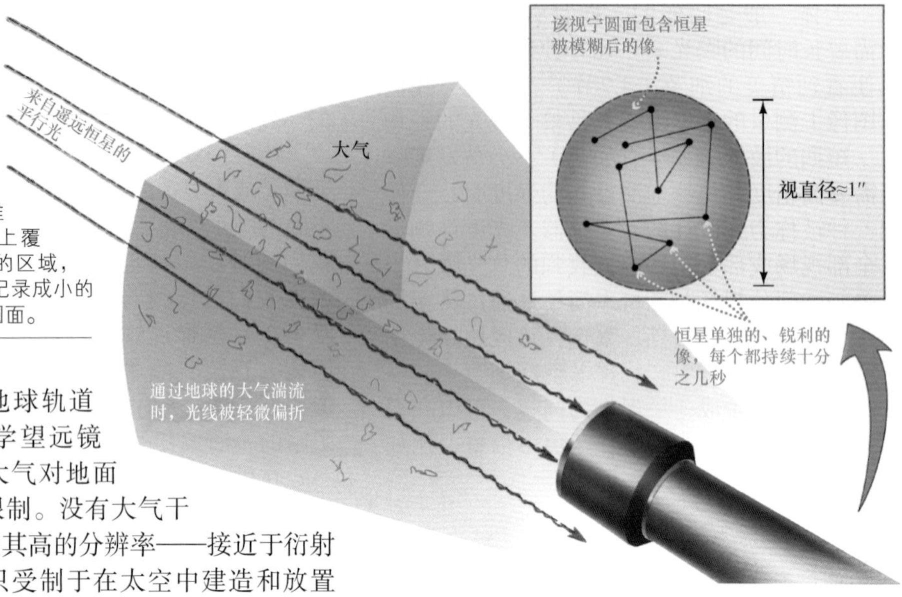

▶图4.16 大气湍流
由于地球的大气湍流，来自遥远恒星的光线照射在望远镜探测器上稍稍不同的位置上。随着时间的推移，光线在探测器上覆盖了一个近乎圆形的区域，恒星实际的点像被记录成小的圆盘，被称为视宁圆面。

放置在绕地球轨道或月球上的光学望远镜显然可以克服大气对地面设备所造成的限制。没有大气干扰，可以获得极其高的分辨率——接近于衍射极限分辨率，只受制于在太空中建造和放置大型结构的工程学限制。哈勃太空望远镜2.4m镜面的衍射极限分辨率只有0.05″（对蓝光来说），提供给天文学家的宇宙图像要比更大的地面设备通常可以提供的图像清楚20倍。

主动光学

当前生成超锐利图像的技术所遵循的理念包括进一步的计算机控制和几个阶段的图像处理（见4.2节）。在望远镜收集光线的同时，通过分析其生成的图像，可以时时刻刻地调整望远镜，以避免或补偿由于镜面变形、圆顶内温度变化，甚至是大气湍流所造成的影响。

即使在完美的视宁度条件下，大多数望远镜也不会具有衍射极限的分辨率。在图像曝光所需的几十分钟甚至是几小时内，镜面或圆顶内的温度可能会有轻微的波动。当望远镜跟踪横穿过天空的天体时，镜面精确的形状可能会有轻微的变形。这些改变产生的影响使主镜面的焦点可能会随时改变，让最终的图像模糊掉，像大气湍流产生视宁圆面那样（图4.16）。在最好的观测台址，视宁度通常很好，这些微小的影响可能才是使图像模糊的主要因素。旨在控制这种环境和机械波动的集光技术被称为**主动光学**。

第一台结合主动光学设计出来的望远镜是新技术望远镜（NTT），于1989年在智利的欧洲南方天文台建成，并在1997年进行了改进。（图4.17所示的即是最著名的望远镜——NTT。）这台3.5m口径的望远镜，采用实时望远镜控制的最新技术，随着主镜温度和方向的改变，通过每分钟调整主镜的倾斜度来始终保持可能的最合适的焦点，可以取得好至0.2″的角分辨率。图4.18说明了主动光学如何显著地提高了图像的分辨率。主动光学技术现在包括改善圆顶的设计以控制气流，精确地控制镜面温度，以及利用镜面后的活塞来保持镜面的精确形状。之前介绍过的所有大型望远镜都包括主动光学系统，可使它们的角分辨率提高到零点几角秒。

实时控制

随着主动光学系统的出现，地球大气再次成为限制望远镜分辨率的主要因素。值得注意的是，通过采用一种叫作**自适应光学**的方法，这个难题现在已经被解决了。这一技术是在图像曝光的同时，在计算机控制之下实际改变镜面的形状，以消除大气湍流的影响。这里谈论的镜面一般不是指望远镜的大型主镜。相反，由于经济和技术上的原因，一个小得多的镜面（通常直径为20~50cm）会被插入到光路之中，并被操纵以达到预期的效果。

自适应光学遇到了难以预计的理论和实践性难题，但回报也非常大，从20世纪70年代开始，它就是受到追捧的研究课题。在20世纪90年代，从战略防御计划中解密的军事技术使研究努力得到了巨大的推进，那是“里根时代”的导弹防御计划（被批评者称为“星球大

▲图4.17 欧洲南方天文台
位于智利安第斯山脉拉西亚的欧洲南方天文台由欧洲各国联合运营。天文台有许多大小不同的光学望远镜圆顶，每个都有不同的支持设备，使它成为赤道以南最万能的天文台。拉西亚天文台最大的望远镜——图中中心偏右的方形建筑——是新技术望远镜，一个3.5m口径的主动光学望远镜。［欧洲南方天文台（ESO）］

战”），旨在瞄准和击落来袭的弹道导弹。在图4.19所示的系统中，一束激光探测望远镜上空的大气，生成一颗“人造恒星”，以使天文学家能够测量大气状况并将这一信息传给计算机，每秒钟内数千次地调整望远镜的镜面以弥补欠佳的视宁度。

自适应改正在红外波段的应用要比光学波段更容易些，因为大气产生的扭曲要小些（恒星在红外波段更少“闪烁”），并且红外更长的波长对镜面精确形状的严格要求宽松得多。红外自适应光学系统已经存在于许多大型望远镜里。例如，双子座和昴星团望远镜报告的自适应光学角分辨率在近红外波段约为0.06″——虽然不太接近衍射极限（按照之前给出的公式，8m口径望远镜在1μm波长处的衍射极限是0.03″），但已经比哈勃太空望远镜在相同波长处的角分辨率好，如图4.20（a）所示。凯克望远镜和甚大望远镜都加入了自适应光学仪器，具有在近红外波段产生衍射极限图像的能力。

可见光自适应光学已经通过了实验验证，一些天文望远镜开始整合这种技术。图4.20（b）比较了两幅被称为“北河二”的邻近双星的可见光观测。观测是由相对适中的1.5m口径望远镜得到的。自适应光学系统清晰地分辨出了两颗恒星。值得注意的是，自适应光学技术给予了天文学家“两全其美”的礼物，利用大型地面光学望远镜实现了只有在太空中才能获得的分辨能力。

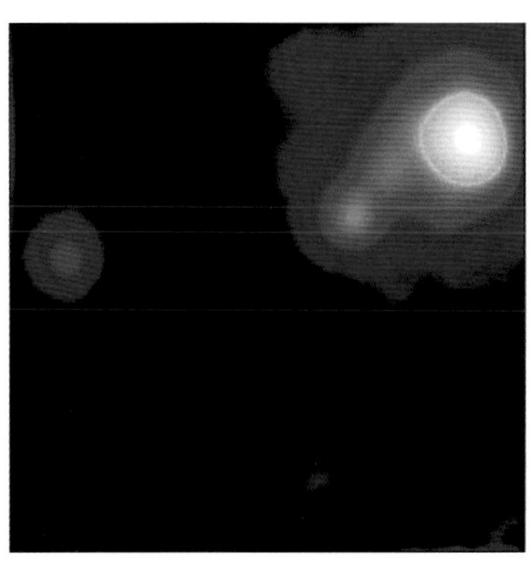
(a)

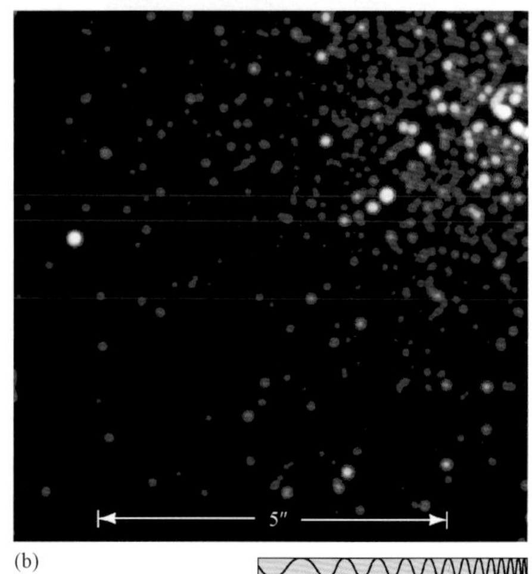

(b)

◀图4.18 主动光学
星团R136部分区域的伪彩色照片——显示和图4.15中相同的天体——比较了（a）没有使用和（b）使用主动光学系统后的分辨能力。两幅图像都是用图4.17中所示的新技术望远镜拍摄的。［欧洲南方天文台（ESO）］

◀图4.19　自适应光学系统
在这幅白天的照片中，位于加利福尼亚利克天文台的3m沙因望远镜正在进行测试。一束激光用来创建“人造恒星”（光从大气中反射回望远镜）以改进导星。激光束探测望远镜上方的大气，允许镜面形状发生每秒数千次微小的由计算机控制的改变。［利克天文台（Lick Observatory）］

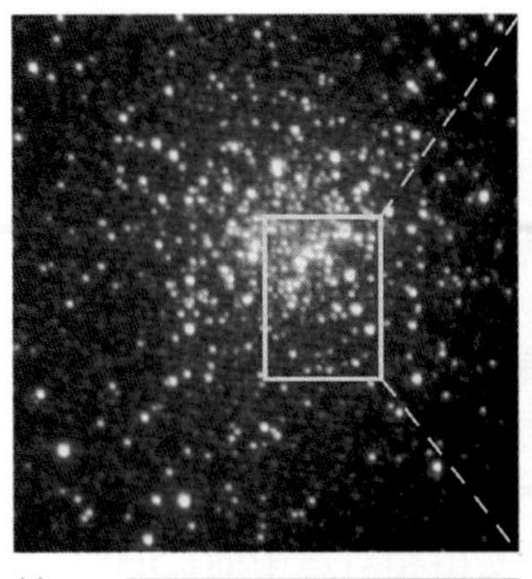

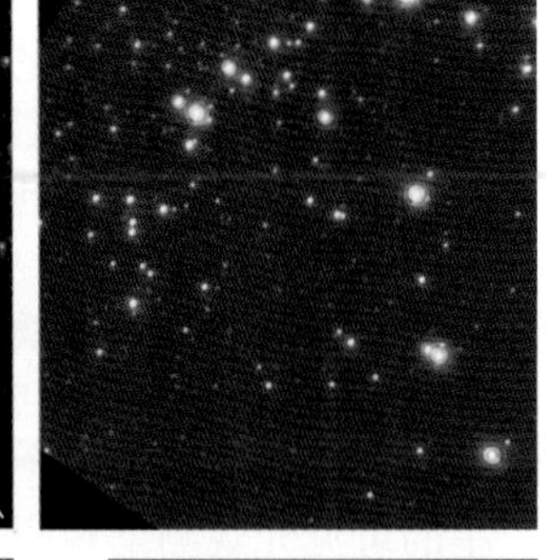

(a)

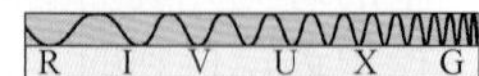

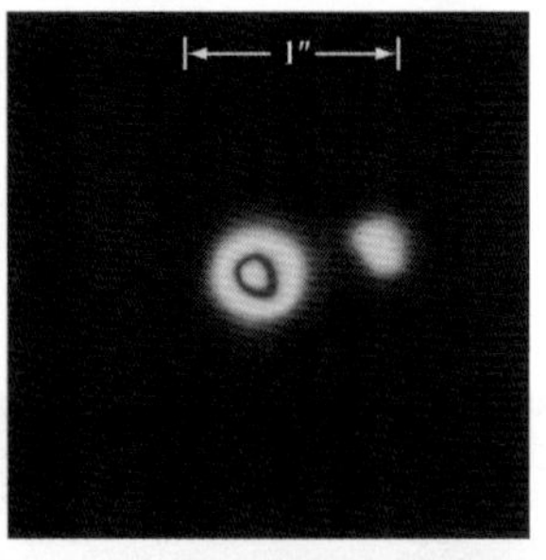

(b)

R I V U X G

▲图4.20　自适应光学的作用
（a）在这幅由位于夏威夷的8m口径的双子座北望远镜拍摄的未改正的可见光图像（左）中，星团NGC6934的角分辨率略小于1″。应用自适应光学后（右），红外波段的分辨率提高了近10倍，使更多的恒星被看得更加清楚。（b）双星北河二的可见光图像是由位于夏威夷毛伊岛的哈雷阿卡拉山上的军事天文台获得的。未改正前的图像（左）在几角秒内是模糊的，只能显示出一点点双星的性质。应用自适应光学后（右），角分辨率提高到0.1″，两颗恒星明显分开。［美国国家光学天文台（NOAO）；麻省理工学院林肯实验室（MIT Lincoln Laboratory）］

概念理解 检查

✓ 光学天文学家采用什么步骤来克服由地球大气带来的模糊效应?

4.5　射电天文学

在晴朗的日子里，除了可见光辐射能穿透地球大气外，射电辐射也能抵达地面。事实上，如图2.8所示，电磁波谱中的射电窗口比光学窗口要宽得多。∞（2.3节）由于大气对长波辐射没有阻碍，射电天文学家已经建成了许多地基**射电望远镜**，能够探测从太空而来的射电波。这些望远镜都是20世纪50年代后建成的——射电天文学相比光学天文，是年轻得多的学科。

早期观测

射电天文学领域起源于1931年卡尔·央斯基在贝尔实验室的工作。央斯基当时正在研究短波无线电干扰的原因，他发现微弱的静态“嘶嘶”声没有明显的地内（地球上的）来源。他注意到，“嘶嘶”声的强度随时间变化，峰值的出现每天提前约4min。他很快意识到峰值的出现正好间隔一恒星日，从而他得出结论，“嘶嘶”声确实不是来源于地球，而是来自于空间中的特定方向。∞（1.4节）该方向现在知道对应于我们银河系的中心。

一些天文学家被央斯基的发现迷住了，但由于当时的技术限制——同时，更是由于经济萧条时期的预算限制——他们的进展较缓慢。央斯基自己也转向贝尔实验室另外的项目，再也没有回到天文研究上。然而，到了1940年，射电空间的首次系统性巡天开始进行。在第二次世界大战期间实现了一系列技术突破之后，这类研究迅速发展成为天文学的一个独特分支。

在20世纪30年代，天文学家开始意识到我们银河系内恒星之间的空间并不是空的，而是充满了极度弥散（低密度）的气体（见第7章）。在20世纪40年代，人们逐渐认识到，这些银河系中完全不可见的部分可以在射电波段被详细观测和绘制，这确立了央斯基开创性工作真正的重要地位。如今，他被认为是射电天文学之父。

射电望远镜的精髓

图4.21（a）展示了世界上最大的可操纵射电望远镜：位于西弗吉尼亚州美国国家射电天文台的直径为105m（340ft）的大型望远镜。虽然比反射式光学望远镜要大得多，但大多数射电望远镜的建造方式基本一样。它们有着一个巨大的、呈马蹄形状的底座，支撑着一面作为接收区域的巨大金属曲面天线。如图4.21（b）所示，天线捕获入射的射电波并把它们反射到焦点上，在焦点上，接收器探测信号并将它们传输到计算机中进行存储和分析。

从概念上讲，操作射电望远镜类似于操作把探测仪器放置在主焦点［见图4.6（a）］上的光学反射式望远镜。然而，不像光学仪器能够同时探测所有的可见光波长，射电探测器在任何时候通常都只能记录一段窄窄的波长范围。为了观测不同频率的辐射，我们必须重新调整设备，这很像我们将收音机或电视机调整到另一个频道。

射电望远镜必须要建得很大，部分原因是因为宇宙射电源极其微弱。事实上，整个地球表面接收到的射电辐射总能量不到1W的万亿分之一。相比之下，我们地球表面接收到的红外形式的辐射和夜空中可见的任意一颗亮星的可见光辐射，能量约为1000万W。为了收集足够的射电能量来进行细致的测量，巨大的接收面积是必不可少的。图4.22显示了一面更大但不能移动的射电望远镜，固定在波多黎各的阿雷西博山丘之中。阿雷西博望远镜的直径约300m（1000ft），于1963年在山坡间的自然洼地中建成，它的反射面跨越了近20acre（1acre约为4046.9m^2）的面积。

(a)

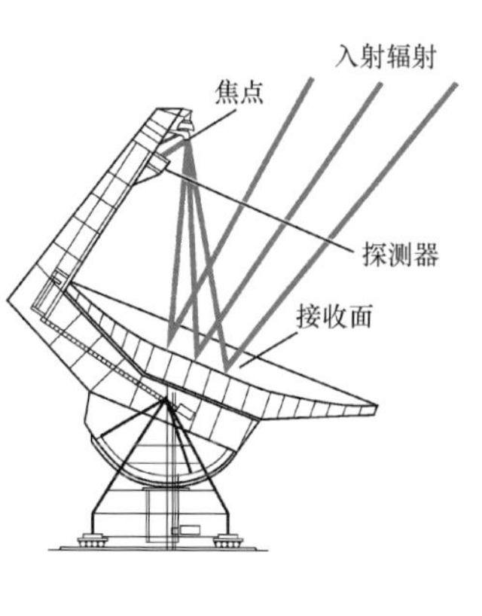

(b)

▲图4.21 射电望远镜
（a）位于西弗吉尼亚州绿岸的美国国家射电天文台的直径为105m的射电望远镜，高150m——比自由女神像还高，几乎和华盛顿纪念碑一样高。（b）望远镜的原理图，展示了入射射电辐射束的光路（蓝色线条）。［美国国家射电天文台（NRAO）］

▲图4.22 阿雷西博天文台
300m直径射电望远镜的航空照片，望远镜天线位于波多黎各阿雷西博附近的美国国家天文和电离层中心。左边插图显示了高高悬挂在天线上方的射电接收机的近照。右边插图展示了技术人员正在调整天线表面，以使之更加平滑。［D. 帕克（D.Parker）/T. 阿塞维多美国国家天文和电离层中心、康奈尔大学（Cornel）］

由于衍射的影响，相比它们的光学对应体，射电望远镜的角分辨率通常非常差。射电波的典型波长比可见光的波长长约一百万倍，并且这些长波对应的角分辨率也很粗糙。（回忆4.2节，波长越长，衍射越大。）即使是相当巨大的射电天线，也只能部分抵消这种影响。当接收的射电波波长约为3cm时，图4.21所示的射电望远镜能达到的分辨率约为1′。然而，它设计的最有效（即最敏感的射电信号）的工作波长接近1cm，这时的角分辨率近似为20″。单个射电望远镜所能获得的最好的角分辨率约为10″（对那些工作在毫米波段的最大设备来说）——比某些大型光学系统的能力至少粗糙100倍。

射电望远镜比光学望远镜建造得大得多的原因在于它们的反射表面不需要像短波辐射所需的那样平滑。只要表面的不均匀性（凹陷、凸起等）比要探测的波长小得多，那么表面反射就不会发生扭曲。由于可见光辐射的波长短（短于10^{-6}m），所以需要极其光滑的表面才能正确地反射光波，并且很难建造非常大的镜面来满足这种严格的容差。然而，即使是粗糙的金属表面也能精确地聚焦波长为1cm的波，而波长为1m或更长的射电波通过不规则度大如拳头一样的表面也能完美地反射和聚焦。阿雷西博望远镜最初的表面使用铁丝网，重量轻且便宜。尽管相当粗糙，但铁丝网仍足以产生正确的反射，因为铁丝之间的空隙比要探测的射电波长要小得多。

整个阿雷西博望远镜的天线在1974年用金属薄板重新铺设，并在1997年进一步升级，现在它可以用于研究短波长的射电辐射。自从1997年升级后，天线面板可以调整，以保持精确的球面形状，整个表面的精度约为3mm。在5GHz的频率处（对应波长为6cm——鉴于天线的表面属性，这是可以研究的最短波长），望远镜的角分辨率约为1′。然而，巨大尺寸的天线有着一个明显的劣势：在天空中跟踪天体时，阿雷西博望远镜的指向性不是很好。探测器在焦点两边能移动大约10°，造成望远镜只能观测那些随地球自转、刚好在望远镜上方约20°范围内经过的天体。

阿雷西博望远镜是能探测长波射电辐射的、具有粗糙表面的望远镜实例。在另一个极端中，图4.23展示了位于马萨诸塞州东北部的36m口径的海斯塔克望远镜。它的天线由抛光后的铝建造而成，天线表面保持为抛物面，其固体表面上任何方向的精度均约为1mm。它可以反射和精确聚焦波长短至几毫米的射电辐射。该望远镜处在一个保护壳或者说天线罩内，以保护其表面不受新英格兰严酷天气的影响。除了没有缝隙以供望远镜“观测”外，天线罩的作用很像保护光学望远镜的圆顶。入射的宇宙射电信号几乎能畅通无阻地通过天线罩的玻璃纤维结构。

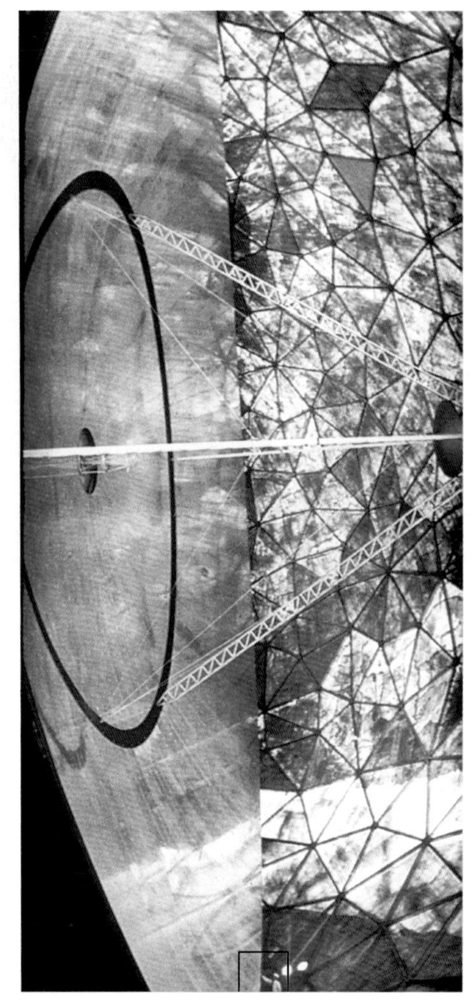

▲图4.23 海斯塔克天文台
海斯塔克望远镜的天线在其保护天线罩内的照片。为比较大小，注意站在底部的工程师。还要注意望远镜表面的暗淡光泽，表明了它结构光滑。海斯塔克望远镜的天线虽然有很差的光学镜面，但却是台出色的射电望远镜。它可以用来反射和精确聚焦短波长的射电辐射，甚至是波长小至毫米的辐射。［麻省理工学院（MIT）］

射电天文学的价值所在

尽管有角分辨率相对较差的固有缺点，但射电天文也有许多优点：射电望远镜可以一天24小时观测；接收射电信号不需要黑暗的环境，因为太阳是相当弱的射电能量源，它的辐射不会淹没掉从天空中其他地方传到地球的射电信号。另外，射电观测一般可以透过多云的天空进行，即使在雨天或暴雪天气下，射电望远镜也可以探测最长波长的射电波。恶劣天气带来的影响几乎没有，因为大多数射电波的波长比大气中的雨滴或雪花的典型尺寸要大得多。光学天文观测在这样的条件下不能进行，因为可见光的波长要小于雨滴、雪花，甚至是云中微小的水滴。

然而，或许射电天文学最有价值（实际是对所有关心电磁波谱不可见范围的天文学家）的贡献是它开辟了宇宙的一个全新窗口。这主要有三个原因。首先，就像在可见光波段明亮的天体（比如太阳）不一定是强的射电源那样，宇宙中许多最强的射电源只发出很少的可见光或者根本不发射。第二，可见光可能会被辐射源视线方向上的星际尘埃强烈吸收，而射电波一般不会受到其间物质的影响。第三，正如前面提到的那样，宇宙中的许多地方通过光学手段根本是不可见的，但在长波处却容易被探测到。银河系中心是最好的例子，这是完全不可见的区域——我们对银河系中心的了解几乎是完全基于射电和红外观测。因此，这些观测不仅能为我们提供在不同波段研究同一天体的机会，还能让我们发现可能是完全不可见的全新类型的天体。

▲图4.24 射电和可见光波段的猎户座星云
猎户座星云是距离地球约1500光年的恒星形成区。（该星云位于猎户座，图1.8中可见为一个小的斑点。）这张照片中的明亮区域是恒星和发光气体云。黑暗区域并不是空的，但它们的可见光辐射被星际物质所遮盖。同一区域的可见光图像叠加在射电等值线图上（蓝色线条）。等值线图中的每条曲线均表示射电辐射的不同强度。注意，一些地方的射电等值线包围了可见光的黑暗区域，使我们能“看穿”遮挡光线的物质。光学图像的角分辨率约为1″，射电图的角分辨率为1′。［背景照片：美国大学天文联盟（AURA）］

图4.24显示了猎户座星云（一个巨大的星际气体云）的一幅光学照片，由基特峰上4m口径的望远镜拍摄。将光学图像叠加在同一区域的射电图上，射电图由海斯塔克射电望远镜（图4.23）来回扫描星云并多次测量射电辐射强度后得到。射电图被绘制成一系列的等值线，连接射电亮度相等的地方，类似于气象学家在天气图上画出的等气压图或地图制图师在地形图上绘制的等高图。内部的等值线代表强一些的射电信号，而外部的等值线则代表较弱的射电信号。应注意为什么射电图的细节比它的光学对应图差，因为相比可见光，接收到的射电辐射的波长更长。

图4.24所示的射电图与星云的可见光图像有许多相似之处。例如，光学图像中心附近的射电辐射最强，并朝星云的边缘减小。但射电和光学图像之间也有细微的差别，二者主要在星云主体的左上部不同，那里的可见光好像消失了，尽管存在射电波。为何在没有任何可见光线发出的位置上探测到了射电波？答案是，这个独特星云区域的左上象限内充满了尘埃。尘埃遮挡了短波长的可见光，却没有遮挡长波长的射电辐射。因此，我们遇到了天文学中有舍有得的典型例子：尽管长波长的射电信号提供的是该区域的低分辨率图，但同样的射电信号可以相对不受阻碍地穿过尘埃密布的区域。在这种情况下，我们才能看到猎户座星云的真实大小。

概念理解 检查

√ 射电望远镜在哪些方面补充了光学观测？

4.6 干涉测量

相比光学天文，射电天文学的主要缺点是它相对较差的角分辨率。然而，在某些情况下，射电天文学家可以使用被称为**干涉测量**的技术来克服这种限制。这种方法使获取更高角分辨率的射电图像成为可能，甚至好于用最好的、地面上的或空间中的光学望远镜所能达到的角分辨率。

在干涉测量中，两个或两个以上的射电望远镜协力用于在同一波长和同一时间观测同一天体。望远镜联合起来组成了一个**干涉仪**。图4.25展示了一个大型的干涉仪——许多单独的射电望远镜组合为一个整体进行工作，通过电缆或无线连接。阵列中组成干涉仪的每个天线接收到的信号都被发送至中央计算机，然后合并并存储下来。

射电干涉仪

通过分析当信号组合在一起时会如何相互干涉，可以进行干涉测量。∞（探索2-1）设想一束入射波照射到两个探测器上（图4.26），由于探测器处在距离光源不同的地方，那么一般来说，它们记录到的信号相位会不一致。在这种情况下，当信号结合时，它们会干涉相消，部分相互抵消。只有当探测到的射电波碰巧相位正好一致时，信号才会有益地结合起来，并产生强烈的信号。注意，干涉的大小取决于波的传播方向与探测器之间连线的相对关系。所以——至少在原则上——细致地分析组合信号的强度可以精确测量源在天空中位置。

(a)

◀图4.25 VLA干涉仪
(a)该大型干涉仪位于新墨西哥州的圣奥古斯汀平原，由27个独立的天线构成，沿Y形分布约30km长。它是世界上最灵敏的射电设备，被称为甚大阵，简称为VLA。(b)地面上的近景，显示一些VLA的天线是如何被安装在铁轨上面的，这样可以很容易地重新定位它们。[美国国家射电天文台(NRAO)]

(b)

随着地球的自转和天线对目标的跟踪，干涉仪相对于源的方向发生改变，显现出波峰和波谷的图案。实践中，从数据中获取位置信息是一项复杂的任务，通常会涉及多个天线和几个源。

直截了当地说，经过深度的计算机处理后，干涉图案被转化为目标天体的高分辨率图像。

本质上，干涉仪是单一巨大天线的替代者。就分辨能力而言，干涉仪的有效口径是它最外部的两个天线之间的距离。换句话说，两个小型天线可以作为一个虚构但巨大的单一射电望远镜的直径两端，这样便能显著地提高角分辨率。例如，不管是使用单面5km口径的射电望远镜，还是使用两个小得多的、分隔5km远、但用电缆连接起来的天线，对于典型的射电波长（比如10cm），都可以达到几个角秒的角分辨率。望远镜分隔开的距离越大——即干涉仪的基线越长——能够达到的分辨率就越高。

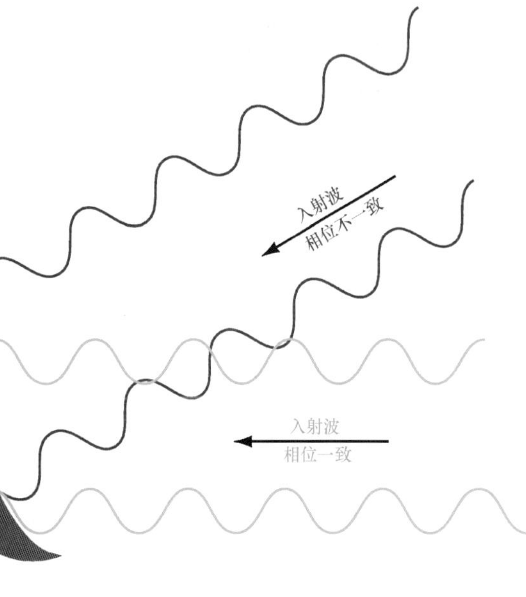

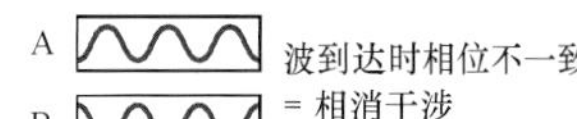

图4.26 干涉测量
天线A和B上的两个探测器，由于辐射需要时间才能传过它们之间的距离，因此它们记录的是同一入射波的不同信号。当信号合二为一时，干涉的程度取决于波的运动方向，这提供了一种测量源在天空中位置的手段。这里，深蓝色的波来自于高悬在空中的源，当天线A和B接收到它时发生相消干涉。而由于地球的自转，同一个源（淡蓝色波）的位置发生移动，干涉可以是相长干涉。

图4.25所示的大型干涉仪如今常常能获得与光学图像一样的射电角分辨率。图4.27展示了一幅用干涉法测量的约6200万光年远的一对碰撞星系的射电图，以及用大型光学望远镜所拍摄的这些星系的照片。此射电图的清晰度比图4.24中的等值线图要好得多——实际上，图（a）的射电分辨率与图（b）中光学图像的分辨率相当。注意图（b）中的光学图像是真彩色，但图（a）中的射电图是用伪彩色表示的，伪彩色是常用于显示非可见光数据的技术。射电“颜色”不是代表辐射的实际波长，而是代表源的其他一些属性，这里代表的是射电强度，从红色到黄色增加。阅读探索4-1，了解有关最新的强大干涉仪的内容，眼下它正在高高的智利安第斯山脉上被建造。

天文学家已经建造了横跨很远的射电干涉仪，先是横跨北美洲，然后是横跨两个大洲。一个典型的甚长基线干涉测量（通常被简写成VLBI）尝试可能会使用北美洲、欧洲、澳大利亚和俄罗斯的射电望远镜，可以实现近似于0.001″的角分辨率。这样似乎不会受到地球直径的限制：射电天文学家已经成功使用了太空轨道中的天线，连同地面上的几面天线，构造了更长的基线，并实现了更高的分辨率。已有提案将干涉仪完全放置在地球轨道上，甚至是放在月球上。

其他波长的干涉测量

虽然干涉测量技术最初是由射电天文学家开发的，但它已不再被局限在射电领域内。当电子设备和计算机的速度足以合并和分析来自分立射电探测器的射电信号而不损失数据时，射电干涉测量变得可行。随着技术的进步，将同样的方法应用于更高频率的辐射已成为可能。毫米波干涉测量已经被确立为重要的观测手段，凯克望远镜和VLT都用其进行常规的近红外干涉测量。

也许，目前在运行中的分辨率最高的干涉测量仪器是位于加利福尼亚威尔逊山的由高角分辨率天文中心（CHARA）操作的六台光学望远镜阵（如图4.28所示）。虽然每个望远镜的直径只有1m，但望远镜阵在山顶的布置将光束合并后得到的分辨率，相当于单面口径为300m的望远镜。CHARA不是设计用于得到所研究恒星的图像，但是，它能解析小如0.000 2″的细节，能够高精度地测量一些恒星的位置、轨道，甚至半径。

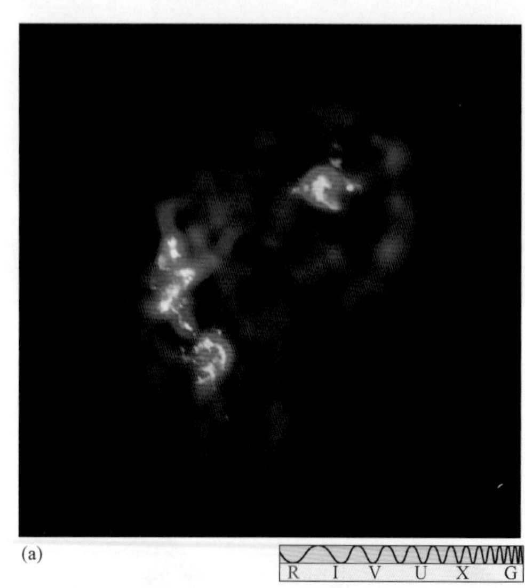

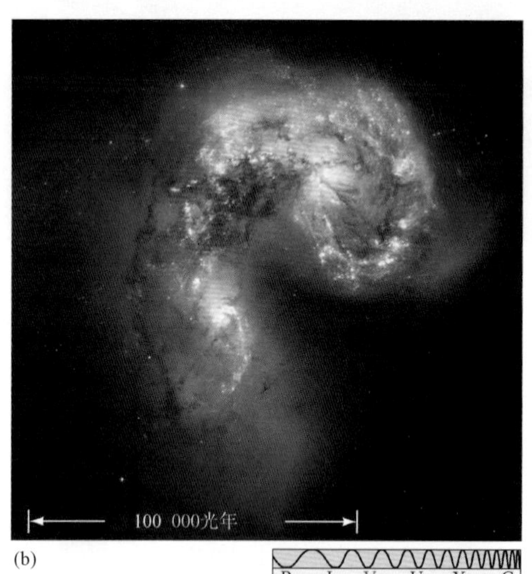

▲图4.27 射电–光学比较
（a）碰撞中的天线星系的ALMA射电“图像”（或射电图），用几个角秒的角分辨率在射电波段观测得到。（b）同一个星系的可见光图像，由哈勃望远镜拍摄，显示比例与图（a）相同。［欧洲南方天文台（ESO）/日本国立天文台（NAOJ）/美国国家射电天文台（NRAO）、空间望远镜科学研究所（STScI）］

▲图4.28 光学干涉测量
这幅航空照片展示了位于加利福尼亚州著名的威尔逊山天文台的高角分辨率天文望远镜阵列的成员，与天文台的现有仪器交织在一起。阵列里的小型1m口径望远镜用编号标出。［E. 西米森（E.Simison）/海西公司（Sea West Enterprise）］

概念理解 检查

✓ 射电望远镜角分辨率差的主要原因是什么？天文学家如何解决这一难题？

4.7 空间天文学

光学和射电天文学是天文学中最古老的分支，从20世纪70年代起，观测技术发生了实质性的变革，覆盖了电磁波谱的剩余范围。如今，光谱的所有部分都已被研究，从射电波段直到伽马射线，以期最大化地提高天体的可用信息量。

正如前面曾提到的，可观测的天体类型随波长的变化会有明显的变化。全波段的覆盖是必不可少的，不仅能使观测更清晰，甚至还能看到事物的根本。由于地球大气的光传播特性，天文学家必须要在太空中实际研究电磁波谱的所有范围，从伽马射线到X射线再到可见光，直到红外和射电波段。“另类天文学”的兴起与空间项目的发展息息相关。

红外天文学

红外研究是现代观测天文学的一个重要组成部分。红外天文学涉及的宇宙现象范围很广，从行星和它们的母星到新恒星形成的浩瀚星际空间，再到遥远星系中发生的爆发性事件。一般来说，**红外望远镜**与光学望远镜类似，但它们的探测器对长波辐射敏感。事实上，正如我们所见，尽管红外辐射强度在大气层里会有所减少，但许多地面“光学”望远镜也能用于红外研究，一些最有帮助的红外观测都是在地面上完成的（比如从莫纳克亚山上，如图4.10所示）。

与射电观测一样，长波的红外辐射常常能让我们探知在光学图像中隐藏起来的天体。作为一个红外辐射穿透性的地面实例，图4.29（a）展示了加利福尼亚州的一个尘土飞扬、雾霾漫天的区域，在可见光下几乎不可见，但在红外波段下却容易看到，如图4.29（b）所示。图4.29（c）和（d）给出了天体的类似比较——猎户座星云的尘埃区域，可见光在那里被星际云所遮挡，但在红外波段却清晰可辨。

如果天文学家利用气球、飞机、火箭和卫星搭载望远镜，将仪器放置到地球大气上部或之外，那他们就能得到更好的红外观测。和预期的一样，空间红外望远镜通常比地面天文台里的大设备要小。2003年，NASA发射了0.85 m口径的斯必泽空间望远镜（SST），简称斯必泽望远镜，以纪念莱曼·小斯必泽，他是著名的天文学家，第一个提出（1946年）在太空中放置大型望远镜。斯必泽空间望远镜的探测器设计的工作波长为3.6~160 μm，在该波长范围内的角分辨率为2.5″~40″。不同于以往的空间天文台，SST不绕地球运行，而是跟随地球绕太阳运行，在地球后面的数百万公里处尾随地球，以把地球对探测器的热效应减低到最小。如今，它正以每年0.1AU的速度渐渐远离地球。图4.30展示了斯必泽望远镜近期拍摄的一些壮观景象（伪彩色图）。

斯必泽望远镜的探测器被冷却至绝对零度附近，以观测来自太空的红外信号而不会受到望远镜自身热量的干扰。不幸的是，用于制冷的液氦不能无限期地贮存，它会缓慢地（不出所料地话）泄漏到太空中。2009年，随着温度

▲图4.29 穿透雾霾

拍摄于加利福尼亚圣何塞附近的光学照片（a），在同一时间也拍摄了同一区域的红外照片（b）。长波的红外辐射比短波的可见光更好地穿过烟雾。同样的优点也适用于天文观测：猎户座星云中心区域内一个特殊的尘埃密布区域的光学图像（c）更清晰地被红外图像（d）揭示出来，显示出被尘埃遮蔽的一群恒星。［利克天文台（Lick Observatory）、美国国家航空航天局（NASA）］

升高到30 K左右，SST进入到了一个新的“温暖”运行阶段——即便以地球标准来说，这个温度仍然非常寒冷，但已足够温暖，望远镜自身的热辐射将淹没掉载荷的长波探测器。（回忆维恩定律，温度为30K的物体热辐射峰值波长大约为100 μm。）不过，波长稍短的探测器（3.6 μm和4.5 μm）应该至少能运行到2014年，斯必泽望远镜仍然是这段时间内的重要天文发现手段。

最新的——也是最大的——空间红外望远镜是欧洲的3.5 m赫歇尔空间天文台（Herschel Space Observatory），它以英国天文学家威廉·赫歇尔爵士命名，他首先证明了（在1800年）红外辐射的存在。赫歇尔空间天文台于2009年发射，设计运行于光谱的远红外波段，波长为50~700 μm。望远镜位于地球轨道的L_2拉格朗日点，这是远离地球约150万千米的稳定位置，位于太阳——地球连线的外边。图4.31（a）是赫歇尔空间天文台观测的一个叫作鹰状星云的邻近恒星形成区。这幅伪彩色图将三个不同红外波长（70 μm、160 μm和250 μm）的数据结合在一起，分别用蓝色、绿色和红色表示。图4.31（b）展示了同一区域的可见光图像。注意，红外图像显示了巨大的热尘埃和气体组成的云，它们是恒星形成过程中的关键组件，在可见光波段完全不可见。发射赫歇尔空间天文台时，预计它会在2013年年底停止运行，因它的冷却剂将耗尽。

目前在哈勃太空望远镜（见4.1节）上装载的仪器还有一个高角分辨率（0.1″）的近红外相机和光谱仪。NASA计划在2018年发射哈勃望远镜的继任者——詹姆斯·韦伯太空望远镜（James Webb Space Telescope，JWST），有着6.5m口径的拼合镜面和优化后用于近红外和中红外波长的探测器，詹姆斯·韦伯太空望远镜有望成为红外天文学的超级仪器。

(a)

(b)

▲图4.30 斯必泽望远镜拍摄的图像
斯必泽空间望远镜拍摄了这些图片，清楚地展示了它的照相机的性能，望远镜现在正绕着太阳运动。（a）这个未命名的恒星形成区显示出众多恒星（蓝白色）之间的大量尘埃（红橙色）。（b）更大的旋涡星系M100内的尘埃也将热量辐射出来。［喷气推进实验室（JPL）］

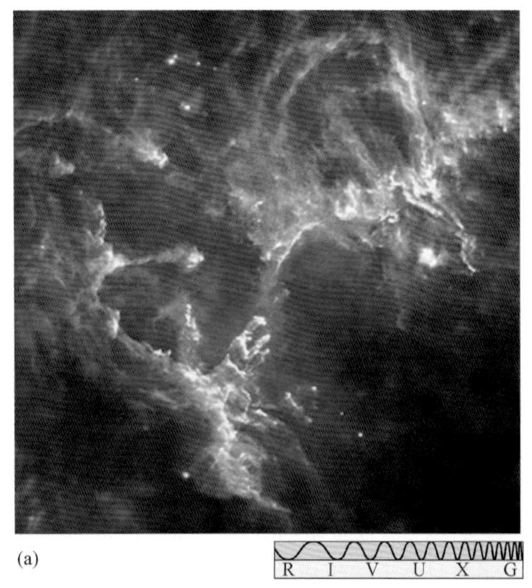

(a)

(b)

▲图4.31 红外图像—光学图像比较
（a）这幅鹰状星云的红外图像是由赫歇尔空间天文台获得的。在这幅伪彩色图中，不同的色彩代表了尘埃的温度，从蓝色到红色温度降低。（b）同一星云的可见光图像清楚地显示了该区域内到底有多少被其所含的尘埃所遮蔽。［欧洲航天局（ESA）、欧洲南方天文台（ESO）］

紫外天文学

比可见光波长更短的一边是紫外区域。波长从400 nm（蓝光）延伸到几纳米（“软”X射线），这部分光谱范围的探索最近才开始。由于地球大气对400 nm以下的辐射是部分透明的，并且对300 nm以下的辐射是完全不透明的（在一定程度上是因为臭氧层），因此天文学家无法在地面进行任何有用的紫外观测，即使是在最高的山顶观测。因此，火箭、气球或者卫星对**紫外望远镜**——一种设计用于捕获和分析高频辐射的设备——来说都是必要的。

探索4-1

ALMA阵

在高耸的南美洲山脉之巅，一个崭新、功能强大的望远镜已经由来自美国、加拿大、欧洲、东亚和智利的天文学家及工程师组成的国际联合体建成。阿塔卡马大型毫米波阵（ALMA）是当今地球上最大的天文项目，位于智利北部海拔约5000 m的查南托高原。那里位于阿塔卡玛沙漠中，望远镜从地球上最干燥的地方之一扫描宇宙，没有云、无线电干扰或是光污染。天文学家期望用与光学望远镜一样的清晰度和分辨率来感知射电宇宙的梦想成真。

ALMA是具有革命性设计的望远镜——实际由66个射电天线组成的阵列将如同一台单独的望远镜那样同步运行。每个高精度的天线探测波长在0.3~10mm之间的辐射——即所谓的毫米波段，介于电磁波谱中传统的射电波段和红外波段之间。至今，天文学家一直无法在这一偏僻的光谱范围内探索宇宙，迄今为止也只能瞥见新科学领域的到来。任何时刻，天线都指向同一个宇宙天体，但天线用高分辨率观测天体时的角度也稍有不同。而且，天线是可移动的，能在沙床上来回移动使得研究者能有效地“缩放”观测目标。下面的照片展示了2011年首次部署的部分天线。

ALMA在2012年开始得到最初的图像，让天文学家感受到了天线阵列的潜力；随着天线的精心调整和更多天线加入阵列，天文学家期望更高质量的图像。右侧的图片展示了另一幅图——一个年轻恒星系统周围的尘埃细环。图中位于环中心的明亮辐射源是北落师门—— 一颗约25光年远的恒星，在它的尘埃环里，认为可能正有行星形成。这里展示的尘埃环或尘埃盘由两部分组成：底部蓝白色的辐射是由哈勃太空望远镜在光学波段观测得到的，顶部细长的黄色（伪彩色）环是ALMA观测的。用哈勃太空望远镜观测的天文学家曾认为，他们在尘埃中发现了一颗巨大的、木星尺寸的行星，但新的、高分辨率的ALMA图像显示并没有这样的一颗行星。如果那里存在行星，它们一定会小得多，可能比地球还小。搜寻地球大小的行星正火热升温，ALMA处在这一伟大尝试的最前沿。

［欧洲南方天文台（ESO）/日本国立天文台（NAOJ）/美国国家射电天文台（NRAO）、空间望远镜科学研究所（STScI）］

ALMA预计将是下一代天文学家所倚重的望远镜。随着越来越多天线的加入，也许最终总共会有好几百个，这个有史以来最强大的望远镜预期将广泛探索天文学的所有前沿。一个了解宇宙的全新窗口正在被开启，捕捉前所未有的细节，从最早的恒星和星系，再到大多数星系中心的谜一般的黑洞，甚至可能直接将太阳系之外行星的形成成像。

最成功的紫外空间项目之一是国际紫外探测器（IUE），它于1978年被放置在环地球轨道上，1996年年底由于预算因素而停止运行。和所有紫外望远镜一样，IUE的基本外观和结构与光学和红外望远镜非常接近。来自世界各地的几百名天文学家使用IUE的近紫外光谱仪探测了行星、恒星和星系里各种各样的现象。在随后的章节中，我们将了解这个相对较新的宇宙窗口为我们呈现的活力，以及似乎弥漫宇宙的剧烈活动。

图4.32展示了由最近的两颗紫外卫星所拍摄的图像。图4.32（a）显示的是一个超新星遗迹的图像——大约12 000年前发生的剧烈恒星爆炸的残留物——由1992年发射的极紫外探测器（EUVE）卫星拍摄得到。自发射以来，EUVE已经绘制了我们近邻宇宙的远紫外图像，并且彻底地改变了天文学家对太阳系邻近恒星际空间的看法。图4.32（b）显示了两个相当接近的星系——M81和M82，由2003年发射的星系演化探测器（GALEX）卫星所拍摄。HST，最著名的光学望远镜，也是一个出色的紫外成像和光谱仪。

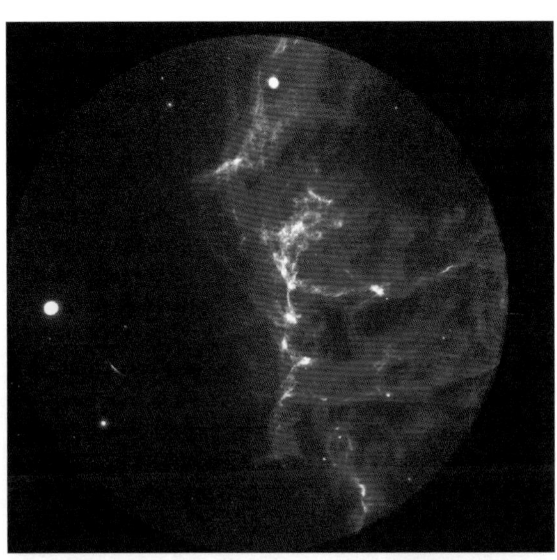

(a)

(b)

R I V U X G

图4.32 紫外图像

（a）极紫外探测器卫星上的相机拍摄了这幅天鹅座环状超新星遗迹的图像，这是由大质量恒星几乎爆炸成碎片后产生的。爆炸释放的能量非常巨大，余晖已经闪亮了几个世纪。图中展示的望远镜圆形视场里发亮的碎片距离地球约1500光年远。（b）这幅旋涡星系M81和它的伴星系M82的伪彩色图像是由星系演化探测卫星拍摄的，远离星系中心的蓝色旋臂显露出恒星的形成。［美国国家航空航天局（NASA）、星系演化探测器（GALEX）］

科学过程理解 检查

√ 为什么在电磁辐射的许多不同波长进行的观测对天文学家都有用?

高能天文学

高能天文学在X射线和伽马射线波段研究宇宙——这类辐射产生的光子频率最高，因此能量也最大。我们如何探测如此短的波长的辐射呢？首先，必须在地球大气之外获得这些光子，因为它们都不会到达地面。其次，探测它们需要用到设计完全不同的仪器，与捕获到目前为止讨论过的相对能量较低的辐射不同。

高能望远镜的设计差异是因为X射线和伽马射线不能在任何类型的表面发生反射。相反，这些射线往往会直接穿过，或者是被它们所接触的任何材料所吸收。然而，当X射线几乎是擦过某个表面时，会在某种程度上发生反射并成像，但镜面的设计相当复杂。正如图4.33所示，为了保证所有入射的射线都能掠射发生反射，望远镜被构造成一系列嵌套的圆柱形镜面，仔细地使X射线锐利聚焦。对于伽马射线，使用这样的方法来成像的设计还没有出现；当前的伽马射线望远镜只是简单地指向某个特定的方向，并记录所收集的光子数目。

另外，照相底片和CCD器件的探测模式不适合硬（高频）X射线和伽马射线。相反，轨道飞行器上搭载的电子探测器对单个光子进行计数，结果随后被传回地面，以便进行进一步的

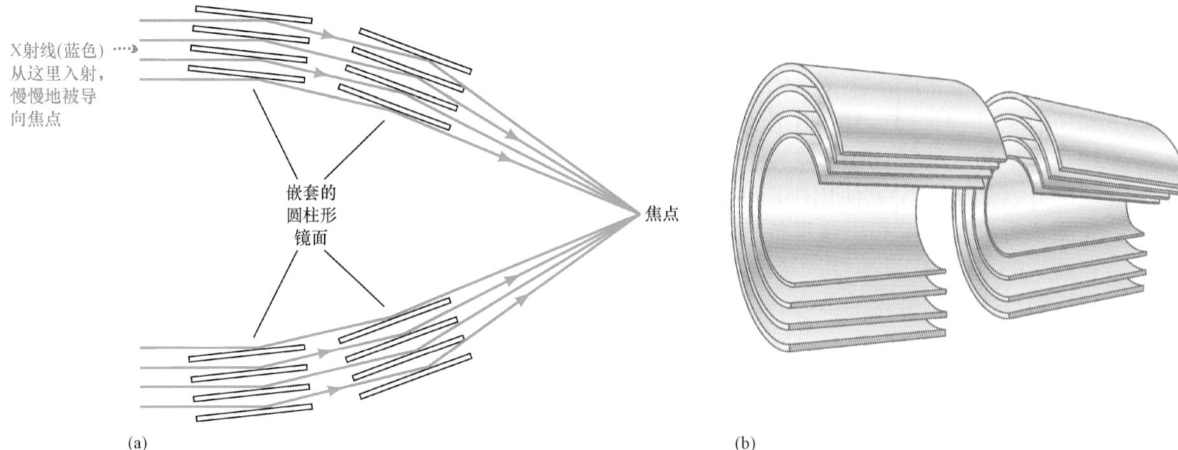

▲图4.33　X射线望远镜
（a）X射线望远镜里嵌套的镜面排列使X射线以掠射角反射并聚焦成像。（b）镜面的三维剖面图，更清晰地显示出镜面形状。

处理和分析。此外，宇宙中光子的数目似乎与它们的频率负相关。每秒钟有数万亿的可见光（星光）光子抵达地球上的光学望远镜的探测器中，但有时需要几小时甚至几天才能记录到一个伽马射线光子。这些光子不仅难以聚焦和测量，同时也非常稀缺。

NASA在1978年发射的爱因斯坦天文台，是第一个能够将其视场成像的X射线望远镜。在两年的寿命里，这个飞船为我们理解宇宙中的高能现象做出了重大贡献。1991年，德国ROSAT卫星（“伦琴卫星”的简写，以X射线的发现者威廉·伦琴命名）在它7年的寿命里，获得了大量高质量的观测数据。它在1999年停止运行，就在它的电子器件被不可挽回地损坏后几个月，当时望远镜意外地指向了过于靠近太阳的地方。

1999年7月，NASA发射了钱德拉X射线天文台（以印度天体物理学家苏布拉马尼扬·钱德拉塞卡命名，如图4.34所示）。钱德拉X射线天文台比爱因斯坦天文台和伦琴卫星的灵敏度更高、视场更大，并且分辨率更好，它为高能天文学家提供了新高度的观测细节。图4.35展示了钱德拉天文台拍摄的一幅典型图片：位于仙后座的一个超新星遗迹。在这个有名的仙后座A超新星遗迹里，喷射的气体不过是一颗在约320年前爆发的恒星残留到现在的物质。伪彩色图显示了恒星缕状喷射物质中温度高达5000万K的气体；残骸正中心的白色亮点可能是一个黑

▲图4.34　钱德拉天文台
这里展示的钱德拉X射线望远镜正处在1998年最后的建造阶段。图4.33左图所示的镜面排列位于本图中卫星的底部。钱德拉的有效角分辨率是1″，使得望远镜能够拍摄与光学照片质量相当的照片。钱德拉天文台现在正高高运行在地球上方的椭圆轨道上；它距离地球最远约为140 000km，几乎是到月球距离的1/3。［美国国家航空航天局（NASA）］

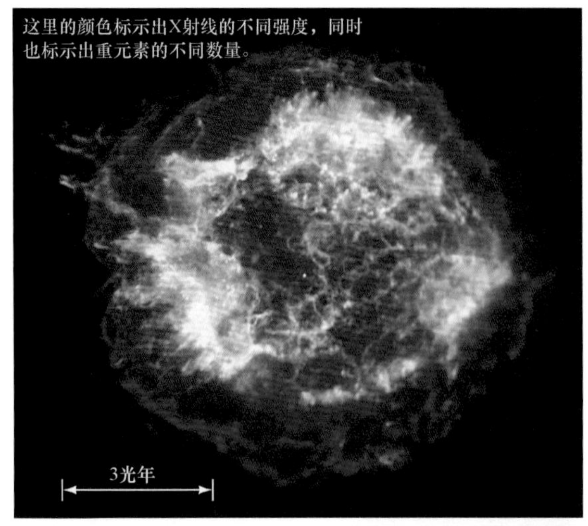

◀图4.35 X射线图像
这是一幅由钱德拉天文台拍摄的超新星遗迹仙后座A的X射线伪彩色图，这里是一个散落着碎片和热气体的残骸区域，它曾经是一颗大质量恒星一部分，距离地球约10000光年，在可见光波段上几乎不可见。仙后座A充斥着明亮的X射线辉光，散布在约10光年的范围内。［钱德拉X射线天文台/史密松天体物理观测台（CXC/SAO）］

洞。XMM-牛顿卫星比钱德拉天文台对软X射线更敏感（也就是说，它能探测更暗的X射线源），但它的角分辨率太差（5″，钱德拉天文台是0.5″），因此这两个项目彼此互补。

伽马射线天文学是观测天文学中最年轻的一员。正如刚才所说，能成像的伽马射线望远镜还不存在，因此只能进行相当粗糙（1°分辨率）的观测。然而，即使是用这样的分辨率，也能获得丰富的信息。宇宙伽马射线最早是在20世纪60年代由美国的船帆座系列卫星探测到的，它的主要任务是监控地球上的非法核爆炸。从那时起，一些X射线望远镜也配备有伽马射线探测器。

1991年，NASA的康普顿伽马射线天文台（CGRO）由航天飞机带入轨道。它扫描天空并尝试比之前更清晰地研究单个天体。许多CGRO拍摄的实例图片出现在本书中。当卫星的三个陀螺仪中的一个发生故障后，该项目在2000年6月4日被终止，NASA决定重新控制并让CGRO掉入太平洋。2008年，NASA发射了费米伽马射线空间望远镜，如图4.36（a）所示，它有着比CGRO更高的灵敏度和更广的伽马射线能量范围，从而大大地扩展了天文学家对高能宇宙的视野。图4.36（b）展示了来自遥远星系内部的一颗恒星剧烈爆炸后的伪彩色伽马射线图。费米伽马射线空间望远镜获得的早期的全天图像显示在图4.37（e）中。

(a)

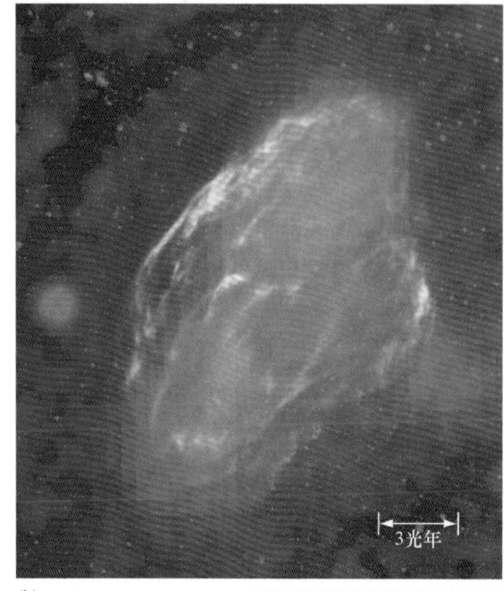

(b)

▲图4.36 伽马射线天文学
（a）艺术家眼里的费米伽马射线空间望远镜，它以意大利裔美籍科学家恩里科·费米的名字命名，他在高能物理领域做出了开创性的工作。宽宽的太阳能帆板为飞船提供电能；飞船中部的箱体有层状的钨，以探测伽马射线。（b）一幅典型的伽马射线伪彩色图——这幅图展示了名为W44区域内的一个剧烈事件（超新星）的遗迹。这里主要用品红色表示伽马射线。［美国国家航空航天局（NASA）］

概念理解 检查

√ 列出一些将望远镜放置在太空中的科学益处。空间天文学的缺陷是什么?

4.8 全谱覆盖

现在在许多不同的电磁波段都在对大量天体进行着日常观测。随着本书内容的深入，我们将更充分地讨论高精度天文仪器能为我们提供的信息财富。

未来天文数据的质量和可用性将会有许多进一步的改进，许多新发现将会出现，这样的假设是合情合理的。当下正在发生和提出的科技进步为我们呈现出了以下令人激动的前景：在未来十年内，如果一切按计划进行，这是可能的——我们将有史以来第一次对任意天体在所有的波长范围内，从射电波段到伽马射线，同时进行高质量的观测。这一发展对我们认识宇宙运行机制的影响几乎是革命性的。

图4.37展示了我们银河系的一系列图片，作为可能的全谱覆盖的预览。这些图像来源于几个不同的仪器，波长从射电到伽马射线，时间跨度约5年。通过比较每个可见的特征，我们马上能看出多波段的观测能够互相补充，极大地扩展我们对周围的动态宇宙的感知。

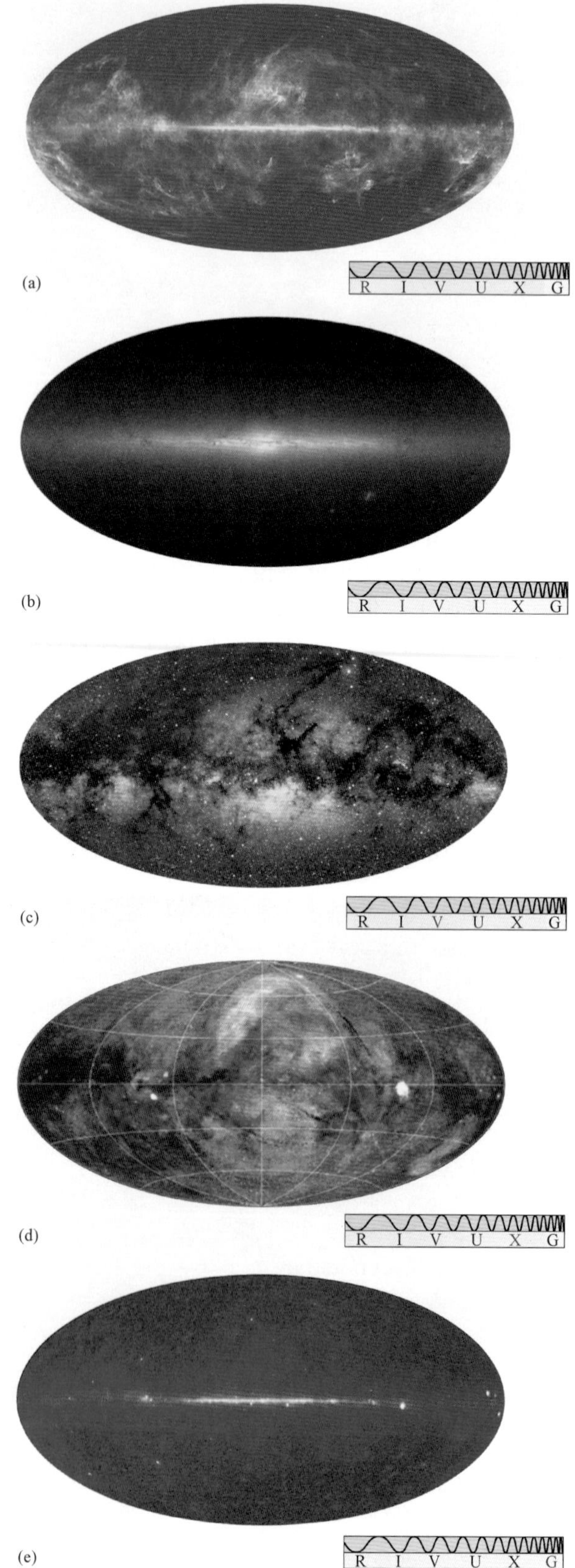

解说图4.37 多波段观测

MA （a）射电波段、（b）红外波段、（c）可见光波段、（d）X射线波段和（e）伽马射线波段的银河系。每幅图都是覆盖全天的全景图。我们银河系的中心位于人马星座方向，对应于每幅图的中心。［欧洲航天局（ESO）、马萨诸塞大学（UMass）/加州理工学院（Caltech）、A. 梅林格（A.Mellinger）、马普射电天文研究所（MPI）、美国国家航空航天局（NASA）］

终极问题 天文学是由数据推动的科学。最令人惊叹的发现往往是由刚运行的新望远镜做出的；一些望远镜个头很大，另一些在空间轨道上运行，并且几乎所有的新望远镜都比之前任何的望远镜都要好。最大的进步是建造了能够探测电磁波谱新范围的设备。是否总有一天望远镜能工作在电磁波谱外的范围，探测新类型的辐射或是某些依然未知的粒子？潜在的、全新的宇宙窗口在召唤我们。

章节回顾

小结

❶ **望远镜**（p.74）设计用于收集来自于某个遥远源的尽可能多的光线，并将光传送给探测器以做详细研究。**折射式望远镜**（p.74）使用透镜集中和聚焦光线；**反射式望远镜**（p.74）使用的是镜面；**牛顿式**（p.77）和**卡塞格林式**（p.77）反射式望远镜设计使用副镜，以避免在主焦点放置探测器。使用更复杂的光路可允许使用无法放置在望远镜附近的大型或笨重的设备。所有大型的天文望远镜都是反射式望远镜，因为大型镜面比大型透镜更轻，也更易于建造，光学缺陷也更少。

❷ 望远镜的聚光能力取决于它的**接收面积**（p.79），正比于镜面直径的平方。为了研究最微弱的辐射源，天文学家必须要使用大型望远镜。同时，大型望远镜受到衍射效应的影响小，因此一旦能够克服地球大气的模糊效应，就能够实现更好的**角分辨率**（p.80）。衍射的大小正比于所研究的辐射的波长，与镜面的尺寸成反比。

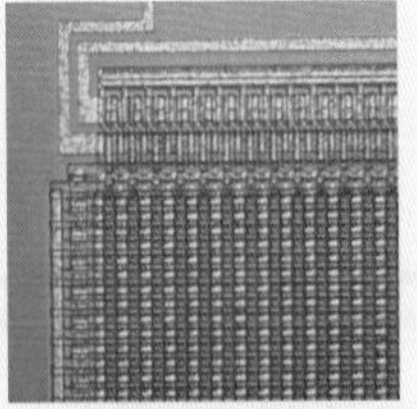

❸ 大多数现代望远镜使用**电荷耦合器件**（CCDs）（p.83）来收集数据，而不是使用照相底片。视场被分为数以百万计的**像素**（p.83），当有光线照到时像素会累积电荷。CCDs比照相底片要灵敏许多倍，得到的数据易于直接数字化保存以用于后期处理。望远镜收集到的光线可以用多种方式来处理。它们可以制成一幅**图像**（p.75）。可以对存储的图像进行**测光**（p.84），或者使用专门的探测器在观测期间同时进行，**光谱仪**（p.85）可以用于分析接收到的光谱辐射。

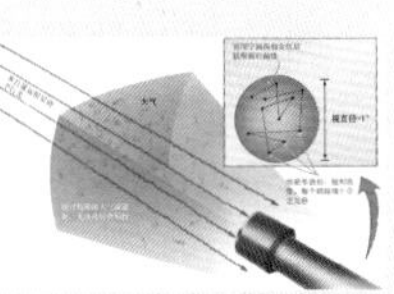

❹ 大多数地面望远镜的分辨率受到**视宁度**（p.85）的限制——视宁度是地球大气湍流产生的模糊效应，它使恒星的点状星象模糊成视直径为几角秒的**视宁圆面**（p.85）。射电和太空望远镜不受这种效应的影响，因此它们的分辨率主要由衍射效应所决定。天文学家可以通过使用**主动光学**（p.86）和**自适应光学**（p.86）技术来大幅度提高望远镜的分辨率，主动光学技术会仔细监视和控制望远镜所处的环境和焦点，而自适应光学会实时地改正由于大气湍流带来的模糊效应。

❺ 尽管**射电望远镜**（p.88）的个头通常比光学望远镜要大得多，但它们在概念上类似于光学反射镜的构造。射电望远镜接收面积的大小是至关重要的，部分原因是因为从太空到达地面的射电辐射很少。射电望远镜的主要缺点是长波长的射电波产生的衍射限制了它们的分辨率，即使是非常大的射电望远镜。它们的主要优势是能让天文学家探索电磁波谱和宇宙的全新部分——许多射电源在可见光波段是完全不可见的。此外，射电观测在很大程度上不受地球大气、天气或太阳位置的影响。

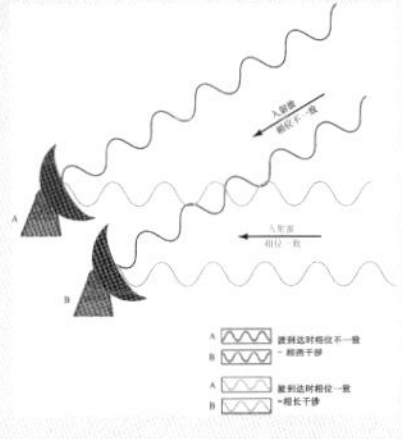

❻ 为了提高望远镜的有效面积，从而提高其分辨率，几个独立的望远镜可以组合成一个被称为**干涉仪**（p.92）的设备，由两个或多个探测器接收到的干涉图样可以用于重建源的高精度图像。利用**干涉测量**（p.92），射电望远镜得到的图像可以比使用最好的光学望远镜得到的图像更清晰。许多天文台现在在使用红外和光学干涉测量系统。

❼ **红外望远镜**（p.95）和**紫外望远镜**（p.97）的设计通常类似于光学系统。在地面上可以进行部分红外波段的观测，但紫外天文观测必须在太空才能进行。**高能望远镜**（p.99）研究X射线和伽马射线范围的电磁辐射。X射线望远镜可以对视场成像，尽管它们的镜面设计比光学仪器更为复杂。伽马射线望远镜仅能简单地指向特定方向，并对收集的光子计数。由于地球大气对这些短波辐射是不透明的，所以这两类望远镜都必须放置在太空中。

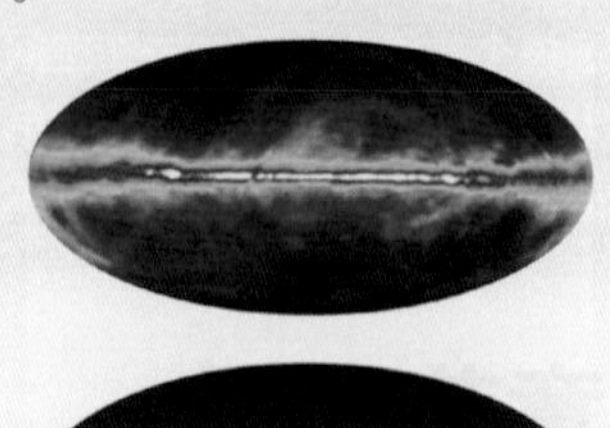

❽ 不同的物理过程产生的电磁辐射类型会非常不同，天体在某个波段的外观可能与另一个波段上的外观毫无共同之处。横跨多波段的观测对完全理解天文事件是至关重要的。

标记**POS**的问题探索科学过程。标记**VIS**的问题着重于阅读和视听资讯的理解。
LO后紧跟的是本章引言中学习目标的编号。

指定的课后作业请访问MasteringAstronomy网站。

复习与讨论

1. **LO1**列出反射式望远镜的三个优点。
2. **LO2 POS**指出天文学家不断建造越来越大的望远镜的两个原因。
3. **LO3 CCD**相比相片的优点是什么？
4. **LO4**地球大气如何影响用光学望远镜所看到的东西？
5. 哈勃太空望远镜（HST）相比地面望远镜有什么优点和缺点？
6. 什么决定了地面望远镜的分辨率？
7. 天文学家如何使用自适应光学来提高望远镜的分辨率？
8. 为什么射电望远镜必须要建得很大？
9. **LO5**哪些天体最适合使用射电方法来研究？
10. **LO6**什么是干涉测量？它给射电天文学带来的问题是什么？它受限于射电天文学吗？
11. 为什么红外卫星需要制冷？
12. **LO7**地面上有紫外天文台吗？
13. X射线望远镜的镜子和光学望远镜的镜面有什么不同？
14. **LO8 POS**在多个不同波段研究天体的主要优点是什么？
15. **POS**我们眼睛对可见光的角分辨率为1′。假设我们的眼睛只能探测红外辐射，角分辨率为1°。那我们能在地球表面找到路吗？阅读呢？雕刻呢？能创造出科技吗？

概念自测：选择题

1. **VIS**根据图4.2（“折射透镜”），最厚的透镜偏转光线：（a）最快；（b）最低；（c）最大；（d）最少。
2. 大多数用于专业研究的望远镜是反射式望远镜的主要原因是：（a）镜面产生的图像比透镜产生的图像清晰；（b）产生的图像是颠倒的；（c）它们不会受到视宁度的影响；（d）大型镜面的建造比大型透镜的建造要容易。
3. 如果望远镜的镜面可以奇形怪状，那么聚光能力最强的会是：（a）边长为1m的三角镜面；（b）边长为1m的正方形；（c）直径为1m的圆；（d）宽1m、两边长2m的矩形。
4. **VIS**要使图4.12（“分辨率”）中的图像最清晰，波长与望远镜尺寸的比率：（a）大；（b）小；（c）接近于1；（d）以上都不是。
5. 专业天文台建造在高高山顶的首要原因是：（a）远离城市灯光；（b）在雨云之上；（c）减小大气模糊；（d）改进色差。
6. 相比射电望远镜，光学望远镜能够：（a）看穿云层；（b）在白天使用；（c）分辨细节；

（d）看透星际尘埃。

7. 当多个射电望远镜用于干涉测量时，要最大限度地提高分辨能力，可以通过增加：（a）望远镜之间的距离；（b）给定面积内望远镜的数目；（c）每个望远镜的直径；（d）每个望远镜的电力供给。

8. 斯必泽空间望远镜（SST）被放置在远离地球的地方是因为：（a）这能增大望远镜的视场；（b）望远镜对地球上无线电台的电磁干扰敏感；（c）这样可以避免地球大气带来的模糊效应；（d）地球是个热源，而望远镜必须要保持非常冷的状态。

9. 要研究形成在星际尘埃云后的温暖（1000 K）的年轻恒星，最好的手段是：（a）X射线；（b）红外线；（c）紫外线；（d）蓝光。

10. 研究在室女座星系团间发现的热（百万开尔文）气体的最佳频率位于电磁波的：（a）射电波段；（b）红外波段；（c）X射线；（d）伽马射线。

问答

问题序号后的圆点表示题目的大致难度。

1. ●某个望远镜的视场是10′×10′，用像素为2048×2048的CCD芯片记录。那么每1个像素对应天空多少角度？对于典型的视宁圆面（半径为1″），从像素角度来看，视直径为多少？

2. ●SST的初始运行温度是5.5 K。那么望远镜自身黑体辐射峰值的波长（以μm为单位）是多少?该波长与望远镜设计运行的波长范围相比如何？∞（详细说明2–2）

3. ●一台2m口径的望远镜在1h内能收集一定量的光线。在相同的观测条件下，一台口径为6 m的望远镜需要多少时间就能完成同一观测？口径为12 m的望远镜呢?

4. ●对红光（波长为700 nm），空间望远镜可以实现由衍射极限所决定的0.05″的角分辨率？那么该望远镜对（a）波长为3.5 μm的红外线和（b）140 nm的紫外线的角分辨率是多少?

5. ●●两个大小一样的恒星以圆轨道互相绕转，轨道间距为2AU。该系统距离地球200光年远。如果我们碰巧垂直于轨道进行观测，那么我们需要多大的望远镜才能分辨两颗恒星？假设考虑波长为2 μm的衍射极限。

6. ●两台独立的10 m口径望远镜所组成的望远镜的等效直径是多少？四台单独的8 m口径望远镜呢?

7. ●月球与地球的距离约380 000km。对SST（3″）、HST（0.05″）和射电干涉仪（0.001″）的角分辨率来说，这样的距离，望远镜对应的观测距离是多远?

8. ●请估计角分辨率：（a）运行在5GHz频率上的5000 km基线的射电干涉仪；（b）工作在1 μm波长的、基线为50 m的红外干涉仪。

实践活动

协作项目

1. 你所在的小组被分配去观测猎户座附近的天区，以寻找隐藏在分子云中的炽热的、明亮的年轻恒星。书中所介绍的哪种望远镜是你的最好选择，并估计它预期能达到的清晰度。

2. 如果你和你的组员在各自的家里都放置一台口径为2m的射电望远镜，确定你们搭建的干涉仪最大是多少？它在1cm波长处的角分辨率是多少?

个人项目

1. 带上一些夜空的照片。你还需要一个晴朗、黝黑的夜晚，一台你能控制曝光时间的数码相机，一个三脚架和一根快门线，一块在黑暗中能读秒的手表。将你的相机设置成“手动”模式或者连接快门线以控制曝光时间；焦距设置为无限大。将相机指向你想拍摄的星座，从取景器里观看并曝光20~30s。不要碰触相机的任何部位或者在曝光期间紧握快门线以减少颤动。记录你的拍摄日志。

2. 你认为图4.37（多波段）中哪幅银河系图片提供了最有趣的信息？解释你的理由。

恒星和恒星演化

塞西莉亚·佩恩·加波施金的画像（哈佛大学）

天文学研究生的生活可能会很辛苦。他们要上一些困难的课程，其中许多是有关物理学的，并且他们要协助本科课程的教学，但大多数时间他们会努力去做原创性的研究。理想情况下，在攻读博士学位的过程中（通常需要5年或6年），他们会做出一些发现或是得到一些独特的见解，然后他们会将其写下来，作为他们博士论文的一部分。这个过程使人精疲力竭，一些人在经过研究生阶段的折磨后告别天文领域，再也没有在科学期刊上发表过文章。而另外一些人则发现科研令人愉悦，他们在之后从事天文研究的道路上一路高产，所向披靡。

可以说，历史上最优秀的天文专业博士学位论文当属1925年某位哈佛大学的学生花了2年时间完成的那一篇。塞西莉亚·佩恩·加波施金（1900—1979）从英国漂洋过海来到美国拉德克利夫学院开始研究生阶段的学习，但她很快就被学院旁的哈佛大学天文台所吸引。当时的哈佛大学天文台或许可以称得上是全世界恒星研究的领军者，这座天文台同时也是当时女性天文学家对恒星天文学研究做出一些根本性创新研究的地方，虽然她们的研究成果在当时并没有得到重视。哈佛大学天文台对塞西莉亚来说是一次涅槃重生，之后她再也没有离开过那里。

塞西莉亚·佩恩对物理学的了解远远超过当时的大多数天文学家。她是第一位将那时还是创新的原子量子理论应用到恒星光谱上的天文学家，由此来确定恒星的温度和化学丰度。她的重要基本研究证明了，氢和氦是恒星中、也是宇宙中最丰富的元素——而不是当时所认为的重元素。她的发现非常具有革命性，以至于当时理论学家的龙头，普林斯顿的亨利·诺里斯·罗素宣称她的研究“显然是不可能的”。多年以后，天文界才确信恒星中的氢元素丰度要比地球上所发现的大多数常见元素高约100万倍。然而到今天我们才承认了这些发现。

女性“计算员”在工作中；佩恩位于斜桌前（哈佛大学）

塞西莉亚·佩恩·加波施金和她的丈夫，流亡的苏联天文学家谢尔盖·加波施金合作，不夸张地说，他们两人花了数十年的时间进行了上百万次的观测，观测了成千上万的星团、变星和银河系中的新星。她的分析为研究恒星的许多性质及用作宇宙距离标尺提供了坚实的理论基础。她的许多研究都经受住了时间的考验。尽管后来又有了大量的新数据和新理论观点，但她的研究依然是现代天文学的基石。

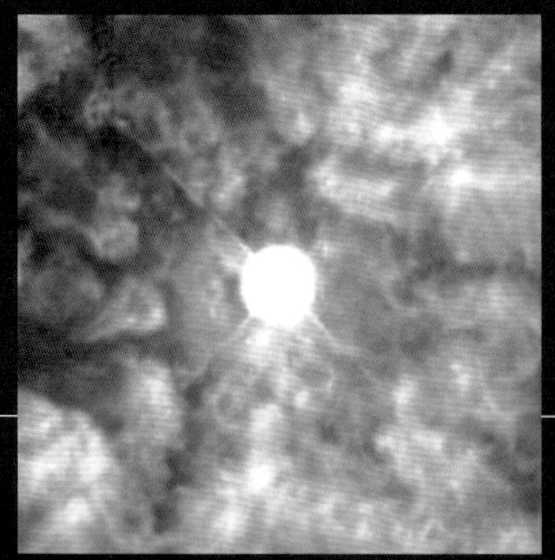

变星Wr 124（空间望远镜科学研究所）

手枪星云（空间望远镜科学研究所）

玫瑰星云（JPL）

如今，恒星的研究领域甚至比塞西莉亚·佩恩·加波施金所知的还要丰富。我们现在所见的恒星更加清晰，得到的光谱更加精细，并且所有所见恒星的距离更加遥远。我们不仅知道恒星是由什么构成的，而且在大多数情况下，我们也知道它们的组成成分为何如此，有多少这样的恒星正在诞生、存在和死去。然而，随着21世纪的天文学不断发现新的、拥有激动人心特点的恒星和恒星系统，对恒星的研究仍然是非常不完整的。

1976年，刚好在退休之后，塞西莉亚·佩恩·加波施金被选为亨利诺里斯·罗素学者——美国天文学学会的最高荣誉（具有讽刺意味的是，授予她罗素学者头衔的原因在于她在半个世纪前的工作）。她的演讲热情地总结了她一生的天文学研究——一次没有任何注解和提示的百科全书式的演讲，有着完美断句的英语。很显然，她像了解她最好的朋友那样清楚那些独特的巨星。她的演讲用以下对新老天文学家的建议结尾：

“作为世界历史上看到或是理解某些事物的第一人而得到的情感震颤，是对年轻科学家的嘉奖，没有什么比得上这种体验。而看到一个模糊梗概成长为一个精妙全景的感觉，是对老科学家的嘉奖。当然，这还不是一个完整的图景或一幅应用新技术和新技能的视野和细节仍在增长的图景。老科学家不能够宣称这幅杰作是自己的作品。他可能曾草拟了部分设计，加上了几笔笔墨，但他已学会同样喜悦地接受他人的发现，像他自己年轻时所经历过的喜悦那样。”

本页展示了一些最近在恒星研究中的发现——这些工作毫无疑问地也会让塞西莉亚·佩恩·加波施金投入更多的热情。今天的研究也应当会让她感到骄傲，因为其中许多研究依赖于她和她的同事在20世纪前半叶所得到的真知灼见。

海因兹星云
（JPL喷气动力实验室）

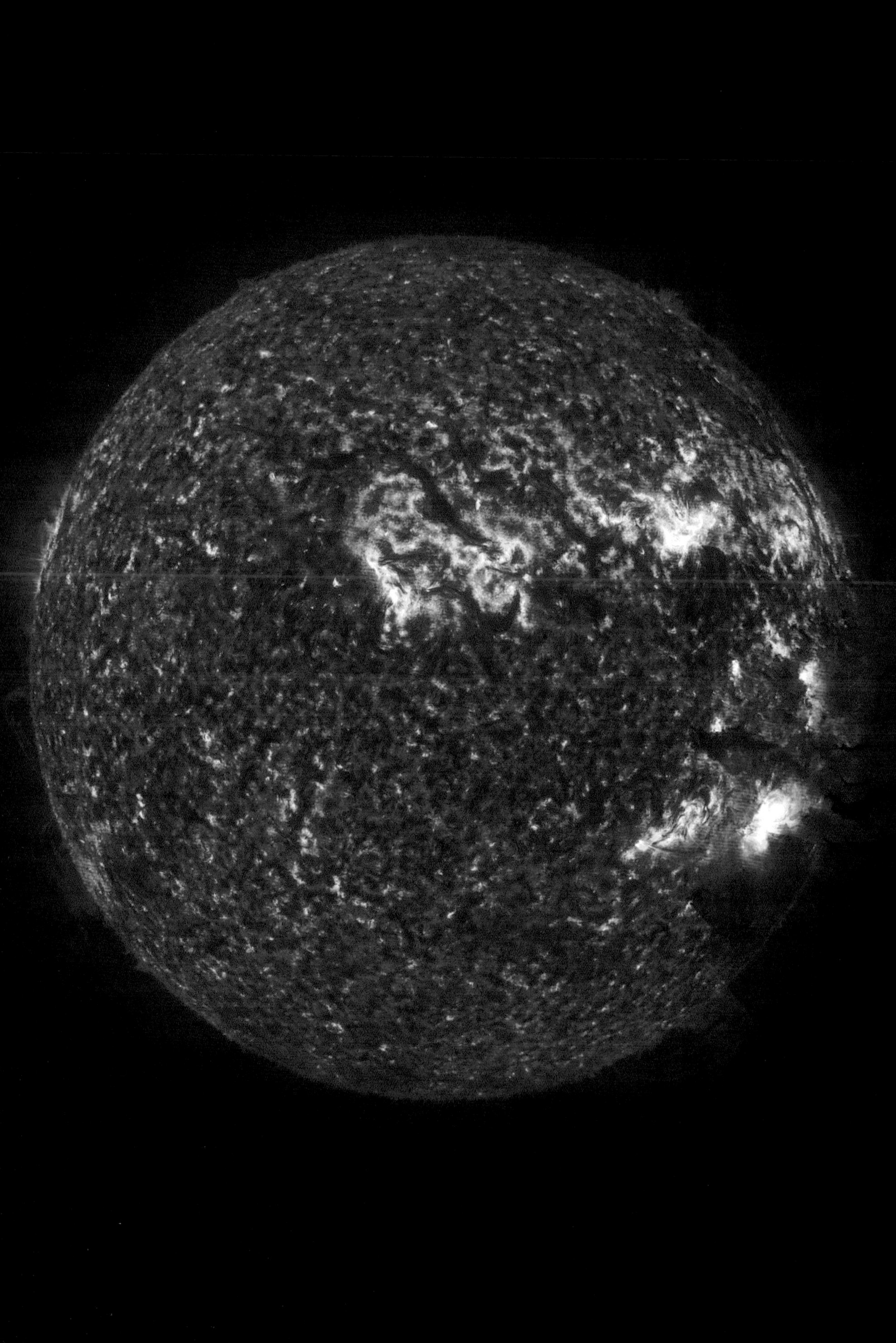

第5章　太阳

5

我们的母亲恒星

生活在太阳系内，我们将会有机会近距离地研究也许是最为常见的一类宇宙天体——恒星。我们的太阳就是一颗恒星，而且是相当普通的一颗恒星，但却有着独一无二的特性：它距离我们非常近——比距离我们第二近的邻居，半人马座的阿尔法星，近约300 000倍。半人马座阿尔法星的距离是4.3光年，而太阳距离我们仅有8光分。因此，天文学家对太阳属性的了解要比宇宙中其他任何遥远的光点要多。

我们所有的天文知识中有很大一部分来源于现代对太阳的研究——从太阳内核中看似无限的能量生成，直到太阳大气中令人惊叹的复杂活动。就像研究我们的母亲行星地球为我们探索太阳系做好准备那样，我们现在也诊视我们的母亲恒星太阳，为我们下一步的宇宙探索打好基础。

知识全景　太阳是我们的恒星——是驱动地球天气、气候和生命的主要能量来源。想象一下没有太阳的地球——天空中没有光、没有热量，也没有令人慰藉的“根源”。尽管我们日复一日地认为这是理所当然的，但在宇宙万物中，太阳对我们来说是性命攸关的。简单地说，如果没有太阳，我们将不会存在。

左图：太阳，像某些行星一样，也在经历某种天气现象，包括风暴。这幅壮观的图像，透过紫外滤光片拍摄，以降低眩光并增强对比度，展示了温和的太阳表面活动（白色处）。该图由太阳动力学天文台——一颗每天24小时目不转睛凝视太阳的、绕地球运行的自动设备于2011年拍摄，它偷偷地获取了太阳大气、表面和内部的信息。［美国国家航空航天局（NASA）］

学习目标

本章的学习将使你能够：

1. 概括太阳的总体属性及其内部结构。
2. 描述光度的概念，并解释如何测量光度。
3. 解释对太阳表面的研究如何能告诉我们太阳的内部信息。
4. 列出并描述太阳的外层。
5. 描述太阳磁场的性质和可变性。
6. 列出各种类型的太阳活动，并解释它们与太阳磁场的关系。
7. 概括太阳内部生成能量的过程。
8. 说明对太阳核心的观测如何改变了我们对基础物理的了解。

精通天文学

访问MasteringAstronomy网站的学习板块，获取小测验、动画、视频、互动图，以及自学教程。

5.1 太阳的物理性质

太阳是维持地球上生命所需的光和热的唯一来源。太阳是一颗**恒星**—— 一颗由其自身重力支撑的气体发光球，由其中心发生的核聚变提供能量。太阳的物理和化学性质同其他大多数的恒星一样，尽管它们形成的时间和地点都不一样。事实上，我们的太阳似乎是一颗相当典型的恒星，正好位于可观测恒星的质量、半径、亮度和组成分布的中段。这不仅丝毫没有减低我们对太阳的兴趣，太阳这种极度平庸的特点反而是天文学家研究它的主要原因之一——他们可以把通过研究太阳现象得到的知识应用到宇宙中其他许多恒星上去。

总体属性

太阳的半径约为700 000 km，可以通过测量太阳的角尺寸（0.5°）并应用初等几何直接得到。∞（1.6节）太阳的质量为2.0×10^{30}kg，通过观测行星轨道并应用牛顿运动定律和万有引力定律可以得到。通过质量和体积可以推导出太阳的平均密度约为1400 kg/m^3，与类木行星的密度非常类似，是地球平均密度的四分之一。

可以通过测量太阳黑子或其他表面特征在日面上横穿的时间，来估量太阳的自转。这些观测表明太阳约一个月自转一周，但太阳并不是一颗固态天体。相反，它有着较差自转，如同木星和土星——赤道地区自转快而两极自转慢。赤道上的自转周期约为25天。纬度（南北纬）60°以上从未发现过太阳黑子，但在60°纬度上的太阳黑子表明自转周期是31天。其他的测量技术，例如5.2节中所介绍的那些方法表明，朝向太阳的两极，自转周期逐渐增加。两极的自转周期并不明确，但可能长至31天。

应用辐射定律到太阳的观测光谱上，可以测得太阳的表面温度。∞（2.4节）太阳辐射的分布形状近似于一个温度为5800K的物体的黑体曲线。用这种方法获得的太阳温度被称为太阳的有效温度。

太阳半径为地球半径的100倍以上，质量是地球质量的300 000多倍，表面温度远高于任何已知物质的熔点。太阳显然非常不同于我们目前所介绍过的任何一个天体。

太阳的结构

太阳表面不是固态的（太阳不含有固体物质），但用肉眼观察或是通过有效滤光的望远镜观察，太阳表面确切地说是某种明亮气体球的一部分。这种“**表面**”——太阳的一部分，发出我们可见的辐射——被称为光球层。太阳的半径约为700 000km。然而，**光球层**的厚度可能不会超过500km，不到太阳半径的0.1%，这正是我们认为太阳有着明确的、锐利边缘的原因（见图5.1）。

太阳的主要区域展示在图5.2中，并在表5.1中进行了总结。我们将在这一章的后面详细讨论。在光球层之上是太阳的低层大气，即**色球层**，约有1500km厚。光球层之上1500 ~ 10 000km是被称为**过渡区**的区域，在这里温度陡然升高。在10 000km以上，并延伸到远处，是稀薄的（薄的）、炽热的上层大气——**日冕层**。在更遥远的地方，日冕转化为**太阳风**，远离太阳并深入到整个太阳系。光球层向下延伸20 000km是**对流层**，在这里，太阳的物质不断地进行对流运动。对流层之下是**辐射区**，在这里，太阳能量通过辐射被传输到表面，而不是通过对流。辐射区和对流区一般统称为太阳内部。太阳中心的核，半径约为200 000km，是剧烈的核反应区域，生成太阳所输出的巨大能量。

光度

研究行星时，我们熟悉了尺寸、质量、密度、自转速率和温度等属性。但太阳还有一个额外的属性，可能是对地球上所有生命来说最为重要的属性：太阳向太空各向同性地（我们认为）辐射出大量的能量。让太阳光垂直通过某种光敏装置——比如说光电管，我们能测量得到每平方米的表面每秒钟所接收到的太阳能。假设我们的探测器表面积为1m^2，并且放置在地球大气的顶部。那么每秒钟到达该表面的太阳能大小被称为**太阳常数**，其值约为1400瓦特每平方米（W/m^2）。

来自于太阳的能量约有50% ~ 70%到达地球表面；剩下的被大气截获（30%）或者被云层反射（0 ~ 20%）。因此，在晴朗的日子里，一个总表面积约为0.5m^{2}的日光浴者的身体接收太阳能的速率约为1400 W/m^2 × 0.70（70 %）× 0.5m^2=500 W，相当于一个小型电取暖器或五个100W的灯泡的输出。

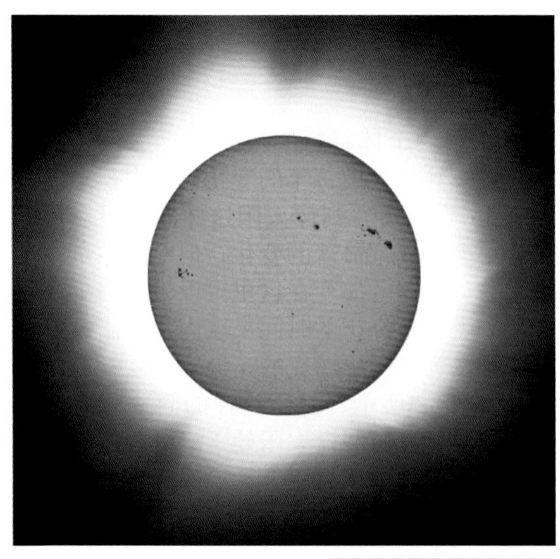

▲图5.1 太阳
这幅合成的、透过滤光片拍摄的太阳图像中心部分显示出太阳的锐利边缘，尽管我们的恒星像所有恒星那样，也由稀薄的气体组成。边缘如此锐利是因为太阳光球层很薄。图像的外部是太阳日冕，正常情况下暗弱不可见，但在日食时可见，那时日面发出的光芒会被遮挡。注意日面上的暗斑；它们是太阳黑子。［美国国家光学天文台（NOAO）］

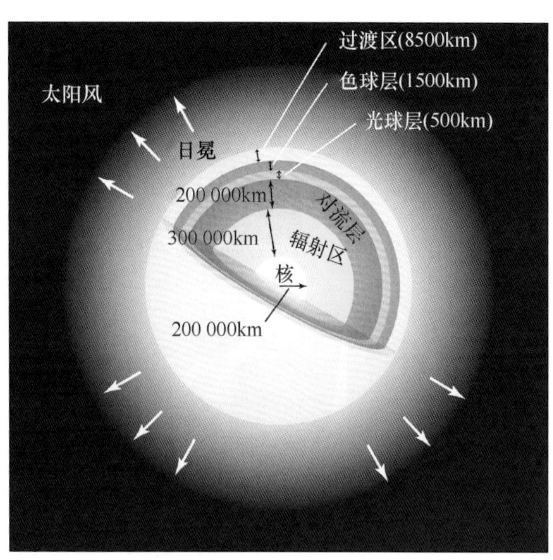

▲图5.2 太阳结构
太阳的主要构造，没有按比例给出，但标出了部分物理尺度。光球层是太阳可见的“表面”，在其之下是对流层、辐射区和核。在光球层之上，太阳大气由色球层、过渡区和日冕组成。

现在让我们考量一下太阳向所有方向辐射的能量总量，而不仅仅是被探测器或被地球所截获的那一小部分。想象一个以太阳为中心、表面正好穿过地球中心的三维球体（图5.3）。球体的半径为1AU，那么它的表面积为$4\pi\times(1\text{AU})^2$，或者近似为$2.8\times10^{23}\text{m}^2$。用我们所设想的球体总表面积乘以球面上每平方米落下的太阳能的速率（即太阳常数），我们可以得到太阳表面发出能量的总速率。这个量被称为太阳的**光度**，其大小接近4×10^{26}W。

太阳是巨大的能量来源，每一秒钟，它产生的能量大小相当于100亿颗100万吨级的原子弹爆炸所发出的能量。太阳6s内发出的能量大小，如果聚焦正确的话，可以让地球上所有的海洋蒸发殆尽。3min内发出的能量可以融化我们星球的地壳。太阳上所涉及的尺度足以藐视地球上相对应的数量。让我们更仔细地钻研一下所有这些能量的起源之地。

表5.1 标准太阳模型

区 域	内半径/km	温度/K	密度/(kg/m^3)	典 型 属 性
核	0	15 000 000	150 000	由核聚变产生能量
辐射区	200 000	7 000 000	15 000	能量以电磁辐射的形式传播
对流层	496 000	2 000 000	150	能量以对流形式传输
光球层	696 000	5800		电磁辐射能够逃逸——我们可见的太阳
色球层	696 500	4500		较冷的低层太阳大气
过渡区	698 000	8000		温度快速升高
日冕	706 000	3 000 000		炽热的、低密度的上层大气
太阳风	10 000 000	>1 000 000		太阳物质逃逸进太空并向外吹向太阳系
这些半径数值是基于光球层半径的精确确定。其他引用的半径数值是近似的取整数值。				

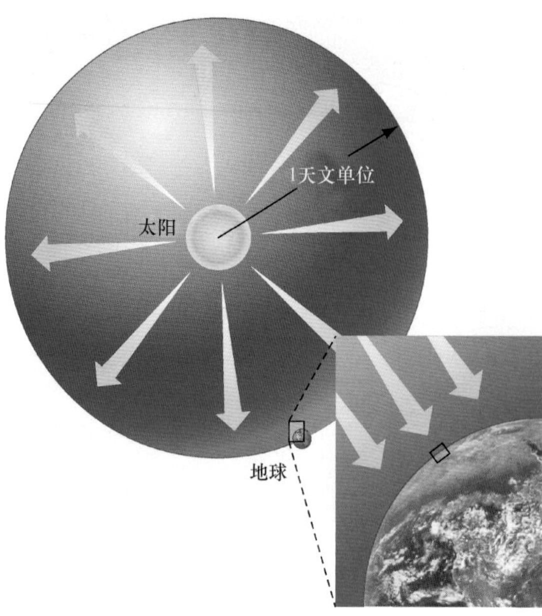

▲图5.3 太阳光度
如果我们绕太阳画一个假想的球体，并且球的表面正好穿过地球的中心，那么这个假想的球体的半径就等于1AU。“太阳常数”等于在地球所处的距离上，一个$1m^2$的探测器所接收的能量，如插入图所示。太阳光度于是等于球体表面积乘以太阳常数。［美国国家航空航天局（NASA）］

科学过程理解 检查

✓ 当我们利用太阳常数来计算太阳光度时，为什么我们必须假设太阳辐射是各向同性的？

5.2 太阳内部

天文学家如何了解太阳的内部状况呢？正如我们刚刚所见的，太阳闪耀的事实告诉我们，它的中心一定非常炽热。但我们对太阳内部的直接了解实际是相当有限的。（见5.7节讨论的，我们了解太阳核心的一个重要“窗口”。）因缺乏直接的测量，研究者必须要利用其他手段来探测我们母亲恒星的内部运作。为此，他们构造了太阳的数学模型，结合所有可用的数据和太阳物理的理论见解，以寻找最为符合观测现象的模型。∞（1.2节）回忆一下第11章中如何使用类似的方法来推断类木行星的结构。以太阳为例得到的是**标准太阳模型**，它已被天文学家们广泛接受。

模拟太阳结构

太阳的个体特征——质量、半径、温度和光度——每天或每年的变化都不大。尽管我们在第9章里会看到像太阳这样的恒星在几十亿年里会有非常显著的变化，但鉴于本章的主题，这类缓慢的演变在这里可以被忽略。在一个“人类”所经历的时间尺度内，太阳可以合理地被认为是一成不变的。

如图5.4所示，基于这样的简单观测，理论模型通常首先假设太阳处于**流体静力学平衡**状态——向外的压力正好抵消掉向内的引力。这种正反作用力之间稳定的平衡是太阳不会由于自身重力而坍缩或爆炸进入星际空间的基本原因。流体静力学平衡的假设，加上一些基本的物理知识，就能让我们预估太阳内部的密度和温度。反过来，这些信息也使得模型能预测其他可以观测的太阳属性——比如光度、半径、光谱等——并且模型的内部细节会得到细致的调整，直到预测与观测相符。这正是科学方法在生效，标准太阳模型因此产生。∞（1.2节）

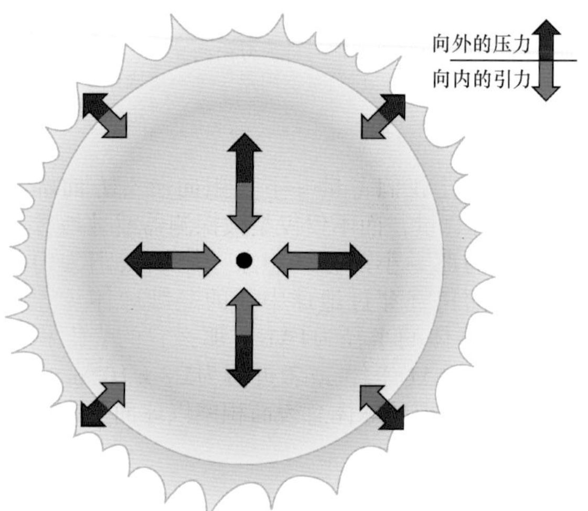

互动图5.4 恒星内部平衡
像太阳这样的恒星的内部，炽热气体向外的压力与向内拉的引力相互平衡。恒星内部每一点都保持这样，因此保证了恒星的稳定。

流体静力学平衡是对太阳内部的一个重要推断。因为太阳的质量非常大，所以它的引力牵引也非常之强，所以需要非常高的内部压力才能保持平衡。这种高压随之需要非常高的中心温度，这是我们了解太阳能量生成至关重要的事实（5.6节）。事实上，在1920年前后，英国天体物理学家亚瑟·爱丁顿爵士进行的这种计算为天文学家提供了第一条线索，核聚变可能是提供太阳能量的过程。

要测试和完善标准的太阳模型，天文学家渴望获得太阳内部的信息。然而，有关光球层之下状态的直接信息是如此之少，我们必须要依靠更多间接的手段。在20世纪60年代，太阳谱线的多普勒频移测量揭示了太阳表面的震荡或颤动，像一组复杂的铃铛那样。∞（2.5节、3.5节）如图5.5（a）所示，这些震荡是内部压力波（有点像空气中的声波）导致的，它们不断地在光球层上发生反射并穿过太阳内部，如图5.5（b）所示。由于这些波能穿透到太阳深处，所以分析它们在表面的振动模式可以让科学家研究远在太阳表面之下的内部条件。这一过程类似于地震学家通过观测地震时产生的P波和S波来了解地球内部那样。因此，对太阳表面震动模式的研究通常被称为**日震学**，尽管太阳压力波与太阳地震活动没有任何关系——因为根本没有太阳地震这样的事情。

最广泛的研究太阳振动的项目是正在进行的GONG（全球振荡网络组织的简称）项目。通过遍及全球的许多日间观测站对太阳的连续观测，太阳天文学家可以获得不间断的、高质量的、在任何时刻的跨度都为数周的太阳数据。空基太阳和日球天文台（SOHO），由欧洲航天局于1995年发射，现在永久驻扎在日地之间距离地球150万千米的地方（见探索5-1），提供了从1995年起不间断的太阳表面和大气监测数据。分析这些数据集提供了有关太阳内部的温度、密度、自转和对流状况的详细信息，允许我们在太阳这样的大尺度上直接将实际数据与理论进行对比。标准太阳模型和观测之间的吻合是令人惊叹的——观测到的太阳振动频率和波长与模型预测值的差别在0.1%以内。

这些数据也使得科学家能够监控太阳全球的环流特征——太阳内部的大尺度气体流动，包括两条巨大的“传送带”，将太阳表面下的物质从赤道输送到两极，然后又从远低于对流层的深度为300 000km的地方输送回赤道。这种循环模式，以10 ~ 15m/s的速度运动，大约需要40年才能完成一次循环，被认为是调节黑子周期的至关重要的因素（见5.4节）。

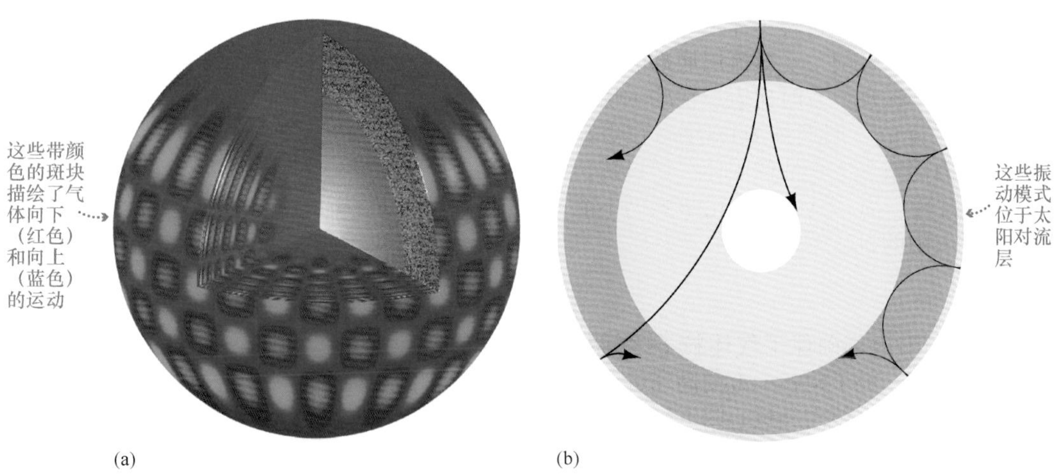

▲图5.5 太阳振荡
（a）通过观测太阳表面的运动，科学家可以确定单一波动的波长和频率，从而能够推断出有关太阳复杂振动的信息。（b）产生观测到的振荡的波能够传播到太阳深处，提供有关太阳内部的重要信息。［美国国家太阳天文台（NSO）］

根据标准太阳模型，图5.6显示了太阳密度和温度与离太阳中心距离的函数关系。注意，密度起初在中心向外骤减，然后在接近太阳光球层时降低得相当缓慢，这时距离中心大约700 000 km。密度的变化也非常大，从核心部分的约150 000 kg/m^3，相当于铁密度的20倍，到约1000 kg/m^{3}的中值（350 000 km处），这相当于水的密度，再到光球层内极端稀薄的2×10^{-4} kg/m^3，比地球表面的空气还要稀薄10 000倍。由于太阳的核心密度是如此之高，大约90%的太阳质量包含在其内半径的一半以内。太阳密度在光球层外不断降低，在日冕外边缘低至10^{-23} kg/m^3——与物理学家在地球实验室中所能创造出的最好的真空一样稀薄。

太阳的温度也随着距太阳内部的半径增加而降低，但不像密度那样迅速降低。计算机模型显示核心的温度约为1500万开尔文，符合引发为大多数恒星提供能量的核反应最少需1000万开尔文的已知条件，在光球层内，温度降低至观测所得的5800 K左右。

随着数据质量的提高和陈年奥秘的解决，新的奥秘常常又如雨后春笋般出现。例如，星震学指出，太阳的自转速度随深度而变化——鉴于之前所提到的较差自转以及外行星上所见到的类似现象，这也许不会让人太奇怪。然而，令人费解的是这种较差运动的复杂性。表面层显示的是某种“纬向流”，高于或低于平均自转速度的条带交替排列。而在表面之下则是宽广的低速自转（赤道处）或高速自转（极区）的“江河”。对流层底部的物质似乎以自转速度振动，有时比表层快些（快约10%），有时慢些，周期约为1.3年。在更深处，辐射区内部或多或少地像固体一样自转，每隔26.9天自转一周。目前，理论学家仍不能完整地解释太阳的自转。

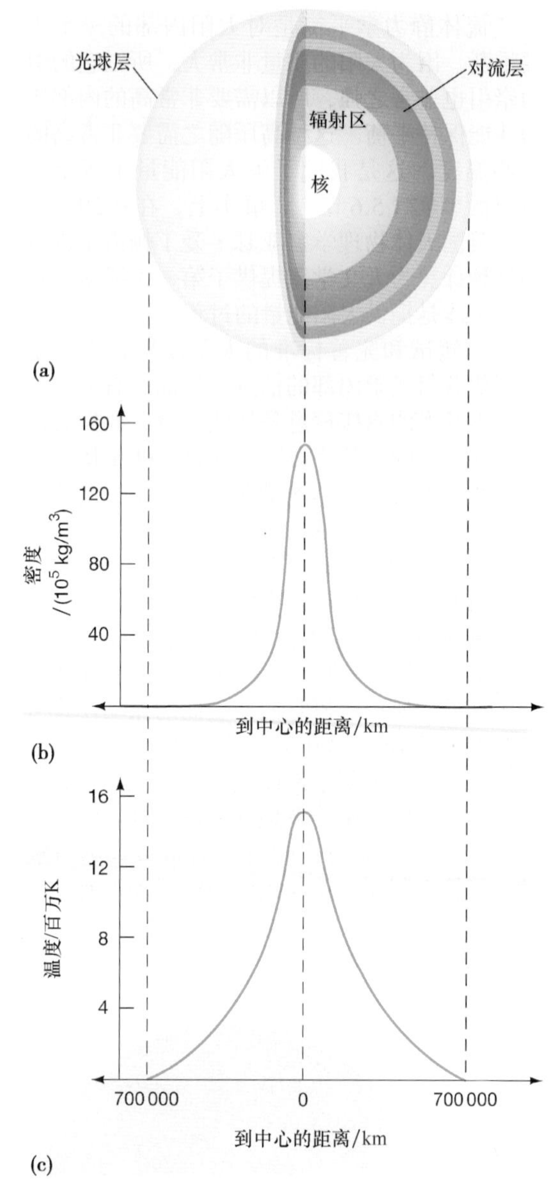

▲图5.6　太阳内部
太阳内部的密度和温度变化非常巨大。（b）和（c）图显示了太阳密度和温度相对于太阳内部剖面图（a）的变化。

能量输送

炽热的太阳内部确保了气体粒子之间猛烈而频繁的碰撞。粒子向各个方向高速运动，不断地互相碰撞。在核内和核心附近，极端高温保证了气体是完全电离的。回想一下在第4章里，在逊色一些的极端条件下，原子吸收光子就能将电子激发到更高的激发态。∞（3.2节）然而，失去电子的原子无法捕获光子，深深的太阳内部对辐射来说是相当透明的。光子偶尔才会碰到自由电子或质子，并散射开。日核中核反应产生的能量相对容易地以辐射的形式向外传向表面。

从核心向外移动，温度下降，原子碰撞的频率和烈度降低，越来越多的电子保持束缚在母核上。随着越来越多的原子保留下能吸收逸出辐射的电子，太阳的内部气体从相对透明变成几乎完全不透明。在辐射区的外边缘，距离中心约500 000 km处（根据可用的最好的SOHO数据，实际为496 000 km），太阳核心产生的所有光子会被吸收掉。它们中没有一个

探索5-1

窃听太阳

在整个太空时代的几十年里，以美国为首的不同国家，已经将宇宙飞船送往太阳系内的大多数主要天体上。其中一个仍未被勘探过的天体是冥王星——柯依伯带里最为著名的成员，从未有自动轨道飞行器甚至是飞船飞掠过它——尽管这将很快有改观（译者著：2015年7月，NASA的“新视野号”探测器首次近距访问了冥王星）。另一个未近距探索过的天体是太阳。目前，太阳和日球天文台（SOHO）以及太阳动力学天文台（SDO）是仅次于专属的近距离勘察飞船的最好的航天器了。这两艘飞船以无线电向地球传送回大量的新数据，也传回更多的有关我们母星的谜题。

SOHO是主要由欧洲航天局运行的一个数十亿美元的空间项目。它在1995年发射，如今（到2013年年初）仍在运行，这个原计划3年的任务运行了18年，2吨重的智能飞船现在仍驻扎在朝向太阳、距离地球150万千米的地方——大约是日地距离的1%。那里被称为L1拉格朗日点，太阳的引力牵引正好等于地球的引力牵引——这是一个放置监控平台的好地方。相比之下，美国在2010年发射的SDO飞船，绕着地球以倾斜的、与地球同步的轨道运行。这两艘自动飞船每天24小时都凝视着太阳，它们所携带的仪器能够测量太阳上几乎所有的东西，从日冕和磁场，再到太阳风及内部振动。配图显示了一幅最近由SDO获得的太阳低层日冕的伪彩色紫外图像。

这两艘飞船都正好位于地球的磁层之外，因此它们的仪器能不受干扰地研究太阳风的高速粒子。将这些定点的测量匹配到SOHO和SDO拍摄的太阳本身的图像上，天文学家能够非常详细并且实时地研究太阳天气。累积的数据足够优质，任务科学家现在认为，他们可以在太阳物质抛射实际发生前几天，因此在太阳准备将这些物质抛射前，就跟踪太阳磁场环的扩展和断裂（见5.5节）。鉴于这样的日冕风暴会危及飞行员和航天员的安全，并会破坏通信、电网、卫星电子仪器以及其他人类活动，因此在准确预报太阳破坏性活动方面，科学家们开展了非常广泛的研究。

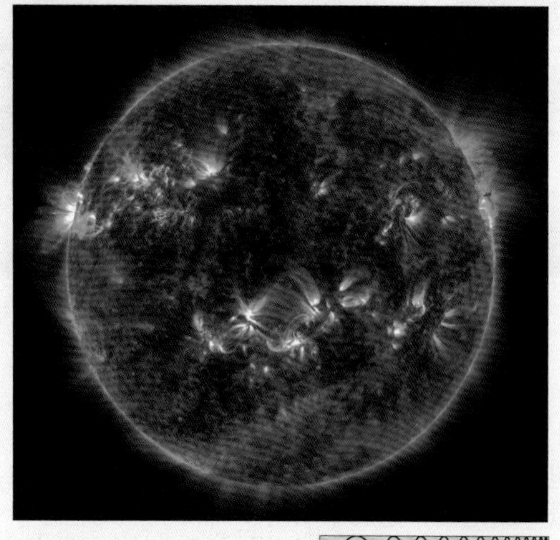

[美国国家航空航天局（NASA）]

通过监测太阳的所有方面——从表面振荡到磁场结构的细节，这些飞船正稳步地精炼天文学家有关太阳结构、太阳磁场和太阳活动的模型。这些非凡的飞船已经用无线电向地球传送回了有关我们母星的丰富的新科学信息。由于我们对恒星的详细了解通常直接依赖于我们对太阳的认知，因此SOHO和SDO不断地在所有尺度上扩展我们进行宇宙研究的基础。

能够到达表面。但是，它们所携带的能量会发生什么变化呢？

光子的能量必须要从太阳内部传送出去：我们可见的太阳光——可见的能量——证明了能量的逃出。逃出的能量以对流的方式到达表面——我们在研究地球大气时见到了相同的基本物理过程，尽管这发生在太阳这种截然不同的环境里。炽热气体向外运动，而上部较冷的气体下沉，构成对流单元的一种特征模式。通过太阳气体的物理运动，所有能量穿过对流层，被输送到表面。（注意，这实际标志着偏离了流体静力学平衡，正如我们之前定义过的，但仍然可以在标准太阳模型框架下使用。）记住，当辐射作为能量传播机制时，物质没有物理运动；对流和辐射是两种完全不同的将能量从一处传播到另一处的方式。

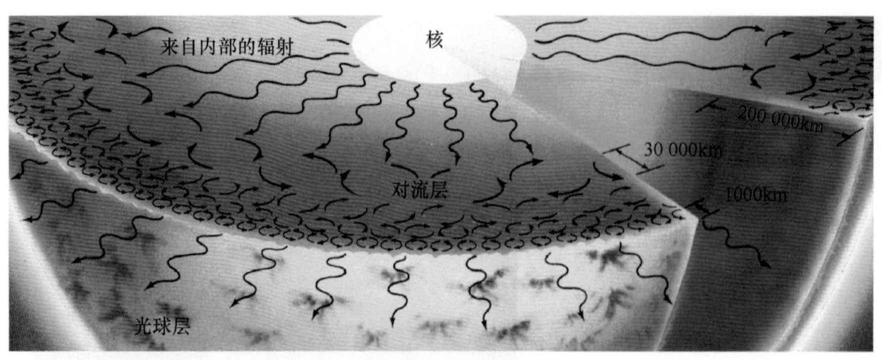

▲图5.7 太阳对流
能量在太阳的对流层中发生了物理性的输送，这里可见沸腾的、火热的气体海洋。如图所示，对流单元胞的尺寸在较深处逐渐增加。这是一幅高度简化了的图：有许多不同尺寸的单元胞，它们的排列也不是很整齐。

图5.7是太阳对流层的一幅原理图。对流单元有着层次结构，在不同深度由许多不同大小的层。最深的层位于光球层下约200 000 km，包含有直径达数万千米的大型单元胞。然后热量不断地由一系列不断增多的较小单元胞逐步向上输送——一层接一层地，直到输送到深度约为1000 km的地方，那里单个单元胞的直径约为1000 km。对流层最高层的顶端就是太阳可见的表面，在那里，天文学家能够直接观测到单元胞的尺寸。低于这一层的对流信息主要利用有关太阳内部的计算机模型推断得出。

在距离核心较远的地方，太阳气体变得过于稀薄，无法维持进一步的对流上升。理论表明，这一距离与我们所见的光球层表面基本一致。太阳大气中不再有对流运动；简单地说，那里的气体不足——密度太低，以至于原子或离子因太少而不能拦截太多的太阳光，气体因此再次变得透明，辐射再次成为能量传输的主要机制。到达光球层的光子几乎是自由地逃往宇宙空间的，光球层发出热辐射，就像其他任何的炽热物体一样。因为从不透明过渡到完全透明非常迅速，光球层很窄太阳的“边缘”也很锐利。略低于光球层底部的气体仍有对流，辐射并不能直接到达我们。而在更高的几百千米处，气体过于稀薄，不能发出或是吸收足够量的辐射。

米粒组织

图5.8是一幅太阳表面的高分辨率照片。可见表面是高度斑驳或**颗粒状**的，忽明忽暗的气体构成是被称为**米粒组织**的区域。每个明亮的米粒组织直径约有1000km——相当于地球上一块大陆的尺寸，寿命在5 ~ 10 min之间。几百万个米粒组织聚集在一起，构成对流区的顶层，正好在光球层之下。

每个米粒组织形成一个太阳对流单元胞的顶端部分。明亮区域内部和附近的光谱观测展示了气体向上运动的直接证据——气体从内部“沸腾”而出——这也是确实有对流正在光球层之下发生的证据。从明亮米粒组织中探测到的谱线看起来比正常谱线要偏蓝一些，表明物质朝向我们发生了约1km/s的多普勒频移。∞（2.5节）米粒状光球层中一些黑暗区域的分光观测显示，同样的谱线发生了红移，表明物质正在远离我们。

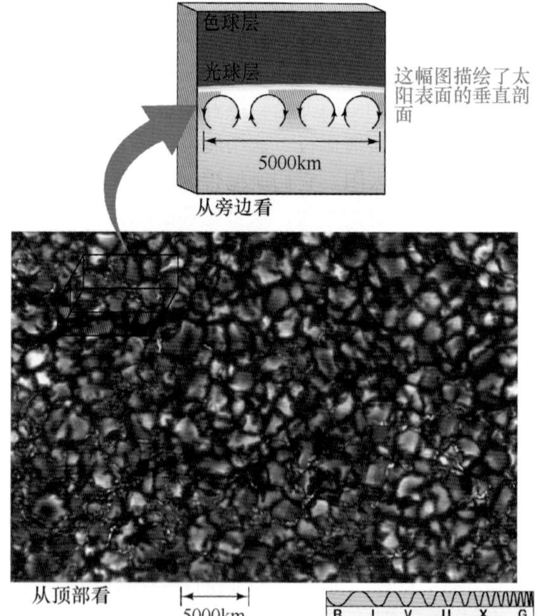

▲图5.8 太阳米粒组织
这幅米粒状太阳光球层的照片是由口径1m的瑞典太阳望远镜直接指向太阳表面拍摄的，显示了大小相当于地球大陆的典型的太阳米粒组织。图像中明亮的部分是炽热物质从下涌上的区域，如图5.7所示。暗黑（偏红）的区域对应较冷气体向下沉没回太阳内部。［斯必泽空间望远镜（SST）/瑞典皇家科学院（Royal Swedish Academy of Sciences）］

米粒组织的不同亮度变化完全源自于温度的不同。上升的气体要炽热些，因此发出的辐射要比较冷的、向下运动的气体多。相邻的明亮和黑暗的气体区域看起来似乎十分不同，但实际上它们的温度差异不会超过500K。细致的测量也揭示了太阳表面有许多大规模的流动。除了它的单元胞直径约为30 000km之外，**超米粒组织**是非常类似于米粒组织的一种流动模式。随着米粒组织的运动，物质从单元胞的中心上涌，在表面流动，然后再次从边缘沉没回去。科学家们怀疑，超米粒组织是较深层内大型对流单元胞在光球层中的印记，如图5.7所示的那样。

5.3 太阳大气

天文学家可以通过分析出现在光球层和低层大气中的吸收谱线来大量收集有关太阳的信息。∞（3.4节）图5.9（同样如图3.4所示）给出了太阳的精细光谱，波长范围从360 nm～690 nm。注意叠加在连续背景光谱上的那些黑暗的、错综复杂的夫琅禾费吸收线。

从太阳光谱中观测并记录下了成千上万的谱线。总共有67种元素在太阳中被确认，它们有着多种多样的电离和激发态。∞（3.2节）可能有更多的元素存在，但它们存在的量可能非常小，我们的仪器还不够灵敏，不能探测到它们。表5.2列出了太阳中最常见的10种元素。注意，氢元素是迄今为止最丰富的元素，其次是氦元素。我们在类木行星中见过这样的分布情况，而我们会发现宇宙整体也是这样的情况。

太阳谱线

正如第3章里所讨论的那样，当原子或离子中的电子在不同能态中发生跃迁时，会产生谱线，并在这一过程中发出或吸收特定能量的光子（即波长或颜色）。∞（3.2节）然而，要解释太阳的光谱（事实上，所有恒星的光谱），我们就必须稍稍修改一下我们之前对吸收线形成的描述。我们曾说过，这些谱线是较冷的前景气体因拦截从炽热背景源发出的光而形成的。实际上，图5.9中的明亮背景和暗黑吸收线都几乎是在太阳的同一位置处形成的——太阳的光球层和色球层的底部。要理解这些谱线是如何形成的，需要更详细地重新考量太阳能量的发射过程。

概念理解 检查

✓ 能量从日核传送到光球层有哪两种完全不同的方式?

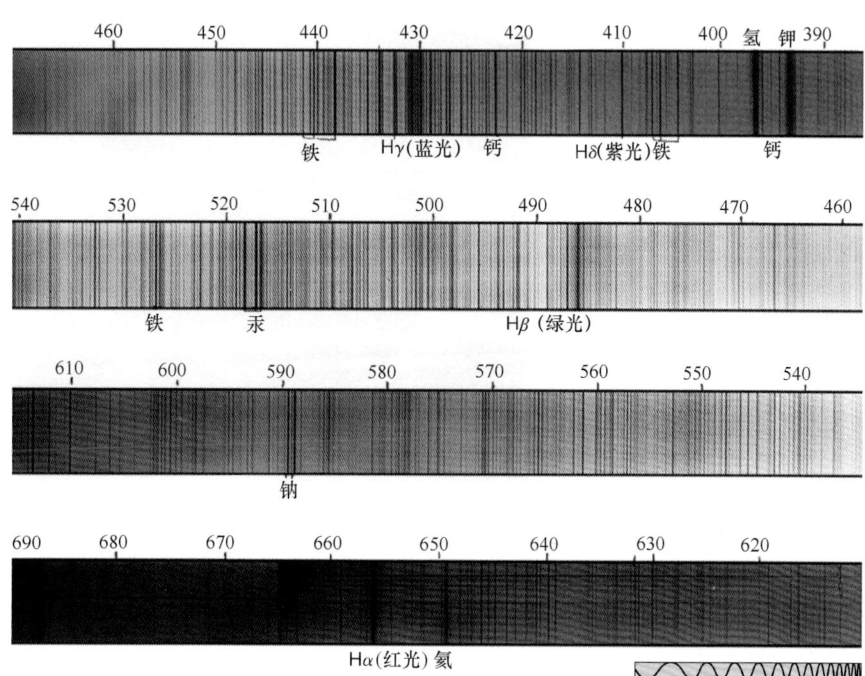

▲图5.9 太阳光谱 太阳在可见光波段的精细光谱，显示了成千上万黑暗的夫琅禾费（吸收）线，表明在太阳的低层大气中存在着处于各种不同激发和电离态的67种不同元素。波长用纳米单位给出。［帕洛马天文台（Palomar Observatory）/加州理工学院（Caltech）］

表5.2　太阳的成分

元素	总原子数目的比例[①]	占总质量的比例
氢	91.2	71.0
氦	8.7	27.1
氧	0.078	0.97
碳	0.043	0.40
氮	0.0088	0.096
硅	0.0045	0.099
镁	0.0038	0.076
氖	0.0035	0.058
铁	0.0030	0.14
硫	0.0015	0.040

① 表中数据引自他处，计算结果中包含四舍五入数值，因此两项比例的总和略大于100%。

光球层之下，太阳气体的密度足够致密，光子、电子和离子之间的相互作用十分普遍，因此辐射不能直接进入太空。然而在太阳大气中，光子逃离而不与物质发生进一步相互作用的概率取决于光子的能量。回忆一下第3章，只有当光子能量正好等于电子从某一能态跃迁到另一能态所需的能量时，原子或离子才会吸收光子。∞（3.3节）因此，如果光子能量正好对应于气体中的原子或离子的某些电子跃迁能量，那么在它传播到更远之前，光子就可能会被重新吸收——适合吸收的元素类型越多，光子逃离的可能性越低。相反，如果光子能量不符合任何类型的跃迁，那么光子将不会进一步与气体发生相互作用，它将离开太阳前往星际空间，或者碰上地球上某位天文学家的某台探测器。

因此，当我们看太阳时，我们实际上看到的是一定深度的太阳大气，深度取决于所研究的光的波长。波长异于任何吸收特征（即能量异于任何原子跃迁）的光子在太阳气体中穿过时，或者光子来自光球层深处时，它不太可能与物质发生相互作用。然而，波长接近于这些吸收线中心波长的光子，很可能会被原子或离子捕获，因此主要是从高层（较冷的）大气中逃离出来。这些吸收线相比周围的背景要暗些，因为它们的形成处的温度要比光球层底部的温度（5800K）低一些，而大部分的连续发射是来自于光球层。（回想一下，根据斯特藩定律，发出辐射的物体亮度取决于它的温度——气体的温度越低，辐射出的能量越少。）∞（3.4节）因此，夫琅禾费线的存在是光球层之上的太阳大气温度随高度增加而降低的直接证据。

严格地说，谱线分析让我们得出的结论只与谱线形成的那部分太阳有关——光球层和色球层。然而，大多数天文学家认为，除太阳核心（那里发生的核反应有规律地改变着太阳的成分——见5.6节）之外，表5.2中提供的数据代表了整个太阳。采用同样假设的标准太阳模型与太阳内部日震观测的完美一致，是这一假设强有力的支持。

色球层

光球层之上是较冷的色球层——太阳大气层的中间部分。这一区域本身发出的光很少，正常情况下不能被观测到。光球层太过明亮了，主宰了色球层的辐射。色球层的相对微暗也源自于它的低密度——每单位体积内包含原子数目非常稀少的稀薄气体，不能释放出大量光子。不过，尽管色球层通常不可见，但天文学家在很长时间里也都意识到了色球层的存在。图5.10显示了日全食时的太阳，这时被月球遮挡住的是光球层——而不是色球层。色球层独有的红色清晰可见，这种颜色是由于氢元素的红色H_{α}（氢阿尔法）发射线产生的，这一谱线主宰了色球层的光谱。∞（详细说明3–1）

▲**图5.10　太阳色球层**
这幅日全食的照片显示了位于太阳表面之上几千千米的太阳色球层。注意左边的日珥。［G. 施耐德（G. Schneider）］

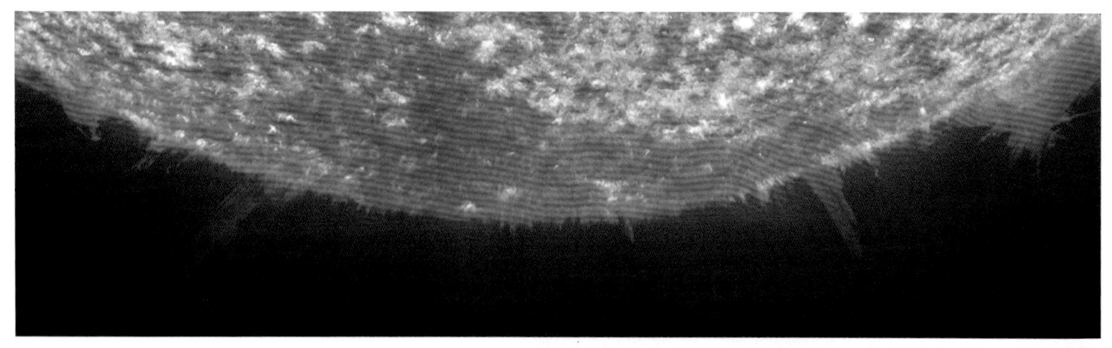

▲图5.11 太阳针状物
在这幅太阳紫外图像里，可以看见从太阳色球层中冒出短暂的、狭窄的气体喷流，通常只持续几分钟。这些所谓的针状物构成细细的刺状区域，在那里，气体以100 km/s的速度逃离太阳。［美国国家航空航天局（NASA）］

色球层绝不是波澜不惊的。每隔几分钟，就有小的太阳风暴爆发，生成被称为针状物的炽热物质喷流，喷向太阳上层大气（图5.11）。这些细长的针状物质结构以典型的约100 km/s的速度离开太阳表面并到达光球层之上几千千米的高度。针状物在太阳表面不是均匀分布的。相反，它们仅占太阳总表面积的1%，倾向于聚集在超米粒组织的边缘。这些区域内的太阳磁场也略高于平均水平。科学家推测，那些向下运动的物质会增强太阳磁场，针状物是磁场在太阳动荡的外层中受到扰动的结果。

过渡区和日冕

在发生日食的短暂时刻里，如果月球的角尺寸足够大，以至于光球层和色球层都被遮挡住，那么就可以看见幽灵般的太阳日冕（图5.12）。光球层发出的光线被去掉后，谱线特征发生显著改变。常见谱线的强度发生改变（这意味着成分或温度的变化，或者二者兼而有之），吸收谱变成了发射谱，一系列全新的谱线突然出现。从吸收谱到发射谱的变化完全遵循于基尔霍夫定律，因为我们是在黑暗的宇宙背景下看到日冕，而不是在来自于光球层的明亮连续谱之下看到日冕。∞（3.1节）

这些新的日冕谱线（某些情况下有色球谱线）在20世纪20年代发生的日食期间首次被观测到。多年之后，一些研究者将它们归因于一种地球上没有的新元素，他们称之为“coronium”。我们现在认识到，这些新谱线不属于任何的新型原子，Coronium是不存在的。相反，新谱线的出现是因为日冕中的原子相比光球层里的原子多失去了几颗电子——也就是说，日冕里原子的电离度更高一些。因此，它们的内部电子结构和由此产生的光谱，完全不同于光球层中同种原子和离子的结构和光谱。例如，天文学家识别出日冕中对应于铁离子的谱线，它们正常拥有的26个电子有多达13个都丢失了。而在光球层中，大多数铁原子仅仅会失去1或2个电子。

导致大量电子剥离的原因是日冕的高温。从日食时观测到的谱线所推断出的电离度告诉我们，色球层上层的温度远远超过光球层的温度。而且，日冕的温度要更高，在那里观测到的电离度更高。图5.13显示了太阳大气温度随高度的变化。光球层之上约500km处，温度降低至最低约4500K，此后温度稳步上升。在光球层之上约1500 km处，即过渡区内，温度开始迅速上升，在高度为10 000 km的地方达到100万开尔文以上。此后，在日冕内，温度大致保持为常数，约300万开尔文，而SOHO和其他轨道探测器曾经探测到过日冕的“热斑”，其温度要比该平均值高许多倍。

导致这种温度急剧升高的原因还未完全明确。温度变化曲线和直觉是背道而驰的：远离热源，我们通常期望热量会减少，但太阳的低层大气内并不是这种情况。日冕一定有其他的能量来源。天文学家现在认为，是太阳光球层中的磁场扰动最终加热了日冕（5.5节）。

▲图5.12 日冕
日食期间，当光球层和色球层都被月球遮挡住时，可以看见微弱的、延展的日冕。［美国国家太阳天文台（NSO）］

太阳风

电磁辐射和快速移动的粒子——多数是质子和电子，随时随地地在逃离太阳。辐射以光速远离光球层，用8min的时间到达地球。粒子运动得更慢，尽管以约500km/s（仍然是相当大的）的速度运动，但到达地球需要几天的时间。这些不断逃离的太阳粒子流就是太阳风。

太阳风来自于日冕的高温。在光球层之上约1000万千米处，日冕气体炽热得足以摆脱太阳的引力，它们开始向外流入太空。与此同时，太阳大气不断地从下面补充气体。如果不这样，日冕在一天内就会消失。实际上，太阳是在“蒸发”——不断地通过太阳风脱落质量。然而，太阳风是极其稀薄的介质，从46亿年前太阳系形成起，太阳用这种方式丢失的质量还不到0.1%。

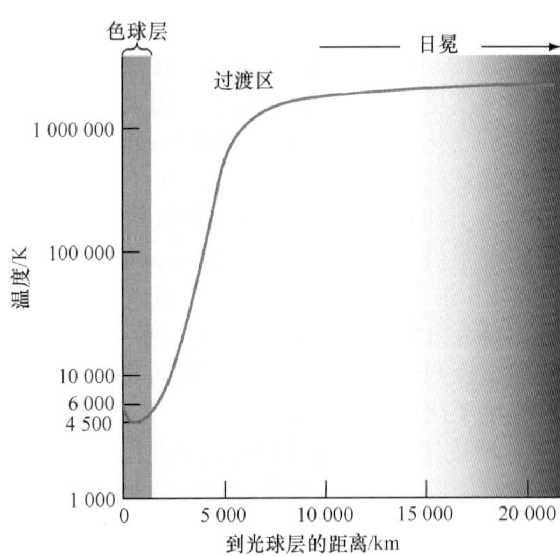

▲图5.13 太阳大气温度
低层太阳大气的气体温度变化是戏剧性的。温度以蓝色线表示，在色球层中达到最低值4500 K，然后在过渡区内急剧上升，最终在日冕里保持为300万开尔文左右。

概念理解 检查

✓ 说明光球层光谱与日冕光谱的两种不同之处。

5.4 太阳磁场

太阳有着一个强大而复杂的磁场。太阳磁场在1908年由美国天文学家乔治·埃勒里·黑尔发现，至今仍在给科学家出难题。太阳磁场线的结构对于了解太阳外观和表面活动等许多方面是至关重要的，然而磁场线的几何细节，甚至是产生和维持整个太阳磁场的物理机制仍然是热烈研究的主题。奇怪的是，理解太阳磁场各方面的关键在于在黑尔的突破性发现之前约300年首次观测到的现象。

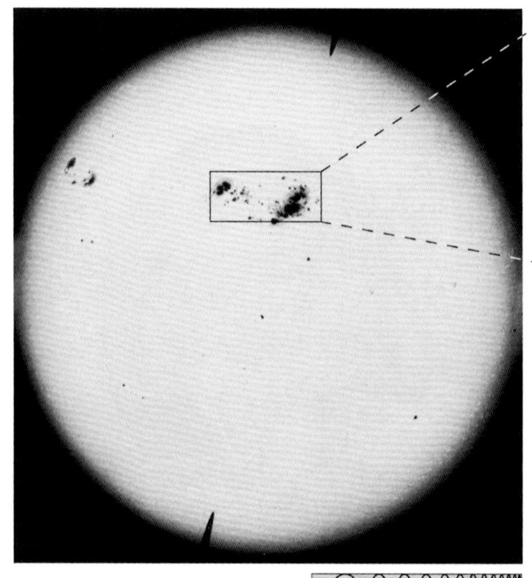

▲图5.14 太阳黑子
这幅太阳的完整照片拍摄于太阳活动最大期间，展示了几群太阳黑子。图中最大的黑子直径超过20 000 km，几乎是地球直径的两倍。典型的太阳黑子直径只有这样的一半大。［帕洛马天文台（Palomar Observatory）/加州理工学院（Caltech）］

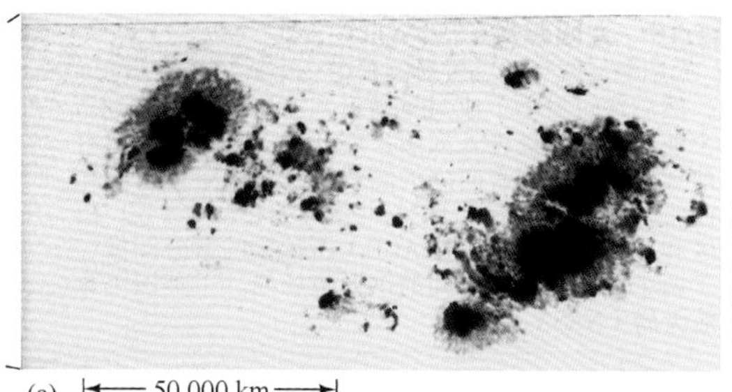

由于黑子比周围气体的温度稍微低些，因此看起来是黑暗的

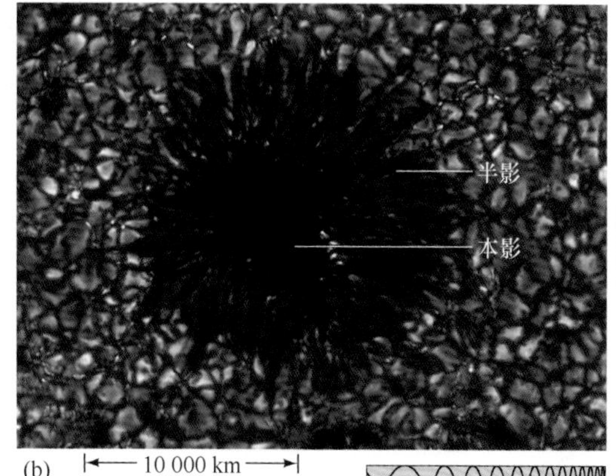

这个黑子的尺寸约为地球大

▲图5.15 太阳黑子，特写
（a）图5.14中最大的那对太阳黑子的放大照片，这里展示了每个黑子是如何由较热的、明亮些的半影包围着较冷的、黑暗的本影而形成的。（b）一幅高分辨率的、独立的典型黑子图像，显示了黑子的结构细节以及周围的表面针状物。［帕洛马天文台（Palomar Observatory）/加州理工学院（Caltech）、斯必泽空间望远镜（SST）/瑞典皇家科学院（Royal Swedish Academy of Sciences）］

太阳黑子

图5.14是太阳的一幅完整光学照片，显示其表面有无数黑暗的斑点。伽利略约在1613年首先详细地研究了它们，这些“斑点”提供的第一手线索之一，是证明了太阳并不是完美的、一成不变的创造物，相反却是有着不断变化的地方。黑暗的区域被称为**太阳黑子**，通常直径约为10 000 km，近似于地球的大小。如图所示，黑子经常成群出现。在任意给定的时刻，太阳可能会有成百上千的黑子，或者也可能没有任何黑子。

对太阳黑子的研究表明，黑暗中心的**本影**被灰暗的**半影**所环绕。图5.15的特写视图显示了一个这样的黑暗区域，附近是没有受到干扰的明亮的光球层。黑色的渐变实际是由于光球层温度的渐变造成的——太阳黑子就是比光球层气体温度低的区域。黑子本影的温度约为4500K，相比之下，半影的温度是5500K。然而，黑子仍然是由炽热气体组成的，它们看起来呈现黑色仅仅是因为它们出现在相对较亮的背景上（5800K的光球层）。如果我们能奇迹般地将太阳黑子从太阳上移走（或者只是遮挡住太阳辐射的其余部分），那么黑子就会变得明亮，就像其他任何一个温度约为5000K的炽热物体那样。

太阳磁场

是什么原因导致太阳黑子的出现呢？为何它比周围光球层的温度低？这些问题的答案与太阳的磁场结构有着紧密的联系。第3章里，我们知道了通过分析谱线能够得到关于谱线形成位置处磁场的详细信息。∞（3.5节）事实上，黑尔有关太阳磁场的发现是根据观测太阳黑子内Hα线的塞曼效应（磁场对谱线的致宽或分裂作用）而得到的。最重要的是，这样可以确定磁场的强度和磁场线的视线方向（朝向或是远离观测者）。

一个典型太阳黑子的磁场比其邻近的、没有扰动的光球层区域的磁场强约1000倍（后者本身的磁场比地球磁场要强几倍）。此外，磁场线的方向并不是随机的，相反大致是直接垂直于（穿进或穿出）太阳表面。科学家们认为，太阳黑子比周围环境温度低是因为它们异常强大的磁场趋向于阻碍（或重定向）炽热气体的对流运动，而这种对流通常是朝向太阳表面的。

▲图5.16 太阳磁场

（a）太阳磁场线穿过黑子对的其中一个成员从太阳表面出现，然后穿过另一个成员重新进入太阳。如果磁场线从某个前导黑子直接进入太阳，那么在这一半球上所有其他前导黑子就都有着向内的磁场线。在南半球情况相反，在那里，黑子的极性总是与北半球的相反。（b）由过渡区和日冕探索卫星（TRACE）所拍摄的紫外图像，展示了两个太阳黑子群之间的拱形磁场线。［美国国家航空航天局（NASA］

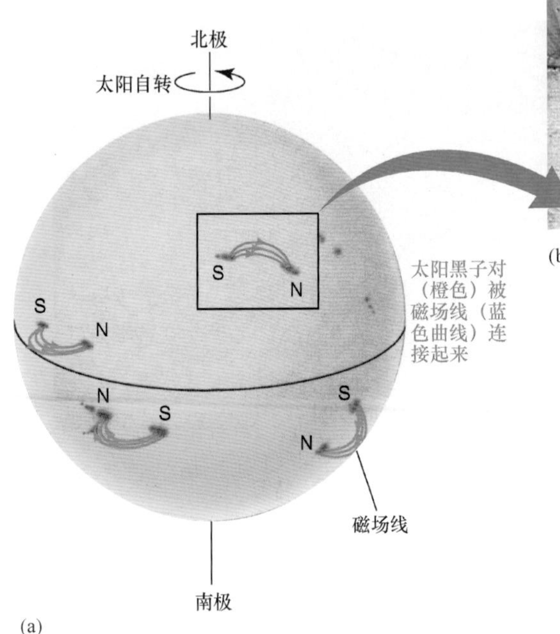

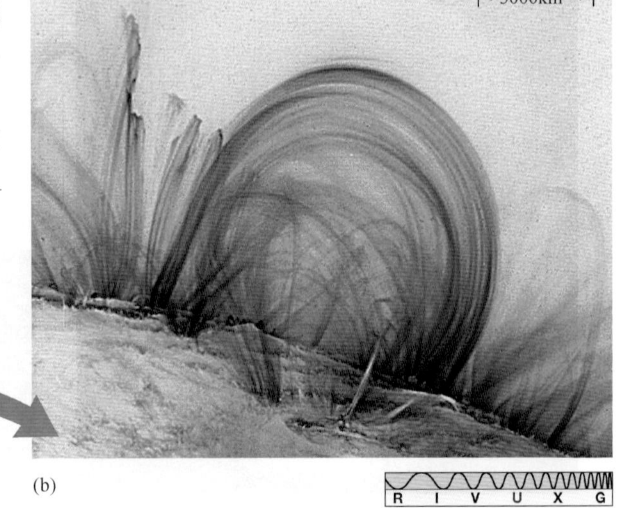

太阳黑子的**极性**简单地表明了它的磁场相对于太阳表面的直接指向。按照惯例，我们将那些磁场线从内部向外出现的太阳黑子标记为“S”，而那些磁场线潜入光球层之下的黑子标记为”N”（因此，表面之上的磁场线总是从S运动到N，和地球上的一样）。

太阳黑子几乎总是成对地出现，成员大都位于同一纬度但磁极性相反。图5.16（a）说明了磁场线如何穿过黑子对中的成员（S）从太阳内部出现，依次穿过太阳大气，然后通过另一个成员（N）再重新进入光球层。与在地球磁场内一样，带电粒子趋于沿着太阳的磁场线运动。图5.16（b）展示了一幅太阳磁回路的真实图像。图中可见高温气体沿着连接两个太阳黑子群的复杂磁场线网络运动。

尽管太阳黑子本身的外形不规则，但在这背后的太阳磁场却有着许多的规律。在同一太阳半球（北半球或南半球）上，所有的太阳黑子对在任一瞬时都有着同样的磁场构型。也就是说，如果某个黑子对中前导的（以太阳自转方向定义）黑子极性为N，如图中所示，那么这一太阳半球上所有前导黑子就都有着相同的极性。更重要的是，同一时刻在另一半球上，所有黑子对都有着相反的磁场构型（S极前导）。要理解太阳黑子极性的这些规律，我们必须要更加仔细地看待太阳磁场。

较差自转和对流运动的结合从根本上影响了太阳磁场的性质，进而在决定黑子数量和位置分布上扮演了主要角色。如图5.17所示，太阳的较差自转扭曲了太阳磁场，在太阳赤道附近“包裹”住太阳磁场，并最终导致任何原始是北-南极性排列的磁场重新定向为东西向排列。同时，对流运动导致磁性气体涌出太阳表面，形成扭曲并缠绕的磁场模式。在某些地方，磁场线扭结起来就像扭曲缠绕的花园里用的浇水软管，导致磁场强度增强。有时，磁场会变得很强，以至于能够克服太阳的引力，一个磁场线“管道”从表面突涌而出，环状通过太阳低层大气，形成一个太阳黑子对。底层太阳磁场一般性的东西向排列解释了每个半球上所产生的太阳黑子对的磁场观测极性。

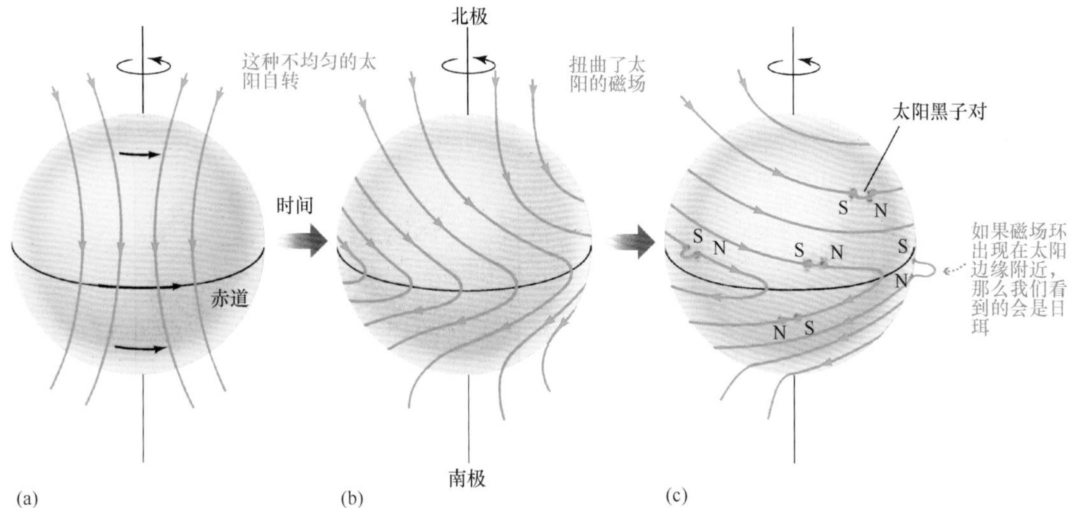

▲图5.17 太阳自转
（a，b）太阳的较差自转扭曲并包裹住太阳磁场。（c）有时候，磁场线从表面突涌而出，环状穿过低层大气，从而形成一个太阳黑子对。太阳磁场线的底层构型可以解释观测到的黑子极性模式。（见图5.21。）

太阳（活动）周期

太阳黑子并不稳定。大多数黑子的大小和形状会改变，并且会一起出现又一起消失。图5.18显示了太阳黑子数目随时间序列的变化——在几天时间内，黑子数量有时增加、有时减小。独立的黑子可能在某处存在1～100天；一大群黑子一般会持续50天。黑子不仅会随着时间有来有去，它们在日面上的数量和分布也在有规律地变化着。多个世纪的观测发现了一个明显的**太阳黑子周期**。图5.19（a）显示了20世纪里每年所观测到的太阳黑子数目。黑子的平均数目每11年或大约11年达到极大，之后在新的周期开始之前几乎降至零点。

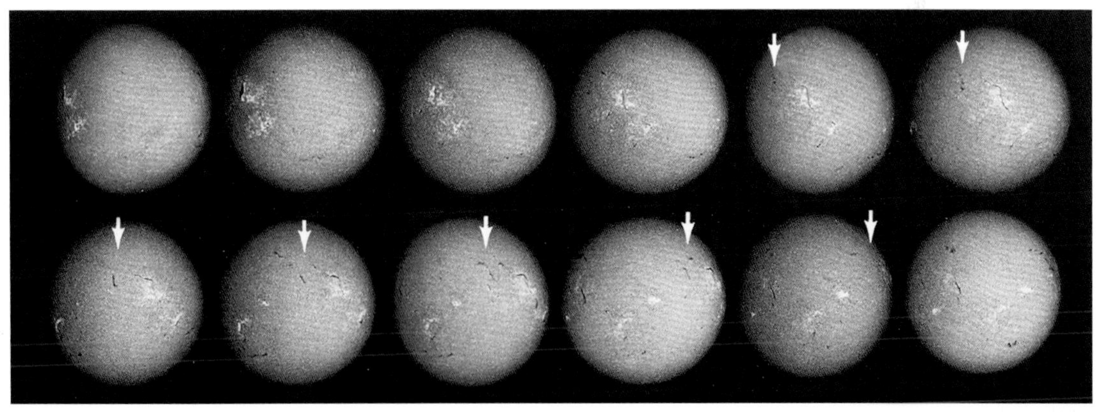

▲图5.18 太阳自转
这一幅从左到右的序列图显示了太阳黑子和低层色球活动在12天内的演变。空间站的太空实验室在拍摄这些照片时用到了Hα滤光片。箭头指出，一组太阳黑子在超过一周的时间里随太阳本身的自转而绕太阳运动。［美国国家航空航天局（NASA）］

▲图5.19 太阳黑子周期
（a）20世纪内，太阳黑子每月的计数清晰地展示了（约为）11年的太阳活动周期。在太阳活动的极小期，几乎看不见什么太阳黑子。大约4年之后，在太阳活动极大期，每月大约能观测到100个黑子。（b）太阳活动极小时位于高纬度的太阳黑子群。随着太阳黑子数目向峰值变化，黑子出现的纬度越来越低。在重新接近太阳活动极小期时，黑子再次聚集在太阳赤道附近。

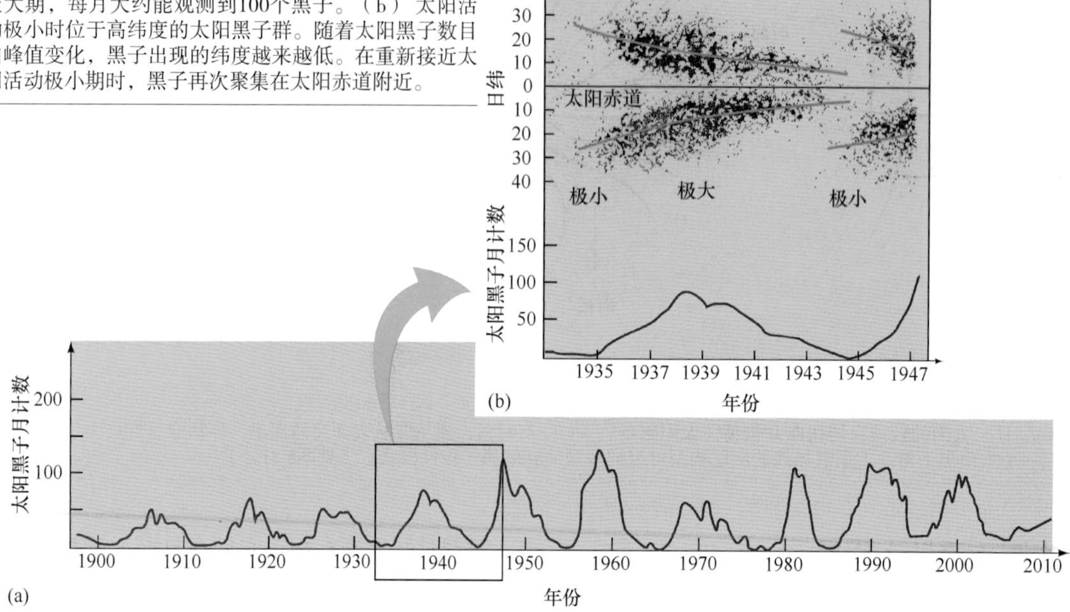

在**太阳黑子活动周期**内，太阳黑子出现的纬度在发生变化。独立黑子不会沿纬度上上下下运动，但新的黑子会出现在靠近赤道的地方，老的黑子同时会消失在高纬度地区。图5.19（b）是观测到的黑子的纬度随时间的函数关系图。每个活动周期开始时，即**太阳活动的极小期**，只能看见几个黑子，它们一般被限制在太阳赤道以南或以北、纬度约在25°～30° 的两个狭窄区域内。大约在周期开始四年后，即**太阳活动极大期**附近，太阳黑子的数目显著增加，出现在赤道南北纬度15°～20° 之内。最后，在活动周期的末期，即太阳活动极小期，黑子的数量再次下降，大多数黑子位于赤道南北约10° 内的地方。每个新活动周期的开始似乎都叠加在前一个周期的结束之上。

将这幅图片进一步复杂化，11年的黑子活动周期实际上只是更长的22年**太阳活动周期**的一半。在该活动周期的第一个11年内，北半球上所有黑子对的前导黑子都有着相同的极性，而南半球上的黑子则有着相反的极性（图5.16）。但在下一个11年内，这些极性会发生逆转，因此完整的太阳活动周期是22年。

天文学家认为，较差自转和对流的复合作用所造成的不断拉伸、扭曲和折叠的磁场线不仅生成，还放大了太阳磁场，但细节仍不清楚。该理论类似于解释地球和类木行星磁场的"发电机"理论，只是太阳发电机运行得更快、规模更大。该理论的一个预测是，太阳磁场会上升到极大，然后再降至零点，并逆转极性，有着或多或少的周期性，正如观测所见。太阳的表面活动，如太阳黑子周期，只是遵循着磁场的变化。随着磁场线在赤道附近缠绕得越来越紧，在磁场线的增强并最终衰竭的共同作用下，造成了黑子数目的变化和向低纬度的迁移。

图5.20将黑子数据的时间范围追溯到了望远镜发明时。我们可以看到，太阳黑子周期的11年"周期性"并不是太规律。

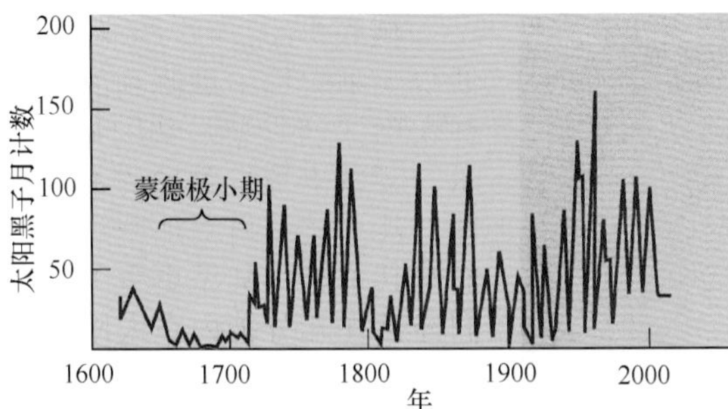

▲**图5.20 蒙德极小期**
过去4个世纪内太阳黑子每月的平均数目。注意，17世纪晚期黑子数目的减少。

不仅太阳黑子周期的长度在7～15年，而且在相当近的过去，有许多年，太阳黑子周期完全消失了。从1645年到1715年是太阳不活动的漫长时期，这被称为**蒙德极小期**，以注意到这些历史记录的英国天文学家命名。在那段时间内，日全食期间的日冕看起来也很不明显，17世纪晚期的地球极光现象也很稀少。由于缺乏对太阳活动周期的完整了解，我们无法轻易解释其为何完全停止活动。大多数天文学家怀疑，是太阳对流层或自转模式发生了改变，但是导致太阳发生这样长达一个世纪的变化的具体原因，以及太阳活动与地球气候之间的详细联系，仍然是一个谜（见探索5–2）。

事实上，最近一次的太阳黑子极小（2008年—2009年）导致了差不多一个世纪以来的太阳活动极小；在那些年内，几乎有80%的时间完全不能看到任何太阳黑子，并且太阳风也异常微弱。在新的活动周期里，根据2013年中期的峰值，科学家预计太阳活动也会比正常情况下弱。科学家们将活动的减少归因于5.2节中描述的表层之下的“传送带”所发生的变化，认为它直接影响了太阳黑子的行为。由于未知的原因，在20世纪90年代内，流动速度加快了几米每秒，极大地抑制了下一个活动周期内黑子的数量（并且很可能会影响在此之后的活动周期，也许影响正在发生）。周期已经开始变缓，但现在没有人能确定影响会持续多久。

概念理解 检查

✓ 太阳黑子极性的观测能告诉我们有关太阳磁场的哪些信息?

5.5 活动的太阳

大多数的太阳光来自于光球层的连续发射。然而，叠加在这种稳定的、可预测的恒星能量输出之上的，是一种更加不规则的成分，以爆发性的、不可预测的表面活动为特点。太阳活动对太阳总光度没有什么贡献，对太阳的演化可能也没有显著的影响，但是它确实影响了地球上的我们。（日）冕洞的大小和持续时间受到太阳活动水平的强烈影响。因此，太阳风的强度随之增强，转而直接影响地球的磁层。

活动范围

一对或一群太阳黑子附近的光球层表面可能是狂暴的地方，有时爆发性地喷发，喷出大量的高能粒子进入日冕。发生这些高能事件的地点被称为**活动区域**。大多数太阳黑子群都与活动区域有关。和其他所有太阳活动一样，这些现象往往会跟随太阳活动周期，并且在太阳活动极大时最为频繁和剧烈。

图5.21展示了两个大规模的太阳**日珥**——发光气体环或片从太阳表面的活动区域喷涌而出，在太阳磁场的作用下穿过日冕内部。太阳黑子群内部和附近强磁场中的磁不稳定性可能是导致日珥发生的原因，尽管具体细节仍未被完全了解。还可以很容易地在活动区域内和附近看到拱形的磁场线，如图5.16（b）所示。磁场线结构的快速变化，以及它们可以迅速地将物质和能量在太阳表面输送，可能达到数万千米远的事实，使活动区域的理论研究成为格外困难的课题。

宁静日珥会持续数天甚至数周，由太阳磁场支撑着盘旋在光球层之上。活动日珥来去都很不规律，它们的外观在几小时内会发生改变，或者它们从太阳光球层如海浪般地涌起，然后马上落回光球层。就面积而言，典型的日珥范围在10万千米左右，大约是地球直径的10倍。大致如图5.21（a）所示的日珥（差不多在太阳表面穿越了约50万千米）更为少见，通常只出现在太阳活动最剧烈的时候。最大的日珥可以释放出高达10^{25}J的能量，包括粒子和辐射——虽然相比太阳的总光度（4×10^{26}W）这并不算多，但以地球上的标准来说，仍然十分巨大。（地球上的所有发电厂需要十亿年的时间才能生产出这么多能量。）

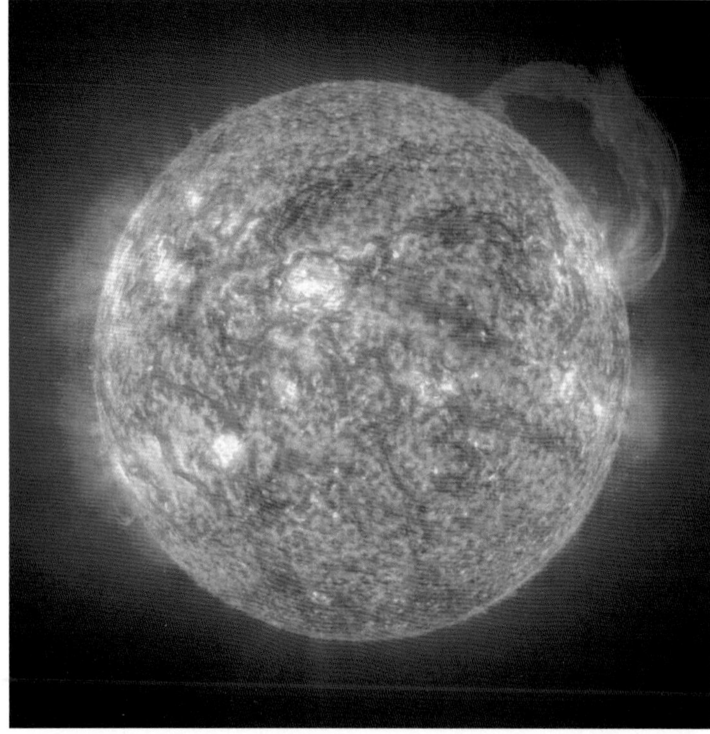

(a)

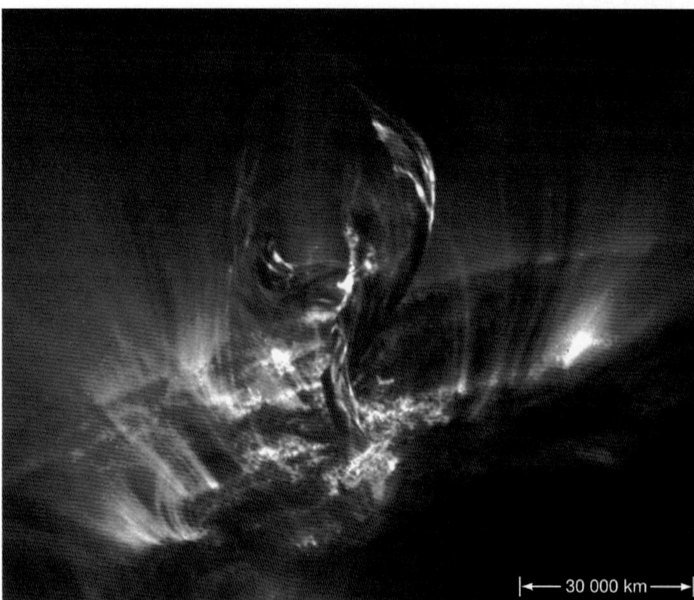

(b)

▲图5.21　太阳日珥

（a）这个特别巨大的太阳日珥是由SOHO飞船上装载的紫外探测器于2002年拍摄的。（b）像一只凤凰从太阳表面飞起，炽热的气体纤维长度超过100 000km。地球会被很容易地夹在伸展的“胳膊”之间。这幅TRACE图片中，黑暗区域的温度不超过20 000K；明亮区域的温度约为100万K。大多数的气体随后会冷却，并落回到光球层。［美国国家航空航天局（NASA）］

耀斑是活动区域附近的低层太阳大气中观测到的另一种太阳活动类型。如图5.22所示，耀斑也源自磁场的不稳定性，甚至比日珥更加剧烈（我们对其了解得甚至更少）。它们经常在几分钟内在太阳的某个区域内一闪而过，随着它们的消失会释放出十分巨大的能量。空间观测表明，耀斑极度致密的中心释放出的X射线和紫外辐射尤其强烈，那里的温度可达1亿K。

这些激变的爆发是如此能量充沛，以至于一些研究者把日珥比作太阳大气低层区域内的核弹爆发。一个主要的耀斑释放出的能量与最大的日珥相当，但释放的时间只不过是几分钟或几小时，而不是几天或几周。与气体构成日珥的独特环状特征不同，耀斑产生的粒子能量如此充沛，以至于太阳磁场也不能控制并引导它们回到太阳表面。相反，在剧烈的爆发作用下，粒子只是简单地冲向太空。耀斑被认为与大多数的内部压力波有关，引起了太阳表面的振荡。

图5.23显示了来自太阳的**日冕物质抛射**。有时（但并不是总是）与耀斑和日珥相伴，这些现象像是巨大的电离气体的磁“气泡”，与太阳大气的其他部分分隔开来，逃入行星际空间。在太阳活动极小期，这样的抛射大约每周发生一次；但在太阳活动极大期，每天会发生两到三次。由于携带了大量的能量，它们可能会——如果这些“气泡”的方向正确的话——与地球磁场融合，发生被称为磁重联的过程，由此将它们的一部分能量转移到地球磁层，并有可能导致地球上广泛的通信和电力中断［见图5.23（b）；也可见探索5–2］。

▼ **图5.22 太阳耀斑**
比日珥还要剧烈得多，太阳耀斑在太阳表面爆发，在区区几分钟内扫过活动区域，将太阳物质高度加速并喷入太空。［美国空军（USAF）］

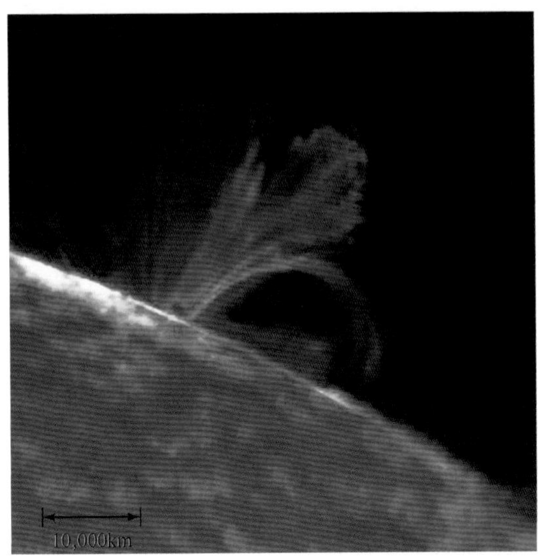

变化的太阳日冕

与5800K的光球层的辐射主要集中在电磁波谱的可见光范围内不同，炽热的日冕气体辐射的频率更加高——主要位于X射线波段内。∞（2.4节）由于这样的原因，X射线望远镜成了研究太阳日冕的重要工具。图5.24（a）展示了太阳的几幅X射线图片。完整的日冕延伸远远超过了图像的所示区域，但发出辐射的日冕粒子的密度随着到太阳的距离的增大而迅速降低。更远处的X射线辐射的强度太过暗弱，这里无法看见。

在20世纪70年代中期，美国国家航空航天局的太空实验室空间站揭示了太阳风主要通过被称为**冕洞**的太阳“窗口”逃逸出来。图5.24（a）中从左到右的黑暗区域就是一个冕洞，显示了来自于日本的阳光X射线太阳天文台的较新数据。这并不是真正的空洞，这样的结构只是由于缺乏足够的物质而已——大气密度比本已是稀薄的正常日冕还低约10倍的广阔区域。注意在这些图片中，底层的太阳光球看起来发黑，因为其温度太低，不能发出显著量的X射线。

▶ **图5.23 日冕物质抛射**
（a）平均每周几次，巨大的太阳物质的磁性“气泡”会与太阳分开并迅速逃进太空，如这幅2002年由SOHO拍摄的图像所示。图中圆圈是人为的图像系统，设计用来遮挡住太阳本身的光芒，以放大更远直径处的暗弱特征。（b）如图所示，磁场方向与我们地球磁场方向相反的日冕物质抛射将会与地球相遇，磁场线会像图（c）那样发生连接，使得高能粒子进入并有可能严重地破坏地球磁层。相比之下，如果日冕物质抛射的磁场与地球磁场同一方向，那么它将滑过地球，几乎没有什么影响。［美国国家航空航天局（NASA）/欧洲航天局（ESA）］

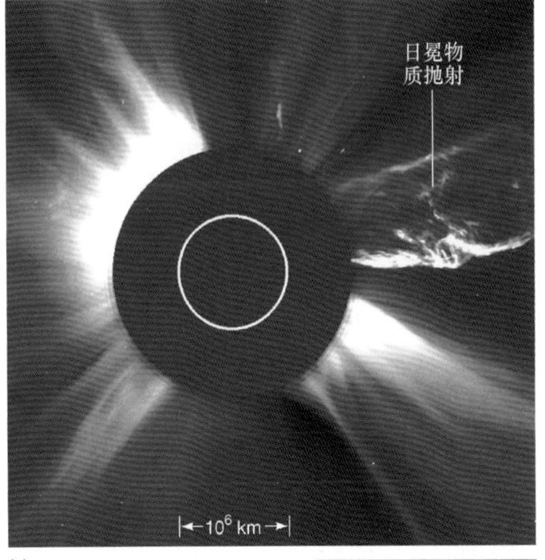

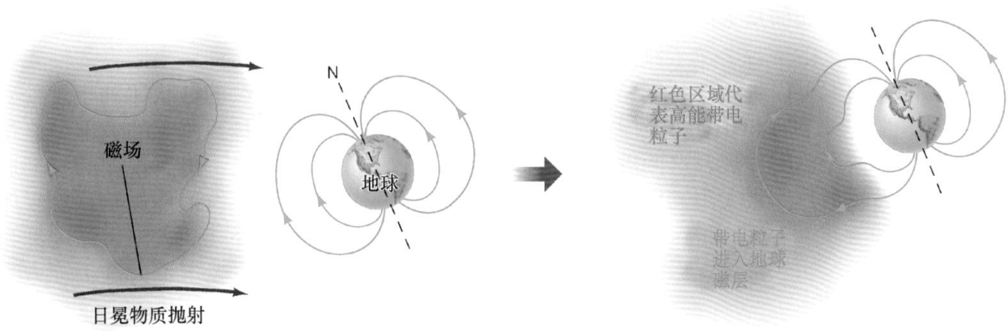

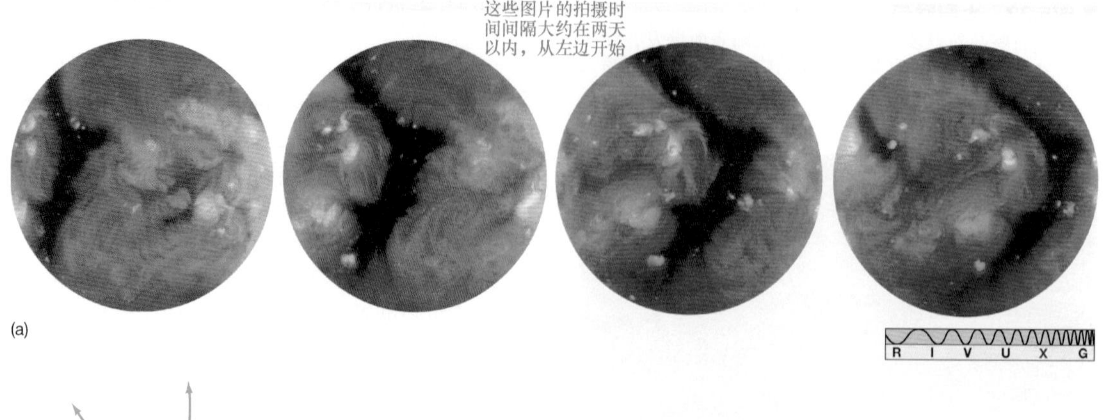

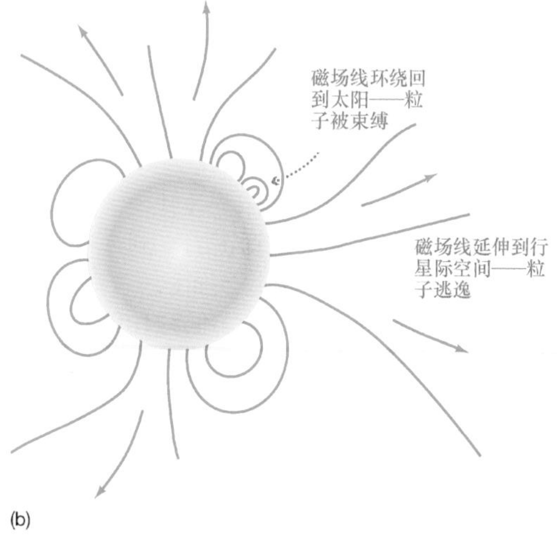

▲图5.24 冕洞

（a）阳光卫星观测到的太阳X射线发射图像。注意从左到右的黑暗的、V型的冕洞，那里的X射线观测生动地描述了高速太阳风流出这些异常稀薄区域的细节。（b）带电粒子克服引力沿着磁场线（蓝色曲线）流动。当磁场被束缚并返回到光球层时，粒子也会被束缚；否则，粒子会作为太阳风的一部分而逃逸。［日本太空和航空科学研究所（ISAS）/洛克希德马丁公司（Lockheed Martin）］

冕洞内物质稀少，因为在扰动的太阳大气和磁场的共同驱动下，那里的气体能够自由地以高速流入太空。图5.24（b）说明了在冕洞内，太阳磁场线是如何从太阳表面伸展到遥远的星际空间中的。由于带电粒子倾向于沿磁场线运动，因此它们可以逃逸，特别是从太阳的极区逃逸，结论来自于SOHO和美国国家航空航天局尤利西斯飞船的发现，这两艘飞船在黄道面之上高高飞翔，探索太阳的极区。一些冕洞内的太阳风速度可达800km/s。在日冕的其他区域，太阳磁场线保持接近于太阳，使带电粒子保持在太阳表面附近，防止了太阳风的外流（正如地球磁层倾向于阻止袭击地球的太阳风进入那样），因此那里的密度相对仍然较高。由于冕洞内“开放”的磁场结构，耀斑和其他磁场活动（正如我们所见，与太阳光球附近的磁回路有关）往往在那里被抑制。

最大的冕洞，如图5.24（a）所示，可以跨越数十万千米，并可能存在多个月。这样尺寸的结构每十年只会被发现几次。小一些的冕洞——尺寸可能只有几万千米——更为常见，每隔几小时就会出现。

冕洞似乎是太阳活动周期内太阳大规模磁场反转和自我补充过程中不可分割的一部分。长期冕洞在磁场周期的许多时间内保持在太阳的极区，而其他冕洞的数量和位置似乎会随太阳活动的步伐而变化。然而，像太阳磁场的许多方面一样，冕洞的结构和演化并未被完全了解，它们目前正是被热烈研究的课题。

最后，太阳日冕会随太阳黑子的周期而变化。图5.12中的日冕照片展示了一个宁静的太阳，处于太阳黑子最少时。在这种时候，日冕的外观相当规则，好像均匀地环绕着太阳。将此图像与拍摄于太阳黑子峰值附近的1994年的图5.25相比。活动期日冕的外观更加不规则，并延伸到太阳表面更远处。指向太阳远处的日冕物质“飘带”是这一阶段的特征。

天文学家认为，日冕主要因光球层内的活动而被加热，这能向低层太阳大气注入大量的能量。光球层内无数的针状体和小规模磁场扰动可能提供了加热日冕所需的大部分能量。光球层内、活动区域之上更大规模的扰动通常会穿过日冕，将能量广泛地传送给日冕气体。鉴于这种关系，日冕外观和太阳风强度都与太阳活动周期紧密相关也就不足为奇了。

探索5-2

日地关系

我们的太阳经常被看作是能主宰人类命运的神。显然，每天到达我们地球的稳恒太阳能流是我们的生活必不可少的。在过去的一个世纪内，也不断有论点宣传太阳活动与地球气候的相关性。然而，直到最近，这类话题才有了正经的科学性——也就是说，不是超自然的更自然。

事实上，22年的太阳活动周期（两次磁场极性相反的太阳黑子周期）似乎与地球上干旱气候的周期有些相关性。例如，在过去八次太阳活动周期的开始之初，北美洲都出现了干旱——至少在从南达科他州到新墨西哥州的中部和西部平原内。另一个可能的日地相关性是太阳活动和地球上增加的大气环流之间的联系。随着大气环流的增加，地球上的风暴系统被加强，延伸的纬度范围更加广泛，携带的水分更多。这种关系很复杂，相关主题争论纷纷，因为目前没有谁能展示出任何的物理机制（除了太阳的热量以外，它随太阳活动周期的变化不大），可以让太阳活动扰乱我们地球的大气。没有更好的对相关物理机制的认识，这些作用就都不能纳入我们天气预报的模型中。

太阳活动也可能会影响地球的长期气候。例如，蒙德极小期（见5.6节）似乎与所谓的小冰河期内最寒冷的年份对应得很好，在17世纪末期冰冻了欧洲北部和北美洲；在17世纪的荷兰，某个夏季就实际出现了“冬季”景色的陪伴。活动太阳和其丰富的太阳黑子如何影响地球气候是地球气候学的前沿问题。

过去20年内，太阳常数的测量表明，太阳能量输出随着太阳活动周期而变化。矛盾的是，当许多太阳黑子覆盖太阳表面时，太阳的光度却是最大！因此，蒙德极小期就对应于太阳辐射低于平均时期的延伸期。然而，最近观测到的太阳光度变化很小——不超过0.2%或0.3%。如果这是真实情况的话，那么现在还不知道蒙德极小期内太阳的输出降低了多少，或者是需要多大的改变量才能解释所发生的气候变化。

太阳活动与地球地磁扰动之间的相关性现在已经明确地建立了，也得到了更好的认识。耀斑或日冕物质抛射将多余的辐射和粒子抛出，侵入地球环境，使范艾伦辐射带过载，因此在大气层中造成明亮灿烂的极光并影响我们的通信网络。我们现在才开始认识到太阳活动现象发出的辐射和粒子是如何影响地球上的雷达、电网和其他科技设备的。事实上，地球上的一些大规模停电并不是由于消费需求的增长或是设备故障，而是由于太阳天气而引起的！

我们仍不能预测太阳耀斑或日冕物质抛射发生的时间和地点。然而，如果能够这样做的话，对我们必然会有益处，因为太阳活动的这些方面影响了我们的生活。这是天文学研究中非常多产的领域，在地球上也有明确的应用。

（国立博物馆，阿姆斯特丹；荷兰/布里奇曼艺术图书馆）

概念理解 检查

✓ 为何太阳活动对地球上的生命很重要？

▲图5.25 活动的日冕
1994年7月，日食期间的太阳日冕照片，这时临近太阳黑子周期极大。在这时，相比太阳黑子极小期（与图5.12相比），日冕很不规则并且更加延展。日冕形状和大小的变化是由太阳活动周期内日珥和耀斑活动的变化直接造成的。［美国国家大气研究中心高海拔天文台（NCAR High Attitude Observatory）］

5.6 太阳的心脏

太阳能量来自何方？什么力量在太阳核心运作，产生如此巨大的光度？什么过程让太阳日复一日年复一年、永远地发光？找到这些问题的答案是所有天文学家的首要任务。没有它们，我们就不能理解宇宙中恒星和星系的物理存在，也不能理解地球上生物的存在。

太阳能量的产生

四舍五入后，太阳的光度是4×10^{26}W，质量是2×10^{30}kg。用太阳光度除以太阳质量，我们可以量度太阳能量生成的效率：

$$\frac{\text{太阳光度}}{\text{太阳质量}}=2\times10^{-4}\text{W/kg}$$

这就意味着，每千克太阳物质产生的能量约为0.2mW——每秒0.000 2 J的能量。

这样的能量并不多——一块燃烧的木材产生的能量约是太阳每单位质量在每单位时间内产生能量的100万倍，因此，相同的太阳光度可以（原则上）由地球上质量相当的一堆木材燃烧得到。但这并不是最重要的区别：木材不能以这样的速率持续燃烧几十亿年。

要赞赏我们的太阳所产生的能量大小，我们不仅必须要考虑太阳光度与太阳质量的比率，还要考虑每克太阳物质在作为恒星的太阳的整个生命周期内所产生的总能量。这很容易做到。我们简单地将太阳能量产生的速率乘以太阳的年龄（大约50亿年），我们得到的值是3×10^{13}J/kg。这是从太阳形成起，每1kg太阳质量所辐射出的能量的平均大小，它代表了太阳总能量辐射的最小值，太阳闪耀更多一天就会需要更多的能量。太阳应该会再经历另一个50亿年（按照理论预测），我们不得不将这一数值翻倍。

不管怎样，这样的能量物质占比是非常大的。每千克太阳物质至少必须要产生60万亿焦耳（平均）的能量，才能提供太阳在整个生命周期内的能量。但太阳生成的能量不是爆发性的或在短时间内释放出大量的能量；相反，它的能量释放缓慢而稳定，提供了均匀的和长期性的能量供应。只有一种已知的能量产生机制能够令人信服地以这种方式为太阳提供能量——**核聚变**——轻原子核结合成较重的原子核。

核聚变

我们可以将典型的核聚变表示为

原子核1+原子核2 -->原子核3+能量

要为太阳和其他恒星提供能量，该方程中最为重要的一环是能量的生成。至关重要的一点是，在核聚变反应期间，总质量在减少——原子核3的质量比原子核1和2的质量总和小。质量哪儿去了呢？根据爱因斯坦著名的**质能等价方程**

$$E=mc^2$$

或能量=质量×（光速）^{2}，这些质量转化成为能量。

该方程表达了阿尔伯特·爱因斯坦在20世纪初的发现，物质和能量能够互换——一个可以转换为另一个。要确定给定质量所对应的能量大小，只需简单地将质量乘以光速（c）的平方。例如，1kg物质的能量相当于$1\times(3\times10^8)^2$，即9×10^{16} J。光速是如此之大，以至于很小的质量就能转化为巨大的能量。

核聚变反应生成的能量是遵循质量和能量守恒定律的一个例子，**质能守恒定律**可以表述为质量和能量的总和（适当地利用爱因斯坦方程转换为同一单位）在任何物理过程中必须始终保持不变，没有任何的例外。根据这一定律，物体可以在概念上消失，提供一定量的能量出现在原地。如果魔术师真的让兔子消失掉，那结果将会是等于兔子质量和光速平方乘积的能量闪光——足以毁灭魔术师和每一位观众，很可能还有周围所有的一切！至于在太阳核心发生的核反应，能量主要以电磁辐射的形式产生。我们看到的来自于太阳的光芒，意味着太阳的质量一定是在缓慢而稳定地随着时间减少。

带电粒子的相互作用

所有原子核都带正电荷，因此它们互相排斥。此外，根据平方反比律，两个原子核彼此离得越近，它们之间的排斥力越大［图5.26（a）］。∞（2.2节）那么，原子核——比如两个质子——究竟能否融合成更重的事物呢？回答是，如果它们能够以足够高的速度发生碰撞，那么一个质子就能暂时性地深嵌入另一个质子，最终进入到**强核力**的极短距离内，并把原子核绑定在一起（见详细说明5-1）。在不到10^{-15}m的距离内，核力的吸引压倒了电磁场的斥力，核聚变因而发生。速度超过几百千米每秒，对应的气体温度为10^7K或更高，这些都是足够快地将质子撞击在一起并引发核聚变所必需的。太阳的核心和所有恒星的中心都有着如此的条件。

图5.26（b）简要地说明了两个质子的聚变过程。实际上，一个质子变成了中子，在此过程中生成了新的粒子，并和另外一个质子结合形成**氘核**，一种被称为氘的特殊形式的氢原子核。氘（也被称为“重氢”）与普通的氢不同，因为它的原子核多了一个中子。我们可以将该反应表达如下

质子+质子-->氘核+正电子+中微子

这个反应中的**正电子**是带有一个正电荷的电子。除了带正电荷之外，正电子的属性与那些正常的、带负电荷的电子相同。科学家将电子和正电子称为“物质-反物质对”——正电子是电子的反粒子。新产生的正电子发现它们处在电子海洋之中，并立即与电子发生剧烈的相互作用。粒子与反粒子彼此湮灭（破坏），生成伽马射线光子形式的纯能量。

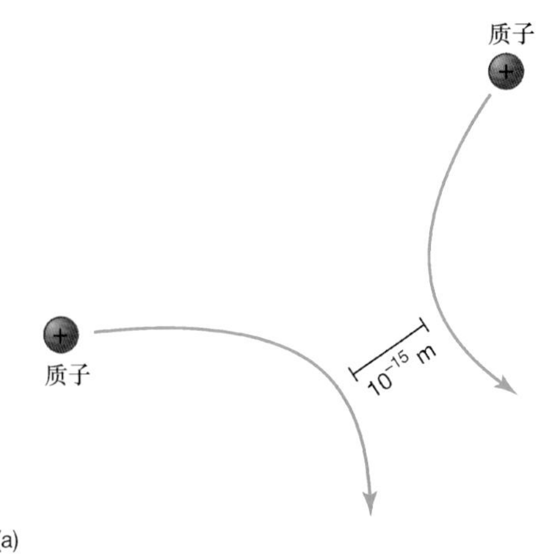

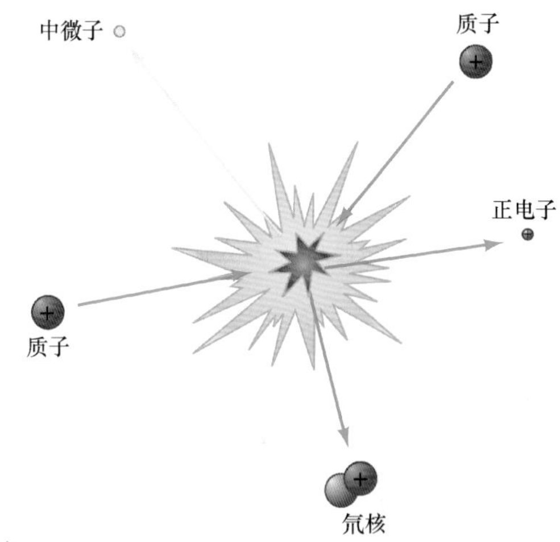

▲图5.26 质子相互作用
（a）由于同种电荷相斥，两个低速运动的质子远离彼此，永远不会靠得足够近而发生聚变反应。（b）高速运动的质子可以克服它们之间的斥力，足够接近，使得强作用力能将它们束缚在一起——在这种情况下，它们剧烈碰撞，引发核聚变反应，最终为太阳提供能量。

该反应的最终产品是一个被称为**中微子**的粒子，这一单词来源于意大利语的“小而中性的一个”。中微子不带电荷，质量非常低——最多只有电子质量的1/100 000，而电子的质量仅是质子质量的1/2000。（中微子的精确质量仍不清楚，尽管实验证据极力表明它的质量不为零。）中微子几乎以光速运动，而且几乎不与任何事物发生相互作用。它们可以不受阻碍地穿透几光年厚的铅（一种非常致密的物质，在地球实验室中被广泛地用于抵御辐射

的有效防护）。它们与物质的相互作用由**弱核力**主导，见详细说明5-1中的描述。尽管它们飘忽不定，但中微子可以由精心构建的设备探测到。在这一章的最后一节中，我们会讨论某些初步的中微子“望远镜”，以及它们对太阳天文学所做出的重要贡献。

正常的氢和氘的原子核包含相同数量的质子，但中子数量不同，是同种元素不同形式的表现——它们被称为那种元素的**同位素**。在通常情况下，原子核中的中子与质子一样多，但中子的实际数目可以有变化，大多数元素都有一些同位素存在。为避免在谈论到同一元素的同位素时发生混淆，核物理学家在表示元素的符号上加上了一个数字。这个数字表明了在该元素的原子中，原子核内的总粒子数（质子加上中子）。这样，普通的氢元素表示为^{1}H，氘为^{2}H，正常的氦（两个质子加两个中子）是^{4}He（也被称为氦4），以此类推。我们将在本书的剩余部分也采用这种表示方法。

质子-质子链

图5.27简要显示了为太阳（以及绝大多数恒星）提供能量的基本核反应集。它不是一个单一的反应，而是被称为**质子-质子链**的反应序列。图中显示了下面的几步。

（1）首选，两个质子结合形成氘，如图5.26所示。

（2）产生的正电子与电子湮灭，以伽马射线的形式释放出能量。氘核和质子结合生成被称为氦3的氦同位素（只包含一个中子），再次以伽马射线光子的形式释放出额外的能量。图5.27中展示了这些核反应集中的两个。

（3）最后，两个氦3原子核结合生成一个氦4，包含两个质子，与此同时也产生更多的伽马射线能量。通过质子-质子链，太阳核心内每时每刻都有数量庞大的质子聚合成氦。释放出的能量最终成为温暖我们地球的阳光。

将中间过程中短暂生成的原子核放到一边，我们看到的质子-质子链的净效应是四个氢原子核（消耗六个质子，归还两个质子）结合生成第二轻的元素的一个原子核，氦4（包含两个质子和两个中子，总质量为4），生成两个中微子，并以伽马射线的形式释放出能量。∞（3.2节）

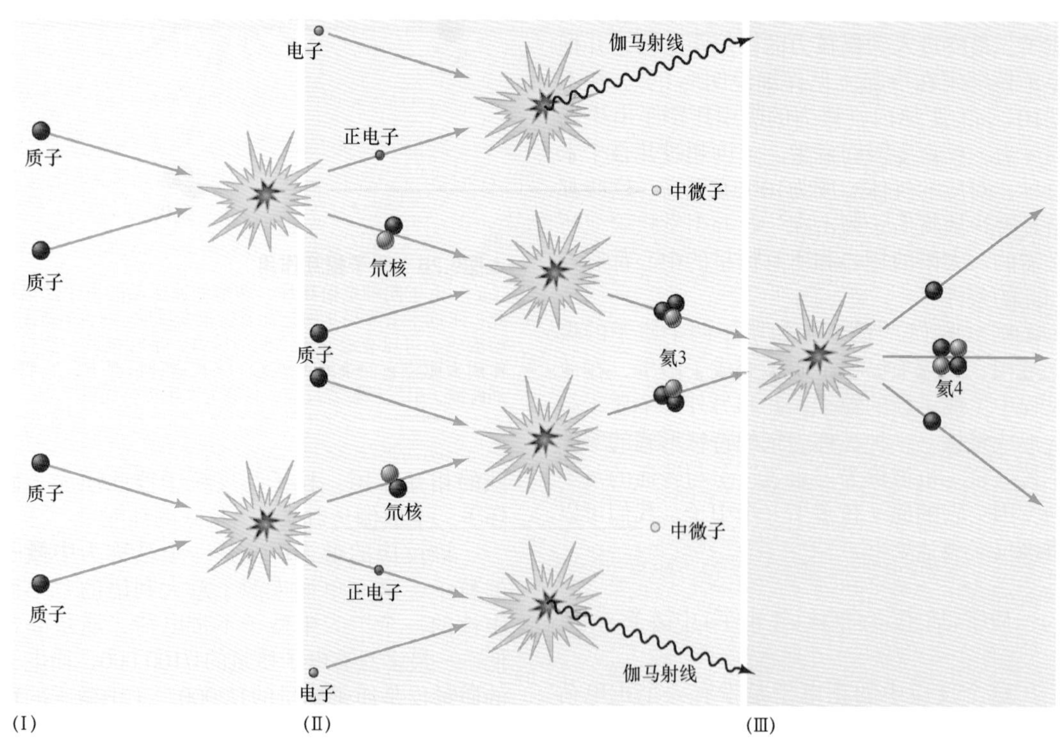

▲互动图5.27　太阳核聚变
在质子-质子链中，总共有6个质子（还有两个电子）转化为两个质子、一个氦4核和两个中微子。反应残留的两个质子仍然是新的质子-质子反应的燃料，因此，净效应就是4个质子聚合成为一个氦4原子核。每一步里都有伽马射线形式的能量产生。（为清晰起见，大部分的质子都省略了。）这里显示的三个阶段对应于正文中所描述的（1）、（2）和（3）中的反应。

详细说明5-1

基本作用力

我们对核反应的研究揭示了，物质在亚原子尺度上相互发生作用的新途径。让我们暂停一下，稍微以更系统的眼光来考虑自然界中各种不同的力之间的关系。

如我们所知，宇宙中所有物质的行为——从基本粒子到星系团——都只受四种（或更少的）基本力的支配，它们是宇宙万物的基础。从某种意义上说，了解宇宙本质的探求就是探索这些力的本质。

万有引力可能是四个之中最为有名的。引力将星系、恒星和行星约束在一起，并将人类保持在地球表面。万有引力的大小随距离以平方反比律减小。它的大小也正比于所涉及的两个物体的质量。因此，原子的引力场极其微弱，但星系的引力场却非常强大，因为它由大量的原子所构成。万有引力是迄今为止自然界中最弱的力，但随着我们移向越来越广阔的空间，引力效应不断累积，没有什么能够消除它的吸引。因此，万有引力是宇宙中所有比地球尺度更大的尺度的主导力量。

电磁力是另一种基本的自然力。任何带净电的粒子，比如原子中的电子或质子，会对其他任何带电粒子产生电磁力。我们身边每天所见的事物都由这种力结合起来。和万有引力一样，电磁力的强度也按平方反比律随距离而减小。∞（2.2节）然而，对亚原子粒子来说，电磁力比万有引力要强得多。例如，两个质子之间的电磁力比它们之间的万有引力强约10^{36}倍。不像引力，电磁力可以相斥（同种电荷），还可以互相吸引（相反电荷）。正电荷和负电荷倾向于互相中和，以大大减小它们之间的净电磁作用。在微观层面上，大多数物体实际上非常接近于电中性。因此，除了不同寻常的情况，在宏观尺度上，电磁力一般不太重要。

自然界中第三种基本力被称为**弱核力**。这种力比电磁力弱得多，它的作用更加微妙。弱核力支配了一些放射性原子的辐射；在质子-质子反应（图5.26）的第一步中，中微子的发射也是弱相互作用的结果。弱核力不遵循平方反比律，它的有效范围比原子核的尺寸小得多——约为10^{-18}m。

现在已经知道，电磁力和弱核力并不真正是完全独立的力，而是一种更为基本的**电弱力**的两个不同方面。在“低”温环境下，如地球上，甚至是恒星内部的环境，电磁力和弱力有着截然不同的性质。然而，在极高温度下，比如在宇宙年龄不到1s时所出现的那样，这两种力别无二致。在那样的条件下，电磁力和弱力“统一”为电弱力，宇宙只有三种基本的力，而不是四种。

所有力中最强的是**强核力**。这种力将原子核和亚原子粒子（例如质子和中子）束缚在一起，并且支配了太阳和所有其他恒星中能量的产生过程。和弱力一样，强力仅在极端接近的距离内才有作用，而不像万有引力和电磁力。在10^{-15}m的距离之外，强力微不足道。然而，在这样的距离内（例如在原子核中），强力以巨大的力量将粒子束缚在一起。事实上，正是由强力的这种作用范围确定了原子核的典型尺寸。只有当两个质子被带到距离彼此10^{-15}m的距离内，它们才能在强力的吸引下克服自身的电磁斥力。高能加速器的实验表明，在非常近的距离内（10^{-16}m以内），强力有着“硬”核，吸引力在那里变成斥力。（这个尺度太小，不能影响原子核，但在决定超新星爆发的物理机制时，它可能是至关重要的——见10.2节）

粗略地讲，我们可以认为强力比电磁力强约100倍，比弱力强100万倍，是万有引力的10^{38}倍。但并不是所有的粒子都由所有的力来支配。所有的粒子都有着万有引力的相互作用，因为它们都有着质量。然而，只有带电粒子才会有电磁相互作用。质子和中子受到强核力的作用，但电子不受。最后，在适当的环境下，弱力会影响任何类型的亚原子粒子，不管其是否带电。

4质子-->氦4+2中微子+能量

或者

4（^{1}H）-->^{4}He + 2中微子 + 能量

正如详细说明5-2中更加详细介绍的那样，为了提供太阳现在能量输出所需的燃料，核心的氢必须以6亿吨每秒的速率聚合成氦——这是个非常大的质量，但却仅占太阳所能提供的燃料总量的微小部分。太阳能够以这样的核心燃烧速率再维持50亿年（见第9章）。

核心产生的太阳核能是以伽马射线形式存在的。然而，当伽马射线穿过太阳内部较冷的层时，光子会被吸收并重新发出，根据维恩定理，当黑体辐射谱逐渐移向温度越来越低的那边时，辐射的特征波长会增加。最终离开光球层的能量主要是以可见光和红外辐射的形式。中微子也携带了相当大小的能量，毫无阻拦地以接近光速逃入太空。

其他的反应序列也能像质子-质子链那样产生相同的结果（见详细说明9-1）。然而，图5.27中所示的反应序列是最简单的，差不多生成了太阳90%的光。注意，在反应链的每个阶段，更简单的、更轻的原子核生成了更重的、更复杂的原子核。我们将在第9和10章中发现，并不是所有恒星都由氢聚变提供能量。然而，核聚变——轻元素缓慢却稳定地转化为更重的元素，同时生成能量的过程——实质上都与我们见到的所有星光有关。

概念理解 检查

✓ 为什么我们看到阳光的事实意味着太阳的质量在慢慢减少？

5.7 太阳中微子的观测

理论学家相当确信太阳核心中存在质子-质子链过程。然而，由于质子-质子链中产生的伽马射线能量，在从太阳内部透射出来的过程中转化为可见光和红外辐射，所以天文学家没有能够证明核心核反应的直接电磁证据。

相反，在质子-质子链中产生的中微子是我们了解太阳核心情况的最好办法。它们一尘不染地穿出太阳，在生成之后的几秒钟内逃进太空，几乎不与什么发生相互作用。当然，可以穿透整个太阳而没有相互作用的事实也使得中微子很难在地球上被探测到！然而，利用中微子物理学的知识，构造中微子探测器也是可能的。

在过去的40年里，多个实验设备被设计用于探测到达地球的太阳中微子。一些探测器使用大量的氯元素或镓元素，它们刚好比其他大多数元素稍微或更有可能与中微子发生相互作用。这种相互作用会将氯原子核变成氩原子或将镓变成锗。这些新的原子核具有放射性，探测到它们衰减时产生的放射物标志着对中微子的捕获。其他的探测器（图5.28展示了其中的两个）寻找那些当高能中微子偶尔与水分子中的电子发生碰撞，将该电子加速到接近光速时产生的光。随着该高速电子在水中穿行，它发出主要位于紫外波段的电磁辐射。在可见光波段，水看起来呈现蓝色。大型光电倍增管（光线放大设备）检测产生的暗弱辉光，用以发现中微子经过的痕迹。在所有情况中，一个给定的中微子与探测器中的物质发生相互作用的概率是格外低的——在通过仪器的10^{15}个中微子中，只有一个会被实际探测到。因此需要大量（很多吨）的靶材料和长期的实验（几个月或几年）才能获得准确的测量结果。

探测器的设计差别很大，它们对不同能量的中微子敏感，并且它们的结果在细节上有些不一致，但它们都一致地符合一个非常重要的观点：尽管观测到了太阳中微子（事实上在标准太阳模型所预测的能量范围内都探测到了），但太阳中微子的理论产量与地球上实际探测到的中微子数目却有着实际的差别。到达地球的太阳中微子数目比标准太阳模型预测的数目明显要低（50%～70%）。这种差异被称为**太阳中微子难题**。

我们如何解释这一理论与观测的明显分歧呢？对大多数科学家来说，多个独立的、精心设计的并且经过充分测试的实验之间产生的广泛共识，意味着这不会是由实验误差引起的，研究人员相信实验结果是可信的。事实上，图5.28中展示的两个实验的项目领头人获得了2002年的诺贝尔奖，这可能是对他们工作的最令人信服的科学支持。在这样的情况下，实际上只存在两种可能性：要么太阳中微子产生的频率与我们所认为的不一样，要么不是所有的中微子都能到达地球。

太阳中微子问题的解决很可能在于太阳内部的物理。例如，我们可能会认为可以通过假定更低的太阳核心温度来减少中微子的理论数量，但之前章节中所描述的核反应太众所周知，标准太阳模型与日震观测之间的符合（5.2节）与太阳核心状态的关系过于紧密，以至于会大大偏离模型的预测。

(a)

(b)

◀**图5.28 中微子望远镜**
（a）这个游泳池大小的“中微子望远镜”深埋在日本东京附近的一座山下。它被叫作超级神冈，注满了50 000 t纯水，包含13 000个独立的光探测器（这里显示了其中一些，技术人员正在橡皮筏子里检查它们）来检测中微子穿过仪器时产生的指示信号——一种短暂的光猝发。（b）萨德伯里中微子天文台（SNO），位于加拿大安大略省2km的地下。SNO的探测器在设计上类似于神冈的设备，但使用的是“重”水（用氘取代了氢），而不是普通的水，并且加入了2 t的盐，它也对其他类型的中微子敏感。该装置包含10 000个光敏探测器，排列在这里显示的巨大球体内部。［国际放射线研究会议（ICRR）、萨德伯里中微子观测站（SNO）、美国劳伦斯伯克利国家实验室（LBNL）］

相反，答案涉及中微子本身的性质，这促使科学家重新思考一些粒子物理学中非常基本的概念。如果中微子具有哪怕只有一丁点的质量，理论表明，在它们从太阳核心飞向地球的8min旅程里，通过一种被称为**中微子振荡**的过程，将有可能改变它们的性质——甚至是将其转化为其他的粒子。在这样的图景里，太阳里的中微子以标准太阳模型所需的速率生成，但一些中微子在它们前往地球的道路上会转变成其他东西——实际上是其他类型的中微子——因此在之前描述过的实验中不会被探测到。（以该领域的术语来讲，中微子据说是“振动”成为其他粒子的。）

1998年，图5.28（a）中展示的由日本财团运营的超级神冈探测器报告了中微子振荡（也就是中微子质量不为零）的第一个实验证据，但观测到的振荡不涉及太阳内产生的中微子类型。之后，在2001年，加拿大安大略省的萨德伯里中微子天文台（SNO）［见图5.28（b）］进行的测量发现了有关太阳中微子转化形成“其他”中微子的有力证据。利用改进后的探测器，SNO的后续观测证实了该结果。观测到的中微子总数与标准太阳模型完全一致。太阳中微子问题得到了解决，科学方法再次证明了自己——中微子天文学宣告了它的首次重大胜利！

科学过程理解 检查

✔ 以太阳中微子问题为例，讨论当发生冲突时，科学理论和观测如何发展并互相适应。

详细说明5-2

质子-质子链中的能量生成

让我们来更仔细地看看太阳核心的核聚变所产生的能量，并将其与满足太阳光度所需的能量相比较。使用正文中提到过的符号，质子-质子链可以用下列反应简洁描述：

质子核聚变：$^{1}H+^{1}H\rightarrow ^{2}H$+正电子+中微子 （1）
氘核聚变：$^{2}H+^{1}H\rightarrow ^{3}He$+能量 （2）
氦3聚变：$^{3}He+^{3}He\rightarrow ^{4}He+^{1}H+^{1}H$+能量 （3）

如正文中的介绍和插图所示，聚变过程的净效应是四个质子结合生成一个氦4原子核，并在此过程中产生两个中微子和两个正电子（它们迅速与电子湮灭转化为能量）。

通过仔细地计算参与反应的原子核的总质量，并应用爱因斯坦著名的公式$E=mc^2$，我们可以计算所释放的能量总量。这进而能让我们将太阳的总光度与核心所消耗的氢燃料联系起来。实验室中细致的实验已经确定了所有参与以上反应的粒子的质量：质子的总质量是6.6943×10^{-27}kg，氦4原子核的质量是6.6466×10^{-27}kg，而中微子的质量几乎为零。在这里，我们省掉了正电子——它们的质量最终会被算作释放的总能量的一部分。四个质子的总质量与最终氦4原子核的质量之间的差别是0.0477×10^{-27}kg，并不是很大，但很容易被测量到。

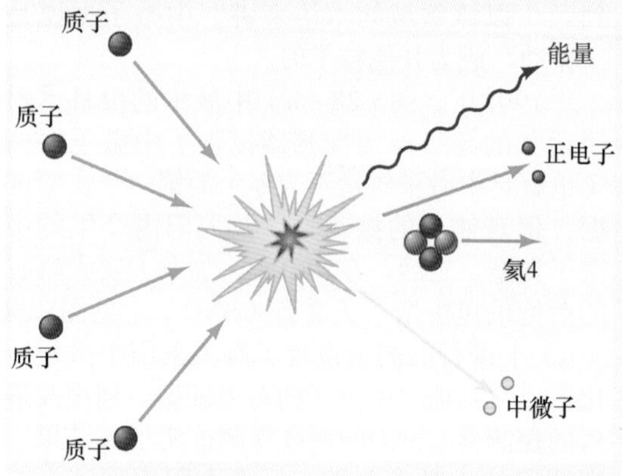

将消失的质量乘以光速的平方，得到0.0477×10^{-27}kg×（3.00×10^{8}m/s）^{2}= 4.28×10^{-12}J。这就是当6.69×10^{-27}kg的氢聚合成氦时所产生的以辐射形式存在的能量。由此可见，1kg的氢聚变后能产生$4.28\times10^{-12}/6.69\times10^{-27}=6.40\times10^{14}$J的能量。换句话说，这一过程将0.71%的原始质量转化为能量。中微子所携带的那部分能量（实际约为2%）是微不足道的。其余的能量以伽马射线的形式出现，并最终从太阳光球层辐射出去——也就是说成为太阳光。

因此，我们建立了太阳能量输出与核心氢消耗之间的直接联系。太阳的光度是3.84×10^{26}W（见表5.1）或3.84×10^{26}J/s（焦耳每秒），这意味着质量消耗速率为3.84×10^{26}J/s ÷ 6.40×10^{14} J/kg = 6.00×10^{11}kg/s——每秒6亿吨氢。6亿吨的质量听起来似乎很多——一座小山的质量——但这仅代表太阳总质量的百万百万百万分之几。换句话说，在这6亿吨中，每秒大约有6亿吨/s × 0.0071=430万吨的太阳物质转化为辐射——相当于太阳风所带走的质量。我们的母星能以这样的质量流失率维持非常长的时间。

终极问题 太阳日冕为何变得如此炽热？是什么导致了11年的太阳活动周期？为什么存在太阳黑子？为什么它们看起来如此凌乱？关于太阳不止有一个重大问题，但是许多较小的、琐碎的问题却困扰了科学家几十年。尽管我们知道了恒星闪耀的基本物理原理，但我们仍然有许多不可预知的现象需要去学习，有时，它们会影响那些生活在地球上的生命。

章节回顾

小结

❶ 我们的太阳是一颗**恒星**（p.110），一个由其自身引力支撑的发光气体球，并由其中心的核聚变提供能量。**光球层**（p.110）是太阳的表面区域，实质上所有可见光都从这里发出。太阳的主要内部区域是核，那里的核反应产生能量；**辐射区**（p.110）是能量以电磁辐射的形式向外输送的区域；还有**对流层**（p.110），太阳物质在那里不断地进行对流运动。

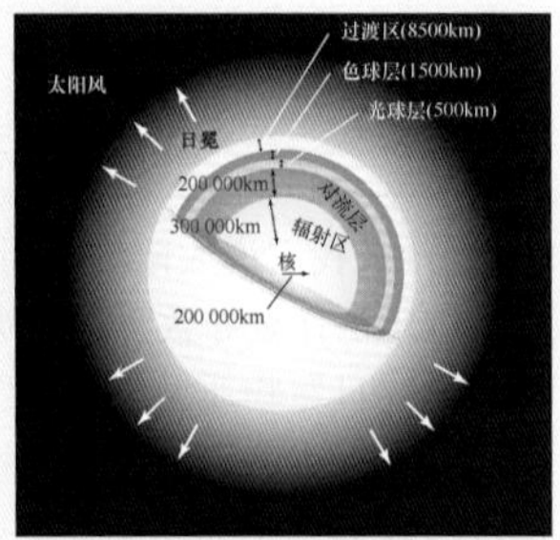

❷ 每秒到达地球大气顶端$1m^2$面积的太阳能量大小被称为**太阳常数**（p.110）。太阳**光度**（p.111）是每秒钟从太阳表面辐射出的总能量。它由太阳常数乘以一个假想半径为1天文单位的球体面积得到。

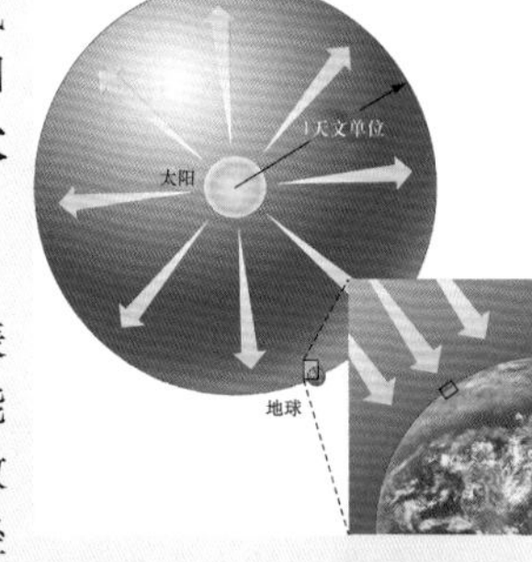

❸ 我们对太阳内部的了解大多来自于数学模型。与太阳的观测属性最为相符的模型是**标准太阳模型**（p.112）。**日震学**（p.113）——对内部压力波引起的太阳表面振动的研究——提供了进一步洞察太阳结构的知识。通过光球层中的**米粒组织**（p.116）可见太阳对流层的作用。对流层的较低区域也以被称为**超米粒组织**（p.117）的、更大的短暂形态，在光球层上留下足印。

❹ 光球层之上是**色球层**（p.110），即太阳的低层大气。太阳光谱里的大多数的吸收线是在光球层上部和色球层中产生的。在色球层之上的**过渡区**（p.110），温度从几千开上升到100万开左右。在过渡区之上是稀薄的、炽热的太阳上层大气——太阳**日冕**（p.110）。在大约15个太阳半径的距离上，日冕中的气体炽热得足以摆脱太阳的引力，日冕开始外流，形成**太阳风**（p.110）。

❺ **太阳黑子**（p.121）是太阳表面上如地球般大小的区域，它们比周围光球层的温度稍低一些。它们是强磁场区域。随着太阳磁场的增强和减弱，太阳黑子的数目和位置以约11年的**太阳黑子活动周期**（p.124）变化着。两个太阳黑子周期交替之时，磁场的总体方向发生倒转。当考虑磁场方向的改变时，就有了22年的**太阳活动周期**（p.124）。

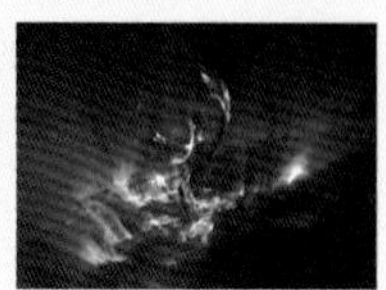

❻ 太阳活动往往集中在与太阳黑子群有关的**活动区域**（p.125）里。当炽热气体由于太阳表面活动与太阳磁场发生相互作用而喷发时，便形成呈环状或片状结构的**日珥**（p.125）。烈度更强的**耀斑**（p.126）是太阳表面的剧烈爆炸，将粒子和辐射抛向行星际空间。**日冕物质抛射**（p.126）是巨大的磁性气泡逃向行星际空间。太阳风大多从被称为**冕洞**（p.127）的日冕低密度区域向外流动。

❼ 太阳在核心通过**核聚变**（p.129）过程将氢转化为氦，并以此产生能量。原子核由**强核力**（p.131）维持在一起。**质子–质子链**（p.132）中，当4个质子转化为1个氦原子核时，会损失一些质量。**质能守恒定律**（p.131）要求这些丢失的质量以能量的形式出现，最终产生了我们所见的光芒。极其高的温度才能引发核聚变反应。

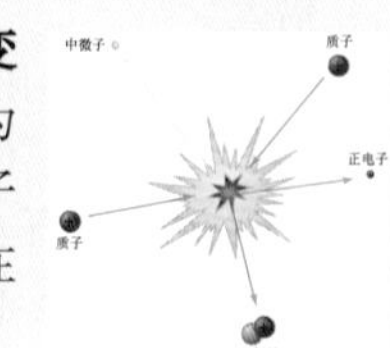

❽ **中微子**（p.131）是几乎没有任何质量的粒子，在质子–质子链过程中产生并逃离太阳。它们通过**弱核力**（p.132）发生相互作用。尽管它们飘忽不定，但探测一小部分来自太阳的中微子流也是可能的。几十年的观测引发了对**太阳中微子难题**（p.134）的思考——实际上观测到的中微子比理论预测的要少得多。最近的观测证据表明，公认的解释是在从太阳前往地球的途中，**中微子振荡**（p.135）将一些中微子转化为其他（不可探测的）的粒子。

标记**POS**的问题探索科学过程。标记**VIS**的问题着重于阅读和视听资讯的理解。
LO后紧跟的是本章引言中学习目标的编号。

指定的课后作业请访问MasteringAstronomy网站。

复习与讨论

1. **LO1**指出并简要描述了太阳的主要组成区域。太阳表面有多热？太阳核心呢？
2. **LO2**什么是光度？以太阳为例说明如何测量光度。
3. **POS**科学家怎样构建太阳模型？
4. 什么是星震学，它能告诉我们有关太阳的什么信息？
5. **LO3 POS**对太阳表面的观测如何告诉我们有关太阳内部条件的信息？
6. 描述在太阳核心产生的能量最终如何到达地球。
7. **LO4**为什么太阳看起来有清晰的边缘？
8. **LO5**什么是太阳风？
9. 为什么我们说太阳活动周期有22年之长？
10. **LO6**是什么导致了太阳黑子、耀斑和日珥？
11. 描述日冕物质抛射如何影响地球上的生命。
12. 是什么为太阳巨大的能量输出提供了燃料？
13. **LO7**太阳中质子-质子链的原料和最终产物是什么？为什么质子-质子链会释放出能量？
14. **LO8 POS**为什么科学家如此着迷于太阳中微子？最有可能解决太阳中微子问题的方法是什么？
15. 如果太阳内部能量来源突然消失，我们在地球上会观测到什么？你认为需要多长时间——多少分钟、多少天、多少年或多少百万年——太阳的光芒才会开始消失？那么太阳中微子呢？

概念自测：选择题

1. 相比地球直径，太阳直径大约是：（a）一样大；（b）十倍大；（c）一百倍大；（d）一百万倍大。
2. 总的来说，太阳的平均密度大约与什么相同？（a）雨云；（b）水；（c）硅酸盐岩石；（d）铁镍陨石。
3. 太阳绕其自转轴转一圈大约需要：（a）一小时；（b）一天；（c）一个月；（d）一年。
4. 如果天文学家不是生活在地球上，而是生活在金星上，那么他们测得的太阳常数会：（a）更大；（b）更小；（c）一样大。
5. 太阳能量的主要来源是：（a）轻原子核聚变成重原子核；（b）重原子核裂变成轻原子核；（c）太阳形成时剩下的能量在缓慢释放；（d）太阳磁场。
6. **VIS**根据太阳的标准模型（图5.6），随着到中心距离的增加，密度会减小得：（a）大约与温度下降的速率一样；（b）比温度降低的速率快；（c）比温度下降的速率更慢；（d）只有温度在增加。
7. 一个典型的太阳米粒组织的大小约为：（a）美国的一个城市；（b）美国的一个州；（c）月球；（d）地球。
8. 随着距离太阳光球层越来越远，太阳大气的温度：（a）逐渐上升；（b）逐渐下降；（c）先是降低然后上升；（d）保持不变。
9. 连续两个太阳黑子极大的时间间隔是：（a）一个月；（b）一年；（c）十年；（d）一百年。
10. 太阳中微子难题是：（a）我们探测到比预想更多的太阳中微子；（b）我们探测到比预想更少的太阳中微子；（c）我们探测到错误类型的中微子；（d）我们不能探测到太阳中微子。

问答

问题序号后的圆点表示题目的大致难度。

1. ●利用5.1节中提供的原理计算“太阳常数”（a）水星近日点的，（b）木星上。
2. ●利用维恩定理确定（a）太阳核心，温度为10^7K，（b）太阳对流层中（10^5K）和（c）太阳光球层之下（10^4K）的黑体曲线峰值所对应的波长。∞（2.4节）在这些不同情况下，辐射的形式是什么（可见光、红外、X射线等）？

3. ●●振幅最大的太阳压力波周期约为5min，并以太阳外层的声速运动，速度约为10km/s。（a）在一个波的周期内，这样的压力波运动了多远？（b）大约需要多少个波才能完整地绕太阳赤道一圈？（c）将该波的周期与正好在太阳光球层之上运动的物体的轨道周期进行比较。
4. ●如果太阳物质以1km/s的速度发生对流，需要多长时间才能穿过宽达1000km的典型米粒组织？将你的答案与大多数太阳米粒组织大约为10min的观测寿命相比较。
5. ●●利用斯特藩定律（流量$\propto T^4$，T为温度，单位为开尔文）计算，4500K的太阳黑子比周围5800K的光球层，每单位面积少辐射多少能量（以比例表示）。∞（2.4节）
6. ●太阳风以大约200万吨/s的速度将物质带离太阳。按这样的速率，需要多长时间才能将所有的太阳物质带走？
7. ●利用本章提到的知识估计，以日冕中质子的速度，在什么半径处开始超过太阳的逃逸速度。
8. ●●（a）假设太阳光度为常数，计算在其形成后的46亿年里，太阳向太空的辐射相当于多少质量（以当前太阳的质量为单位）。消耗了多少氢呢？（b）需要多长时间，太阳才能将所有质量辐射进太空？

实践活动

协作项目

最安全的观测太阳的方法是——一个该与其他人分享的经验——将太阳图像投影在屏幕上。这里有两种办法可以做到这一点。

（a）要构建一个“针孔照相机”，你需要两张硬白纸和一根针。用针在其中一张纸的中心戳一个小洞。到室外去，举起白纸，并将针孔对着太阳。***不要透过针孔或以其他任何方式直接看太阳！*** 找到太阳穿过针孔形成的图像。这不仅仅是一个发光的圆，还是一幅太阳真实的像！将另一张白纸上下移动，直到太阳的像看起来最清晰。当你改变针孔的大小时，图像会发生什么变化？

（b）另一种方法，你可以利用双筒望远镜或小型天文望远镜来投影太阳的像。你会需要用到一张硬白纸和一个脚架。将双筒望远镜或天文望远镜固定在三脚架上并指向太阳。***不要试图直接透过双筒望远镜或天文望远镜去观测太阳！*** 将白纸保持在目镜后10in处，将其当作一面屏幕。你应该会看到一个明亮的圆，可能有些模糊。调整望远镜的焦距直到圆变清晰。这就是太阳圆面。尝试将硬纸板靠近或远离望远镜。这会对图像有什么影响呢？

建造其中一种投影装置并用来研究太阳黑子，如个人项目所述。如果你足够幸运的话，在适当的地点和正确的时间，可以用它来观看日偏食或日全食。为了进行比较，你所在小组的一半人搭建一个针孔照相机，另一半人搭建一个望远镜投影仪，比较你们的结果。两种方法各自的优点和缺点是什么？

个人项目

1. 有滤光片的望远镜很容易就能显示出太阳黑子。数一数你在太阳表面上看到的黑子数目。注意，太阳黑子通常成对或成群的出现。几天以后再次查看，你会发现太阳自转使黑子发生了移动，但黑子本身并没有变化。如果能看到足够大的太阳黑子（或太阳黑子群），就继续随太阳的自转监视它。需要花大约两周它才会不见。你能从这些观测中确定太阳的自转周期吗？
2. 太阳米粒组织并不难被看见。地球大气最稳定的时间是早上。在凉爽的早晨，当太阳升起一或两小时后观测太阳。利用高倍放大镜并首先察看太阳圆面的中心。你能看到米粒组织结构的变化吗？它们就在那里，但并不总是显而易见或易于观察。

第6章　恒星

6

巨星、矮星和主序星

我们已经研究了地球、月球、太阳系和太阳。要继续在我们的清单里加入宇宙事物，我们必须要摆脱我们所处的环境，深入太空深处。在本章中，我们将在距离上迈出一大步，考虑一般类型的恒星。我们的主要目标是理解组成星座的恒星的本质，以及无数的我们的肉眼无法察觉的更遥远的恒星。然而，我们将集中讨论如何确定它们共同的物理和化学性质，而不是研究个体的特殊性。

成千上万的恒星有规律地散布在天空中。通过编目并比较它们的基本属性——光度、温度、成分、质量和半径——天文学家获得了恒星如何形成和演化的新见解。如同太阳系中的比较行星学那样，恒星的研究在进一步了解银河系和我们所处的宇宙方面起着至关重要的作用。

知识全景　夜空中到处都是恒星，肉眼大约可见6000颗恒星，分布在88个星座中。如果使用双筒望远镜或小型天文望远镜，可见更多的上百万颗恒星。恒星的总数是无法计量的，只有相当少的恒星被详细研究过。然而，相比宇宙中其他任何天体，正是恒星告诉了我们更多有关天文学基础的知识。

左图：哈勃太空望远镜最近拍摄了绚烂的球状星团M9，它由约300 000颗恒星组成一群，分布在大约25光年的范围内。如同一个旋涡状的蜂窝，这一位于蛇夫座的区域距离我们大约25 000光年。其中，微红色的恒星年龄大约是太阳的两倍。［欧洲航天（ESA）局/美国国家航空航天局（NASA）］

学习目标

本章的学习将使你能够：

1. 解释如何确定恒星的距离。
2. 描述恒星在空间中的运动，并说出如何在地球上测量它们的运动。
3. 区别光度和视亮度，并说明如何确定恒星的光度。
4. 说明根据恒星的颜色、表面温度和光谱特性对它们进行分类的用途。
5. 说明如何利用物理定律来估计恒星的大小。
6. 描述如何用赫罗图来鉴别恒星的性质。
7. 概括如何利用恒星光谱特性的知识来估计它的距离。
8. 说明如何测量恒星的质量，以及质量如何与恒星的其他性质相互关联。

精通天文学

访问MasteringAstronomy网站的学习板块，获取小测验、动画、视频、互动图，以及自学教程。

6.1 太阳邻近区域

我们所处的星系——银河系——是由恒星和星际物质在引力作用下聚集在一起的巨大天体。它包含超过1000亿颗恒星，遍布将近100 000光年的巨大空间，它们都绕着距离地球约25 000光年的银河系中心旋转。事实上，太阳——还有其他每一颗我们凝视夜空时所见的恒星——都是这个庞大系统中的一分子。在这一章里，我们将介绍一些测量距离的方法，通过这些方法，天文学家将他们的研究扩展到越来越遥远的太空，在这样的巨大尺度下标定恒星的空间分布。

与行星一样，了解恒星的距离是确定它们的其他性质所必不可少的。瞩目探视我们银河系所在的空间，天文学家能够观测并研究数百万颗独特的恒星。通过观测其他遥远的星系，我们可以从统计上推断有数以万亿计的更多的恒星存在。总之，可观测的宇宙可能包含了几十兆亿颗（1 兆亿=10^{21}）恒星。然而，值得注意的是，尽管这一数字大得令人难以置信，但恒星的本质——它们在天空中的外观，它们的诞生、死亡，甚至是它们和周围环境的相互作用——可以仅仅通过几个基本的恒星物理量来了解：光度（亮度）、温度（颜色）、化学成分、大小和质量。∞（5.1节）

恒星距离测量和恒星性质分类两个方面的进展齐头并进。正如我们即将看到的那样，随着越来越多恒星的距离成为已知，天文学家获得了有关恒星性质的新见解，这些见解反过来提供了新的测量恒星距离的方法，并且适用于测量更加遥远的距离。从多方面来看，这些测距方法如何手挽手、肩并肩地发展起来的故事，正是现代天文学的历史。

恒星视差

回忆一下在第1章里，测量员和天文学家是如何利用视差来测量地球与太阳系天体距离的。视差是随着观测者视线的变化，前景物体相对于遥远背景的视位移。∞（1.6节）要确定物体的视差，我们要从某个基线的两端对它进行观测，并且测量物体的视位移引起的视线角度变化。在天文领域，通常可以通过比较在基线两端拍摄的照片来获得这一角度。

随着物体距离的增加，视差变得更小，从而更难以测量。即使是距离地球最近的恒星也是如此遥远，地球上没有足够长的基线可以

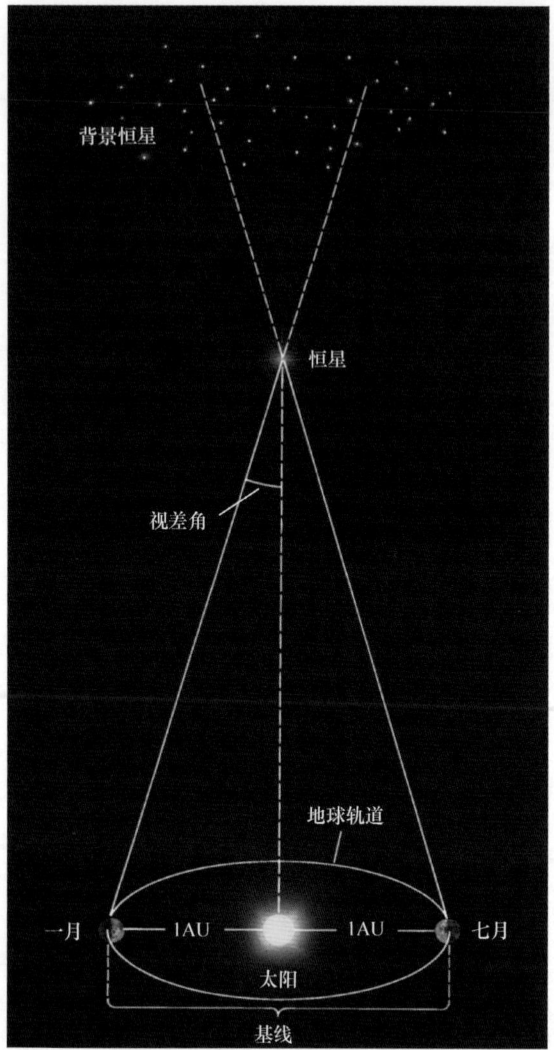

(a)

这是在一月份看到的图像

这是在七月看到的,恒星发生了移动

(b)

▲图6.1 恒星视差
（a）对于间隔6个月进行的恒星观测，基线是日地距离的2倍或2个天文单位。与图1.30相比，虽然展示的是一样的几何图形，但这里的尺度要更小。（b）视位移（这里夸张地用白色箭头表示）通常使用照相方法测量，如图中所示的红色恒星。一年当中不同时刻对同一天空区域拍摄的图像可以确定恒星相对于背景恒星的视运动。

用来精确地测量它们的距离。从地球上不同的地点观测，它们的视差变化还是太小了。然而，如图6.1所示（也可见图1.30），在一年中不同的时刻观测同一颗恒星，然后再比较我们的观测，我们可以将基线延长为地球绕太阳公转轨道的直径，即2个天文单位。只有利用这样非常长的基线，某些恒星的视差才是可测量的。如图中所示，随着我们从地球公转轨道的一端运动到另一端，恒星的视差角——或者，更普遍地被称为“视差”——通常被定义为它相对于背景的视位移的一半。

由于恒星视差如此之小，天文学家发现用角秒来度量视差比用角度方便。如果我们问，一颗观测到的视差正好等于1″的恒星的距离是多少，答案是206 265AU，或3.1×10^{16}m。∞（详细说明1–2）天文学家称这一距离为1**秒差距**（1pc），即“一角秒的视差”。由于视差随着距离的增加而减小，我们可以用下面的公式来将恒星的视差和距离联系起来：

距离（以秒差距为单位）=1/视差（以角秒为单位）

因此，测量视差为1″的恒星距离太阳为1pc。秒差距的定义使得距离和视差角之间的转换变得容易：一个视差为0.5″的天体距离为1/0.5=2pc，一个视差为0.1″的天体距离为1/0.1=10pc，以此类推。1pc大约等于3.3光年。

我们最近的邻居

距离地球（即太阳）最近的恒星是半人马座的比邻星。这颗恒星是一个三聚星系统的成员之一（三颗独立的恒星彼此互相绕转，并由引力束缚在一起），该三星系统被称为半人马座阿尔法复合体。其中，比邻星的视差最大，为0.77″，这意味着它的距离约为1/0.77 = 1.3 pc——约为270 000 AU或4.3光年。最近的恒星到地球的距离差不多是日地距离的300 000倍！在银河系内，这是一个相当典型的恒星际间的距离。

广阔的距离有时可以通过类比来领会。将地球想象成一粒沙子，在距离为1m的地方绕着弹珠大小的太阳公转。最近的恒星，也就是一颗弹珠大小的天体，距离却超过270km远。除我们太阳系内的其他大行星外，两颗相距270km的恒星之间就没有其他什么重要的天体了，行星的尺寸从沙粒大到毫米颗粒大，并且都位于距“太阳”50m的距离以内。这其中就是空乏的恒星际空间。

距离太阳第二近的邻居是比半人马座阿尔法复合体更远的巴纳德星。它的视差是0.55″或者说6光年——在上一段的模型中距离地球370km。图6.2是距离我们最近的银河系邻居的地图——在距地球4pc的距离内，大约有30颗左右的恒星。

由于地球大气的湍动虚化，从地面观测得到的恒星图像通常是半径约为1″的圆盘。∞（4.4节）然而，天文学家有专业设备，常规可测得的恒星视差可达0.03″，甚至更小，对应的恒星距地球大约在30pc以内（100光

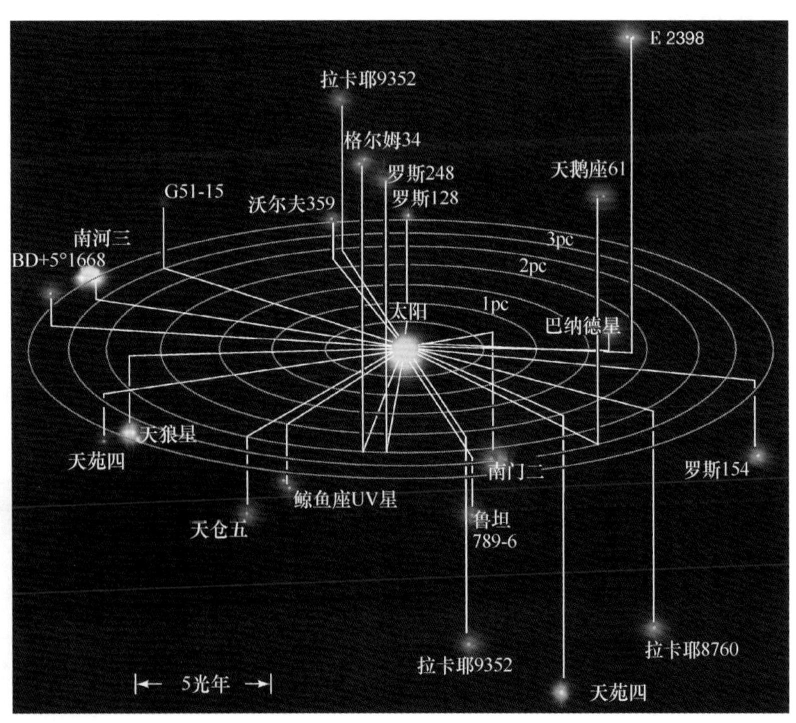

▲图6.2 太阳的邻居
距离太阳最近的30颗恒星，投影在图中以便于揭示它们之间的三维关系。所有恒星都距离地球4 pc（13光年）以内。圆形网格表示在银道面内到太阳的距离，竖线表示垂直于银道面的距离。

年）。有几千颗恒星位于该范围之内，它们中的大多数的光度比太阳低得多，无法通过肉眼看到。高分辨率的自适应光学系统使恒星位置的测量精度更高，有些情况下可将视差的范围扩展到超过100pc，然而，这样的测量仍然没有被“常规化”。∞（4.4节）

将测量仪器放置在地球大气层之外的太空，可以取得更好的精度。在20世纪90年代，欧洲依巴谷卫星取得的数据将精确测量的视差范围扩展到200pc之外，包含将近100万颗星。尽管如此，我们银河系内绝大多数恒星也比此更为遥远。在依巴谷卫星之后，欧洲航天局（ESA）制订了雄心勃勃的计划，以大幅扩展恒星测量的范围。欧洲航天局的盖亚项目定于2013年发射，将惊人地达到10 000pc，覆盖更大的银河系范围，包含将近10亿颗恒星！除了前所未有地精确描绘银河系的结构外，这一项目还能让天文学家详细地研究所有质量的近邻恒星的性质，并且极大地扩展了我们对系外行星系统的认识。有了这些新的数据，在30年的时间跨度内，几乎所有天文学研究所依赖的基本恒星数据库将扩展100万倍。这简直就是革命性的结果。

恒星自行

视差除了造成恒星的视运动外，恒星本身在星系间也有空间运动。在《今日天文——星系世界和宇宙的一生》第1章，我们将了解天文学家如何测量太阳绕银心的实际运动。然而，相对于太阳——随着我们绕着我们的母恒星在空间中运动，地球上的天文学家看到的恒星运动包含两种成分。恒星的视向速度——沿着视线方向的速度——可以利用多普勒效应来测量；∞（2.5节）对于许多邻近的恒星来说，它们的横向速度——垂直于视线方向的速度——也可以通过仔细地监测恒星在天空中的运动来确定。

图6.3比较了巴纳德星附近天区的两幅照片。这两幅照片是在一年中的同一天拍摄的，但年份差了22年。注意那颗用箭头指出的恒星，已经在所示的22年内发生了移动：如果将两幅照片叠加，视场内的其他恒星图像将一一对应，但巴纳德星的图像不会对应上。由于这些照片拍摄时，地球位于其公转轨道上的同一点，因此，观测到的位移不会是由于地球绕太阳运动而造成的视差。相反，这表明巴纳德星相对于太阳有着真实的空间运动。

从地球上观测并修正视差后得到的恒星在天空中的周年运动被称为**自行**。它描述了恒星相对于太阳的运动速度的横向分量。（在银河系内运动时，恒星和太阳都有空间运动；然而，从地球上观测，只有它们之间的相对运动会改变恒星在天空中的位置。）和视差一样，自行的测量也以角位移表示。由于所涉及的角度一般都非常小，所以自行通常表示为角秒每年。巴纳德星在22年内移动了228″，因此它的自行是228″/22年，即10.4″/年。

已知恒星的自行和它的距离，那么恒星的横向速度就很容易计算得到。在巴纳德星所处的距离上（1.8pc），10.4″的角度对应的物理位移为0.000 091pc，约为28亿千米。巴纳德星需要花一年的时间（3.2×10^7s）才能运动这么大的距离，因此它的横向速度为28亿千米/3.2×10^7s，等于89km/s。∞（详细说明1–2）虽然恒星的横向速度一般非常大——几十甚至是几百千米每秒——但它们距离太阳都很遥远，意味着它们的自行会很小，通常我们需要花很多年才能觉察出它们在天空中的运动。很可能，图6.3里的每一颗恒星相对于太阳都有横向运动。然而，只有巴纳德星的自行才大到在这些图中能被发现。事实上，巴纳德星拥有恒星中最大的自行。只有几百颗恒星的自行大于1″/年。

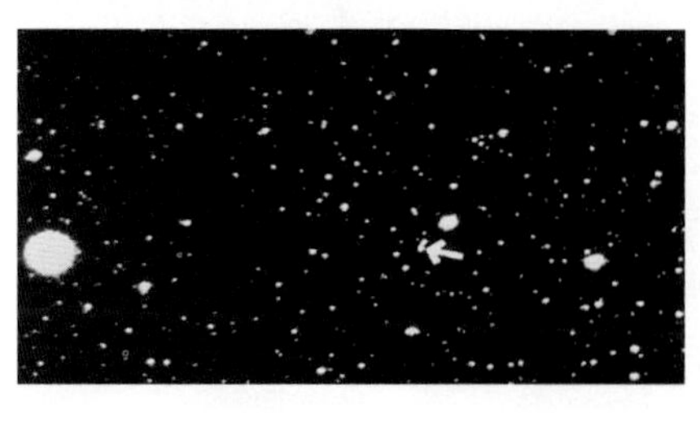

30′

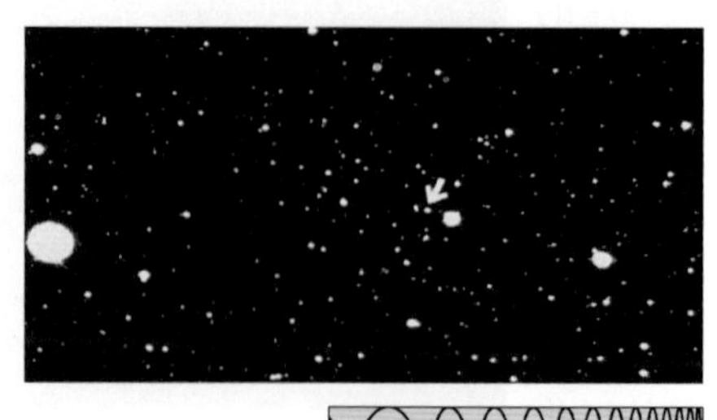

R I V U X G

▲图6.3 自行

比较两幅相隔22年拍摄的照片后，证明了巴纳德星的真实空间运动（如箭头所示）。［哈佛大学天文台（Harvard College Observatory）］

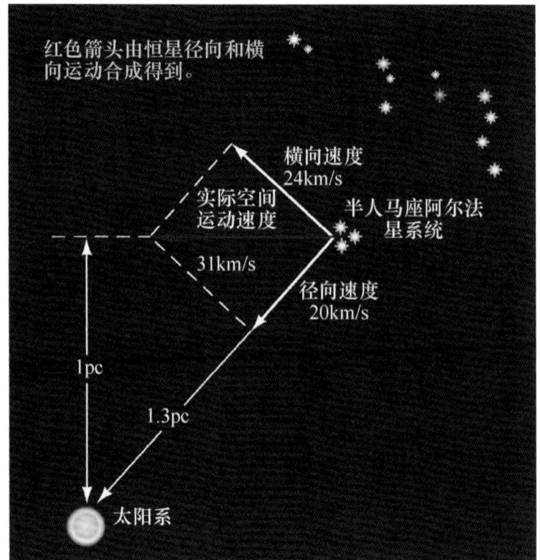

▲**图6.4 实际的空间运动**
这幅图梗概显示了半人马座阿尔法恒星系统相对于太阳系的运动。速度的横向分量由观测得到的恒星系统的自行得出。径向分量利用半人马座阿尔法星光谱中谱线的多普勒位移得到。红色箭头指示出真实的空间运动速度，由两个分量合并而成。

现在考虑一下我们最近的邻居，半人马座阿尔法星系统，相对于我们太阳系的三维运动，如图6.4所描绘的那样。测量得到半人马座阿尔法星的自行为3.7″/年。在半人马座阿尔法星1.35pc的距离处，这一测量结果意味着横向速度为24km/s。我们可以利用多普勒效应来确定另一运动分量——视向速度。半人马座阿尔法星的谱线微微蓝移了一点——约0.0067%——天文学家测量该恒星系统的视向速度（相对于太阳）朝向我们为300 000km/s × 6.7×10^{-5}=20km/s。∞（2.5节）

半人马座阿尔法星的真实空间运动是多少？这个太阳系外恒星系统会不会在未来某个时候与太阳系发生碰撞？答案是否定的。半人马座阿尔法星的横向速度将使之与太阳保持距离。我们可以根据勾股定理将横向速度（24 km/s）和视向速度（20 km/s）合并起来，如图6.4所示。总速度为大约31 km/s，运动方向为水平红色箭头$\sqrt{24^2+20^2}$所示。这幅图表明，半人马座阿尔法星距离我们最近不会超过1pc，而且在距离现在的280个世纪后才会发生。

概念理解 检查

√ 为什么天文学家不能利用地球表面上不同部分的同步观测来确定恒星的距离？

√ 为什么我们一般对遥远恒星的空间运动速度所知甚少？

6.2 光度和视亮度

光度是恒星的固有特性——它完全不依赖于观测者的观测位置和运动速度。光度有时也被称为恒星的绝对亮度。然而，当我们观测一颗恒星时，我们所见的并不是恒星的光度，而是它的**视亮度**——在单位时间内到达单位面积的某种光敏表面或装置［如电荷耦合器件（CCD）芯片或人眼］的总能量。视亮度测量的不是恒星的光度，而是从地球上观测时所接收到的来自于恒星的能量通量（每单位面积每单位时间内接收的能量）。一颗恒星的视亮度，取决于其距地球的距离。在本节中，我们将更详细地讨论这两种重要的物理量彼此是如何相关的。

又一个平方反比律

图6.5展示了光线如何离开恒星并在太空中传播。辐射向外移动，穿过以光源为中心的半径不断增加的假想球体。单位时间内离开恒星的辐射总量——恒星的光度——是常数，因此光线传播的距离光源越远，穿过每单位面积的能量越少。想象一下，随着能量扩散到太空中，能量传播的面积越来越大，因此能量更加分散，被“稀释”。

由于球体的面积随着半径的平方增长，因此单位面积内的能量——通过人眼或望远镜见到的恒星的视亮度——与到恒星距离的平方成反比。

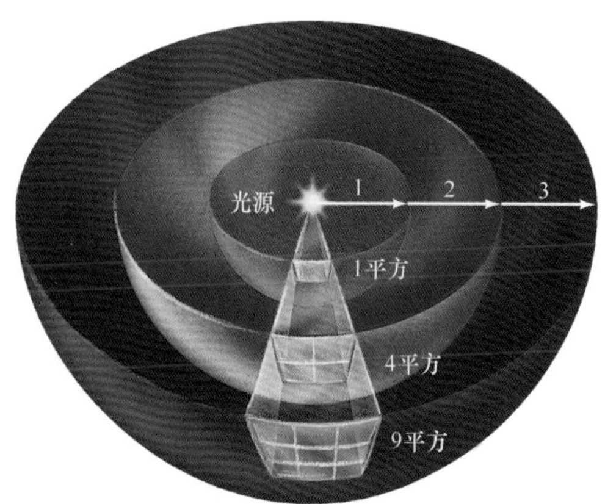

解说图6.5 平方反比律
随着光线远离诸如恒星这样的光源，光线将逐渐被稀释，散布在越来越大的表面上（这里描绘为球壳的一部分）。因此，探测器所接收到的辐射总量（光源的视亮度）与到光源距离的平方成反比。

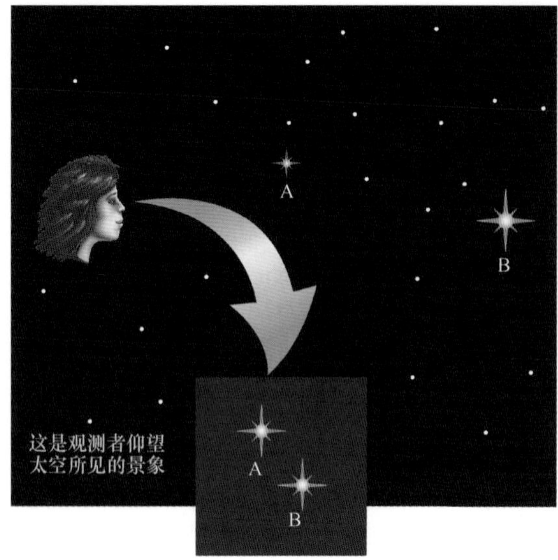

▲图6.6　光度
恒星A和B有着不同的光度，但对地球上的观测者来说，如果亮一些的恒星B要比暗一些的恒星A距离更远的话，它们看起来可能会一样亮。

如果恒星的距离翻倍，那么它看起来会暗2^2倍，即4倍；距离增加3倍，那么它的视亮度会减少3^2倍，即9倍，以此类推。

当然，恒星的光度也会影响它的视亮度。光度翻倍将使穿过围绕恒星的任意球壳层的能量翻倍，因此视亮度也会翻倍。我们因此可以认为，恒星的视亮度与恒星的光度成正比，与距离的平方成反比：

$$\text{视亮度（能量通量）} \propto \frac{\text{光度}}{\text{距离}^2}$$

因此，如果（只有这样）两颗一样的恒星位于距离地球一样远的地方，那么它们的视亮度一样亮。

然而，如图6.6所示，两颗不一样的恒星也可能有着同样的视亮度，如果光度更大的那颗恒星距离更远一些的话。明亮的恒星（即视亮度大的恒星）可能会发出强烈的辐射（高光度），也可能位于地球附近，或者两者兼而有之。没有额外信息的话，我们无法分辨光度增加和距离减少所带来的影响。同样地，一颗暗星（有着小的视亮度的恒星）可能是弱的辐射源（低光度），也可能距离地球很远，或两者兼而有之。

确定恒星的光度实际是一个双重任务。首先，天文学家必须通过测量在给定时间内由望远镜探测到的能量来确定恒星的视亮度。其次，恒星的距离必须测量得到——近邻恒星利用视差，更遥远的恒星利用其他手段得到（稍后讨论）。然后才能利用平方反比律得到光度。这也是我们之前在第5章里，在讨论天文学家如何测量太阳光度时用到的基本推理方法。（用新的术语表示，太阳常数其实是太阳的视亮度。）∞（5.1节）

星等标度

天文学家通常使用被称为**星等标度**的概念来测量视亮度，而不是用国际单位制（如在第5章里太阳常数所使用的单位，W/m^2），他们发现这样的表示要方便得多。∞（5.1节）这一标度可以追溯到公元前2世纪，当古希腊天文学家依巴谷将肉眼可见的恒星分为六类时。最亮的恒星被分为一等。第二亮的恒星星等被标为二等，以此类推，直到肉眼能见到的最暗的恒星，它们被分成六等星。一等星（最亮）到六等星（最暗）包括了古人所知的所有恒星。注意，星等是真正用视亮度（能量通量）来分级的——星等大意味着是暗星。就像日常用语中“一流”意味着“好”那样，天文学中的“一等”意味着“明亮”。

当天文学家开始使用装配有复杂探测器的望远镜来测量从恒星接收到的光芒时，他们很快发现了有关星等标度的两个重要事项。首先，依巴谷定义的1至6等的范围所覆盖的视亮度变化约为100倍——一等星大约要比六等星亮100倍。其次，人眼的生理特点决定了，星等每变化1等，对应的视亮度变化约为2.5倍。也就是说，对人眼来说，一等星比二等星亮约2.5倍，二等星比三等星亮约2.5倍，以此类推。（将2.5倍的因子组合起来，你可以证明一等星实际比六等星亮$2.5^5 \approx 100$倍。）

现代天文学家在很多方面修改和扩展了星等标度方法。首先，我们现在定义天体5个星等的变化（星等从1等变到6等，或从7等变到2等）对应于视亮度恰好变化100倍。第二，由于我们实际讨论的是视（而不是绝对）亮度，因此依巴谷分级系统中的数字被称为**视星等**。第三，标度不再局限为整数：视星等为4.5等的恒星视亮度介于4等星和5等星之间。最后，星等扩展到1等和6等之外：非常明亮的天体的视星等甚至可以比1等小得多，非常暗弱的天体的视星等可以远远大于6等。

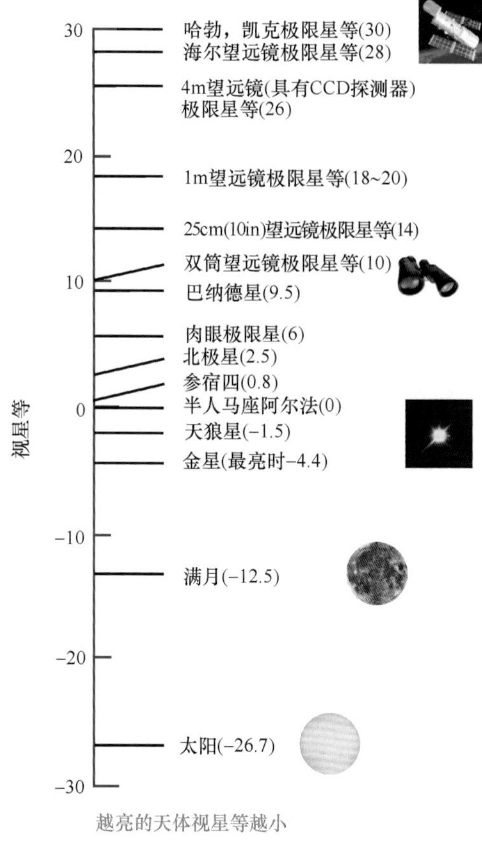

互动图6.7 视星等

本图列举了一些天体的视星等，以及一些用于观测这些天体的望远镜的极限星等（即能够探测到的最暗星等）

图6.7列举了一些天体的视星等，从视星等为-26.7的太阳开始，到哈勃或凯克望远镜能够探测到的最暗天体，视星等为30等的天体——大致相当于从等于地球直径的距离处观看一只萤火虫那么暗。注意，这样的星等变化范围所对应的视亮度变化其实非常大（实际上，亮度变化倍数为$10^{56.7/2.5} = 10^{22.7} \approx 5 \times 10^{22}$倍）。事实上，天文学家采用这种标度方法的一个主要原因是，这样能够将观测到的恒星属性的大范围变化压缩成更为“可控”的形式。㊀

当在某个距离上观测恒星时，测出的视星等是恒星的视亮度。然而，为了比较恒星内在的或者说绝对的性质，天文学家假想在10pc的标准距离上观测所有的恒星。这里采用10pc没有任何特殊的原因——仅仅是为了方便。当把恒星放在距离观测者10pc时，所得到的恒星视星等被称为其**绝对星等**。由于在这样的定义下，恒星的距离固定，因此绝对星等测量的是恒星的绝对亮度，即光度。

如果恒星的距离已知，我们也可以利用早前讨论过的平方反比律，把绝对星等和视星等联系起来。当距离我们超过10pc的恒星移动到10pc处时，它的视亮度会增加，视星等因此减小。因此距离地球超过10pc的恒星的视星等比它们本身的绝对星等大。例如，如果距离为100pc的恒星移动到标准的10pc的距离处，它的距离减小了10倍，因此（根据平方反比律）它的视亮度会增加$10^2 = 100$倍。它的视星等（根据定义）因此会减小5等。换句话说，在100pc的距离处，恒星的视星等比其绝对星等大5等。

对于距离小于10pc的恒星，效果是相反的。一个极端的例子是我们的太阳。由于它十分接近地球，因此它看起来非常明亮，有着非常大的负的视星等值（图6.7）。然而，太阳的绝对星等是4.83。如果太阳移动到距离地球10pc处，它只会比肉眼在夜空中能看见的最暗的恒星亮一点点。

有关恒星视星等和距离的知识使得我们能够计算恒星的绝对星等（光度）。相反，恒星的绝对星等与视星等之间的数值差别直接能够用于测量得到恒星的距离。详细说明6-1提供了更详细的说明和一些绝对星等与光度之间联系的例子，以及在计算恒星光度和距离时使用星等标度的例子。

概念理解 检查

✓ 两颗恒星有着相同的观测视星等。根据这一基本信息，如果可以的话，我们能够得到有关它们光度的什么信息?

㊀ 单位转换后，我们可以算出一等星的流量通量为1.1×10^{-8} W/m^2，20等星为2.9×10^{-16} W/m^2，其他的以此类推。但天文学家发现，用“星等”表示更为直观，而且更容易记忆。

6.3　恒星温度

仰望夜空，你一眼就能知道哪些恒星较热、哪些恒星较冷。图6.8中，展示了通过一台小型望远镜所看到的猎户星座，较冷的红色恒星参宿四和较热的蓝色恒星参宿七的颜色清晰可见。注意，这些颜色是恒星的内禀属性，与多普勒红移和蓝移毫不相关。然而，要得到这些恒星的温度（参宿四是3200K，参宿七是11 000K），需要更准确的观测。为了进行这样的观测，天文学家需要依靠辐射定律和恒星光谱的详细性质。∞（2.4节、3.3节）

颜色和黑体曲线

天文学家可以通过测量恒星在某些频率的视亮度（能量通量），然后将这些观测与适当的黑体曲线进行匹配，从而确定恒星的表面温度。∞（2.4节）以太阳为例，符合太阳辐射最好的理论曲线是5800K的光谱。∞（5.1节）同样的方法也适用于其他任何的恒星，无论其距离地球的远近。

由于我们对黑体曲线的基本形状了解充分，因此天文学家可以仅仅利用两个波长处的观测来估计恒星的温度（这非常幸运，因为暗星的精密光谱通常难以获得，并且非常耗时）。这一目标可以通过使用望远镜滤光片来屏蔽特定波长范围之外的所有辐射来达到。例如，B（蓝色）滤光片屏蔽了除紫色到蓝色光这一范围之外的其他所有辐射。国际标准定义是从380～480nm，这一范围对应于照相底片最敏感的波长范围。类似地，V（可见光）滤光片只能让波长在490～590nm（绿色到黄色）内的辐射通过，对应于人眼尤为敏感的光谱范围。许多其他的滤光片在日常中也用到——U（紫外）滤光片覆盖近紫外范围，红外滤光片覆盖光谱的长波范围。

图6.9说明，B和V滤光片准许不同温度的天体辐射透过的光量不同。曲线（a）对应于非常炽热的、温度为30 000K的辐射源，透过B滤光片的辐射比透过V滤光片的辐射要多得多（大约30%以上），因此该天体在B滤光片中看起来要比V滤光片亮。曲线（b）对应的温度为10 000K，通过B和V滤光片的流量大致相等。对于较冷的3000K的曲线（c），V滤光片范围内接收到的能量比B滤光片的多大约5倍，因此，B滤光片得到的图像比V滤光片得到的图像弱得多。在每种情况下，仅仅基于这两种测量结果，都可能重现整个黑体曲线，因为没有其他的黑体曲线都能通过这两个测量点。在某些程度上，恒星的光谱可以用黑体谱来很好地近似，B和V的流量测量足以给出恒星的黑体曲线，从而能导出恒星的表面温度。

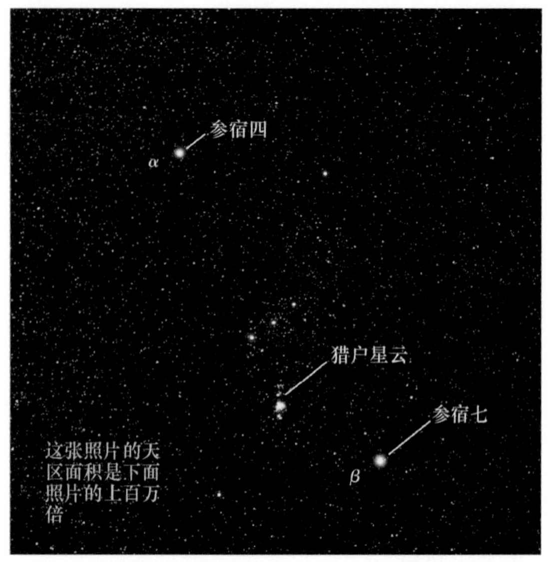

(a)

(b)

▲图6.8　恒星颜色
（a）不同颜色的恒星组成了猎户星座，它们很容易就能从这幅由小型望远镜上搭配的宽视场照相机所拍摄的照片中被分辨出来。左上方红色的亮星是参宿四（α），右下方蓝白色的恒星是参宿七（β）。（与图1.8比较一下。）这幅照片的视场很大，大约为20°。（b）在朝向银河系中心的方向上，难以置信地充满了多彩的恒星。这里的视场仅仅只有2′大——比（a）图的视场要小得多。［P. 桑茨（P.Sanz）/Alamy图库（Alamy）、美国国家航空航天局（NASA）］

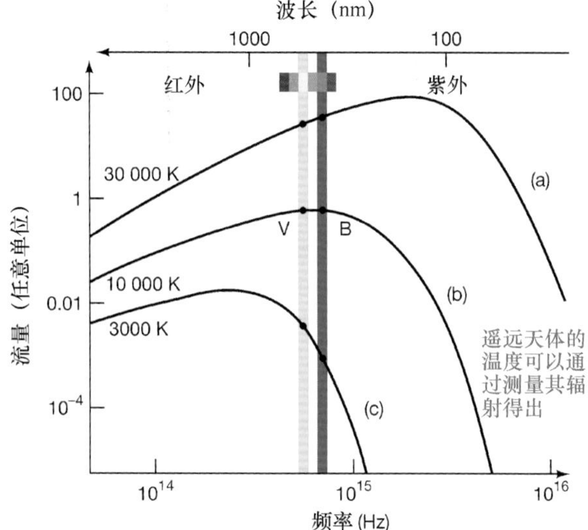

▲图6.9　黑体曲线

恒星（a）是一颗非常炽热的——30 000K的恒星，因此它通过B（蓝色）滤光片的流量比通过V（可见光）滤光片的流量强度大（这实际对应于图6.8a中参宿七的情况）。恒星（b）的B和V测量值大致相等，因此它看起来发白，温度大约为10 000K。恒星（c）的颜色偏红；它的V波段强度比B波段的值要大得多，温度为3000K（如图6.8a中所示的参宿四）。

因此，天文学家可以简单地通过测量和比较透过不同颜色的滤光片所接收到的光来估计恒星的温度。正如第4章里所讨论的，这种利用标准的滤光片组进行的非谱线分析被称为**测光**。∞（4.3节）表6.1中列出了使用测光方法得出的几颗著名的亮星的表面温度，以及没有滤光片时恒星呈现出的颜色。

表6.1　恒星颜色和温度

表面温度/K	颜　色	常 见 例 子
30 000	蓝-紫	参宿三（猎户座德尔塔）
20 000	蓝	参宿七
10 000	白	织女星，天狼星
7000	黄-白	老人星
6000	黄	太阳，南门二
4000	橙	大角星，毕宿五
3000	红	参宿四，巴纳德星

恒星光谱

颜色是对恒星有效的描述方式，但天文学家常常会结合从光谱观测中获得的额外恒星物理信息，使用一种更加复杂的策略来对恒星属性进行分类。图6.10比较了几颗不同恒星的光谱，按表面温度从高到低排列（温度由颜色测量所确定）。所有光谱的范围从400~650nm，每条光谱都显示了叠加在连续颜色变化背景之上的一系列暗黑的吸收线，就像太阳光谱那样。∞（5.3节）然而，这些精确的谱线图案揭示了许多不同点。一些恒星在长波范围内有很强的吸收线（图的左边）。其他恒星在短波范围内有很强的吸收线（图的右边）。还有一些恒星的强吸收线覆盖了整个可见光谱的范围。这些不同点告诉了我们什么呢？

尽管许多元素的谱线展示出广泛的强度变化，但图6.10中光谱的区别并不在于成分的不同。

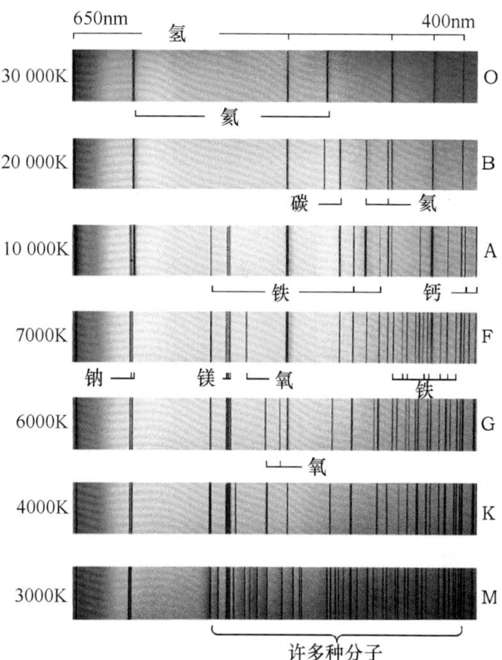

▲图6.10　恒星光谱

七种表面温度范围不同的恒星的观测光谱比较。这些不是混乱和复杂的实际光谱，而是经艺术家简化后突出说明重要谱线特征的光谱。顶端是最炽热恒星的光谱，显示出氦线和多种重元素电离后的谱线。底端是最冷恒星的谱线，缺少氦线，但有丰富的中性原子和分子谱线。温度介于其间的恒星，氢的谱线是最强的。

详细说明6–1

星等标度的更多知识

让我们依据星等来重新讨论两个重要的话题——恒星光度和平方反比律。

绝对星等相当于恒星的光度——恒星的内禀属性。给定太阳的绝对星等为4.83以后（见附录3，表6），我们可以根据这两个量建立一个转换表（如下所示）。由于亮度增加100倍对应于星等减少5个单位，那么光度是太阳光度100倍的恒星的绝对星等为4.83 – 5 = –0.17，而光度为0.01太阳光度的恒星的绝对星等为4.83 + 5 = 9.83。我们可以将其中的空白填满，因为已知1个星等对应于$100^{1/5} \approx 2.512$倍的变化，2个星等对应于$100^{2/5} \approx 6.310$的变化，以此类推。10倍亮度的变化对应于2.5个星等。你可以使用该表在太阳光度和绝对星等之间进行转换，应用到这一章和后面章节里的许多图片中去。

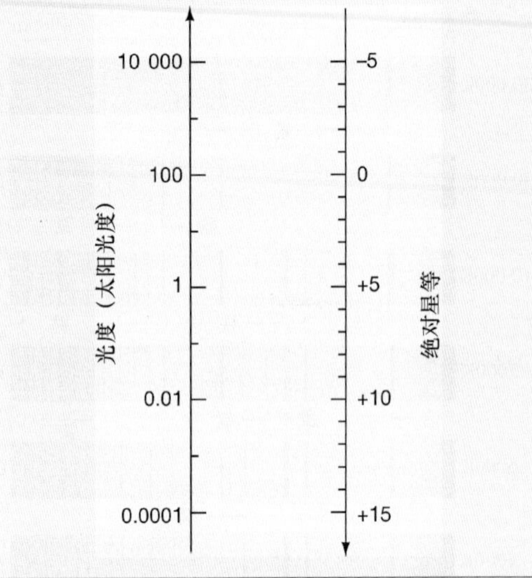

示例1

让我们计算绝对星等为M（绝对星等的惯用符号，不要与质量混淆！）的恒星的光度（以太阳光度为单位）。这颗恒星的绝对星等与太阳的绝对星等相差（M – 4.38）等，因此，根据刚给出的推导关系，恒星光度L与太阳光度的差别为$100^{-(M-4.83)/5}$，即$10^{-(M-4.83)/2.5}$。因此我们可以写成

$$L（太阳光度）= 10^{-(M-4.83)/2.5}$$

插入一些数字（从附录3的表5、6中可查），我们知道太阳的M=4.83，显然有$L=10^0=1$。天狼星A，M=1.45，因此光度为$10^{1.35}$= 22太阳光度；巴纳德星，M=13.24，光度为$10^{-3.35}=4.3\times10^{-4}$太阳光度；参宿四，$M$=–5.14，光度为9700 太阳光度，以此类推。

将平方反比律加到这些公式中，记住恒星的距离增加10倍，它的视亮度会降低100倍（平方反比律），因此它的视星等增加5等；距离增加100倍，视星等增加10等，以此类推。距离每增加10倍，视星等都会增大5等。由于绝对星等无非是距离为10pc的视星等，因此我们可以写为

$$视星等-绝对星等=5\log_{10}\frac{距离}{10秒差距}$$

（其中的对数函数——可以用计算器上的LOG键计算——定义为如果$a=\log_{10}(b)$，那么$b=10^a$。）尽管该公式看起来不像平方反比公式，但它恰恰相当于文中所提到过的平方反比律！注意，对于距离地球超过10pc的恒星，其视星等比其绝对星等大，而对于距离比10pc近的恒星，情况相反。

示例2

太阳的绝对星等为4.83，从100pc的距离上观看，它的视星等为4.83+5 $\log_{10}$（100） = 14.83，其中$\log_{10}$（100）= 2。这远远低于双筒望远镜的观测能力，甚至是较大的业余天文望远镜（见图6.7）。我们也可以用其来说明如何从恒星的绝对星等和视星等得到距离。恒星南门二（也叫作半人马座阿尔法星）的绝对星等是4.34等，观测到的视星等为–0.01。星等之间的差别为–4.35，因此它的距离一定是10 pc × $10^{-4.34/5}$ = 1.35 pc，与文中所给出的数值吻合（用视差得到的）。

详细的谱线分析表明这七颗恒星有着类似的元素丰度——都与太阳丰度大致相当。∞（5.3节）相反，正如在第3章里讨论过的，谱线差异几乎完全来自于恒星的温度。∞（3.5节）图中顶端的光谱正好是一颗与太阳成分类似的、温度大约为30 000K的恒星所能产生的光谱，第二幅光谱我们可以预计来自于温度为20 000K的恒星，以此类推，直到底部温度为3000K的恒星。

图6.10中光谱的主要区别在于：

- 表面温度超过25 000K的恒星光谱通常有着一次电离氦（即氦原子失去一个轨道电子）和多次电离的重元素的强吸收线，如氧、氖和硅（图中没有显示后者的吸收线）。较冷恒星的光谱中没有这些强吸收线，是因为只有非常炽热的恒星才能激发和电离这些紧密束缚的原子。
- 相比之下，在非常炽热的恒星的光谱中，氢的吸收线相对较弱。原因并不是因为缺乏氢，氢是迄今为止所有恒星中最为丰富的元素。然而，在高温下，多数氢被电离，因此很少有完整的氢原子来产生强烈的谱线。
- 表面温度居中的、大约为10 000K的恒星中氢的谱线最强。这一温度正好适合电子频繁地在氢的第二和更高轨道之间运动，从而产生特有的可见氢谱线。∞（详细说明3–1）束缚紧密的原子的谱线——例如，氦和氖的谱线——需要大量的能量才能被激发出来，因此在这些恒星的光谱中很少被观测到，而束缚较为松散的原子的谱线——比如钙原子和钛原子的谱线——在这些恒星的光谱中出现得相当普遍。
- 在表面温度在4000K以下的恒星中，氢谱线同样暗弱，但这次是因为温度太低，不能将大量电子从基态中激发出来。∞（3.2节）这些恒星中最强的谱线来源于弱激发的重原子；没有电离元素产生的谱线。最冷恒星的温度低至分子可以存在，许多观测到的吸收线来自于分子，而不是原子。∞（3.4节）

恒星光谱是我们对恒星组分所有详细信息的来源，它们实际揭示了恒星之间组分的显著差异，特别是碳、氖、氧和重元素的丰度差异。然而，正如我们已经看到的那样，这些差异并不是观测到的谱线有所不同的主要原因。相反，决定一颗恒星光谱外观的主要因素是它的温度，恒星光谱是测量这些重要恒星性质的强大、精确的工具。

光谱分类

随着全世界的天文台积累天空两个半球的恒星光谱，在20世纪开始之前就已经获得了许多恒星类似于图6.10所示的那些恒星光谱。在1880年到1920年之间，通过将观测谱线与实验室中得到的谱线进行比对，研究人员准确地鉴别出了一些观测谱线。然而，研究人员无法深刻理解谱线是如何产生的。现代原子理论那时还没有得以发展，因此，对谱线强度的正确解释，如前所述，在当时是不可能的。

缺乏对原子如何产生光谱的完整理解，早期对恒星的人工分类主要是依据它们的氢谱线强度。他们采用字母A，B，C，D，E……的策略，其中有最强氢谱线的A型恒星，被认为拥有比B型恒星更多的氢，其他依次类推。分类甚至扩展到了字母P。

在20世纪20年代，科学家开始了解原子结构的错综复杂和谱线形成的原因。天文学家很快意识到，可以依据恒星的表面温度来进行更有意义的分类。然而，他们不是采用全新的策略，而是选择打乱已有的字母分类——那些基于氢谱线强度的分类——基于温度重新排序。在现代策略下，最炽热的恒星由O表示，因为它们的氢吸收线非常弱，在原来的策略下被分类到最后。按照温度降低的顺序，现在保留下的字母为O、B、A、F、G、K、M。（其他的字母分类已经被丢弃了。）这些恒星类型被称为**光谱型**（或称光谱类型）。采用历史悠久的（但不合时宜的）记忆方法：“**O**h，**B**e **A** **F**ine **G**irl，**K**iss **M**e”，便可以按正确的顺序记住它们。㊀

天文学家进一步将每个字母光谱类型细分为10个子类，用数字0~9来表示。按照惯例，数字越小，恒星越炽热。例如，我们的太阳被归类为G2型恒星（比G1型恒星稍冷，比G3型恒星稍热），织女星是A0型星，巴纳德星是M5型，参宿四是M2型，等等。表6.2列举了表6.1中所提到的恒星所对应的每一种光谱型的主要性质。

我们不应该低估早期恒星光谱分类工作的重要性。尽管最初的分类是基于错误的假设，但能够解释观测的理论一旦出现，辛辛苦苦积累下的大量准确数据就能迅速地铺平理解它们的道路。

概念理解 检查

✓ 为什么恒星的光谱类型取决于它的温度?

㊀ 天文学家已经添加了两个新的光谱型——L和T型来分类低质量、低温度的恒星。在现有的分类策略下，它们怪异的光谱有别于M型恒星。这些天体并不是“真正的”在核心将氢聚变成氦的恒星；相反，它们是“褐矮星”（见第9章），永远不能达到足够高的中心温度并开始核聚变。

表6.2 恒星光谱型

光谱型	表面温度/K	显著吸收线	常见例子
O	30 000	强电离氦线；重元素的多次电离谱线；弱氢谱线	参宿三（O9）
B	20 000	中等强度的中性氦线；重元素的一次电离谱线；中等强度的氢线	参宿七（B8）
A	10 000	非常弱的中性氦线；重元素的一次电离谱线；强氢线	织女星（A0），天狼星（A1）
F	7000	重元素的一次电离谱线；中性金属谱线；中等强度氢线	老人星（F0）
G	6000	重元素的一次电离谱线；中性金属谱线；相对较弱的氢线	太阳（G2），半人马座阿尔法星（G2）
K	4000	重元素的一次电离谱线；强中性金属线；弱氢线	大角星（K2），毕宿五（K5）
M	3000	强中性原子谱线；中等强度的分子谱线；非常弱的氢线	参宿四（M2），巴纳德星（M5）

6.4 恒星的大小

大多数恒星在天空中都是无法分辨的光点，即使使用最大的望远镜来观测。即便如此，天文学家也常常能十分精确地确定它们的大小。

直接和间接测量

有些恒星足够大、足够亮，距离也足够近，使得我们能够直接测量它们的大小。一个著名的例子就是明亮的红色恒星参宿四，猎户星座中最有名的成员（见图6.8）。如图6.11（a）所示，参宿四几乎大到在短波上能够被哈勃太空望远镜分辨出来。逐步改善的干涉测量方法和自适应光学技术帮助天文学家构建了少量分辨率非常高的恒星图像。一些图像显示的细节足以展现一些表面特征，如图6.11（b）所示的同样的参宿四。∞（见4.4节、4.6节）

一旦能够测量恒星的角大小，如果它的距离也已知，那么我们就可以利用简单的几何方法确定它的半径。∞（1.6节）例如，距离为130pc、角直径可达0.045″的参宿四，它的最大半径是太阳的630倍。（我们这里说“最大半径”是因为参宿四碰巧是一颗变星——它的半径和光度有着不太规则的变化，周期大约为6年。）总之，可能有几十颗恒星的大小已经采用这种方法测量得到了。

大多数恒星的距离都太遥远或是太小，而无法采用这样的直接测量方法。相反，它们

▲**图6.11 参宿四** 膨胀的参宿四（这里以伪彩色显示）距离我们足够近，可以直接得到它的大小，以及一些表面特征，它们被认为类似于太阳上发生的风暴。（a）参宿四的紫外图像，由哈勃空间望远镜上装载的欧洲照相机所拍摄，几乎能分辨出这颗巨大的恒星。（b）由亚利桑那州的三台望远镜干涉测量得到的红外图像，更好地显示了参宿四，以及它表面上的两个斑点。［欧洲航天局（ESA）/美国国家航空航天局（NASA）、史密松天体物理观测台（SAO）］

详细说明6-2

估计恒星的半径

我们可以结合斯特藩-玻耳兹曼定律 $F=\sigma T^4$ 和球体面积公式$A=4\pi R^2$，从而得到正文中所描述的有关恒星半径（R）、光度（L）和温度（T）之间的关系：

$$L=4\pi\sigma R^2T^4$$

或

$$光度\propto 半径^2\times 温度^4$$

如果我们便捷一点，使用“太阳”的单位，L用太阳光度（3.9×10^{26}W）表示，R以太阳半径（696 000 km）表示，T以太阳的温度（5800 K）表示，那么我们可以消除常数$4\pi\sigma$，将公式改写成

R^2（太阳半径）$\times T^4$（以5800 K为单位）

如附图所示，在确定恒星的光度时，半径和温度都十分重要。

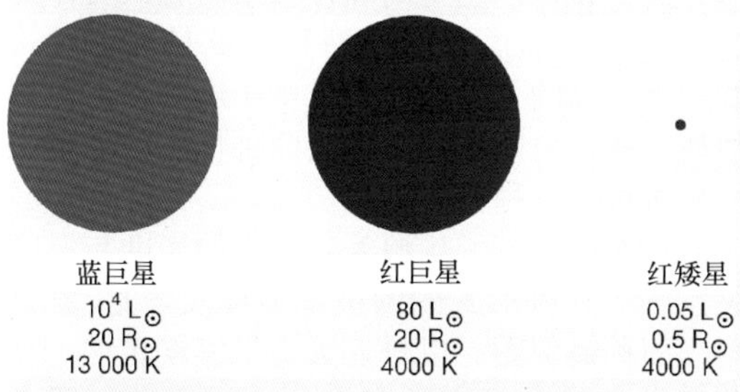

为了利用恒星的光度和温度来计算恒星的半径，我们重新改写公式如下（单位同上）

$$R=\sqrt{L}/T^2$$

这一辐射定律的简单应用几乎是本书中所有恒星大小估计的基础。让我们通过计算书中所讨论的两颗恒星的半径来说明这一过程。

示例

按照上面定义的太阳单位，恒星毕宿五的光度为$L=1.3\times10^{29}$W/3.9×10^{26}W=330单位，温度为=4000K/5800K=0.69单位。因此，根据公式，它的半径为R=2330/0.692=18/0.48单位=39太阳半径——因此毕宿五是一颗巨星。另一个极端的例子，南河三的光度$L=2.3\times10^{23}$W/3.9×10^{26}W=0.000 6 单位，温度T=8500K/5800=1.5 单位，因此它的半径是R=20.000 6/1.52 = 0.01太阳半径——南河三是一颗矮星。

下表列出了本章中提到过的其他一些恒星的光度、温度和计算出的半径（都以太阳的值为单位）。

恒星	光度（L）	温度（T）	半径（R）
天狼星	0.025	4.7	0.007
巴纳德星	0.0045	0.56	0.2
太阳	1	1	1
天狼星A	23	2.1	1.9
织女星	55	1.6	2.8
大角星	160	0.78	21
参宿七	63 000	1.9	70
参宿四	36 000	0.55	630

注意表中所示的一些光度与附录3中表5和表6以及书中其他地方有明显不同。这是因为其他地方的数值只参考了可见光，而辐射定律（和本表中的数值）参考的是总光度。正如我们在第2章里看到的那样，恒星辐射的能量覆盖了很宽的波长范围，通常会远远超出可见光范围。∞（2.4节）像太阳这样的恒星，它的辐射峰值刚好处于可见光波段的中间，因此它以可见光的形式辐射了绝大多数的能量（大约80%）。然而，较冷的毕宿五发出的辐射大部分（约75%）位于红外波段，而炽热的白矮星天狼星B主要以紫外光形式辐射——只有约10%的能量位于可见光部分。

的大小必须通过间接的方法——利用辐射定律推断出来。∞（2.4节）恒星发出的辐射由斯特藩—玻耳兹曼定律所决定，即恒星表面单位面积在单位时间内辐射的能量与恒星表面温度的四次方成正比。∞（详细说明2-2）为了确定恒星的光度，我们必须乘以它的表面积——同一温度下，个头大的天体所辐射的能量比个头小的天体所辐射的能量多。由于表面积正比于半径的平方，于是有

$$光度\propto 半径^2\times 温度^4$$

这一**半径-光度-温度关系**很重要，因为它表明已知恒星的光度和温度，如此便可以推导并估计恒星的半径——一种间接确定恒星大小的方法。

巨星和矮星

让我们举几个例子来说明这一区分。恒星毕宿五（金牛星座中橙红色的“公牛之眼”）的表面温度大约为4000K，光度为1.3×10^{29}W。因此，用太阳的对应值来表示的话，

▲图6.12　恒星的大小
这里列出了几颗不同大小的著名恒星。红巨星心宿二只有一部分显示在此尺度内，而超巨星参宿四会填满整页纸。（这里和其他页中的符号“⊙”表示的是太阳，符号“$R_{\odot}$”意为“太阳半径”。）

它的表面温度是太阳温度的70%，光度约为330倍太阳光度。那么半径-光度-温度关系（见详细说明6-2）说明该恒星的半径差不多是40倍太阳半径。如果我们的太阳有这么大的话，它的光球层将扩展到水星轨道，从地球上看，太阳在天空中将覆盖超过20°。像毕宿五这样大的恒星被称为巨星。更准确地说，**巨星**是半径为10～100倍太阳半径的恒星。由于4000K的天体颜色看起来偏红，因此毕宿五是一颗**红巨星**。更大的、半径超过1000个太阳半径的恒星被称为**超巨星**。参宿四就是**红超巨星**的一个典型例子。

现在我们来看南河三B，它是南河三A的暗弱伴星，也是夜空中最亮的恒星之一（见附录3表5）。南河三B的表面温度大约是8500K，差不多是太阳温度的1.5倍。该恒星的光度是2.3×10^{25}W，约为太阳光度的万分之六。再次利用半径-光度-温度关系，我们得到的半径是太阳半径的1%——比地球半径稍稍大一些。相比太阳，南河三B是一颗炽热的、尺寸较小、光度小得多的恒星。这样的恒星被称为**矮星**。天文学中，术语矮星指的是一切半径与太阳相当或者更小的恒星（包括太阳自己）。由于8500K的天体看起来发白——因此炽热的南河三是**白矮星**的一个例子。

绝大多数恒星的半径（主要是利用半径-光度-温度关系计算得到）范围从小于太阳半径的1%到超过100倍太阳半径。图6.12展示了几颗著名的恒星估计的半径大小。

概念理解 检查

✓ 我们可以测量一颗恒星的半径而不需要知道恒星到地球的距离吗?

6.5　赫罗图

天文学家使用光度和表面温度来进行恒星分类，就像使用身高和体重来区分人类体征那样。我们知道人的身高和体重是紧密相关的：个子高的人一般体重比个子矮的人重。自然地，我们可能也想知道这两种恒星的基本属性是否也以某种方式相关。

图6.13给出了几颗著名恒星的光度与温度关系图。这种形式的图被称为赫茨普龙-罗素图，简称**赫罗图**，以丹麦天文学家埃希纳·赫茨普龙和美国天文学家亨利·诺里斯·罗素命名，他们各自独立地在20世纪20年代开创性地使用了这种图。纵坐标，以太阳光度为单位表示（3.9×10^{26}W），覆盖了很大的范围，从10^{-4}到10^{4}；太阳正好出现在光度范围的中间位置，光度为1。横坐标表示的是表面温度，和传统的温度从左到右增加的表示方法不同，温度从右到左是增加（因此光谱型序列O，B，A等，从左到右表示）。将水平刻度改为传统的温度从左到右增加，将与历史先例不同，从而造成混乱。

正如我们刚了解过的，天文学家常常使用恒星的颜色来表示它的温度。但事实上，图6.13中沿着水平轴画出的光谱型相当于B/V颜色指数。另外，由于天文学家通常用绝对星等来表示恒星的光度，用恒星星等来代替恒星光度，因此也可以作为此图的纵坐标轴（见详细说明6-1）。许多天文学家更愿意将他们的数据用这样更有“观测性”的方式来表示，这时对应于图6.13的图被称为**颜色-星等图**。本书

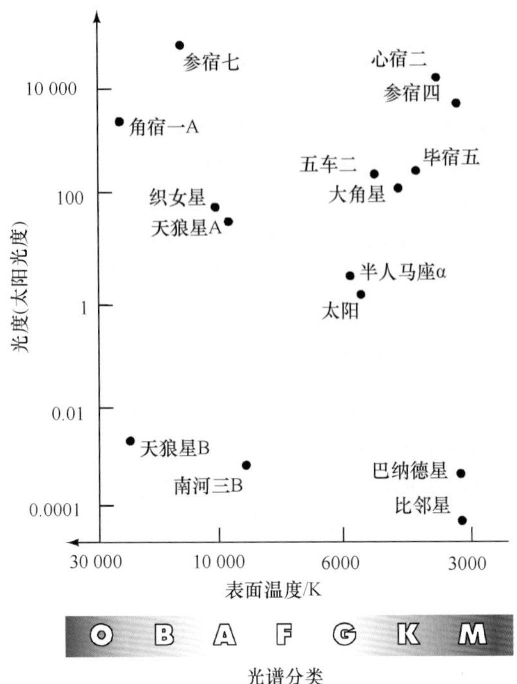

互动图6.13 著名恒星的赫罗图

光度与表面温度（或光谱型）的比较图是比较恒星的有效手段。这里画出了文中所提到过的一些恒星的数据。太阳，光度为1个太阳单位，温度为5800K，是一颗G型恒星。B型恒星参宿七位于左上端，温度约为11 000K，光度超过太阳光度的10 000倍。M型恒星比邻星，位于右下端，温度约为3000K，光度不超过太阳光度的万分之一。

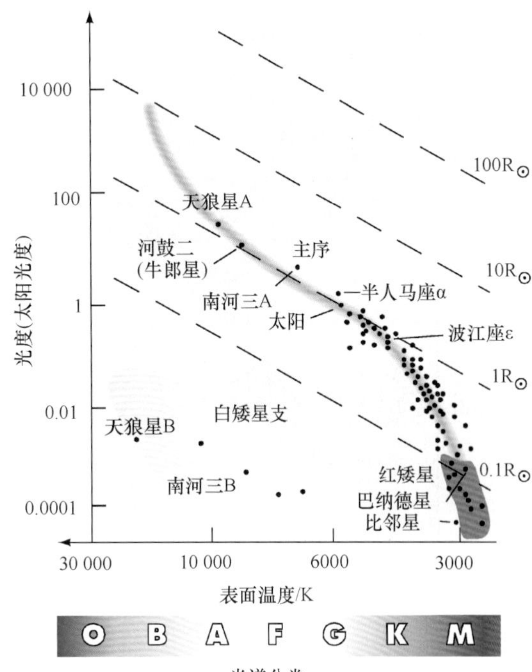

互动图6.14 近邻恒星的赫罗图

大多数恒星位于赫罗图上被称为主序的长而狭窄的阴影部分区域中。这里画出的恒星距离太阳不超过5pc。每条沿对角的虚线对应的恒星半径为常数。（符号“R⊙”表示的是“太阳半径”。）

中，我们将用更“理论化”的量——温度和光度来进行讨论，但是请大家要认识到，在许多工作中，颜色-星等图和赫罗图其实表示的是同一种意思。

主序

图6.13中标出的不太多的恒星并没有给出任何有关恒星性质之间的特定联系。然而，随着赫茨普龙和罗素在图中绘制出越来越多恒星的温度和光度，他们发现事实上存在着这样一种关系：恒星并不是均匀分布在赫罗图上的；相反，大部分恒星被限制在一个相当明确的带状区域内，从左上顶端（高温、高光度区）沿对角伸展到右下底部（低温、低光度区）。换句话说，温度低的恒星往往较暗（低光度），而炽热的恒星往往较明亮（光度更高）。这样一条跨越赫罗图的恒星带被称为**主序**。

图6.14包含约80颗距离太阳在5pc以内的恒星，显示出对恒星性质更为系统的研究。随着图中包含的点越来越多，主序逐渐被“填满”，主序的图像变得更加清晰。绝大多数太阳邻近区域内的恒星都位于主序位置。

主序星的表面温度范围从3000K左右（M光谱型）到30 000K以上（O光谱型）。这样相对较小的温度范围——只有10倍的变化——主要是由恒星内核发生的核反应速率所决定的。∞（5.6节）相比之下，观测到的光度变化范围非常之大，覆盖了大概8个数量级（即一亿倍的变化），从10^{-4}太阳光度到10^{4}太阳光度。

利用半径-光度-温度关系（6.4节），天文学家发现，恒星半径也沿主序在变化。赫罗图右边底端的暗弱红色M型恒星大约只有太阳半径的十分之一大，而左边顶部明亮的蓝色O型恒星大约比太阳大10倍。图6.14中的倾斜虚线标出的恒星半径不变，意味着任何位于给定虚线上的恒星都有着相同的半径，不管它的光度或温度是多少。沿着恒定的半径虚线，半径-光度-温度关系意味着

$$光度 \propto 温度^4。$$

通过在赫罗图中加入这样的虚线，我们可以在单独的一幅图上显示恒星的温度、光度以及半径。

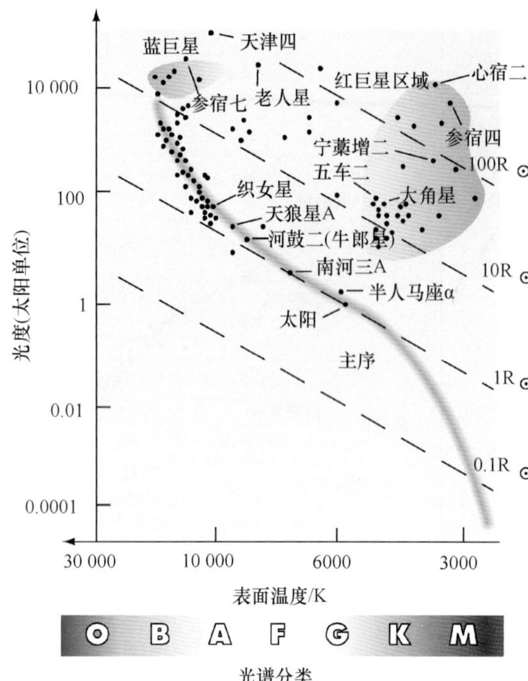

▲图6.15 最亮恒星的赫罗图

天空中最亮的100颗恒星的赫罗图，它们一般都是光度最大的恒星——如那些出现在左上部的恒星——因为我们看到它们要比看到最暗弱的恒星容易得多。（图6.14则只显示了最近的恒星。）

沿着主序从上到下，我们能发现一个非常清晰的变化趋势。在左上端，恒星很大、很热、很亮。鉴于它们的大小和颜色，它们被称为**蓝巨星**。最大的是**蓝超巨星**。在右下端，恒星很小、很冷、很暗，它们被称为**红矮星**。我们的太阳正好位于中间。

图6.15展示了不同组群恒星的赫罗图——从地球上看，100颗已知距离的恒星有着最亮的视亮度。注意，更多光度极大的恒星位于主序的上端，而不是下端。图中蓝巨星更多的原因很简单：我们在很远的距离上只能看见光度非常大的恒星。这幅图显示的恒星散布的空间范围比图6.14中显示的那些恒星要宽广得多，但它们几乎都偏向光度较大的那边。事实上，天空中最亮的20颗恒星中，只有6颗距离我们在10pc以内；尽管剩下的恒星很遥远，但由于它们的光度很大，因此也能够被看到。

图6.15中，如果非常明亮的蓝巨星所占比例被高估了的话，那么低光度的红矮星数量无疑被低估了。实际上，图中没有显示任何矮星。这样的缺失并不奇怪，因为从地球上很难观测到低光度的恒星。在20世纪70年代，天文学家开始意识到他们大大低估了银河系中红矮星的数量。图6.14展示了太阳邻近区域内一组不偏不倚的恒星样本，如其中赫罗图显示的那样，红矮星实际是天空中最为常见的恒星。事实上，它们可能占宇宙中所有恒星数量的80%以上。相比之下，O型和B型超巨星极其罕见，10 000颗恒星中大约只有1颗属于这些类型。

白矮星和红巨星

大多数恒星位于主序段。然而，图6.13到图6.15的图中显然有一些点没有在主序位置。如图6.13所示，其中一个像这样的点是南河三B，它是一颗前面讨论过的白矮星（6.4节），表面温度为8500K，光度约为太阳光度的万分之六。图6.14中还可见更多这样暗弱但炽热的恒星，位于赫罗图的左下角。这一区域被称为**白矮星支**，在图6.14中被标示出来。

图6.13中也显示了毕宿五（见6.4节的讨论），它的表面温度为4000K，但光度为太阳光度的300倍左右。另外一颗星是参宿四（猎户座阿尔法星），它是天空中第九亮的恒星，温度比毕宿五稍低，但要亮100倍以上。这些恒星位于赫罗图的右上角（见图6.15），该区域被称为**红巨星支**。太阳附近的5pc内没有发现任何红巨星（见图6.14），但天空中可见的许多最亮的恒星实际上是红巨星（见图6.15）。尽管它们的数量相当稀少，但红巨星却非常明亮，因此在很远的距离外也能被看见。它们组成了赫罗图中完全不同的第三类恒星，与主序星和白矮星的性质截然不同。

依巴谷项目（6.1节）除了用前所未有的精度确定了数十万颗恒星的视差外，也测量得到了超过200万颗恒星的颜色和光度。图6.16展示了基于海量依巴谷数据的很少一部分所作的赫罗图。主序和红巨星支清晰可见。然而，只有很少的白矮星可见，这仅仅是因为依巴谷的望远镜只能观测相对较亮的天体——视星等亮于12等的天体。几乎没有白矮星距离地球足够近，因此它们的视星等都在此极限之外。

太阳附近的恒星大约有90%是主序星，可能宇宙中其他地方的恒星也有约90%是主序星。大约有9%的恒星是白矮星，而有1%的恒星是红巨星。

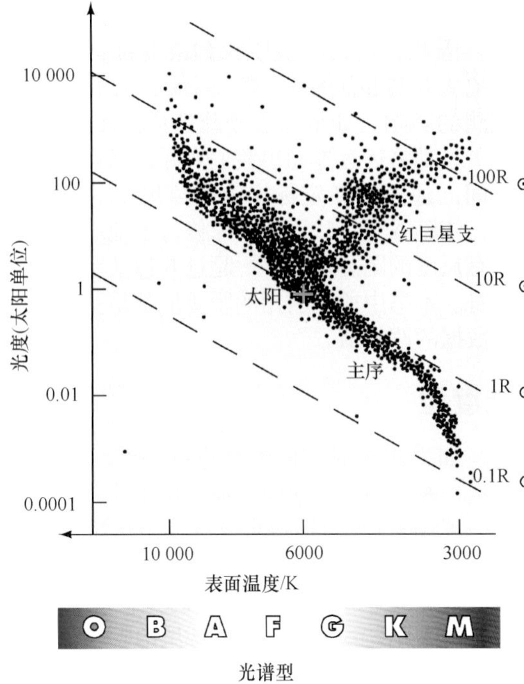

▲图6.16 依巴谷的赫罗图

这幅有史以来最完整的赫罗图之一的简化版本包含超过20 000个数据点，由欧洲依巴谷飞船测量得到的距离太阳在几百秒差距内的恒星组成。

概念理解 检查

√ 只有一小部分的恒星是巨星。那么，为什么夜空中最亮的恒星有许多都是巨星？

6.6 延伸到宇宙距离尺度

我们已经讨论了光度、视亮度和距离之间的联系。有关恒星视亮度和距离的知识使得我们能够利用平方反比律来确定恒星的光度。但我们也能将问题反过来考虑。如果我们大致知道一颗恒星的光度，然后测量得到它的视亮度，那么我们就可以利用平方反比律来知道它到太阳的距离。

分光视差

我们大多数人对标准红绿灯的固有亮度（即光度）都有粗略的认识。假设你在一条不熟悉的街道上驾驶，远远地看到红灯出现。你对红灯光度的了解使得你立即就能在心底估计出它的距离。看起来相当暗淡的红灯（低视亮度）一定十分遥远（假设红灯并不脏的话）。看起来很亮的红灯一定相当近。因此，测量一个光源的视亮度，并结合它本身光度的相关信息，可以用于估计光源的距离。

对恒星来说，诀窍在于找到不需要知道距离就能测量光度的独立手段。赫罗图就可以提供这样的方法。例如，假设我们观测一颗恒星并且得到它的视星等为10等。就此数字本身来说，并没有告诉我们太多的东西——这颗恒星可能距离近但暗弱，也可能距离远但明亮（见图6.6）。但假设我们有一些额外的信息：该恒星位于主序并且光谱型为A0，那么我们就可以从图6.15中读出恒星的光度。一颗主序A0恒星的光度大约为100个太阳单位。根据详细说明6-1，对应的绝对星等为0等，因此恒星的距离为1000pc。

这一利用恒星的光谱型来推断距离的过程被称为**分光视差法**[㊀]。关键步骤在于以下：

1. 我们测量恒星的视亮度和光谱型，并不需要知道它的距离有多远。

2. 然后我们利用光谱型来估计恒星的光度。

3. 最后，我们应用平方反比律来确定恒星的距离。

主序的存在使得我们能把容易测量的量（光谱型）和恒星的光度联系起来，而光度可能是未知的。术语分光视差指的是利用恒星光谱型来推断光度并由此得到距离的特殊过程。然而，正如在接下来的章节中会看到的那样，天文学不断地使用这一基本的逻辑（利用各种不同的手段来替代第2步）来作为距离测量手段。在实践中，主序的“模糊性”给距离测量带来了一定的不确定性（10%～20%），但基本的想法仍然是有效的。

在《今日天文——太阳系和地外生命探索》中，我们介绍了最终会将我们带到可观测宇宙边缘的距离测量手段的第一级“阶梯”就是内行星的雷达测量，它确立了太阳系的大小并定义了天文单位。在6.1节中，我们讨论了宇宙距离阶梯的第二级——恒星视差——它以第一级阶梯的雷达测量为基础，因为它以地球轨道为基线。我们已经利用前两级阶梯确定了许多近邻恒星的距离和其他物理性质，现在我们可以使用这些知识来构建阶梯的第三级——分光视差。正如图6.17中简要所示，这一新的阶梯把我们对宇宙的视野带入更深的太空。

㊀ 这一令人混淆的名字非常误导人，因为这一方法与恒星视差（几何）毫无共同之处，仅仅是因为它被用作距离测量手段。

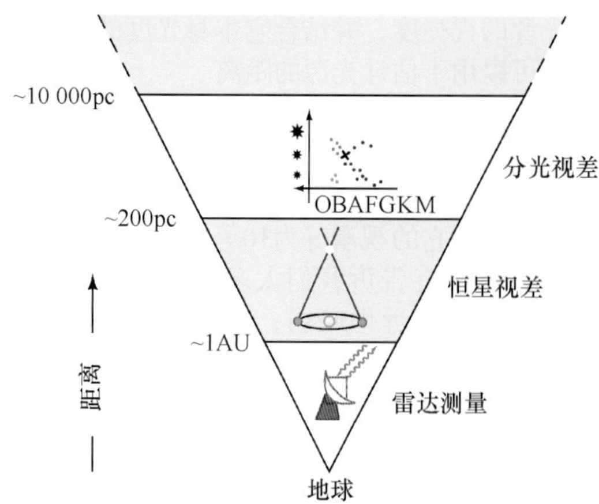

▲图6.17 恒星的距离

对恒星光度和视亮度的了解可以用于距离的估计。天文学家使用这一被称为分光视差的第三级距离阶梯，可以测量得到无法清晰分辨的恒星的距离——远至几千秒差距。

分光视差可以用于确定几千秒差距之外的恒星距离。在此距离之外，很难得到单颗恒星的光谱和颜色。“标准”的主序可以利用恒星的赫罗图得到，而这些恒星的距离可以利用（几何）视差得到，因此可以利用近邻恒星来对分光视差方法做定标。注意，在使用这种方法时，我们假定（没有经过证明）遥远恒星从根本上类似于近邻恒星，它们所处的主序同近邻恒星的主序一样。只有通过这样的假设，我们才能够扩展距离测量手段的边界。

当然，赫罗图中的主序并不是一条线，它有宽度。例如，光谱型被分为A0型的主序恒星（如织女星）的光度实际上覆盖了从30到100个太阳光度的范围。这一变化范围的主要原因在于，银河系中不同位置处恒星的成分和年龄不同。因此，采用这样的方法得到的光度有着相当大的不确定性，因此得出的恒星距离也有相当大的不确定性。利用分光视差得到的距离，通常精度大约不超过25%。

尽管这看起来非常不精确——当被告知对洛杉矶到纽约的距离最准的估计大致位于3000～5000km之间时，美国的野地穿越者很难会感到高兴——这一点说明，即使是恒星之间的距离这样简单的问题，在天文学里也是非常难以衡量的。不过，不确定度在±25%左右的距离估计总比根本没有任何估计强得多。下一代天体测量卫星（6.1节）的发射将会改善这一状况，恒星距离测量的范围和精度都会有根本性的提高。

最后，要记住这一点，由于距离阶梯的每一级都是利用前一级阶梯的数据来进行定标的，因此，任何一级阶梯的改变都会影响所有更大尺度的测量结果。因此，新的高质量观测的影响，如依巴谷项目造成的影响（6.1节），都将远远地超出我们实际已经探寻过的空间。通过重新定标宇宙距离尺度的本地基础，依巴谷卫星让天文学家修订了他们做出的所有尺度的距离估计——超过并包括宇宙尺度本身。本书中所有引用的距离值都是基于依巴谷数据的改进值。

光度型

如果正在研究的恒星恰好是红巨星或白矮星，并且不在主序内，那会发生什么呢？回想一下第3章里对谱线宽度的详细分析，这能够提供谱线形成处的气体密度信息。∞（3.5节）红巨星的大气比主序星的大气要稀薄得多，而主序星的大气要比白矮星的大气稀薄得多。图6.18（b）和图6.18（c）说明了同一光谱型的主序星和红巨星的光谱区别。

多年来，天文学家发展出一套系统来根据谱线宽度对恒星进行分类。由于谱线宽度取决于恒星大气的密度，而密度又与光度密切相关，因此这一恒星属性被称为**光度型**。标准的光度型分类在表6.3中列出，并且展示在图6.18（a）的赫罗图中。通过确定恒星的光度型，天文学家通常可以非常确定地判断该天体属于哪一类。根据完全通过光谱方法测量得到的恒星属性，我们现在可以有办法具体说明恒星在赫罗图中的位置，就像温度和光度那样，光谱型和光度型也将恒星限定在赫罗图的确定位置上。一颗恒星光谱性质的完整参数包括它的光度型。例如，太阳这颗G2型主序恒星，完整光谱型为G2V型；B8型的蓝超巨星参宿七是B8Ia型；红矮星巴纳德星是M5V型；红超巨星参宿四是M2Ia，等等。

表6.3 恒星光谱型

类　型	描　述
Ⅰa	亮超巨星
Ⅰb	超巨星
Ⅱ	亮巨星
Ⅲ	巨星
Ⅳ	亚巨星
Ⅴ	主序星和矮星

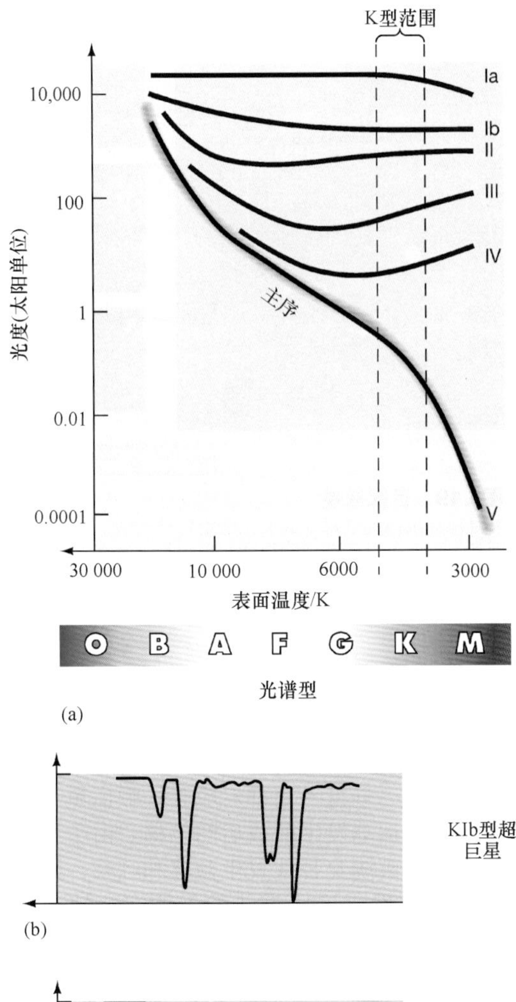

▲图6.18 光度型

（a）赫罗图中标准恒星光度型分类的近似位置。吸收线的宽度也提供了有关恒星大气宽度的信息。主序K型恒星的致密大气有着较宽的谱线（c），比同一光谱型的巨星（b）的谱线宽。

例如，考虑一颗表面温度近似为4500K的K2型恒星（表6.4）。如果恒星的谱线宽度告诉我们它处于主序（即它是颗K2Ⅴ型恒星）阶段，那么它的光度大约是太阳光度的30%。如果观测到的恒星谱线比主序中正常的谱线要窄，那么这颗恒星可能会被归为K2Ⅲ型巨星，光度为太阳光度的100倍［见图6.18（a）］。如果谱线非常狭窄，那么这颗恒星可能会被分类为K2Ib型超巨星，要更亮40倍，即4000倍太阳光度。每个例子中，有关光度型的信息让天文学家能够鉴别天体类型，并且对其光度做出恰当的估计，从而得到它的距离。

概念理解 检查

✓ 假设天文学家发现，由于标定误差，所有利用几何视差方法测得的距离比目前认为的都大10%。这一发现对分光视差中所采用的“标准”主序有何影响？

表6.4 同一光谱型恒星性质的变化

表面温度/K	光度/ 太阳光度	半径/ 太阳半径	天体类型	例子
4009	0.3	0.8	K2V主序星	波江座 ϵ
4500	110	21	K2Ⅲ红巨星	大角星
4300	4000	140	K2Ⅰb红超巨星	飞马座 ϵ

6.7 恒星质量

是什么最终确定了恒星在主序上的位置？答案是恒星的质量及其成分。质量和成分是任一恒星的基本属性。它们一起唯一地确定了恒星的内部结构、恒星的外貌，甚至是恒星未来的演化（我们将在第9章里看到）。如果我们想理解恒星是如何工作的，那么测量恒星的这两种关键属性是极其重要的。我们已经知道如何利用光谱来确定成分。∞（5.3节）现在让我们来探讨确定恒星质量的问题。

和其他所有天体一样，我们通过观测恒星对其附近天体——另外的恒星或可能是一颗行星——的引力作用来测量它的质量。如果我们知道两个天体之间的距离，那么我们就可以利用牛顿定律来计算它们的质量。目前，对最近发现的系外行星系统的研究仍然不足，不能提供独立的恒星质量测量，而且距离我们发射飞船围绕其他恒星运行还有很长的路要走。尽管这样，仍然有办法确定恒星的质量。

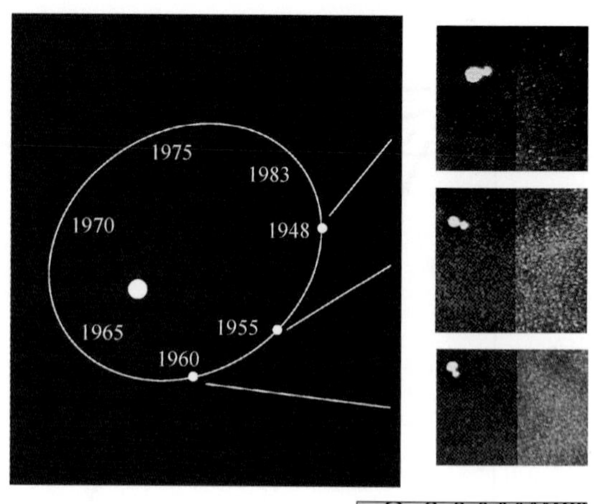

▲图6.19 目视双星
如果目视双星系统的每个成员都清晰可见的话，那么它的周期和间隔就可以直接观测得到。左图是双星克鲁格60的轨道示意图；右图是在指定年份所拍摄的实际照片。［哈佛大学天文台（Harvard College Observatory）］

双星

大部分恒星是两颗或两颗以上的恒星互相绕转组成的多星系统的成员。多数恒星是双星系统，由两颗绕其共同质心运行的恒星构成，在它们相互的引力吸引下聚在一起。其他恒星可能是三星、四星，甚至是更复杂系统的成员。太阳不属于多星系统的一部分——如果太阳有什么不寻常的话，可能就是它缺少一颗伴星。

天文学家根据从地球上看到的双星外貌和观测它们的难易程度，对双星系统（或简称为双星）进行了分类。**目视双星**的成员间隔较远，足够明亮，可以单独地进行观测和监控，如图6.19所示。最常见的是光谱分光双星，它们的距离很遥远，无法单独分辨它们的成员星，但在监测它们互相绕转时，谱线的前后多普勒位移能够间接地探测它们。记住，朝向观测者的运动会使谱线向电磁波谱的蓝端移动，而远离观测者的运动则会使谱线往红端移动。∞（2.5节）在双谱**分光双星**中，可见两套有区分的谱线——每一套都对应于一颗恒星——随着恒星的运动发生前或后的位移。由于我们发现了特定谱线交替地发生蓝移和红移，因此我们能知道发出这些谱线的天体在绕轨道运行。在更常见的单谱分光双星系统中，如图6.20中所示的那些，其中一颗恒星太过暗弱，以至于它的光谱无法被分辨出来，因此只观测到一套谱线的红移和蓝移。谱线位移意味着观测到的恒星一定绕着另一颗恒星运动，即使这颗伴星无法被直接观测到。（如果这一观点听起来很耳熟的话，那么，所有当前被发现的系外行星系统都是单谱分光双星的极端例子。）

更为少见的是**交食双星**，这对恒星的轨道平面几乎与我们的视线相平行。在这种情况下，如图6.21所示，随着一颗恒星从另一颗恒星前面通过（掠过），我们会观测到星光的

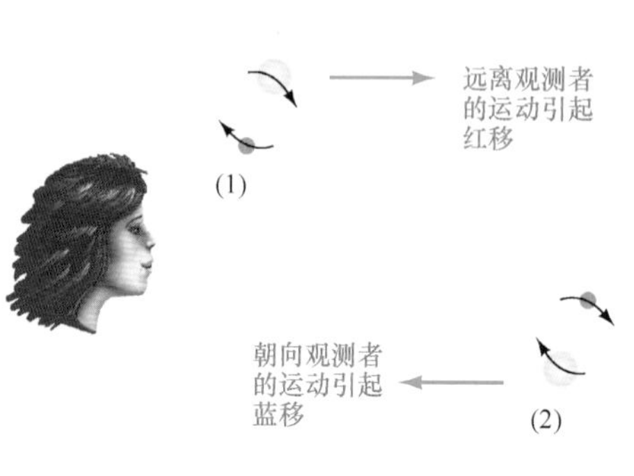

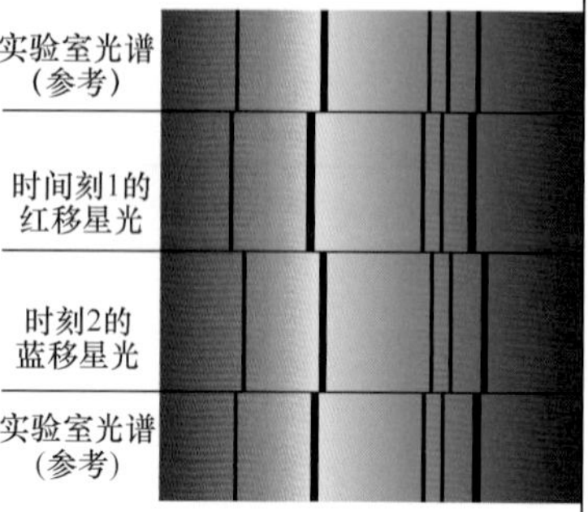

互动图6.20 分光双星
通过测量在轨道运动中，其中一颗恒星相对于另一颗恒星发生的周期性的多普勒位移，可以确定双星的属性。这是一个单谱双星系统，只可见一条（来自较亮成员的）光谱。

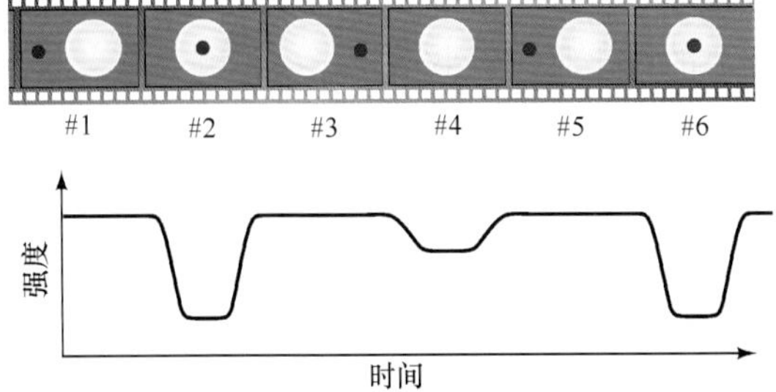

互动图6.21　交食双星
如果双星系统的两颗恒星发生互相掩食，那么通过观测一颗恒星从另一颗恒星前面经过时星光发生的周期性变暗现象，就可以获得有关它们半径和质量的额外信息。

周期性变暗。通过研究来自于双星系统的光的变化——双星的**光变曲线**——天文学家不仅可以详细地推断有关恒星轨道和质量的信息，还可以推断出它们的半径。因此，交食双星提供了测量恒星半径的另一类方法，与6.4节描述的直接或间接的方法都不同。

例如，图6.21所示的序列中，最大的亮度（帧1、3、5）代表两颗恒星合并后的亮度，而较浅的低谷（帧4）代表的是较亮（较大）的那颗成员星的亮度。这两条线索使我们能够推断两颗恒星各自的亮度。较深低谷（帧2和6）的出现是因为暗弱一些的红色恒星部分地阻挡了来自于较亮的黄色恒星的光芒。亮度的变化显示出较亮的恒星被遮挡的比例，从而能够告诉我们两颗恒星的表面积比，因而能得到它们的半径之比（因为面积正比于半径的平方）。如果我们也知道成员星的轨道运动速度——从多普勒测量得到——那么低谷的宽度和从最小亮度到最大亮度所花的时间将告诉我们恒星实际的半径。

上述双星系统的分类并不是互不相容的。例如，单谱分光双星也可以正好是一个交食系统。在这种情况下，天文学家可以利用交食来获得双星中较暗成员的额外信息。偶尔，两颗毫不相关的恒星在天空中的位置会正好重合，但实际上它们分隔得很远。这类光学双星只是机会性的重合，没有有关恒星性质的有用信息。

质量确定

通过观测双星的实际轨道、谱线的蓝移和红移或是光变曲线的凹陷——无论是用哪一种信息，天文学家都能测量得到双星的轨道周期。观测得到的周期大小从几小时到几个世纪都有。从中可以得到多少额外的信息取决于所研究的双星的类型。

如果目视双星的距离已知，那么可以直接利用简单的几何来确定轨道的半长轴。利用修改后的开普勒第三定律来确定双星成员的总质量，那么双星的周期和轨道半长轴的大小就正是我们所必需的条件。由于两颗恒星的轨道可以被分别跟踪，因此确定每一颗恒星各自的质量也是可能的。回忆一下之前所讲的，在任何互相绕转的系统里，每个天体都绕共同的质心运动。测量目视双星系统中每颗恒星到质心的距离，可以得到恒星的质量比。知道了总质量和它们的比例，我们就能知道每颗恒星的质量。

对分光双星来说，是不可能直接确定它们的半长轴的。多普勒位移测量可以告诉我们有关两颗恒星轨道速度的信息，但只是有关视向速度分量的信息——也就是沿着视线方向的速度。因此，我们无法确定轨道相对于我们视线方向的倾角，这限制了我们所能获得的信息量——简单地说，我们无法分辨是一颗轨道侧向我们的、运动缓慢的双星，还是一颗轨道几乎面向我们的（沿视线方向的轨道速度分量从而会很小）、运动快速的双星。在系外行星的研究中，我们就曾遇到过这样的局限性。

对双谱分光双星来说，可以测得各自的视向速度，因此能够确定成员的质量比，但轨道倾角的不确定性意味着只能获得成员个体质量的下限。对单谱分光双星来说，可供使用的信息更少，只能推导出成员质量之间相当复杂的关系（即质量函数）。然而，如果能够利用其他手段来确定较亮的那颗恒星的质量（如果那颗亮星是一颗光谱型确定的主序星，如图6.22所示），往往这也是常有的情况，那么就可以得到另外那颗较暗的、不可见的恒星的质量下限。

最后，如果一颗光谱双星正好也是一个交食系统，那么轨道倾角的不确定性就没有了，由此可知双星轨道是平着侧向我们，或是几乎如此。在这种情况下，双谱分光双星两个成员的质量都能够被确定。对于单谱分光双星，如果较亮的那颗恒星的质量能够利用其他手段确定（比如，通过认定它是一颗已知光谱型的主序星），那么质量函数也可得以简化，从而知道不可见的那颗恒星的质量。

尽管存在这些限定条件和困难，我们也已经得到了许多近邻双星系统中成员星各自的质量。详细说明6-3列举了一个简单的例子，说明了在实践中如何实现这一目标。

6.8 质量和其他恒星属性

我们将结束对恒星的介绍，现在来简要看看质量如何与本章中讨论过的恒星的其他属性相联系。图6.22是一幅简略的赫罗图，说明了恒星质量如何沿着主序变化。从低质量的红矮星到大质量的蓝巨星，都有着明确的连续性。除了少数例外，主序星的质量范围从太阳质量的10%到20倍太阳质量。炽热的O型和B型恒星的质量一般是太阳质量的10～20倍。最冷的K型和M型恒星则仅仅是太阳质量的几十分之一。恒星在自身形成时的质量确定了其在主序上的位置。基于太阳附近几百个光年内观测到的恒星，图6.23说明了主序星的质量大小是如何分布的。注意，低质量恒星的占比非常高，而质量为几倍太阳质量的恒星的占比非常微小。

图6.24说明了主序星的半径和光度与其质量的关系。基于观测到的双星系统，两幅子图分别显示了质量–半径和质量–光度的关系。沿着主序，恒星半径和光度都随着质量增加。作为一条近似的经验法则，我们可以说，恒星半径的增加正比于恒星的质量，而光度的增加要快得多——差不多是质量的四次方，如图6.24（b）中的直线所示。因此，一颗两倍太阳质量的主序星的半径大约为太阳的两倍，而光度是太阳光度的16（2^4）倍；一颗质量为太阳质量20%的主序星半径大约为太阳半径的20%，而光度大约是太阳光度的万分之十六（0.2^4）。

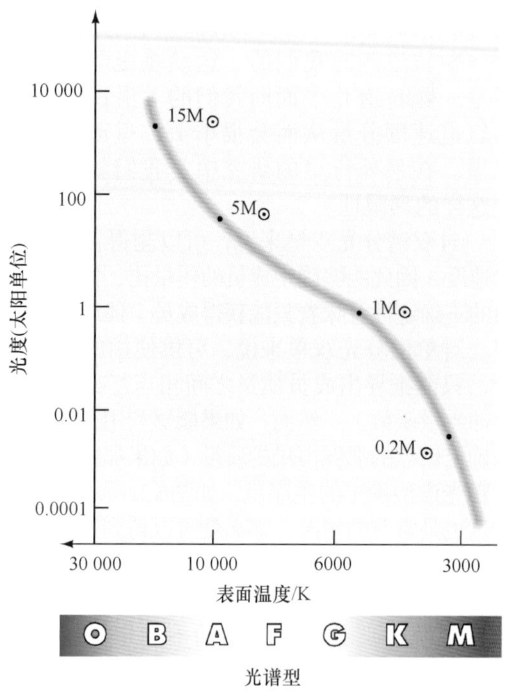

▲图6.22 恒星质量
比起任何其他的恒星属性，质量更能够确定一颗恒星在主序上的位置。低质量的恒星温度低、光度小，它们位于主序的底部；质量非常大的恒星又炽热又明亮，它们位于主序的顶部。（“$M_\odot$”指的是“太阳质量”）

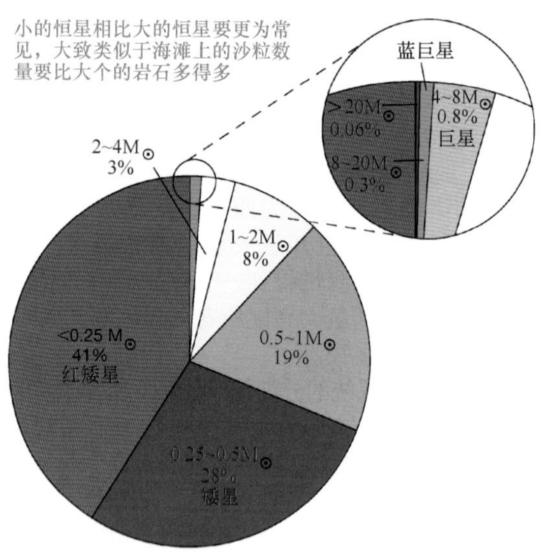

▲图6.23 恒星质量分布
通过仔细测量太阳邻近区域内的恒星而确定的主序星质量分布范围。

详细说明6-3

测量双星系统中的恒星质量

如正文中所讨论的，大多数恒星都是双星系统的成员星——它们互相绕转，在引力的作用下束缚在一起。在这里，我们会说明——在理想情况下，如果已知相关的轨道参数——如何使用观测到的轨道数据，并结合我们的基本物理知识来确定成员星的质量。

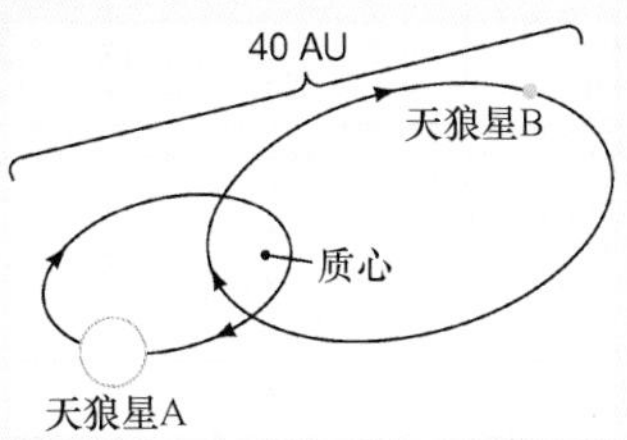

考虑太阳附近由亮星天狼星A和其暗弱的伴星天狼星B组成的目视双星系统，如附图所示。通过观测恒星互相的绕转，或是通过观测由于其暗弱的伴星而引起的天狼星A的来回摆动，可以简单地确定双星的轨道周期。周期几乎正好为50年。对轨道的直接观测也能得到轨道的半长轴，尽管在这种情况下，我们必须使用额外的开普勒定律来修正该双星系统相对于视线方向的46° 倾角。轨道半长轴为20个天文单位——从2.7pc的距离测得的角大小为7.5″ 。∞（详细说明1–2）一旦我们知道了这些轨道参数，我们就可以利用修改后的开普勒第三定律来计算两颗恒星的总质量，结果是$20^3/50^2 = 3.2$倍太阳质量。

对轨道的进一步研究，使得我们能够确定各个恒星的质量。多普勒观测表明，天狼星A大约以其伴星速度的一半绕它们的质心运动。∞（2.5节）这意味着天狼星A的质量一定是天狼星B的两倍。从而得到天狼星A和天狼星B的质量分别为2.1倍和1.1倍太阳质量。

通常双星成员的质量计算是很复杂的，因为只有部分的信息已知——我们可能只能看见一颗恒星，或者可能只有分光速度信息可用（见6.7节）。尽管如此，本书中引用的每一颗恒星的质量几乎都是采用这种基本物理原则与详细观测相结合的方法来确定的。

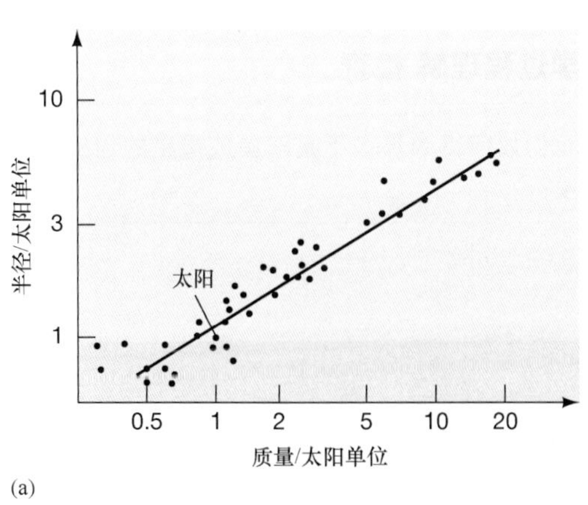

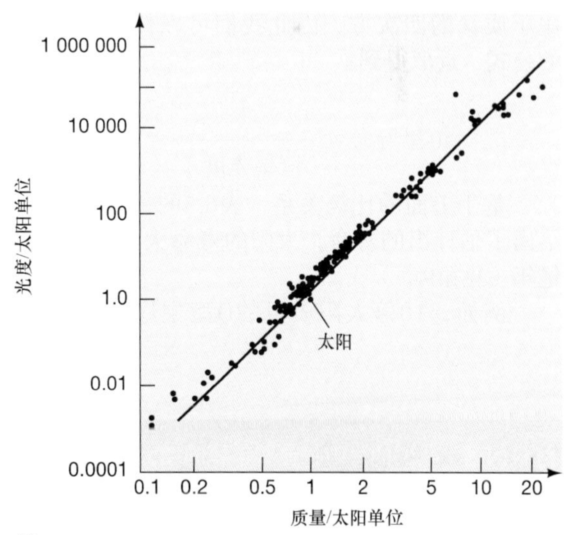

▲图6.24 恒星半径和光度

（a）主序星半径与质量的关系。实际观测表明，在很大范围内，恒星半径的增加几乎与质量的增加成正比（如穿过数据点的直线所示）。（b）主序星光度与质量的关系。光度大致以质量的四次方增加（同样如图中直线所示）。

表6.5 一些著名的主序星的关键属性

恒　星	光谱型	质量（M）/太阳质量	中心温度/$\times 10^6$ K	光度（L）/太阳光度	估计寿命（M/L）（10^6年）
角宿一B①	B2V	6.8	25	800	90
织女星	A0V	2.6	21	50	500
天狼星A	A1V	2.1	20	22	1000
南门二	G2V	1.1	17	1.6	7000
太阳	G2V	1.0	15	1.0	10 000
比邻星	M5V	0.1	0.6	0.000 06	16 000 000

① "恒星"角宿一实际上是一个双星系统，主星是B1III型的巨星（角宿一A），伴星是一颗B2V型的主序星（角宿一B）。

表6.5比较了几颗著名主序星的一些关键属性，按质量从大到小排列。注意，不同恒星之间，中心温度（利用类似于第5章里讨论过的数学模型得到）的差别相对较小，而光度的变化很大。∞（5.2节）恒星内部快速的核燃烧在单位时间内释放了巨大的能量。那么这样的燃烧能够持续多久？简单地将可用的燃料（恒星的质量）除以燃料消耗的速度，我们可以估计一颗主序星的寿命：

$$恒星寿命 \propto \frac{恒星质量}{恒星光度}$$

质光关系告诉我们，恒星的光度近似正比于质量的四次方，因此我们可以修改上面的公式，近似得到：

$$恒星寿命 \propto \frac{1}{（恒星光度）^3}$$

基于上面的比例关系，表6.5的最后一列给出了估计出的寿命，太阳的寿命大约是100亿年（见第9章）。

例如，10倍太阳质量的O型主序恒星寿命大约是太阳寿命的$10/10^4 = 1/1000$，大约是1000万年。这类大质量恒星内部的核反应非常迅速，因此它的燃料很快就被耗尽，尽管它的质量很大。我们可以确定，所有现在观测到的O型和B型恒星都非常年轻——不到几千万年。年龄比此还大的大质量恒星，早已经耗尽了燃料，不再释放大量的能量，它们实际上已经死亡了。

在主序的另一端，较冷的K型和M型恒星质量比太阳小得多。它们的核心密度和温度都较低，质子反应慢慢吞吞，比太阳核心的反应缓慢得多。单位时间内释放的能量少，使得它们的光度也低，因此它们的寿命非常长。我们现在在夜空中看到的许多K型和M型恒星至少还会闪耀万亿年。大大小小的恒星的演化将是第9章和10章的主题。

科学过程理解 检查

✓ 我们如何得到那些不是双星成员星的恒星的质量？

终极问题 我们的太阳将随着年龄的增大而膨胀，大约在50亿年内，它会开始耗尽燃料，注定会迅速膨胀成为一颗红巨星。目前最吸引人的问题是，红巨星的太阳是否能膨胀到足以吞噬掉地球？这一问题经常被提起，然而由于时间还很遥远，很快又被忽视掉。没有人能确定这一点。我们知道的是，太阳正在失去大量的物质，从而使其引力变小。也许这将会使地球最终退后至相对安全的轨道上。

章节回顾

小结

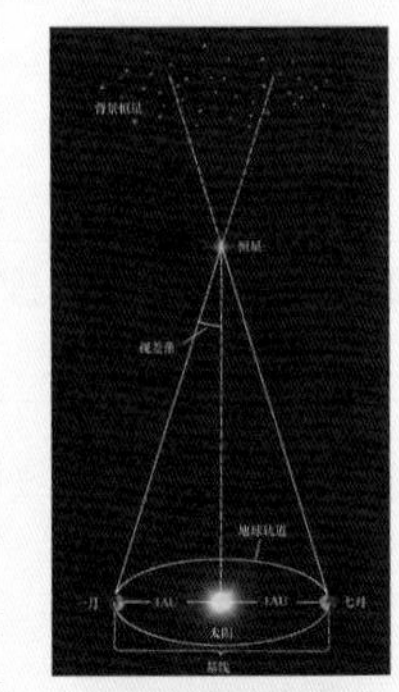

❶ 最近的恒星的距离可以通过三角视差方法来测量。视差为1角秒（1″）的恒星距离地球为1**秒差距**（p.143）——大约为3.3光年远。

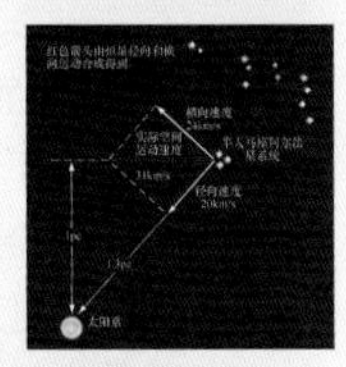

❷ 除了由于地球绕太阳公转造成的视运动外，恒星在空间中也有真实的运动。恒星的**自行**（p.144）——即穿过天空的真实运动——可以用于测量垂直于我们视线方向的恒星运动速度。恒星的视向速度——沿着视线方向的速度——可以通过测量恒星谱线的多普勒位移得到。

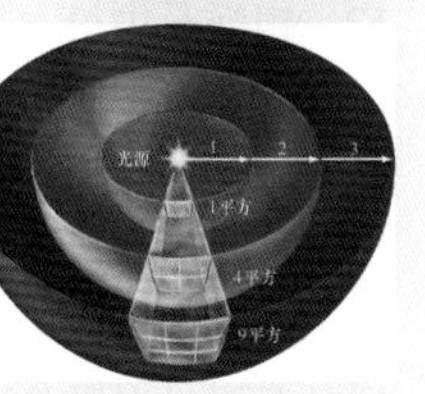

❸ 恒星的**视亮度**（p.145）是到达探测器的恒星能量流量。视亮度随距离的平方降低。光学天文学家使用**星等标度**（p.146）来表示并比较恒星的亮度——星等越大，恒星越暗；5个星等的差别对应着亮度的100倍变化。**视星等**（p.146）是视亮度的量度。恒星的**绝对星等**（p.147）是将其放置在距离观测者10pc的标准距离上时所具有的视星等，是恒星光度的量度。

❹ 通过测量恒星通过两个或更多光学滤光片的亮度，然后将结果与黑体曲线匹配，可以测得恒星的温度，天文学家常常采用这样的方法。测量透过一组滤光片的每个镜片的星光数量，这样的方法被称为**测光**（p.149）。恒星的光谱观测为确定恒星温度和恒星组分提供了准确的方法。天文学家根据恒星光谱里的吸收线进行分类。按温度递减的顺序，标准的恒星**光谱型**（p.151）为O、B、A、F、G、K和M型。

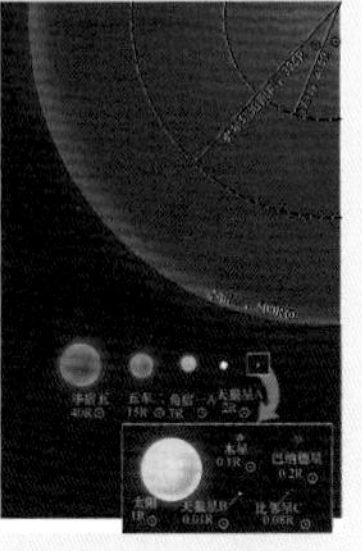

❺ 只有少数个头足够大、距离也足够近的恒星能够被直接测量得到半径。大多数恒星的大小是间接地利用**半径–光度–温度关系**（p.153）估计得到的。大小与太阳相当或更小的恒星被分成**矮星**（p.154），比太阳大但不超过100倍的恒星被称为**巨星**（p.154），而大小超过太阳尺寸100倍的恒星被称为**超巨星**（p.154）。除了像太阳这样“正常的”恒星外，还有两类重要的恒星：一类是个头大、温度低但明亮的**红巨星**（p.154）（以及**红超巨星**）；一类是个头小、温度高但暗弱的**白矮星**（p.154）。

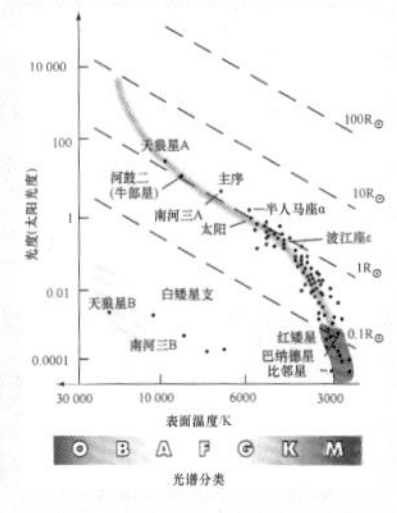

❻ 恒星光度与恒星光谱型（或温度）的示意图叫作**赫罗图**（p.154）或**颜色–星等图**（p.154）。赫罗图上，大约90%的恒星位于**主序**（p.155），它从炽热并明亮的**蓝超巨星**（p.156）和**蓝巨星**（p.156）开始，穿过像太阳这样的中等大小的恒星，一直延伸到温度低并且暗弱的**红矮星**（p.156）。大多数主序星是红矮星，蓝巨星则非常罕见。大约9%的恒星位于**白矮星支**（p.156），而剩下的1%则位于**红巨星支**（p.156）。

❼ 如果已知一颗恒星位于主序，那么测量它的光谱型就能够估计得到它的光度并由此计算出恒星的距离。这一确定距离的方法被称为**分光视差法**（p.157），对距离地球在几千秒差距内的恒星都有效。恒星的**光度型**（p.158）使得天文学家能够区分同一光谱型的主序星、巨星和超巨星。

❽ 天空中大多数的恒星都不是孤立的，而是绕着其他恒星运行的**双星系统**（p.160）。**目视双星**（p.160）中的两颗成员星都可见，轨道也可知。**分光双星**（p.160）的成员星不能被分辨，但可以通过光谱观测来探测它们的轨道运动。从地球上观测时，**交食双星**（p.161）的轨道朝向使得一颗恒星周期性地在另一颗恒星前面穿行，使我们接收到的星光变暗淡。

对双星系统的研究常常能够测得恒星的质量。恒星的质量决定了恒星的大小、温度和亮度。炽热的蓝巨星的质量比太阳大得多；温度低的红矮星的质量要小得多。大质量恒星的燃料燃烧迅速，因此寿命比太阳的寿命短得多。低质量的恒星消耗燃料缓慢，可以在主序上保持数万亿年。

标记**POS**的问题探索科学过程。标记**VIS**的问题着重于阅读和视听资讯的理解。
LO后紧跟的是本章引言中学习目标的编号。

指定的课后作业请访问MasteringAstronomy网站。

复习与讨论

1. **LO1**如何利用视差测量恒星的距离？什么是秒差距？
2. **LO2**说明从地球上观测时，恒星的真实运动转换成哪两种方式的运动。
3. **LO3**天文学家如何测量恒星的光度？光度和视亮度之间有什么区别？
4. 天文学家如何测量恒星的温度？
5. **LO4 POS**简要描述如何根据恒星的光谱性质来进行恒星分类。
6. **LO5**描述天文学家如何测量恒星的半径。列出红巨星和白矮星的一些性质。
7. 为什么一些恒星光谱中氢的吸收线非常少？
8. 将恒星画到赫罗图上需要知道恒星的什么信息？
9. **LO6**什么是主序？恒星的什么基本属性决定了它在主序上的位置？
10. 为什么基于亮星数据绘制的赫罗图与基于近邻恒星数据绘制的赫罗图有如此大的不同？
11. **LO7**分光视差能确定的距离有多远？
12. 银河系中最常见的恒星是什么？为什么我们在赫罗图中看到它们的数量并不多？银河系中最少见的恒星是什么？
13. **LO8 POS**如何通过观测双星系统来确定恒星的质量？
14. 大质量恒星开始燃烧时的燃料比小质量恒星的燃料要多得多。为什么大质量恒星的寿命反而要短？
15. **POS**一般情况下，是否能够利用一颗恒星在赫罗图上的位置来确定它的年龄？为什么？

概念自测：选择题

1. **VIS**如果地球绕太阳的公转轨道小一些，图6.1（“恒星视差”）中恒星的视差角会：（a）变小；（b）变大；（c）不变。
2. 从1pc的距离上观看，地球轨道的角大小为：（a）1°；（b）2°；（c）$1'$；（d）$2''$。
3. 根据平方反比律，如果灯泡的距离增加5倍，那么灯泡的视亮度会：（a）保持不变；（b）变暗5倍；（c）变暗10倍；（d）变暗25倍。
4. 与距离为100pc、绝对星等为-2等的恒星相比，距离为10pc、绝对星等为5等的恒星看起来：（a）亮一些；（b）暗一些；（c）亮度一样；（d）更蓝。
5. **VIS**冥王星的视星等大约为14等。根据图6.7（“视星等”），冥王星：（a）在黑夜肉眼可见；（b）通过双筒望远镜可见；（c）使用1m口径望远镜可见；（d）只能使用哈勃太空望远镜观看。
6. 光谱型为M型的恒星光谱中没有很强的氢线是因为：（a）它们含的氢很少；（b）它们的表面温度太低，大多数氢都处于基态；（c）它们的表面温度太高，大多数氢都被电离了；（d）氢线被其他元素的更强的谱线淹没掉了。
7. 温度低的恒星可能也会非常明亮，如果它们非常：（a）小；（b）热；（c）大；（d）靠近太阳系。
8. **VIS**根据图6.13（“著名恒星的赫罗图”），巴纳德星一定：（a）较热；（b）较大；（c）距离较近；（d）比比邻星蓝。

9. VIS图6.15（“最亮恒星的赫罗图”）中，织女星和大角星在纵轴上对应的位置几乎相同。这意味着大角星一定比织女星：（a）热；（b）暗；（c）大；（d）光谱型相同。

10. 确定恒星的质量可以：（a）通过测量它的光度；（b）通过确定它的成分；（c）通过测量它的多普勒位移；（d）通过研究它绕双星伴星运动的轨道。

问答

问题序号后的圆点表示题目的大致难度。

1. ●视差为0.012的恒星角宿一的距离有多远？如果在海王星的卫星海卫一上的天文台观测，随着海王星绕太阳公转，测得的角宿一的视差是多少？
2. ●●一颗恒星距离太阳为20pc，自行为0.5角秒/年。那么恒星的横向速度是多少？如果观测到的恒星谱线发生了0.01%的红移，请计算该恒星相对于太阳的三维运动速度。
3. ●一颗半径为三倍太阳半径、表面温度为10 000K的恒星的光度是多少？
4. ●●距离太阳10pc时，计算观测到的太阳能量流量（单位时间内单位面积接收到的能量）。将你的结果与地球的太阳常数相比。
5. ●●两颗恒星——A和B，光度分别为50%和4.5倍太阳光度——它们看起来视亮度相同。哪一颗恒星更远？它比另一颗恒星远多少？
6. ●一颗恒星的视星等为10.0等，绝对星等为2.5等。它距离我们多远？
7. ●●利用图6.7显示的数据，计算一颗类太阳恒星的距离最远为多少时，能用（a）双筒望远镜，（b）标准的1m口径望远镜，（c）口径为4m的望远镜，以及（d）哈勃太空望远镜看见。
8. ●●已知太阳的寿命大约是100亿年，估计下列恒星的预期寿命（a）一颗20%太阳质量，1%太阳光度的红矮星，（b）一颗3倍太阳质量，30倍太阳光度的恒星，（c）一颗10倍太阳质量，1000倍太阳光度的蓝巨星。

实践活动

协作项目

估计夜空中可见恒星的总数。你所在小组的每个成员应该配备相同的硬纸管——厨房用纸或卫生纸中心的卷筒看似平淡无奇，但却十分适合这样的任务。在一个晴朗的无月夜，通过硬纸管观测并统计你可以看见的恒星总数。这样多做几次，随机挑选天空中不同的区域，并避免云或树的遮挡。试着在各个方向观测大致相同的次数。在每次计数时保持纸管不动。每次测量前，留一定的时间以保证你的眼睛适应黑暗——至少10～15min。将你的测量结果累加起来并除以观测的总数，计算得到恒星的平均观测数目——用n来表示。将此数字乘上纸管长度L与纸管直径D的比例的平方，即$N=(L/D)^2\times n$，你可以转换得到可见恒星总数N的估计值。（你能找出这一公式从何而来的吗？）在不同的观测地点重复你的测量——至少在城市、郊区或者漆黑的农村。你就能理解为什么天文学家为何如此在意光污染对他们工作的影响了。

个人项目

每个冬季，在夜晚的天空中，你都可以经历一堂天文课程。位于五个不同星座的六颗明亮的恒星组成了冬季大圆环——一种由恒星组成的星宿图案，包括天狼星、参宿七、参宿四、毕宿五、五车二和南河三。这些恒星几乎覆盖了正常恒星的整个颜色（即温度）范围。参宿七是B型星，天狼型是A型，南河三是F型，五车二是G型，毕宿五是K型，参宿四是M型。很容易就能发现这些恒星的颜色差异。在冬季大圆环中没有O型恒星，你怎么看待这一点？

第7章 星际介质

7

弥漫于恒星之间的气体和尘埃

银河系里不只有恒星和行星，在我们周围的星际空间中同时还存在着弥漫于恒星之间、虚空之中的不可见物质。这些物质的密度极低，是恒星或者行星密度的亿亿亿分之一（$1/10^{24}$）。这远比地球上能够制造的最好的真空环境要稀薄得多。这一切仅仅是因为星际空间如此广阔，以至于用其质量除以体积后所得的密度微不足道了。

我们为什么关心这种近乎完美的真空环境呢？有以下三点原因：第一，这些“虚空”中包含的物质的总质量与恒星的质量相当；第二，恒星诞生于星际空间之中；第三，恒星死亡之后会将自身物质重新抛射回星际空间之中。可以说，星际空间是宇宙各处天体进行物质交换的最重要的“十字路口”。

知识全景 星际空间比到目前为止本书所研究的全部对象都要广阔得多。星际介质在深邃的星际空间里延伸数百甚至数千光年，尺度比恒星和行星大很多；同时，星际介质也是宇宙中发生各种神奇变化的场所。星际介质由大量气体和尘埃构成，尽管它散布在广袤的宇宙、恒星之间的黑暗区域中，但也会偶尔显示出自身的轮廓，或者以发光的星云形态存在，或是聚集并坍缩形成恒星。

左图：这张精美的图片是由哈勃太空望远镜拍摄的可见光波段的真彩照片，图片显示了船底星云中由尘埃和气体组成的柱体。这些距离我们约7500光年、延展数光年（比我们所在的太阳系大得多）的脆弱结构并不会长久存在下去。隐藏在这些气体尘埃之中的恒星会慢慢地将它们摧毁。在大约10万年后，一群恒星将在这里诞生。［图片来源：空间望远镜科学研究所（STScI）］

学习目标

本章的学习将使你能够：

❶ 总结星际介质的组成和物理性质。

❷ 描述发射星云的性质，并说明其在恒星生命周期中的重要性。

❸ 列举出一些星际暗云的基本性质。

❹ 列举出探测星际物质性质所需的射电天文技术。

❺ 说明星际分子的性质和重要性。

精通天文学

访问MasteringAstronomy网站的学习板块，获取小测验、动画、视频、互动图，以及自学教程。

7.1 星际介质

图7.1是一副拼接而成的图片，其所覆盖的区域比我们到目前为止所研究的所有天体都要大得多。从地球看上去，这幅全景图覆盖并延伸到了整个天空。在一个晴朗的夜晚，这就是我们裸眼可见的银河系。

图片中明亮的区域是无数颗恒星聚集起来的地方，因为望远镜的分辨率不足以分辨出单个的恒星，因此这些恒星聚集起来形成了一团模糊的明亮区域。然而，图中黑暗的区域并不是恒星之间的空洞区域。因为星际介质阻挡了位于其后面的恒星的光芒，所以使本来由恒星组成的相当平滑的明亮区域变成了黑暗的"空洞"。由于它们很暗，因此我们很难在研究恒星的光学波段观测星际介质。简而言之，在光学波段，你什么都看不到。

气体与尘埃

从图7.1（还可见图7.4）可以看出，星际介质的分布非常不均匀。在某些区域，星际介质的分布十分稀薄，对光线的阻挡十分微弱，使得我们足以观测到距离太阳几十亿秒差距的天体。在另外一些方向上，存在一定量的星际介质，对光线有一定的阻隔，这使得我们难以看到距离我们几千秒差距的天体，但是邻近的恒星却仍然可见。还有一些区域因为星际介质的严重阻挡，即便是来自离我们很近的恒星光线都被吸收了，使我们无法从地球上观测到这些恒星。

我们将恒星之间的物质的集合称为**星际介质**，它主要由气体和尘埃两部分组成，二者混合在星际空间之中。气体成分主要由原子构成，它们的平均大小约为10^{-10}m（0.1nm），此外还有一些直径不超过10^{-9}m的小分子。星际尘埃则要复杂得多，它由成团的原子和分子组成。星际尘埃不同于我们所熟知的粉笔灰，或是由极微小的颗粒构成的烟尘、煤灰或雾。

除去众多原子和分子气体的窄吸收线，气体本身不会再吸收更多的辐射了。图7.1中明显的遮挡是由尘埃造成的。就跟一辆汽车的车灯无法照亮浓雾中的前方道路一样，来自遥远恒星的光同样也无法穿透这些星际尘埃分布最致密的区域。

消光和红化

我们可以利用尘埃的遮挡来测量星际尘埃的数量和大小。经验定律告诉我们，尘埃颗粒可以且只会吸收波长小于或者约等于其半径的光。因此，对于大小不同的尘埃来说，它们总是倾向于更有效地阻挡短波的光辐射。此外，甚至对给定大小的尘埃颗粒来说，波长越短的光，受到尘埃阻挡（吸收和散射）的总量就会越多。真实的星际尘埃粒子，或称**尘埃颗粒**，直径大约为10^{-7}m（0.1μm），与可见光的波长相当。因此，尘埃对长波的电磁辐射，即射电和红外辐射来说是透明的，而对光学和

▲图7.1　拼接合成的银河系图像
银河系全景图，360° 覆盖了整个南天球和北天球。这条亮带就是银河系的中心盘面部分，那里聚集着非常多的恒星，同时也有很多星际气体和尘埃。图7.4中显示的区域就是此图中白色方框所对应的区域。［欧洲南方天文台（ESO）/S. 布鲁尼尔（S.Brunier）］

紫外这些短波辐射来说是不透明的。星际尘埃对星光总的消弱作用被称为**消光**。

由于星际介质对短波的阻挡能力强于长波辐射，因此，在来自遥远恒星的光线中，频率更高（“蓝色”）的光子会更容易被星际介质所“劫持”。所以，除了恒星的亮度一般会被削弱之外，恒星看起来也倾向于比真实情况更红。这种效应被称为**红化**，从概念上来讲，类似于地球上日落时产生红色晚霞的过程。

正如7.2（a）所示，消光和红化可以改变恒星的视亮度和颜色。然而，我们仍然可以从到达地球的光谱中辨认出恒星原本的吸收线，因此，我们可以根据吸收线把恒星归为不同的光谱型。天文学家可以利用这一事实来研究星际介质。天文学家通过主序星的光谱和光度类型来了解恒星的真实的光度和颜色。∞（6.5节、6.6节）然后，他们再测量恒星光线在前往地球的路途中所受的消光和红化程度，接着，这些测量结果使得天文学家可以估计在朝向恒星的视线方向上的星际尘埃颗粒的数量和尺寸大小。通过在许多不同的视线方向和距地球远近不一的距离上重复这类对恒星的测量，天文学家已经建立起了太阳临近区域内有关星际介质分布和整体属性的图景。

图7.2（b）展示了一类被称为球状体的致密星际尘埃云（我们将在7.3节中详细讨论这类尘埃云），从图中可以清晰地看出尘埃云的

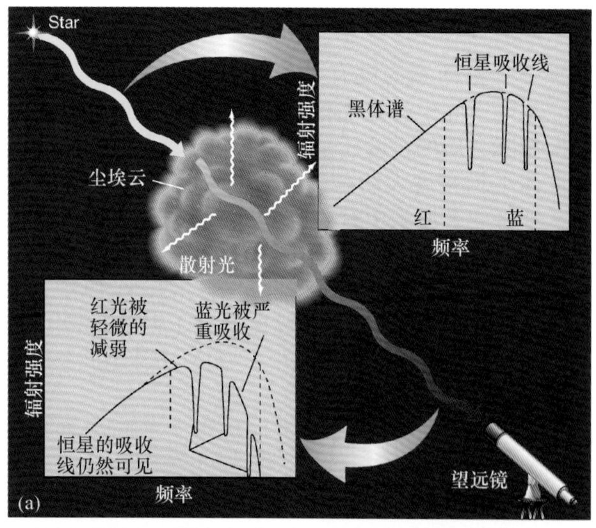

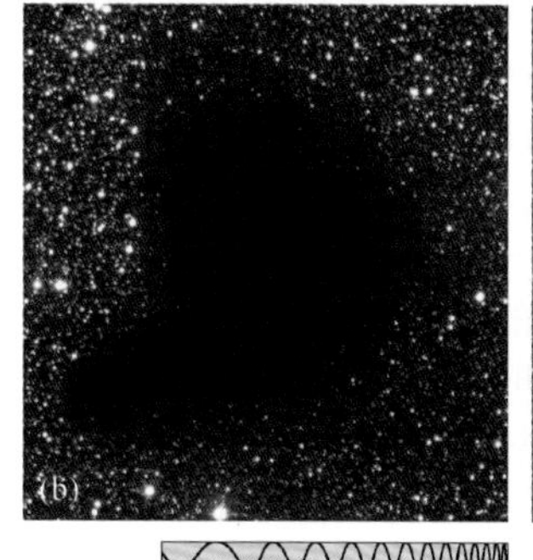

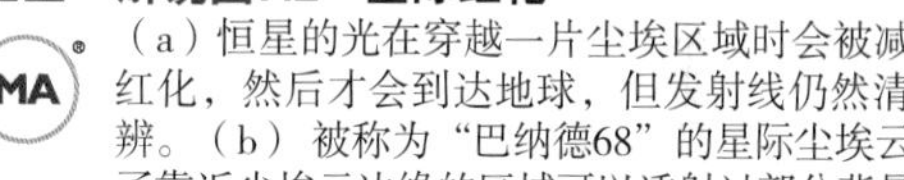

解说图7.2　星际红化

（a）恒星的光在穿越一片尘埃区域时会被减弱和红化，然后才会到达地球，但发射线仍然清晰可辨。（b）被称为“巴纳德68”的星际尘埃云，除了靠近尘埃云边缘的区域可以透射过部分背景星光外，整个尘埃云完全遮蔽了可见光。该尘埃云距离我们520光年，延伸0.5光年。图（c）（伪色图）说明红外辐射是可以穿透“巴纳德68”尘埃云的。

红化作用。我们将这团云的中心区域称为“巴纳德68”，其中光学波段的所有辐射都被阻挡了，因此星光无法穿过此区域。尽管如此，在尘埃云的边缘区域，由于吸收光子的星际介质相对较少，因此一些光可以穿过这些区域。值得注意的是，尘埃云对恒星的消光和红化作用是相对的，这与你用什么方式观测直接相关。图7.2（c）展示了同一个尘埃云在红外波段下的图像。这时，更多的辐射通过了尘埃云，但即便如此，我们仍可以观察到红化现象（或红外波段的图像）。

整体密度

银河系内没有一处真正意义上的虚空，星际空间中处处都有气体和尘埃。尽管如此，星际介质的密度还是非常低的。星际气体的整体平均密度大约是每立方米中有10^6个原子，即每立方厘米中有一个原子。不过，星际气体的密度在不同的空间区域内大相径庭，可以从每立方米10^4个原子到每立方米10^9个原子。如此稀疏的物质密度远比地球上的实验室中能够制造出的最好真空——每立方米10^{10}个原子——要低得多。

星际尘埃比气体更加稀少。空间中平均每约万亿个原子才对应有1颗尘埃颗粒——每立方米的空间中只有10^{-6}个尘埃颗粒，或者说，每立方千米的空间中才有1000个尘埃颗粒。在星际空间的某些区域内，尘埃和气体非常稀薄，如果把与地球一样大的区域内的尘埃和气体全部收集起来，那么所有的这些物质连制造一对骰子都不够。

为什么如此稀薄的物质可以如此有效地减弱辐射呢？这其中的奥妙源于空间的广阔。恒星之间典型的距离（对于太阳的近邻区域来说是1pc）远比恒星本身的大小（大约为10^{-7}pc）要大得多。恒星和行星跟广阔的宇宙相比只不过是沧海一粟。因此，不管物质有多稀薄，都可以积少成多。例如，假想一个圆柱体，其截面面积为$1m^2$，其长度等于从地球到半人马座阿尔法星的距离。这样的一个圆柱体内可以包含超过1000亿亿个尘埃颗粒。∞（6.1节）在这样的巨大尺度上，尘埃颗粒慢慢地堆积，但最终一定会有效地阻挡可见光以及其他短波长的电磁波。尽管如此，物质的密度仍旧非常低，太阳临近区域内的星际空间中所包含的物质几乎与以恒星形式存在的物质差不多一样多。

尽管星际尘埃很稀薄，但是它们将宇宙变成了一个相对雾霾漫天的地方。相比之下，地球的大气要干净100万倍。在我们的空气中，每10^{18}个原子才对应有1个尘埃颗粒。如果我们空气中的尘埃的密度跟星际介质中的尘埃密度一样大，那么空气将变成一团非常厚重的浓雾，使得我们无法看清自己举起的双手。

星际介质的成分

当来自遥远恒星发出的光穿过视线方向上的一片气体云时，会形成一系列的吸收线（参见7.3节），天文学家正是通过对这些吸收线的观测研究，才很好地了解了这些星际气体的构成。在多数情况下，星际气体的元素丰度跟其他天体非常类似，比如太阳、其他恒星和类木行星等。大部分气体——大约90%以上——都是氢原子或者氢分子，大约9%是氦，剩余的1%是其他的重元素。对于其中一些重元素——例如碳、氧、硅、镁，还有铁等——来说，它们在星际气体内的丰度要远远低于在太阳系或者恒星中的丰度。最可能的解释之一是，星际气体中的这些元素大部分都被用于形成星际尘埃。星际尘埃从气体中“夺取”了这些元素，将它们锁定到尘埃里，使它们以一种难以被观测到的形式存在着。

不同于星际气体，人们至今都没有完全明白星际尘埃的构成。我们有一些红外波段观测的证据显示，星际尘埃中包含硅酸盐、石墨和铁，这些元素在星际气体中含量很少，这也支持了前面提到的星际尘埃源自于星际气体的理论。星际尘埃很可能还含有一些“脏冰”，这些“脏冰”是水冰和氨、甲烷以及其他化合物的混合物。星际尘埃的组成跟太阳系内彗星彗核中的物质构成非常相似。

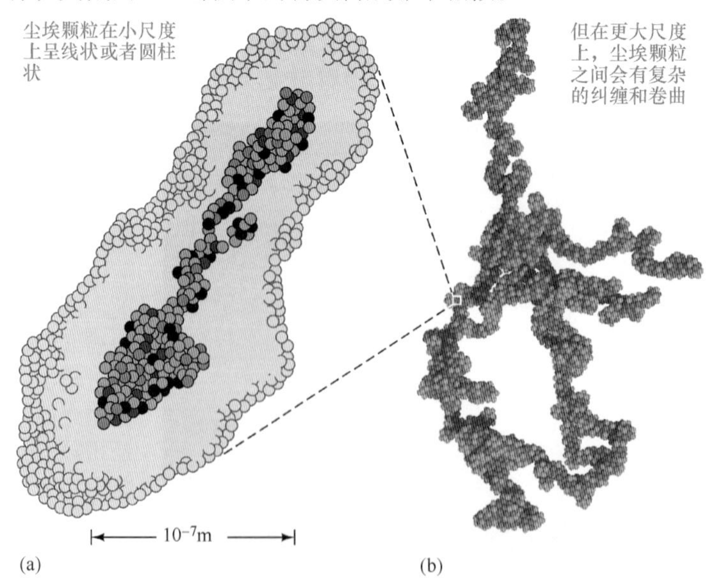

▲图7.3 星际尘埃

（a）根据对偏振辐射的研究，天文学家推断，典型的星际尘埃颗粒的大小只有万分之一毫米。尽管如此，由于广阔的宇宙空间中有许多的尘埃，多到足以阻挡我们视线方向上传播的光。（b）计算机模拟演示了尘埃是如何在星际空间中通过碰撞、黏连和碎裂而“长大”的。

尘埃形状

奇怪的是，相比尘埃的成分，天文学家对尘埃形状的了解要多得多。尽管在星际气体里的原子基本是球体，但尘埃颗粒却不是。如图7.3（a）所示，人们认为单个的尘埃颗粒呈现椭球或圆柱体形状。然而，近期的理论工作通过对尘埃颗粒的碰撞、粘连以及分裂进行了模拟，预测尘埃颗粒在更大尺度上的结构可能更为复杂，如图7.3（b）所示。

天文学家发现，恒星的光线经过星际介质后会减弱，并且会产生部分**偏振**，因此他们推断，尘埃应该具有纵向排列的结构。我们已经在第2章里讲过，光的本质是具有振动的电场和磁场的电磁波。∞（2.2节、图2.7）在通常情况下，这些电磁波的指向是随机分布的，即辐射是非偏振的。恒星从光球层发出的辐射是非偏振的。然而，在适当情况下，电磁辐射在通往地球的过程中可以被偏振化，电场的振动方向此时会几乎都在同一个平面内。电磁辐射与形状细长的尘埃相互作用就会产生上述情况，尘埃会吸收振动方向上与其长轴平行的电磁波。

因此，如果望远镜观测到了偏振光，那么这些偏振光很可能是由视线方向上的观测对象与地球之间的星际尘埃所造成的。基于这种推理，天文学家们认为，偏振的产生不仅是因为尘埃一定具有细长的形状，同时也是因为在同一广阔的星际空间中，这些尘埃都趋于按相同的方向排列。

星际尘埃的排列仍是天文学家目前正在研究的课题之一。当前被大多数人接受的观点是：尘埃颗粒受到微弱的星际磁场的影响，这些星际磁场的强度可能大约是地球磁场强度的百万分之一。如同小铁钉在普通条形磁铁影响下整齐排列那样，每一颗尘埃颗粒在磁场中也会有类似的现象发生。通过观测尘埃的消光以及星光的偏振，我们便可以获知星际尘埃颗粒的大小和形状，同时还可以了解星际空间中磁场的相关性质。

概念理解 检查

✓ 如果星际空间是一个近乎完美的真空，那为什么还会有那么多的尘埃遮挡住星光？

7.2 发射星云

图7.4为图7.1的中心区域（图7.1中所示的矩形区域）的放大图，这个区域位于人马座，整个区域星罗棋布，富含星际介质。天空中一块块斑状的消光区域印证了这些星际介质的存在。此外，我们还可以清晰地看到其他几大片的模糊区域。这些模糊的天体，被标作M8、M16、M17和M20，它们分别对应于18世纪法国天文学家查尔斯·梅西耶[㊀]编排的星表中第8、16、17和20号天体。现今我们知道，这几个天体是**发射星云**——发光的云和炽热的星际介质。将图7.4的左上部分进一步放大，即图7.5，星云便更清晰地展现出来。

观测发射星云

历史上，天文学家曾用**星云**代指一切天空中“模糊不清”（或明或暗）的一类天体，你可以在天空中清晰地辨认出这类天体，但不

㊀ 实际上，梅西耶当时更关心的是如何把那些容易跟彗星（他最感兴趣的天体）混淆的天体列出来。然而，现今该星表中的109个“梅西耶天体”比他曾发现的任何一颗彗星对天文的意义都更加重要。

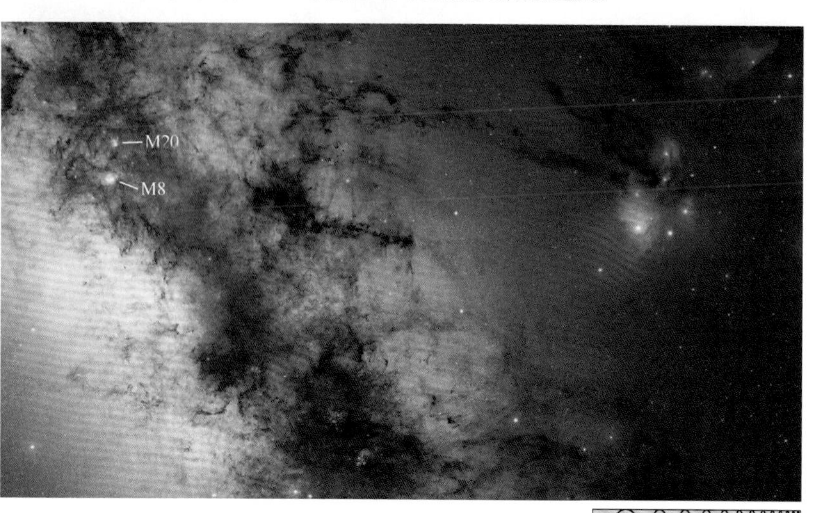

▲图7.4 人马座方向的银河系
本图放大展现了图7.1的中心区域，显示了大量恒星出现的明亮区域以及由于星际介质的遮蔽而产生的黑暗区域。图中所示的视场大小约为35°。正文中所讨论到的两个发射星云已被标出。［欧洲南方天文台（ESO）/S. 吉萨德（S.Guisard）］

▲图7.5　银道面
部分银道面（大约有12°）的黑白图，这部分银道面是图7.4所展示的一部分天区。图中展现了恒星、气体、尘埃，以及若干个明显的模糊光斑，即发射星云。银道面在图中用白色的斜线标出。［哈佛大学天文台（Harvard College Observatory）］

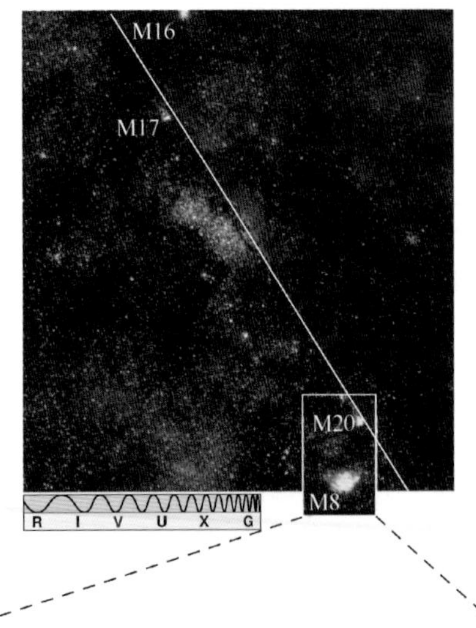

同于恒星和行星，它们的边界比较模糊。我们现在知道了，那些星云很多（尽管不全是）都是星际气体和尘埃。

如果星云遮挡了视线方向上后面的恒星，那么我们就会在明亮的天空背景上看到一小块黑色的区域，如图7.1、图7.2（b）和图7.4所示，我们称之为暗云。但如果星云内部有一些天体，例如年轻的恒星，能使这团云发光，那么我们就会看到明亮的发射星云。图7.5中，我们利用分光视差法测量出了这几个发射星云内部的可见的恒星，其距离地球的范围大概是从1200 pc（M8）到1800 pc（M16）之间。∞（6.6节）总而言之，这四个星云的距离都接近隐藏在银河系尘埃盘内天体的可见极限。左上角的M16到靠近底部的M20的距离大约是1000pc。

通过逐步放大视场中一个个更小的区域，我们可以更清楚地了解这些星云。图7.6是图7.5底部区域的一个放大图，图中位于上面的星云是M20、下面的是M8，它们之间只相

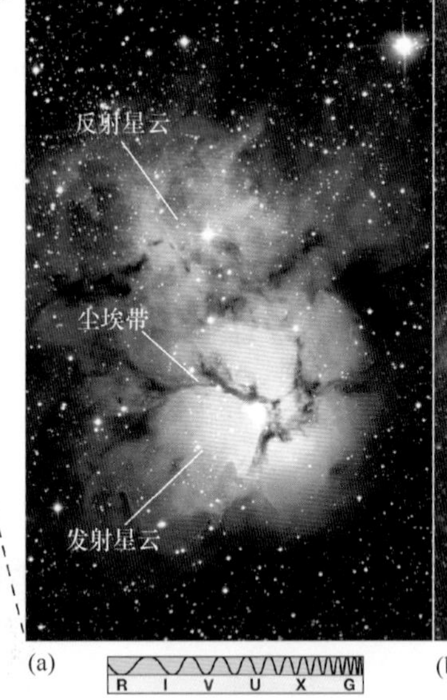

▲图7.6　M82–M8区域
此图为图7.5底部放大区域的真彩图。可以清晰地看到顶部的M20和底部的M8。这两个梅西耶天体在天空中只有几度的距离。［R. 根德勒（R.Gendler）］

▲互动图7.7　三叶星云
（a）更进一步地放大图7.6靠上的部分，我们可以看到M20及其所处的星际环境。我们之所以称其为三叶星云，是因为星云间的尘埃带（黑色）的中间部分被三等分了。星云本身（红色部分）的尺度大约为20个光年。蓝色的反射星云与红色的发射星云之间没有关联，星云的尘埃反射星光使反射星云发光。（b）斯比泽空间望远镜拍摄的红外伪色图像揭示了星云中红外亮的区域，主要是位于那些尘埃带的恒星形成活动区。［美国大学天文联盟（AURA）、美国国家航空航天局（NASA）］

隔几度。图7.7是图7.6上面部分的放大图，显示了M20更多的细节及其周围的环境。整幅图覆盖的物理尺度约为10pc。正如图7.4中所展示的那样，尽管发射星云是整个宇宙中最美妙的天体之一，但实际上对于整个银河系来说，它们只是一些很小的、不起眼的小亮斑。天文学中的观测视角才是关键。

图7.5至图7.7所展示的发射星云是一些发光的电离气体，其中心或附近都至少有一颗刚刚形成不久的O型或B型星，它们在星云里产生了大量的紫外辐射。随着紫外光子从恒星向外逃逸，它们会紧接着电离周围的气体。电子跟原子核复合之后便会辐射出可见光，使得气体云发光，甚至是发出荧光。∞（3.2节）这些气体云——实际上是所有的发射星云——发出的光之所以偏红，是因为其中的氢原子辐射出的光子处于电磁波谱的红端，即它们辐射出的电磁波波长为656.3nm——也就是第3章中讨论过的Hα谱线辐射。∞（详细说明3–1）星云中的其他元素也会产生复合发射的现象，但氢原子在宇宙中是如此丰富，以至于其辐射占据了主导地位。

从图7.5～7.7可以清楚地看到，在发光的星云中有着交错贯穿的尘埃暗带。这些**尘埃带**是星云的一部分，并非是正巧挡在视线方向上的尘埃带。而在图7.6和图7.7中，出现在M20上面的蓝色区域是另外一类星云，它与红色的发射星云之间并没有关联，我们称其为**反射星云**，这是因为反射星云中的尘埃颗粒将M20中发出的恒星光散射了，因而看上去像是在发出蓝光。反射星云看起来偏蓝跟地球蓝色的天空有着异曲同工之妙——波长更短的蓝光更容易被星际介质散射并传向地球，落在我们的探测器上。图7.8描绘了一些发射星云的重要特征，展示了它与其中心恒星、星云本身以及周围星际介质之间的关联。

图7.9展现了图7.5中两个星云放大的细节特征。需要再次注意图7.9（a）和图7.9（c）中，发射星云内部有炽热、明亮的恒星，而且星云的主导辐射是红光。从图7.9（b）和图7.9（d）中可以更清楚地看出星云和其尘埃带之间的关系。在发射星云的背景上，同时有着气体区域和尘埃的剪影，并且也被前景星云中的恒星照亮。

从图7.9（b）中可以清楚地看出恒星和气体之间激烈的相互作用。在这张哈勃太空望远镜所拍摄的壮丽图像上可以看到三根暗柱，它们是正在形成恒星的星际气体云的一部分。其余在年轻恒星附近的气体云早已被加热，同时在光致蒸发作用下，被恒星所产生的辐射所驱散。图中可见柱体边缘的绒毛状结构，特别是在顶部右侧以及中间部分，正是由正在进行的光致蒸发作用所产生的。（在本章开篇的图片中，你可以清楚地看到M16中另一个类似的柱状结构。）随着光致蒸发作用的继续，不太致密的星际介质首先被耗尽，而先前气体云中较为致密的部分得以保留下来，这如同风和流水侵蚀沙漠中和海岸边较柔软的岩石，从而雕蚀

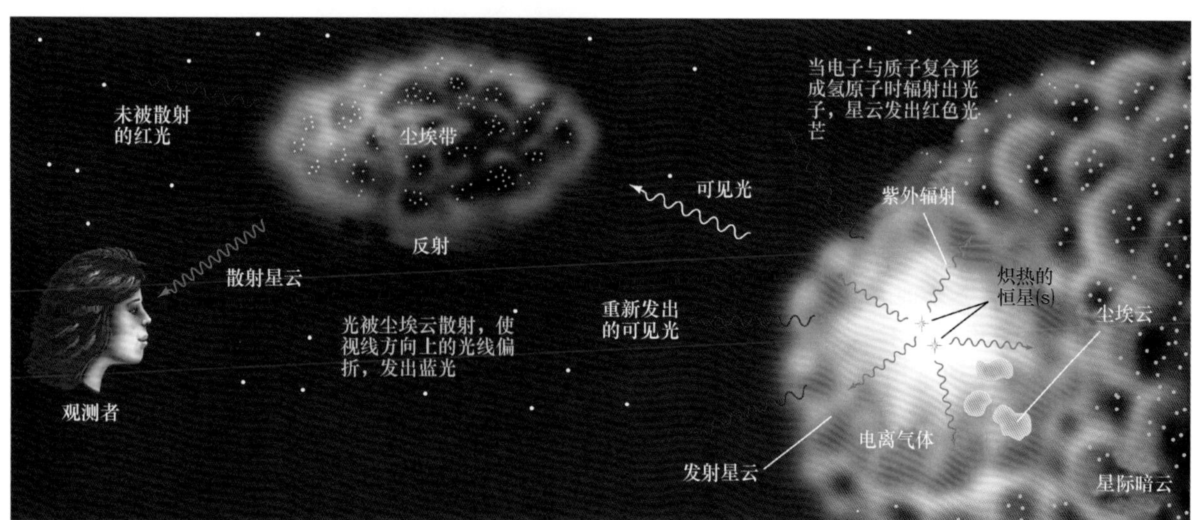

互动图7.8 星云的结构

MA 发射星云是由一到多颗恒星所发出的紫外辐射电离部分星际气体云而产生的。如果星光碰巧照射到尘埃云上，那么部分辐射，特别是蓝端的短波辐射就会被尘埃散射，从而传到地球，我们因而就会看到反射星云。

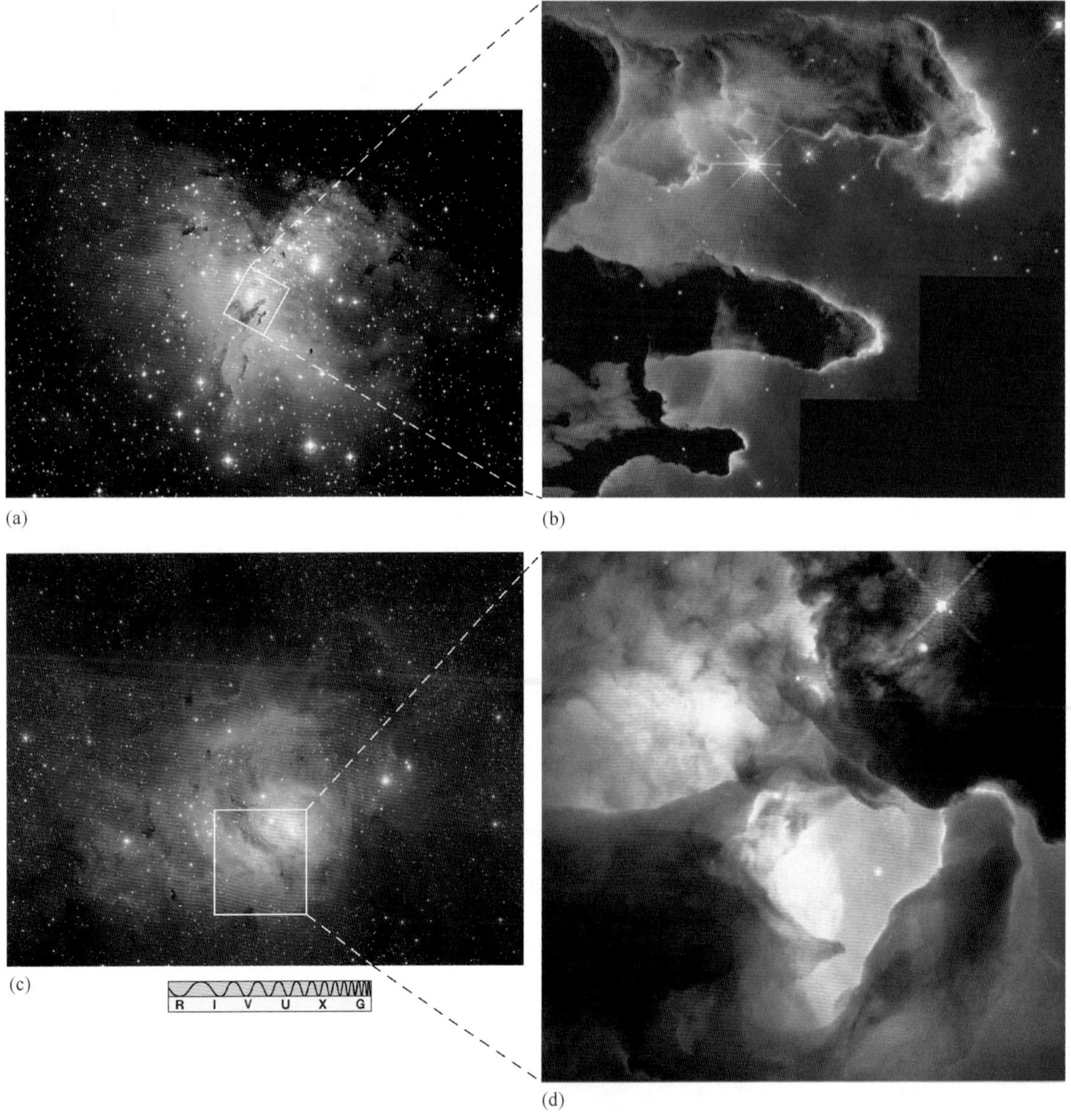

▲图7.9 发射星云

图7.5部分区域的放大图。M16、鹰状星云（a）和鹰状星云中由尘埃和冷气体构成的巨大柱状体（b）的近景图像，从图中也可以看到由恒星紫外辐射在原始星云上雕蚀出的精致结构。M8、珊瑚星云（c）及其内部核心被称为沙漏星云（d）的高分辨率图像。不同的颜色源自于不同波段的观测：绿色代表氢原子的辐射，红色代表一次电离硫的辐射，蓝色代表二次电离氧原子的辐射。［欧洲航天局（ESA）、美国大学天文联盟（AURA）、美国国家航空航天局（NASA）］

出令人惊骇的结构。这是一个动态的过程：柱状结构最终会被摧毁，但或许至少在未来的几百或几千年内还不会发生。

光谱学家通常用一个紧跟在原子的元素符号后面的罗马数字来表示该原子的电离态，I表示中性原子（未被电离的），II表示一次电离的（原子中有一个电子被电离），III表示二次电离的（两个电子被电离），以此类推。因为发射星云主要由被电离的氢原子构成，因此通常也被称作**电离氢区**（HII区）。由中性氢（氢原子）主导的区域被称为**中性氢区**（HI区）。

星云的光谱

大部分光子是由发射星云里逃出的原子核与电子再复合而产生的。不同于星云中恒星辐射出的紫外辐射，发射星云发出的光子没有足够的能量电离星云中的气体，因此它们可以不受影响地穿过星云。通过研究这些低能量的光子，我们可以深入地了解发射星云的更多性质。

几乎每个发射星云旁都至少会有一颗炽

热的恒星，因此我们可能会认为恒星和星云的谱线很可能会相互混淆。然而事实并非如此，因为这两类天体的物理环境有着巨大的差异，我们可以很容易地从光谱上区分它们。具体来说，发射星云由热且稀薄的气体构成，正如我们在第3章里看到的一样，这些气体会产生我们可观测的发射线。∞（3.1节）当我们把分光镜对准恒星时，我们会看到熟悉的恒星光谱，这一光谱由黑体连续谱和一些吸收线构成，同时叠加了来自星云气体的发射线。当视场中没有恒星时，我们就只会看到发射线。通过分析星云的光谱，我们发现其元素的构成类似于太阳和其他恒星，甚至是其他地方的星际介质，即90%的氢元素、9%的氦，更重的元素占据了剩下的1%。

不同于恒星，星云面积比较大，因此我们可以用简单的几何原理来测量其真实的大小。根据这一尺寸信息，再结合视线方向上星云物质总量（通过星云的总辐射计算出来）的估计值，我们便可以求出星云的密度。一般来说，发射星云只包含几百种微观粒子，其中主要是质子和电子——每立方厘米的物质密度大约是典型行星密度的$1/10^{22}$。通过谱线宽度我们可知，气态原子和离子的温度大约是8000K。∞（3.5节）表7.1列出了图7.5中所展示的星云的一些重要统计参数。

“禁”线

当天文学家第一次研究发射星云的光谱时，他们发现所观测到的许多谱线在地球上的实验室里都没有相对应的结果。比如，除了前面讲到的红色电磁辐射之外，许多星云还会发出特定的绿光，如图7.10所示。在20世纪初，在部分星云中发现的这种绿光一直困扰着天文学家，它们挑战了根据当时已知的谱线性质所得出的解释，引发了星云中可能含有我们所未知的、地球上所没有的新元素的猜测。有些科学家更是沉迷于其中，甚至发明了“nebulium”这个单词来命名这种新元素，就像当初在太阳中发现氦元素，并被命名为“helium”一样。（同样，在5章中也提到过类似的假想元素“coronium”）。∞（5.3节）

之后，随着人们对原子更深入的理解，天文学家意识到，这些谱线是来自于我们所熟悉的元素的原子内电子的跃迁，只不过对我们来说，这些原子在宇宙空间中所处的环境相对于地球实验室环境来说是陌生的。天文学家现在知道，图7.10（b）和图7.10（c）中的那种绿光是来自于二次电离氧原子中电子的跃迁。然而，由于氧原子的结构，跃迁过程中较高能态的离子趋向于更长时间地保持自己的状态（若干小时），事实上，这要比其回落到较低能态并辐射出光子的时标还要长。只有当该离子在这段时间内不受任何干扰，且没有因为与气体中的其他原子或分子的随机相互作用而被激发到其他能级时，这个离子才会从前面提到的较高能级跃迁到较低能级，从而辐射出光子。

在地球实验环境下，不可能有原子或离子能够保持长时间不受干扰。即便是一个“低密度“实验室的气体环境，每立方米中仍然会有数万亿的微观粒子，每个微粒每秒钟又会与其他气体经历数百万次的碰撞。最终导致在实验室环境下，一个处于特定能态且能够产生类似星云中观测到的特定波长绿光的离子，没有足够的时间保持能态，并最终跃迁到低能级。在其跃迁之前，该离子就会被碰撞跃迁到其他能级上。正是由于这个原因，这条谱线一般被称作禁线，尽管其本质并没有违背任何物理定律，这样的称呼仅仅是因为，在地球上，这种辐射发生的概率非常低，以至于几乎永远都不能发生。

而在一个特定的发射星云中，其密度是如此之低，以至于任何两个粒子之间的碰撞都变得极为罕见。处于激发态的离子有足够的时间退激发从而辐射出禁线。在星云的谱线中还有很多禁线，这些禁线的出现再次提示我们，星际空间环境和地球上的环境是如此不同；同时也告诫我们，简单地将地球实验室里获得的规律扩展到整个星际空间很可能是一件非常困难的事情。

表7.1 星云的一些性质

天体名称	近似距离/pc	平均半径/pc	密度/（10^6 个粒子/m^3）	质量/太阳质量	温度/K
M8	1200	14	80	2600	7500
M16	1800	8	90	600	8000
M17	1500	7	120	500	8700
M20	1600	6	100	250	8200

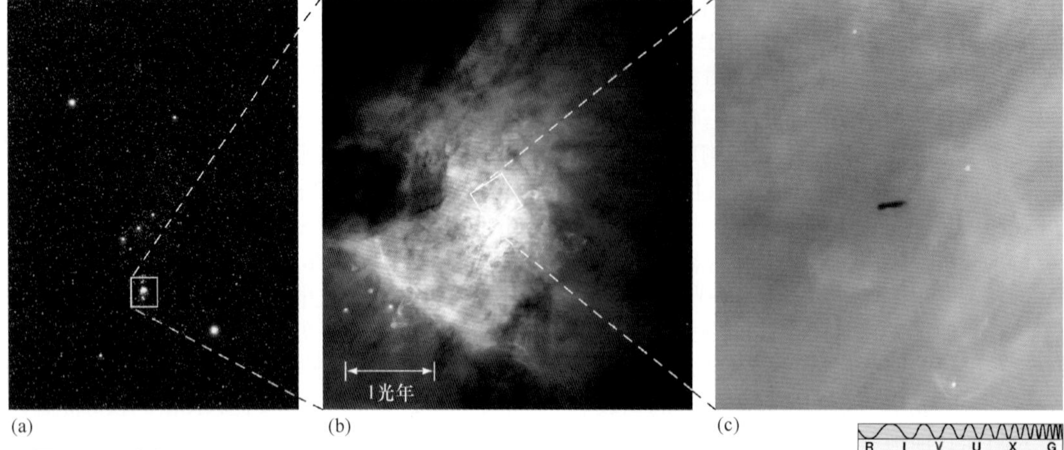

▲图7.10 猎户星云

（a）距离地球1400光年之外的猎户星云（M42）用肉眼就可以观测到，它看上去就像是猎户宝剑位置处模糊不清的“恒星”。（b）就像所有发射星云一样，猎户星云也是由一群被恒星照亮的炽热发光气体构成的。除了红色的Hα辐射之外，部分星云还发出绿光，这是由电离态的氧原子发生禁戒跃迁产生的。（c）宽约0.5光年的区域的高分辨率图像展示了更多的细节信息。可见结构的分辨率达到0.1″，或6个光时，与太阳系的尺度相当。［美国国家航空航天局（NASA）、欧洲南方天文台（ESO）］。

星际空间中的某些区域极度稀薄，且有比发射星云温度还高的气体。空间望远镜的紫外观测发现了这些被极度加热的星际“气泡”，它们组成了云际之间的介质，可以远远延伸到超越我们邻近区域的更广阔的空间当中，可以想象，云际之间的介质甚至可以延伸至星系之间的广阔区域中。这种高温气体很可能是因很早以前爆发的恒星留下的残留物急剧扩散而形成的。这有点类似于太阳暗弱的日冕，这些区域虽然温度高，但比较暗，因为它们的物质密度极低。∞（5.3节）

太阳似乎正处在这样的低密度区域内，我们称这个巨大的空洞为“本地泡”，图7.11描绘了其结构。本地泡内包含约二十万颗恒星，尺度大约为100pc。这一本地泡很可能是因几十万年前的多颗超新星爆发（见第9和10章）而被吹散出来的，这些超新星位于天蝎-半人马星协，是一个含有丰富年轻恒星的星团。或许我们的人类祖先见到过类似的事件——恒星突然增亮到满月的亮度——这些事件的记录也有助于当代天文学家们的研究。

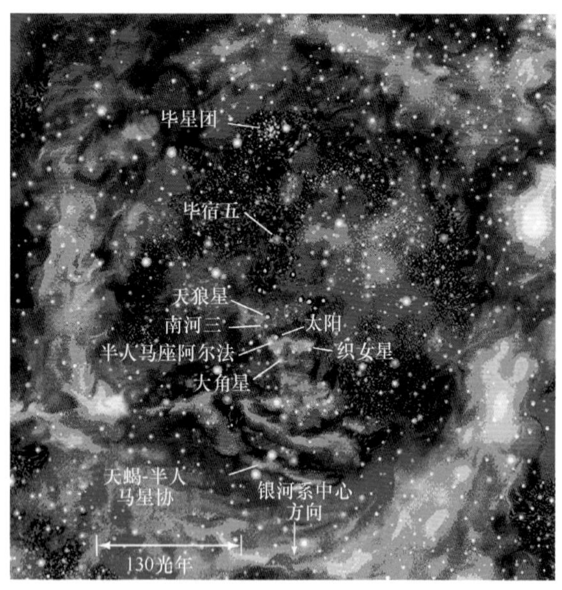

▲图7.11 本地泡

太阳处在一个低密度的空间内，这一空间围绕在我们周围。这个空穴很可能是由很久以前的恒星爆发而产生的，紧接着爆发的能量加热了周围的星际气体并将这些气体驱逐出太阳系的近邻区域。在这幅艺术想象图中，标出了我们在夜间能够看到的一些亮星，向我们展示了如果从远处看，这个“气泡”是什么样的。

概念理解 检查

✓ 如果发射星云是由非常炽热的（蓝白色的）恒星发出的紫外线点亮的，那么它们看起来为什么是红色的呢?

7.3 暗尘埃云

发射星云和更大的星际泡只是星际介质中很小的一部分。在大部分空间里——实际上，99%的地方都是虚空，没有恒星的存在，那里只有一片寒冷和黑暗。让我们重新回顾图7.4，或是对着夜空沉思。那些黑暗区域是目前最能代表星际空间的地方。星际空间中典型的黑暗区域的温度大约是100K，相比之下，273K是水的冰点，而0K是原子和分子停止运动的温度。∞（详细说明2–1）

在广袤的星际黑暗虚空中潜藏着另一类天体——**暗尘埃云**。暗尘埃云甚至比周围的环境温度还要低（温度低至只有几十开尔文），但却比周围的密度高几千乃至几百万倍。沿着任意一个视线方向，其密度的范围可从每立方米10^7个原子到每立方米10^{12}个原子（每立方厘米10^6个原子）。暗尘埃云通常被研究者称为致密星际气体云，但我们必须认识到，即便是这些区域内最致密的星际介质，其密度也仍然要比地球实验室里所能达到的最好真空还要低得多。尽管如此，由于这些云的密度比星际空间的整体平均密度——每立方米10^6个原子——要高得多，所以我们才能够清楚地将它们与周围的星际介质区分开来。

对可见光的消光

星际空间中的气体云与地球上的云大相径庭。这些气体云大部分都比太阳系大得多，有一些甚至能绵延数秒差距。（尽管如此，它们所占星际空间的体积比例也不到百分之几。）先不论其名称，正如其他星际介质一样，这些云也主要由气体构成，其对星光的遮挡和吸收几乎全部是因为自身所含的尘埃。

图7.12（a）所示的是一个名为L977的区域，这一区域位于天鹅座，它是暗尘埃云的一个典型代表。图7.2（b）为致密的球状云巴纳德68，它是另外一个典型的暗尘埃云。一些早期的（18世纪）观测者认为，这些天空中的暗块的出现只是因为那些区域内碰巧没有亮的恒星。然而，在19世纪末期，天文学家开始渐渐质疑这种想法。他们意识到，在一群恒星中清楚地看到一片空白区域，就像是在一片广袤的森林里能够清楚地看出两棵树之间的空隙，因此从概率上来说，从地球上看到天空中存在那么大一片“空隙”几乎是不可能的。

尽管人们觉察到了这一点，但在射电天文学家出现之前，人们并没有直接的手段去研究类似L977这样的天体。这些天体不发出可见光，除了它的消光作用可以被人察觉之外，用肉眼无法看到本身。尽管如此，如图7.12（b）所示，这些天体仍会在射电波段产生辐射——星云中的一氧化碳（CO）分子会发出辐射——并在射电波段清晰地描绘出星云的形态，这是我们研究这类天体不可或缺的手段。我们将在7.5节中详细地讨论星际云中类似的分子谱线辐射。

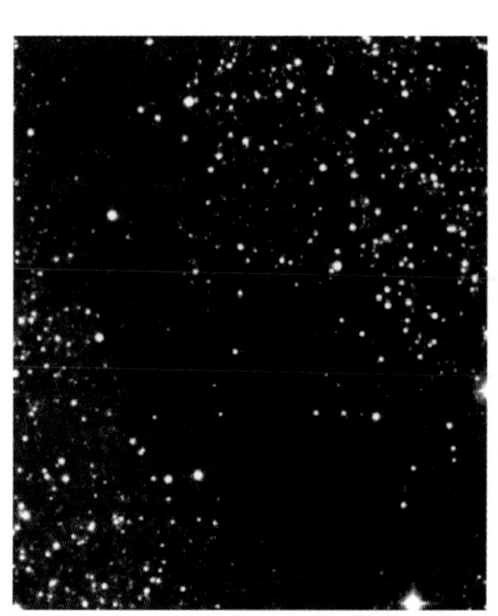

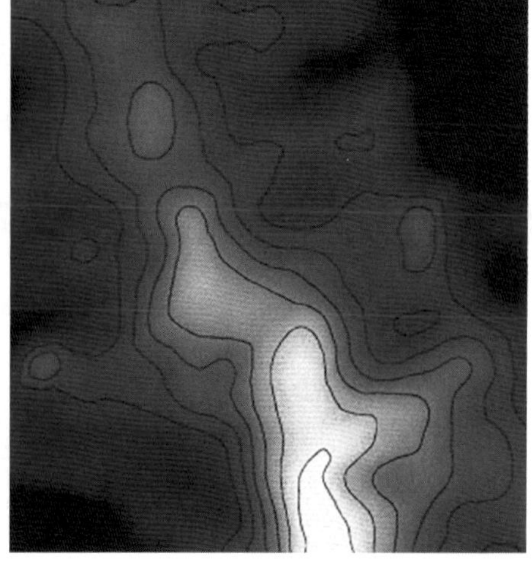

▲图7.12 遮挡和发射
（a）在光学波段，只能通过被遮挡的背景星光间接地看到这个暗尘埃云（L977）。（b）在射电波段，星云会发出强烈的CO分子谱线，并且云中最致密的部分辐射最强。［C. 拉达和E. 拉达（C.and E.Lada）］

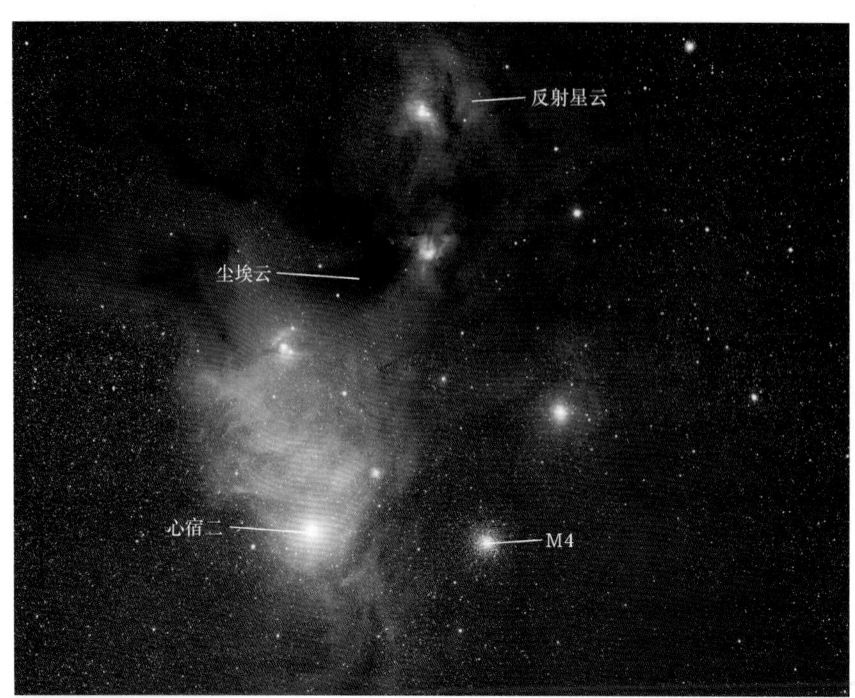

▲图7.13　暗尘埃云 蛇夫座暗尘埃云距离我们只有550光年，其周围环绕着多种颜色的恒星和星云，这些天体实际上是一个占据天空6°大小的、更庞大的且不可见的分子云的一部分。在这张由四幅图拼接而成的图像上，你可以看到恒星演化的很多阶段。暗云本身“不可见“是因为它遮挡了后面的背景恒星光。注意，这团云的形状不规则，特别是图中左上角呈现出了长“条”的结构。图中还有明亮的巨星心宿二、（更加遥远）的M4星团以及一片近邻的蓝色反射星云。［R. 根德勒（R.Gendler）/J. 米斯蒂（J.Misti）/S. 马兹林（S.Mazlin）］

图7.13是另外一个壮观的暗尘埃云的大视场图像。根据它旁边的恒星系统，我们将其命名为蛇夫座ρ，这片尘埃云离我们比较近——距离太阳大约170pc，这也使之成为我们在银河系内研究得最多的一个恒星形成区。其中，尘埃和气体大量聚集的黑暗区域彻底遮蔽了背景恒星的光。蛇夫星云有数秒差距大，但它只是拼接图7.1中一个微小的区域。值得注意的是，与其他星云一样，蛇夫星云也具有不规则的形状。特别是其左上部由（相对）致密的尘埃和气体组成的长暗“条”结构。相反，黑暗区域中的亮块是一些前景天体——比如发射星云和一些成团的明亮恒星。其中一些成员来自星云本身，在那些区域里，刚刚在云的边缘形成的恒星在寒冷的暗云内产生了一些“热的斑点”；还有一些则跟星云没有关联，只是碰巧在视线方向上而已。

黑暗的富含尘埃的星云零零散散地遍布银河系。只有当它们正巧挡住了来自视线方向上的、由更遥远的恒星或者星云发出的光时，我们才可以在光学波段观测到这些星云。图7.12（a）中的L997星云黑暗的轮廓以及图7.7和图7.9中的尘埃带都是尘埃遮蔽的极好例子。图7.14为我们展现了另外一个非常著名的、极其壮丽的星云——猎户座的马头星云。它从一个范围更大的暗云（L1630）中延伸出来，形状十分独特，仿佛是尘埃和气体组成的手指。这块暗云占据了图片的整个下半部分，与旁边发着红光的背景发射星云明显区分开来。在此说明一下，恒星和亮的发射星云位于暗云的前面，而产生马头剪影的红光则在暗云的后面和上方。

吸收谱线

天文学家们是在20世纪30年代通过对遥远恒星的光谱进行研究，才首次在真正意义上发现了星际暗云的存在。暗云中的气体吸收来自恒星的辐射，而这种吸收又取决于暗云本身的温度、密度和元素丰度。因此，这些吸收线能够为我们提供这些黑暗星际介质的相关信息，就像是恒星光谱里的吸收线能够帮助我们了解恒星性质一样。∞（3.1节）

因为星际吸收线是由冷的、低密度的气体产生的，因此天文学家可以轻易地将其与炙热的恒星大气中产生的非常宽的吸收线区分开来。∞（3.5节）图7.15（a）演示了一颗恒星的光在到达地球之前可能会穿过多个星云。这些星云并不需要靠近那些恒星，事实上，它们一般距离恒星很远。每片星云根据自己的温度、密度、速度和元素丰度在恒星光谱上产生不同的吸收线。图7.15（b）展现了上述过程所产生的一部分典型光谱。

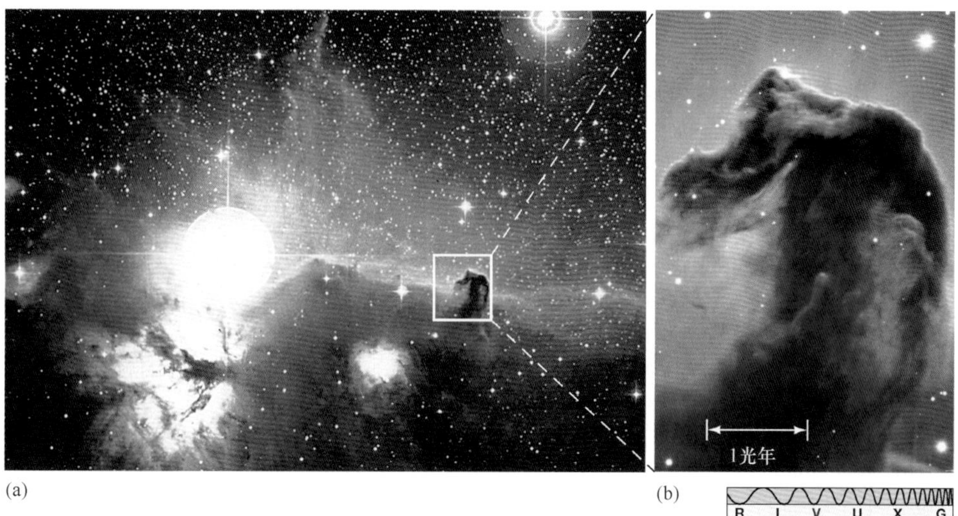

▲图7.14 马头星云

（a）马头星云位于猎户座，距离猎户星云不远。这个星云是暗尘埃星云的典型代表。图中显示出它在明亮发射星云背景上的剪影。（b）位于智利的甚大望远镜（VLT）所拍摄的最高分辨率的马头星云的壮观图像。∞（4.2节）这片星云距离地球大约5000光年，位于猎户座。［比利时皇家天文台（Royal Observatory of Belgium）、欧洲航天局（ESO）］

窄吸收线包含星际暗云的相关信息，就如同恒星光谱中的吸收线可以揭示恒星的性质那样，也类似于发射星云的发射线可以告诉我们炽热星云的物理状态一样。通过研究这些谱线，天文学家就可以更深入的了解寒冷的星际空间。通常情况下，在这些星际云中探测到的元素丰度与其他天体十分类似——这也并不奇怪——因为（接下来我们还会在第8章中见到）这些星际云就是孕育发射星云以及恒星的场所。

科学过程理解 检查

✓ 天文学家如何通过光学观测来探测暗尘埃云的性质?

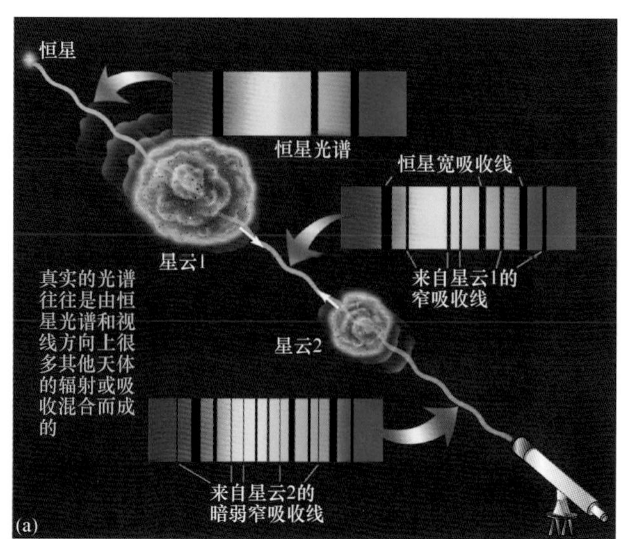

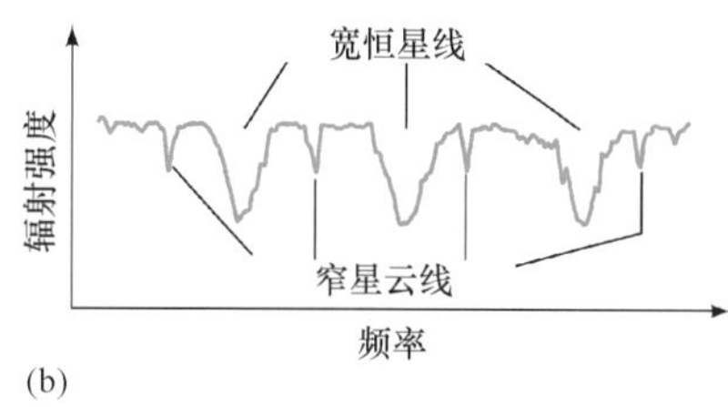

▲图7.15 星云的吸收

（a）一颗恒星和地球之间的星际云的简化图。光学波段的观测可能观测到类似于（b）中所显示的吸收谱线。宽且较强的吸收线是在炽热恒星大气内产生的；窄且较弱的谱线来自于寒冷的星际尘埃云。星云的尺度越小，产生的吸收就越弱。窄谱线的蓝移和红移可以提供星云的速度信息。为清楚起见，图中所示的谱线宽度均被夸大了。

7.4 21厘米射电辐射

利用光学技术观测这些星际云的基本困难在于，星际云只有处在朝向遥远恒星的视线方向上时，才能被我们观测到。要产生吸收线，首先必须有背景辐射源可以吸收。同时，透过这些星际云仍然需要能够看到星光，而不是将星光完全遮蔽，这也将我们的观测范围限制在相当近邻的区域内——距离地球不超过几百秒差距。超过这个距离后，背景恒星的光会被完全遮蔽，光学波段的观测将成为不可能的事情。正如我们所了解的，红外观测为我们提供了一个直接观测这些暗云的途径，但这并未完全解决问题，因为只有那些密度较高、富含尘埃的云才能够产生足够强的红外辐射，以便天文学家通过红外谱线来研究这类天体。

为了全面地探测星际空间，我们需要一个更加普适且多样的观测方法——不依赖于恒星和星云所处的位置。简而言之，我们需要一个能够探测宇宙空间中任意一处冷的、中性星际介质自身辐射的方法。这听上去似乎不可能，但这样的观测技术确实存在。这种方法依赖于星际气体本身产生的低能量射电辐射。

电子自旋

让我们回想一下，氢原子有一个绕着单一质子构成的原子核运转的电子。电子除了围绕中心质子运转之外，还会围绕本身的自转轴旋转——即自旋。质子也会自旋。这一模型类似于行星系统的运动——行星除了要绕中心恒星做公转之外，行星（电子）和恒星（质子）本身也都会绕自身的自转轴自转。但请牢记行星系统和原子系统的关键不同：太阳系内的行星可以在任意的轨道上运行，并且自转速度也是自由的，但对原子来说，其所有的物理量，包括能量、动量和角动量（自旋）都是量子化的——这些量都只能在一些特定的离散值之间变化。∞（3.2节）

物理定律规定，氢原子在基态时只有两种可能的自旋状态：电子和质子可以朝同一方向旋转，并且自旋轴相互平行；或者自旋方向反平行（亦即自旋轴平行，但自旋方向相反）。图7.16展示了这两种状态。自旋反平行的状态要比自旋平行的状态能量略低。

射电辐射

宇宙中所有物质都倾向于达到其可能的最低能态，星际气体也不例外。被轻微激发的氢原子处于电子和质子自旋方向相同的状态，

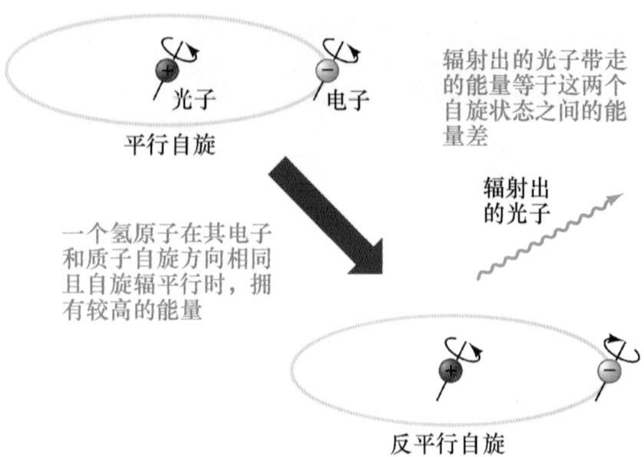

▲图7.16 氢的21厘米发射线
一个处于基态的氢原子从其较高能态（上）跃迁到较低能态（下）。

并最终随着电子突然自发地反转自旋而退激发到与能量较低的自旋方向相反的状态。正如同其他的跃迁一样，粒子从高能态跃迁到低能态会释放出一个光子，其能量等于上述两个能态之间的能量差。

由于上述能级相差非常小，所辐射出来的光子能量也就很低。∞（3.2节）结果导致光子的波长非常长——实际约有21.1cm，与这本书的宽度差不多。这一波长落在电磁波谱中的射电部分。天文学家习惯将这条由于氢原子自旋反转而产生的谱线称为“**21厘米辐射**”。这条谱线为我们提供了一个至关重要的探针，对宇宙中任何有氢原子气体的地方都有效。图7.17显示了宇宙空间中几个不同区域内典型的21厘米射电谱线的特征，它们描绘出我们银河系内寒冷的原子氢。无须借助可见光，射电天文学家就可以观测任何星际区域，只要那里有足够的氢原子，并发出足以被探测的21厘米辐射。21厘米辐射甚至可以用于研究暗云之间的低密度区域。

正如图中看到的那样，真实的21厘米谱线有很多锯齿和不规则结构，看上去类似于星云的发射线。这些不规则的结构通常源于视线方向上众多的星际气体团块，每块都有着不同的密度、温度、视向速度和内禀的运动。因此，不同的强度、线宽以及多普勒红移产生了形状各异的21厘米谱线。∞（3.5节）这些不同的谱线在最终到达地球之前相互叠加在一起，我们常常需要进行复杂的计算机分析，才能分解这些不同成分的21厘米谱线。前面提到的那些处于暗尘埃云之间的区域的“平均”温度（100K）和密度（每立方米10^6个原子），都是基于21厘米谱线的观测获得的。通过21厘米谱线观测获得的暗尘埃云密度和温度，都与

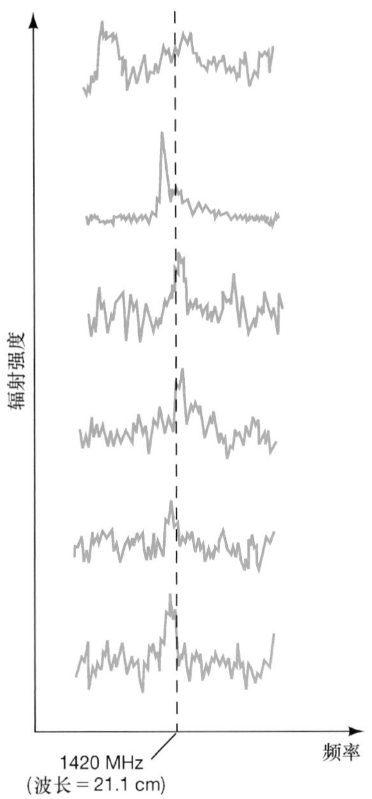

▲图7.17 21厘米谱线
星际空间中几个不同区域内的典型21厘米射电谱线。其峰值不总是在21.1cm处（相对应的频率是1420 MHz），因为银河系内的这些气体相对地球来说都有运动。

光学光谱的观测结果吻合的很好。

星际空间里，所有的原子氢都在辐射21厘米谱线，但如果所有的原子最终都会落在较低的能态上，那么为什么现在银河系内所有的氢原子都没有处在较低的能态中？为什么我们每天都能观测到21厘米辐射？问题的答案在于，这两个能级之间的能量差与一个典型的温度约为100K的原子的能量相当。结果，原子碰撞星际介质，使其获得足够多的能量并被激发到较高的能态，从而使数目足够多的氢原子保持在较高能态上。在任一时刻，任意一片星际氢都会有很多原子处于较高的能级，因此总有适当的条件产生21厘米辐射。

非常重要的是，这一辐射的波长远大于星际尘埃颗粒的典型大小。因此，21厘米辐射在到达地球之前根本不会被星际尘埃散射。21厘米辐射的观测之所以在天文学领域成为几乎是最重要和最有用的观测手段，是因为通过21厘米辐射可以观测到数千秒差距之外的星际空间，同时也不依赖于视线方向上是否有背景星。我们将在《今日天文——星系世界和宇宙的一生》第1~3章中发现，这样的观测对天文学家研究银河系以及其他星系是何等的重要。

概念理解 检查

✓ 为什么21厘米辐射对探测银河系结构十分有用?

7.5 星际分子

在一些特别冷（通常为10~20K）的星际区域内，密度可以高达每立方米10^{12}个粒子。直到20世纪70年代晚期，天文学家仍然认为，这些区域仅仅是一些不寻常的致密星际云，但现在大家都意识到，这些区域属于一类全新的星际物质。这些区域中的气体粒子根本不是以原子形式存在的，而是以分子形式存在的。由于这些致密星际区域由分子所主导，因此我们称之为**分子云**。不夸张地说，我们之前认为是星际空间中最巨无霸的发射星云，在这些分子云面前也如侏儒一般。

分子谱线

正如第3章所提到的，与原子一样，分子也可以通过碰撞或吸收辐射而被激发到高能态。∞（3.4节）而且，与原子一样，分子甚至也能够退激发到基态，并在跃迁过程中辐射出光子。然而，分子的能级远比原子的能级复杂得多。仍然与原子一样，分子内部的电子可以发生跃迁；但与原子不同的是，分子还可以转动或振动。它们会以特定的方式转动或振动，这取决于量子物理的准则。图7.18描述了一个简单的分子在快速地转动——也就是说，分子处于某种转动激发态。根据分子的内部构成，经过一段足够长的时间，这些分子的转动速度就会慢慢变缓（一种较低的能态）。这种变化会使分子释放出一个光子，光子的能量就

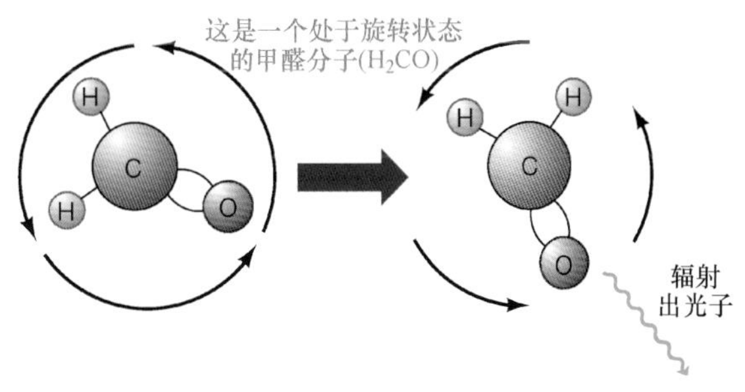

▲图7.18 分子谱线发射
当一个分子从高速旋转的状态（左）变成低速旋转（右）的状态，就会释放出一个光子，并可能被射电望远镜探测到。弯曲箭头的长度与分子旋转的速度成正比。

等于两个转动能态之间的能量差。不同转动能态之间的能量差一般都很小，因此它们通常会在射电波段辐射出光子。

分子能在射电波段发出辐射是一件让人感到非常幸运的事情，因为我们总能在星际空间最致密且尘埃最多的地方找到这些星际分子。这些区域的消光是如此严重，以至于我们根本不能用紫外、光学、可见光以及大部分红外观测的技术来探测星际分子在一般能级之间跃迁时所产生的辐射，只有低频的射电辐射能够逃逸出来。

为什么星际分子只在星际云中最暗、最致密的区域被发现？一个可能的原因是，尘埃保护了脆弱的分子不受通常来自严酷的星际空间的侵袭——尘埃通过吸收而阻止了高频辐射被我们探测到的同时，也保护了这些分子，使它们不会被这些高能辐射所破坏。另一个可能的解释是，尘埃作为催化剂，促进了分子的形成。尘埃提供了让原子粘连在一起并发生反应的场所，同时也可以耗散反应过程中产生的热，否则这些热量很可能会破坏新生成的分子。尘埃很可能同时扮演着两个角色，尽管具体细节仍有争论，不过根据致密星际云中尘埃和分子之间紧密的关系来推测，上面的推断极有可能是真实的。

分子示踪物

在对分子云成图观测时，射电天文学家面临一个难题。氢分子（H_2）是目前为止云团中最常见的分子，但不幸的是，虽然它含量丰富，但它本身并不辐射或吸收射电辐射。相反，它仅在波长较短的紫外波段有发射，因此，它不能简单地被用作示踪分子云结构的探针。同样，21厘米谱线也不能够发挥作用——它们只对原子氢敏感，而对气态的分子氢不敏感。理论学家预测，H_2应该存在于星际空间中的高密度的、寒冷的团块中，然而他们却难以获得氢分子在那里真实存在的证据。只有当空间探测器探测了一些位于致密云边缘附近的恒星紫外光谱后，科学家们才得以确认了分子氢的存在。

当我们把氢分子从分子云的探针名单里排除之后，天文学家就必须观测其他的分子以研究这些黑暗的、富含尘埃的区域。比如一氧化碳（CO）、氰化氢（HCN）、氨（NH_3）、水（H_2O）、甲醇（CH_3OH）、甲醛（H_2CO），以及其他150种分子，其中一些相当复杂，都被确定在星际空间中确实存在㊀。这些被发现的分子的数量都很少——通常是氢分子丰度的一百万分之一到十亿分之一——但它们却是分子云结构和物理性质的重要探针。它们是由分子云内部的化学反应形成的。当我们观测这些分子的时候，我们所研究的这些区域一定也充满了高密度的氢分子、尘埃以及其他一些重要的成分。

不同分子的转动性质使它们成为适合于探测不同区域、不同物理参量的探针。甲醛辐射可能为我们提供某一区域最为有用的信息，而一氧化碳能提供另一区域的，水分子则可能提供另外一处的，这依赖于所研究的星际区域的密度和温度。因此，从中获取的复杂分子谱线数据成为天文学家研究星际介质的“工具箱”。

例如，图7.19展示了M20中一些具有甲醛分子辐射的区域。事实上，在M16和M8之间的每一块黑暗区域中，都遍布着甲醛分子（虽

㊀有一些非常复杂的有机分子，例如甲醛（H_2CO）、乙醇（CH_3CH_2OH）、甲胺（CH_3NH_2）和甲酸（H_2CO_2）等，也在暗星际云中最致密的地方被发现。这些分子的发现点燃了人们对于地球以及星际空间中生命起源的研究的好奇心——特别是从20世纪90年代中叶起，当射电天文学家报告星际空间中可能也有甘氨酸（NH_2CH_2COOH）存在（尚未被证认）时，因为甘氨酸分子被认为是活细胞内形成大分子蛋白质的关键构成单元。

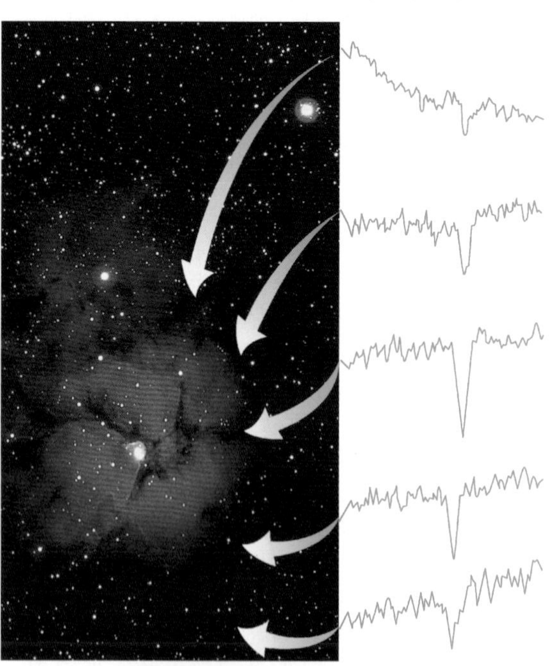

▲图7.19　M20的星际环境
谱线观测表明，甲醛分子广泛存在于M20所处的位置（箭头所指的方向）。这些通过吸收背景辐射而形成的吸收线，不管是在把星云截成三段的尘埃暗带内，还是在星云外的黑暗区域内，都是最强的。

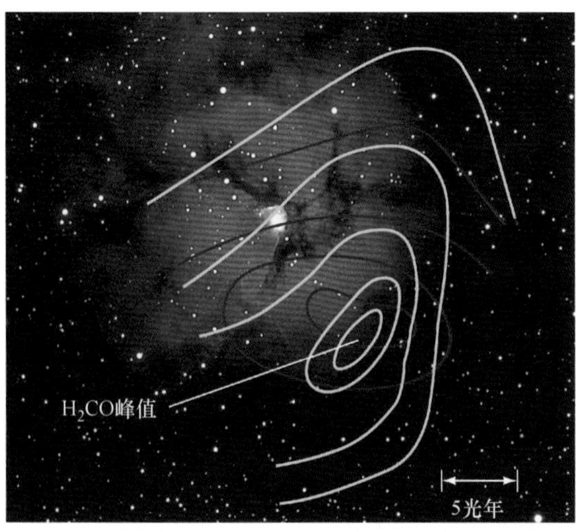

▲图7.20　星云附近的分子
M20星云附近的甲醛等高线强度图展示了，在最黑暗的星际空间中，分子反而更加丰富。等高线图数值从外到内依次增大，因此最强的区域在这片可见星云的右下角。不同颜色的等高线图表示不同频率的甲醛分子谱线强度。［背景图像：美国大学天文联盟（AURA）］

然其丰度远远低于氢分子），而且丰度出乎意料得高。分析图7.5中一条宽12°的带状区域内的许多地方的谱线的结果告诉我们，这些分子云的温度和密度都非常接近（平均为50K和每立方米10^{11}个分子）。图7.20展现了M20星云的邻近区域内的甲醛分子的等高线分布图。在不同的位置观测甲醛的射电谱线后，我们用等高线连接丰度相同的地方，画出等高图。注意，甲醛的丰度在黑暗区域达到峰值（我们同样也猜想，氢的丰度也最高），与可见的星云明显区分开来。

星际气体的射电图像以及对星际尘埃的红外成像观测都被揭示了在星际空间中，分子云不是独立存在的。相反，它们会组成巨大的**分子云复合体**，其典型的物理尺度最大能到50pc，包含足以产生一百万个太阳那么多的气体。目前已知的银河系内这样的巨大复合体大约有一千多个。

近年来，天文学家发现，星际介质时刻处于动态的、永远变化的环境当中。在这样的环境里，能量被刚诞生的恒星释放（第8章），超新星（第10章）驱动了星际气体的大尺度湍动。从这一角度来看，我们看到的冷分子云在气体的整体流动中，其致密气体会被短暂地压缩——从而成为混沌海洋中瞬变的孤岛。

在20世纪70年代，科学家们发现了大量的星际分子，迫使人们开始重新思考并且重新观测星际空间。他们发现，这些活跃且至关重要的区域远不是之前理论学家所预测的那样空无一物。正如我们将在第8章里看到的一样，人们曾经认为空间中除了星系际“垃圾”之外，什么都没有——只是恒星周围冷而暗的区域——现在，这些分子云对于我们了解恒星及其诞生环境内的星际介质都至关重要。

科学过程理解 检查

✓ 在对分子云成图观测时，为什么天文学家们要观测那些含量很少的分子，比如一氧化碳分子或者甲醛分子，而这些分子只占了星际空间中全体分子的很小一部分。

终极问题　生命可能是在星际空间中产生，并在数十亿年前被带到了地球上吗？这是天文学家们时常追问的一个问题。现今，人们在黑暗深邃的宇宙空间中探测到了很多（富碳）的有机分子。化学上仍旧解释不清这些复杂分子是如何在这样极低温的严酷环境中形成的，而且地质学家们也不确定小行星或彗星是否真的将有机分子带到了地球表面。

章节回顾

小结

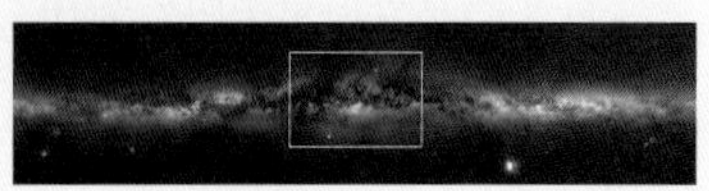

❶ **星际介质**（p.170）占据了恒星之间的空间，其成分是冷的气体（低于100 K）和**尘埃颗粒**（p.170），气体主要是由原子态或分子态的氢和氦组成。尽管星际介质的密度非常低，但是星际尘埃还是能够有效地遮挡住我们视线中遥远的恒星。星际介质的空间分布很不均匀。星光的减弱统称为**消光**（p.171）。此外，尘埃会优先吸收波长较短的辐射，导致穿过星际云的光产生明显的**红化**（p.171）。一般认为，星际尘埃是由硅酸盐、石墨、铁和“脏冰”组成

的。星际尘埃颗粒似乎呈瘦长的形状或棒状。星光的**偏振**（p.173）提供了研究这些尘埃颗粒的手段。

❷ **星云**（p.173）是天空中模糊（明亮或黑暗）的斑块。**发射星云**（p.173）是由炽热发光星际气体所构成的延展云块。发射星云与恒星的形成相关，炽热的O型和B型恒星加热和电离周围环境中的星际物质便产生了发射星云。研究星云原子激发所产生的发射线能让天文学家测得星云的性质。星云中常常有黑暗的**尘埃带**（p.175）穿过，是形成它们的更大的气体云的一部分。

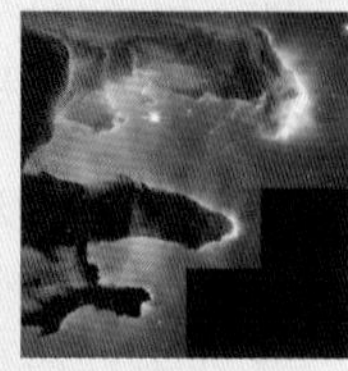

❸ **暗尘埃云**（p.179）是星际介质中温度很低的、不规则形状的区域，这些区域中尘埃削弱了或完全遮挡了背景恒星光。星际介质还包含许多冷而暗的**分子云**（p.183）。它们的温度足够低、密度足够大，因此大部分气体能以分子形式存在。这些分子云中的尘埃可能既能保护分子，又能作为催化剂促进分子的形成。通常，一些分子云彼此接近，形成巨大的**分子云复合体**（p.185），比太阳的质量还大数百万倍。

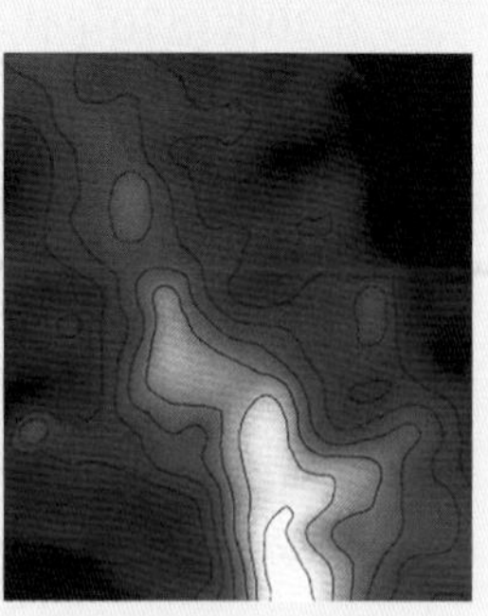

❹ 寒冷黑暗的星际空间有很多氢原子，可以通过**21厘米辐射**（p.182）被观测到，这种辐射是由氢原子中的电子在改变其自旋方向、微微地改变其能级分布的过程中所产生的。分子云主要通过其中分子所产生的射电辐射而能被观测到。射电波段的辐射不容易被星际介质所吸收，因此天文学家通过观测这些波段的辐射，常常可以“看得”非常远。

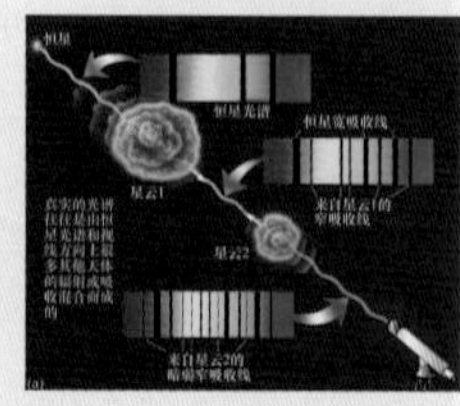

❺ 氢是迄今为止最常见的组成分子云的成分，但氢分子很难被观测到。天文学家一般通过观测其他不太常见但更容易被探测的“示踪”分子来研究这些分子云。在这些区域中已经认证了许多复杂分子的存在。

标记**POS**的问题探索科学过程。标记**VIS**的问题着重于阅读和视听资讯的理解。
LO后紧跟的是本章引言中学习目标的编号。

指定的课后作业请访问MasteringAstronomy网站。

复习与讨论

1. **LO1**请简要描述星际介质，它们的密度如何？空间分布又是怎样的？
2. 星际气体的成分是什么？星际尘埃的又是什么呢？
3. 为什么星际尘埃吸收星光比星际气体要更有效？
4. 比较星际尘埃导致的恒星的红化与夕阳的红化。
5. 星光的偏振告诉我们星际介质的什么性质？
6. 天文学家使用什么方法来研究星际尘埃？
7. **LO2**什么是发射星云？
8. 什么是光致蒸发？它是如何改变发射星云的结构和外观的呢？
9. 为什么一些发射星云中观测到的谱线通常在地球上的实验室里不会出现？
10. 本地泡是什么？它是如何形成的？
11. **LO3 POS**描述一些使我们可以“看到”黑暗星际云的方法。
12. 请简短描述一下暗尘埃云。
13. **LO4**什么是21厘米辐射？与它相关的元素是什么？为什么它对天文学家有用？
14. **LO5 POS**天文学家是如何探索分子云复合体的结构的？
15. 如果我们的太阳被气体云包围着，那么这片星际云会是发射星云吗？为什么？

概念自测：选择题

1. 星际介质在化学成分上基本类似于：（a）太阳；（b）地球；（c）金星，（d）火星。
2. 与星际介质中原子的密度最接近的是：（a）野火的烟；（b）乌云；（c）深层海洋水；（d）电

视显像管内部。

3. 下列对象中，发光机制与发射星云发光机制最像的是：（a）普通白炽灯泡的灯丝；（b）炽热的篝火灰烬；（c）发光的荧光管；（d）和太阳一样的恒星。
4. 恒星与发射星云通过什么机制相互作用：（a）激发它们的原子使其发光；（b）像广告牌一样照亮它们；（c）导致它们收缩；（d）加热使其爆炸。
5. 与暗球状体星云一样大小的是：（a）地球大气中的云；（b）整个地球；（c）像太阳一样的恒星，（d）奥尔特云。
6. 如图7.13所示的蛇夫座云（“暗尘埃云”）是黑暗的，原因是：（a）这个区域没有恒星；（b）这个区域的恒星都是年轻和微弱的；（c）云后面的星光无法穿透云层，（d）该区域温度太低无法维持恒星聚变。
7. 如果氢原子中的质子和电子的初始自旋是平行的，然后改变为自旋方向相反，那么这个原子将：（a）吸收能量；（b）释放能量；（c）变得更热，（d）变得更大。
8. 最适合观测暗尘埃云的望远镜是：（a）X射线望远镜；（b）大型可见光望远镜；（c）空间紫外望远镜；（d）射电望远镜。
9. 范围最大的星际云是：（a）分子云；（b）暗尘埃云；（c）发射星云，（d）球状星云。
10. 研究分子云通常使用的分子谱线不包括下列哪一个？（a）氢分子；（b）一氧化碳；（c）甲醛；（d）水。

问答

问题序号后的圆点表示题目的大致难度。

1. ●本地泡中的星际气体平均密度远低于正文中所提到的值——事实上只有大约10^3氢原子/ m^3。氢原子的质量是1.7×10^{-27}kg，计算包含在一个相当于地球大小的气泡里的星际物质质量。
2. ●假设与上题相同的平均密度，计算一个从地球延伸到半人马座阿尔法星的，横截面积为$1m^2$的圆柱体中，所包含的星际氢的总质量。
3. ●●根据7.1节所述的星际物质的平均密度，计算多大体积的星际气体被压缩至$1m^3$，密度才与地球大气密度相同（$1.2kg/m^3$）。
4. ●星际消光有时以星等每千秒差距的单位度量（1000秒差距 = 1000pc）。观测到来自1500pc以外的恒星光线强度被削弱了20倍以上，超出平方反比定律的作用。那么，在该视线方向上的平均星际消光是多少mag/kpc?
5. ●●一束光通过致密分子云时，它的强度每5pc会减少1/2。如果云的总厚度是60pc，那么背景恒星的光线会变暗多少星等呢?
6. ●●一颗距离地球500pc的恒星的视星等是10等。如果星际吸收导致平均2mag/kpc的消光，计算恒星的绝对星等和光度。
7. ●●估计表7.1中列出的四个发射星云边缘附近的逃逸速度，并与这些星云中氢原子核的平均速度相比较。你认为这些星云有可能是由自身引力束缚在一起的吗?
8. ●光子的波长必须小于9.12×10^{-8}m（91.2nm）才有足够的能量电离氢原子。利用维恩定律，计算黑体曲线峰值波长等于该波长的恒星的温度。∞（2.4节）

实践活动

协作项目

观测本章描述的恒星形成区——梅西耶天体M8、M16、M17、M20和M42。要在一个晚上观测到所有天体并不是太容易，所以最好提前在网上做一些调研，列出可见的天体。在大多数情况下，小型望远镜就能获得最好的观测，而你们可能需要在晚上轮班观测。对每一个天体，仔细按照说明找到它们，画出草图（或者利用设备拍摄下来），并且和这一章中的图片相对比。

个人项目

在漆黑、晴朗的夜晚，远离城市灯光观察银河。它是一条划过天空的连续光带？还是斑驳的亮条？银河中缺失的部分实际上是处在太阳附近的暗尘埃云。确认你看到的这些星云所在的星座，并画一幅草图与星图相比较。尝试利用双眼或双筒望远镜来寻找星图中的其他小型星云。

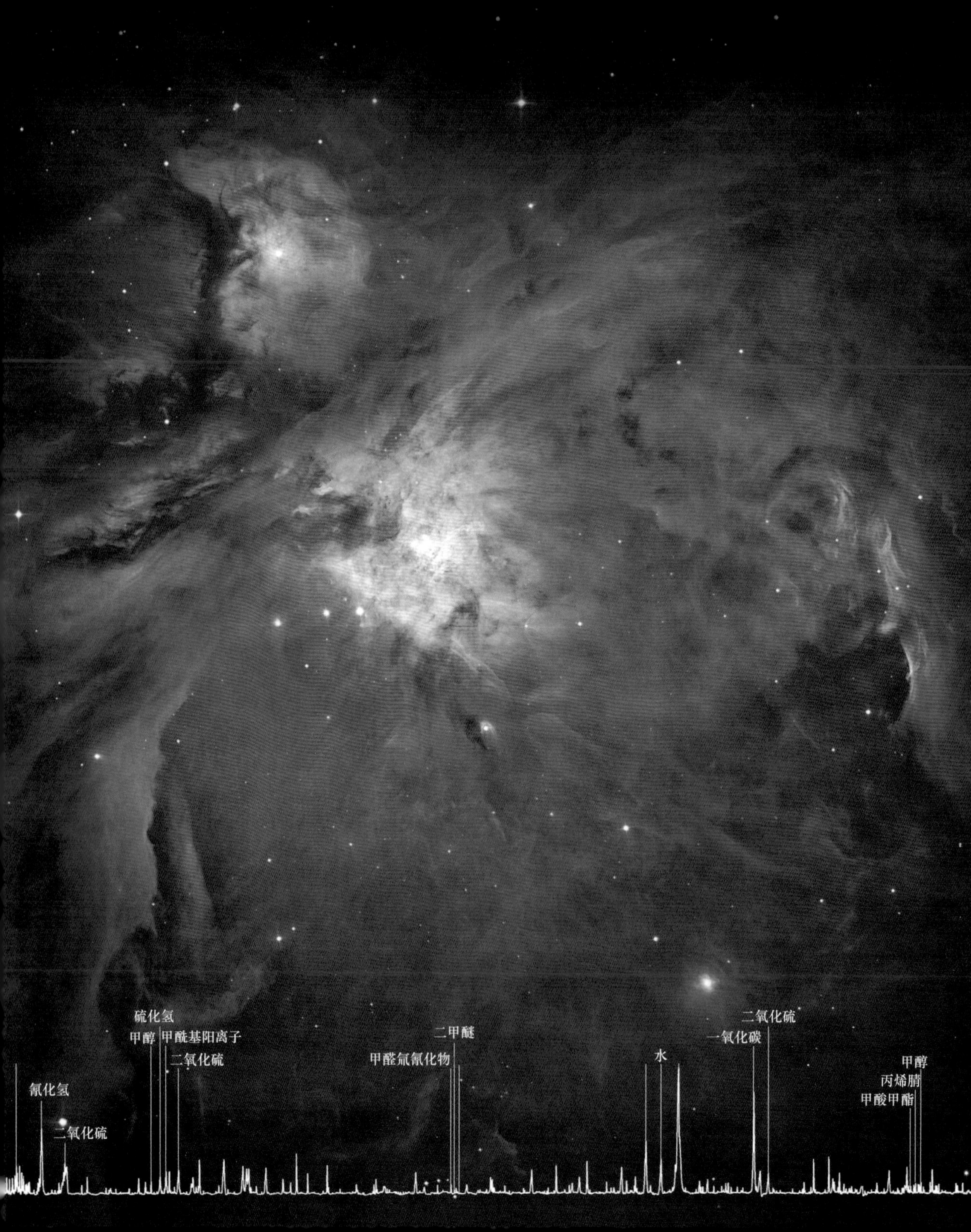
硫化氢
甲醇
甲酰基阳离子
二氧化硫
氰化氢
二氧化硫
二甲醚
甲醛氘氰化物
水
二氧化硫
一氧化碳
甲醇
丙烯腈
甲酸甲酯

第8章 恒星的形成

8

创伤式的诞生

我们现在从星际介质——恒星之间的气体和尘埃——回到恒星本身。接下来的四章将讨论恒星的形成和演化。我们已经看到，恒星在消耗它们的燃料供应时会发生变化，我们观测到了大量处于不同演化阶段的恒星。在这些观测的帮助下，天文学家已经发展出了一种解释恒星演化的模型——恒星经历了从诞生、成熟、变老到死亡的复杂变化。

我们首先研究由气体和尘埃组成的星际云如何转变成夜空中无数的恒星。我们将见到的这个过程会比较剧烈——恒星诞生的地方有着剧烈的爆发、星际激波，甚至真实的碰撞，在这之中，星前碎片在新诞生的星团里攒积质量、竞争资源。太阳和行星地球就是45亿年前类似的恶劣环境中的幸存者。

知识全景 天文学中没有什么问题比了解恒星是如何形成的更加基本了。在任何晴朗的夜晚抬头仰望星空，恒星都是夜空中数量最多、最明显的天体。天文学家渴望了解，恒星是如何从黑暗混沌的星际空间中诞生、并成为能量巨大的明亮球体的。这是一个非常值得关注的过程，我们在过去几十年里进行了许多研究。

左图：这幅令人惊奇的图像——成百上千幅较小的图像拼接在一起构成了数十亿字节的大幅拼接图像——显示了一个典型的恒星形成区。哈勃太空望远镜捕捉到了猎户星云的光学图像，它是距离地球大约1400光年的恒星孕育地，近来被发现的弥散星云包围着成千上万颗年轻的恒星。下面的图是另一台杰出的地球轨道望远镜——欧洲赫歇尔空间天文台观测到的红外谱线。本章的开篇展示了代表当今天文学领域最前沿的图片和光谱。［空间望远镜科学研究所（STScI）、欧洲航天局（ESA）］

学习目标

本章的学习将使你能够：

1. 总结类太阳恒星的形成过程和经历的演化阶段。
2. 说明恒星的形成如何依赖于它的质量。
3. 描述一些支持现代恒星形成理论的观测证据。
4. 描述星际激波的性质，并讨论其在恒星形成过程中的可能作用。
5. 解释为什么恒星成团的形成，区分疏散和球状星团。

精通天文学

访问MasteringAstronomy网站的学习板块，获取小测验、动画、视频、互动图，以及自学教程。

8.1 恒星形成区

我们的宇宙在不断地自我更新。自从银河系形成以来，已有数以亿计的恒星诞生、生长演化，直到死亡。当我们凝望夜空时，我们不会看到这一过程，这是因为恒星上演这种宇宙戏剧的时标以人类标准来看非常非常长。即使是寿命较短的O型星也能生存数百万年。∞（6.8节）不管怎样，我们有足够的证据表明，恒星的演化贯穿整个宇宙。

宇宙中年轻的恒星

太阳和我们近邻宇宙中的大部分恒星可能都是在数十亿年前形成的。然而我们知道，许多距离相对较近的恒星则要年轻得多。第7章已经讨论过了壮丽的发射星云。照亮这些星云的超级明亮的但却短暂的恒星，直接证明了恒星的形成是一个持续的过程。∞（7.2节）这些区域中最炽热的恒星形成了还不到几百万年——宇宙中的眨眼之间——并且银河系的恒星形成也不会在最近突然停止！恒星的形成贯穿了整个银河系的历史，即便是你在读这段话的时候。

事实上，我们在许多超越银河系之外的宇宙区域内都观测到了恒星形成区。图8.1显示了迄今为止发现的最为壮观的一个区域。它位于银河系的一个小型伴星系内——被称为麦哲伦云的其中一个。它距离我们大约170 000光年，是有着大量年轻蓝色恒星的壮丽区域，是我们近邻宇宙中最大的孕育恒星的场所。银河系很可能包含许多类似的大星团，但是即使存在的话，也一定被星际之间众多的星际物质遮挡住了。

▲图8.1 恒星的孕育场所
这幅光学、红外结合的图像来自于哈勃太空望远镜上崭新的宽视场相机，展示了星团R136清晰细节图，一大群年轻明亮的蓝色恒星仍然镶嵌在发光的红色蜘蛛星云中，这一星云形成于几百万年前。整个区域宽约100光年。［美国国家航空航天局（NASA）/欧洲航天局（ESA）］

简而言之，当部分星际介质——我们在第7章中研究过冷暗云——在自身引力作用下开始坍缩的时候，恒星就开始形成。∞（7.3节）云团碎片通过收缩加热，当中心温度最终足够炽热时，核聚变便开始了。在这一时刻，收缩停止了，一颗恒星便诞生了。但是什么引起了坍缩呢？坍缩是如何开始，又是为何结束的呢？是什么决定了一颗恒星（或者一群恒星）的质量的呢？∞（6.8节）我们将会看到，恒星形成的环境，以及恒星形成过程中与邻居之间的相互作用对恒星的性质至关重要。

详细说明8-1

恒星形成中的竞争

正文中我们说明了恒星是引力和内部加热互相竞争的产物，引力使星际云坍缩，而加热则与之相反。实际上，星际介质更为复杂，内部加热并不是对抗引力收缩的唯一因素。另外两个影响恒星形成的重要因素是自转和磁场。

旋转——自转——与引力向内的牵拉作用相对抗。一团正在收缩的并有较小自转的云将会在其中间部分产生一个核球。随着云的收缩，云的自转加快（由于角动量守恒），核球慢慢长大，边缘物质逃离并飞入太空。（想象被快速旋转的自行车车轮抛出的泥块）。最终，云团形成一个扁平旋转着的盘。

对于云中没有被抛射到星际空间而留下来的部分物质，一定存在某种力的作用——这里是引力的作用。旋转得越快，云团气体逃离的可能性越大，就越需要更大的引力作用来保持它。因此，我们可以将自转看作是用于抵消引力向内牵拉的作用。如果自转作用大于引力的作用，那么云团就会消散。因此，要收缩形成一颗恒星，快速自转的星际云需要有比非自转的云更大的质量。

磁场也会阻碍云的收缩。磁场渗透在大多数星际云中。随着云团收缩，其内部温度升高，原子的碰撞变得十分剧烈并足以电离（部分电离）气体。磁场可以产生电磁力，并控制其中的带电粒子。∞（5.5节）形象地讲，粒子倾向于被“绑定”在磁场里——它们可以沿着磁场线自由地移动，却不能垂直于磁场线运动。

磁场会阻碍星际气体云的收缩，使云团以一种扭曲的方式收缩。因为离子被束缚在磁场内，而磁场线（红色）沿着云的收缩方向，所以云团本身沿磁场线收缩的速度要比垂直于磁场线方向的速度快很多。附图中三幅子图显示了有磁场的星际云缓慢收缩的过程。虚线代表磁场线被云团收缩时扭曲和压缩的区域。随着磁场线被压缩，磁场强度增强，变得比普通星际空间里的磁场强很多。原始的太阳星云可能就以这样的方式形成了一个强磁场。

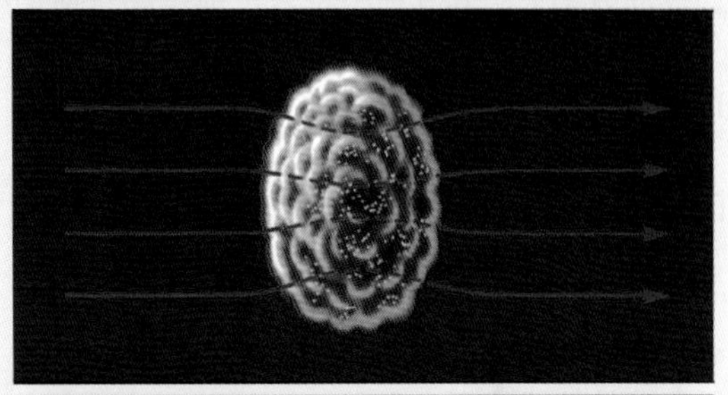

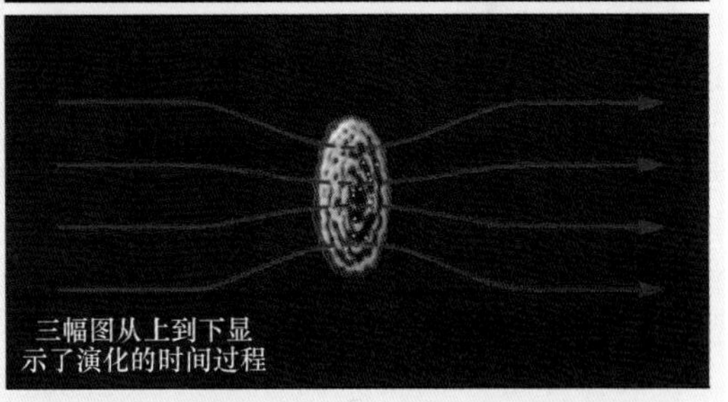

三幅图从上到下显示了演化的时间过程

即使是很小的转动或磁场也能与引力相抗衡，从而大大改变典型气体云的演化过程，但从理论上研究这些因素之间的相互影响是非常复杂并且极端困难的。本章中，在尝试理解恒星形成过程的大致轮廓时，我们将先不考虑这两种复杂的因素。但请记住，它们对恒星形成的具体过程有着非常重要的作用。

引力和加热

是什么决定了哪些星际云会坍缩？就这一点而言，既然所有的云都受到引力作用，那为什么不会都在很久以前就开始坍缩？为了回答这些问题并理解我们所看到的恒星的形成过程，我们必须更多、更详细地探究在决定云团命运时与引力相竞争的因素。到目前为止，其中最重要的是原子的随机运动或加热。详细说明8-1讨论了其他一些影响并复杂化了恒星形成过程的因素。

我们已经见过了许多加热和引力之间相互竞争的实例。气体的温度只是其中原子和分

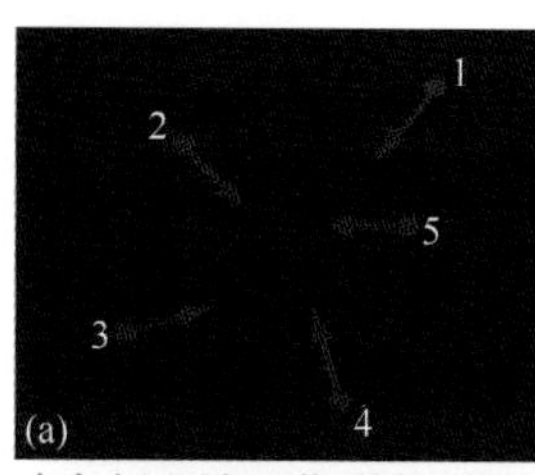

当多个原子相互作用时，这些原子会相互靠拢形成一群

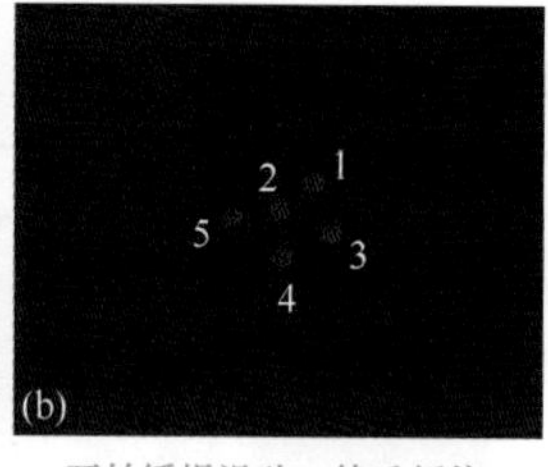

开始缓慢滑动，然后暂停

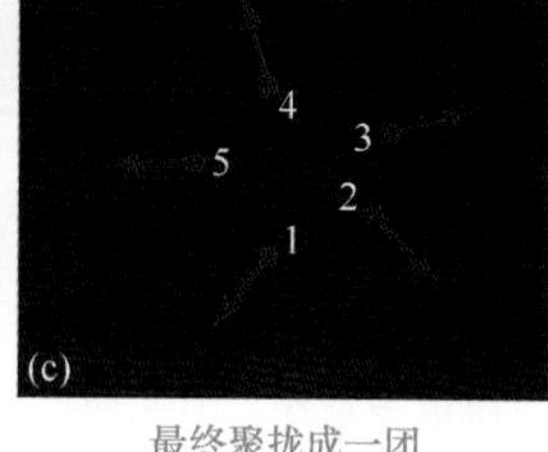

最终聚拢成一团

▲图8.2　原子运动 星际云中的一些原子的运动受到的引力作用非常小，它们的运动轨迹变化微乎其微。（a）形成之前；（b）正在形成；（c）在发生偶然的随机碰撞后。

子平均速度的简单量度，因此，温度越高，分子的平均速度就越大，从而气体的压力就越高。这就是太阳和其他恒星不再坍缩的主要原因：被加热的气体向外的压力与向内的引力达到精妙的平衡。∞（图5.2）

考虑一大片星际气体云中的一小部分。首先只有几个原子开始向中心聚集，如图8.2所示。尽管云的温度非常低，但由于云仍然有温度，所以每个原子仍然会有一些随机运动。∞（详细说明2-1）每个原子同时也受到周围所有其他粒子的引力吸引。然而引力并不大，这是因为每个原子的质量都非常小。当几个原子在某一瞬间偶然聚到一起，如图8.2（b）所示，结合后的引力并不足以将它们束缚成一个持久而独立的物质团块。这个偶然形成的团块将在形成后很快地消散。热运动的作用远远强于引力作用的影响。

现在考虑一团更大的原子群。想象一下，例如50、100、1000——甚至上百万个原子——每个都与其他所有的原子通过引力相互作用。那么随着质量的增加，引力会变得比以前更强。这么多原子产生的合引力能够强大到阻止团块再一次消散吗？答案是不能——至少在目前发现的星际环境下。即使这样，大质量的原子团块产生的引力也仍然太弱，不足以克服热运动的影响。

到底需要集合多少原子的引力才能阻止它们重新分散到星际空间中呢？答案是一个非常巨大的数字，即使是对一个典型的冷云团（100 K）来说，也需要将近10^{57}个原子——远远超过世界上所有海滩上的沙粒的总数（10^{25}），甚至超过构成我们地球上所有原子核的基本粒子数（10^{51}）。地球上没有任何事物是可以简单地与恒星相比较的。

模拟恒星形成

接下来的两小节将描述目前被广泛接受的恒星形成理论，其中很大一部分来自于在高性能计算机上所进行的数值模拟实验。得到的结果是考虑了多方面因素的数学预测，结合了引力、热力、核反应率、元素丰度和其他主宰星际云坍缩的物理过程（见详细说明8-1）。

科学理论总是随着实验或观测数据而发展，恒星形成理论也不例外。∞（1.2节）恒星形成理论已经解释了无数恒星和恒星形成区的观测。然而，恒星形成过程中的现象是如此复杂和多样化，以至于建立理论框架来连接不同现象之间的“连接点”是非常有用的，而这些现象表面上看起来毫不相关。因此，我们首先给出理论，然后再讨论观测数据如何契合和支撑这些理论图景。

概念理解 检查

√ 主导恒星形成的基本竞争过程是什么?

8.2　类太阳恒星的形成

当引力作用大于无规则的热运动时，这种引力会破坏气体云团的平衡，使云团开始收缩，这时恒星开始形成。直到云团内部结构发生剧变，平衡才能最终恢复。

星际气体云团在演化为类太阳的主序星的过程中，会历经七个基本的演化阶段，见表8.1。这些阶段可用不同的中心温度、表面温度、中心密度和星前天体的半径等参数来描述。这些物理量描述了由冷暗的星际云变为炽热的、明亮的恒星的过程。表中给出的数据和接下来的分析只适用于质量与太阳相近的恒星。下一节中，我们将放宽条件，讨论质量与太阳相差较大的恒星的形成过程。

请注意这些阶段的时间尺度——即使是与其中最短的演化阶段相比，人类数千代的繁衍也不过是一眨眼的时间。天文学家并不是通过观察单个气体云团或一组气体云的完整演化过程来洞察这一天文过程的。相反，他们结合理论与观测来不断修正那些描述恒星如何形成的数学模型。

表8.1 类太阳恒星的星前演化

阶段	到下一阶段的大约时间/年	中心温度/K	表面温度/K	中心密度/（个粒子/m^3）	直径[①]/km	天体
1	2×10^6	10	10	10^9	10^{14}	星际云
2	3×10^4	100	10	10^{12}	10^{12}	云团碎块 云团碎块/ 原恒星
3	10^5	10 000	100	10^{18}	10^{10}	
4	10^6	1 000 000	3000	10^{24}	10^8	原恒星
5	10^7	5 000 000	4000	10^{28}	10^7	原恒星
6	3×10^7	10 000 000	4500	10^{31}	2×10^6	恒星
7	10^{10}	15 000 000	6000	10^{32}	1.5×10^6	主序星

① 粗略数值，以做比较。注意，太阳的直径是1.4×10^6km，而太阳系的直径约为1.5×10^{10}km。

第1阶段：星际云

恒星形成的最初阶段是致密的星际云——它是暗尘埃云或分子云的核。这些气体云体积庞大，有时可以横跨数十秒差距（$10^{14}\sim10^{15}$km）。其典型的温度在10K左右，密度约10^9个粒子/m^3。第1阶段的气体云的质量为太阳质量的数千倍，其形式主要是冷原子或者气体分子。（在第1阶段中，尘埃在气体云的收缩过程中起到冷却作用，同时也在行星形成过程中起到关键作用；然而，尘埃的质量相对于整个云团的总质量来说是可以忽略的。）

虽然暗星际云的内部温度很低，但大多数观测到的暗星际云的内部压力似乎都可以抵抗引力引起的收缩。但是，如果这样的云团想要成为恒星的诞生地，它们就必须变得不稳定，在自身引力的作用下开始坍缩，最后分裂为较小的碎块。大多数天文学家认为，一些外力作用促使恒星开始形成，可能是附近的恒星爆发产生的激波，或是附近的O型或者B型恒星形成并将周围物质电离而产生的压力波——这些外力挤压云团，打破了云团中压力与引力的平衡，从而使云团开始收缩。∞（5.2节、6.5节）又或是随着带电粒子缓慢地漂移穿过限制其的磁场线，支撑气体的磁场开始减弱，进而使得气体无法支撑自身的质量（详细说明8–1）。

不管触发的机制是什么，理论表明，坍缩一旦开始，由于引力不稳定性的持续作用，气体云团会自然地分裂成越来越小的物质团块。如图8.3所示，一块典型的云团可以分裂为数十、数百甚至数千个碎块，每一个碎块都会模仿母体云团的收缩过程，甚至以更快的速度收缩。从一个稳定的、完整的云团到数个坍缩的碎块，这一完整过程需要数百万年时间。

这样，根据气体云团碎裂时的确切条件，一块星际云可能会产生几十颗恒星，每一颗都比太阳大得多；或者产生成百上千的恒星的星团，每一颗都与太阳大小接近或更小。几乎没有证据显示恒星是“独生子女”，即一团气体云只产生一颗恒星。大多数恒星——甚至可能是所有的恒星——似乎都处于多星系统中或者是一个大的恒星群体

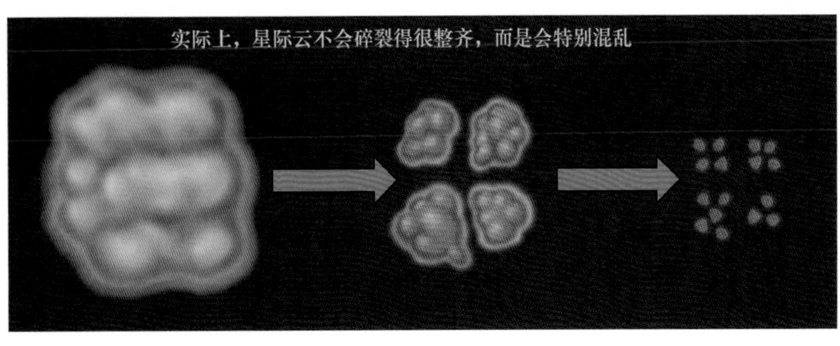

▲图8.3 气体云团碎块
当星际云收缩时，引力不稳定性使其碎裂为更小的碎块。这些碎块继续坍缩和碎裂，最终形成数十或者数百颗独立的恒星。

的成员。现在我们观察到的太阳在宇宙中似乎是独立的，这可能是因为形成太阳的恒星系统与一颗恒星或是某个更大的天体碰撞后，太阳从中逃逸出来的结果。

第2阶段：云团碎块的坍缩

我们对恒星演化图景第2阶段的描绘是云团碎块所处的物理环境，这一碎块只是典型的星际云碎裂成的众多碎块之一。在这一阶段中，物质总质量介于1～2倍太阳质量之间的碎块的最终命运是形成类太阳的恒星。估计这团模糊的气体球的跨度约为几百分之一秒差距，尺寸仍然是太阳系的100倍。这时，它的中心密度约为10^{12}个粒子/m^3。

虽然碎块急剧收缩，但是其平均温度和母体温度差异不大，原因在于这些气体不断地向周围空间放射出大量的能量。碎块中的物质非常稀薄，其中产生的光子会很容易地逃逸，不会被云团碎块重新吸收，因此在坍缩时产生的能量实际上基本都辐射出去了，碎块温度的增加并不显著。只有在碎块的中心，由于辐射必须穿透大量的物质才能逃逸，因此中心温度的增加稍微显著一些。在这一阶段，碎块中心的温度差不多为100K。然而，云团碎块的大部分地方，仍都保持着收缩时的低温。

当收缩的云团内部密度增加到一定程度时，不断碎裂的过程最终会停止。随着第2阶段产生的云团碎块继续收缩，它们的密度增加，最终使得光子难以逃逸出去。被俘获的辐射随之导致云团温度的上升，压力也随之增大，最终碎裂会停止。

第3阶段：碎裂停止

第3阶段开始时，第2阶段的碎块差不多已经收缩为我们太阳系的大小了（仍然是太阳大小的10 000倍），从碎块开始收缩算起，这一过程历经了几万年。碎块内部区域的密度非常之大，气体对其辐射来说已经变得不透明了，因此碎块中心的温度剧增，就像表8.1所描述的那样——中心温度高达10 000K，比地球上温度最高的炼钢炉还要热。然而，碎块外部区域的温度并没有增加多少。这一部分气体仍然可以向周围辐射能量，因此继续保持低温。碎块中心的密度增加速度远快于边缘的密度增加速度，因此气体的外部温度低于中心温度，外部也比中心更加稀薄。这时，中心的密度大约为10^{18}个粒子/m^3（密度仍为10^{-9}kg/m^3左右）

终于，这块收缩的气体云团碎块开始变得像颗恒星了。稠密的、不透明的中心区域被称为**原恒星**——恒星诞生初期的胚胎形态。碎块仍然在收缩、碎裂，外围物质向内倾泻得越来越猛烈，原恒星质量于是不断增加。然而，原恒星的半径在不断减小，因为压力仍然不能抵消万有引力的不断牵引。在第3阶段之后，我们可以分辨出原恒星的一个“表面”㊀——它的光球层。在光球层内部，原恒星的物质仍然对辐射不透明。从这里开始，表8.1中列出的表面温度指的便是坍缩的气体云团碎块的光球层温度，而不是稀薄的“边缘”部分的温度，辐射可以轻易地从后者中逃逸出去，因此那里仍然保持为低温。

第4阶段：原恒星

随着原恒星的演化，它的体积在收缩、密度在增加，并且核心和光球层的温度都在增加。在云团碎块开始形成之后大约100 000年，碎块进入第4阶段，此时它的中心在约1 000 000 K的温度下翻腾着。电子和质子从原子中分离开来，以几百千米每秒的速度运动着，然而，中心温度仍然不到10^7K——触发质子-质子核反应，将氢聚合为氦的温度。∞（5.6节）这时，这团乱糟糟的气团的尺度大约有水星轨道那么大，仍然比太阳大很多。由于周围物质向中心倾泻并被加热，原恒星的表面温度现在已升至几千开尔文。

在测出原恒星的半径和表面温度之后，我们可以计算其光度。令人惊奇的是，计算结果表明，它的光度为太阳光度的几千倍。虽然原恒星的表面温度只有太阳表面温度的一半，但它的体积为太阳体积的几百倍，因此它的总光度很高——实际上比大多数的主序星都高得多。由于核反应还没有开始，所以原恒星不断收缩时释放出的引力势能，以及碎块周围的物质不断地向原恒星表面倾泻的这两个因素，是原恒星光度的全部来源。

在到达第4阶段时，原恒星的物理性质便可以用赫罗图（H-R）来表示了，如图8.4所示。注意，赫罗图描绘了恒星的两个关键属性：表面温度（向左递增）及光度

㊀ 注意，这里所说的“表面”和我们在第5章里所定义的太阳“表面”是同一种意思。∞（5.1节）

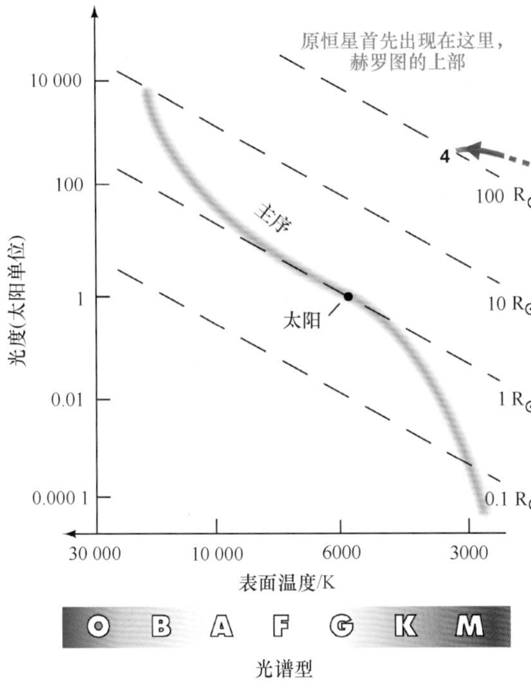

▲图8.4　赫罗图上的原恒星
红色箭头指出星际云碎块以第4阶段的原恒星形式，在到达开尔文–亥姆霍兹收缩阶段的末尾之前的大致轨迹。箭头上面和下一幅赫罗图中出现的黑体数字表示表8.1中列出的星前演化的各个阶段。

（向上递增）。∞（6.5节）图中光度的刻度用太阳光度（4×10^{26}W）来表示。我们的太阳是G2型恒星，图中温度标为6000 K，光度为一个单位。和以前一样，赫罗图上的对角虚线代表天体的半径，显示出原恒星在演化过程中的体积变化。在恒星演化过程中的每一阶段，其表面温度和光度都可以由图中的一点来表示。随着恒星的演化，这一点的运动被称为恒星**演化轨迹**。图示描绘了恒星的一生。

图8.4中红色的轨迹描绘了星际云碎块在第3阶段演化为原恒星后的大致路径（位于图中右侧边缘）。这条早期的演化轨迹被称为开尔文–亥姆霍兹收缩阶段，这一阶段用两位欧洲物理学家（开尔文爵士和赫尔曼·冯·亥姆霍兹）的名字命名，他们最早研究了这一课题。

图8.5是一位艺术家描绘的星际云从最开始到目前这一阶段的演化轨迹。随着第3阶段的云团碎块收缩，它的自转速度增加（保持角动量守恒），并且变得扁平，演化成为一个旋转的、直径约为100 AU的**原恒星盘**，围绕中心第4阶段的原恒星运行。如果恒星最终具有行星系统，那么在第4阶段就已经开始形成行星系统了。然而，不管行星是否能实际形成，天文学家都认为原行星盘是普遍存在的——绝大多数的原恒星（可能是所有的）在它们演化的这一阶段都伴随着原行星盘。

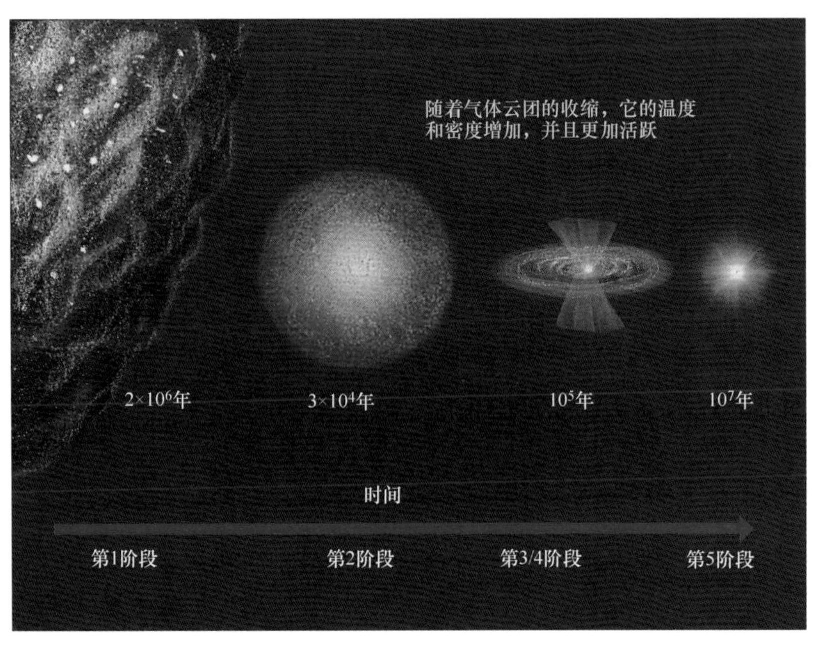

▲图8.5　星际云的演化
艺术家笔下处于早期演化阶段的星际云，每一阶段与表8.1对应。（没有按比例绘制。）每一阶段所经历的时间（年）也被标了出来。

到目前为止，原恒星仍未达到平衡态。虽然其温度非常高，外向的压力足以抵消引力不断向内的牵引，但这种平衡并不是完美无缺的。原恒星内部的热量逐渐从炽热的中心扩散到较冷的表面，并从表面辐射到周围空间中去。这样产生的效果是，收缩的总体速度在下降，但收缩却并未完全停止。从地球的角度来讲，这是相当幸运的事情：如果恒星的温度和密度在达到引发内核

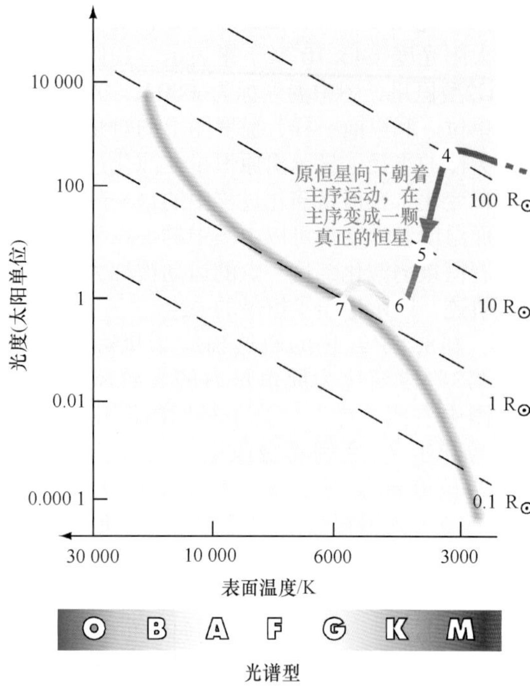

互动图8.6　赫罗图上新诞生的恒星

原恒星观测属性的变化可由图中从第4阶段到第6阶段的光度不断降低的路径来表示，这一路径通常被称为林忠四郎轨迹。在第7阶段，新诞生的恒星到达主序阶段。

中核反应所需的温度和密度之前，高温气体能够完全抵消引力的作用，那么原恒星将只能简单地辐射它的热量，永远不会变成一颗真正的恒星。夜空中将会有着大量的、暗弱的原恒星，但完全不会有真正的恒星。当然，这样也就不会有太阳，因此我们或者其他的智慧生命形式也将不复存在，更不可能来欣赏这些精致的天文现象了。

第4阶段之后，原恒星在赫罗图上向下（朝光度下降的方向）并略微向左（朝温度上升的方向）移动，如图8.6所示。它的表面温度几乎不变，光度随着收缩而降低。这一部分的原恒星演化轨迹（图8.6中从点4到点6的部分），通常被称为林忠四郎轨迹，以20世纪的日本天体物理学家林忠四郎命名，他在20世纪60年代所做的有关主序前恒星演化的开创性工作，仍然是所有恒星形成研究的理论基础。

林忠四郎轨迹上的原恒星在这一演化阶段通常会展现出剧烈的表面活动，产生极其猛烈的原恒星风，密度要比从太阳流出的太阳风致密得多。如前所述，原恒星在这一阶段的演化一般被称为**金牛T**阶段，以金牛座T型星命名，这是第一颗被观测到的处于星前演化阶段的“恒星”（实际上是原恒星）。

第5阶段：原恒星的演化

当原恒星处于林忠四郎轨迹上的第5阶段时，它已经比较接近于主序星了。它的体积收缩到约为太阳的10倍大小，表面温度约为4000 K，光度降低至太阳光度的10倍左右。此时，原恒星的中心温度达到5 000 000 K左右。中心的气体已经被完全电离，但质子仍然没有足够的热运动能量来克服质子之间的电磁斥力，因而不能进入束缚原子核的核力的作用范围。∞（5.6节）核心的温度仍然太低，不能引发核反应。

随着原恒星接近主序阶段，演化速度变得更加缓慢。星际云最初的收缩和碎裂发生得十分迅速，但到第5阶段，随着原恒星即将成为一颗发育完全的恒星，它的演化变慢了。导致演化变慢的原因是热能，即使是引力要将炽热的天体压缩，也会比较困难。压缩的速度很大程度上取决于原恒星的内能向空间辐射的速率。内能的辐射速率越大——也就是说，能量从恒星表面逃逸得越快——收缩发生得就越快。因此，随着光度的降低，收缩的速率也会同时降低。

第6阶段：恒星诞生

在出现大约1000万年之后，原恒星终于演化成为一颗真正的恒星。在林忠四郎轨迹的末端，原恒星处于第6阶段的时候，它的质量差不多是1倍太阳质量，半径收缩到约1 000 000 km。原恒星的收缩使得其中心温度上升到10 000 000 K，足以引发核反应，位于核心的质子开始聚变成氦原子核，一颗恒星就此诞生。如图8.6所示，恒星此时的表面温度约为4500 K，仍然比太阳的表面温度低一些。虽然新诞生的恒星半径比太阳大一些，但它的温度要低一些，这意味着它的光度比不上太阳（实际上，只有太阳光度的三分之二）。

第7阶段：主序星的最终形成

在这之后大约3000万年的时间内，第6阶段的恒星稍稍会有一点收缩。在这样的微调过程中，恒星的中心密度升高到10^{32}个粒子/m^3（更简便的记法为$10^5 kg/m^3$），中心温度上升到15 000 000 K，表面温度达到6000K。到第7

阶段的时候，恒星终于演化至主序阶段，正好处于太阳所处的位置。压力和引力最终趋于平衡，核心生成核能的速率正好与能量从恒星表面辐射出去的速率相匹配。

刚才描述的演化过程所经历的时间约为4000万～5000万年。虽然以人类的标准来说，这是一段很长的时间，但它仍然不到太阳在主序上寿命的1%。一旦某个天体开始在核心发生核聚变并建立好“引力向内、压力向外”的平衡，它就注定会稳定地燃烧很长一段时间。恒星在赫罗图上的位置——也就是说，它的表面温度和光度——在接下来的100亿年里不会有实质性的变化。

概念理解 检查

✓ 如何区分坍缩云和原恒星？又如何区分原恒星和恒星呢？

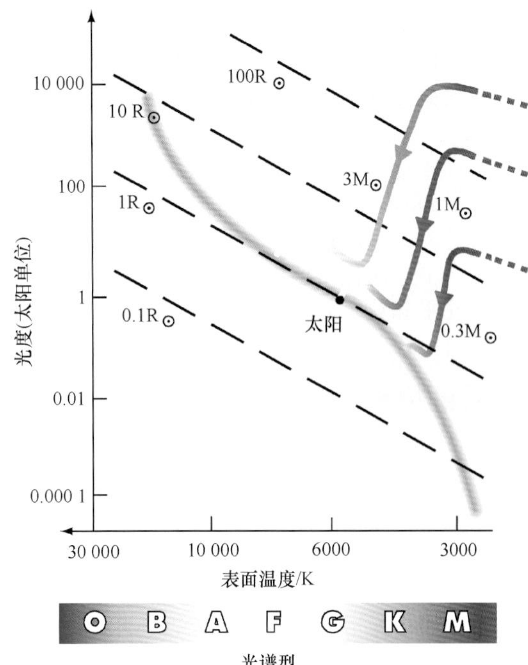

▲图8.7 星前天体的演化轨迹
大于太阳质量和小于太阳质量的恒星的星前演化轨迹。

8.3 其他质量的恒星

前面描述的数值和演化轨迹只适用于1倍太阳质量的恒星。对于其他质量的星前天体，它们的温度、密度和半径都有着相似的演化趋势，但数值和演化轨迹都显著不同。或许不必觉得惊奇，星际云中的质量最大的碎块倾向于产生质量最大的原恒星，并最终形成质量最大的恒星。同理，小质量的碎块产生低质量的恒星。不管是什么质量，原恒星演化轨迹的终点都在主序上。

零龄主序

图8.7比较了太阳所经历的理论主序前的演化轨迹与30%太阳质量的恒星和3倍太阳质量的恒星各自对应的演化轨迹。所有的三条演化轨迹在赫罗图上以大致相同的方式变化，但最终形成质量比太阳更大的恒星的云块碎块会在赫罗图上沿较高的轨迹到达主序，而那些最后形成小质量恒星的云块则沿较低的轨迹。星际云形成主序星所需的时间也强烈地依赖于它的质量。质量最大的云团碎块加热到1000万开尔文并成为O型恒星只需要几百万年，差不多是太阳所需时间的1/50。对于质量小于太阳质量的星前天体，其情况相反。例如，一颗典型的M型星，需要将近10亿年才能形成。

当恒星的核开始氢燃烧且其性质达到稳定值时，我们就认为它演化到了主序阶段。因此，理论计算得到的主序线被称为**零龄主序**（或简称为ZAMS）。事实上，理论推导得到的零龄主序线与观测到的太阳临近区域内的恒星以及更遥远的星团（见8.6节）的实际主序符合得很好，这为现代恒星形成和恒星结构理论提供了强有力的支持。∞（1.2节）

如果所有气体云团都有正好相同的元素组成，并且比例也相同，那么质量将是决定新生恒星在赫罗图上位置的唯一因素，零龄主序将会成为一条轮廓分明的线，而不是有一定宽度的带。然而，恒星的化学组成会影响其内部结构（主要是改变其外层的不透明度），这又会进一步影响恒星在主序时的温度和光度。与质量相同但所含重元素较少的恒星相比，含重元素较多的恒星趋于变得更冷，光度也更暗弱一点。因此，恒星之间化学组成的差异使我们观测到的零龄主序成为“模糊的”宽带。

重要的是要注意到，主序本身并不是恒星的演化轨迹，恒星并不是沿着主序演化的。相反，主序只是赫罗图上的一个“中转站”，恒星在这里停留并且消耗其生命的大部分时间——小质量的恒星位于下方，大质量的恒星位于上方。恒星一旦演化到主序，它在赫罗图上的位置就基本不会改变了，会一直以第7阶段的天体形式存在。（换句话说，如果一颗恒星演化到主序时是G型星，那么它绝不会向上演化成为B型或O型那样的主序蓝超巨星，也不会向下演化成为M型的红矮星。）正如我们将在第9章看到的那样，当恒星离开主序时，就会进入下一阶段的恒星演化。恒星在离开主序进入下一演化阶段的过程中，其表面温度和光度几乎和数百万年（或数十亿年）前刚到达主序时一样。

失败的恒星

一些云团碎块太小，以至于永远都无法形成恒星。例如，考虑巨行星木星，它形成于太阳的原恒星盘（太阳星云），并且在引力作用下收缩。产生的热量是可以被探测到的，但木星的质量还没有大到可以让它在引力的作用下将物质压缩至核燃烧的临界点。相反，在其中心温度达到足以引发氢聚变之前，木星就在压力和自转作用下达到稳定——木星永远都不能演化到原恒星阶段。如果木星，或是其他的类木行星持续地从太阳星云处吸积气体，那它就有可能成为一颗恒星（这无疑会毁灭地球上的生命）。然而，这种情况并没有发生——太阳系形成之初的几乎所有物质，都被处于金牛座T型星阶段的太阳所产生的太阳风吹走了。

小质量气体碎块缺乏点燃核燃烧所需的质量。它们并没有转变为恒星，而是进一步冷却，最终变成致密的、黑暗的“渣块”——未燃烧物质的寒冷碎块——它们绕恒星旋转或是在星际空间中流浪。根据基础的理论模型，天文学家算出，要使核心温度高到能够点燃核燃烧，气体所需的最小质量应是太阳质量的0.08（是木星质量的80倍）。我们对恒星的实际定义是能够通过核心核聚变反应释放能量并发光的天体。所以，太阳质量的0.08是宇宙中所有恒星的质量下限。

可能有大量的“亚恒星”天体散布在宇宙各处——它们是碎块在开尔文-亥姆霍兹收缩阶段的某一时刻冷却产生的。**褐矮星**是一类小个头的、暗弱并且寒冷的（并且仍在不断变冷）天体。如探索8-1中讨论的那样，研究者保留了褐矮星这一概念，用于表示质量大于12倍木星质量的低质量星前碎块（根据这一定义，木星本身并不是褐矮星）。其他更小的天体被称为行星。

这些黑暗的、低质量的天体很难通过观测去研究，它们可能是行星，或是与恒星成协的褐矮星，或是远离任何恒星的星际云碎块（见探索8-1）。最新的观测表明，可能有多达1000亿颗冷的、暗弱的亚恒星天体深埋于星际空间中——这一数目可以与我们银河系中“真正的”恒星的总数相比拟。

概念理解 检查

✓ 恒星是沿着主序演化的吗?

8.4 云团碎块和原恒星的观测

我们怎样才能验证刚才所概括的理论图景呢?整个人类文明的历史比一团星际云坍缩形成恒星所需的时间要短得多。因此，我们永远无法观测到单颗恒星诞生的完整过程。然而，我们可以尽力做好如下的事情：我们可以观测很多不同的天体——星际云、原恒星和接近主序的年轻恒星——因为现在的它们正好处于演化路径的不同阶段。

刚才描述的不同演化阶段的证据来自电磁波谱的不同范围，每个观测都像是拼图的一部分。∞（2.3节）当方向调准合适时，所有的碎片拼在一起便可以创建出一幅恒星整个生命周期的图景。

云团收缩的证据

处于第1阶段和第2阶段的原恒星天体的温度还不够高，因此它的红外辐射不强，它们的内部黑暗且寒冷，当然也没有光学辐射。研究分子云收缩和分裂的早期阶段的最佳方法是观测来自于这些云团中星际分子的射电辐射。再次考虑第18章中曾经学习过的灿烂的发射星云——M20。∞（7.2节）然而，这次我们的主要兴趣不在于图7.7所示的发光电离气体的绚烂区域。相反，照亮星云的年轻的O型和B型恒星提醒我们，那里就是恒星正在形成的一般环境。发射星云正是恒星诞生指示器。

环绕M20周围的区域包含看上去正在收缩的星系物质。（光学）不可见气体的存在已经在图7.20中被标注了出来，图中的等值线显示了甲醛（H_2CO）分子的丰度分布。甲醛和其他许多分子在星云附近普遍存在，特别是在富含许多尘埃的底部区域和发射星云本身的右边。对观测结果的进一步分析表明，这些分子丰度最高的区域也在坍缩和分裂，并且正在形成一颗恒星，或更确切地说，正在形成一个星团。

探索8-1

褐矮星的观测

残酷一点讲，褐矮星是恒星演化过程中的失败者——它们和恒星一样，形成于星际云的坍缩和分裂，然而它们的质量低于太阳质量的0.08（木星质量的80倍），这是在它们的核心中点燃氢聚变所需的临界质量。星际空间可能包含大量的此类暗弱天体。

虽然目前已发现数以百计的褐矮星，但探测到它们却绝非易事。它们很小、很冷，因此辐射也非常微弱。∞（2.4节）我们可以使用望远镜探测到恒星，也可以通过光谱分析推断出星际原子和分子的存在，但中型尺寸的太阳系外天体仍然很难观测。利用在寻找太阳系外行星中所采用的相同技术，天文学家试图在双星系统中搜寻褐矮星。下图显示了两个双星系统中可能包含的褐矮星候选体（由箭头标出）。注意，在每种情况下，褐矮星比它们的伴星暗弱多少。要区分它们通常需要非常高的分辨率。

下图（左）是格利泽（Gliese）623的图像，由于其视向速度的变化，这一天体原本被认为是一个双星系统。∞（6.7节）从双星测量得到的轨道间隔和周期来看，暗淡的伴星质量大约是太阳质量的0.1——非常接近于褐矮星的极限，尽管天文学家仍然不确定它的真实质量。图中的“环形”是测量仪器造成的。下图（右）显示了双星系统格利泽（Gliese）229。这两个天体间隔7″；更暗弱的“恒星”的光度大约为太阳光度的百万分之几，而质量估计约为50倍木星质量。（图中的斜条纹是由于图像中最亮的恒星在记录数据的CCD上过度曝光所导致的。）

实际上，褐矮星和类木行星之间的分界线并未完全确定，特别是考虑到现在很多系外行星系统的不同已知属性。研究人员通过如下的分类区分“恒星（恒星和褐矮星）”和“行星”：恒星形成于它们自己所属的收缩云团碎块中，而行星则形成于更大的母体系统的星云盘。为了明确

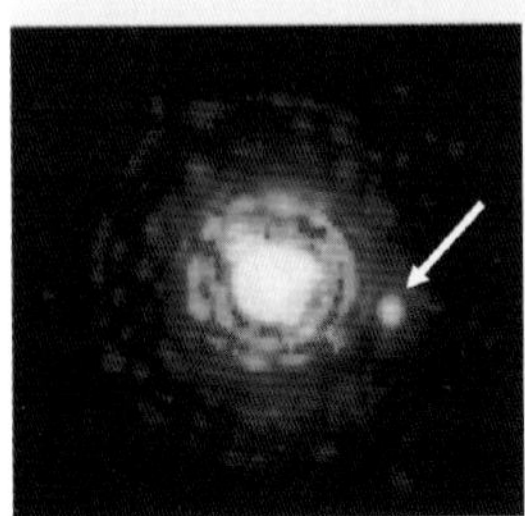

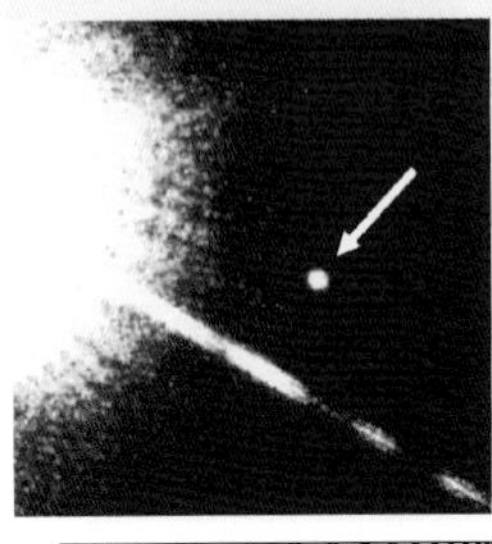

[美国国家航空航天局(NASA)]

R　I　V　U　X　G

定义，很多研究者采用木星质量的12倍作为划分的界限。高于这个质量（但低于80倍木星质量）的天体尽管核心无法达到足够高的温度引发氢聚变，但收缩的云团碎块会经历一个短暂的氘聚变的阶段，因为核心的温度足以使原始云团中的氘核互相结合。一旦氘消耗殆尽，这一阶段也就结束了，云团的“核燃烧”生命也会随之结束。对于低于12倍木星质量的云块，任何形式的核聚变都不在预期之内。上图比较了一些恒星、褐矮星和行星的大小。

红外和光谱研究提供了搜寻褐矮星的其他方法，尤其是那些不在双星系统中的褐矮星。红外观测特别有效，因为褐矮星的辐射主要集中在这个波段，而真正的恒星则在近红外和光学波段最亮。下图显示了斯必泽空间望远镜所拍摄的猎户星云正北的星团。图中的明亮天体是恒星，而许多暗淡的斑点则是褐矮星的候选体。研究人员估计，在猎户座中，10%～15%的“恒星”实际上是褐矮星。

[美国国家航空航天局(NASA)]

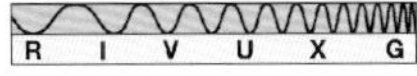

因此，如图8.8所示，M20内部和周围的星际云显示了恒星形成的三种不同阶段。那些围绕在可见星云周围的巨大暗分子云是第1阶段的云。它们的密度和温度都较低——分别为10^8个粒子/m^{3}和20K。而在这个大分子云的内部，有些小的区域具有更高的密度和温度。图中标记为A和B的区域就是这种更致密也更热的云团，它们在光学上完全被遮挡，同时分子射电辐射的能量也最强。在这些云团中，观测到气体密度至少为10^9个粒子/m^3，温度大约是100 K。对区域B附近的射电谱线观测得到的多普勒频移显示，在图中标示为“收缩云团碎块”的M20的部分区域，物质正在往中心下落。近红外的观测［见图8.8（c）］则揭示了原恒星候选体本身正处于温暖的不断增长的胚胎之中。在不到一光年的跨度上，该区域的总质量超过一千倍太阳质量——甚至比M20本身的质量还大很多。

如图8.8所示，第三种恒星的形成阶段是M20本身。发光的电离气体区域是由过去大约几百万年内形成的O型恒星直接照亮而成的。因为中心的恒星已经完全形成了，这最后的一个阶段对应于第6阶段或第7阶段的演化图景。

云团碎块的证据

银河系其他部分提供的粗略证据表明星前体处于第3阶段到第5阶段。如图8.9所示，距离我们大约1400光年的猎户座复合体就是这样一个地区。猎户星云部分地被一个巨大的分子云所包围，其内部被几颗O型恒星照亮，该分子云甚至延伸超出图8.9（b）的照片中大约为10×30光年的边界区域。

在猎户座分子云的几个小区域内，分子气体的发射极其强烈，这些区域都深深嵌埋在分子云碎片的核心位置。如图8.9（d）和图8.9（e）所示，它们的大小约为10^{10}km或1/1000光年，大约相当于太阳系的直径。它们的密度大约是10^{15}个粒子/m^3，比周围的云致密得多。虽然无法对这些小区域的温度进行可靠的估计，但许多研究人员认为，这些区域正好处于第3阶段。虽然我们无法确定这些区域是否最终将形成和太阳一样的恒星，但可以肯定的是，这些有着强烈辐射的天体满足形成原恒星的条件。

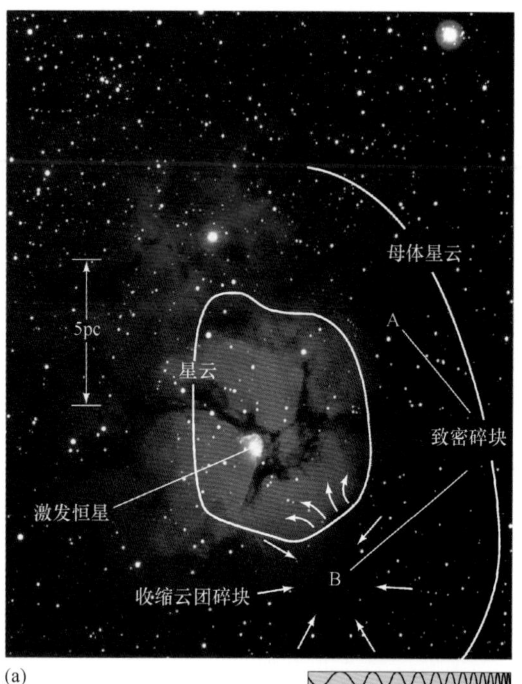

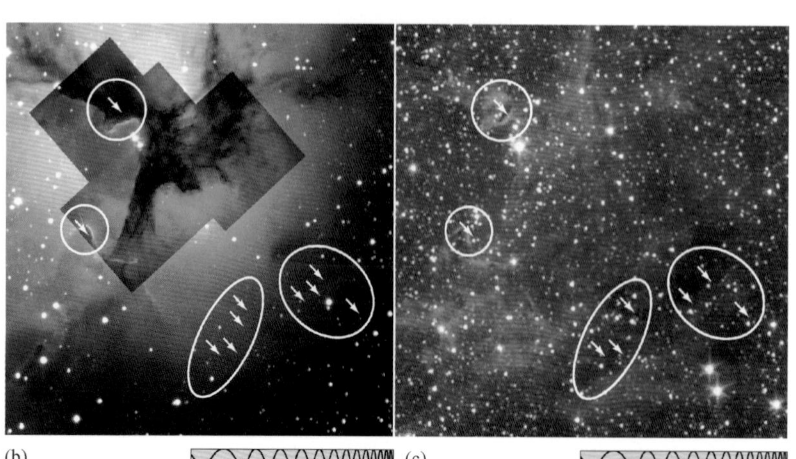

▲图8.8 恒星形成阶段

（a）M20区域显示了恒星诞生的三种阶段的观测证据。母体星云是表8.1中的第1阶段。标记为“收缩云团碎块”的区域可能介于第1阶段和第2阶段之间。最后，发射星云（M20本身）源自一颗或多颗大质量恒星的形成（第6阶段和第7阶段）。（b）B区域附近轮廓（用椭圆圈出）的特写（内含哈勃望远镜得到的子图），特别是那些致密的尘埃物质结。（c）斯必泽望远镜观测出的同一区域的红外图像揭示了那些被认为是恒星胚胎（箭头所指）的核。［美国大学天文联盟（AURA）、美国国家航空航天局（NASA）］

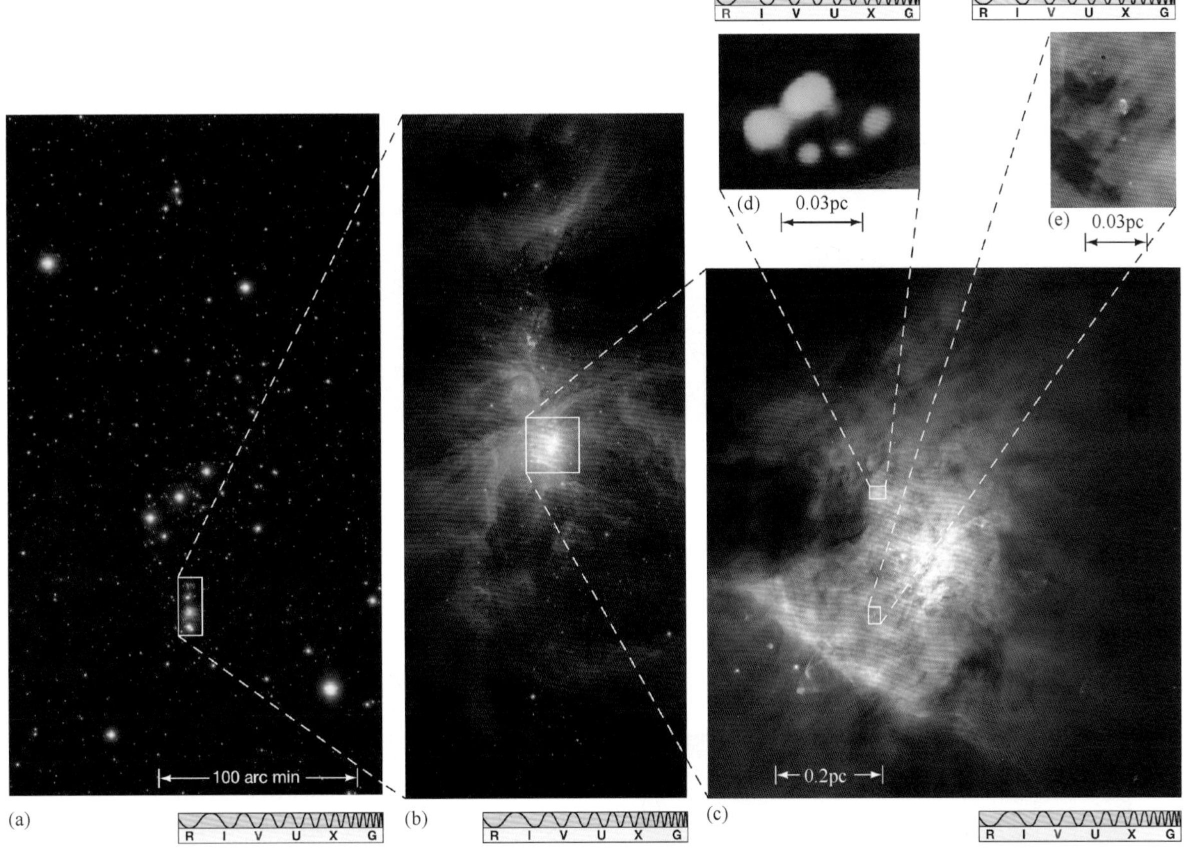

互动图8.9　猎户星云，细节图

（a）猎户座，长方形框出了著名的发射星云区域。猎户星云就是处于猎户座宝剑位置处中心的那颗"星"（见图1.8）。（b）（a）图部分区域的放大，为红外波段图像，揭示了星云是如何被一个巨大的分子云部分包裹着的。分子云的不同部分可能正在分裂或收缩，而更小的部分正在形成原恒星。图c～d显示了那些原恒星存在的一些证据：（c）猎户星云本身镶嵌的星云"结"的接近真实颜色的可见光图像，（d）强烈分子发射区域的伪彩色射电图像；（e）许多被气体和尘埃盘包裹着的年轻原恒星中的其中一颗的高分辨率图像，行星可能最终在这些盘上形成。［P. 桑茨（P.Sanz）/Alamy图库（Alamy）、斯必泽空间望远镜（SST）、哈佛–史密松天体物理中心（CfA）、美国国家航空航天局（NASA）］

原恒星的证据

在寻找、研究处于恒星形成的较高阶段的天体时，射电技术变得不那么有用了，这是因为第4~6阶段有越来越高的温度。根据维恩定律，它们的辐射迁移到更短的波长，因此这些天体在红外的辐射最强。∞（2.4节）20世纪70年代在猎户座分子云的核心区域，天文学家探测到了一个特别明亮的红外发射源，称为贝克林–诺伊格鲍尔天体。它的光度约是太阳的光度的1000倍。大多数天文学家认为这一温暖而致密的团块是大质量的原恒星，可能处于第4阶段左右。

在20世纪80年代初期的红外天文卫星（IRAS）上天之前，天文学家认为巨星只能在遥远的分子云中形成。∞（4.7节）但IRAS的观测表明，许多这样的恒星在更接近我们的地方形成，并且这些原恒星中的一些有着与太阳差不多一样的质量。图8.10展示了两颗小质量原恒星的例子，HST观测到它们都位于猎户座内恒星形成的密集区域。它们的红外热信号表明它们在预期的林忠四郎轨迹上，处于第5阶段附近。

一些红外天体的能量来源似乎是明亮炽热的恒星，这些恒星借助周围的暗云躲开了光学观测。显然，这些恒星已经足够炽热，能够发出大量的紫外辐射，而这些紫外辐射大部分被周围像"茧"一样的尘埃所吸收。吸收的能量接着再由尘埃以红外辐射的形式释放出来。这些明亮的红外源被称为茧状星云。有两个值

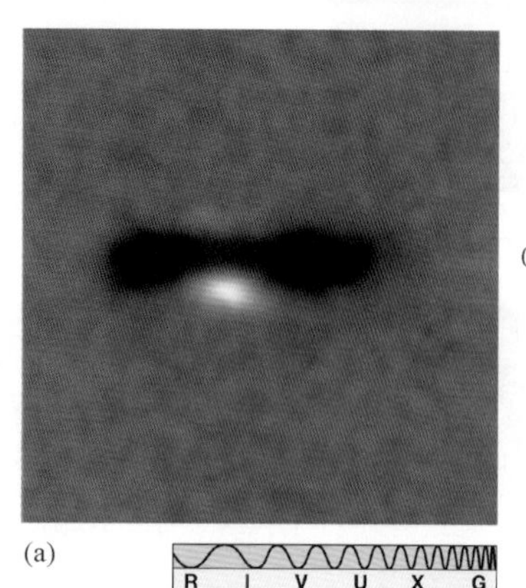

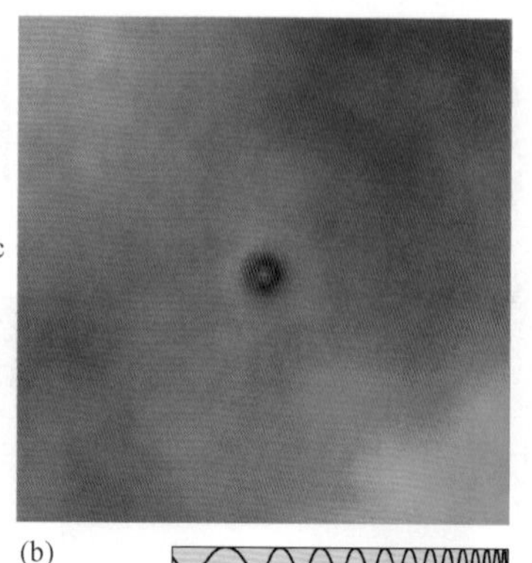

▲图8.10 原恒星
（a）猎户座区域内的一个行星系统大小的尘埃盘的侧向红外图像，图像展示了来自于其中心区域的光和热。根据这个未命名的辐射源的温度和光度来判断，它似乎是一颗小质量的原恒星，处于赫罗图上的林忠四郎轨迹上（第5阶段）。（b）猎户座内的一个稍稍进一步演化的星周盘的光学俯视图，它环绕着嵌在内部的原恒星。［美国国家航空航天局（NASA）］

得思考的观点支持刚刚引发核聚变的炽热恒星加热了那些尘埃的观点：①一旦中心的恒星形成，尘埃茧很快就会被驱散；②它们总是在分子云的致密核心中被发现。中心的恒星可能处于第6阶段附近。

原恒星星风

原恒星常常展现出强烈的星风。氢和一氧化碳分子的射电和红外观测表明，猎户座分子云的气体正在以接近100km/s的速度向外扩张。高分辨率的干涉观测揭示了在同一恒星形成区域内的水分子发射的扩展结点，并且观测也将星风和原恒星本身联系起来。∞（4.6节）这些星风可能与许多原恒星的剧烈的表面活动有关。

正如前面所提到的，一颗年轻的原恒星可能嵌埋在一个星云物质所构成的广阔原恒星盘里，行星在盘上正在形成。湍动的盘上的剧

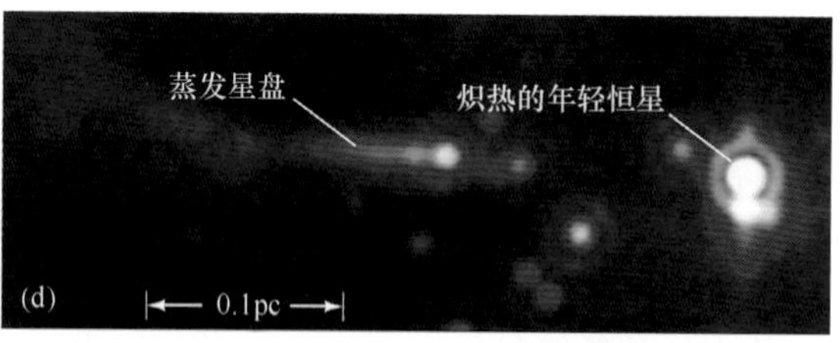

▲图8.11 原恒星星风
（a）原恒星周围的星云盘是酷热并有强烈外向流的地方，它形成一个垂直于盘的双极喷流。（b）随着盘被星风吹走，喷流成扇形向外喷出，最终（c）结合成为球状星风。与这一过程相比，（d）图是炽热的年轻恒星（位于右边）的真实红外图像，它的强劲星风撕散了环绕着一颗类太阳恒星（位于中心）的盘（位于左边）。这一系统位于恒星形成云团IC 1396中，距离大约为750 pc。［斯必泽空间望远镜（SST）］

烈加热效应和原恒星的强烈星风结合产生了**偶极流**，如图8.11（a）~图8.11（c）所示，这一外向流在两个垂直于盘的方向上产生物质“喷流”。如图8.11（d）的真实红外图像大致所示，随着原恒星星风逐渐地破坏盘并将物质吹进太空，外向流的角度逐渐扩大，直到盘消失，星风最后向四面八方均匀地吹出。图8.12 展示了一个特别明显的双极外向流，以及艺术家制作的对产生这一现象的系统的概念图。

这些外向流会非常强劲。图8.13显示了猎户座分子云的一部分——猎户星云南部——新诞生的恒星在这里仍然被明亮的星云所包裹，它的湍流星风一直蔓延到星际介质之中。在恒星的下面（在插入图中被放大）是一对孪生的喷流，被称作 HH1和HH2。［“HH”代表赫比格–阿罗（Herbig–Haro），他是第一个对这种天体进行归类的研究者。］这些外向流形成在另一个（看不见的）原恒星盘上——原恒星本身仍然隐藏在富含尘埃的云团碎块中。在与星际物质发生碰撞之前，外向流向外运动了差不多0.5光年。图中右上角可以看到更多的赫比格–阿罗天体。其中之一看起来像形状怪异的“瀑布”，这可能来自于产生HH1和HH2喷流的同一个原恒星的早期外向流。

概念理解 检查

✓ 现今，如何用宇宙的“快照”来测试我们对单个天体的演化理论?

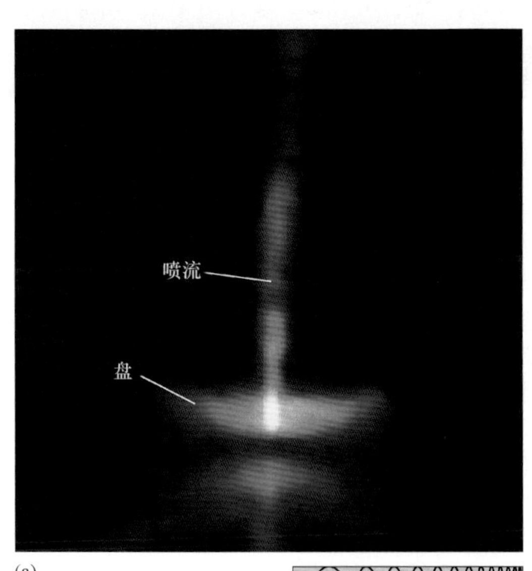

(a)

(b)

▲图8.12 双极喷流

（a）这幅非凡的图像显示了源自年轻恒星系统 HH30 的两个喷流，物质被吸积（通过盘），然后又从中心附近的胚胎恒星被吹散（通过喷流）。这一系统大致是从盘的侧向观察的。（b）艺术家笔下的年轻恒星系统概念图，目的是为了更清楚地说明在图（a）中发生了什么，图中展示了两条垂直于气体和尘埃盘的喷流，盘在同时绕着恒星旋转。［美国国家航空航天局（NASA）、D. 贝里（D.Berry）］

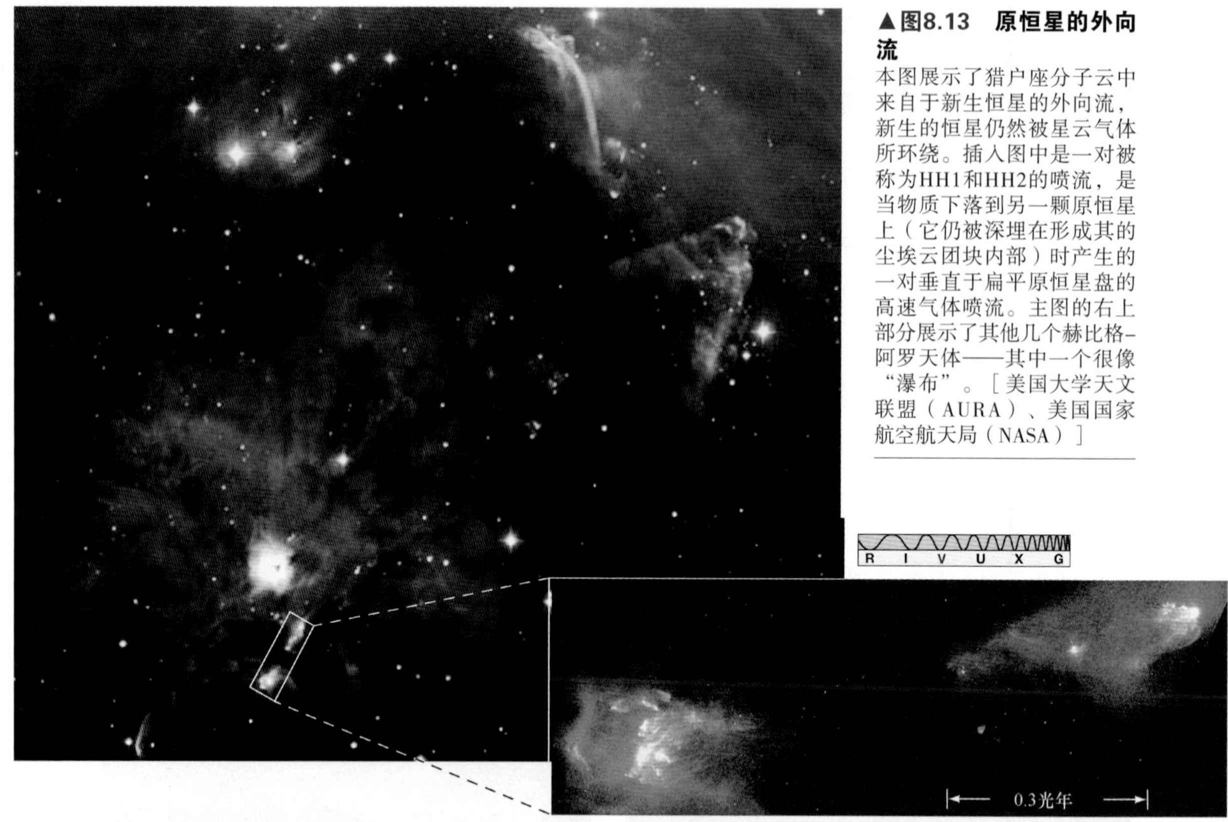

▲图8.13 原恒星的外向流
本图展示了猎户座分子云中来自于新生恒星的外向流，新生的恒星仍然被星云气体所环绕。插入图中是一对被称为HH1和HH2的喷流，是当物质下落到另一颗原恒星上（它仍被深埋在形成其的尘埃云团块内部）时产生的一对垂直于扁平原恒星盘的高速气体喷流。主图的右上部分展示了其他几个赫比格-阿罗天体——其中一个很像“瀑布”。［美国大学天文联盟（AURA）、美国国家航空航天局（NASA）］

8.5 激波和恒星形成

恒星形成的课题比前面讨论中展示的要复杂得多。星际空间充满了各种各样的云、碎块、原恒星、恒星和星云，它们都在以复杂的方式相互作用，每种天体都会对其他天体的行为产生影响。例如，在分子云中或附近如果存在发射星云，就可能对整个区域的演化产生影响。很容易能够想象，物质极易在发射星云较高的温度和压力驱使下而扩散。随着扩散的物质波撞击周围的分子云，星际气体会趋向于堆积和被压缩。这种壳状结构的气体在星际空间中快速推进，被称为**激波**，它可以将普通的稀疏物质压缩成致密的片状结构，就好比用犁去铲雪。

许多天文学家认为，激波在星际物质中的传播是启动星系中恒星形成所必需的触发机制。计算表明，当激波遇到一团星际云时，它在云团较稀薄的外围处传播的速度比其穿透云团较致密的内区的速度更快。因此，激波并不会只从一个方向作用于云团并使其炸开，而是会从多个不同的方向有效地挤压云团。原子弹试验已经证明并展示了这种挤压效应：爆炸形成的激波遇到建筑物时会将它们包裹起来，使它们向内坍塌而不是向外炸开。图8.8中“收缩云团碎块”可能已经被M20星云激波所触发。注意，右下角的激波压缩区域与射电观测发现的高密度分子云相成协（见图7.19）。一旦激波开始压缩星际云，天然的引力不稳定性就会开始发挥主导作用，将云团分离为碎块，继而最终形成恒星。

发射星云不是产生星际激波的唯一来源，至少还有其他四种驱动因素：老年恒星相当温和的死亡过程中形成的行星状星云（将在第9章中进行讨论），某些恒星剧烈的消亡过程中产生的超新星爆发（第10章），银河系旋臂上的密度波，星系之间的相互作用。超新星是目前为止能量最强，也可能是能最有效地将物质聚集为致密团块的方式。但超新星比较少见，而且相互之间距离甚远，因此其他机制可能在触发恒星形成方面更为重要。尽管证据还不够充分，但年轻的（也是快速形成的）O型星和B型星也会出现在超新星遗迹的邻近区域，这说明恒星的诞生也常常由其他恒星剧烈的、爆炸性的灭亡所引发。

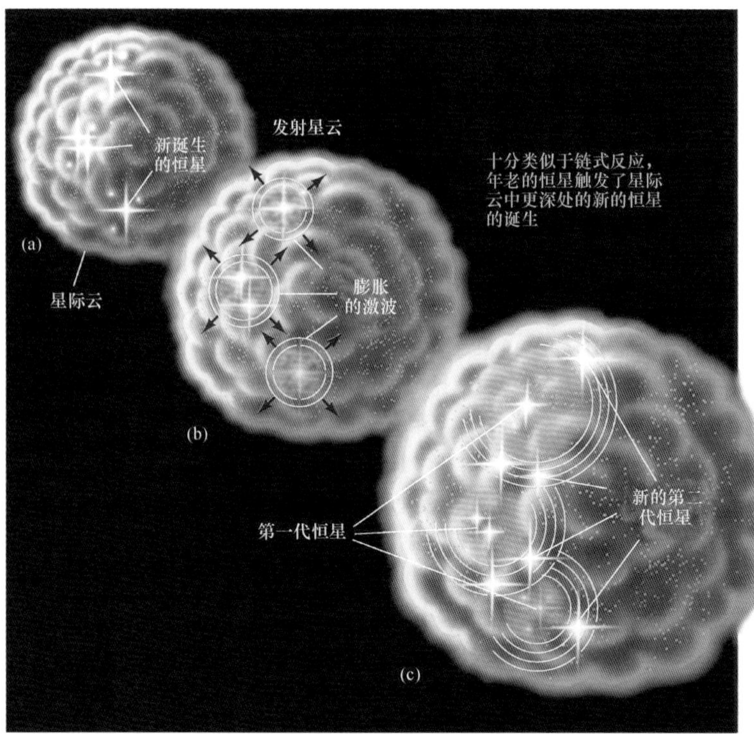

▲图8.14 一代又一代恒星的形成
（a）恒星的诞生和（b）激波导致（c）诞生了更多的恒星和激波，在我们的银河系中产生了一个连续的恒星形成轮回。

因为O型星和B型星形成得很快、一生短暂，并且灭亡得轰轰烈烈，所以由激波触发的恒星形成图景实际上是比较复杂的。这些大质量的恒星本身可能由于经过的激波而诞生，而它们又会产生新的激波。新的激波或者产生于它们诞生时向外扩张的星云气体，或者产生于它们爆发式的死亡。新的激波可以产生“第二代”的恒星，而第二代恒星又会爆发产生更多的激波，前赴后继。如图8.14所示，恒星的形成很像一个链式反应。其他质量较小的恒星当然也形成于这些过程中，但它们在很大程度上是“凑热闹的”。正是O型星和B型星驱动着恒星形成的大潮在分子云中穿行。

观测证据为这种链式反应景象提供了一些支持。离分子云最近的恒星星团确实是最年轻的，而那些较远的恒星相对更年老一些。图8.15展示的是使用HST观测的一个恒星形成区，它位于距离地球1300万光年的NGC 4214星系之中。图中可以看到一系列被炽热的年轻恒星照亮的亮发射星云，这说明有一阵最近的恒星形成活动扫过了这个区域，触发了这里所看到的一系列景象。

▲图8.15 一次恒星形成的浪潮？
星系NGC 4214中的一群恒星形成区或许向我们展示了恒星形成序列链中的几代恒星。［美国国家航空航天局（NASA）］

概念理解 检查

√ 为什么我们期待恒星形成中的多个阶段会同时出现在某些区域中?

8.6 星团

分子云坍缩的最终结果是一群恒星，它们来自于同一块云，分布于同一空间区域。这种恒星的集合被称为**星团**。图8.16展示了一个壮观的新生星团和诞生它的（部分）星际云。

由于星团中所有的恒星都同时形成于同一块星际气体云、成长于同样的环境中，因此，星团是接近于理想的恒星研究“实验室”——并非指天文学家可以在其中进行实验，而是指星团中恒星的性质是被非常严格地限定了的。唯一能区分同一星团中的不同恒星的参数是质量，因此，关于恒星形成和演化的理论模型可以与星团的实际情况进行比较，而不用像研究我们银河系附近的所有恒星时，需要考虑范围广泛的年龄、化学组成以及诞生环境等复杂因素的影响。

星团与星协

图8.17（a）所示为一个被称为昴星团的小型星团，或被称为七姐妹星团，它是金牛座中一个肉眼可见的著名天体，距离地球约120pc。这种疏散的、不规则的星团主要分布于银河系的银盘上（见图7.4），被称为**疏散星团**。疏散星团一般包含几百至几万颗恒星，尺度大约为几秒差距。

图8.17（b）为昴星团中恒星的赫罗图。这个星团包含的恒星几乎位于主序的所有区域——仅有几颗非常明亮的主序星不在上面（图中最亮的六颗或七颗恒星刚刚离开主序，第9章中会进一步讨论它们）。因此，尽管我们没有任何有关这一星团诞生的直接证据，但我们仍然可以估算出它的年龄约小于1000万年，这是一颗典型的B型星在主序上的时标。∞（6.8节）如果星团中所有的恒星同时形成，那么那些红色的恒星也一定同样年轻。照片中残留的一缕气体也是星团相当年轻的进一步证据。此外，这一系统中富含重元素（我们即将看到），而这些重元素只可能来自死亡了很久的许多代前的古老恒星的内核中。

质量偏小、更延展的星团被称为**星协**。

▲图8.16 新生的星团

NGC 3603星团和形成它的分子云的一部分。这个星团包含约2000颗亮星，距离地球约20 000光年。质量最大的那颗恒星发出的辐射已经在分子云中扫出了一块跨越几光年的空腔。插入图清晰展示了该星团的中心区域，其中有很多比太阳质量小的恒星。［欧洲南方天文台（ESO）、美国国家航空航天局（NASA）］

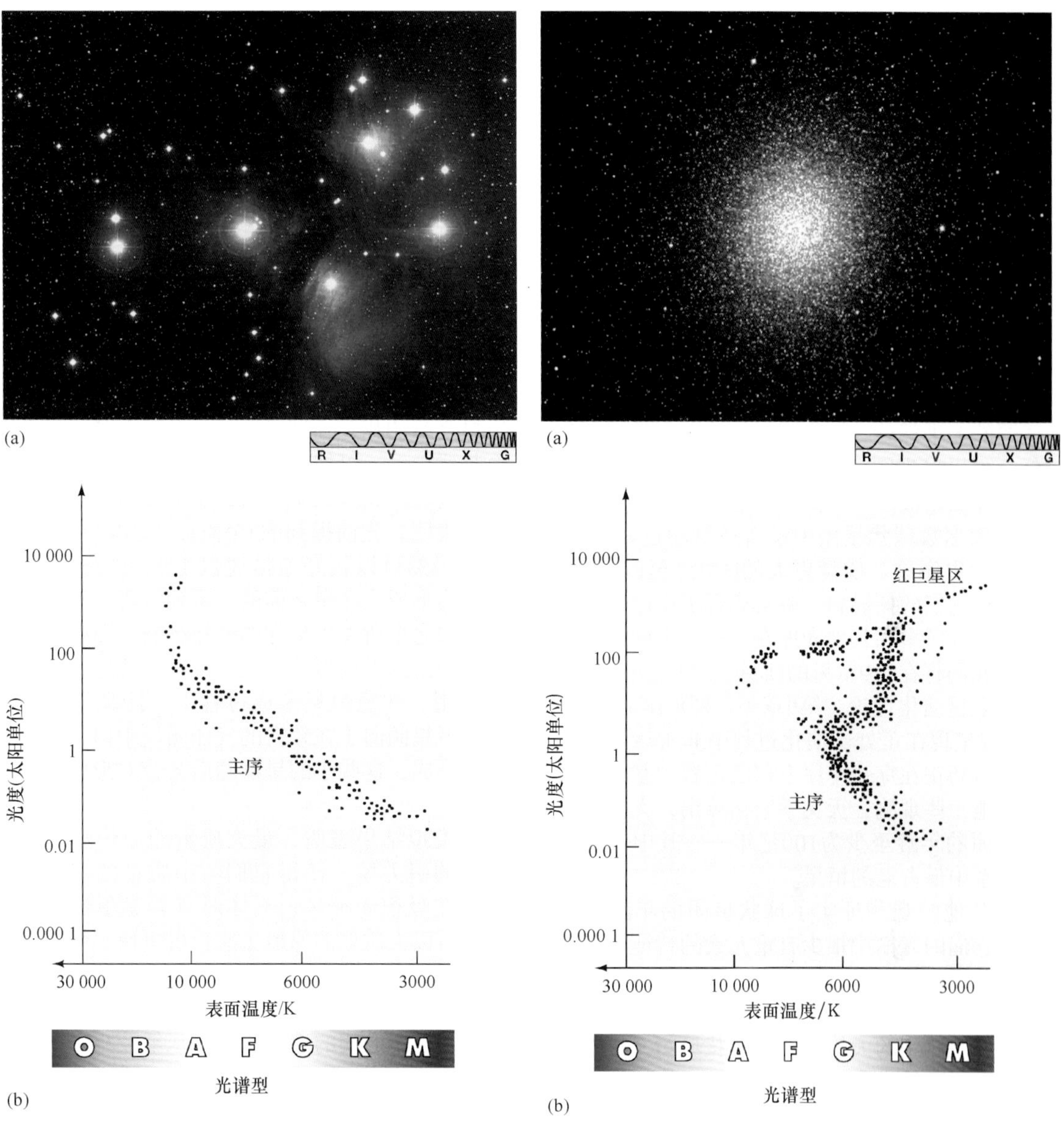

▲图8.17　疏散星团
（a）昴星团（也被称为七姐妹星团，因为星团内的恒星只有六七颗能用肉眼看到），距离太阳大约400光年。（b）这个著名的疏散星团中所有恒星的赫罗图。［美国大学天文联盟（AURA）］

▲图8.18　球状星团
（a）半人马座欧米茄球状星团，距离地球大约16 000光年，直径约为130光年。（b）星团中一些恒星的赫罗图。［P. 塞茨泽（P. Seitzer）］

这类星团一般仅包含几百颗亮星，但可以延伸数十秒差距。星协中富含非常年轻的恒星。含有大量主序前金牛座T型星的被称为T星协，而那些包含许多O型星和B型星的被称为OB星协，例如猎户座的四边形星团［见图8.20（a）］。作为一类天体，星协成员之间的束缚实际上是非常弱的——如果它们之间有束缚的话。许多星协似乎在形成之后就自由地向外扩张而互相远离。很可能星协和疏散星团之间的主要区别只在于母体星云中恒星的形成效率（最终可以转化为恒星的气体的比例）。

图8.18（a）所示为一种不同类型的星团，被称为**球状星团**。顾名思义，所有的球状星团都几乎是球形的。它们通常位于远离银河系盘面的地方，包含几十万甚至上百万颗恒星，尺度约为 50pc。图8.18（b）是半人马座欧米茄（Omega）星团的赫罗图。注意该赫罗图与图8.17（b）中的赫罗图的许多不同

之处——球状星团中的恒星环境与昴星团这种疏散星团的环境差别很大。利用分光视差方法已经确定了半人马座欧米茄星团的距离，计算得到的是整个星团的距离，而不是单独某颗恒星的距离。∞（6.6节）它距离地球约为5000pc。

球状星团最显著的分光特征是它们缺乏主序上部的恒星。在20世纪二三十年代，天文学家使用的仪器无法在球状星团所处的距离上探测到暗于一个太阳单位的光度的恒星，也缺乏解释恒星演化的理论指导，观测球状星团所得到的赫罗图困扰着他们。实际上，仅比较赫罗图的上半部分（这样可以挡住主序的下面部分）可以发现图8.17（b）和图8.18（b）几乎没有什么相似性。

大多数球状星团中没有质量超过4/5太阳质量的主序星。质量更大的O型星至F型星早已耗尽它们的核燃料，并且离开了主序（实际上成了红巨星和其他光度在主序之上的恒星，正如我们将在第9章里的所见）。∞（6.8节）根据恒星演化理论（第9章），图8.18（b）中的A型星现在正处于演化过程中非常后期的阶段，碰巧正在穿过主序上部的位置。基于这些及其他一些观测，天文学家估算出，大部分球状星团的年龄至少为100亿年——其中包含了银河系中最古老的恒星。

其他的观测证实了球状星团的年龄。例如，它们的光谱中很少有重元素的特征，这说明这些恒星形成于遥远的过去，当时的重元素比现在少得多（第10章）。天文学家推测，现今人们观测到的大约 150 个球状星团，可能是从一个古老的较大规模的球状星团族群中留存下来的。

星团与星云

有多少恒星诞生在一个星团中，它们是什么类型的恒星？有多少的气体剩余？一旦恒星形成进入正轨，坍缩云会是什么样子？目前，尽管单颗恒星演化的主要阶段（第3～7阶段）越来越清晰，但涉及更一般性问题（涉及第 1 阶段和第2阶段）的答案仍不明朗，还需要对恒星形成机制有更透彻的理解。

一般来说，坍缩区域的质量越大，便可能会形成越多的恒星。此外，我们从可观测恒星的赫罗图可知，小质量恒星比大质量恒星更加普遍。∞（6.8节）随着每一颗巨型的O型星或B型星形成的同时，会形成成百上千甚至上万颗G型星、K型星和M型星。特定质量或光谱型恒星的精确数目可能并不是简单地取决于母体分子云中的条件（目前对这方面的理解还不透彻）。对恒星形成的效率来说也有类似的情况——最终会变成恒星的气体的质量比例——这决定了残留物质的总量。然而，通常情况下，如果形成一颗或多颗O型或B型恒星，它们强烈的辐射和星风会导致周围的气体被快速驱散，只留下一个年轻的星团。

星团的环境

近年来，天文学家开始意识到星团中原恒星之间的相互物理作用——近距离的接触甚至是碰撞——可能会极大地影响最终形成的恒星的性质。超级计算机对恒星形成星云的模拟运算表明，先前提到的7个阶段（表8.1中列出的）仍然可以较好地描述恒星形成的整体过程，而形成主序星之前的一系列过程，则会受到星团之中所发生事件的强烈影响。图8.19 展示了两组这类模拟的截图，说明上述的一些相互作用。注意恒星形成过程中“团块”的特征。恒星倾向于在致密的气体团块中以小群的形式形成，这些小的星群随后会合并形成大的星团。

模拟结果表明，最大质量的原恒星形成强大的引力场，使得它们与小质量的对手相比，在吸积周围星云气体时有着竞争性的优势，所以大质量的原恒星成长得更快。然而，当最大质量的恒星成长并加热周围环境时，它们从周围吸积新的气体就会变得更困难。与此同时，恒星之间的接触通常会瓦解较小的原恒星盘，终止中心大质量原恒星的质量增长，并将行星和小质量的褐矮星从盘抛进星团的内部空间。在致密星团中，这种相互作用甚至可能会引起恒星的并合并产生质量更大的恒星。因此，在新生的O型星或B型星驱散周围的星团气体之前，一些大家伙的诞生就可能会显著地抑制较小恒星的成长了。

以上所述清楚地阐述未来恒星所处的环境在恒星形成过程中的重要性，并且为小质量恒星为何比大质量恒星更为常见提供了重要的解释。通过偷取它们的“原料”并从根本上扰乱其他恒星生长的环境，最初形成的一些大质量天体会阻止其他大质量恒星的形成。这种趋势也可以自然而然地从两方面解释褐矮星的出现（盘的破坏和气体消散），它们的恒星形成过程在内核增长到开始核聚变之前就会停止。

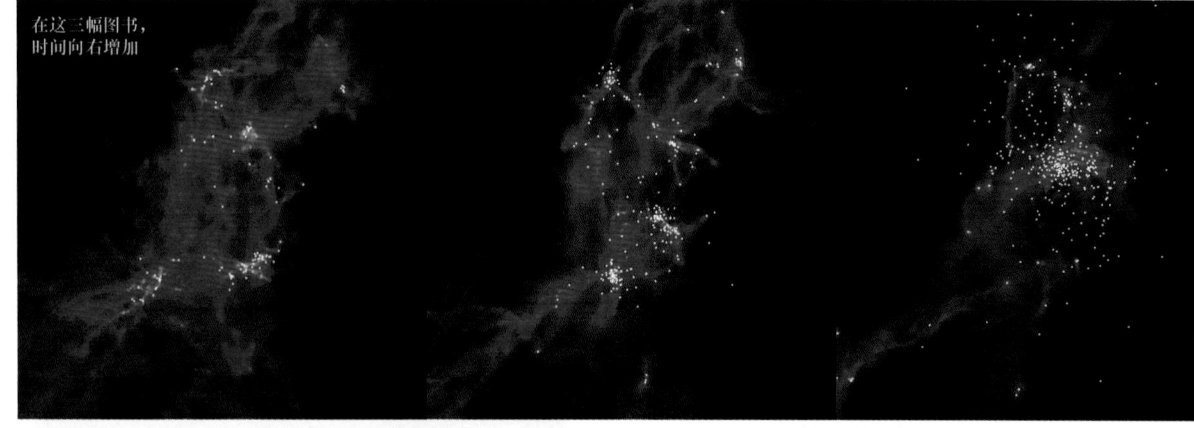

(a)

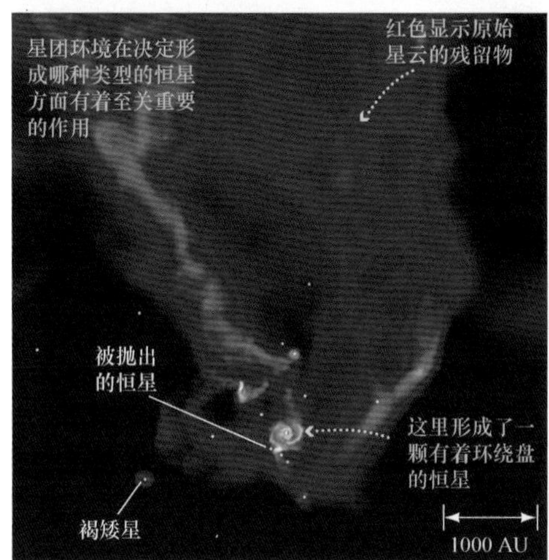

(b)

互动图8.19　原恒星的碰撞

在年轻星团的拥挤环境中，恒星的形成是充满竞争的激烈过程。（a）这些图展示了恒星如何在分子云中的不同小团块中形成。团块继而发生并合，形成一个达到数百倍太阳质量的小团体。（b）大的原恒星可能会通过从小质量恒星中"盗取"气体的方式增长，而大多数原恒星周围的延展盘会发生碰撞和并合。这幅图来自于另一组模拟，展示了一个产生于一团星际气体云的小星团，这个分子云的初始质量约为50倍太阳质量，分布在约为1光年的区域中。［I. 博奈尔（I.Bonnell）和M. 贝特（M.Bate）］

探索8-2描述了另一种气体几乎被完全耗散的系统。

年轻的星团常常被笼罩在气体和尘埃中，使它们很难在可见光波段被观测到。然而，红外观测可以清楚地表明，星团是位于恒星形成区当中的。图8.20比较了猎户星云中心区域的光学与红外图像。图8.20（a）的光学图像是猎户座四边形星团，它的四颗亮星电离了这个星云；图8.20（b）的红外图像揭示了光学可见星云内部和后面的广阔星团。这幅不同寻常的红外图像展示了恒星形成的许多阶段，以及近千颗正在形成的恒星。带斑点的绿色细丝是从那些年轻恒星喷射出的气体喷流冲入周围分子云中时出现的。

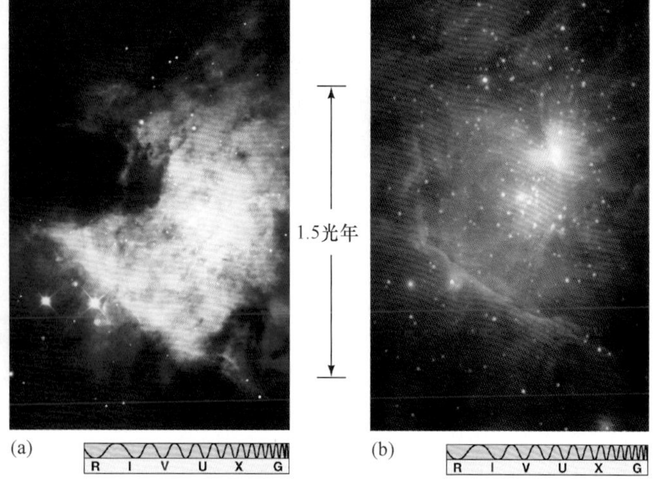

互动图8.20　猎户座中的年轻恒星

（a）一幅短曝光的可见光图像（观测使用了对特定的氧发射线透明的滤镜）展示了猎户星云的中心区域和四颗明亮的O型星（它们被称为四边形星团），以及一些较不明显的恒星。（b）斯必泽空间望远镜对这一星云中同一片区域所进行的观测，展示了一个包含许多不同质量恒星的广阔星团，其中可能有很多褐矮星［参见图4.29（c）和图4.29（d），以及图8.9］。［利克天文台（Lick Observatory）、美国国家航空航天局（NASA）］

探索8–2

船底座伊塔星云

船底座发射星云的核心（如下面的主图所示）有着一个不同寻常的天体，被称为船底座伊塔星（底部右方的天体）。船底座伊塔星是已知的质量最大的恒星之一，它的质量估计约为100倍太阳质量，光度约为太阳光度的500万倍。船底座伊塔星可能就诞生于几十万年前，虽然短暂，却有着爆炸性的一生。在19世纪中叶，船底座伊塔星发生了一次爆发，使其成为南半球天空中最亮的恒星之一（尽管它距离地球有2200pc，相比夜空中可见的绝大多数亮星，是非常遥远的距离）。在1843年最亮的“大爆发”中，这颗恒星在不到十年的时间内抛出了总计超过2倍太阳质量的物质，并且释放出相当于一次超新星爆发的可见光能量（见第10章），而它本身在这次爆发后得以存留至今。

[欧洲南方天文台(ESO)] R I V U X G

右图显示的是这个星云最活跃的部分：上面一幅是钱德拉X射线望远镜图像，使我们得以一探这个天体的剧烈活动，下面一幅是经过细致处理的哈勃望远镜图像，是至今这个爆发区域最高分辨率的图像。尘埃带、外向流物质的微小聚集，以及来源还不清楚的径向暗条纹，都一览无遗。图像中心的白点正是这颗恒星本身。“花生”状的两端（右上角和左下角）是1843年爆发时抛射出的物质瓣，现在正以几百千米每秒的速度远离这颗星——也许足以驱散周围星云中的气体，并将船底星云变为船底座星团。垂直于连接两个物质瓣的线条的是一个气体薄盘，同样在高速地向外移动。

引起船底座伊塔星爆发的细节尚不清楚。这种剧烈活动的上演很有可能是超大质量恒星的常态。2005年，天文学家发现船底座伊塔星有一颗伴星，那是一颗更热但较暗的恒星，在11AU的轨道上围绕着船底座伊塔星运行——与估计的船底座伊塔星的半径5AU相比，可算是非常接近。

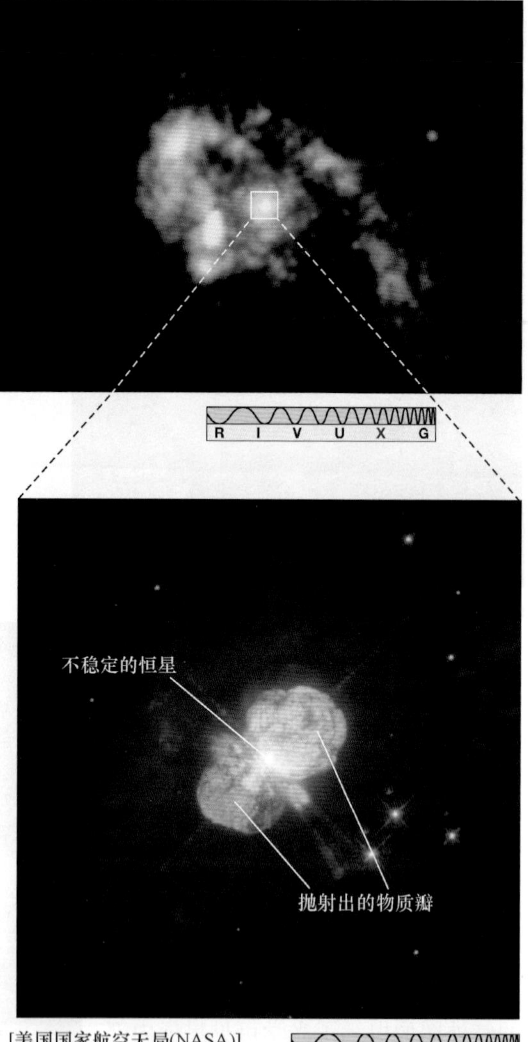

[美国国家航空天局(NASA)]

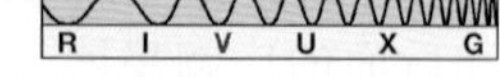

许多研究人员怀疑，两颗恒星之间的相互作用可能导致了大爆发。然而，尽管在其他星系中也观测到了一些类似的爆发，但它们是如此罕见，使得天文学家仍然不清楚是什么导致了这种奇异天体的“特有”行为。

星团的寿命

最终，星团会解散成为孤立的恒星。在某些情况下，图8.19中展示的无规律的恒星形成过程使得新生的星团不被引力所束缚。在其他一些情况下，残留的气体被驱散，降低了星团的质量，使其因不被束缚而快速瓦解。在早期气体损耗阶段幸存下来的星团中，恒星之间的相遇倾向于把最轻的恒星从星团中抛出，就像引力弹射效应能够推进太空飞船探索太阳系那样。同时，银河系的引力潮汐作用会把星团外部的恒星慢慢剥离。偶尔，与巨分子云的远远相遇也会将恒星从星团中剥离，即便是擦肩而过也可能会扰乱整个星团。

由于所有的这些影响，大部分的疏散星团大约在几亿年间就会瓦解，尽管星团的实际寿命取决于星团的质量和它在银河系中的位置。弱束缚的星协可能仅能存活几千万年，而从赫罗图上发现的某些非常大质量的疏散星团几乎已有 50 亿年的“高龄”了。从某种意义上说，只有当一颗恒星的母星团完全瓦解时，才是恒星形成过程真正完成的时候。从气体云直到一颗单独、孤立的类似于太阳的恒星，这样的道路的确是漫长而曲折的!

找一个清澈、漆黑的夜晚再仰望一下天空吧。在凝望星星之时，回想一下你至今所学到关于宇宙活动的所有知识。在结束本章的学习之后，你可能会发现需要修正自己对夜空的印象。即使是貌似宁静的暗夜，也是暗潮涌动、生生不息的。

概念理解 检查

✓ 如果一个星团中的恒星都是同时形成的，其中的一些恒星会如何影响其他恒星呢?

终极问题 第一代恒星是什么时候诞生的？我们在银河系和无数其他星系中观测到的是当前正在形成的恒星，而对距离极其遥远的恒星的研究表明，在数十亿年前，恒星的形成更为高效。天文学家正逐渐揭开远古时期恒星形成的神秘面纱，尝试去理解早期宇宙在没有围栏——恒星的情况下——何时、以何种方式将气体点燃成为团团璀璨的火球。

章节回顾

小结

❶ 当星际云在自身引力下坍缩并碎裂成与太阳质量相当的碎片时，恒星便开始形成。冷的星际云会碎裂成为许多小的物质团块，最终形成恒星。星云的收缩演化可以用它在赫罗图上的**演化轨迹**（p.195）来表示。随着坍缩中的星前碎块逐步升温并变得致密，它们最终会形成**原恒星**（p.194）——一种温暖且非常明亮的天体，辐射以红外辐射为主。最终，原恒星的中心温度升高到氢聚变开始所需的温度。这时，原恒星就成了恒星。

❷ 对类太阳恒星来说，整个形成过程需要经历5000万年。更大质量的恒星也会经历相似的形成阶段，但更加迅速。而比太阳质量小的恒星则要花费更长的时间来形成。**零龄主序**（p.197）是形成阶段结束时恒星在赫罗图上所处的区域。质量是决定一颗恒星特性和寿命的关键属性。最大质量的恒星有着最短的形成时间和主序寿命。在另一极端，一些低质量的碎块无法达到核合成的温度，因而成为**褐矮星**（p.198）。

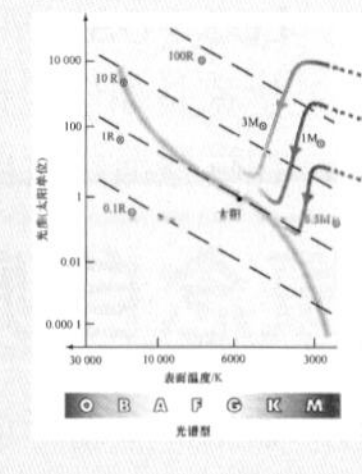

❸ 许多恒星形成理论中预言的天体已经在实际观测中被证实。发射星云附近的星际黑暗区域提供了云团碎裂和原恒星的证据。射电望远镜被用于研究云团收缩和碎裂的早期阶段，而红外观测则可以让我们了解形成过程的后续阶段。许多著名的发射星云被多颗O型星或B型星照亮，部分淹没在分子云里，

而分子云的一部分正在碎裂和收缩，一些小的区域则正在形成原恒星。

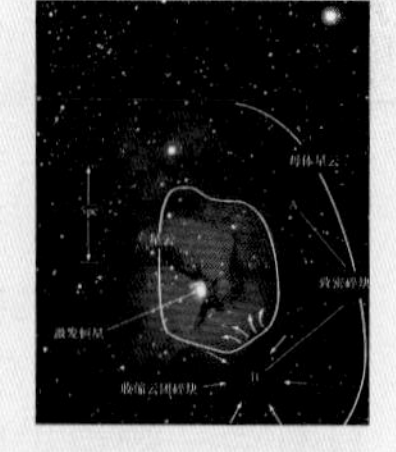

❹原恒星能够发出强烈的原恒星星风。星风在垂直于原恒星盘的方向上受到的阻力较小，通常会在原恒星的两极方向驱动两条物质喷流，形成**偶极流**（p.203）。原恒星星风会逐步摧毁原恒星盘，最终星风会变得各向同性。年轻的炽热恒星会电离周围的气体，产生**激波**（p.204），形成发射星云。这些激波能够压缩其他星际云，触发更多恒星的形成，并且可能在分子云复合体内产生恒星形成的连锁反应。

❺单团云的坍缩和碎裂能够形成数以百计或千计的恒星——**星团**（p.206）。在抑制小质量星团成员进一步形成恒星方面，大质量恒星的形成可能起着重要作用。**疏散星团**（p.206）包含几百到几千颗成员星，它们大多分布在银河系的银道面上。它们通常包含许多明亮的蓝色恒星，这说明它们是最近才形成的。**球状星团**（p.207）则可能包含几百万颗恒星，分布在远离银道面的位置上。它们中没有比太阳质量更大的主序星，这说明它们是很久以前形成的。红外观测揭示了多个发射星云中年轻的星团或星协。最终，星团都会分散为单颗恒星，尽管整个过程可能要花费数亿甚至数十亿年。

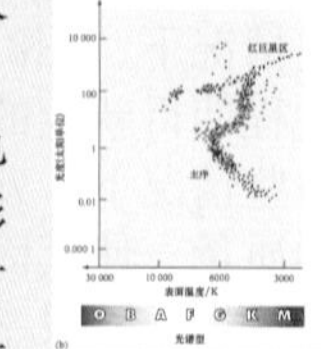

标记**POS**的问题探索科学过程。标记**VIS**的问题着重于阅读和视听资讯的理解。
LO后紧跟的是本章引言中学习目标的编号。

指定的课后作业请访问MasteringAstronomy网站。

复习与讨论

1. **LO1**简要描述类太阳恒星的形成要经历的一连串过程。
2. 加热、自转和磁场在恒星诞生过程中起什么作用?
3. 演化轨迹是什么?
4. 为什么原恒星在接近主序时演化会变缓?
5. **LO2**大质量恒星的形成阶段与类太阳恒星的形成有哪些差异?
6. 什么是褐矮星?
7. 什么是金牛座T型星?
8. **LO3 POS**恒星的寿命比人类长很多，那么天文学家是如何验证恒星形成理论的准确性的?
9. 在哪些演化阶段，天文学家必须使用射电和红外波段来研究星前天体？为什么不能使用可见光?
10. **LO4**什么是激波?激波在恒星形成中的意义是什么?
11. **POS**解释赫罗图在研究恒星演化中的作用。为什么第1～3演化阶段无法绘制在赫罗图上?
12. **LO5**星团和星协与恒星形成有什么关系?
13. 比较并对比疏散星团和球状星团在观测上的差异。
14. **POS**我们如何分辨一个星团是年轻还是年老?
15. 在恒星质量范围跨度很广的星团中，是否可能有恒星在其他恒星形成前就已经死亡？你认为这将对星团的形成有什么影响?

概念自测：选择题

1. 如果一个新形成的恒星有过多的热量，那么它可能会有：（a）更大的引力；（b）更小的引力；（c）较慢的收缩速度；（d）较快的收缩速度。
2. 星际云的引力收缩主要是由于：（a）质量；（b）成分；（c）直径；（d）压力。
3. 形成太阳的星际云：（a）略大于太阳；（b）土星轨道的大小；（c）类似太阳系的质量；（d）比太阳大数千倍。
4. 最终会形成一颗类太阳恒星的原恒星会比太阳：（a）尺寸小；（b）更亮；（c）更暗；（d）质量小。
5. 永远不会开始核聚变的星前天体是：（a）类地行星；（b）褐矮星；（c）原恒星；（d）球状体。
6. 当前恒星形成理论是基于：（a）收集来自于银河系不同区域的证据；（b）细致研究几颗恒星的诞生；（c）系统地测量星际云的质量和旋转；（d）主要位于短波段的观测。

7. **VIS**如果图8.14（“多代恒星的形成”）中星际云的初始质量更大，其结果将是：（a）形成更多的恒星；（b）较强的引力引起云的收缩；（c）恒星形成得更密集；（d）更强的激波。
8. **VIS**图8.17所示的昴星团和图8.18：（a）所示半人马座欧米茄星团的主要区别是：（a）昴星团更大；（b）昴星团更年轻；（c）昴星团更遥远；（d）昴星团更致密。
9. **VIS**如果图8.18（b）（“球状星团”）中所示的赫罗图重新绘制用于说明一个更年轻的星团，那么主序的拐点将移向：（a）更高的温度；（b）更高的压力；（c）更高的频率；（d）K或M光谱分类。
10. 一个典型的疏散星团消散的时间与下面哪个事件距今的时间接近：（a）欧洲人第一次到访北美洲；（b）恐龙在地球上行走；（c）地球形成；（d）宇宙形成。

问答

问题序号后的圆点表示题目的大致难度。

1. ●●一团星际气体云要想收缩，其组成粒子的平均速度必须小于该星云逃逸速度的一半。那么1000倍太阳质量、半径为10 pc、温度为10 K的（球状）氢分子云能否坍缩？能或不能请说明原因。
2. ●一颗处在林忠四郎轨迹上的原恒星从3500 K、光度为太阳的5000倍演化至5000 K、3太阳单位的光度，那么原恒星在演化（a）开始时和（b）结束时的半径分别是多少？
3. ●●使用半径-光度-温度关系来解释从第4阶段（温度3000 K，半径2×10^{8}km）到第6阶段（温度4500 K，半径10^{6}km），原恒星的光度如何变化？绝对星等又如何变化？∞（6.2节）
4. ●处于第5阶段的原恒星的绝对星等（近似）是多少？（见图8.6）
5. ●从第4阶段到第6阶段，一颗3倍太阳质量的恒星的亮度降低了多少星等？（见图8.7）
6. ●●使用本章的赫罗图来估计一颗1000倍太阳光度、3000 K的原恒星比相同光度的主序星大多少倍。
7. ●一颗半径为太阳半径的1/10，表面温度为600 K（太阳表面温度的1/10）的褐矮星的光度是多少？以太阳单位表示。
8. ●●使用极限视星等为（a）18和（b）30的望远镜观测上题中所述的褐矮星，可以观测到的最大距离是多少？

实践活动

协作项目

1. 疏散星团通常出现在银道面上。如果你能够看到银河系的朦胧弧状亮带跨越夜空——或者说，如果你远离城市灯光，且在合适的夜晚和年份观测——你只需要双筒望远镜就可以扫视整个银河。众多密密麻麻成“团”的恒星将蹦现在你的眼前，其中许多是疏散星团。使用小型望远镜能很好地观测它们更多的细节。最容易看到的星团是梅西叶星云星团表中的星团，但有一些也来自星表之外。令人关注的梅西叶星团和星协包括M6、M7、M11、M35、M37、M44、M45、M52、M67和M103。这些星团你能找到多少?你又能找到多少不在梅西叶星云星团表中的星团?
2. 球状星团更难被找到。它们固然个头更大，但它们也遥远得多，因此在天空中显得更小。北半球能够看到的最著名的球状星团是武仙座的M13，在春天和夏天的晚上都可以看得到。它包含大约50万颗左右的银河系中最古老的恒星。通过双筒望远镜也许可以隐约看到它呈一个小的光球状，它位于武仙座拱形星群中伊塔星和泽塔星连线的约三分之一处。望远镜揭示了这个星团是一个华丽且对称的恒星群。你能找到下面这些著名的球状星团：M3、M4、M5、M13、M15吗？上网或是在星图上仔细了解如何找到它们。

个人项目

冬季的天空中，猎户座尤为突出。它最显著的特征是三颗紧挨着排成一行的中等亮度的恒星，也就是著名的“猎户腰带”。一行恒星从腰带最东侧的恒星一直延伸到南方，这是猎户的宝剑。朝向宝剑底部的是全天最著名的发射星云——猎户星云（M42）。用肉眼、双筒望远镜以及天文望远镜观测猎户星云，它是什么颜色的？你如何解释它的颜色？试试用望远镜寻找猎户座四边形星团——猎户星云中心的一组四颗恒星。它们都是炽热且年轻的恒星，是它们照亮了猎户星云。

第9章　恒星演化

恒星的生和死

到达主序阶段以后，新诞生恒星的外观在其90%以上的寿命内不会有太大变化。然而，在主序期的末段，随着恒星的燃料被耗尽并开始死亡，它的性质会再次发生巨大的改变。老去的恒星沿着远离主序的演化轨迹移动，直到结束它们的生命。在本章和接下来的两章里，我们将讨论恒星在燃烧的主序阶段和主序后的演化。

我们会发现，恒星的最终命运主要取决于其本身的质量——尽管和其他恒星的相互作用也有着决定性的作用——事实上，恒星的最后归属可能会很奇特。通过不断地将理论计算结果与恒星及所有类型的双星的细致观测结果进行比较，天文学家已经重铸了恒星演化理论，使之成为理解宇宙的精密而强大的工具。

知识全景　有关恒星的诞生、发展和死亡的故事是20世纪的科学最伟大的成就之一。然而，具有讽刺意味的是，从来没有人曾见过哪怕是一颗恒星从头到尾所有不同的变化。就像考古学家通过检验很久以前的骨头和文物来更多地了解人类文明的发展那样，天文学家通过观测不同年龄的恒星来构建恒星在几十亿年里演化的一致性模型。

左图：这幅图片像宇宙沙漏或仙宫蝴蝶般令人惊叹，它捕获到了一颗距离大约为3800光年的、垂死的恒星所释放出的炽热气体。NGC5302或通俗名为小虫星云，是被称为行星状星云的复杂天体——随着一颗年老的恒星进入死亡阶段，它的外层脱落并弥散到光年尺度的空间内。它的特殊形状源于一条尘埃带（中心的暗带）掩盖了正在死亡的恒星，并且部分地挡住了这个旋转的大锅向外抛出的气体。［空间望远镜科学研究所（STScI）］

学习目标

本章的学习将使你能够：

1. 说明为什么恒星会离开主序演化。
2. 概括当类太阳恒星从主序演化到巨星支时会发生什么。
3. 说明太阳最终如何在其核心发生氦的聚变，并描述当发生这样的聚变时会发生什么。
4. 总结典型的低质量恒星在死亡时所处的状态，并说明产生的遗迹是什么。
5. 对比大质量恒星和低质量恒星的演化史。
6. 列出有助于验证恒星演化理论的观测现象。
7. 说明双星系统中恒星的演化与单一恒星的演化有何不同。

精通天文学

访问MasteringAstronomy网站的学习板块，获取小测验、动画、视频、互动图，以及自学教程。

9.1 离开主序

大多数恒星在主序上度过其一生的大部分时间。例如，像太阳这样的恒星，在经历了几千万年的形成阶段后（第8章中的第1～6阶段），开始处于或接近主序（第7阶段），在它变成其他天体之前，有100亿年的时间。∞（8.2节）这里的“其他天体”就是本章的主题。

观测恒星一生

从来没有人曾亲眼见证过恒星从诞生到死亡的完整演化过程。恒星会花很长的时间——百万年、数十亿年，甚至是数万亿年——不断演化。∞（6.8节、8.2节）然而，在不到一个世纪的时间里，天文学家构建起了全面的恒星演化理论，也是所有天文学中被很好地验证过的理论之一。我们为何如此自信地谈论过去数十亿年里发生的事情，以及未来几十亿年里将会发生什么呢？答案是我们可以观测宇宙中数十亿颗恒星，这足以让我们看到恒星演化过程的每一个阶段，并使得我们能够验证和改进我们的理论观点。∞（1.2节）正如我们可以通过研究大城市里所有居民的快照来拼凑出人类生命周期的图景一样，我们亦可以通过研究夜空中所见的无数恒星来构建恒星演化的图景。

注意，天文学家在这里使用的“演化”（evolution）一词，指的是一颗单独的恒星在其一生内的变化。对比这一术语在生物学中的应用，它指的是植物或动物种群在很多代里的特征变化。事实上，正如我们将在第10章里看到的，恒星内的聚变反应使得星际介质里的成分（也是每一代新恒星里的成分）随着时间的推移而缓慢地发生变化，恒星星族的演化有着后者所指的“生物学”意义。然而，按天文的说法，“恒星演化”总是指在恒星生命单次周期内的变化。

结构变化

在主序阶段，恒星在其核心中缓慢地将氢聚变成氦。这一核聚变过程被称为**核心氢燃烧**。在第5章里，我们看到了质子–质子聚变链是如何为太阳提供能量的。∞（5.6节）顺便说一下，这是天文学家使用相当常见的词语来表述完全不同意义的一个例子。对天文学家来说，“燃烧”总是指恒星核心的核聚变，而不是我们日常对话里通常认为的化学反应（如木材或汽油在空气中的燃烧）。化学燃烧并不能直接作用于原子核。

如之前第5章里所述（见图5.4），一颗主序星处于流体静力学平衡状态，向外的压力正好抵消掉向内的引力。∞（5.2节）这是引力和压力之间的稳定平衡，任何一个发生小小变化总是会引起另一个用微小变化来补偿。在学习后面介绍的恒星演化的不同阶段时，你应该牢记这一点。用这样的简单描述可以理解恒星的许多复杂行为。然而，当核心的氢最终被消耗殆尽时，恒星的内部平衡会发生转变，恒星的内部结构和外观都会开始迅速改变，恒星因此离开主序。

一旦一颗恒星开始离开主序，那么它的寿命就已经屈指可数了。恒星演化的主序后阶段——恒星生命的终结——关键取决于恒星的质量。作为经验的法则，我们可以说，低质量恒星是自然死亡的，而大质量恒星则是暴毙的。这两种极其不同的结果之间的分界线大约是8倍太阳质量。本章里，我们将质量超过8倍太阳质量的恒星称为“大质量”恒星。“大质量”和“小质量”（即小于8倍太阳质量）两种分类的恒星有着本质性的变化，我们随后将指出一些不同点。

我们将专注于几种有代表性的恒星演化序列，而不会在太多的细节上花费功夫。我们首先考虑像太阳这样的质量相当小的恒星的演化。接下来的几节将描述的是，太阳从现在起到其终结聚变反应的50亿年时间里会经历的阶段。阶段的编号紧接着从第8章开始的编号。实际上，这里讨论的大多数定性的特征适用于任何低质量恒星，尽管准确的数字变化相当大。稍后，我们将把我们的讨论扩展到所有恒星，包括大质量和小质量的。

科学过程理解 检查

✓ 天文学家如何能够“看到”恒星随时间的演化？

9.2 类太阳恒星的演化

像太阳这样的主序星的表面偶尔会爆发耀斑和黑子，但在大多数情况下，恒星的性质不会有任何突然的、大规模的改变。它的平均表面温度保持相对稳定，而它的光度随时间会缓慢地增加。太阳的表面温度与其在50亿年前形成时的温度大致相同，尽管它比那时要亮约30%。

这种状况不会永远持续下去，恒星的内部结构最终会发生翻天覆地的变化。当恒星核心的氢稳定地燃烧了大约100亿年以后，类太阳恒星的燃料开始耗尽。这有点像自动巡航的汽车轻松地在高速公路上以恒定的速度行进许多小时后，只有当汽油表指向零点，发动机才会突然抖动并发出噼啪声。然而，与汽车不同的是，恒星的燃料补给可不容易。

第8阶段：亚巨星支

伴随着核聚变，恒星的内部成分也随着氢燃料的耗尽而发生变化。图9.1说明了随着恒星年龄的增加，氦的丰度增加，而恒星内核中的氢丰度对应减小。这里展示了三个例子：（a）最初核心的化学成分，（b）50亿年后的成分和（c）100亿年后的成分。（b）近似代表了太阳当前的状态。

恒星中心的温度最高，燃烧也最快，氦含量增加得最为迅速；内核边缘的氦含量也在增加，但要慢得多，因为那里的燃烧速度要慢一些。恒星内部富含氦的区域越来越大，随着恒星继续发光，氢越来越缺乏。最终，在恒星到达主序大约100亿年后，中心的氢被耗尽，那里的核反应停滞，主要的燃烧区域移动到内核的较外层。一个不燃烧的纯氦内核开始增大，如图9.1（c）所示。

没有了核反应的支撑，氦内核中向外的气体压力会变弱，但向内的引力可不会变弱。一旦向外的推力相比引力有所松懈——哪怕是一点点——恒星结构的改变都会变得不可阻挡。随着氢的消耗，内核开始收缩。当中心所有的氢消耗殆尽时，收缩的过程就会加速。

如果有更多的能量产生，那么核心可能会重获平衡。例如，如果内核中的氦也开始聚合成某种更重的元素，那么燃烧氦也能产生能量，所需的气体压力就将恢复。但中心的氦不能燃烧——至少现在还不能燃烧。尽管温度很高，但核心仍然太冷，不能使氦聚合成更重的元素。

回忆第5章，氢聚变成氦所需的最低温度大约为10^7K。只有在此温度以上，氢原子核（即质子）碰撞的速度才足够大，能够克服原子核之间的电磁斥力。∞（5.6节）由于每个氦原子核有两个质子，带的正电荷更大，所以它们的电磁斥力更大，需要更高的温度才能引发氦的聚变反应——至少是10^8K。因此，温度为10^7K的由氦组成的内核不可能通过聚变产生能量。

氦核的收缩释放出引力势能，使中心温度升高并加热核心上覆盖的燃烧层。更高的温度——现在超过了10^7K（但仍然在10^8K以下）——使氢原子核的聚变比之前更加迅速。图9.2描述了这样的情况，在围绕恒星中心的由氦“灰烬”构成的不燃烧内核的壳层中，氢以惊世骇俗的速度燃烧着。这一阶段被称为**氢壳层燃烧**阶段。氢壳层生成能量的速度比原来主序星燃烧的氢核更快，壳层产生的能量持续不断地增加，同时氦核不断地向内收缩。令人不解的是，恒星中心核燃烧的终止带来的却是恒星变得更亮。

表9.1小结了太阳质量大小的恒星演化的关键阶段。该表是表8.1的延续，只是密度

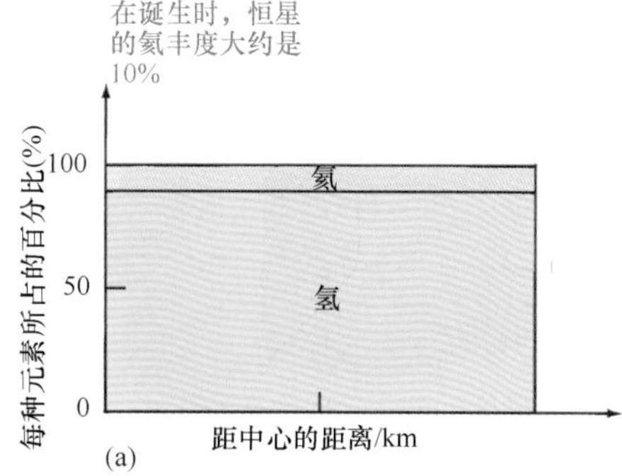

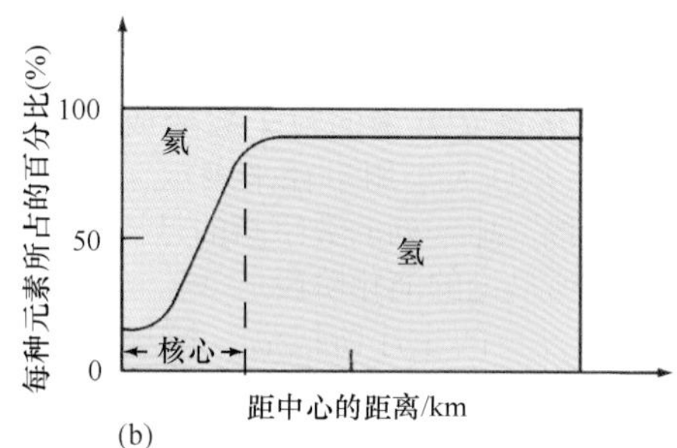

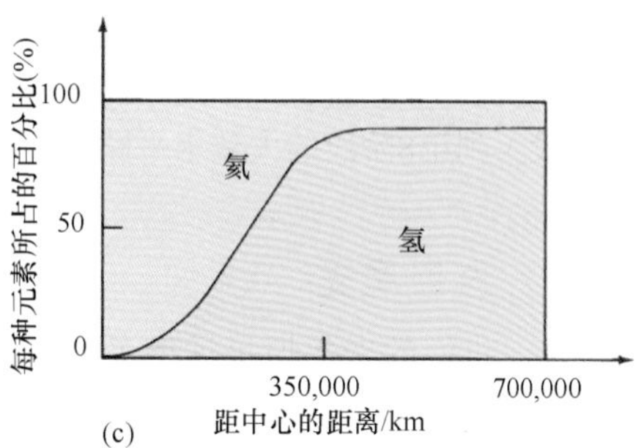

▲**图9.1 太阳的成分变化**
类太阳恒星成分的理论预估变化，展示了恒星从诞生到死亡（从上到下），氢（黄色）和氦（蓝色）的丰度的变化。核反应速率随着时间增快，这些变化都会加快核反应速度。

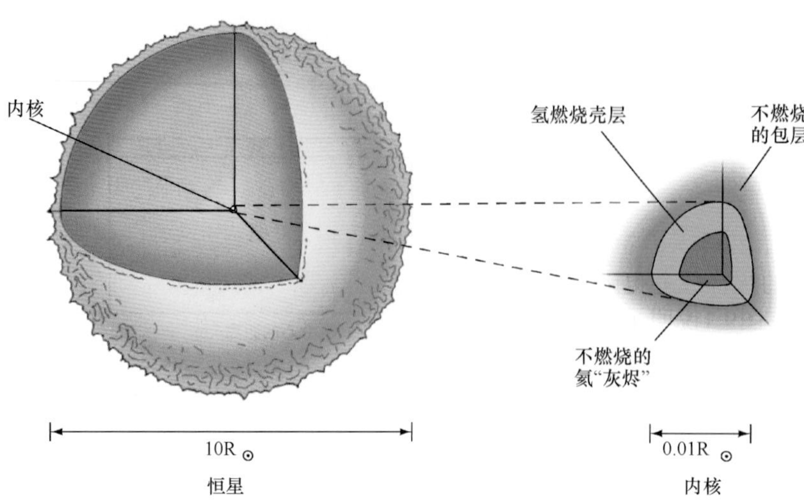

▲图9.2　氢壳层燃烧 随着恒星的内核将越来越多的氢聚变成氦，在围绕不燃烧的氦"灰烬"的壳层中，氢的燃烧更加猛烈。当恒星到达巨星支的底部时（大约是表20.1中的第8阶段），它的核心的直径已经缩减为几万千米，恒星光球层是恒星原始尺寸的10倍。

单位已经从每立方米的粒子数变成了更方便的kg/m^3，并且大小用半径来表示，而不是直径。"阶段"那一列的数字指的是插入图中所示和文中所讨论的演化阶段。

经过漫长的主序阶段后，恒星的温度和光度再次发生变化，我们可以借由赫罗图上的恒星演化轨迹来跟踪这些变化。∞（8.2节）图9.3显示了恒星开始离开主序的路径，如第7阶段所示。恒星在图上首先向右演化，它的表面温度降低而光度略有增加。在第8阶段，恒星的半径增加到约为太阳半径的三倍。该阶段的恒星被称为**亚巨星**。图中从主序上的位置（第7阶段）到第8阶段的大致水平路径被称为**亚巨星支**。

第9阶段：红巨星支

现在，我们的老年恒星远离了主序，不再处于稳定的平衡状态。氦核不稳定，并且在收缩。核心的其他部分也是不稳定的，氢以持续加快的速度聚变成氦。氢燃烧增强而产生的气体压力使恒星不燃烧的外层半径增大。没有什么引力可以阻止这种必然的改变。就在核心不断收缩和加热时，覆盖的外层却在不断地扩张和冷却。恒星在这样的变化中成为一颗红巨星。从正常的主序星转变为更老的红巨星大约需要1亿年。

到第8阶段，随着恒星表面温度的降低，恒星的多数表面对于从内而来的辐射是不透明的。除了这一点以外，对流把核心的大量能量带到了表面。对流的结果之一是，在第8阶段和第9阶段之间，恒星的表面温度几乎保持为常数。恒星在这两个阶段之间几乎垂直的路径被称为赫罗图上的**红巨星支**。到第9阶段，不断收缩的内核中氢壳层的燃烧是如此凶猛，以至于巨星的光度是太阳光度的数百倍。恒星的半径此时约为100个太阳半径。

表9.1　类太阳恒星的演化

阶　段	到下一阶段的大致时间/年	中心温度/10^6 K	表面温度/K	中心密度/（kg/m^3）	半径 km	半径 太阳半径	类　型
7	10^{10}	15	6000	10^5	7×10^5	1	主序星
8	10^8	50	4000	10^7	2×10^6	3	亚巨星支
9	10^5	100	4000	10^8	7×10^7	100	氦闪
10	5×10^7	200	5000	10^7	7×10^6	10	水平支
11	10^4	250	4000	10^8	4×10^8	500	渐近巨星支
12	10^5	300	100 000	10^{10}	10^4	0.01	碳核
		—	3000	10^{-17}	7×10^8	1000	行星状星云*
13	—	100	50 000	10^{10T}	10^4	0.01	白矮星
14	—	接近于0	接近于0	10^{10}	10^4	0.01	黑矮星

* 数值采用的是包层的数值。

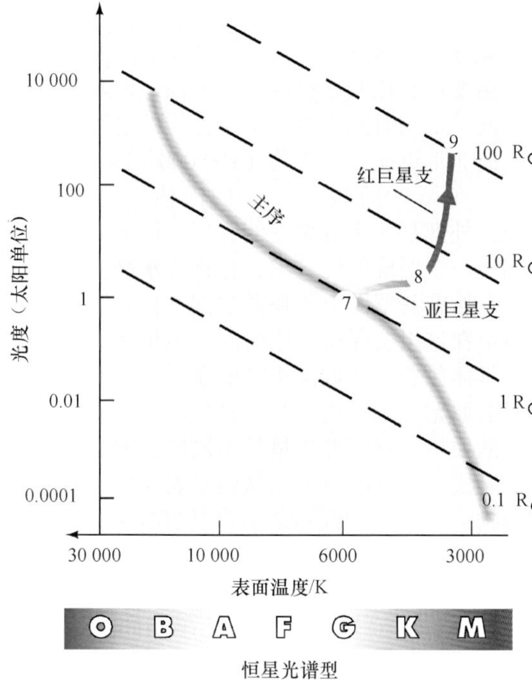

▲图9.3 赫罗图中的红巨星
随着恒星氦内核的收缩和外部包层的膨胀，恒星开始离开主序（第7阶段）。在第8阶段，恒星正好处在变成红巨星的过程中。随着恒星沿着红巨星支上升到第9阶段，它不断变亮并变大。正如第6章所提到的，对角的虚线是等半径线，可以让我们估量恒星大小的变化。

红巨星很大——大约有水星轨道那么大。相反，氦核却出乎意料的小——大约只有整个恒星的千分之一，使得其内核的大小只有地球的几倍大。核中心的密度很高，不断收缩的红巨星内核将气体氦压缩至约10^8kg/m^3，巨星最外层的值为10^{-3}kg/m^3。相比之下，地球的平均密度仅为5000kg/m^3，而现在太阳内核的密度为150 000 kg/m^3。整个恒星大约25%的质量被压缩在行星大小的核中。

处于红巨星阶段的低质量恒星的一个常见例子是KIII型巨星的大角星（见图6.15），它是天空中最亮的恒星之一。它的质量大约是太阳质量的1.5倍。大角星目前处于氢壳层燃烧阶段，并在沿着红巨星支上升，它的半径是太阳的21倍左右，释放出的能量约是太阳的160倍，辐射大多位于光谱的红外范围内。

第10阶段：氦聚变

红巨星的不稳定状态应该会继续，内核最终会坍缩，恒星的其他部分会缓慢地进入太空。红巨星内部的斥力和压力确实会将它撕裂。事实上，对于质量小于四分之一太阳质量的恒星，这正是最终会发生的事情（在几千亿年内——见9.3节）。

然而，对于类太阳恒星，同时发生的收缩和扩张不会无限期地持续下去。在一颗与太阳质量相当的恒星离开主序后几亿年，别的事件发生了——核心的氦开始燃烧。当中心的密度上升到约10^8kg/m^3（第9阶段），温度达到氦聚变成碳所需的10^8K，恒星中心的核聚变被重新点燃。

将氦转化为碳的核反应有两步。首先，两个氦原子核聚合在一起形成铍8核（^{8}Be），这是一种非常不稳定的同位素，通常会在大约10^{-12}s内衰变成两个氦核。然而，在红巨星内核的高密度条件下，铍8核有可能在衰变发生前就遇到其他的氦核，并与氦原子核聚合形成碳12（^{12}C）。这就是氦燃烧反应的第二步。在某种程度上，正是由于铍8核（有四个质子）与氦4（两个质子）之间的静电斥力，因此温度必须要达到10^8K才能发生这一步。

采用元素符号，我们可以将这一阶段的恒星核聚变表示如下：

^{4}He+^{4}He→^{8}Be + 能量

^{8}Be + ^{4}He→^{12}C + 能量

氦4核通常被称为阿尔法粒子。此词可以追溯到核物理研究的早期，那时并不了解这种从多种放射性材料释放出来的粒子的本质。由于从氦4变成碳12需要三个阿尔法粒子，因此，上述反应通常被称为**三阿尔法过程**。

氦闪

对于质量与太阳相当的恒星，当氦聚变开始时，会出现复杂的情况。在核心的高密度下，气体进入一种物质的新状态，气体的性质由量子力学所决定（描述物质在亚原子尺度上行为的物理学分支），而不是由经典物理学决定。∞（3.2节）

到目前为止，我们主要关心的是原子核——质子、阿尔法粒子等——它们几乎构成了恒星的所有质量并参与生成能量的核反应。然而，恒星也包含另一种重要的组分——浩瀚的电子海洋，在恒星内部的极热作用下，电子从它们的母原子核上剥离开来。在我们故事的这一阶段中，这些电子在决定恒星演化的过程中发挥了重要作用。

在第9阶段的红巨星的内核条件下，一种被称为泡利不相容原理的量子力学原理阻止了内核中的电子被挤压得过于靠近。实际上，不相容原理告诉我们，可以将电子看作微小的刚性球体，可以相对容易地被挤压至互相接触，但之后几乎不能再被压缩。用量子力学的话来说，这种情况被称为电子简并；使微小电子球接触到一起的压力被称为**电子简并压力**㊀。它与我们一直在讨论的热压力（来自恒星的热量）毫无关系。事实上，在红巨星的内核中，支撑引力的压力几乎完全来自于简并后的电子。由于正常的“热”压力几乎无法为内核提供任何支撑，所以一旦氦开始燃烧，这一事实就会导致灾难性的后果。

在正常（“非简并”）的情况下，内核可以对氦燃烧的开始做出反应并适应，但在内核简并的情况下，燃烧变得不稳定，继而发生爆发性后果。在由热压力支撑的恒星中，氦聚变开始引起的温度升高将会导致压力的升高；然后气体膨胀并冷却，降低燃烧速度并重新建立平衡，正如之前所讨论的那样。

然而，在由电子支撑的太阳质量大小的红巨星内核里，压力很大程度上独立于温度。当燃烧开始并且温度增加时，压力并未相应地上升，气体没有发生膨胀，温度没有下降，内核也不稳定。相反，内核无法快速地应对其状况的变化。随着核反应速度的增加，压力仍然没有改变多少，温度在失控的状况下迅速上升，这即被称为**氦闪**。

在几个小时内，氦猛烈地燃烧。最终，能量如洪水般涌出，在此期间，失控的聚变将内核加热，直到正常的热压力再次重获主导。最后，为了能够应对氦燃烧倾入的能量，内核开始膨胀，密度降低。随着向内的引力牵引与向外推的气体压力重新抵消，平衡由此重新恢复。现在，稳定的内核开始将氦聚变成碳，温度正好高于10^8K。

氦闪终止了巨星在赫罗图中红巨星支上的上升。然而，尽管内核中的氦被猛烈点燃了，但氦闪并不会增加恒星的光度。相反，氦闪时释放的能量使内核膨胀并冷却，最终导致了能量输出的减少。在赫罗图上，恒星从第9阶段跳到第10阶段，处于稳定状态，内核中的氦在稳定地燃烧。如图9.4所示，恒星的表面温度现在比其在红巨星支上高，但其光度远远低于氦闪时的光度。恒星性质的这种调整发生的非常迅速——大约在100 000年内。

在第10阶段，恒星的内核在稳定地燃烧，外部是一个氢聚变的壳层。恒星处在赫罗图中一个明确的区域内，被称为**水平支**，在重新开始在赫罗图上的环游之前，核心燃烧氦的恒星在这里会保持一段时间。恒星在该区域内的具体位置主要取决于它的质量——并不是恒星的原始质量，而是其上升到红巨星支之后剩下的质量。这两种质量是不同的，因为在红巨星阶段，强烈的恒星风从恒星表面喷出了大量的物质。在此期间可能有高达20%～30%的原始恒星质量的逃逸。如此巧合的是，在这一阶段，质量越大的恒星的表面温度越低，但在氦闪之后，所有恒星的光度几乎相同。因此，第10阶段内的恒星在赫罗图上趋于沿水平线分布，质量较大的恒星位于右边，而质量较小的恒星位于左边。

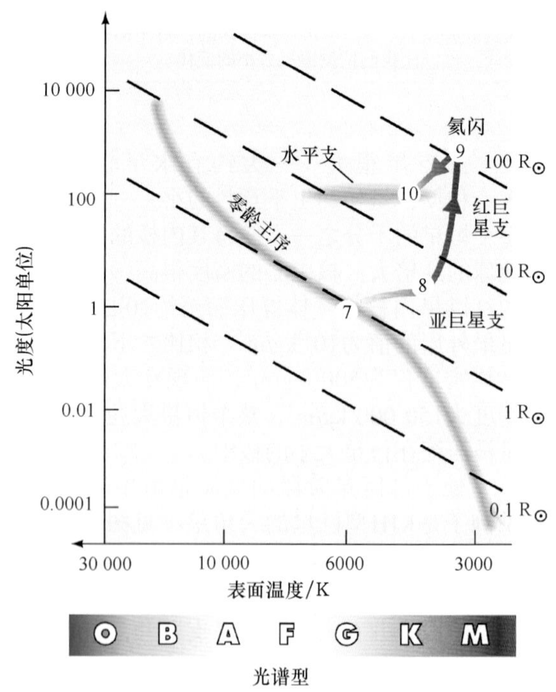

▲图9.4　水平支
随着恒星沿红巨星支上升，它的光度发生了很大的变化，并以氦闪结束上升。然后恒星下降至水平支，在第10阶段中处于另一种平衡状态。

㊀ 该术语指的是一种理想化的状态，所有的粒子（本例中是电子）都处于它们可能的最低的能态。因此，恒星不能被压缩成更加致密的构型。

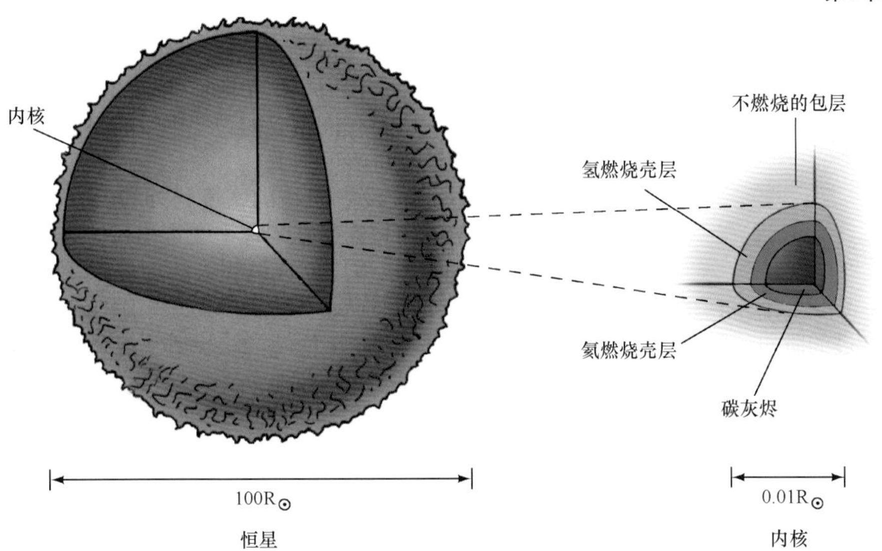

▲图9.5　氦壳层燃烧
在氦燃烧开始（第9阶段）之后几百万年里，碳灰烬在恒星内核内部不断累积。在碳核之上，氢和氦仍然在同心壳层中燃烧。

第11阶段：回到巨星支

恒星氦核中的核反应被点燃了，但却不能持续太久。无论如何，内核中的氦会被快速地消耗，死亡中的恒星会再次上升回到巨星支。

三阿尔法氦粒子到碳的聚变反应——如同之前的质子-质子和碳氮氧循环的氢聚变成氦的反应一样——反应速度随着温度迅速增加。在处于水平支的恒星内核中产生的高温下，氦燃料不会维持太长时间——从初次氦闪算起，不到几千万年的时间。

随着氦聚变成碳，新的富碳的内核开始形成，表象类似于早前氦核形成时所发生的那样。恒星中心的氦开始枯竭，那里的聚变最终会停止。不燃烧的碳的内核尺寸会收缩——即便是在氦聚变作用下，碳的质量在增加——随着引力向内牵引，内核被加热，导致内核外部覆盖的氢和氦燃烧的速率增加。如图9.5所示，恒星现在有一个致密的碳内核，被燃烧的氦壳层包裹着，而外面又被燃烧的氢壳层包裹着。恒星的外部包层——围绕内核的不燃烧的层——膨胀着，就像之前第一次红巨星阶段时那样。在恒星到达图9.6所示的第11阶段时，它已经第二次变成肿胀的红巨星了。

为了将第二次沿巨星支的上升与第一次区分开来，恒星第2阶段上升的轨迹通常被称为**渐进巨星支**㊀。这次，碳内核周围壳层中燃烧的速率要更加猛烈，恒星的半径和光度增加得比第一次上升至氦闪时达到的数值要高得多。碳内核的质量随着外面氦燃烧壳层中产生的碳越来越多而增加，但其半径却不断收缩，而氢燃烧和氦燃烧壳层的温度和光度却越来越高。

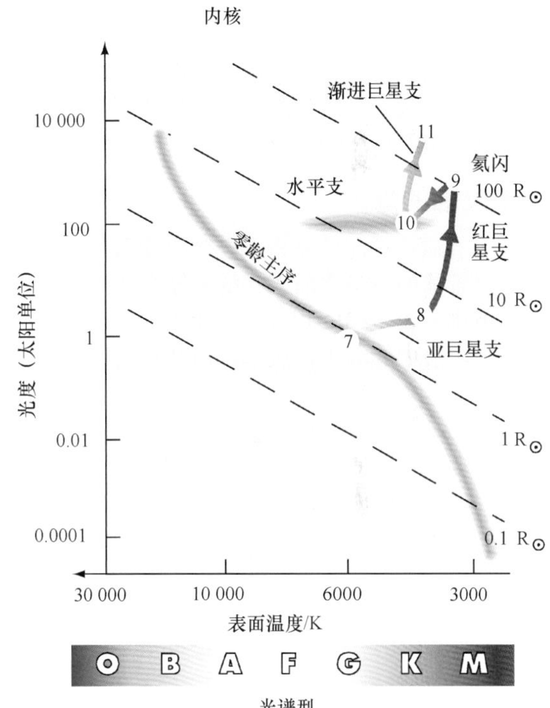

▲图9.6　重新上升到巨星支
碳内核的恒星重新进入赫罗图上的巨星区域——这次的轨迹被称为渐进巨星支（第11阶段）——由于相同的原因，恒星在那里进行第一回合的演化：中心缺乏核聚变，造成内核收缩，覆盖的外层膨胀。

㊀ 这一比较令人生畏的术语借用自数学。一条曲线的渐近线也是一条曲线，随着它们延伸向无限远处，渐近线会越来越靠近第一条曲线。理论上，如果恒星保持原封不动，随着光度的增加，渐进巨星支会从左边接近红巨星支，并且会在图9.6中红巨星支的顶部与其实际重合。然而，正如我们将在9.3节中看到的那样，类太阳恒星的寿命不足以维持到这样的情况发生。

对太阳质量大小的恒星来说，中心的温度不会达到6亿开尔文，这是引发下一阶段核反应所需的温度。红巨星离它一生核燃烧的终点已经非常接近了。

科学过程理解 检查

√ 为什么随着恒星内核中的燃料消耗殆尽，恒星却变得更亮？

9.3 低质量恒星的死亡

图9.7展示了一颗像太阳一样的G型恒星在其演化过程中会经过的阶段。随着恒星从第10阶段（水平支）进入到第11阶段（渐进巨星支），它的包层膨胀，同时内部的碳内核由于温度太低而无法进行进一步的核燃烧，在不断地收缩。如果中心的温度高到足以引发碳的核聚变，那么更重的元素就能够被合成，新产生的能量便可能再次支撑起恒星，并在一段时间内恢复引力与热量的平衡。然而，正如我们将看到的，只有大质量的恒星才能达到如此高的温度，引发这样的核反应。

核火焰的熄灭

在碳内核能够获得点燃碳聚变所需的令人难以置信的高温之前，它的密度会达到再也不能被进一步压缩的程度。当密度约为10^{10}kg/m^{3}时，内核中的电子再次出现简并；内核的收缩停止，温度也不再上升。这一阶段（表9.1中的第12阶段）代表了恒星所能达到的最大压缩状态——只是外面覆盖的包层中没有足够多的物质能承受更大的力量。

这一阶段中内核的密度格外得高。每立方厘米的内核物质在地球上会重达1000kg——1吨重的物质被压缩成体积大约为一颗葡萄那样的尺寸！然而，尽管内核是被极端压缩的，但中心温度却大约“只有”3亿开。在氦燃烧壳层的内边缘，通过碳和氦的反应形成了一些氧——即

$$^{12}\text{C}+^{4}\text{He}\rightarrow^{16}\text{O} + \text{能量}$$

然而，原子核之间的碰撞既不频繁也不剧烈，不足以生成任何更重的元素。实际上，一旦碳开始形成，恒星中心的火焰就熄灭了。

第12阶段：行星状星云

年老的第12阶段的恒星现在处于相当窘迫的状态。它内部的碳内核不再产生能量。内核外部的壳层持续不断地燃烧着氢和氦。随着内核越来越接近它最终的、高密度的状态，核燃烧的强度也在增大。同时，恒星包层在不断地膨胀并冷却，最大半径达到约300倍太阳半径——大得足以吞噬掉火星。

互动图9.7 G型恒星的演化

MA® 艺术家眼中的一颗常规的G型恒星（如我们的太阳）在它的形成阶段、主序阶段、红巨星阶段和白矮星阶段的相对大小和颜色变化。膨胀到最大时，红巨星的大小大约是其主序时的70倍；巨星内核大约是其主序大小的1/15，如果用本图的比例画出，可能无法分辨出来。恒星在不同阶段——原恒星、主序星、红巨星和白矮星——所经历的时间大致与这里所展示的空间假想图成正比。恒星在水平支和渐进巨星支上的短暂停留没有显示在这里。

原恒星
主序
阶段4
阶段7

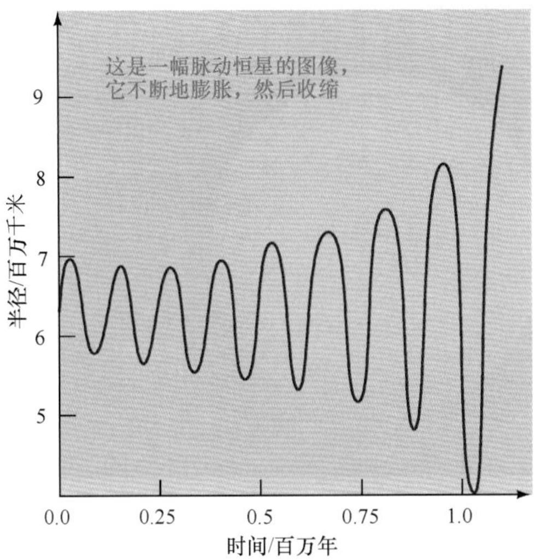

▲**图9.8 红巨星的不稳定性**
被来自内部的氦壳层闪光冲击，并且在稳定性不断被破坏和重建的影响下，红巨星的外表层也变得不稳定并进入一系列的脉动当中。最终，恒星包层被抛掉形成行星状星云。

大致在此时，恒星的燃烧变得十分不稳定。由于氦燃烧壳层的巨大压力和三阿尔法燃烧过程对微小温度变化的极端敏感，引发了氦燃烧壳层中一系列的爆发性氦壳层闪光。闪光使到达恒星最外层的辐射强度产生大幅度的波动，导致外层发生剧烈脉动，包层不断地被加热、膨胀、冷却，然后收缩（见图9.8）。随着内核温度的不断增加，加剧了周围壳层的核燃烧，脉动的幅度也不断加大。

恒星表层不稳定性的增加使恒星变得更为复杂。在每次脉动的峰值附近，表面温度降低至电子可以与原子核重新结合形成原子。∞（3.2节）每次原子的复合会产生额外的光子，给予气体一些额外的“外推力”，并导致一些气体的逃逸。因此，在来自内部的不断增强的辐射驱动下，并且由于内核和外表层的不稳定性而加速。在不到几百万年的时间里，恒星几乎所有的包层都以几十千米每秒的速度被喷入太空。

随着时间的推移，出现了极不寻常的结果。现在的“恒星”由两个截然不同的部分构成，它们共同组成了表9.1中的第12阶段。中心是一个主要由碳灰烬组成的小且界限明确的内核。它炽热、致密并且仍然非常明亮，只有内核的最外层仍然在将氦聚变成碳和氧。在内核之外很远处是不断扩张的尘埃和冷却气体云——从巨星喷发的包层——弥漫了大约太阳系大小的空间。

随着内核耗尽剩余的燃料，它开始收缩并升温，移动到赫罗图的左边。最终，它变得非常炽热，以至于它的紫外辐射将周围尘埃气体云的内部电离，产生被称为**行星状星云**的壮观景象。图9.9和图9.10展示了一些著名的行星状星云。总的来说，银河系中已知有超过1500个行星状星云。这里的行星一词有些误导人，因为这类天体与行星毫无关系。此名字起源于18世纪，用当时分辨率很差的小型望远镜观测时，对某些天文学家来说，这些闪耀的气体壳层看起来就像我们太阳系中行星的圆环。

注意，行星状星云的发光机制基本上与我们之前研究的发射星云的能量来源一样——嵌在冷却气体云中的炽热恒星的电离辐射。∞（7.2节）然而，要认识到这两类天体有着截然不同的起源，代表着恒星演化过程中完全独立的阶段。第7章里讨论过的发射星云是最近诞生的恒星的标志；相反，行星状星云则表明恒星即将来到的死亡。

天文学家曾经以为逃逸的巨星包层或多或少是球形，在三维空间中完全包裹住内核，就像它仍然还是恒星的一部分那样。图9.9（a）所展示的例子可能实际上就是这样的情况。这个行星状星云的“环”实际上是三维的发光气体壳层——它的晕状外观只是一种错觉。如图9.9（b）所示，星云的边缘看起来更亮只是因为沿着视线方向有更多的发光气体，从而带来亮环的错觉。

然而，现在表明这种情况似乎是少数。越来越多的证据表明（当然原因也尚未完全了解），红巨星在质量流失的最后阶段，通常绝对是非球形的。例如，图9.9（c）展示的著名的指环星云可能实际上正好是环状，而不仅只是源于我们对一个发光球形壳层的观测，许

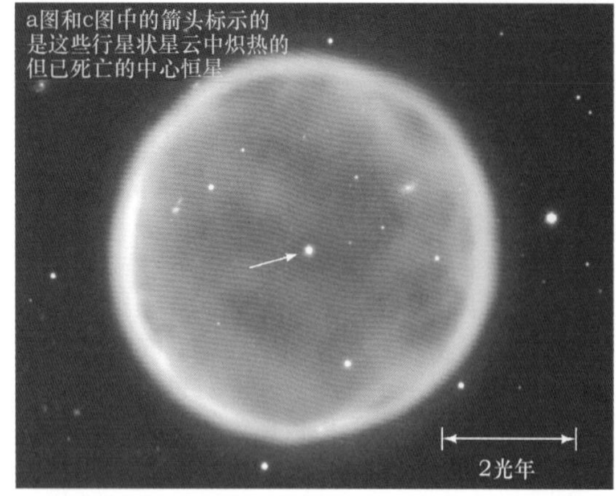

(a)

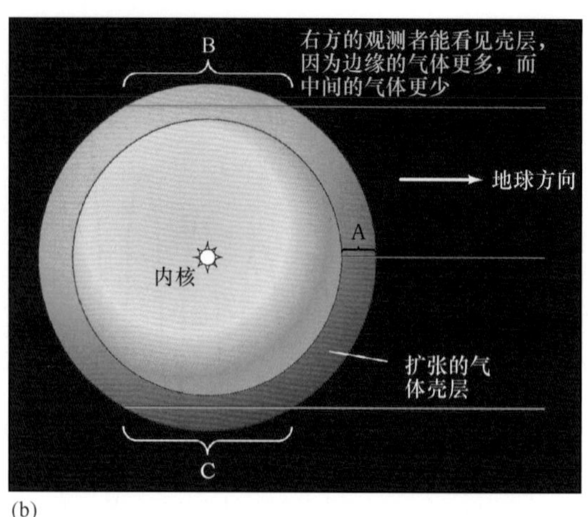

(b)

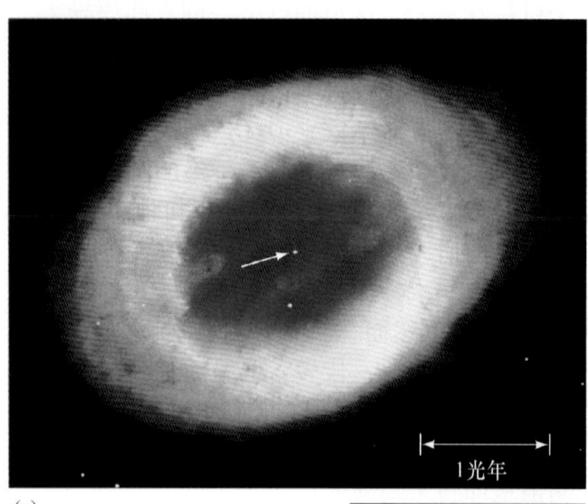

(c)

▲图9.9 包层的喷发
（a）艾贝尔39是一个距离约为6800光年的典型行星状星云，它的球状壳层正在脱落。（b）艾贝尔39边缘的明亮外观是由围绕中心核的薄薄的发光气体壳层形成的。沿着视线方向，在观测者与中心星（路径A）之间存在的气体非常稀少，因此这部分壳层是不可见的。然而，在壳层的边缘附近，沿着视线方向（路径B和C）存在的气体更多，因此观测者能看见一个发光的环。（c）指环星云，可能是所有行星状星云中最为著名的，距离大约为4900光年，它太小也太暗，用肉眼无法看到。天文学家曾经认为，它的外观可以用与艾尔贝39一样的解释来说明。然而现在看来，指环星云真的是环状的，但研究者仍然不清楚其原因。［美国大学天文联盟（AURA）、美国国家航空航天局（NASA）］

多行星状星云比这要复杂得多。如图9.10所示，一些行星状星云表现出更加复杂的结构，暗示着恒星的环境——包括一颗双星伴星的存在性——可能在决定星云形状和外观方面扮演了重要的角色。

中心恒星逐渐暗淡并最终冷却，扩散的气体云变得越来越弥散，最后消散在星际空间中。仅仅几千万年以后，发光的行星状星云就会从视线中消失。随着气体云重新进入星际介质，它在银河系的演化中开始起到重要的作用。在红巨星生命的最后阶段，内核中的碳和不燃烧的氦之间发生的核反应形成氧，在某些情况下，甚至形成更重的元素，比如氖和镁。其中的一些反应也释放出中子，不带任何电荷，不用克服任何静电斥力，因此能够与已经存在的原子核相互作用并形成更重的元素（见第10章）。所有的这些元素——氦、碳、氧和重一些的元素——在恒星最后的年月里通过对流，从内核深处被“挖掘”到包层里，在巨星包层逃逸时丰富了星际介质的成分。低质量恒星的演化几乎是在银河系和其他星系的盘面中所观测到的所有富碳尘埃的来源。∞（7.1节）

第13阶段：白矮星

碳内核——位于行星状星云中心的恒星的遗物——继续演化。随着包层的消散，原来隐藏在红巨星大气面纱下的内核变得可见。内核从扩散的气体面纱下出现需要几万年的时间。内核非常小，在包层喷出形成行星状星云时，内核已经缩小至大约地球大小（在某些情况下，甚至可能比地球还要小）。它的质量大约是太阳质量的一半。虽然个头小看起来很暗弱，但当第一次变得可见时，这颗小型的“恒星”有着白色的炽热的表面，仅仅是靠存储的热量发光，而不再是通过核反应。内核的温度及其尺寸决定了它的新名字：**白矮星**。这就是表9.1中的第13阶段。图9.11显示了恒星在赫罗图中从第11阶段的红巨星演化到第13阶段的白矮星时所经过的大致路径。

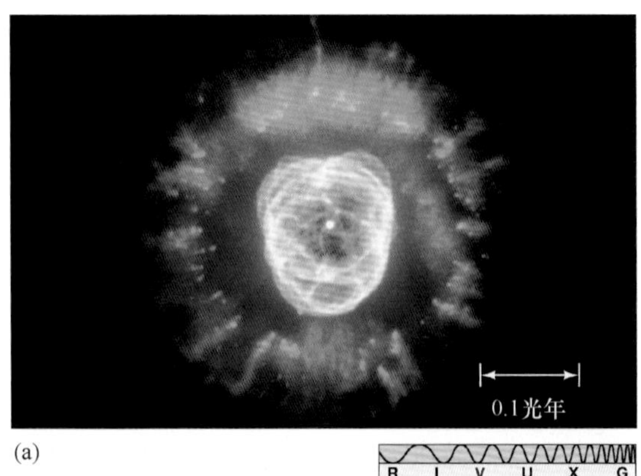

(a)

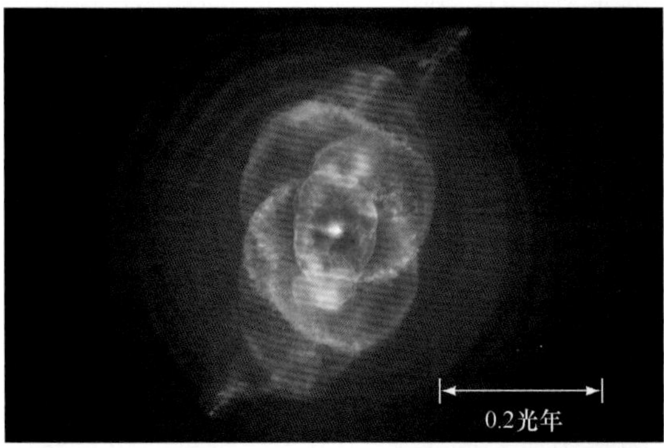

(b)

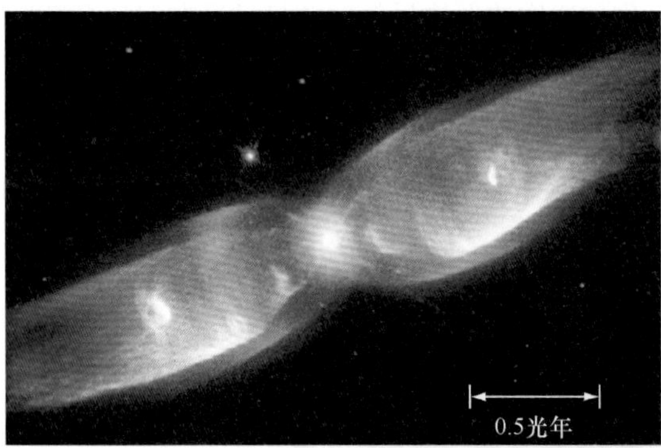

(c)

▲图9.10 行星状星云
（a）距离约为4800光年的位于双子星座的爱斯基摩星云清晰地展示了一些物质“气泡”（或壳层）正从行星状星云吹向太空。（b）距离约为3200光年的猫眼星云是更为复杂的行星状行星的一个例子，可能产生自一对都有包层（红色是可见光，蓝色是X射线）抛出的双星（在中心无法可见）。（c）距离为2000光年的M2-9显示出令人赞叹的发光气体双叶（或喷流）结构，源自位于中心的、正在死亡的恒星，以大约300 km/s的速度喷涌而出。［美国大学天文联盟（AURA）、美国国家航空航天局（NASA）］

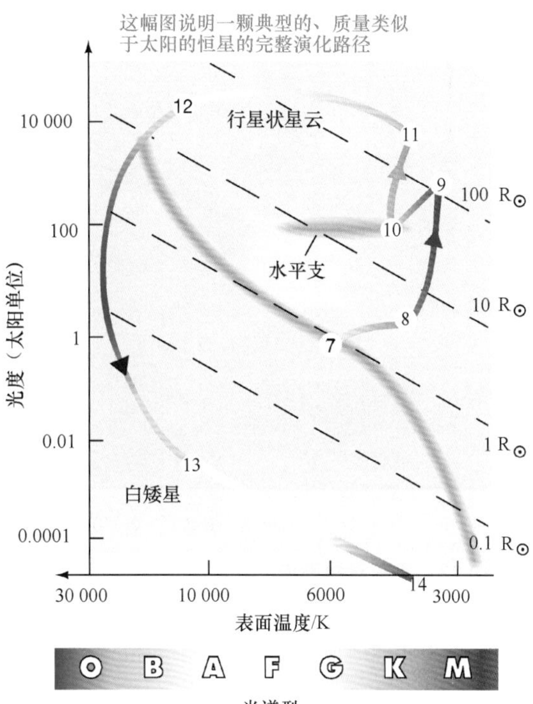

互动图9.11 赫罗图上的白矮星
一颗恒星从水平支（第10阶段）到白矮星阶段（第13阶段），其间经过了渐近巨星支，画出了一条穿过整个赫罗图的演化轨迹。

不是所有的白矮星都被发现是行星状星云的核心，银河系中已经发现了几百颗“裸露的”白矮星，它们的包层在很久以前就已经消散不见了（或者是被一颗双星伴星剥离，接下来就会讨论）。图9.12展示了一颗白矮星的例子，天狼星B，它正好距离地球特别近，是更明亮的、更有名的天狼星A的暗弱伴星。∞（详细说明6–2）表9.2列出了天狼星B的一些性质。天狼星B的密度比太阳系中我们所熟悉的任何事物都要致密约100万倍，在比地球还小的体积内挤进了比太阳还大的质量。事实上，天狼星B是一颗有着异常高质量的白矮星——它被认为是一颗质量大约为四倍太阳质量的恒星演化的产物。探索9–1会讨论天狼星B演化的另一种可能的特殊性。

表9.2 天狼星B，一颗近邻白矮星

质　　量	1.1太阳质量
半径	0.0073太阳半径（5100 km）
光度（总）	太阳光度（10^{24}W）
表面温度	27 000K
平均密度	3.9×10^{9}kg/m^{3}

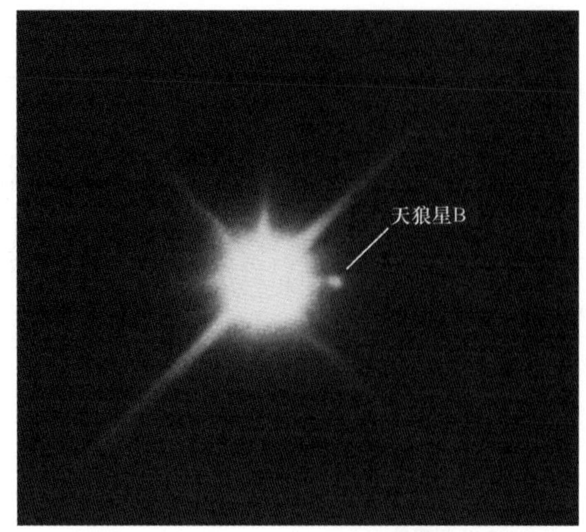

▲图9.12 天狼双星系统
天狼星B（更大、更亮的天狼星A右边的小光斑）是一颗白矮星，它是天狼星A的伴星。天狼星A图像上的突起并不是真实的；它们是由望远镜的支撑结构所引起的。［帕洛玛天文台（Palomar Observatory）］

哈勃太空望远镜（HST）对邻近球状星团的观测揭示了长期以来理论所预言的白矮星序列，但之前的观测太过暗弱，无法在这样的距离上探测到白矮星。图9.13（a）展示了球状星团M4的地面观测，它距离地球1700pc。图9.13（b）显示了HST对该球状星团的一小部分范围的特写，从星团更亮的主序、红巨星和水平支恒星中揭示出几十颗白矮星。当画在赫罗图上时（见图9.14），白矮星完美地落在图9.11所指示的路径上。

并不是所有的白矮星都是由碳和氧构成的。正如前面提到的，理论预言了极小质量恒星（质量小于四分之一太阳质量）永远不会引起氦聚变。相反，在其中心温度达到引发三阿尔法过程所需的1亿开之前，这类恒星的内核会由电子简并压力所支撑。这类恒星的内部是完全对流的，确保了新的氢不断地从包层混合到内核中。因此，与图9.2所示的太阳的例子不同，一颗不燃烧的纯氦内核永远不会出现，最终恒星中所有的氢都会转变为氦，形成一颗氦白矮星。

这种转换发生所需的时间非常的长——几万亿年——因此氦白矮星实际上还没有以这样的方式形成。∞（6.8节）然而，如果太阳质量大小的恒星是一个双星系统的成员的话，它的包层就可能会在红巨星阶段被其伴星的引力牵引所剥离（见9.6节），将氦内核暴露出来并在氦聚变能够发生之前终止恒星的演化。几个这样的低质量氦白矮星已经在双星系统中被实际探测到了。

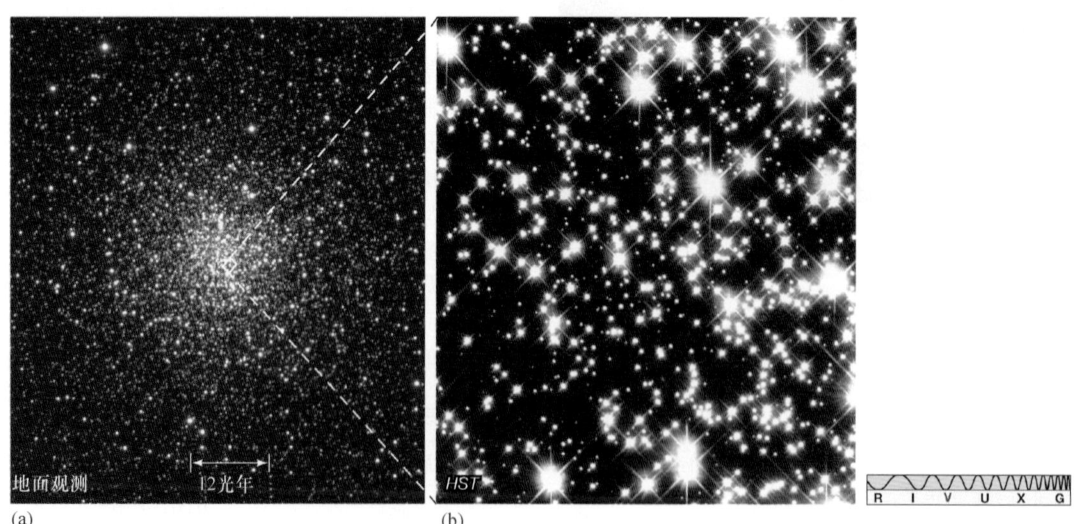

▲图9.13 遥远的白矮星
（a）利用亚利桑那的基特峰国家天文台的大型地基望远镜看到的球状星团M4（参见图7.13），它是距离我们最近的球状星团，有5500光年远。（b）哈勃望远镜拍摄的M4的"中心区"的特写，在两平方光年的小范围内，有大约100颗白矮星。［美国大学天文联盟（AURA）、美国国家航空航天局（NASA）］

最后，在质量比太阳大一些的恒星中（在碳内核形成时质量接近8倍太阳质量限制的“低质量”恒星），内核的温度可能高到足以引发额外的反应：

$$^{16}O + {}^{4}He \rightarrow {}^{20}Ne + 能量$$

这最终会导致罕见的氖-氧白矮星的形成。

第14阶段：黑矮星

一旦一颗孤立的恒星成为白矮星，它的演化就结束了。（如我们将在第10章里看到的，双星中的白矮星可能会有进一步的活动。）这颗孤独的白矮星不断地随时间冷却并变暗，并沿着图9.11中接近赫罗图底部的白-黄-红色轨迹行进，最终成为一颗**黑矮星**——一颗冰冷的、致密的太空中的灰烬。这是表9.1中的阶段14，是恒星的坟墓。

冷却的矮星不会随着它的消逝而收缩太多，尽管它的热量耗散进入太空，但引力并不会进一步将其压缩。在恒星的极高密度下（从白矮星阶段开始），即使恒星的温度几乎接近绝对零度，电子对挤压的反抗也会支撑住恒星——与红巨星内核在氦闪附近所处的电子简并状态相同。随着矮星的冷却，它的大小仍然约和地球相当。

比较理论和实际

到目前为止，所有展示的赫罗图和演化轨迹都是理论上的构建，主要基于对恒星内部运作的计算机模型来建立。在继续我们对恒星演化的研究之前，让我们花一点时间来比较模型和实际观测结果。图9.14（a）展示了美丽的球状星团M80，距离地球约8000pc。图9.14（b）展示了最近利用与M80的年龄和成分大致相同的其他一些球状星团中的恒星所构建的复合赫罗图。这幅图覆盖了恒星光度的整个范围，从明亮的红巨星到暗弱的红矮星和白矮星。对主序、巨星和水平支（见9.5节）的理论模型拟合说明其年龄约为120亿年，使这些星团成为目前所知的银河系中最古老的天体，同样，也成为早期宇宙状况的关键指标。

这个星团非常古老的年龄意味着质量超过太阳质量的$\frac{4}{5}$的恒星已经演化经过了红巨星阶段，大体以白矮星为主。因此，该星团的赫罗图可以直接与图9.11比较，其中红巨星支、水平支和渐进巨星支恒星的质量大约都是太阳质量的1倍。理论与观测的相似性是惊人的——恒星在阶段7至阶段13的每个演化阶段中，都可见数据与理论模型的一致。

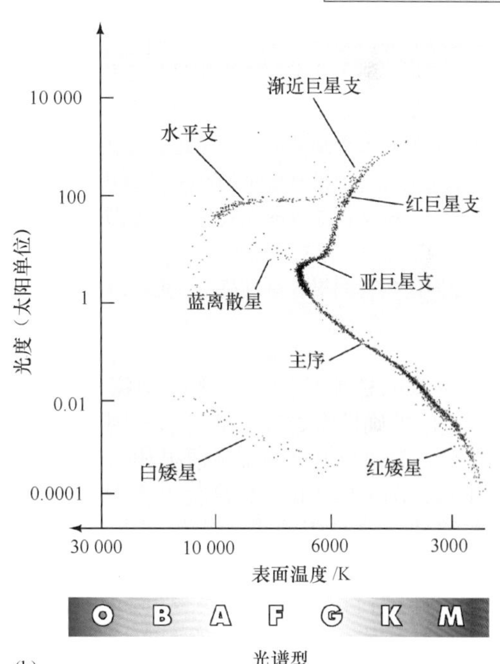

▲图9.14 球状星团的赫罗图

（a）距离地球26 000光年的球状星团M80。（b）复合赫罗图，基于地面和空间对几个总体成分与M80类似的球状星团的观测所作。理论预言的和图9.11中图示的各种不同的演化阶段在图中清晰可见。还要注意蓝离散星——随着其他恒星演化进入巨星阶段，一些主序星看起来像是被“遗留”下来的。它们可能是由双星系统并合而成的，或者是由这些非常密集的恒星系统中的低质量恒星之间的实际碰撞产生的。（参见图9.20）［美国国家航空航天局（NASA），数据取自W. E. 哈里斯（W.E.Harris）］

探索9-1

从历史中学习天文学

天狼星A，图9.12中展示的两个天体中较亮的那颗，除太阳外，它看起来比任何可见的恒星亮两倍。它的绝对亮度并不是很大，但由于它距离我们并不是非常遥远（不到10光年远），因此它的视亮度非常亮。∞（6.2节）从有文字记载的历史开始，天狼星就是夜空中最闪耀的恒星。古巴比伦人的楔形文字早在公元前1000年就指向了这颗恒星，历史学家知道这颗恒星强烈地影响了公元前3000年的埃及人的农业和宗教。

即便恒星演化需要花非常长的时间，我们也有机会发现天狼星的细微变化，因为对这颗恒星的观测记录可以追溯到几千年前。既然这样，成功的机会就会被提高，因为天狼星是如此明亮，甚至连古人的肉眼观测也是相当准确的。有趣的是，历史记录表明天狼星A的外观在变化，但观测结果却令人迷惑。公元前100年到公元200年之间记录下的有关天狼星的每一条信息都说明这颗恒星是红色的。（没有更早的有关其颜色的记录被发现。）相反，如今的现代化观测表明它是白色或青白色的——绝对不是红色的。

如果这些观测报告是准确的，那么天狼星显然在观测所涉及的时间内从红色变为了青白色。然而，根据恒星演化理论，没有恒星能够以这样的方式在这样短的时间内改变自身颜色。这样的颜色变化应该至少需要几万年的时间，或者更长的时间。并且，这样的变化应该也会留下一些线索。

天文学家为天狼星A的这种相当突然的变化提供了几种解释，包括如下建议：①某些古代观测者的观测出现错误，其他的记录者复制了他们错误的记录；②一团银河系中的尘埃云在2000年前经过天狼星A和地球之间，使恒星红化，就像黄昏时地球上充满尘埃的大气常使太阳变红那样；③天狼星A的伴星——天狼星B，曾是一颗红巨星，并在2000年前主导了这个双星系统，但在此后抛去了它的行星状星云壳层，暴露出我们现在所观测到的白矮星。

然而，每种解释都有问题。天空中最亮的恒星的颜色怎么可能会被错误地记录了几百年？中间出现的银河系星云现在在哪里？红巨星之前的壳层现在在哪里？天空中最亮的恒星与当前公认的恒星演化图景并不是特别吻合，这给我们带来一丝不安。

（参见本章的透明插图。）天文学家对恒星演化理论的准确性有着极大的自信，因为理论预测常常完美地与恒星的实际情况相一致。

注意，图9.14（b）中的点相比图9.11有些向左移动，这是因为类太阳恒星与球状星团中恒星的成分差异造成的，具体原因将在第10章里详细讨论。年老的球状星团恒星所含的“重”元素丰度要低得多（这是天文中对任何重于氦的元素的称谓）。这样造成的一个后果是，恒星的内部和大气对来自于内部的辐射来说，稍微透明一些，这使得能量更容易逃逸，恒星个头略小，温度比同样质量的类太阳恒星高。

图9.14（b）中标示为**蓝离散星**的天体乍一看似乎与刚刚描述过的理论有悖。许多星团中都能观测到它们，虽然它们位于主序，但如果考虑其所处星团的年龄，它们的位置表明它们应该在很久以前就演化进入了白矮星阶段。它们是主序恒星，但它们不是在星团形成时诞生的。相反，它们是新近通过低质量恒星的并合形成的——事实上，它们的形成时间如此之近，以至于它们还来不及演化成巨星。

在某些情况下，这类并合是双星系统中恒星演化的结果，成员星一起演化、成长并发生接触（见9.6节）。而在其他情况下，并合被认为是恒星发生实际碰撞的结果。M80的核心包含了大量的恒星，而这些恒星挤在相当小的空间内。例如，以太阳为中心、半径为2pc的球体仅包含四颗恒星，包括太阳本身。∞（6.1节）而在以M80为中心，同样的2pc半径球体将包含超过1000万颗恒星——如果是这样，我们的夜空将闪耀着成千上万颗比金星还亮的天体！球状星团密集的中央核心是整个宇宙中为数不多的恒星碰撞可能发生的地方。

HST的高精度观测揭示了一个新的、至今悬而未决的球状星团的谜团，这可能迫使天文学家们大大改变他们对于大型恒星星团形成的看法。图9.15展示了星团NGC2808的赫罗图，在图9.15（c）中显示出之前地面观测所没有发现的三条不同的主序。三条主序中的恒星有着不同的氦、碳和氖成分比，并被认为是在大约1亿年的时间里发生了多次恒星形成的结

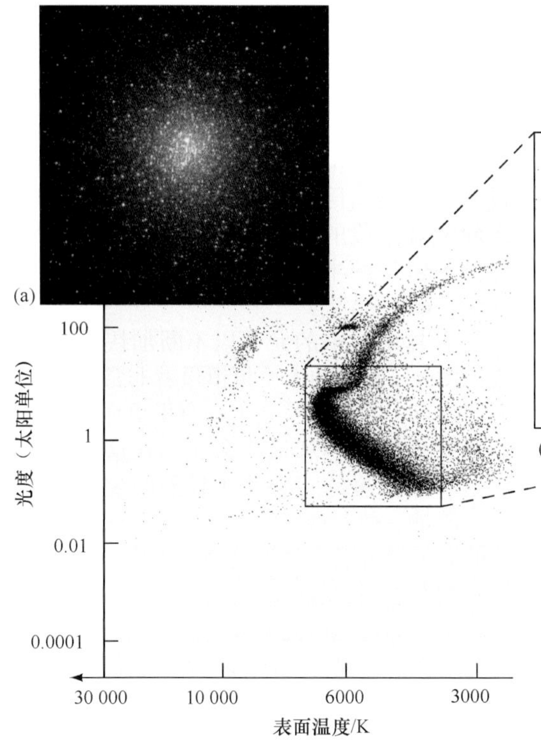

▲图9.15 多代恒星
球状星团NCG2808（a）的地面观测得到的赫罗图（b）展示了一个看起来正常的主序。但HST更精确的观测（c）显示，其主序实际上由三个不同的序列组成（如注释），其中氦元素的丰度从右到左递增。这些观测意味着在星团形成之后不久，有多代的恒星形成，但仍然没有理论可以解释这是怎样发生的。［美国国家航空航天局（NASA）］

果。模型表明，两代富含氦的恒星形成于因第一代恒星的演化而使氦富集的气体中，但天文学家仍然不知道在可用的时间内如何能发生这种情况。无论它是如何发生的，这似乎都是一种普遍的现象，现在许多球状星团的高分辨率研究揭示了类似的多主序的化学变化。事实上，一些观测者甚至会宣称，像这样的多恒星星族是银河系球状星团系统中的正常现象。

概念理解 检查

✓ 为什么低质量恒星内核中的核聚变会停止？

9.4 质量比太阳更大的恒星的演化

大质量恒星的演化比小质量恒星的演化要快得多。恒星的质量越大，它对燃料的消耗就越贪婪，在主序上的时间也就越短。太阳在主序上所花的时间总共为100亿年左右，但一颗5倍太阳质量的B型恒星只会在主序上待几亿年，一颗10倍太阳质量的O型恒星大约在2000万年内就会离开主序。质量越大的恒星演化越快的趋势甚至在恒星离开主序后仍然会继续。

大质量恒星所有的演化事件发生得更加迅速，因为它们更大的质量和更强的引力会产生更多的热量，加速了恒星演化的所有阶段。事实上，氦聚变过程发生得如此之快，以至于大质量恒星有着截然不同的演化轨迹。随着恒星变成一颗超巨星，它的包层开始膨胀并且冷却。

红超巨星

恒星离开主序的一个基本原因是：它们内核中氢被耗尽了。因此，定性地讲，主序之外恒星演化的早期阶段在所有情况下都是一样的：内核中主序氢燃烧（第7阶段），最终形成了一颗不燃烧的、坍缩的氦内核，一个氢燃烧的壳层（第8阶段和第9阶段）环绕着它。大质量恒星在离开主序前往红巨星区域的过程中，内部结构与其低质量的堂兄弟十分相似。然而，在此之后，它们的演化轨迹就分道扬镳。

图9.16比较了三颗恒星的主序后演化，质量分别为1倍、4倍和10倍太阳质量。注意，类太阳恒星几乎沿着红巨星支垂直上升，而更大质量的恒星在离开主序上部后几乎是水平地穿过赫罗图。随着它们半径的增大和表面温度的降低，它们的光度基本保持恒定。

在质量超过太阳质量2.5倍的恒星中，氦的燃烧进行得很平顺，而不是爆发性的，因此没有氦闪。计算表明，在温度达到引发氦燃烧所需的10^8K时，恒星的质量越大，内核的密度越低，电子简并对压力的贡献就越小。因此，高于2.5倍太阳质量时，之前所描述过的不稳定的内核条件便不再出现。如图9.16所示，在氦开始聚变形成碳时，4倍太阳质量的红巨星仍然保持红巨星状态。恒星不会突然跳到水平

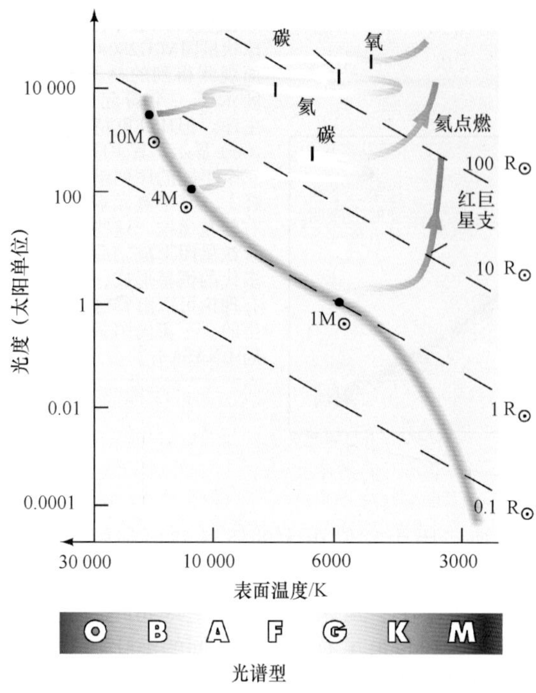

▲图9.16 大质量恒星的演化轨迹

1倍、4倍和10倍太阳质量恒星的演化轨迹（对小质量恒星而言，只显示到氦被点燃）。质量相当于太阳的恒星几乎是沿着巨星支垂直上升，而更大质量的恒星大致沿水平方向移动，从主序横跨赫罗图到达红巨星区域。图中质量最大的恒星会顺利地度过每一个新的燃烧阶段。质量大于2.5倍太阳质量的恒星不会发生氦闪。一些元素在图中被标示出来，在对应的位置上，恒星内核正好开始相应的聚合过程。

支，也没有后续的重新沿巨星支的上升。相反，恒星在赫罗图的顶端附近来来回回地平稳循环运动。

更重要的差异发生在质量约为8倍太阳质量时——9.1节提到过的大质量恒星和低质量恒星的分界线。低质量恒星永远不能达到发生碳原子核聚变所需的6亿开，因此它们的结局是碳-氧（或可能是氖-氧）白矮星。然而，大质量恒星可以聚变的不仅仅是氢和氦，随着恒星内核不断地收缩并且中心温度不断地升高，也能发生碳、氧甚至是更重元素的聚变。随着内核演化，核聚变的速度也会加速。

如图9.16所示，10倍太阳质量的恒星演化过程如此之迅速，以至于恒星甚至在氦聚变开始之前也不会进入红巨星区域。当它仍然十分接近主序时，恒星的中心温度就已经达到了10^8 K。随着中心的每一种元素由于燃烧而被消耗掉，内核收缩并升温，核聚变开始重新发生。新的内核形成，再次收缩，再次升温，不断往复。恒星的演化轨迹继续平滑地穿过赫罗图的超巨星区域，似乎不会受到每一次新燃烧阶段的影响。随着恒星的表面温度降低，恒星的半径增大，膨胀成为一颗红超巨星。∞（6.4节）

随着越来越重的元素以不断加快的速度形成，图9.16所示的大质量恒星就非常接近它生命的终点了。我们将在下一章里更详细地讨论这类恒星的演化和最终命运。在这里只想说，这样的恒星注定会死于猛烈的超新星爆发——这是一种灾难性的爆炸，不夸张地说，释放的能量很可能会将恒星撕成碎片——就在内核开始发生碳和氧的聚变反应之后不久。对大多数实际的观测研究来说，大质量恒星的演化如此之快，在离开主序后不久，它们就爆炸并且死亡了。

猎户星座中的亮星参宿七是主序后蓝超巨星的一个好例子。参宿七的半径为太阳的70倍，总光度超过60 000太阳光度，它起源时的质量大约是17倍太阳质量，尽管从其形成以来，剧烈的恒星风可能已经带走了其质量的一部分。虽然仍然接近主序，但参宿七可能已经在内核中开始了氦到碳的聚变。

也许最著名的红超巨星是同样位于猎户座的参宿四（如图6.8和图6.11所示），它和参宿七并享该星座最亮的星的称号。它的光度约是太阳在可见光波段亮度的10^4倍，在红外波段亮约4倍。天文学家认为，目前在参宿四的内核中，正在将氦聚合成碳和氧，但它的最终命运还是不确定的。我们知道得最多的是，这颗恒星在形成时的质量在12～17倍太阳质量之间。然而，与参宿七以及其他许多超巨星一样，参宿四有着强烈的星风，并且被它自己造成的巨型尘埃壳层包围着（见探索9-2）。它也在脉动着，半径有着大约60%的变化。脉动和强烈的星风可能与恒星表面观测到的巨型黑子有关（见图6.11）。这些合在一起暗示了，参宿四自形成以来，已经流失掉了许多质量，但仍然无法确定到底流失了多少。

探索9-2

巨星的质量流失

天文学家现在知道，所有光谱型的恒星都是活动的，有着星风。高光度的、炽热的、蓝色的O型和B型恒星的星风是迄今为止最强的。卫星和火箭观测表明，它们的星风速度可以达到3000 km/s。

强劲的星风导致每年的质量流失有时会超过10^{-6}太阳质量。在相对较短的100万年的时间跨度内，这些恒星会将其总质量的十分之一吹进太空——比整个太阳质量还大的物质。在恒星本身发出的强烈紫外辐射压力的直接驱动下，强大的恒星风会将星际气体吹出巨大的空腔。

这幅黑白照片显示了超巨星船底座AG——超过50倍太阳质量，比太阳亮100万倍——正在失去它的外层大气。这颗恒星展示了被吹出的巨大气体和尘埃云。（位于中心的恒星被有意遮挡，以便能够更清楚地显示周围暗弱的星云；垂直的亮线也是人工造成的——是用于遮挡恒星的光学系统引起的效应。）

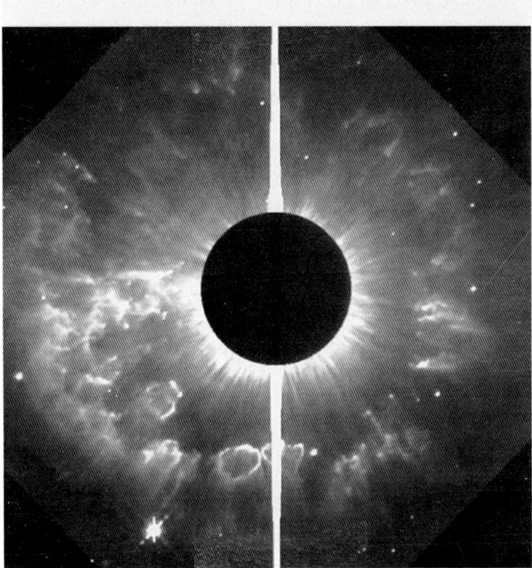

[美国国家航空航天局(NASA)]

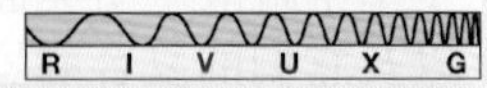

附带的四幅哈勃图像捕获了2002年下半年的另外一次恒星爆发，在此期间，恒星增加了比50万倍太阳光度还多的光度。这颗恒星，有着拗口的名字，叫作麒麟座V838，是一颗有着高度光变（对其原因知之甚少）的红超巨星，距离我们约20 000光年。实际上，这里我们所看到的不仅是有物质正在如图所示快速地向外喷涌而出；还有一阵猝发的光——通常被称为“回光”——照亮了现在环绕恒星的气体和尘埃壳层，但其实壳层已经形成很久了。最右边的图像尺度大约是7光年。

使用射电、红外和光学望远镜所做的观测已经表明，明亮的低温恒星（比如K型和M型红巨星）也有质量流失，流失速度与那些明亮的炽热恒星的质量流失速度相当。然而，红巨星的星风速度要更低，平均只有30 km/s。这些星风带进太空的质量与O型恒星星风的大致相当，因为它们的密度一般要大得多。另外，由于明亮的红巨星本质上是低温天体（表面温度只有大约3000K），而且它们几乎没有紫外辐射，因此驱动星风的机制必然与明亮炽热的恒星驱动星风的机制不同。我们只能推测红巨星大气中的气体湍流、磁场或者两者的共同作用都与此有关。红巨星的表面条件在某些方面类似于那些金牛座T型原恒星，它们也有着剧烈的星风。可能是相同的基本机制——剧烈的表面活动——导致了这两种星风的产生。

与炽热恒星的星风不同，这些低温恒星的星风有着更多的尘埃颗粒和分子。几乎所有的恒星最终都会演变为红巨星，因此这类星风是星际空间的气体和尘埃的主要来源，同时也提供了恒星形成循环和星际介质演化之间的重要纽带。

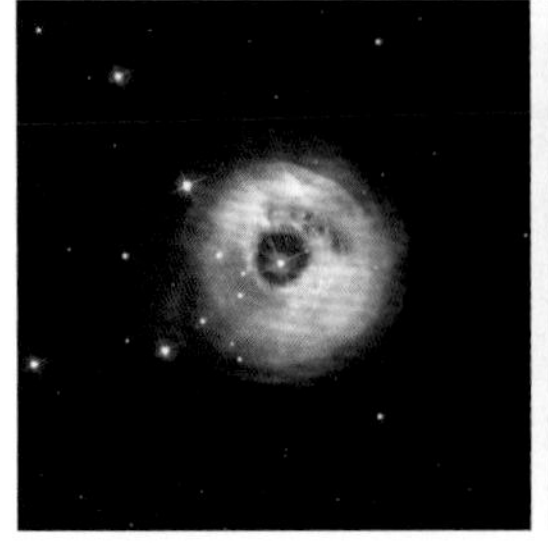

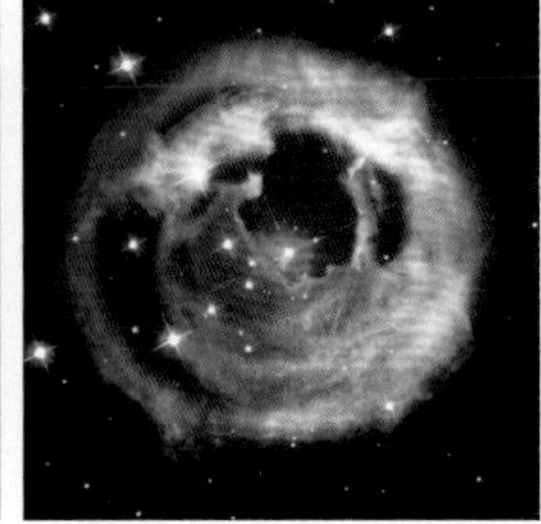

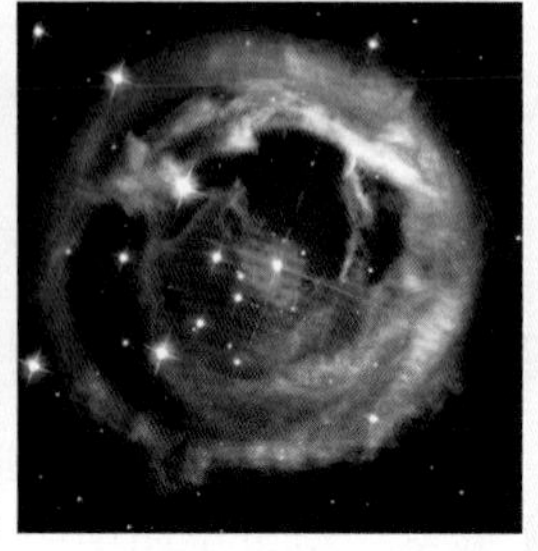

[美国国家航空航天局(NASA)]

R I V U X G

表9.3　不同质量恒星的演化终点

初始质量/太阳质量	最终状态
少于0.08	（氢）褐矮星
0.08～0.25	氦白矮星
0.25～8	碳–氧白矮星
8～12（近似）①	氖–氧白矮星
大于12①	超新星(第10章)

① 准确的数字取决于恒星在主序上和离开主序后的质量流失（我们对此知之甚少）。

路的尽头

原恒星和恒星的演化是因为引力总是倾向于促使不燃烧的恒星内核收缩并加热。收缩一直不停，直到由于电子简并压使之停止或是引发新一轮的核聚变。在后一种情况下，一颗新的不燃烧的内核出现，于是整个过程开始重复。恒星的质量越大，在恒星最终死亡前重复的次数越多。表9.3列出了一些不同质量的恒星可能的演化结果。出于完整性考虑，褐矮星——无法在其内核开始氢聚变的低质量原恒星的最终产物——也一并列出。∞（8.3节）

注意，我们之前的“低质量”和“大质量”之间的8倍太阳质量分界线实际指的是碳内核形成时的质量。由于非常明亮的恒星往往也有强烈的星风（探索9–2），因此，质量在10～12倍太阳质量之间的主序恒星仍然可能成功地避免成为超新星。很遗憾，我们不知道参宿四或参宿七到底损失了多少质量，因此我们仍然不能判定它们是否处于成为超新星的质量阈值之上还是之下。或是爆发，或是反之成为一颗氖–氧白矮星，我们现在无法判断。我们可能只有等着瞧了——在大约100万年内我们就能搞清楚!

概念理解 检查

✓ 大质量恒星和小质量恒星演化的本质区别是什么?

9.5　星团内的恒星演化

星团提供了完美的验证恒星演化理论的实验室。给定星团中的每一颗恒星几乎都是同时形成的，来自于同一团星际云，有着几乎相同的成分。由于星团内不同恒星之间只有质量变化，因此我们能够用非常简单明了的方式去验证理论模型的准确性。我们已经较为详细地研究了单颗恒星的演化轨迹，现在让我们来考虑它们随时间的面貌变化。

第8章中，我们看到天文学家通过确定哪些恒星已经离开主序来估计星团的年龄。∞（8.6节）事实上，用于年龄测量的主序生命期只代表了从恒星演化的理论模型中获得的很小一部分数据。从零龄主序开始，天文学家可以预言新诞生的星团在后续任何时间内的准确外观——哪些恒星位于主序，哪些恒星变成巨星，还有哪些恒星本身已经燃烧殆尽。尽管我们不能进入恒星内部来验证我们的模型，但是我们能够用理论预测来比较恒星的外表。具体地说，理论和观测符合得相当好。

演化星团的赫罗图

我们的研究开始于星团形成后不久，这时主序上部已经完全形成，恒星燃烧稳定，并且低质量的恒星刚开始进入主序，如图9.17（a）所示。在此早期阶段，星团的外观主要由其质量最大的恒星所决定——明亮的蓝超巨星。现在让我们跟随星团随时间前行，看看它如何在赫罗图上演化吧。

图9.17（b）显示了1000万年以后，星团赫罗图的样子。质量最大的O型恒星已经离开主序。就像刚讨论过的，它们中的大多数已经爆炸并消失了，但可能仍有一两颗成了可见的红超巨星。星团中余下恒星的外观没有太大的改变——它们的演化太慢，在这样一个相对较短的时间内，不足以发生什么变化。星团的赫罗图表明，主序被稍稍截断，伴随有相当不明显的红巨星区域。图9.18展示了孪生疏散星团英仙座h和 χ（希腊字母），以及它们的复合赫罗图。比较图9.18（b）的赫罗图与图9.17的赫罗图，天文学家估计这对星团的年龄约为1000万年。

一亿年以后［见图9.17（c）］，比B5型恒星（约4～5倍太阳质量）亮的恒星已经离开主序，可见更多的几颗红超巨星。此时，星团中的大部分低质量恒星终于到达主序阶段，尽管最暗的M型恒星可能仍然处于收缩阶段。星团的外观现在由明亮的B型主序恒星和更亮的红超巨星所主导。

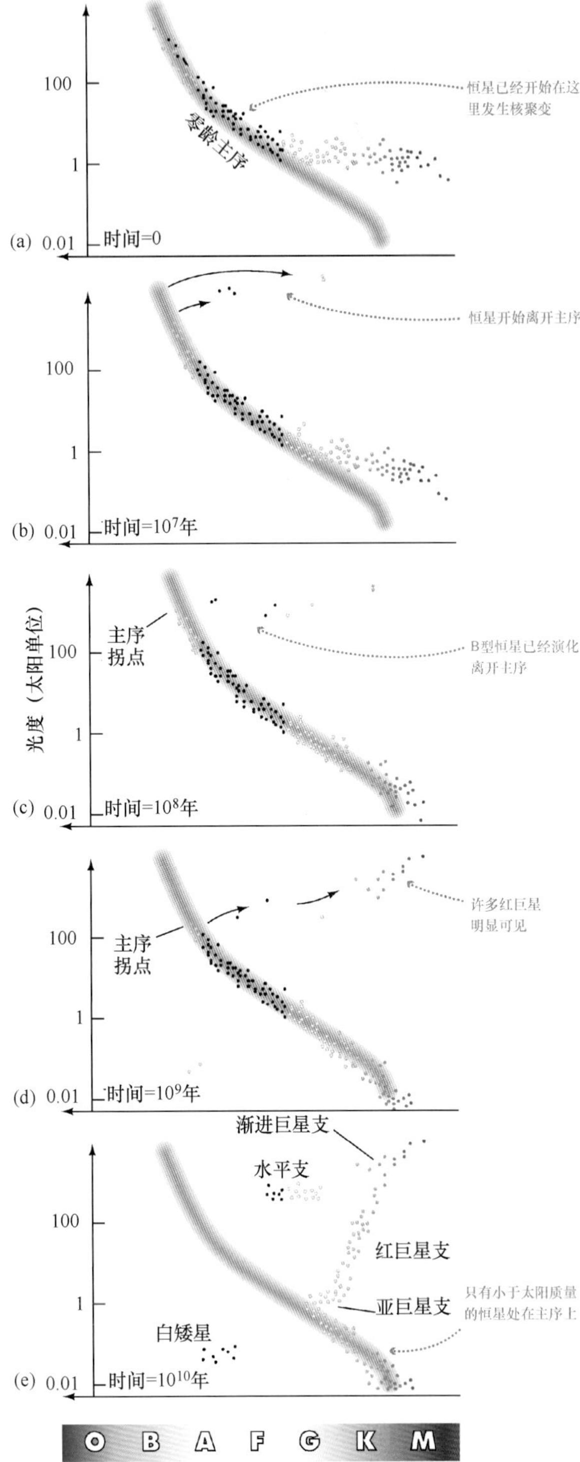

▲图9.17 赫罗图上的星团演化

这是一个假想的、演化中的星团的赫罗图。（a）最初，位于主序顶端的恒星已经开始稳定地燃烧，而主序的底部仍在形成当中。（b）到10^7年时，O型恒星已经离开主序（如箭头所示），可以看见一些红巨星。（c）到10^8年时，可见更多的红巨星，主序的底部几乎完全形成。（d）到10^9年时，亚巨星支和红巨星支已经变得明显了，主序底部已经完全形成。（e）到10^{10}年时，星团的亚巨星支、红巨星支、水平支和渐进巨星支都清晰可见，许多白矮星已经形成。

在星团演化的任何时候，原始的主序在某一确定的恒星质量大小之下仍然保持原封不动，对应于刚好在那一瞬间离开主序的恒星。我们可以将其想象成主序在被从上到下地“剥离”，随着时间的推移，越来越暗的恒星渐渐改变方向，前往巨星支。天文学家将观测到的主序的最亮一端称为**主序拐点**。任意时刻正好演化离开主序的恒星质量被称为**拐点质量**。

在10亿年时，主序的拐点质量大约是两倍太阳质量，大致对应于光谱型A2 的恒星。此时刚好可见与低质量恒星演化相关联的亚巨星和巨星支，如图9.17（d）所示。主序底部的形成现在已经完成。另外，第一代白矮星刚刚出现，尽管它们通常太过暗弱，在多数星团所处的距离上无法被观测到。图9.19展示了毕星团和它的赫罗图，看起来介于图9.17（c）和图9.17（d）之间，这意味着该星团的年龄约为6亿年。

到100亿年时，拐点到达光谱型为G2型的与太阳质量相当的恒星处。现在，亚巨星和巨星支都清晰可见［见图9.17（e）］，水平支和渐进巨星支则有区别地出现在赫罗图中，星团中也出现了许多白矮星。尽管处于所有这些演化阶段的恒星类型在图9.17（d）所示的年龄为10亿年的星团里也出现过，但那时它们的数量很少——一般只占星团恒星总数的几个百分点。另外，由于大质量恒星演化得如此迅速，因此它们在不同区域出现的时间非常短。低质量恒星数量更多，演化也更加缓慢，因此它们中的多数在赫罗图上给定区域内所待的时间更长，使得它们的演化轨迹更容易分辨。

图9.20展示了球状星团杜鹃座47。通过细致地调整理论模型，直到星团的主序、亚巨星支、红巨星支和水平支都吻合得很好，天文学家才确定了杜鹃座47的年龄在100亿～120亿年之间，比图9.17（e）中假想的星团要年老一些。事实上，用这种方法确定的球状星团的年龄范围非常小——银河系中所有的球状星团似乎都是在100～120亿年前形成的。

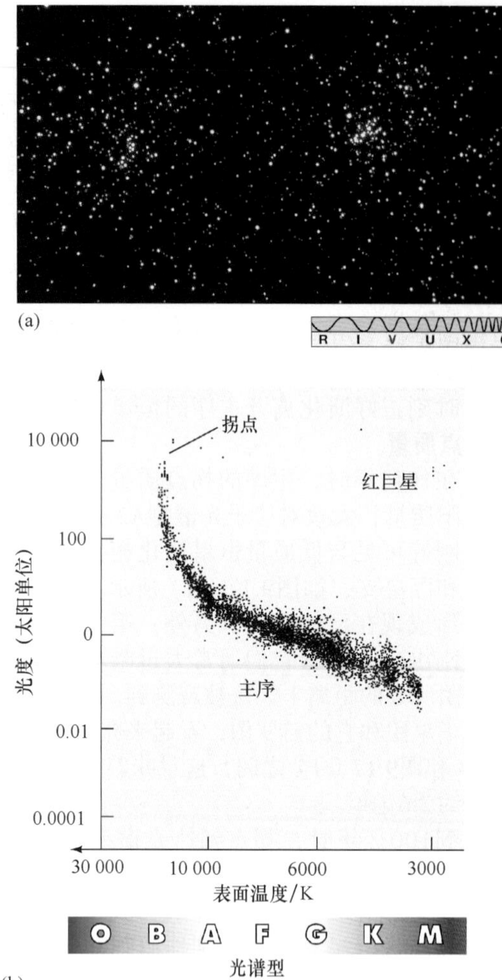

▲图9.18 新诞生星团的赫罗图

（a）“双重星团“英仙座h和x，这两个疏散星团看起来似乎是同时形成的，甚至可能互相绕转。（b）这对赫罗图表明其中的恒星非常年轻——可能只有1000万年到1500万年的历史。即便如此，质量最大的恒星也已经离开主序了。［美国国家光学天文台（NOAO），数据取自T. 柯里（T.Currie）］

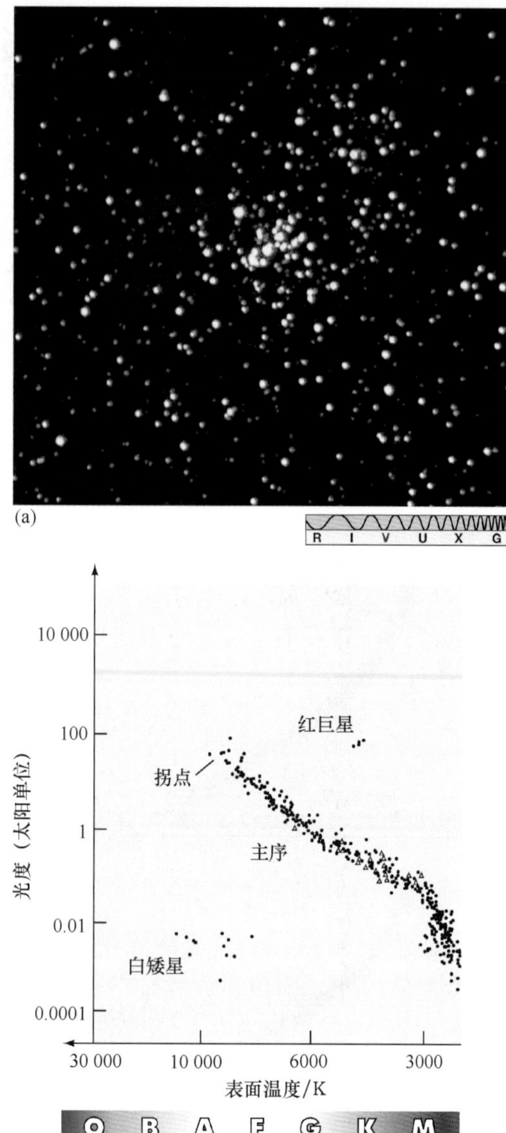

▲图9.19 年轻星团的赫罗图

（a）位于金牛座的毕星团是一个相对年轻的星团，肉眼可见，距离为150光年。（b）该星团的赫罗图大致在光谱型为A型的恒星处被切断，意味着它的年龄约为6亿年。一些大质量恒星已经变成了白矮星。［美国国家光学天文台（NOAO）、欧洲航天局（ESA）］

恒星演化理论

有关恒星生与死的现代理论是科学方法在起作用的一个很好的例子。∞（1.2节）面对海量的观测数据，却只有很少或者根本没有理论去整理或解释这些数据，天文学家在19世纪末和20世纪初煞费苦心地分门归类了他们所观测的恒星的属性。∞（6.5节）在20世纪上半叶，随着量子力学开始在亚原子尺度上详细解释光和物质的表象，对许多关键的恒星性质的理论解释应运而生。∞（3.2节）自20世纪50年代以来，一个真正全面的理论已经出现，它试图将原子和原子核物理、电磁学、热力学和万有引力的基本原理整合成一个连贯的整体。随着天文学家不断地磨砺他们的思想，理论和观测携手并进，互相精炼和验证对方的细节。

恒星的演化是天体物理学中非常成功的故事之一。和所有优秀的科学理论一样，它做出了有关宇宙的可以明确验证的预言，同时保持了足够的灵活性，以便在新发现出现时吸收容纳它们。在20世纪之初，一些科学家曾对了

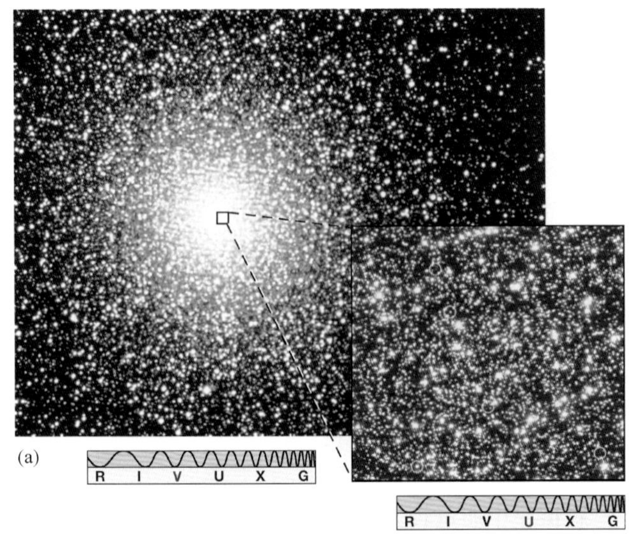

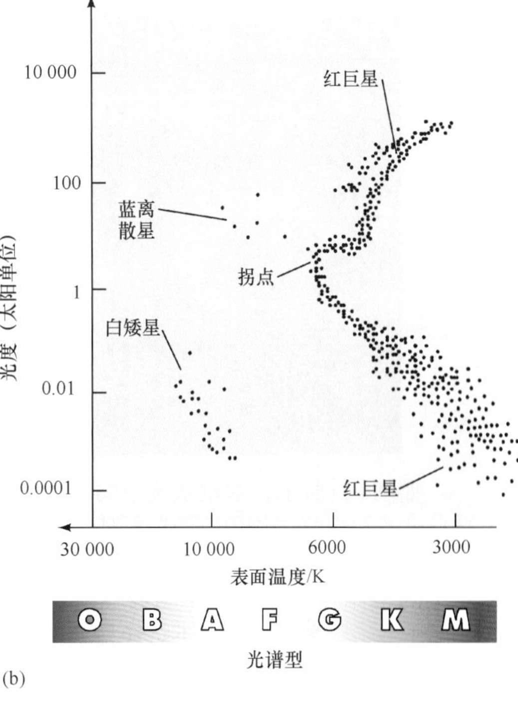

▲图9.20 老年星团的赫罗图
（a）南天球的球状星团杜鹃座47。（b） 用理论模型拟合杜鹃座的主序拐点、巨星支和水平支，得到它的年龄在120亿～140亿年之间，这使它成为目前所知的银河系中最年老的天体之一。小插入图是杜鹃座核心区域的一幅高分辨率紫外图像，由哈勃太空望远镜拍摄，显示出许多蓝离散星——位于拐点之上的主序上的大质量恒星，这些蓝离散星可能来自于双星系统的并合。（见图9.14）根据哈勃对该星团和其他星团的观测，原始数据中加入了表示白矮星、某些红矮星和蓝离散星的点。白矮星取自于M4星团（见图9.13）。图中显示的最暗弱的主序恒星的数据来自于地面的观测。主序下部的增宽几乎完全由观测限制所导致，这使得精确确定低光度恒星的视亮度和颜色变得很困难。［欧洲南方天文台（ESO）、美国国家航空航天局（NASA）］

解恒星的成分感到绝望，更不用说去了解恒星为何发光、如何演变了。如今，恒星演化理论是现代天文学的一块基石。它的预言扩展了我们在书本中对宇宙的认识，超越了可观测宇宙的限制。

科学过程理解 检查

√ 为什么观测星团对恒星演化理论如此重要？

9.6 双星系统中的恒星演化

我们注意到，银河系中的大多数恒星并不是孤立的，实际上是双星系统的成员。然而，到目前为止，我们对恒星演化的讨论仅仅只关注了独立的恒星。这样的片面性关注提醒我们要考量双星系统的成员对我们刚刚描述过的恒星演化轨迹会产生怎样的改变。事实上，由于核聚变发生在恒星深处的内核中，伴星的存在是否根本不会有任何显著的影响呢？也许答案并不令人惊讶，这取决于所讨论的两颗恒星之间的距离。

对那些成员星分隔得非常远的双星系统来说——也就是说，恒星之间的距离可能大于1000个恒星半径——两颗恒星的演化或多或少是彼此独立的，每一颗都遵循特定质量的单星所对应的轨迹。然而，如果两颗恒星距离更近，那么其中一颗恒星的引力牵引可能会严重影响另一颗恒星的包层。在这种情况下，二者的物理性质都可能大大偏离那些孤立单星的计算结果。

例如，考虑大陵五（英仙座贝塔星，英仙座中第二亮的恒星）。通过研究它的光谱以及光度变化，天文学家确认，大陵五实际上是双星（事实上，是一颗交食双线分光双星，如第6章所述），并且非常准确地测量得到了它的性质。∞（6.7节）大陵五由一颗3.7倍太阳质量的、光谱型为B8（蓝巨星）的主序星和一颗质量为太阳质量的4/5的亚红巨星伴星组成，伴星在非常接近主星的圆轨道上运动。两颗恒星相距400万千米，轨道周期约为3天。

乍看之下，这些发现似乎有些古怪。根据我们之前的讨论，较大质量的主序星应该比较小质量的伴星演化得快。如果两颗恒星同时形成（假设情况如此），那么质量为太阳质量的$\frac{4}{5}$恒星首先进入巨星阶段应该是毫无希望的。要么是我们的恒星演化理论错得离谱，要么就是某些因素改变了大陵五系统的演化。幸运偏向了理论学家，后者才是实际情况。

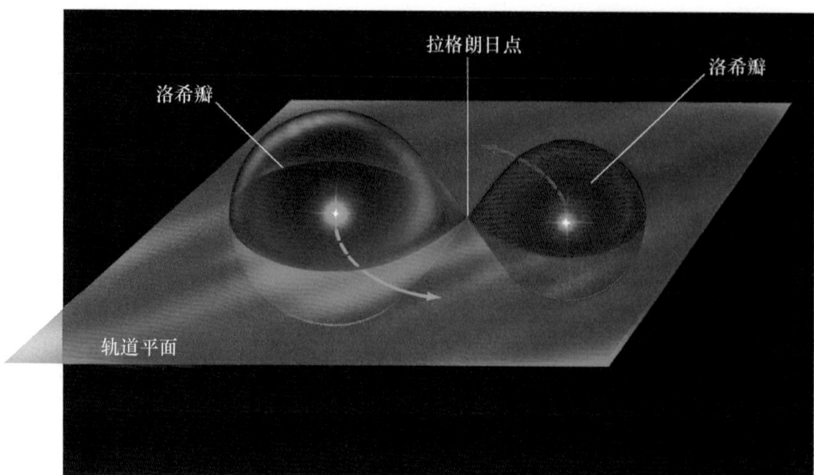

▲图9.21 恒星的洛希瓣
双星系统中每颗恒星都可看作被“作用范围”——即被洛希瓣所围绕着，在该范围内的物质被认为是恒星的“一部分”。两个泪珠状的洛希瓣在两颗恒星之间的拉格朗日点处相接。在洛希瓣之外，物质可以相对容易地在恒星之间流动。

如图9.21所示，双星系统中的每颗恒星都被自己的泪珠状“作用范围”所环绕，在该范围内，恒星的引力牵引主宰了另外那颗恒星和双星的整体转动。任何在此范围内的物质均“属于”这颗恒星，并且不会轻易流入另一颗伴星或是流出双星系统。在这两个区域之外，气体在恒星之间的流动可能相对要容易些。这两个泪珠状的区域被称为**洛希瓣**，以法国数学家爱德华·洛希命名，他在19世纪首先研究了双星问题，我们已经在书中有关行星环的部分介绍过他的工作。两颗恒星的洛希瓣在它们连线上的一点上重合——内拉格朗日点（L1），我们在第14章中讨论太阳系的小行星运动时了解过。在该拉格朗日点处，两颗恒星的引力正好相等，保持双星系统旋转的平衡。伴星的质量越大，洛希瓣越大，它的中心距离拉格朗日点也就更远（另一颗恒星距离更近）。

天文学家认为，大陵五起初是一个不接双星系统，两个成员都安定地处在各自的洛希瓣内。为参考起见，我们将现在质量为太阳质量$\frac{4}{5}$的亚巨星标为恒星1，而3.7倍太阳质量的主序星标为恒星2。最初时，恒星1是两颗恒星中质量较大的一颗，质量大概是太阳质量的3倍，因此它首先进入主序拐点。恒星2起初是一颗质量较小的恒星，质量可能与太阳相当。随着恒星1上升进入巨星支，它充满它的洛希瓣，气体开始流入恒星2。这样的物质转移使得恒星1的质量减少而恒星2的质量增加，转而使恒星1的洛希瓣随着引力的减小而收缩。这导致恒星1的物质溢出其洛希瓣的速度加快，随之发生一段不稳定的快速物质转移，将恒星1的大部分包层转移到恒星2中。最终，

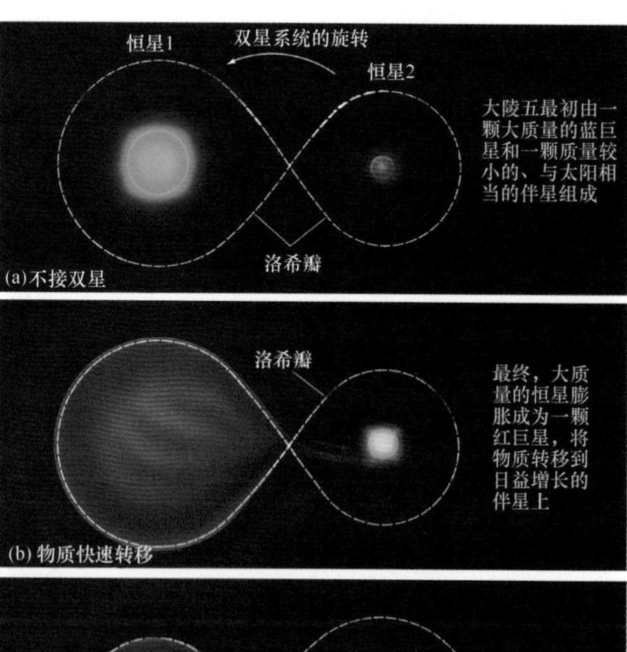

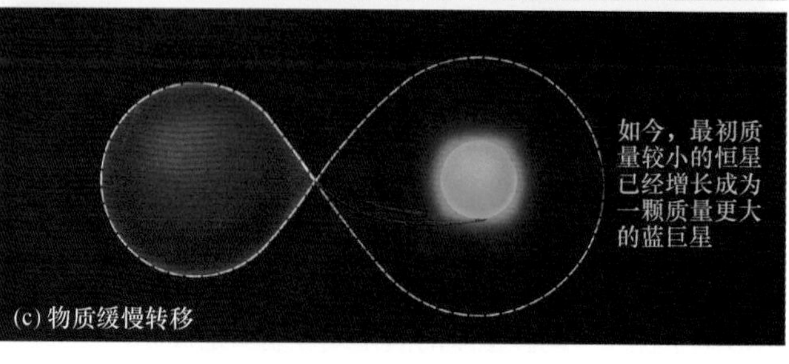

▲图9.22 大陵五的演化
（a）最初，大陵五可能是由两颗主序恒星构成的不接双星。（b）随着质量较大的成员（恒星1）离开主序，它膨胀填满它的洛希瓣，并最终溢出洛希瓣，将其大量的物质转移到质量较小的伴星（恒星2）上。（c）如今，恒星2是两颗恒星中质量较大的那颗，而它仍然处于主序阶段。恒星1仍然处在亚巨星阶段，并且仍在填充它的洛希瓣，导致物质源源不断地涌入它的伴星。

恒星1的质量变得比恒星2要小。详细的计算显示，物质转移的速度那时会急剧下降，恒星进入我们今天所见的相对稳定的状况。大陵五成员星的这些演变如图9.22所示。

在大陵五系统中，由于都是双星系统的一部分，两颗恒星的演化都发生了根本性的改变。原来质量更大的恒星1现在是一颗低质量的红亚巨星，而质量与太阳相当的恒星2现在是一颗大质量的蓝主序巨星。恒星1包层的质量流失可能会阻止其进入氦闪。相反，它裸露的核心最终可能会留下一颗氦白矮星。在几千万年内，恒星2本身也会进入巨星支并填满它自己的洛希瓣。如果恒星1那时仍然是一颗亚巨星或巨星，那么就会产生一个相接双星系统。相反，如果恒星1到那时变成一颗白矮星，那么将开始新的物质转移——物质从恒星2流回恒星1。在那种情况下（我们将在第10章中看到），大陵五可能会面临着非常活跃的且激烈的未来。

正如分子很少展现出构成它们的原子的物理或化学属性那样，双星也可以表现出与其任何成员星属性都截然不同的性质。大陵五系统是双星演化中相当简单的例子，然而它仍然给予我们这样的启示：当两颗恒星相互依存的演化时，可能会发生各种节外生枝的事情。在接下来的两章里，我们将重新回到这个话题，继续讨论恒星的演化和可能接踵而来的物质的奇异状态。

概念理解 检查

✓ 为什么理解双星的演化很重要？

终极问题 如果类太阳恒星都如此安静地、类似地结束它们的生命，那为什么它们散开的遗迹在天空中看起来如此不同？行星状星云展示出各种奇形怪状和大小，一些成环形和球状，而另一些则缠绕成结或如喷涌而出。是什么导致了这些不同的结构？这是否是由恒星本身的固有性质决定的？还是由死亡中的恒星将其物质抛向星际空间时所处的复杂环境所决定的？

章节回顾

小结

❶ 恒星大多数时间处在主序阶段，这时它们处于恒星演化的**核心氢燃烧**（p.216）阶段——在它们的中心稳定地将氢聚变成氦。当核心的氢耗尽后，恒星会离开主序。太阳大概处在其主序阶段的一半处，在大约50亿年内将耗尽氢。低质量恒星的演化比太阳要缓慢得多；而大质量恒星的演化要更快。

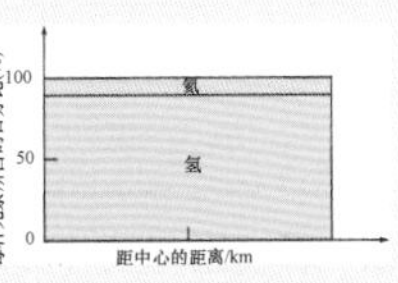

❷ 当类太阳质量恒星内部发生的核燃烧停止时，恒星核心的氦仍然太冷，不会聚变成更重的元素。没有了内部能量来源，氦核无法抵消自身的引力作用，于是开始收缩。在这一阶段，恒星处于**氢壳层燃烧**（p.217）阶段，一个不燃烧的氦核周围环绕着一层燃烧的氢。氦核的收缩所释放出的能量加热了氢燃烧壳层，大大地提高了壳层中的核反应速度，恒星于是变得更亮，而恒星包层膨胀并冷却。像太阳这样的低质量恒星在赫罗图上离开主序后，先沿着**亚巨星支**（p.218）运动，然后几乎垂直地进入**红巨星支**（p.219）。

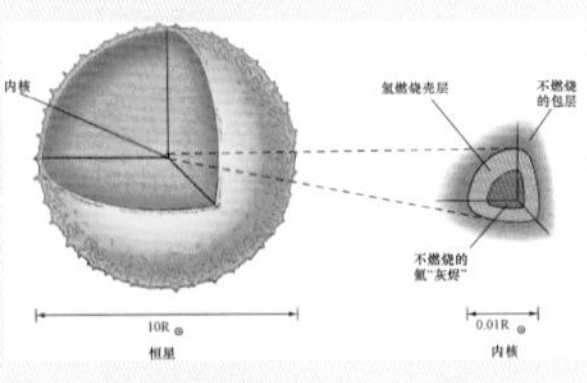

❸ 最终，类太阳恒星被压缩的内核中开始将氦聚变成碳，但在达到引发氦燃烧的条件下，内核中的电子可以看成是微小的刚性球，一旦彼此发生接触，便会有强烈的反作用，以阻止进一步地被压缩。这样的**电子简并压**（p.220）使得内核不能"影响"新的能量来源，因此氦燃烧变得非常猛烈，发生**氦闪**（p.220）。氦闪使内核膨胀并降低恒星的光度，恒星从而进入赫罗图上的**水平支**（p.220）。现在恒星有着一颗燃烧氦的内核，被燃烧的氢壳层包围着。

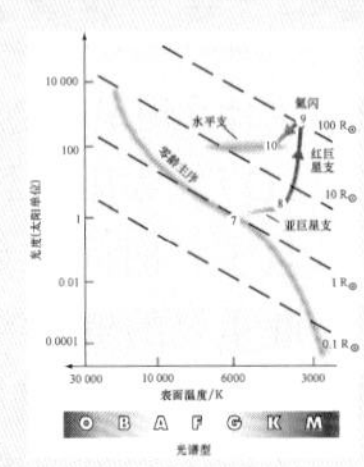

❹ 随着内核中氦的燃烧，内核中心形成不燃烧的碳。碳内核也收缩并加热覆盖在其上的燃烧层，恒星再次成为一颗红巨星，甚至比以前更明亮。它重新沿着**渐近巨星支**（p.221）进入赫罗图上的红巨

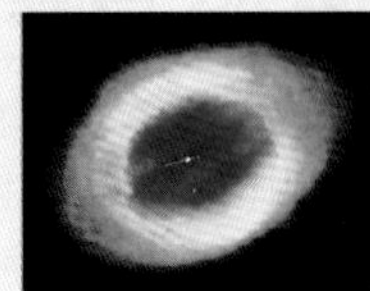

星区域。低质量恒星的内核永远不会热至引发碳聚变。这样的恒星不断地沿着渐近巨星支上行，直到它的包层被抛入太空形成**行星状星云**（p.223）。在这时，可以看见内核，它是一颗炽热、暗弱、密度极大的白矮星，而行星状星云则弥漫在太空中，将氦和一些碳带入星际介质中。白矮星慢慢冷却并消失，最终成为一颗**黑矮星**（p.227）。

❺ 大质量恒星的演化比低质量恒星的演化更迅速，因为更大的质量会导致更高的中心温度。大质量恒星不会引发氦闪，它们所获得的中心温度高得足以引发碳聚变。这些恒星会变成红超巨星，以越来越快的步伐形成越来越重的元素，最终毁于爆炸。

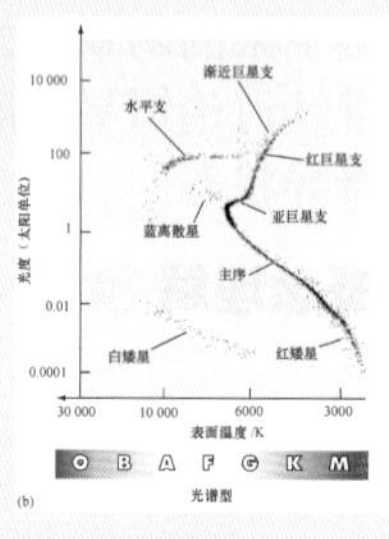

❻ 恒星演化理论可以通过观测星团来进行验证，星团里的所有恒星形成时间一致。随着时间的流逝，质量最大的恒星首先离开主序，然后是中等质量的恒星，以此类推。在任何时候，没有质量超过星团**主序拐点**（p.233）质量的恒星留在主序内。在此质量以下的恒星尚未演化成巨星，因此仍然留在主序中。将主序拐点质量与理论预测进行比较，天文学家可以得到星团的年龄。

❼ 由于与伴星的相互作用，双星系统中的恒星演化与孤立恒星的演化截然不同。每颗恒星都环绕着一个泪珠状的**洛希瓣**（p.236），洛希瓣可以区分哪些空间范围内的物质“属于”这颗恒星。随着双星中的一颗演化进入巨星阶段，它的物质可能溢出它的洛希瓣，从而气体会从巨星流向它的伴星。双星的恒星演化可以产生单颗恒星无法企及的阶段。在一个分隔得足够远的双星系统中，恒星成员演化如同它们孤立时的演化一样。

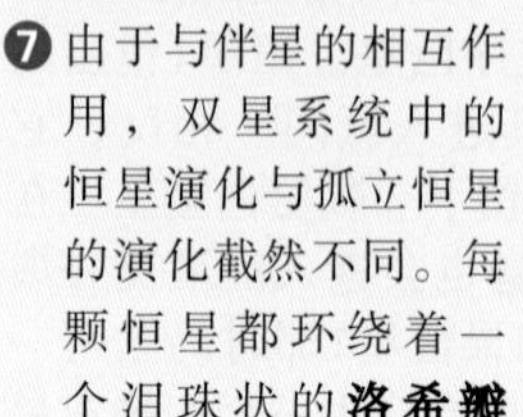

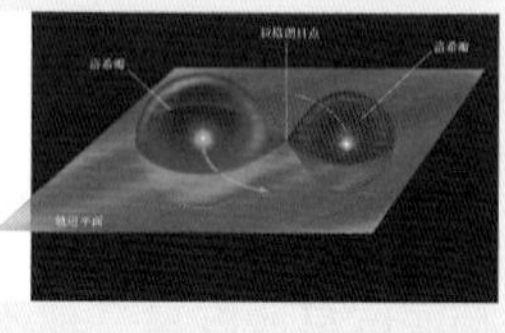

标记**POS**的问题探索科学过程。标记**VIS**的问题着重于阅读和视听资讯的理解。
LO后紧跟的是本章引言中学习目标的编号。

指定的课后作业请访问MasteringAstronomy网站。

复习与讨论

1. 为什么恒星不会永远存在？哪种恒星的寿命最长？
2. **LO1**像太阳一样的恒星在其核心内能保持燃烧氢多长时间？为什么恒星核心中氢的消耗是如此重要的事情？
3. **LO2**当太阳进入红巨星阶段时，大致有多大（用天文单位表示）？
4. 类太阳恒星从主序演化到红巨星支顶端需要多长时间？
5. 是否所有恒星最终都会在核心中进行氦聚变？
6. **LO3**什么是氦闪？
7. 描述来自红巨星的星风与星际介质有着怎样的重要关系。
8. 渐进巨星支上的恒星内部结构是什么样的？
9. **LO4**什么是行星状星云？为什么许多行星状星云会呈现出环状？
10. 什么是白矮星？为什么很难观测它们？
11. **LO5**大质量恒星的演化后期与低质量恒星的演化后期有何不同？
12. **LO6 POS**天文学家如何验证恒星演化理论？
13. **POS**天文学家如何测得星团的年龄？
14. **LO7**什么是双星系统的洛希瓣？
15. 为什么由低质量红巨星绕着大质量主序恒星运转构成的双星系统大陵五比较古怪？为何大陵五会出现这样的构型？

概念自测：选择题

1. 当耗尽：（a）所有的氢；（b）一半氢；（c）内核中绝大多数氢；（d）所有的气体时，恒星会演化离开主序。
2. 在主序上，大质量恒星：（a）通过燃烧氦来保留氢燃料；（b）氢的燃烧比太阳要快；（c）氢的燃烧比太阳慢；（d）演变成类太阳恒星。

3. 相比赫罗图中的其他恒星，红巨星的名字来源是因为它们：（a）较冷；（b）较暗；（c）密度较高；（d）年龄较小。
4. 当太阳处于红巨星支时，它将位于赫罗图的：（a）左上；（b）右上；（c）右下；（d）左下。
5. 水平支上的类太阳恒星在内核中开始氦聚变后，内核随时间变得：（a）更热；（b）更冷；（c）更大；（d）更暗。
6. VIS透明叠图3展示了一颗类太阳恒星的演化轨迹，如果用一颗质量大得多恒星的演化轨迹来替代，那么它的起始点（第7阶段）将位于：（a）右上；（b）左下；（c）左上；（d）右下。
7. 支撑白矮星的压力来自于紧密压缩的：（a）电子；（b）质子；（c）中子；（d）光子。
8. VIS 图9.3，“赫罗图中的红巨星”中，当太阳离开主序时，它将变得：（a）更热；（b）更亮；（c）质量更大；（d）更年轻。
9. 类太阳恒星最终将成为一颗：（a） 蓝巨星；（b）白矮星；（c）双星；（d）红矮星。
10. 与太阳相比，位于赫罗图底部左边范围内的恒星：（a）更年轻；（b）质量更大；（c）更亮；（d）更致密。

问答

问题序号后的圆点表示题目的大致难度。

1. ●当大约有10%的氢聚变成氦时，太阳会离开主序阶段。利用5.5节和表5.2中所给的数据，计算在此过程中消耗的总质量（即有多少转化为能量）和释放的总能量。
2. ●用半径–光度–温度关系计算温度为3000K，总光度为10000倍太阳光度的红巨星的半径。（6.4节）这颗恒星会吞没太阳系中的多少行星？
3. ●如果太阳的表面温度为3000K，半径为（a）1天文单位或（b） 5天文单位，那么它的光度是多少？
4. ●利用半径–光度–温度关系计算温度为12 000K（太阳温度的两倍），光度为太阳光度万分之四的白矮星的半径。
5. ●●太阳会在主序上驻留10^{10}年。如果主序星的光度与恒星质量的四次方成正比，那么形成于（a）4亿年前或（b）20亿年前的星团中刚刚离开主序的恒星的质量是多少？
6. ●●一颗主序恒星的距离是20pc，用某台望远镜勉强能看见它。这颗恒星接着进入巨星支，在此期间它的温度降低$\frac{1}{3}$，半径增加100倍。那么用同一台望远镜仍然能看到这颗恒星的新的最大距离是多少？
7. ●计算一颗0.25太阳质量，半径为15 000km的红巨星内核的平均密度。将你的计算结果与巨星包层的平均密度相比，如果它的质量为太阳质量的一半，半径为0.5天文单位，密度等于太阳的中心密度。∞（5.2节）
8. ●●参宿四的半径在3年的周期内会变化约60%。如果恒星的表面温度大致保持不变，那么在此期间它的绝对星等变化了多少？

实践活动

协作项目

指环星云（M57）可能是最著名的行星状星云。它的星等为9等，很暗，但用6in或更大口径的望远镜能显示其结构。要找到它，先要找到天琴座贝塔星和伽马星，它们分别是天琴座中第二亮和第三亮的恒星。指环星云就位于二者之间，大概在贝塔星到伽马星的三分之一位置处。不要期望指环星云看起来像你所见过的哈勃图片那样五彩缤纷！你能看到什么颜色？梅西耶星表包括了其他三个行星状星云——M27（哑铃星云）、M76（小哑铃星云）和M97（猫头鹰星云）。查询一下网络星表，看看你是否能找到它们。后面的两个将最具挑战性。

个人项目

你能找到毕星团吗？它的距离大约为46pc，位于金牛座，构成公牛的“脸”。它看起来像是环绕着非常明亮的毕宿五——公牛之眼，这使得我们能很容易地在天空中找到它。毕宿五是一颗低质量的红巨星，质量大约是太阳质量的两倍，可能正处在其演化的渐进巨星支阶段。毕宿五并不是毕星团的一部分，尽管看起来似乎是这样。事实上，它的距离仅是毕星团的一半左右——大约距地球20pc。

10

第10章 恒星爆发

新星、超新星，以及元素的合成

当一颗恒星耗尽燃料时，等待它的将是什么命运？对于一颗低质量恒星，白矮星并非是必然的归宿——如果它有一颗能提供额外燃料的双星伴星，那么它仍有继续发生剧烈活动的可能。对于大质量恒星而言，无论存在双星伴星与否，它们必然在一次爆发中走向死亡。这个过程将释放巨大的能量，产生许多种元素，并将爆发的残骸抛洒在星际空间。

这些灾难性的爆发可能引发新恒星的形成，继续恒星生与死的循环。在本章，我们将更详细地探讨恒星爆发的过程，以及那些构成我们人类自身元素的产生机制。

知识全景 一些恒星的死亡会引起其他恒星的诞生，这个想法从哲学上看有些意思。建立、分解、变化……尘归尘、土归土是一个科学概念。构成我们世界以及我们自身的许多元素，都是产生于那些年代久远的恒星的剧烈爆炸中。我们主要由星尘构成，这听起来很有诗意，但这确实是真的。

左图：比铁更重的所有元素都是产生于超新星——这是标志着大质量恒星死亡的剧烈恒星爆发。在整个天空中的许多位置都观测到过超新星，它们常常位于远离我们银河系的星系中。这幅数十亿比特的图片由哈勃太空望远镜拍摄的多幅照片组成，它展示了一个距离我们更近的例子——距我们6500光年之遥的蟹状星云。现在我们看到的残骸分布在5光年宽度的空间内，不同的颜色代表着各种元素。这次爆发实际被观测到是在约1000年前——当一颗大质量恒星把自己炸成碎片时。［空间望远镜科学研究所（STScI）］

学习目标

本章的学习将使你能够：

1. 解释双星系统中的白矮星如何能发生爆发活动
2. 总结引发大质量恒星剧烈死亡的一系列事件
3. 描述两种类型的超新星，并解释它们是如何形成的
4. 提供我们的银河系出现超新星的观测证据
5. 解释比氦重的元素的起源，并讨论这些元素对研究恒星演化的意义
6. 概括宇宙如何不断地在恒星和星际介质间交换物质

精通天文学

访问MasteringAstronomy网站的学习板块，获取小测验、动画、视频、互动图，以及自学教程。

(a)

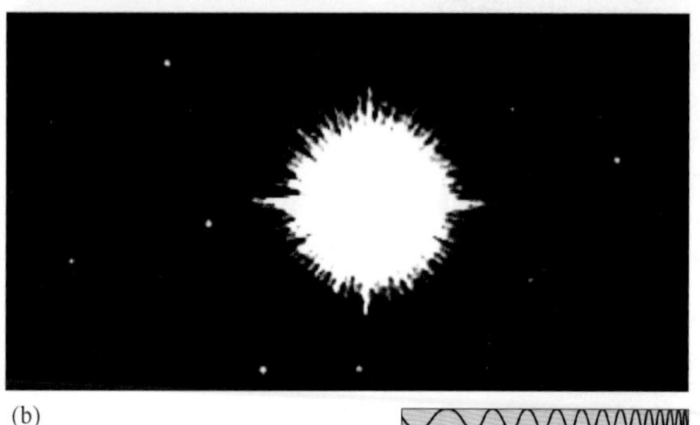

(b)

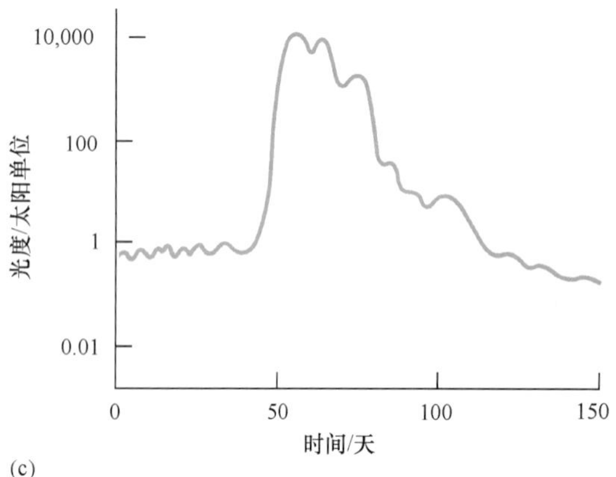

(c)

▲图10.1 新星
分别在（a）1934年3月和（b）1935年5月拍摄的武仙座新星的图片，1年间该新星的亮度增大了60 000倍。（c）一颗典型新星的光变曲线会在迅速上升后再缓慢下降，这很吻合新星是白矮星表面核爆闪光的解释。［加利福尼亚大学（UC）/利克天文台（Lick Observatory）］

10.1 白矮星的涅槃重生

虽然大部分恒星日复一日、年复一年稳定地放出光芒，但有些恒星的亮度会在非常短的时间内发生巨大变化。有一类恒星叫作**新星**（nova，复数形式：novae），它的亮度可能会在几天增加上万倍甚至更多，而后在几周或几个月的时间里再慢慢恢复到最初的光度。“nova”这个词在拉丁语中意味着“新”，对于早期观测者来说，这类恒星看起来确实是新的，因为它们在夜空中突然出现。现在，天文学家们意识到新星完全不是一颗新的恒星，正相反，它是一颗白矮星。这类恒星通常非常黯淡，其表面正在发生一场爆炸，导致恒星光度迅速、短暂地升高。

图10.1（a）和图10.1（b）说明了一颗典型新星亮度的升高。图10.1（c）显示了一颗新星的光变曲线，说明其光度如何在几天内急剧上升，然后在几个月的时间里逐渐降低至正常水平。平均每年能观测到两三颗新星。天文学家还知道许多复发新星——在几十年内若干次地被观测到这些恒星“成为新星”。

什么可能导致这些黯淡的、死亡的恒星发生如此爆发呢？这个过程产生的能量太高，无法用耀斑或者其他表面活动来解释。正如我们在前一章看到的，矮星的内部没有核反应。∞（9.3节）要理解到底发生了什么事情，我们必须再次考虑低质量恒星进入白矮星阶段后所面临的命运。

我们在第9章提到，白矮星阶段意味着一颗恒星演化的终点。接下来，恒星只是变冷，最后变成一颗黑矮星——星际空间的燃烧灰烬。对于一颗类似于我们太阳的孤立恒星，这一场景非常正确。但如果这颗恒星属于双星系统，就会有一种新的重要的可能性。如果双星系统中两颗恒星的距离足够近，那么矮星的潮汐引力场就能从主序星或者巨星伴星的表面吸引物质，这些物质主要是氢和氦。双星系统将成为物质交换的系统，这与我们在第20章讨论的情况类似。从伴星流出的气体流将经过内拉格朗日点（L1），然后落到矮星上。∞（9.6节）

由于双星系统的自转以及矮星较小的体积，伴星物质不会直接落到矮星上，如图9.21所示。相反，这些物质会“越过”这一致密星，围绕在其周围，并进入环绕矮星的轨道，形成一个漩涡。这一扁平状的物质盘被称作**吸积盘**，如图10.2所示。由于气体内部的黏性效应（即摩擦），在吸积盘中环绕的物质会逐渐向内漂移，随着它沿着螺旋轨道落到矮星表面，其温度也逐渐上升。吸积盘内部的温度非常高，会在可见光波段、紫外波段，甚至是电磁波谱的X射线部分产生较强辐射。在很多双星系统中，吸积盘的亮度超过白矮星本身，是

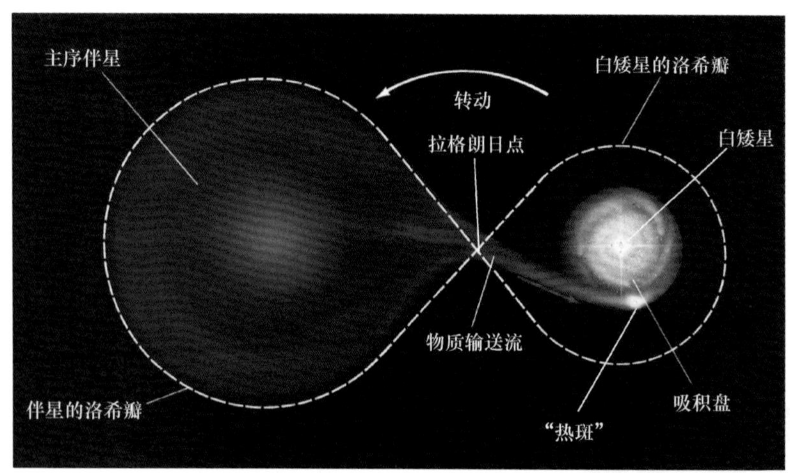

▲图10.2 密近双星系统
如果半接双星系统中的白矮星与它的伴星（图中的情形是一颗主序星）足够近，它的引力场可以从伴星表面撕扯物质。对比图9.22，但注意，与早些时候图中展示的场景不同，物质不是直接落到白矮星表面。相反，它形成一个气体的吸积盘，螺旋式地落到矮星的表面。

新星爆发过程中的主要光辐射来源。在许多星系的新星中，通常都能观测到炙热吸积盘发出的X射线。在向内迁移的物质流与吸积盘撞击的地方，通常会形成动荡的"热点"，使双星系统发出的光辐射出可被探测到的波动。

当"偷来"的气体在白矮星表面堆积时，它的温度变得越来越高。最终，它的温度超过了10^7K，导致氢元素被点燃，并以惊人的速度合成为氦。图10.3（a）~（d）说明了发生的时间顺序。这一表面燃烧过程虽然短暂却很剧烈：恒星的亮度突然上升，之后随着一些燃料的耗尽而黯淡下来，燃烧的残骸被吹散到星际空间中。如果这一现象恰好能从地球看到，我们就见到了一颗新星。如图10.4所示，两颗新星显然正在抛射其表面的物质。新星亮度的下降是因为白矮星表面层被吹散到星际空间，并膨胀变冷。通过将对光变曲线细节的研究与新星结合，天文学家能获得关于白矮星及其双星伴星的丰富信息。

新星代表着双星系统中的一颗恒星能将其"活跃的生命期"延伸到白矮星阶段。原则上，复发的新星即使不能重复剧烈的爆发过程数以百次，也能重复几十次。但在恒星演化的终点，还存在更加极端的可能性。在合适的环境中，可能还会酝酿出能量更加巨大的事件。

概念理解 检查

✓ 太阳会变成一颗新星吗？

本序列始于左上角的一颗小白矮星，随着它绕转红巨星逐渐运行到右侧，最终引发爆炸。

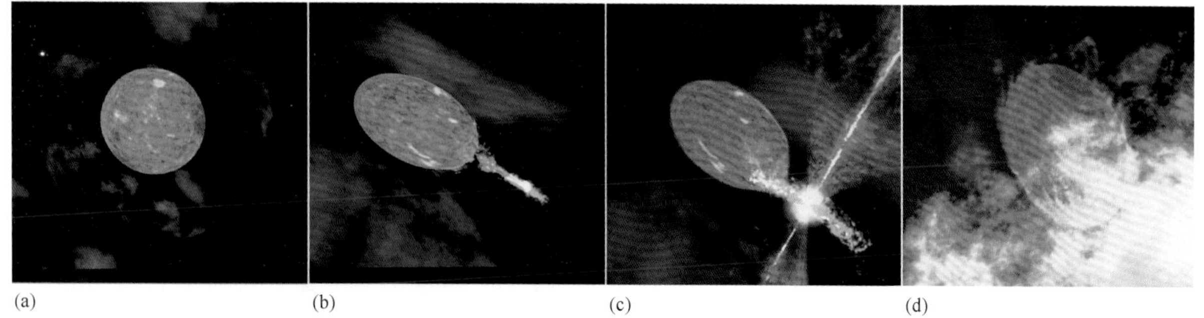

(a) (b) (c) (d)

▲图10.3 新星爆发
在这幅艺术家的概念图中，一颗白矮星（实际上在左上角远处）绕着一颗冷却的红巨星运行（a）。随着矮星在椭圆形轨道上运转，它逐渐接近巨星，红巨星的物质随之被吸积并积聚在白矮星表面（b和c）。随后，矮星点火发生氢聚变，形成新星爆发（d）。［D. 贝里（D.Berry）］

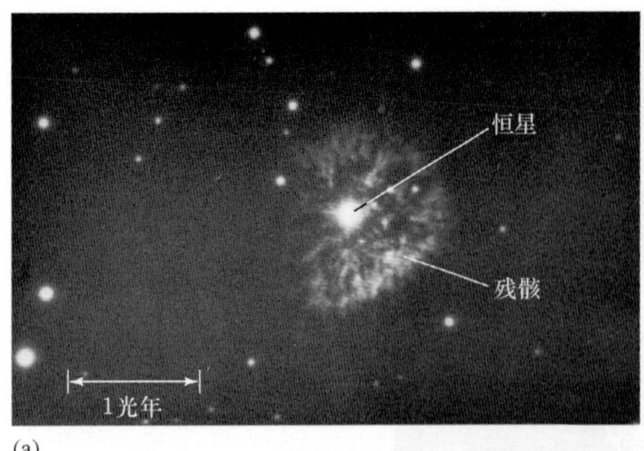

(a)

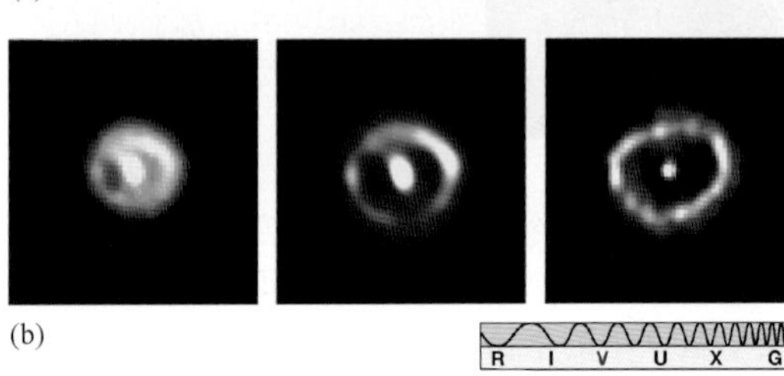

(b)

▲图10.4　新星的物质喷射
（a）从英仙座新星的这幅图片可以清晰地看到恒星表面的物质喷射。1901年，该新星突然增亮了40 000倍，该图片拍摄于50年之后。这大约对应于图10.3（d）。（b）天鹅座新星于1992年爆发，图片由哈勃望远镜上的一台欧洲照相机拍摄。左边是爆炸后1年多的图片，可以看到一个迅速膨胀的泡泡；右边是7个月之后，壳层继续膨胀和扭曲。由于拍摄对象远在10 000光年之外，因此这些图片比较模糊。［帕洛马天文台（Palomar Observatory）、欧洲南方天文台（ESA）］

10.2　大质量恒星的终结

小于8倍太阳质量的小质量恒星，其温度还不够点燃它核心的碳。它以一颗碳氧白矮星（甚至是氖氧白矮星）终结一生。∞（9.3节）然而，大质量恒星不仅能聚变氢和氦，还能聚变成碳和氧，甚至能随着它内核的继续收缩以及温度的持续上升，合成更重的元素。∞（9.4节）随着核心的演化，它的燃烧速率加快。有什么能阻止这一失控的过程呢？在大质量恒星演化的终点是否有一个稳定的“类白矮星”状态呢？这类恒星的终极命运是什么？要回答这些问题，我们必须更加仔细地审视大质量恒星中的聚变过程。

重元素的合成

图10.5是一个高度演化的大质量恒星的内部剖面图。请注意诸多的分层，不同原子核在其中燃烧。温度随着深度而升高，每个燃烧阶段的灰烬成为下一阶段燃烧的燃料。核心区边缘的温度相对低，氢在那里合成为氦。在中间层，由氦、碳、氧构成的壳层燃烧形成更重的原子核。核心区的更深处是氖、镁、硅以及其他重原子核。它们都由核心区分层中的核聚变而来。（请记住，对于天文学家来说，任何比氦元素重的元素都是“重”元素。）核心本身由铁组成。在本章，我们将更详细地探讨这一燃烧链过程中的关键反应。

由于中心区域每种元素都燃烧殆尽，所以核心区会收缩、升温，并利用前一燃烧阶段的灰烬开始核合成。这将形成一个新的内核，并再次收缩、再次加热，等等。经过每一个稳定和不稳定的阶段，恒星中心的温度上升，核反应加速，新释放的能量将支持恒星更短的一段时间。例如，以整数计，质量达太阳质量20倍的恒星，其中的氢元素可以燃烧1000万年，氦元素能燃烧100万年，碳元素能燃烧1000年，氧元素能燃烧1年，硅元素能燃烧1星期；它的铁核只能生长不到一天。

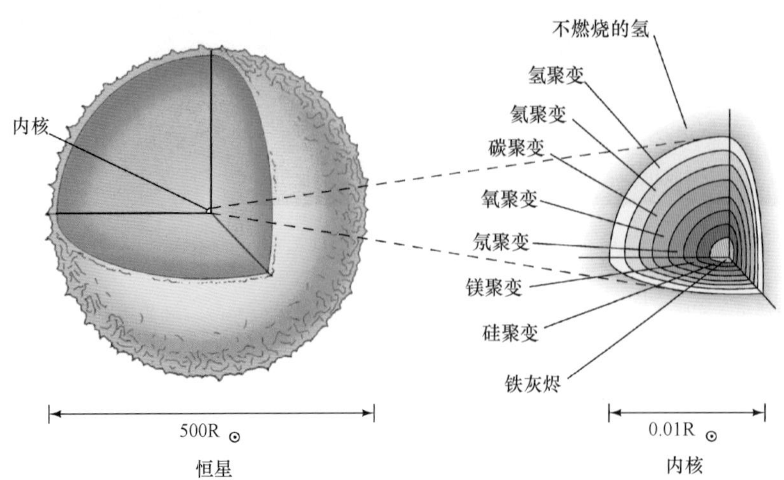

互动图10.5　重元素的合成
一颗高度演化的大质量恒星的内部剖面图，其质量超过太阳质量的8倍。它的内部与洋葱的分层结构相似，半径越小处温度越高，壳层中的元素也越重。核心区实际上只比地球大几倍，而恒星本身则是太阳大小的数百倍。

铁核的坍缩

一旦内核开始变成铁，我们的大质量恒星就有麻烦了。如图10.6所示，铁是其中最稳定的元素。要理解这幅图，想象由4个质子合成氦4。按照图片所示，每一个氦4原子核的粒子质量小于一个质子的重量，因此这个合成过程中会有质量丢失，（按照质能守恒法则）还会有能量释放。∞（5.6节）类似地，3个氦4核合成为碳，会产生质量净损失，并再次释放能量。换句话说，图片左侧展示了氢元素如何通过核合成释放能量；图片右侧展示了相反的过程，被称作**裂变**。在这里，原子核的结合将增加每个粒子的总质量，因此会吸收能量，聚变因而不能发生。然而，分裂一个重原子核（如位于图片右边缘的铀或钚）成为更轻的原子核会释放能量——这正是核反应堆和原子弹的工作原理。

铁位于这两类反应的分界线上——图片中曲线的最低点。铁核非常致密，因此不能通过将它们聚合为更重的元素来提取能量，亦不能将它们分裂为较轻的元素。实际上，铁扮演着灭火器的角色——减弱恒星核心的燃烧。当出现相当数量的铁时，恒星中心的燃烧将最终停止，恒星内部的支撑力将减弱，恒星存在的基础遭到破坏，它的平衡一去不复返。尽管铁核在这一阶段的温度达到几十亿开尔文，但物质产生的向内的巨大引力注定了灾难在不久后便会到来。引力超过了热气体的压力，恒星随之引爆，向内部坍缩。

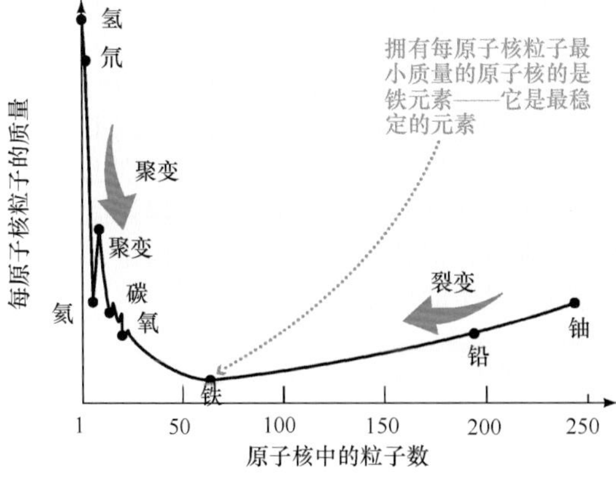

▲**图10.6 核质量**
这幅图展示了大部分已知核的质量（每核粒子——质子或中子）如何随着核质量而改变。当轻核合成（图片左侧）时，每粒子的质量减轻，释放出能量。（5.6节）类似地，当重核分裂时（右侧），总质量再次减少，并再次释放出能量。

核心温度上升到近100亿开尔文。根据维恩定律，单个光子在这一温度上具有极高的能量——足够将铁分裂为较轻的核，然后再继续将这些轻核分裂，直到只有质子和中子。∞（3.2节）这一过程被称作核心区中元素的光致蜕变。在不到1s的时间里，核心区的坍缩将使过去1000万年内的核聚变的成果一笔勾销！但分裂铁核以及将轻核分裂为更小的核需要大量能量（如图10.6所示，从铁向左移动）。毕竟，分裂过程是聚变反应的反过程，后者产生了早期恒星的能量。光致蜕变会吸收热能——换句话说，它冷却了核心区，因而降低了那儿的压力。随着原子核被摧毁，恒星核心区更加无法抵御自身的引力，坍缩因而加速。

现在，核心区完全由简单的初级粒子——电子、质子、中子和光子构成。它们的密度非常高，并仍然在收缩。随着核心区密度继续上升，质子和电子被挤压在一起，形成中子和中微子：

$$p + e \rightarrow n + \text{中微子}$$

这一过程有时被称作核心区的中子化。在第5章的讨论中提到，中微子是一种极其难以捕捉的粒子，它几乎不与任何物质相互作用。∞（5.6节）尽管此时中心区的密度可能超过10^{12}kg/m^3，但中子化过程产生的大部分中微子也会穿过核心区，似乎核心区根本不存在。它们逃逸到太空中，带走能量，进一步减少核心区的压力支持。

超新星爆发

电子的消失和中微子的逃逸使核心区的稳定性更加糟糕。现在没有任何东西能阻挡它的坍缩，直到中子互相接触，达到10^{15}kg/m^{3}的惊人密度。此时，收缩的核心区中的中子产生的阻力迅速升高，阻止核心区进一步压缩，并产生巨大的压力，最终减缓核心区的引力坍缩。然而，当坍缩实际中止时，核心区已经超过了它的平衡点，密度可能高达10^{17}或10^{18}kg/m^3，然后再重新开始膨胀。就好像一个快速运动的球撞到墙壁并反弹，核心区被压缩、停止，然后再次膨胀——报复性地膨胀！

▲图10.7 超新星1987A 拍摄右图时，被称作SN1987A（箭头所指）的超新星在这个星云（被称为剑鱼座30）附近爆发。左图是这一区域平时的样子。（见探索10-1。）［美国大学天文联盟（AURA）］

刚刚描述的事件不会花很长时间，从坍缩开始到核密度“反弹”只有大概1s。在这一时刻，核心区再次膨胀。一股巨大的能量冲击波将高速横扫恒星，把上面所有的分层炸裂到太空中，包括中心铁核外刚形成的所有重元素。虽然计算机模型仍有些不确定性，冲击波到达恒星表面并摧毁恒星的细节也不明了，但最终的结果却是一定的：恒星爆炸，成为宇宙已知事件中最具能量的事件之一（见图10.7）。在几天的时间内，爆发的恒星的亮度可以与它所在的星系相匹敌。大质量恒星的这种壮烈的死前撼响被称作“**核坍缩超新星**”。

概念理解 检查

✔ 为什么大质量恒星的铁核会坍缩?

10.3 超新星

我们来比较一下超新星和新星。与新星类似，**超新星**是恒星亮度突然急剧上升，然后缓慢下降，最终从视线中消失的现象。在尚未爆发时，将成为超新星的恒星被称作超新星的前身星。在一些情况下，超新星的光变曲线看起来会与新星的光变曲线非常类似，一颗遥远的超新星会看起来很像一颗近距离的新星——实际上，它们是如此相像，直到20世纪20年代，人们仍然没有充分重视这两者的区别，但现在知道了新星和超新星是两种截然不同的现象。超新星的能量更加巨大，由完全不同的物理过程所驱动㊀。

新星和超新星

在理解新星或超新星的成因之前，天文学家已非常明确它们之间的观测差异。其中最重要的一点是超新星比新星要亮上百万倍。超新星产生巨大的光辐射，其亮度是太阳亮度的数十亿倍，恒星爆发几小时内便达到这一亮度水平。在突然变亮和逐渐暗淡的几个月里，超新星产生的电磁能量辐射总量约10^{43}J——这几乎是太阳在它100亿年的整个生命过程中辐射的总能量！（然而，虽然这一能量非常巨大，但与中微子形成过程中释放的能量相比，仍相形见绌，后者的能量是前者的100倍。）

第二个重要的区别是，同一颗恒星可以多次成为新星，但只有一次机会成为超新星。在天文学家掌握新星与超新星的确切性质后，这其中的原因也就变得清楚了。现在我们了解了这些爆炸为何以及如何发生，这一区别也就容易理解了。前面描述的新星吸积—爆炸循环可以多次发生，但超新星会摧毁相关恒星，因此没有重复发生的可能。

㊀ 在讨论新星和超新星时，天文学家倾向于模糊观测到的事件（天体在天空中突然出现并变亮）、事件背后的过程（恒星内部或表面的剧烈爆炸），以及天体本身（视情况将恒星本身称作新星或超新星）这三者之间的区别。一个名称就可能指代三者中的任何一种含义，具体取决于上下文。

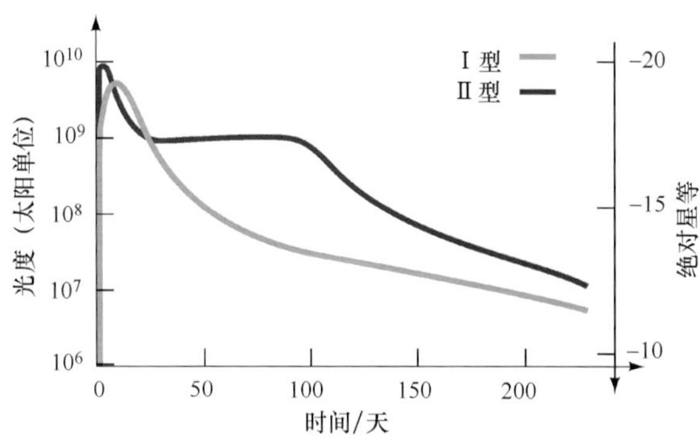

▲图10.8 超新星光变曲线
典型的Ⅰ型和Ⅱ型超新星的光变曲线都表明，它们的最大光度有时可以达到太阳光度的10亿倍，但它们在最初峰值之后的光度下降过程中，展示出了不同的特征：Ⅰ型超新星的光变曲线与新星相似（见图10.1），但释放的总能量要大得多；Ⅱ型超新星的光变曲线在下降阶段有典型的平台。

除了新星和超新星的区别外，超新星之间也有重要的观测差异。根据光谱，有些超新星含氢量非常少，而其他超新星会含有大量的氢。而且，贫氢超新星的光变曲线从本质上不同于那些富氢超新星的光变曲线。在这些观测基础上，天文学家把超新星分为两类，简称为Ⅰ型和Ⅱ型。**Ⅰ型超新星**是贫氢类，它们的光变曲线形状类似于典型的新星；**Ⅱ型超新星**的光谱显示它含有大量的氢，在光度极大的后几个月时，其光变曲线通常会有一个典型的“平台”（见图10.8）。已观测到的超新星大致可均等地被划分为这两类。

碳爆发超新星

是什么产生了超新星之间的这些差异呢？超新星爆发的方式是否不止一种？答案是肯定的。要理解其他的超新星机制，我们必须回到新星的成因，并考虑其吸积—爆发循环的长期后果。

新星从白矮星表面喷射物质，但它们不一定喷射或燃烧自上次爆发以来累积的所有物质。也就是说，在新星的每次新循环中，矮星的质量有可能在缓慢地增加。随着质量的增加，需要维持这一质量的内部压力也会增加，白矮星有可能进入一个新的不稳定期，并产生灾难性的后果。

回想一下，白矮星不是由热压力（热）所支撑的，而是由电子简并压。电子被挤压得非常紧密，它们之间有效地互相接触。∞（9.3节）然而，电子能施加的压力是有极限的。因此，白矮星的质量也有极限。超过这一极限，电子将无法提供支撑恒星的压力。详细的计算显示，白矮星的最大质量是太阳质量的1.4倍。这一极限也被称作钱德拉塞卡质量，以纪念印度裔美国天文学家苏布拉马尼扬·钱德拉塞卡。他从事理论天体物理研究，并在1983年获得了诺贝尔物理学奖。

如果通过吸积，白矮星的质量超过了钱德拉塞卡质量，那么它内部的简并电子压就将无法抵抗引力，恒星便会立即开始坍缩。它内部的温度迅速上升，并达到碳能够合成更重元素的温度。碳聚变几乎同时在白矮星的所有地方开始，整个恒星以超新星的另外一种形式爆发——**碳爆发超新星**，其爆发强度与大质量恒星死亡时所产生的“内爆”超新星相当，但成因却完全不同。在另一个（许多天文学家认为）可能更常见的场景中，双星系统中的两颗白矮星可能碰撞并合并形成一个巨大的、不稳定的恒星。最终的结果是相同的：一颗碳爆发超新星。

我们现在可以理解Ⅰ型和Ⅱ型超新星的区别了。Ⅰ型超新星是碳白矮星的爆燃产生的爆炸物，而碳白矮星是小质量恒星的产物。由于这场大火源自一个几乎没有氢的系统，所以我们可以很容易地发现为什么Ⅰ型超新星的光谱中几乎没有这种元素的痕迹。（我们即将看到的）光变曲线的形状，几乎完全是由爆炸中形成的不稳定重元素的放射性衰变形成的。

如前所述，大质量恒星核心区的内爆—爆炸将产生Ⅱ型超新星。冲击波从内向外横扫恒星，并将恒星的外部包层吹向太空。详细的计算机模型表明，Ⅱ型光变曲线的形状特征与由此产生的恒星外部包层膨胀的冷却相符。碰撞的物质主要是尚未燃烧的气体——氢和氦。因此，这类超新星的光谱由这些元素主导也不足为奇。（见探索10-1，一颗被深入研究的Ⅱ型超新星证实了许多基本的理论预测，同时也迫使天文学家修改他们的模型细节）。

图10.9总结了两种类型的超新星的爆发过程。我们强调，尽管涉及的总能量相似，但Ⅰ型和Ⅱ型超新星彼此并未关联，它们发生于完全不同类型的恒星上和完全不同的环境中。所有的大质量恒星都会成为Ⅱ型（核坍缩）超新星，但演化成为白矮星的小质量恒星中只有一小部分最终会爆发为Ⅰ型（碳爆发）超新

(a) Ⅰ型超新星

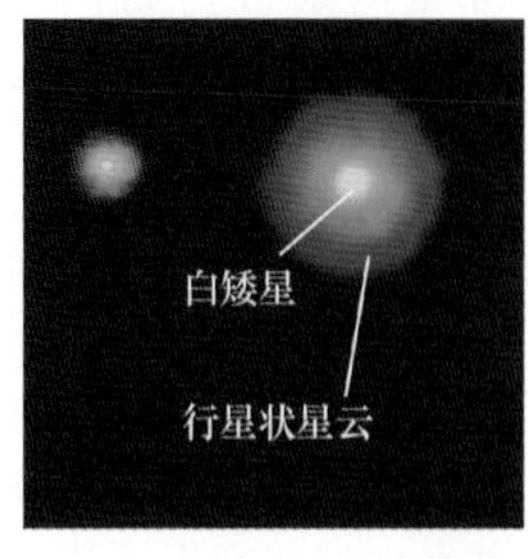

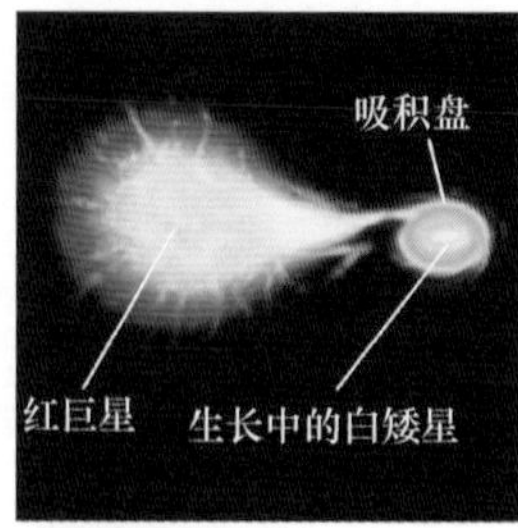

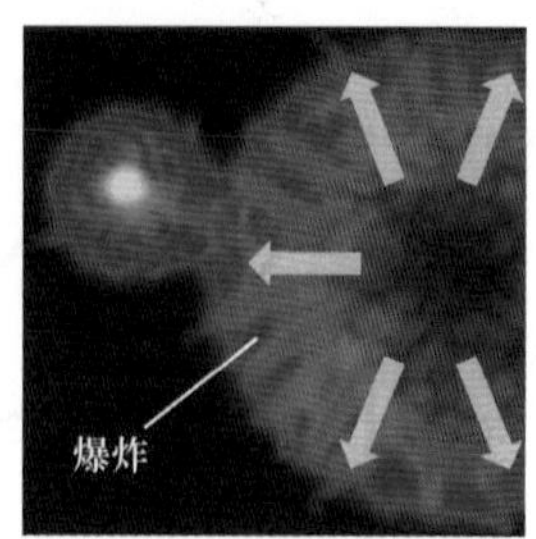

(b) Ⅱ型超新星

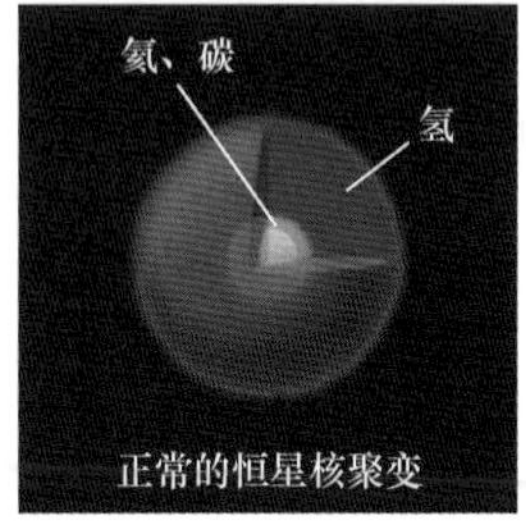

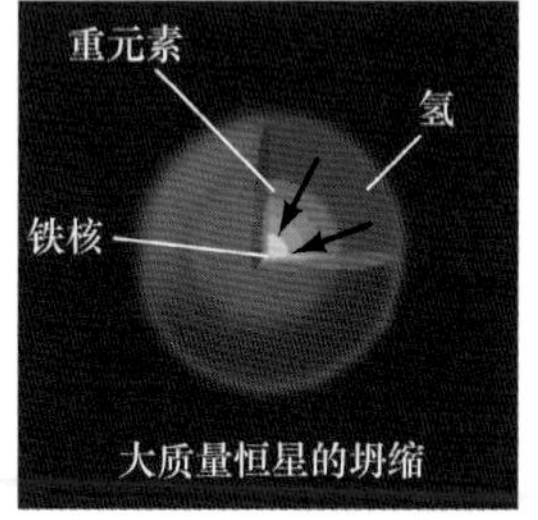

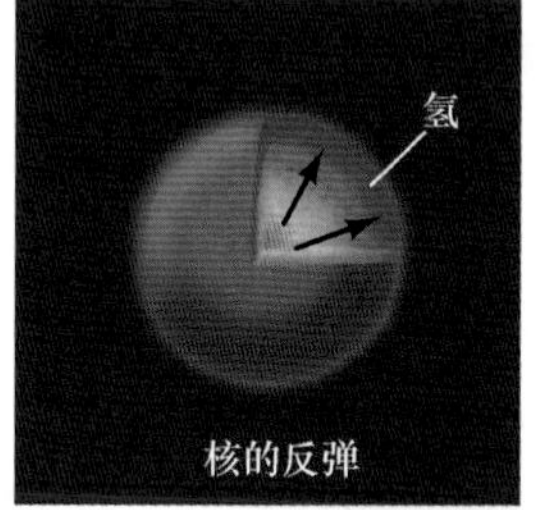

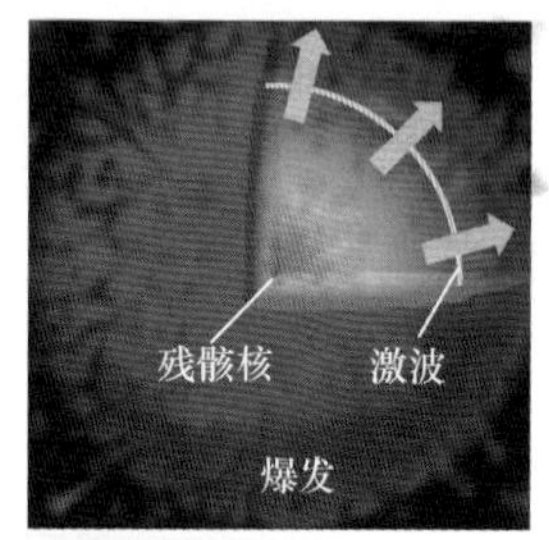

▲图10.9 两种类型的超新星
Ⅰ型和Ⅱ型超新星有不同的成因。这些序列描述了每种类型的超新星的演化历史。（a）一颗富含碳的白矮星从邻近的红巨星或主序星伴星吸引物质时，经常会形成Ⅰ型超新星。（b）大质量恒星的核心区坍缩，然后在灾难性爆发中再次膨胀时，会产生Ⅱ型超新星。

星。然而，小质量恒星的数量远远超过大质量恒星的数量。因此，由于惊人的巧合，两种超新星产生的速率大致相同。

超新星遗迹

我们有足够的证据证实超新星曾发生在银河系内。偶尔，从地球上能看见这些爆发本身。在许多其他情况下，我们可以探测到它们发光的残骸，或称**超新星遗迹**。蟹状星云是被研究得最好的超新星遗迹之一，如图10.10所示。蟹状星云现在已经大大变暗了，但最初在公元1054年爆发时，它是如此耀眼，一些古代中国和中东的天文学家的记录宣传其亮度大大超过金星。按照一些可能有所夸大的记录，它的亮度甚至可以与月亮相当。在近一个月的时间里，这颗爆发的恒星据说在白昼也可以见到。印第安人在目前发现的美国西南部的岩石上也刻录下了这一事件。

蟹状星云当然有爆炸残骸出现。即使在今天，其中的结块和细丝仍是过去剧烈爆发的有力佐证。实际上，天文学家有证据表明，这些物质是由某次中心爆发所抛射的。谱线的多普勒红移表明，蟹状星云，也即爆发形成这颗Ⅱ型超新星的大质量恒星的外部包层，正以每秒几百千米的速度向太空膨胀。图10.11生动地表明了这一现象，它由1960年拍摄的蟹状星云正片与1974年拍摄的负片叠加而来。如果气体没有运动，正片与负片就会完全重合，但实际上它们没有——在间隔的14年里，气体向外运动了。按时间追溯这一运动，天文学家发现爆发发生在约9个世纪以前，这与中国的观测相符。

夜晚的天空中有许多很久之前恒星爆发的遗迹。图10.12是另一个例子。它显示了船帆座超新星遗迹，其扩张速度暗示了其中央恒星约在公元前9000年时爆炸了。该遗迹距离地球仅1600光年。考虑到如此近的距离，船帆座超新星当时可能在几个月的时间内都和月亮一般明亮。我们只能推测，当这样一颗明亮的超新星在天空中第一次出现时，会对神话、宗教以及石器时代的人类文化产生什么样的影响。

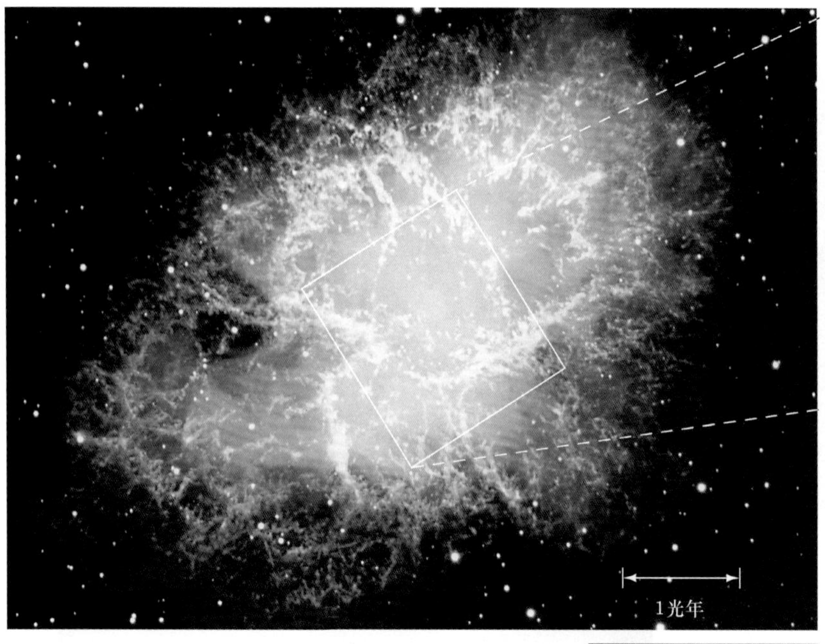

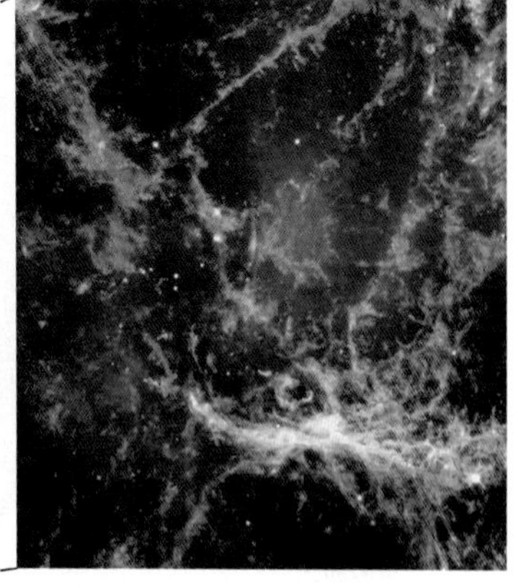

互动图10.10 蟹状超新星遗迹

这颗古代II型超新星的残骸叫作蟹状星云（或是梅西耶星表中的M1）。它距离地球约6500光年，角直径约为满月的五分之一。主图像由位于智利的甚大望远镜所拍摄，插入图由哈勃空间望远镜所拍摄。［欧洲南方天文台（ESO）、美国国家航空航天局（NASA）］

尽管在20世纪，已观测到了几百颗超新星，但没有天文学家利用现代设备观测到我们所在星系的超新星。近四个世纪前，伽利略第一次把望远镜对准天空。但直至今天，银河系中也没有任何可观测的恒星爆发。1572年第谷以及1604年开普勒（和其他人）最后一次在我们的银河系内观测到超新星，这在文艺复兴时期引发了世界性的轰动。那些非常亮的天体突然出现、随后暗淡的现象有助于打破亚里士多德关于宇宙是一成不变的观念。

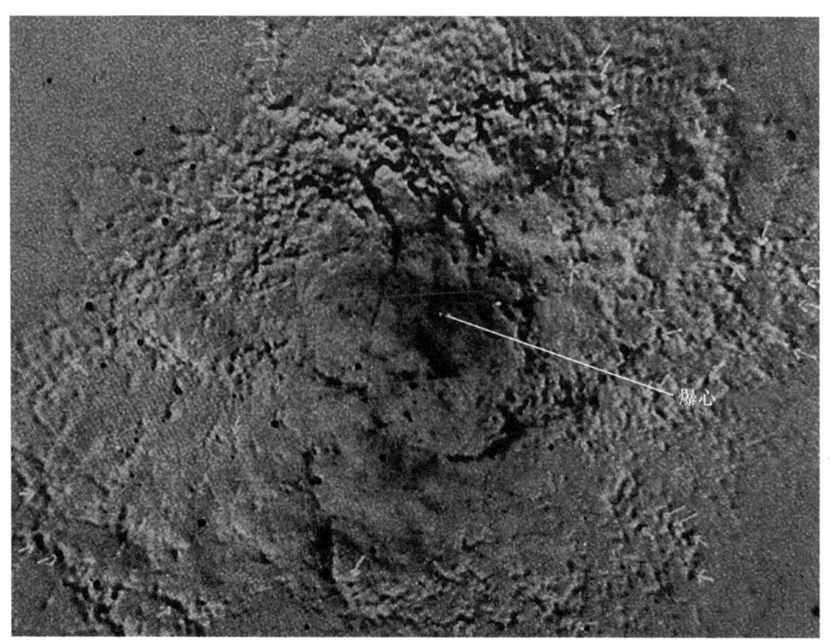

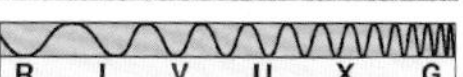

▲图10.11 运动的螃蟹

相隔14年拍摄的蟹状星云的正片和负片不能完全重叠，说明气体细丝仍在远离爆发地点。首先拍摄的是白色的正片，而后覆盖的是黑色的（负片）细丝，因而外围的黑色（但仍在）残骸离爆发的中心更远。图片的比例尺与图10.10大致相同。［哈佛大学天文台（Harvard College Observatory）］

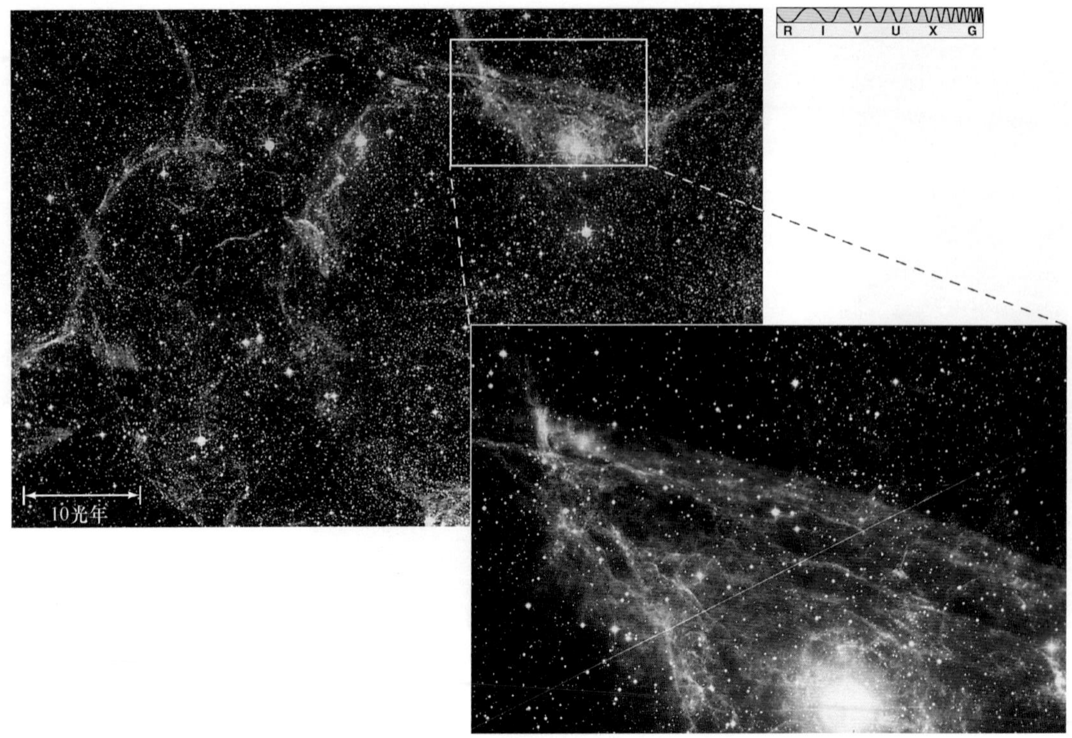

互动图10.12 船帆座超新星遗迹

船帆座超新星遗迹的发光气体分布在天空中6° 的区域内。插入图更清楚地显示了星云普遍存在的细丝结构的一些细节。（长斜线是拍摄照片时，地球轨道卫星划过所形成。）［D. 马林（D. Malin）/英澳望远镜（AAT）］

在恒星演化理论的基础上，天文学家计算出银河系约每100年便会出现一颗可以观测到的超新星。即使是在几千秒差距的距离上，超新星的亮度也会（暂时地）超过天空中最亮的行星——金星，因此，天文学家似乎不太可能在过去的近四个世纪内错过任何一颗超新星。鉴于我们在银河系所在的位置，似乎早应该观测到一颗超新星。然而，一颗真正毗邻的超新星，比如在几百秒差距之内的，会非常罕见，大约100 000年才有一颗。人类可能注定要从远处观测所有的超新星了。

科学过程理解 检查

√ 天文学家如何在理解超新星机制之前就知道，超新星诞生的过程有至少两种不同的物理过程?

10.4 元素的形成

到现在为止，我们主要研究了核反应在恒星能量产生中所起的作用。现在，让我们再次考虑它们，但这次是作为创造我们所生活的世界的相关过程。结合核物理与天文学，元素的演化是现代天文学中一个既复杂又非常重要的问题。

物质的类型

目前我们已知115种不同的元素，包括从最简单的、仅包含一个质子的氢，到最复杂的、2004年才首次报道的、目前被称作ununpentium（Uup）的元素。它的原子核中有115个质子和115个中子（见附录3表2）。1999年，研究人员宣布发现116号和118号元素，但实验结果没有被重复，所以这些元素没有获得“正式的”认可。所有元素都存在于不同的同位素中，每种同位素都拥有相同数量的质子，但中子数不同。我们经常认为，最常见或稳定的同位素是一个元素的“正常”形态。有一些元素，以及许多同位素的放射性是不稳定的，这意味着它们最终会衰变为其他更稳定的原子核。

在地球上发现的81种稳定元素构成了宇宙中的绝大部分物质。此外，10种放射性元素，包括氡和铀也天然地出现在了我们的星球上。尽管这些元素的半衰期（一半的原子核衰变为其他元素所需要的时间）非常长（通常是数百万甚至数十亿年）。自太阳系形成45亿年来，它们缓慢但稳定地衰变着，意味着它们在地球上、陨石中以及月球样本中都非常稀缺。在恒星中也没有观测到它们，因为它们数量太少而无法产生可探测到的谱线。

除了这10种天然的放射性元素，在地球上的核实验室内，19种其他的放射性元素也被人为地在特殊条件下合成。核武器试验后收集的碎片中也包含一些这类元素的痕迹。与天然放射性元素不同，人工放射性元素很快（在远不到100万年内）就衰变成了其他元素。因此，它们在自然界中也极其罕见。还有两种其他元素完整了我们的列表:钷是一种稳定的元素，但它只作为核试验的副产品出现在地球上；锝是存在于恒星中的一种不稳定元素，但它不存在于地球上，任何在地球形成时存在的锝早已经衰变完了。

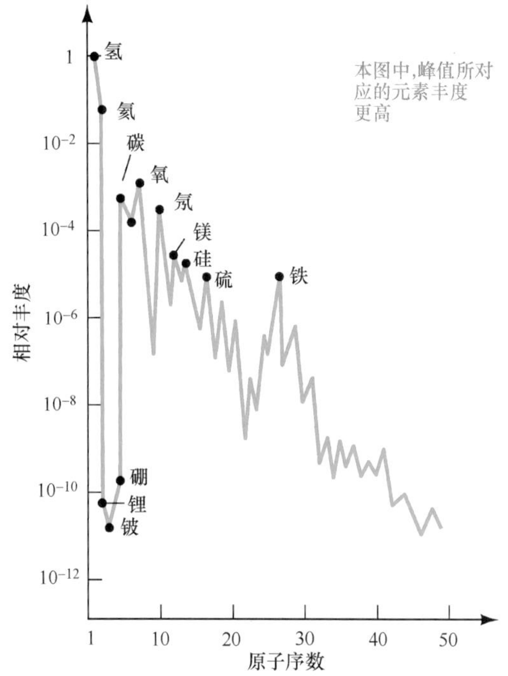

▲**图10.13 元素丰度**
本图总结了宇宙中元素及其同位素的丰度，用相对于氢的丰度来表示。横轴表示所列出元素的原子序数——原子核中的质子数量。请注意，许多常见的地球元素位于图中的“峰值”处，周围是丰度不及其1/10或1%的元素。还要注意铁元素附近出现的大峰值。峰值存在的原因将在文中讨论。

物质丰度

所有这些元素是如何以及在哪里形成的呢？它们是一直在宇宙中存在？还是在宇宙形成后才被创造出来的？自20世纪50年代以来，天文学家意识到宇宙中的氢和大部分氦是原初的，也就是说，这些元素可以追溯到宇宙的最早时期。我们宇宙中的其他元素是**恒星核合成**的产物，也就是说，它们形成于恒星中心的核聚变。

为了检测这个想法，我们必须考虑的不仅仅是不同类型的元素和同位素，还有它们的观测丰度，如图10.13所示。图中所示的曲线主要来自于对包括太阳在内的恒星光谱的研究。该图的核心内容被总结在表10.1中。根据所包含核粒子（质子和中子）的总数，表10.1将所有已知的元素分成八组。（所有元素的所有同位素都包含在表和图中，虽然图中只标记出了几种元素。）任何关于元素形成的理论必须重现这些观测到的丰度。最明显的特征是，重元素的丰度通常远低于较轻元素的丰度。然而，图中许多明显的波峰和波谷也代表着重要的约束。

表10.1 元素的宇宙丰度

粒子的元素族	原子数目的丰度百分比[①]
氢（1个核粒子）	90
氦（4个核粒子）	9
锂族元素（7 ~ 11个核粒子）	0.000 001
碳族元素（12 ~ 20个核粒子）	0.2
硅族元素（23 ~ 48个核粒子）	0.01
铁族元素（50 ~ 62个核粒子）	0.01
中等重量元素（63 ~ 100个核粒子）	0.000 000 01
重元素（超过100个核粒子）	0.000 000 001

① 因为氦元素丰度的不确定性，所以总比例不等于100%。包含所有元素的所有同位素。

探索10-1

超新星1987A

大麦哲伦星云（LMC）是围绕我们银河系的一个小型卫星星系。1987年，天文学家目睹了大麦哲伦星云中的一颗壮观的超新星。智利的观测者在2月24日首次看到爆发。而后在几个小时内，南半球几乎所有的望远镜和每一个可用的宇宙飞船都对准了这一天体。它被正式命名为SN 1987A。（SN代表“超新星”，1987表示年份，A标志这是那一年观测到的第一颗超新星）。这是近400年来在宇宙中观测到的剧烈的变化之一。星表中名为SK－69° 202的一颗B型超巨星，质量为15倍太阳质量。它爆发后几周之内的亮度超过大麦哲伦云中其他所有恒星亮度的总和，见图10.7中“之前”和“之后”的图像所示。

由于LMC比较接近地球，也因为爆发发生后不久即被探测到，所以SN 1987A为天文学家提供了丰富的有关超新星的详细信息，使他们能够在理论模型和观测事实之间进行关键对比。总的来说，书本中描述的恒星演化理论运行得很好。不过，SN 1987A也带来了一些惊喜。

根据其光谱中充足的氢线，可以判断超新星1987A是一颗II型核坍缩超新星，这符合对诸如SK–69° 202为大质量母星的预判。但如图9.16所示（这是根据银河系内的恒星所计算的），其母星在爆发时应该是一颗红超巨星，而不是实际观测到的蓝超巨星。这个意想不到的发现使理论家们纷纷开始寻找一个解释。现在看来，相较于银河系中的年轻恒星，SN1987A的母星的外部包层中缺乏重元素。这一缺陷虽没有影响核心区的演化以及超新星的爆发，但它却改变了恒星在赫罗图上的演化轨迹。与银河系中质量相同的恒星不同，SK–69° 202在其核心区的氦点火后，开始收缩并原路回到主序。碳点火后，表面温度约为20 000K的恒星才刚刚开始回到赫罗图的右边，导致超新星爆发的一系列事件快速发生。

第一张图中SN 1987A的光变曲线与“标准”II型超新星的光变曲线也有所不同（见图10.8），其峰值亮度低于预期值。首次发现超新星几天后，随着快速膨胀和冷却，超新星1987A开始变暗。约一个星期后，其表面温度下降到约5000 K，这时在膨胀的恒星表面附近的电子和质子重组成氢原子，使表面层的不透明度下降，允许更多的内部辐射流出。其后果是，超新星随着膨胀而迅速变亮。膨胀层的温度在5月下旬达到峰值，此时膨胀的光球的半径约为2×10^{10}km，比我们的太阳系稍大一点。随后，光球层随着膨胀而冷却，光度也下降，因为爆发产生的内部热供应消散到太空中。

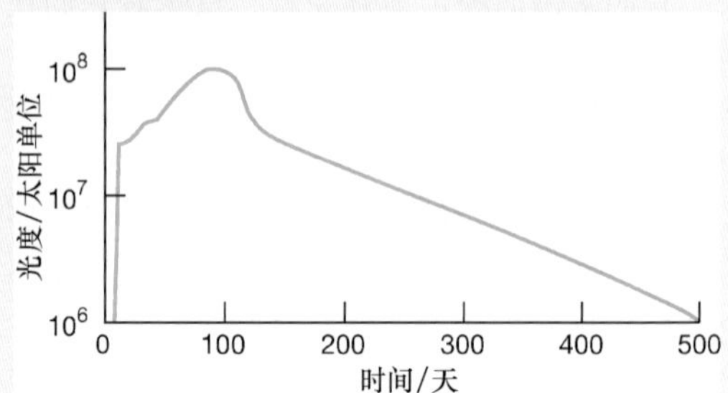

前面的许多描述同样适用于银河系的Ⅱ型超新星。这里展示的SN1987A的光变曲线与图10.8中Ⅱ型超新星光变曲线有区别，主要是因为SN1987A的母星（相对）较小。由于Sk－69° 202较小，并被引力紧密地束缚着，因此SN 1987A的峰值亮度低于“正常”的Ⅱ型超新星。许多以可见光形式辐射出的能量（从图10.8可明显看出）被消耗用于驱动SN1987A的恒星的外部包层的膨胀，因而只有较少的辐射进入了太空。因此，SN 198A7在最初几个月的光度低于预期，并且早期峰值的证据在图中也没有出现。SN1987A的光变曲线在约80天时的峰值，实际上对应于图10.8中Ⅱ型超新星光变曲线的平台。

在光学波段探测到这颗超新星之前约20h，位于日本和美国的地下探测器同时记录到了一次短暂（13s）的中微子爆发。∞（5.7节）正如书中所讨论的，当恒星的核心区坍缩，电子与质子并合形成中子时，预期会出现中微子。中微子早于光到达地球，是因为它们在坍缩期间便从恒星内部逃逸出来，在超新星的冲击波扫过恒星到达表面之后，爆炸的第一缕光才得以逃出。实际上，与这些观测符合的理论模型表明，以中微子形式释放的能量远远高于其他任何形式。超新星的中微子光度是光学波段能量输出的数万倍。

尽管关于SN1987A的行为还有一些未解的细节，但探测到的中微子脉冲仍被认为是对理论出色的确认。探测到中微子这一完全孤立的事件，可能预示着一个天文学的新时代。天文学家首次从太阳系外的一个特定天体，接收到了电磁辐射之外的信息。

理论预测，SN 1987A膨胀的遗迹现在即将能被光学望远镜分辨清楚。附图显示，（中心

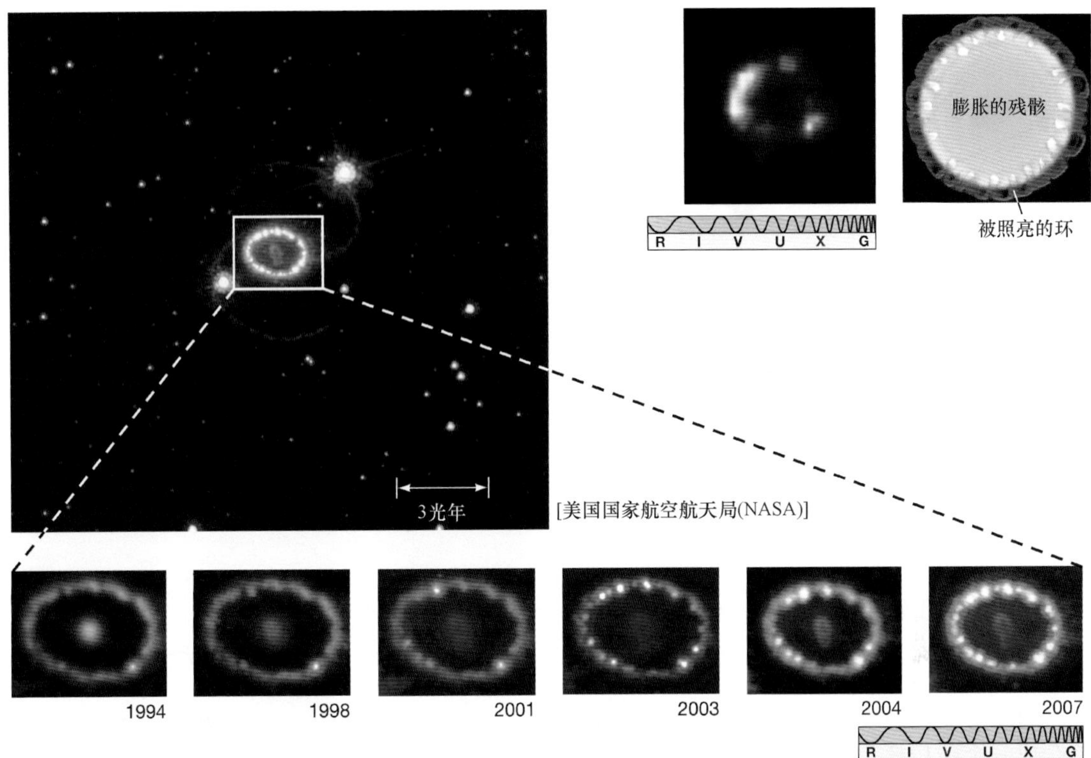

[美国国家航空航天局(NASA)]

的）超新星遗迹几乎无法分辨，其周围是一个更大的发光气体壳层（黄色）。科学家推测，在爆发之前的40 000年，还处于红巨星阶段的超新星前身星就在向外驱动这一壳层。我们之所以看到这张图片，是因为超新星最初的紫外光到达环形物质，导致其发光。随着爆发本身的碎片撞击到环形物质，它已经成为一个短暂而强烈的X射线源。右上角2000年钱德拉的X射线图像和图表显示，运动最快的抛射物挤压着不规则环状物质的内边缘，在它左侧形成小的（直径为1000天文单位）发光区域。主图下的六张插入图清楚地显示，当爆炸的冲击波到达环状物质时，它被“点燃”了。

这些图像也显示核心区碎片（紫色）正在朝着环状物质向外移动。六张插入图显示，物质以接近3000km/s的速度膨胀，使它变得越来越冷和越来越暗。让每个人都意外的是，主图像还揭示，可能由于辐射横扫过沙漏状气体球，产生了另外两个暗淡的环形物质。沙漏状气体球本身可能由超新星前身星的非球形“双极”恒星风形成。

受到恒星演化理论成功的鼓舞，并且掌握着对接下来将发生什么的有力的理论预测，天文学家们急切地等待着这个壮观天体的未来发展。

氢和氦的燃烧

我们先回顾一下在恒星演化的不同阶段中，导致重元素产生的反应。讨论所涉及的反应时，需参考图10.6。恒星核合成始于第5章探讨的质子–质子链。∞（5.6节）如果温度足够高，即温度至少为1000万开尔文时，将发生一系列的核反应，最终四个质子（^{1}H）会形成一个普通的氦原子核（^{4}He）：

4（^{1}H）→^{4}He+2正电子+2中微子+能量

回想一下，正电子会立即与附近的自由电子发生作用，通过物质与反物质湮灭产生高能的伽马射线。中微子迅速携带着能量逃逸，但它在核合成中没有直接的作用。这些反应的存在已经直接被近几十年来世界各地的实验室所进行的核试验证实了。在大质量恒星中，还有被称作碳氮氧循环的一系列反应。这涉及碳、氮、氧等原子核，可能大大加快氢燃烧的过程，但图10.14所示的四个质子合成一个氦核的基本反应是不变的。

随着恒星在核心中聚集氦，燃烧停止，核心区开始收缩和升温。当温度超过约1亿开时，氦原子核可以克服相互的电斥力，引发三

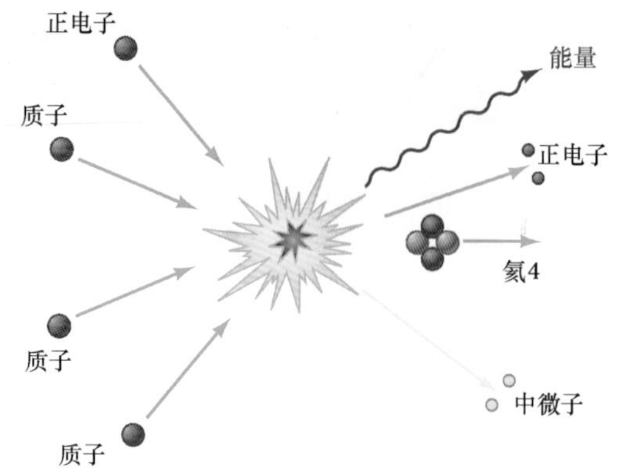

▲图10.14 质子聚变
在基本的质子-质子过程中，氢燃烧反应是将四个质子结合形成氦4核，并在这一过程中释放出能量。（参见图5.27）。

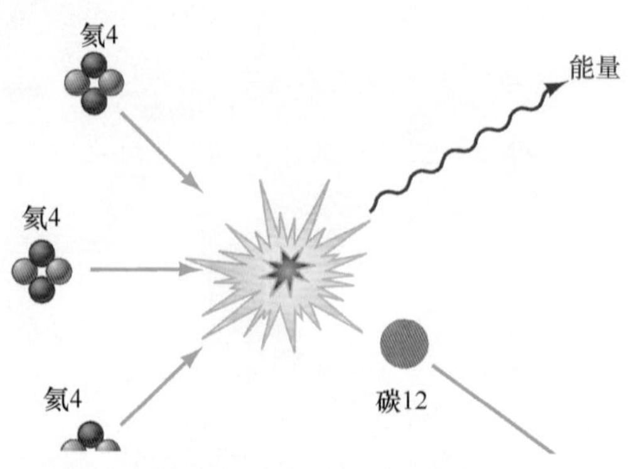

▲图10.15 氦聚变
发生在主序后恒星中的基本三阿尔法过程，氦燃烧反应将三个氦4核结合形成碳12。

阿尔法反应。我们在第9章∞（9.2节）里讨论过这一反应：

$$3\,({}^{4}\text{He}) \rightarrow {}^{12}\text{C}+\text{能量}$$

这个反应的最终结果是，三个氦4原子核结合成一个碳12核（见图10.15），并在这一过程中释放出能量。

碳燃烧和氦俘获

在越来越高的温度下，越来越重的原子核可以获得足够的能量来克服它们之间的电斥力。大约在6亿开尔文（仅在比太阳质量更大的恒星核心区可以达到）的温度下，碳原子核可以聚变为镁，如图10.16（a）所示：

$${}^{12}\text{C}+{}^{12}\text{C}\rightarrow{}^{24}\text{Mg}+\text{能量}$$

然而，由于核电荷的急剧攀升，即原子核中质子数目越来越多，任何比碳更重的原子核之间核聚变所需要的温度，实际上在恒星中都很难实现。大部分重元素以更容易的形式合成。例如，两个碳原子核之间的斥力比碳原子核与氦原子核之间的斥力大三倍。因此，碳-氦聚变发生的温度比碳-碳聚变发生的温度更低。正如我们在9.3节中看到的，温度高于2亿开尔文时，碳12核与氦4核的核碰撞可以产生氧16：

$${}^{12}\text{C}+{}^{4}\text{He}\rightarrow{}^{16}\text{O}+\text{能量}$$

如果存在任何氦4核，图9.16（b）所示的反应就比碳-碳聚变会更容易发生些。

同样，这样产生的氧16可能与其他氧16核在10亿开尔文的温度下聚变形成硫32：

$${}^{16}\text{O}+{}^{16}\text{O}\rightarrow{}^{32}\text{S}+\text{能量}$$

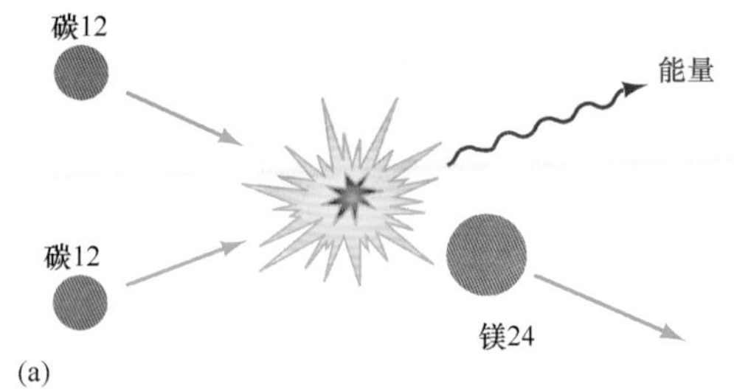

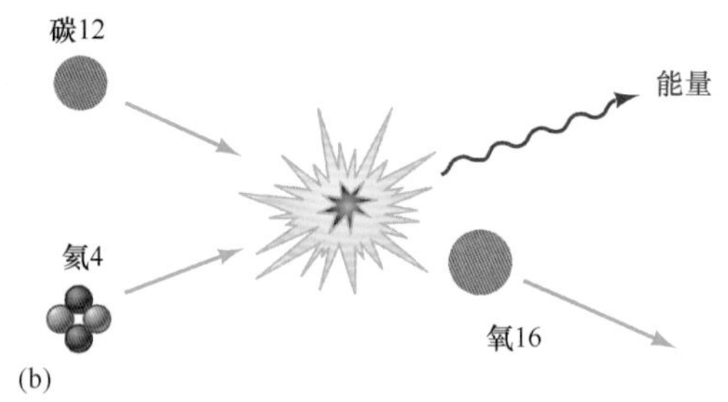

▲图10.16 碳聚变
通过与其他碳核（a）或更普遍地与氦原子核（b）发生聚变，碳能形成更重的元素

然而，更有可能的是，氧16核俘获一个氦4核（如果存在的话），然后形成氖20：

$${}^{16}\text{O}+{}^{4}\text{He}\rightarrow{}^{20}\text{Ne}+\text{能量}$$

由于发生的温度低于氧聚变所必需的温度，因此第二个反应更有可能发生。

这样一来，随着恒星的演化，更重的元素更易于通过**氦俘获**的方式形成，而不是与其他同种的原子核发生聚变。这样的结果是，原子核质量为4个单位（如氦本身）、12个单位

（碳）、16个单位（氧）、20个单位（氖）、24个单位（镁）和28个单位（硅）的元素，在图10.13的宇宙元素丰度图中均有明显的峰值。每一种元素都是在恒星演化中由之前的元素与氦4核结合而成。

在演化后期的恒星中，氦俘获绝不是核反应中唯一的类型。随着不同类型的原子核的积累，各种各样的反应都成为可能。在有些反应中，质子和中子从它们的母原子核中逃脱，并被其他的原子核吸收，形成新的原子核，其质量在由氦俘获形成的不同原子核的质量之间。实验室的研究确认，诸如氟19、钠23、磷31以及许多其他的普通原子核都是通过这种方式产生的。但是它们的丰度不及那些由氦俘获直接产生的元素，其中的原因仅仅是氦俘获反应在恒星中更为普遍。由于这个原因，许多这类元素［其质量不是4（即一个氦原子核的质量）的倍数］出现在图10.13的波谷中。

铁的形成

硅28在恒星核心区出现前后，是继续进行氦俘获形成更重的原子核，还是更复杂的原子核倾向于分裂为简单的原子核，二者之间产生了激烈的竞争。发生这种原子核分裂的原因是热。现在，恒星核心区的温度已经达到30亿开尔文这一无法想象的高温，如图10.17（a）所示，伽马射线与这一温度的共同作用具有足够的能量来分裂原子核。这与光致蜕变是相同的过程，最终将加速恒星铁核的坍缩，形成一颗Ⅱ型超新星。

在这样的高温下，一些硅28原子核分裂为七个氦4核。附近尚未光致蜕变的原子核可能捕获一些或所有这些氦4核，导致形成更重的元素［见图10.17（b）］。光致蜕变的过程提供了原料，允许俘获氦4成为质量更大的原子核。光致蜕变仍在继续，一些重原子核被摧毁，其他的质量则在增加。接下来，恒星形成硫32、氩36、钙40、钛44、铬48、铁52、镍56。从硅28到镍56的反应链是：

$$^{28}Si + 7\,(^{4}He) \rightarrow {}^{56}Ni + \text{能量}$$

这两种步骤——光致蜕变以及紧随其后的俘获所产生的部分或全部氦4核（即阿尔法粒子）的过程——通常被称为阿尔法过程。

镍56不稳定，首先会迅速地衰变成钴56，然后衰变成稳定的铁56。任何不稳定的原子核都将继续衰变，直至达到稳定，而铁56是最稳定的原子核（见图10.6）。因此，阿尔法过程不可避免地导致了恒星核心区铁的聚集。

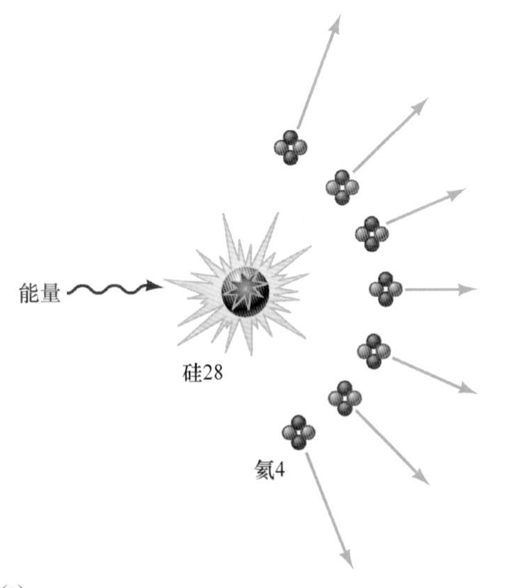

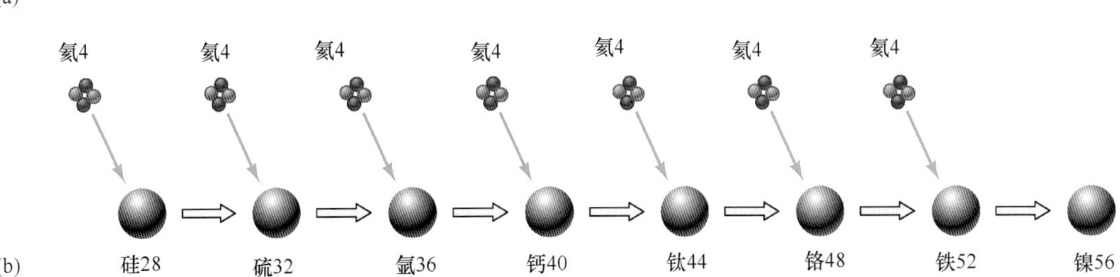

▲图10.17 阿尔法过程

（a）在高温下，重原子核（例如图中所示的硅）可以由高能光子分解成氦原子核。（b）其他原子核可以俘获氦原子核，即阿尔法粒子，通过所谓的阿尔法过程形成更重的元素。这一过程会一直持续到形成镍56（铁族元素）。

描述图10.6的另一种方法是，在铁原子核中，26个质子和30个中子结合的紧密程度高于其他任何原子核中的粒子。铁被认为具有最大的核结合能，要分裂（解放）铁56的原子核需要比分裂其他元素的原子核更大的单个粒子能量。铁原子核这种更强的稳定性解释了为什么铁族元素中一些较重的原子核比许多较轻的原子核的丰度更高（见表10.1和图10.13）：随着恒星的演化，恒星倾向于在铁附近“积累”元素。

制造比铁更重的元素

如果阿尔法过程在元素铁的位置停止，那么铜、锌、金等更重的元素怎样形成？要形成这些元素，必须涉及氦俘获之外的一些核反应过程，这就是**中子俘获**——通过吸收中子来形成更重的原子核。

在高度演化的恒星的内部深处，发生中子俘获的条件已经成熟。中子作为许多核反应的“副产品”而产生，因此有很多中子可以与铁和其他原子核进行反应。中子不带电，所以在与带正电的原子核结合时，不需要克服斥力壁垒。随着越来越多的中子加入原子核，原子核的质量也持续增长。

将中子加入原子核，如铁，并不会改变它所属的元素，只会产生同一元素的一种更重的同位素。然而，由于加入原子核的中子很多，它最终变得不再稳定，放射性地衰变为另一种元素的稳定原子核。中子俘获过程随之继续。例如，一个铁56原子核能俘获一个中子，形成相对稳定的一种同位素铁57：

$$^{56}Fe+n \rightarrow {}^{57}Fe$$

之后可能会发生另一次中子俘获：

$$^{57}Fe+n \rightarrow {}^{58}Fe$$

这样便产生了另一种相对稳定的同位素铁58。这种同位素仍能俘获一个中子，形成更重的一种铁同位素：

$$^{58}Fe+n \rightarrow {}^{59}Fe$$

实验室实验证明，铁59是放射性不稳定的。它在大约一个月内衰变为钴59，后者是稳定的；中子俘获过程随后重启：钴59捕获一个中子形成不稳定的钴60，而钴60反过来衰变为镍60，等等。

原子核每次连续俘获一个中子通常需要约一年的时间，所以在下一次中子俘获到来之前，大部分不稳定的原子核有充足的时间进行衰变。研究人员通常用s过程指代这种“慢”中子俘获机制。这是组成我们口袋中硬币的铜和银的来源，还有汽车电池中的铅、我们手指上戒指中的金（和铂）。正如前面提到的，一些元素的质量介于通过氦俘获形成的不同元素的质量之间，类似的慢中子俘获过程与这些质量较低的原子核有关。这些反应被认为在低质量恒星演化的晚期（渐近巨星支）极其重要。∞（9.3节）

制造最重的元素

s过程（慢过程，s为slow）解释了包括铋209在内的稳定原子核的合成。铋209是已知最重的非放射性原子核。但这一过程不能解释如钍232、铀238或钚242等最重的原子核是如何形成的。任何试图通过氦俘获形成比铋209更重的元素的尝试都失败了，因为新的原子核衰变为铋的速度与它们形成的速度一样快。因此，必然还有另一个核机制可以产生最重的原子核。这个过程被称为r过程（r代表“快速”，与“慢”过程中的s对应）。r过程发生得非常快，（我们认为）它确实发生在标志着大质量恒星死亡的超新星爆发中。

在超新星爆发的最初15min里，重原子核被爆炸的威力分裂，使自由中子的数量急剧增加。与s过程在稳定原子核耗尽时停止不同，在超新星爆发过程中，中子的俘获率如此之大，即使不稳定的原子核也可以在衰变之前俘获许多中子。通过将中子加入轻量和中量级的原子核中，r过程导致了已知的最重元素的诞生。因而，重元素中的最重者实际上诞生于其母恒星死亡后。但由于可用于合成这些最终原子核的时间非常短暂，所以这些元素从未在宇宙中变得非常丰富。比铁更重的元素（见表10.1）的丰度比氢和氦要低十亿倍。

恒星核合成的观测证据

现代观点认为，元素的形成涉及许多不同类型的核反应，它们发生在从主序星到超新星的恒星演化的不同阶段。元素周期表中从氢到铁的这些元素，首先是由核聚变产生，然后由阿尔法俘获过程俘获质子和中子来填补空白。比铁更重的元素通过中子俘获和放射性衰变产生。当形成它们的恒星走到生命的终点时，这些元素最终会被驱散到星际空间。

科学理论必须不断接受实验和观测的测试和验证，恒星核合成理论也不例外。∞（1.2节）然而，刚刚描述的核过程几乎都发生在恒星深处，使我们无法观测。而与我们今天看到的与重元素相关的恒星也早已消失。那么，我们如何能确保这里提及的一系列事件确实发生了（而且今天仍在发生）呢？答案是，恒星核合成理论对恒星中元素的数量和种类做了许多详细预测，为天文学家提供了充足的机会来观察和测试它的结果。三个特别令人信服的证据使我们确认了该理论的基本可靠性。

首先，天文学家从实验室的实验中已经获知了各种原子核被俘获的速度和它们衰变的速度。把这些速度输入恒星与超新星核反应过程的具体计算机模型，得到的元素丰度与图10.13和表10.1中观测数据的每个点都吻合得非常好。直到元素铁，这种吻合都非常好。对于更重的原子核，数据也相当接近。尽管推理是间接的，但理论与观测之间的吻合却如此引人注目，大部分天文学家认为，这是支持整个恒星演化和核合成理论的强有力证据。

第二，一个特殊的原子核锝99的存在，直接证明了重元素确实在恒星的核心区形成了。实验室测量表明，锝原子核的放射性半衰期约为200 000年。从天文学角度来看，这是个很短的时间。从来没有人在地球上发现锝天然存在的任何痕迹，因为它早已经衰变了。在许多红巨星光谱中观测到锝的谱线，意味着它一定是在过去几十万年里通过氦俘获在核心区中被合成的，这是它形成的唯一的已知方式。然后它通过对流被输送到恒星表面，否则，我们不会观测到它。许多天文学家认为，锝的光谱证据证明了s过程确实在演化后期的恒星中上演过。

第三，对典型I型超新星的光变曲线的研究表明，放射性原子核的形成是爆发的产物。图10.18（a）（参见图10.8）显示了爆发瞬间光度的急剧上升以及亮度缓慢降低的特征。由于爆发恒星的不同的初始质量，光度会在几个月至几年内下降到它原来的光度值，但所有爆发恒星的光度衰减曲线的形状都几乎相同。这些曲线有两个明显特征：最初的峰值之后，光度迅速下降；然后下降速度变缓。无论爆发的强度如何，光度衰减速度的突然变化都发生在爆发后约2个月后。

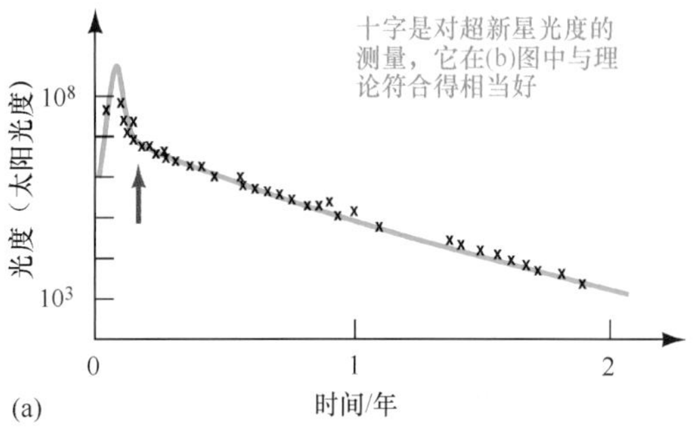

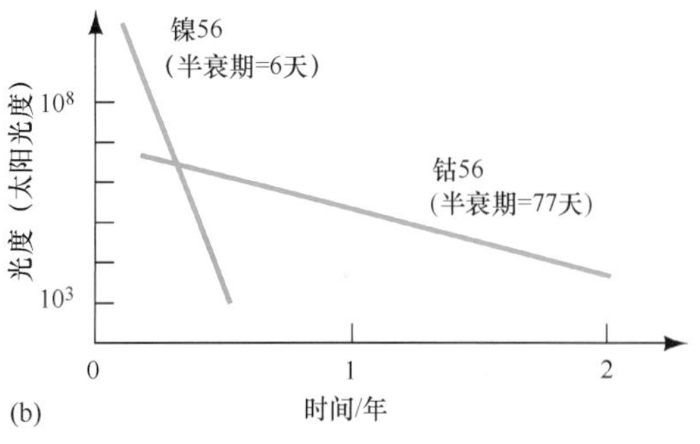

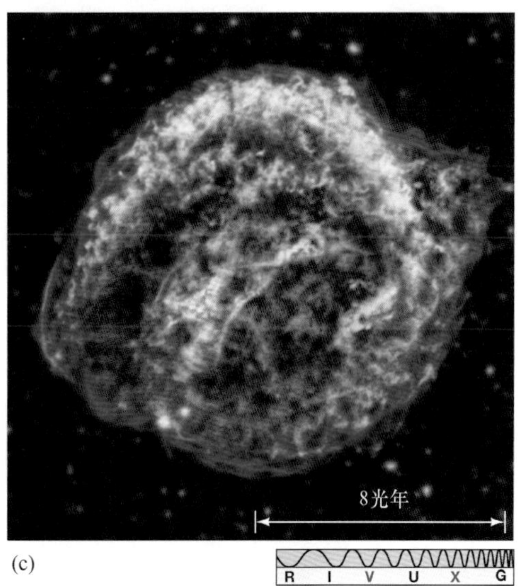

▲图10.18 超新星能量发射
（a）I型超新星的光变曲线，不仅显示出光度的急剧上升和缓慢下降，还有爆发两个月后（红色箭头）光度衰减速度的标志性变化。这颗特殊的超新星于1938年出现在遥远的星系IC 4182中。（b）对镍56、钴56通过放射性衰变发出的光的理论计算所得到的光变曲线，与在超新星实际爆发过程中观测到的曲线相似，这为恒星核合成理论提供了有力的支持。（c）这幅主要是x射线波段的图像由钱德拉望远镜在2013年拍摄。它展示了一次被称作开普勒超新星的剧烈爆发后的余晖。最初，地球上的人们在1604年观测到了这一爆发，并以这位著名的德国天文学家来命名。这位天文学家在望远镜发明之前就对其有所研究。［美国国家航空航天局（NASA）/钱德拉X射线望远镜（CXC）］

图10.18（a）中的光变曲线的分阶段下降可以用不稳定原子核的放射性衰变来解释，特别是在超新星早期大量产生的镍56及其衰变产物钴56。通过爆发的理论模型，我们可以计算出这些元素预期的形成数量。从实验室的实验中，我们还能知道它们的半衰期。由于每次放射性衰变会产生已知数量的能量，所以我们可以确定这些不稳定元素发出的光应当随着时间有所变化。计算结果与图10.18（b）中观测到的光变曲线能很好地吻合——I型超新星的光度与约0.6太阳质量的镍56衰变时所释放出的能量完全相符。20世纪70年代，天文学家首次获得了存在这些不稳定原子核的更直接的证据，当时在一颗遥远星系的超新星中认证了钴56衰变的伽马射线谱特征。

概念理解 检查

√ 为什么质量是4的倍数的元素，如元素碳、氧、氖、镁，以及元素铁在地球上如此普遍呢?

10.5 恒星演化的循环

恒星核合成理论能自然地解释，为什么古老的球状星团与现在银河系内形成的恒星之间的重元素丰度有所不同。∞（9.5节）尽管一颗演化后期的恒星会在内部持续制造新的重元素，但恒星成分的变化仍主要限制在核心区内，而恒星光谱几乎显示不出其核心区的事件。对流能把核反应的一些产物（如在许多红巨星中观测到的锝）从核心区带到外部包层，但外层却在很大程度上保留了恒星的原始构成。只有在它生命的终点，新产生的元素才会被释放并散播到太空中。

因此，最年轻的恒星光谱显示出最多的重元素，因为每一代恒星都会增加星际云中这些元素的浓度，而这些星际云正是形成下一代恒星的原料。因此，与在很久之前形成的恒星相比，最近形成的恒星中包含更丰富的重元素。恒星演化的知识使天文学家仅仅通过光谱研究就能估计恒星的年龄，即使是孤立的、不属于任何星团的恒星。∞（9.5节）在前面三章中，我们见到了构成恒星形成以及银河系演化完整循环的要素；现在，让我们简单地总结这一过程，如图10.19所示。

1）当星际云的一部分被压缩，直到它无法再抵抗自身的引力时，恒星便开始形成。云团坍缩并碎裂，形成星团。其中最炙热的恒星会加热和电离周围的气体，使激波传遍周围的星云，影响小质量恒星的形成，并可能触发新一轮恒星的形成。∞（8.6节）

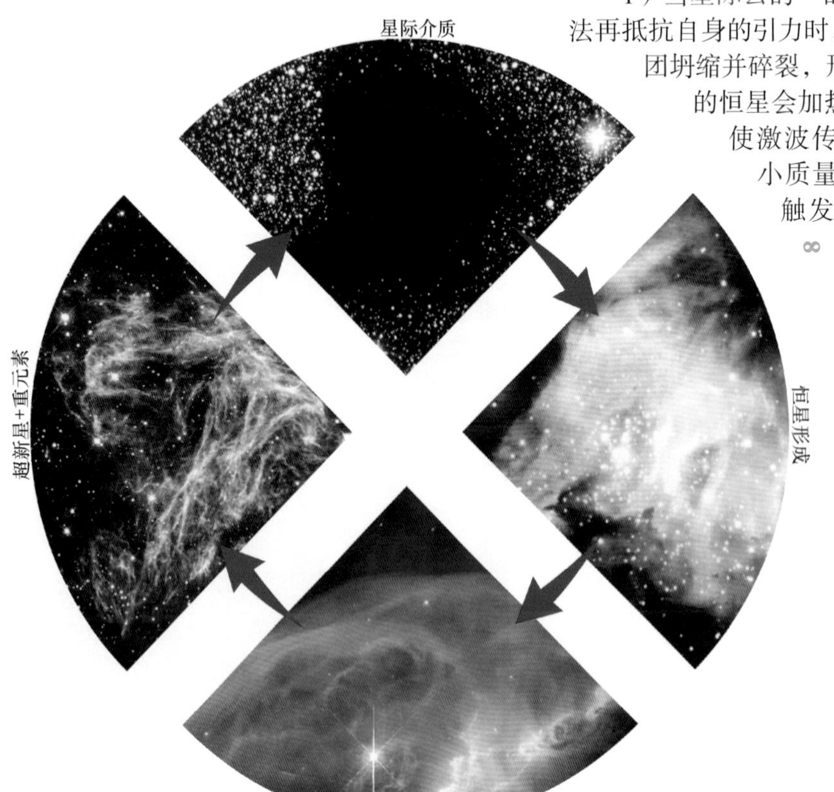

互动图10.19 恒星循环

MA 恒星形成和演化的循环不断为银河系补充新的重元素，并驱动新一代恒星的形成。从顶部开始，顺时针依次为：星际云（巴纳德68），恒星形成区（RCW 38），一颗大质量恒星喷射出“气泡”并即将爆炸（NGC 7635），以及一个超新星遗迹及其重元素残骸（N49）。［欧洲南方天文台（ESO）、美国国家航空航天局（NASA）］

2）恒星在星团中演化。质量最大的恒星演化得最快。它们在核心区产生最重的元素，并在超新星爆发时将其喷入星际介质。小质量恒星演化得时间更长，但它们也创造重元素。当外部包层被作为行星状星云剥离时，小质量恒星也显著地促进了这些重元素在星际空间中的"播种"。粗略地讲，小质量恒星负责形成碳、氮、氧等元素，并使地球上的生命存在成为可能；大质量恒星产生的铁和硅形成了地球本身；而其他更重的元素则是我们的技术赖以发展的基础。

3）新形成元素的产生和爆发性传播都与进一步的激波紧密相随。激波在穿过星际介质的同时，还丰富了星际介质的成分，并通过压缩促发新一轮的恒星形成。每一代恒星都使星际云中重元素的含量增加，而下一代恒星就形成在这些星际云内。其结果是，与很久以前形成的恒星相比，最近形成的恒星含有更丰富的重元素。

通过这种方式，虽然每个循环都会耗尽一些物质——它们被转化为能量或锁定在小质量恒星中——但星系会持续更新其物质。每一轮新形成的恒星都比之前一代的恒星含有更多的重元素。在古老的球状星团中，观测到的重元素相比太阳更少；而在年轻的疏散星团中，则含有更多的重元素。从球状星团到疏散星团，我们观测到了重元素的增丰过程。太阳是诸多这类循环的产物，我们自己则是另一个。没有这些在恒星的核心中合成的元素，无论是地球还是它孕育的生命，都无从谈起。

概念理解 检查

✓ 为什么恒星演化对地球上的生命很重要？

终极问题 虽然广泛观测到超新星及其散落的残骸，但研究人员仍无法确切地知道，这些大质量恒星实际上是如何爆发的。尽管其质量几倍于太阳，但这些恒星仍无视引力，将自身扯成碎片。它们将自己炸成碎片这一点是确定的，但它们是如何做到这一点，将向内的灾难性坍缩变成向外的恒星爆发呢？

章节回顾

小结

❶ **新星**（242页）是一颗亮度突然大幅增大，然后在几个月内缓慢下降至正常值的恒星。它的产生是由于双星系统中的白矮星从伴星吸积富含氢的物质。气体物质在**吸积盘**（242页）中呈螺旋状向内运动，积聚在白矮星表面，最终变得足够炙热和致密，使氢爆燃，造成矮星光度的暂时性大幅上升。

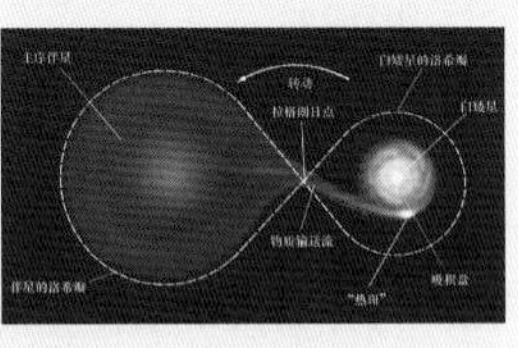

❷ 在质量大于8倍太阳质量的恒星的核心中，形成的元素越来越重，反应速度也越来越快。这样，恒星的核心区形成了分层结构，这些燃烧的壳层由越来越重的元素构成。这一过程终止于元素铁，其原子核不能通过合成更重的元素或分裂成更轻的元素来产生能量。当恒星的铁核质量越来越大时，它最终将无法抵抗自身的引力而开始坍缩。坍缩过程中形成的高温会使铁原子核分裂为质子和中子。质子与电子的结合会形成更多中子。最终，核心区会变得非常致密，中子之间会有效地产生物理接触，坍缩停止，核心区重新开始膨胀，一股剧烈的激波将横扫恒星余下的物质。恒星最终会爆发成为**核坍缩超新星**（246页）。

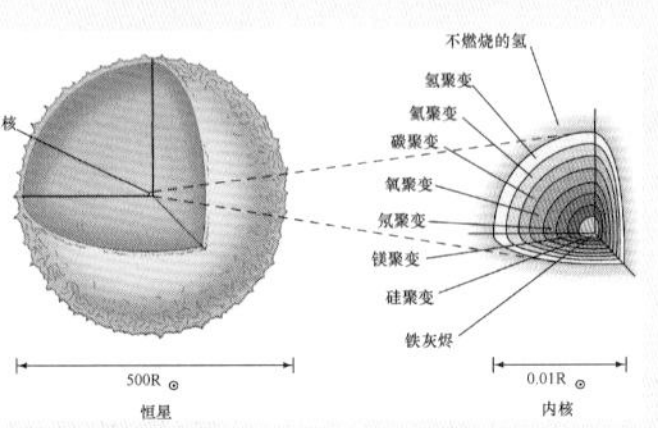

❸ 天文学家把**超新星**（246页）分为两大类：I型和Ⅱ型，它们的光变曲线和成分有所不同。**I型超新星**（247页）为贫氢型，其光变曲线与新星类似；**Ⅱ型超新星**（247页）为富氢型，在光极大几个月后光变曲线会出现特征性的平台。Ⅱ型超新星为核坍缩超新星。而双星系统中的碳-氧白矮星在经过获取能量、坍缩后，在碳点火时爆发，形成I型超新星。它也被称为**碳爆燃超新星**（247页）。

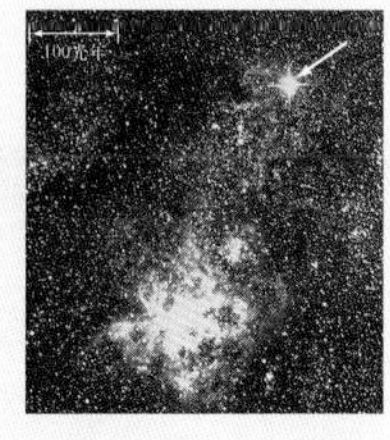

❹ 虽然在过去400年内从未在银河系中观测到超新星，但理论预测，每100年我们的银河系都会产生一颗可以从地球上观察到的超新星。通过**超新星遗迹**（248页），我们可以找到过去超新星爆发的证据——爆发后的残骸在爆发点周围形成的壳层，它以每秒几千千米的速度向太空膨胀。

❺ 所有比氦重的元素均形成于**恒星核合成**（251页），即通过演化后期恒星的核心中的核反应产生新的元素。比碳更重的元素倾向于通过**氦俘获**产生（254页），而不是通过更重原子核的聚变。在足够高的温度下，光致蜕变会分裂一些重元素，为合成更重的元素提供氦4原子核，直至铁元素的形成。比铁更重的元素在演化后期恒星的核心区里通过**中子俘获**形成（256页）。在超新星爆发过程中，会发生快速中子俘获，产生所有最重的原子核。将元素形成的理论预测与在恒星和超新星中观测到的元素丰度进行对比，能为核合成理论提供有力支持。

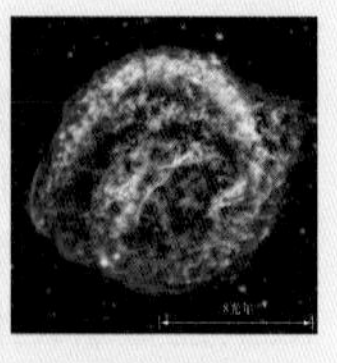

❻ 恒星形成的过程、演化和爆发形成了一个循环，不断地向星际介质充实重元素，并撒播下一代恒星形成的种子。如果没有超新星形成的元素，地球上的生命存在将无法成为可能。

标记**POS**的问题探索科学过程。标记**VIS**的问题着重于阅读和视听资讯的理解。
LO后紧跟的是本章引言中学习目标的编号。

指定的课后作业请访问MasteringAstronomy网站。

复习与讨论

1. **LO1**在什么情况下，双星会形成一颗新星？
2. 什么是吸积盘？它如何形成？
3. 什么是光变曲线？如何利用它确定天体是新星还是超新星？
4. **LO2**大质量恒星的核心为什么会坍缩？
5. Ⅰ型和Ⅱ型超新星的观测区别是什么？
6. **LO3**如何通过Ⅰ型和Ⅱ型超新星的相关机制来解释它们的观测区别？
7. 我们大概在多久后能有希望在银河系内看到一颗超新星？多久后有希望看到一颗系外超新星？
8. **LO4 POS**有什么证据说明有许多超新星发生在银河系内？
9. **POS**天文学家如何估计一颗孤立的恒星的年龄？
10. **LO5**天文学家有什么证据证明重元素在恒星中形成？
11. 随着恒星的演化，为什么更重的元素往往通过氦俘获形成，而不是由相似的原子核聚合而成？
12. 为什么大质量恒星的核心区会演化为铁而不是更重的元素呢？
13. 比铁更重的原子核在哪儿？如何形成？
14. **POS**为什么超新星1987A如此重要？为什么中微子探测器对研究超新星很重要？
15. **LO6**超新星如何帮助星系物质“循环”？

概念自测：选择题

1. 在以下哪种情况下，白矮星的亮度会剧烈地上升？（a）它有双星伴星；（b）核心区再次开始核聚变；（c）它的自转非常快；（d）它是一颗非常大质量恒星的核心。
2. 新星与超新星的区别是，新星：（a）只能发生一次；（b）亮度更亮；（c）只涉及大质量恒星；（d）亮度较小。
3. 为了形成比氧更重的元素，以下哪种恒星的温度足够高？（a）质量为太阳质量一半的恒星；（b）质量与太阳质量一样的恒星；（c）质量为太阳质量两倍的恒星；（d）质量为太阳质量八倍的恒星。

4. 发生以下哪种情况时，大质量恒星会成为超新星？（a）与伴星相撞；（b）在核心区形成铁；（c）表面温度突然上升；（d）质量突然上升。
5. **VIS** 图10.8（“超新星光变曲线”）说明超新星的光度随着时间稳步下降，它最可能与哪一类恒星有关？（a）没有双星伴星的恒星；（b）质量大于八倍太阳质量的恒星；（c）主序星；（d）质量与太阳相当的恒星。
6. 银河系中大概多久能观测到一颗恒星？（a）一年；（b）十年；（c）一百年；（d）一千年。
7. 下列哪项不是银河系中存在超新星的证据？（a）蟹状星云的迅速膨胀和细丝结构；（b）中国和欧洲的历史记录；（c）银河系中存在双星；（d）地球上存在元素铁。
8. 太阳中的核聚变：（a）从不产生比氦更重的元素；（b）产生不重于氧的元素，包括氧在内；（c）产生不重于铁的元素，包括铁在内；（d）产生一些比铁还重的元素。
9. 我们身体内的碳主要源自：（a）太阳；（b）红巨星的核心区；（c）超新星；（d）邻近的星系。
10. 我们首饰中的银形成于：（a）太阳；（b）红巨星的核心区；（c）超新星；（d）邻近的星系。

问答

问题序号后的圆点表示题目的大致难度。

1. ●如果一台特定的望远镜刚好能在10 000pc的距离上探测到太阳，那么太阳在这个距离的视星等是多少？（为了方便，假设太阳的绝对星等是5。）如果要探测一颗峰值光度为10^5倍太阳光度的新星，望远镜离新星的最远距离是多少？
2. ●对一颗峰值光度为10^{10}倍太阳光度的超新星重复以上的计算。如果爆发发生在10 000Mpc，那么爆发的视星等是多少？它是否能被任何现有的望远镜探测到？
3. ●●一颗绝对星等为－20的超新星距离多远时看起来和太阳亮度一样？多远时和月亮亮度一样？你希望在这么近的距离发生超新星爆发吗？
4. ●请计算在质量为3/5太阳质量、半径为15 000km的白矮星表面的吸积盘的轨道速度。
5. ●根据太阳目前的光度，假设它的主序期为10^{10}年，请估计它的能量总输出。与一颗典型的超新星所释放的能量相比如何？
6. ●●哈勃太空望远镜正在观测一颗遥远的超新星，其峰值视星等是24等。利用图10.8的光变曲线，估计光度峰值后多久该超新星会暗到无法被看见。
7. ●蟹状星云目前的半径约为1pc。如果它在公元1054年爆炸，那么它膨胀的速度大约是多少？（假设它匀速膨胀。这是一个合理的假设吗？）
8. ●●假设银河系中，恒星形成的平均速率为每年10颗。也假设所有质量大于8倍太阳质量的恒星会爆发成为超新星。假设有0.36%的恒星属于这一类（图6.23），请估计银河系中Ⅱ型超新星产生的速率。

实践活动

协作项目

在“化学和物理手册”或网络上其他类似的手册中查找同位素表。挑选文中提到的一些不稳定（放射性）同位素，并查看它们衰变为最终稳定的同位素的过程。例如，选择由阿尔法和s过程形成的镍56、铁59、钴60和镍63。在每种情况下，注意所有衰变的半衰期、同位素及其产物如何衰变，以及产生什么粒子和辐射。利用可裂变的原子核铀235、铀238和钚 239来重复这个练习。

个人项目

1758年，查尔斯·梅西耶发现天空中最传奇的超新星遗迹，即现在被称为M1或者蟹状星云的天体。它位于金牛座泽塔星的西北，这颗恒星标志着金牛座中公牛角的南端边缘。尝试找到它。借助8英寸望远镜能看到蟹状星云的椭圆形状，但它看起来很暗弱。借助10英寸或更大的望远镜，可以看到它的一些著名的细丝结构。

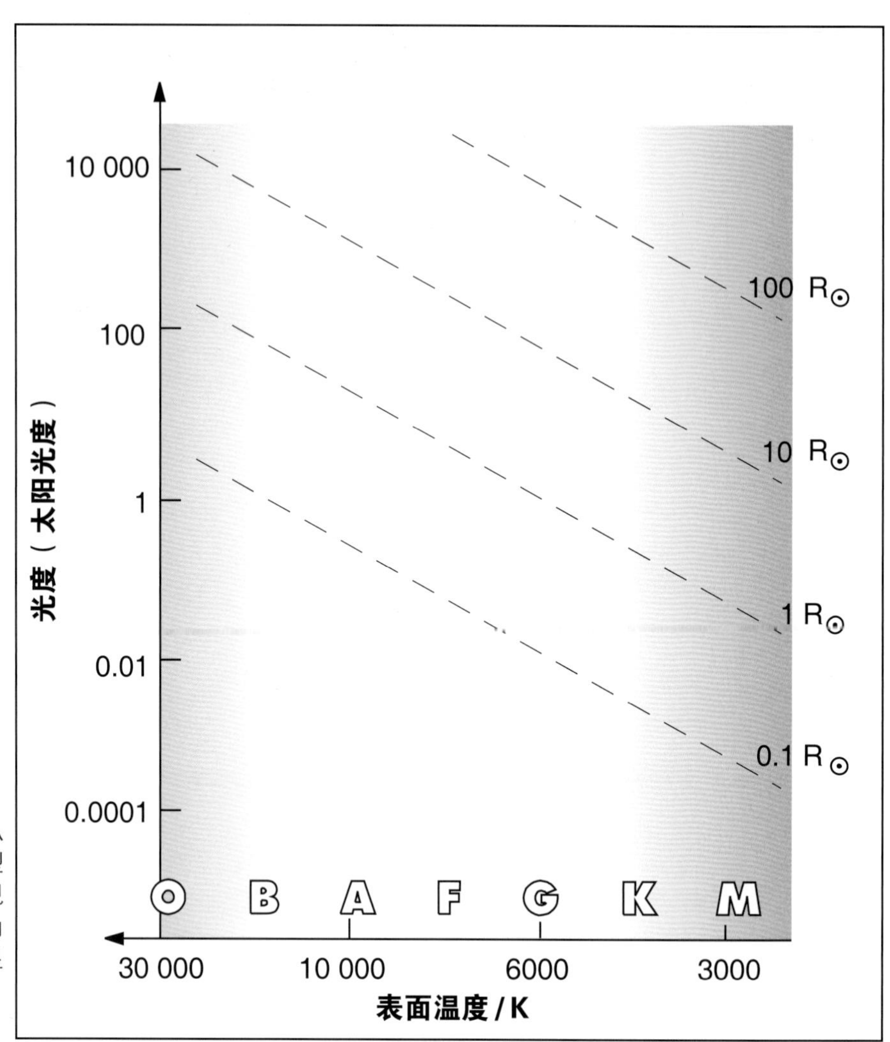

赫罗图按光度（纵轴）与温度或光谱型（横轴）将恒星呈现在图中。图中沿对角的虚线所对应的恒星半径为常数。

R I V U X G

第11章　中子星和黑洞

11

物质的奇妙状态

有关恒星演化的研究让我们发现了一些非常不同寻常和出乎预料的天体。红巨星、白矮星，以及超新星当然代表着物质的极端状态，它们对于地球上的我们来说完全陌生。然而恒星演化——尤其是在终点，当恒星死亡时——可能会带来更加诡异的结果。其中最为奇异的就是比太阳质量大得多的恒星的灾难性内爆——爆发所带来的产物。

中子星和黑洞属于宇宙中最奇异的天体。它们是大质量恒星生命的终点，它们奇怪的属性令人难以想象。然而理论和观测似乎一致表明，无论你是否认为这是异想天开，它们确实存在于太空中。

知识全景　超新星爆发过程中出现的几乎难以想象的巨大力量，可能会创造出行为非常极端的天体，这要求我们重新考虑我们最为珍视的一些物理定律。它们开启了一名科幻小说作家的梦想，使奇幻现象与现实接壤；它们甚至可能在某一天迫使科学家构建一个关于宇宙的全新理论。

左图：这幅惊人的图像实际上由空间望远镜所拍摄的三幅图片叠加而成：哈勃望远镜在可见光波段拍摄的图片（黄色）、钱德拉望远镜拍摄的X射线辐射（蓝色和绿色），以及斯必泽望远镜拍摄的红外辐射（红色）。该天体被称作仙后A，是一个超新星遗迹，其辐射最初在约300年前到达地球。图中所示的遗迹区域位于约11 000光年之外，并延展分布在10光年的区域内。位于中央的绿松石颜色的点可能是在爆炸中形成的一颗中子星，它是爆发后的唯一幸存者。［美国国家航空航天局（NASA）］

学习目标

本章的学习将使你能够：

1. 描述中子星的性质，并解释这些奇怪的天体是如何形成的。
2. 解释脉冲星的性质和起源，并解释它们的辐射特征。
3. 列出中子星双星系统的一些观测属性，并加以解释。
4. 概述伽马射线暴的基本特征，以及试图解释它们的一些理论。
5. 描述黑洞是如何形成的，并讨论它对附近的物质和辐射的影响。
6. 说明爱因斯坦的相对论，并讨论它与中子星和黑洞的联系。
7. 将发生在黑洞附近的现象与空间扭曲联系起来。
8. 解释观测黑洞的困难，并描述可能探测到黑洞的一些方法。

精通天文学

访问MasteringAstronomy网站的学习板块，获取小测验、动画、视频、互动图，以及自学教程。

11.1　中子星

在第10章中我们看到，一些恒星可以成为剧烈爆发的超新星，将碎片散播在星际空间的广袤区域中。超新星爆发后还会留下什么呢？是整个前身（母）星被完全炸成碎片，并散布在星际空间，还是会存留下其中的一部分呢？

恒星遗迹

大多数天文学家认为，Ⅰ型（碳爆燃）超新星爆发后，不太可能留下任何中央残骸，因为整颗恒星都被爆发摧毁了。然而，Ⅱ型超新星涉及一颗大质量恒星铁核的迅速坍缩以及随之而来的反弹，理论计算表明，恒星的一部分可能会被存留下来。爆发摧毁了母星，但可能会在其中心留下一个已极度压缩的微小**遗迹**——这是一颗恒星的内核在恒星演化停滞之后的所有存留。白矮星是小质量恒星演化终点的致密产物，它是恒星遗迹的又一例证[㊀]。∞（9.3节）即使以白矮星的高密度为标准，这一被严重压缩的内核中的物质仍然处于一种非常奇怪的状态，不同于我们能在地球上找到（或创造）的任何东西。

回忆第10章，在大质量恒星向内迅速坍缩的瞬间，即形成超新星之前，恒星核心的电子猛烈地撞入质子，形成中子和中微子。∞（10.2节）中微子以光速或接近光速离开诞生地，加速了中子核心的坍缩，直到中子互相接触。此刻，核心的中央部分向外反弹，形成强大的冲击波，向外横扫整颗恒星，将物质猛烈地驱向太空。

这里的关键是，冲击波并非始于坍缩核心的正中央。虽然冲击波摧毁了恒星的其他部分，但发生“反弹”的核心内部仍完好无损。这也是在经历了超新星爆发的巨大力量后，恒星留下的仅有物质。由于其内部的所有核反应都永远地停止其了，所以它算不上任何真正意义上的恒星，但研究人员仍把核心的这种遗迹形象地称为**中子星**。

中子星的性质

中子星的个头非常小，质量却非常大。它完全由中子构成，被紧密地挤压在一个直径20km的球体中。一个典型的中子星不会比一颗小型小行星或陆地城市大多少（见图11.1），但它比太阳还要重。这么巨大的质量压缩在如此小的体积内，使中子星的密度大得惊人。它的平均密度能达到10^{17}甚至10^{18}kg/m^3，几乎是白矮星密度的10亿倍。（相比之下，一个正常原子核的密度约为3×10^{17}kg/m^3）。中子星的一小撮物质可能就有1亿吨重，这大约是大型陆地山脉的重量。某种意义上，我们可以认为中子星是一个巨大的原子核，它的原子质量约为10^{57}！正因为密度如此之高，中子才可以抵制进一步的压缩，而不像中子星中的电子（在低得多的密度时）所经历的那样——中子的简并压可以使中子星保持平衡。

中子星是固体。假设如果能找到一颗温度足够低的中子星，你甚至可以想象站在它的上面。然而，要这样做并不容易，因为中子星的引力极其强大。一个70kg（150lb）的成年人在它表面受到的重力等同于地球表面10万亿千克（100亿吨）物体的重力。中子星引力产生的巨大重力会使你变得比一张纸还要薄！

▲图11.1　中子星
中子星并不比地球上的许多主要城市大多少。参看这种充满奇幻的对比，一颗典型的中子星坐落在纽约曼哈顿岛上。［美国国家航空航天局（NASA）］

除了质量大、体积小以外，新形成的中子星还有两个非常重要的属性。首先，它们的自转速度非常快，自转周期不到1s。这是角动量守恒定律产生的直接结果，这条定律告诉我们，任何旋转的物体在收缩时一定会快速自转。即使它的前身星最初的自转速度很慢（比如与许多主序上部的恒星一样，几星期才自转一圈），当它的直径达到20km时，也会一秒钟自转几圈。

㊀ 这些残骸小却紧致，如果是白矮星会比地球要小，如果是中子星则会更小。不应该将它们与超新星遗迹相混淆：发光的碎片云散布在几秒差距范围的星际空间中。∞（10.3节。）

其次，新生的中子星有很强的磁场。在核坍缩过程中，收缩的物质将磁场线紧密地挤在一起，前身星的原初磁场被放大，因而形成一个比地球磁场强上万亿倍的磁场。∞（详细说明8–1）

理论表明，中子星会及时地将能量向太空中辐射，它的自转速度会越来越缓慢，磁场也将减少。然而，在诞生后的几百万年中，以上两个属性将是发现和研究这一奇特天体的主要手段。

概念理解 检查

✓ 所有的超新星都会形成中子星吗？

11.2 脉冲星

我们能确定与中子星一样奇特的天体真的存在吗？答案是非常确定的YES。首次观测到中子星是在1967年。当时，剑桥大学的研究生约瑟琳·贝尔揭示了一个惊人的发现，她观测到一个天体以快速脉冲的形式快速地发射射电波。每个脉冲包含一个0.01s的射电爆发，而后是平寂；然后在1.34s后，另一个脉冲会到来。脉冲之间的时间间隔惊人地一致。事实上，这一时间间隔非常精确，重复的射电辐射可以用作精确的计时。图11.2记录了贝尔发现的脉冲天体发出的部分射电辐射。

在银河系内已经发现了超过1500颗这样的脉冲天体，它们被称为**脉冲星**。每颗脉冲星都有自身独特的脉冲周期和持续时间。在有些情况下，它们的脉冲周期非常稳定，使它们成为目前宇宙中已知的最精确的天然时钟，精确度甚至超过地球上的原子钟。在另一些情况下，预计它们的脉冲周期每100万年会有几秒钟的出入。当前描述脉冲星的最好的模型是一颗致密的自转中子星周期性地向地球发出的辐射。

灯塔模型

贝尔在1967年发现脉冲星时，她并不知道眼前的是什么。实际上，当时没人知道什么是脉冲星。脉冲星是自转中子星的解释为贝尔的论文指导老师安东尼·休伊什获得了1974年的诺贝尔物理学奖。休伊什推断，只有小型的自转辐射源才符合这种精确周期性脉冲的物理机制；只有自转会导致观测到的脉冲具有高度的规律性；只有一个小天体能解释为什么每个脉冲都很清晰，如果天体的直径大于几十千米，那么从不同区域发出的辐射到达地球的时间会略有不同，从而使脉冲的形状变得模糊。

图11.3列出了这一脉冲星模型的重要特征。中子星表面上的两个“热点”或者说表面上的磁层像一个狭窄的“探照灯”，不断地发出辐射。这些热点很有可能位于中子星磁极附近的局部区域，带电粒子在这里被恒星的旋转磁场加速至具有极高的能量，然后沿着恒星的磁轴发出辐射。热点产生的辐射几乎是稳定的，随着中子星的自转，由此产生的辐射束如同一个旋转的灯塔扫射太空。事实上，这一脉冲星模型通常被称为**灯塔模型**。如果中子星的朝向恰好使辐射束能扫过地球，那么我们就能看见这颗恒星是脉冲星。在观测上，这些辐射束表现为一系列快速的脉冲。每次辐射束扫过地球，就能观测到一个脉冲。脉冲的周期就是恒星的自转周期。

虽然不是所有超新星遗迹内都有可探测的脉冲星，但一些脉冲星确实与超新星遗迹有关。图11.4（c）显示了蟹状星云脉冲星两张光学波段的照片。这颗脉冲星位于蟹状超新星遗迹的中心［见图11.4（a）和图11.4（b）］。∞（10.3节）在图11.4（c）的左侧框图中，脉冲星是熄灭的；在图11.4（c）的右侧框图中，脉冲星正闪亮。图11.4（d）展示了脉冲星快速变化的光辐射，其脉冲周期约为3ms。蟹状遗迹在光谱的射电和X射线波段也发出脉冲。通过观察蟹状遗迹抛射物质的速度和方向，天文学家追溯了爆发应当发生在什么位置，以及超新星的中心遗迹应该在什么地方。∞（10.3节）遗迹的中心对应于脉冲星的位置。那颗曾经存在的大质量恒星在1054年以超新星爆发被观测到，而这是它在爆发后留下的所有物质。

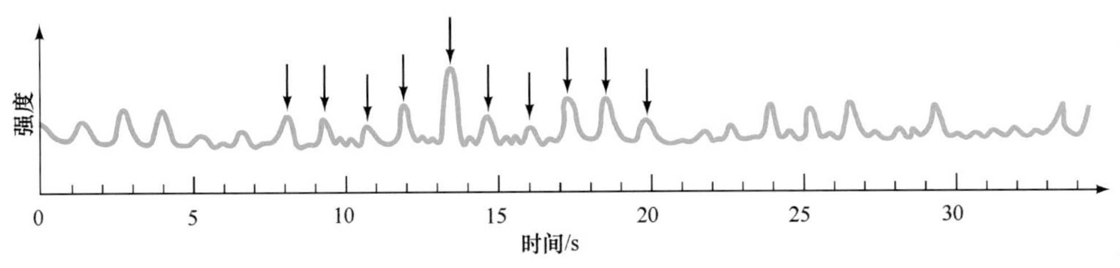

▲图11.2　脉冲星辐射
这一记录显示了人类发现的第一颗脉冲星CP1919的射电辐射强度的规律性变化。图中，这一天体的一些脉冲用箭头标出。

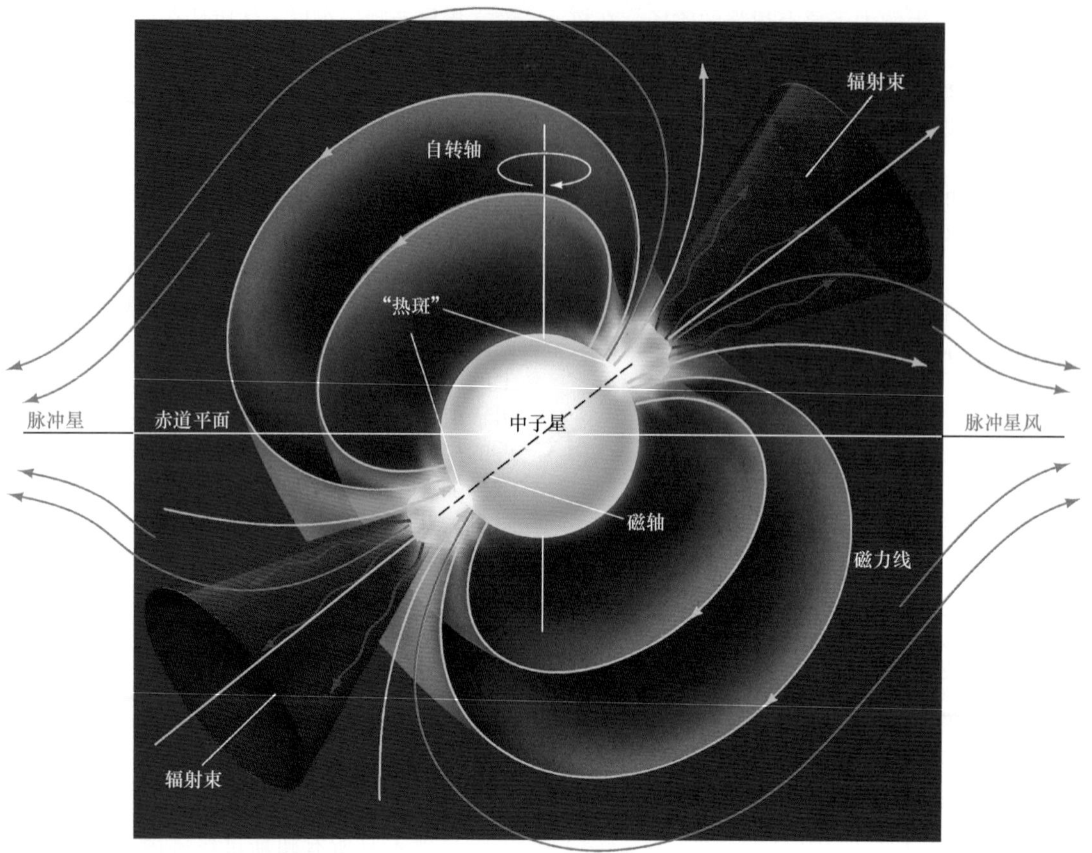

解说图11.3 脉冲星模型

关于中子星发射的"灯塔模型"解释了脉冲星的许多观测特征。带电粒子被中子星的磁场加速，沿着磁场线向外倾泻，产生向外的辐射束。在距离恒星更远的地方，磁场线引导这些粒子在恒星的赤道平面上快速地向外运动，形成脉冲星风。随着中子星的自转，辐射束扫过天空。如果它恰好与地球相交，我们就能看到一颗脉冲星——看起来非常像灯塔发出的一束光束。

如图11.3所示，中子星的强磁场和快速自转引导恒星表面附近的高能粒子进入周围的星云中［对比图11.4（a）中1054年超新星的膨胀包层］。这样的结果是，高能的脉冲星风几乎以光速向外流动，并且主要位于恒星的赤道平面。由于星风猛烈地撞向星云，所以星云中的气体会被它加热到非常高的温度。图11.4（b）动态地展示了蟹状星云中的这一过程——将哈勃望远镜和钱德拉望远镜拍摄的图像叠加，可以看出辐射出X射线的热气体环正在快速地离开脉冲星。图中还能看到一股热气体喷流（不是脉冲星的辐射束）正沿着垂直于赤道平面的方向逃逸。最终，脉冲星星风中的能量将储存在蟹状星云中，并通过星云气体的辐射进入太空，为我们从地球上看到的壮观景象提供能量。∞（图10.10）

大部分脉冲星以射电辐射的形式发射脉冲，但有一些脉冲星（如蟹状星云中的脉冲星）也被观测到在可见光、X射线以及伽马射线等光谱范围内也发射脉冲。

图11.5显示了蟹状星云脉冲星及其附近的杰敏卡脉冲星在伽马射线波段的辐射。杰敏卡之所以与众不同，是因为虽然它在伽马射线波段发出强烈的脉冲信号，但天文学家几乎无法在可见光波段观测到它的脉冲，在射电波段则完全无法观测到其脉冲。正如我们所预期的，无论产生哪类辐射，这些电磁闪耀在不同的频率都以规律的、重复的周期发生，因为它们都源自于同一天体。然而，不同波段的脉冲不一定发生在脉冲周期内的同一时刻。

大部分脉冲星的周期都很短，从0.03～0.3s（即每秒闪烁3～30次）不等。人眼对这类快速闪烁不敏感，因而即使是利用大型望远镜，也无法用肉眼观测到一颗脉冲星的闪烁。幸运的是，有仪器可以记录下人眼无法感知的这些光脉冲。

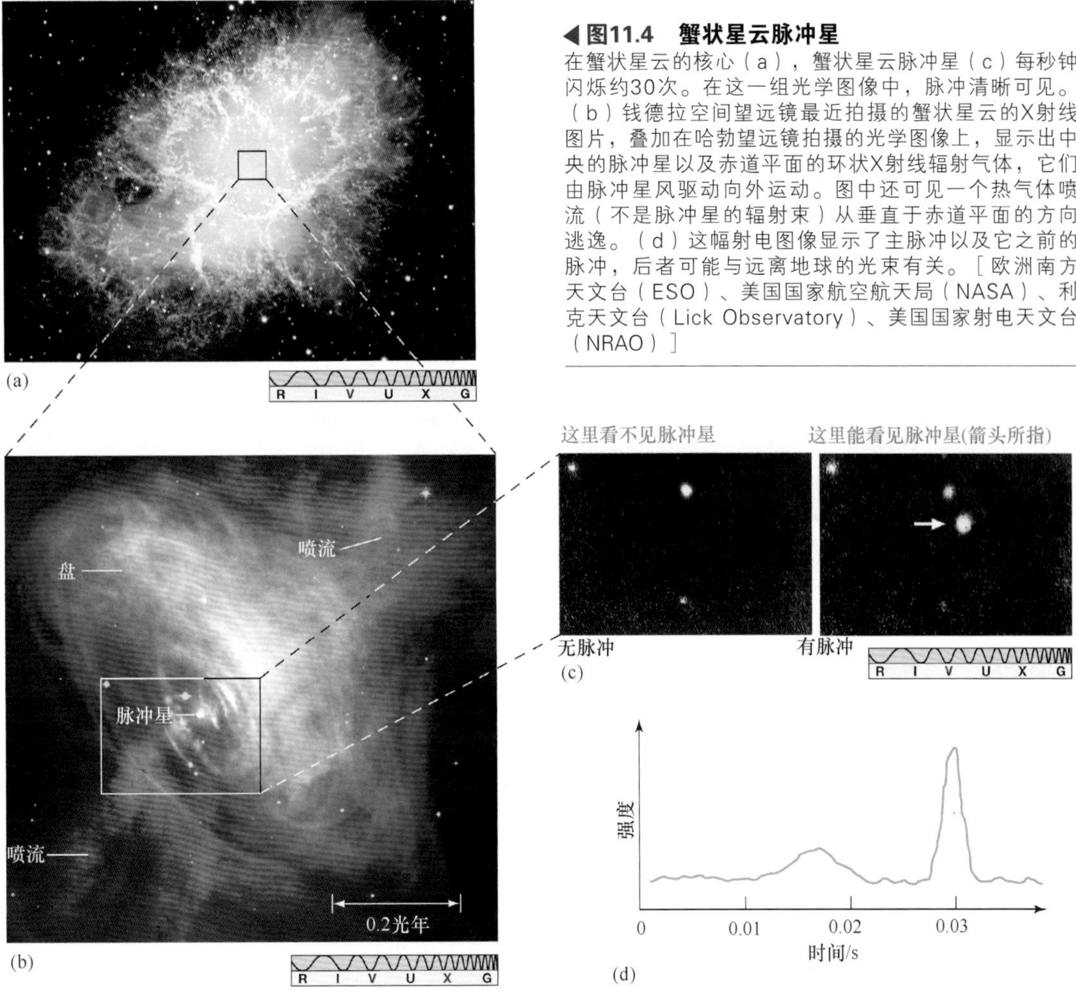

◀**图11.4　蟹状星云脉冲星**

在蟹状星云的核心（a），蟹状星云脉冲星（c）每秒钟闪烁约30次。在这一组光学图像中，脉冲清晰可见。（b）钱德拉空间望远镜最近拍摄的蟹状星云的X射线图片，叠加在哈勃望远镜拍摄的光学图像上，显示出中央的脉冲星以及赤道平面的环状X射线辐射气体，它们由脉冲星风驱动向外运动。图中还可见一个热气体喷流（不是脉冲星的辐射束）从垂直于赤道平面的方向逃逸。（d）这幅射电图像显示了主脉冲以及它之前的脉冲，后者可能与远离地球的光束有关。［欧洲南方天文台（ESO）、美国国家航空航天局（NASA）、利克天文台（Lick Observatory）、美国国家射电天文台（NRAO）］

观测认为，大多数已知的脉冲星具有较高的速度（通常是通过多普勒效应测量得到的），比银河系中恒星的典型速度要快得多。对这些异常高的速度的最可能的解释，是形成它们的超新星的不对称性使它们获得了能量可观的“冲击”。理论预测，这种不对称性一般不是很明显，但如果超新星的巨大能量引导它们略微偏向一个方向，新产生的中子星便能以每秒几十甚至几百千米的速度在相反方向上产生反作用力。因此，脉冲星的观测速度赋予理论家观测超新星详细物理特征的额外视角。

中子星与脉冲星

所有脉冲星都是中子星，但并不是所有的中子星都被观测为脉冲星。原因有两点：首先，使中子星发出脉冲信号的两点要素——快速自转和强磁场，都是随时间减弱的，因此脉冲会逐渐减弱，频率也会减小。理论预测在几亿年之内，脉冲光束就会逐渐减弱，最后脉冲会完全停止。第二，从地球上的有利地点观察，即使是明亮、年轻的中子星也不一定会作为脉冲星被观测到。图11.3所描述的脉冲光束相对较窄，在某些情况下或许只有几度宽。只有中子星恰好以正确的角度朝向我们时，我们才能实际看到脉冲。当我们从地球观测到这些脉冲时，我们才将这一天体称为脉冲星。请注意，这里我们使用术语“脉冲星”来表示我们观测到的光束穿过地球的脉冲天体，然而，许多天文学家会更一般性地使用这个术语来表示任何产生如图11.3所示的辐射光束的年轻中子星。这样一个天体从某个方向看起来会是一颗脉冲星，但不一定是从我们的方向来看！

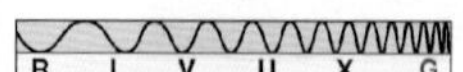

(a)

(b) 0.24s

◀图11.5 脉冲星模型
（a）在天空中，蟹状星云和杰敏卡脉冲星彼此毗邻。与蟹状星云脉冲星不同，杰敏卡脉冲星在可见光波段几乎看不见，在射电波段则完全无法探测到。（b）康普顿伽马射线望远镜的图像显示，杰敏卡脉冲星的脉冲周期为0.24s。［美国国家航空航天局（NASA）］

鉴于我们目前已了解的关于恒星形成、恒星演化以及中子星的知识，我们对脉冲星的观测与以下的观点一致：①每个大质量恒星都在超新星爆发中结束生命；②大多数超新星会留下一颗中子星（一些会形成黑洞，稍后将讨论）；③所有年轻的中子星都发出辐射光束，就像我们实际探测到的脉冲星。一些脉冲星确实与超新星遗迹有关，这显然证明了这些脉冲星的爆发性起源。根据银河系一生中形成大质量恒星的速率估计，天文学家推测，对应于我们已知的每颗脉冲星，必然会有几十万颗中子星正在银河系的某处默默运行。它们中的一些年龄相对较小，不到几百万年，它们的能量光束恰好偏离了地球的方向。然而，它们中的大部分十分古老，自身年轻的脉冲星阶段早已逝去。

在被实际观测到之前很久，理论便预测了中子星（和黑洞），尽管它们的极端性质让许多科学家怀疑是否能发现它们。目前，我们不仅强有力地证明了它们的存在，还证明了它们在高能天体物理领域所扮演的重要角色。这一事实再次证明了恒星演化理论的基本可靠性。

概念理解 检查

✓ 为什么我们不能在所有超新星遗迹的中心看到脉冲星?

11.3 中子双星

在第6章中我们指出，大多数恒星都不是孤立的，而是双星系统的成员。∞（6.7节）尽管许多脉冲星已知是孤立的（即不属于任何双星系统），但至少它们中的一些有双星伴星。中子星的情况整体上也是如此（包括那些未被观测为脉冲星的中子星）。这一成对现象产生了一个重要的结果，一些中子星的质量能被精确地测定。虽然报道称最近发现了一颗质量为两倍太阳质量的中子星，但所有已被测定的质量都在1.4倍太阳质量上下，即恒星核心坍缩形成中子星遗迹的钱德拉塞卡质量极限。

X射线源

20世纪70年代末出现了双星系统内中子星的几个重要发现。大量的X射线源被发现位于银河系的中心区域，以及一些恒星众多的星团的中心附近。这些X射线源中的一些被称为**X射线暴源**。它们剧烈爆发并释放出大量能量，每次爆发都比太阳的光度强数千倍，但仅持续几秒钟。图11.6显示了一次典型的爆发。

在双星系统中子星的表面或附近，这种X射线辐射会上升。中子星的巨大引力会从伴星（主序星或巨星）表面拉扯和吸引物质，并聚集在中子星的表面。与白矮星吸积的情况一样（见第10章），物质不会直接落到表面上，而是会如图11.7（a）所示，形成一个吸积盘（与描述白矮星吸积盘的图10.2对比）。∞（10.1节）气体会进入一条紧密围绕中子星的轨道，然后慢慢地、呈螺旋状地向内移动。吸积盘的内部会变得非常热，并释放出稳定的X射线流。

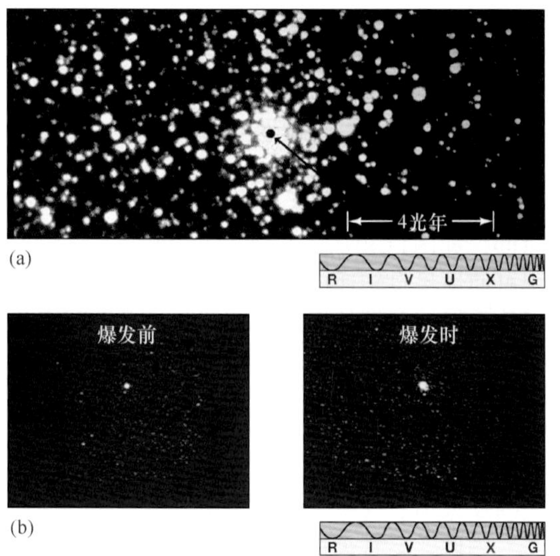

◀图11.6 X射线爆源
X射线爆发源会产生快速且强烈的X射线闪耀，而后是持续长达数小时的相对不活跃期。之后会发生另一次的爆发。（a）是球状星团Terzan 2的光学照片，图中2″大小的小点（箭头所指）是X射线爆发生的地方。（b）在X射线爆发之前和爆发期间拍摄的图像。其中最强烈的X射线对应（a）图中黑点的位置。［史密松天体物理观测台（SAO）、美国国家航空航天局（NASA）］

随着气体在中子星表面聚集，它的温度也会随着表层物质的压力而上升。很快，温度逐渐高到可以进行氢聚变，其结果是突然发生一段快速的核燃烧，释放出巨大的能量，产生一个短暂但强烈的X射线闪耀——X射线暴。在几个小时的物质持续积累后，新累积的物质层会发生下一次爆发。因此，X射线暴非常类似于白矮星的新星爆发，但因为中子星的引力更强，所以其爆发的规模更加猛烈。∞（10.1节）

然而，并不是所有向内流动的气体都会落到中子星表面，至少在被称作SS 433[⊖]的天体中是如此。它距离地球约5000pc。对它的直接观测证据表明，一些物质以非常高的速度飞向双星系统之外。在与SS 433的吸积盘几乎垂直的方向上，有两个方向相反的窄喷流，SS 433通过这种方式每年向外喷出的物质质量比我们地球的质量还要大。对喷流产生的光学发射线进行的多普勒分析表明，其速度接近80 000km/s，即超过光速25%！由于喷流与星际介质的相互作用，它们会发出如图11.7（b）所示的射电辐射。

⊖ 这一名字简单地将该天体识别为某个特殊恒星星表的第433号天体，有着强光学发射线。

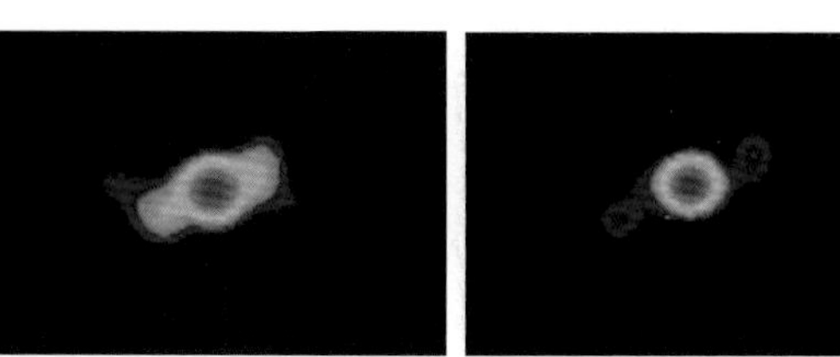

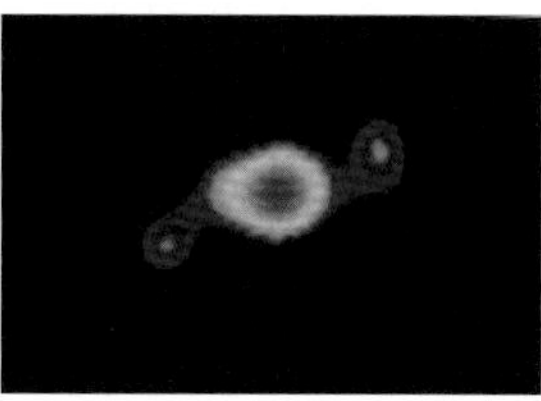

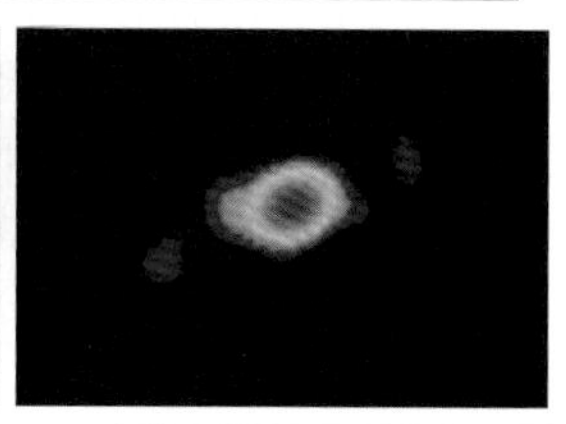

◀图11.7 X射线发射
（a）物质从一颗正常的恒星沿吸积盘流向致密的中子星伴星表面。在中子星的巨大引力作用下，气体沿螺旋轨道向内移动并随之升温。温度足够高时，它会发出X射线。（b）对特殊天体SS 433的射电辐射拍摄的伪彩色图片，每张图片间隔一个月（从左到右），图片显示其喷流向外移动，其中心的源在伴星的引力作用下旋转。［美国国家射电天文台（NRAO）］

在吸积盘围绕一个致密天体（如中子星或黑洞）的天文系统中，这类喷流显然是很常见的。虽然它们形成的细节仍不确定，但它们被认为是由吸积盘内侧边缘附近的强烈辐射和磁场所产生的。请再一次注意，这些喷流并不是如图11.3中所示的可以产生脉冲的中子星的“灯塔”辐射束，它们与图11.4（b）中的脉冲星风也无关。

从发现SS 433以来，银河系中又发现了十多个性质类似的具有恒星质量大小的天体，在后面的章节中，我们将在更大尺度上看到类似的现象。事实上，目前称呼类似于SS 433的“恒星尺度”天体的术语——**微类星体**——源自于能量更加巨大的星系类对应体（被称为类星体）。在微类星体的研究中，SS 433尤其重要，因为我们可以实际观测到它的吸积盘和喷流，而不是像研究遥远的宇宙天体那样简单地假设它们的存在。

毫秒脉冲星

20世纪80年代中期，脉冲星的一个重要新类别被发现：一种被称作**毫秒脉冲星**的快速自转天体。目前，银河系内已知约有250个此类天体。这些天体每秒自旋数百次（即它们的脉冲周期是几毫秒）。这是一颗没有伴星的典型白矮星的最快自转速度。在某些情况下，恒星赤道的运动速度超过光速的20%。这一速度意味着近乎不可思议的现象：一个尺度为若干千米的宇宙天体，质量比太阳还要大，以几乎能使自身解体的速度自转，而且每秒自转近千次！然而，对它们的观测和解释却几乎毫无疑点。

这些引人注目的天体的故事其实更为复杂，因为它们中的三分之二都被发现位于球状星团内。这非常奇怪，因为球状星团是非常古老的，年龄至少有十亿年。∞（9.5节）然而，与II型超新星（形成中子星的那类超新星）有关的大质量恒星会在形成数千万年后爆炸；而自从球状星团形成后，其中没有形成任何新的恒星。因此，在很长的一段时间内，球状星团中并没有形成新的中子星。但超新星产生的脉冲星的自转速度预计在几百万年后会慢下来，100亿年后应该会完全停止自转。因此，在球状星团内发现的快速自转脉冲星不可能是在它形成时留下的遗迹。相反，这些天体近期一定通过某种机制进行了“自转加速”，即提高了自身的自转速度。

对这些脉冲星高速自转的最可能的解释是，中子星通过从伴星吸积物质使自旋加快。随着物质在吸积盘中螺旋下降到恒星表面，这一过程提供的“推力”使中子星加快了自转的速度，如图11.8所示。理论计算表明，这一过程可使恒星自转速度加快，在大约一亿年内保持几乎能被瓦解的速度。支持这一普遍观点的发现是，在球状星团中发现的约150个毫秒脉冲星中，已知大约有一半是双星系统的成员。剩下的独立毫秒脉冲星可能是在与其他恒星的偶遇中从双星系统中被驱逐出来的，或是脉冲星的强大辐射摧毁了它的伴星。

因此，尽管类似于蟹状星云脉冲星的脉冲星是超新星的直接产物，但毫秒脉冲星是由两个过程形成的。首先，在数十亿年前，中子星在一颗古老的超新星中形成。然后，在相对较近的时期，通过与双星伴星的相互作用，中子星获得了我们今天观测到的自转速度。我们再次看到了双星系统的成员与单一恒星演化方式的区别。请注意，从双星伴星吸积物质到中子星的场景，与我们刚才用来解释X射线爆源存在的图景是相同的。事实上，这两种现象有着紧密的联系。许多X射线爆源可能正在形成毫秒脉冲星，而许多毫秒脉冲星也是X射线源，其能量来自于由双星系统落向它们表面的物质细流。

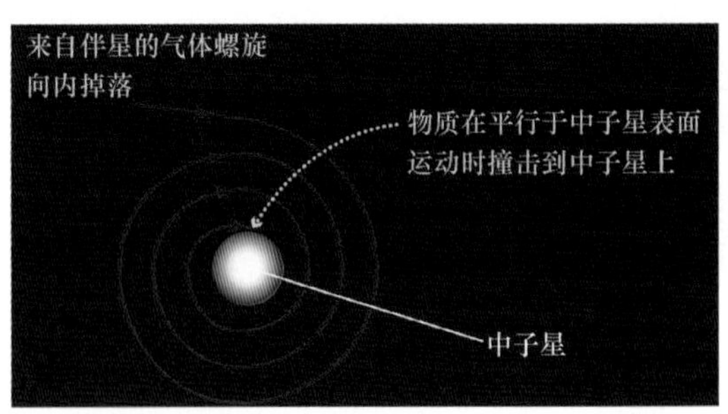

▲ **图11.8 毫秒脉冲星**
由于向内落下的物质会撞向中子星，它们的运动轨迹几乎平行于中子星表面，因此会让中子星自转得更快。最终，这一过程可能会形成毫秒脉冲星——一颗以每秒几百次这一难以置信的速度自转着的中子星。

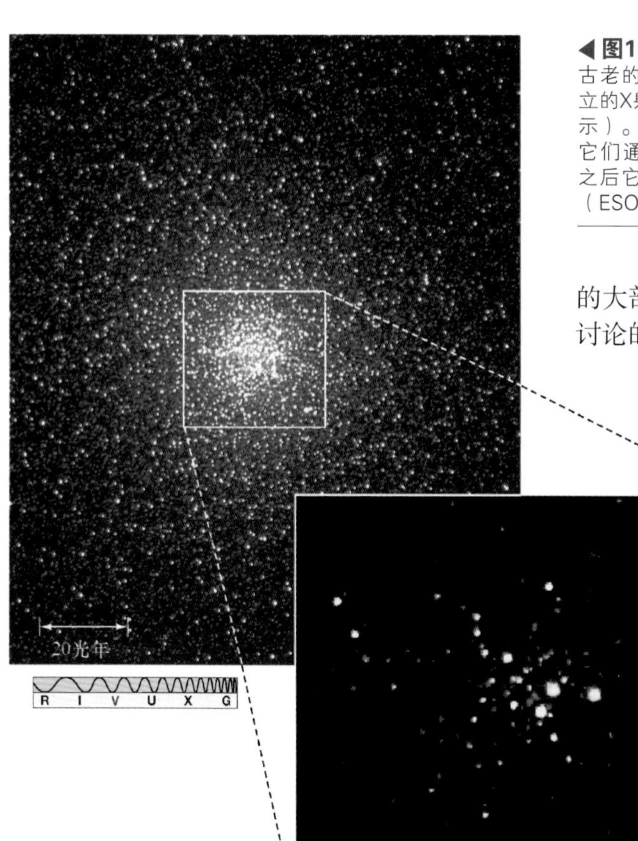

◀**图11.9 星团X射线双星**
古老的杜鹃座球状星团47的致密核心栖息着100多个独立的X射线源（如右下角钱德拉空间望远镜拍摄的图像所示）。其中超过一半被认为是毫秒脉冲星双星。早期，它们通过伴星的质量转移使自转加速至每秒数百次，之后它们仍从伴星吸积少量的气体。［欧洲南方天文台（ESO）、美国国家航空航天局（NASA）］

图11.9显示了杜鹃座球状星团47以及由钱德拉空间望远镜拍摄的核心区，后者显示星团中有不少于108个X射线源，这一数量比钱德拉空间望远镜发射之前已知的X射线源数量大了10倍。这些源中约一半是毫秒脉冲星，星团中还含有两三个“传统的”中子星双星。余下的大部分X射线源是白矮星双星，与第10章中讨论的类似。∞（10.1节）

中子星是如何成为双星系统成员的这一问题是一个活跃的研究课题，因为超新星爆发的巨大力量在很多情况下会瓦解双星系统。只有超新星的前身星在爆发前丢失很多质量，双星系统才有可能幸存。此外，通过与现有双星系统的相互作用并替代其中的一颗伴星，中子星也可能在双星系统形成后成为其中的一员，如图11.10所示。天文学家们正急切地在天空中寻找更多的毫秒脉冲星来验证自己的想法。

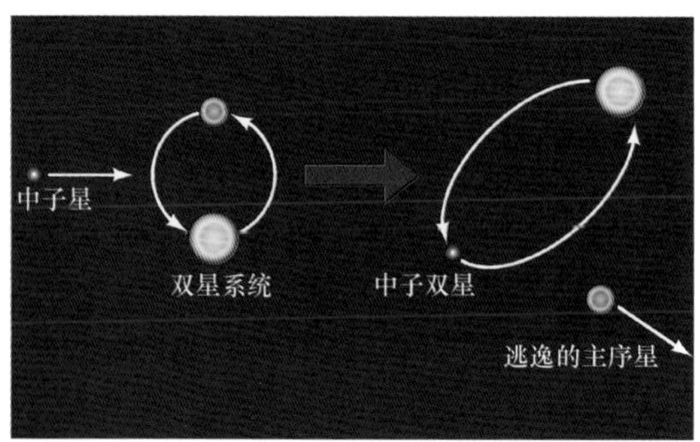

▲**图11.10 双星交换**
中子星会遇到由两颗低质量恒星组成的双星系统，从中逐出一个并替代它的位置。这种机制提供了一种形成含有一颗中子星（之后可能演变成一颗毫秒脉冲星）的双星系统的方式，而无须解释中子星双星是如何从超新星爆发中幸存的。

脉冲行星

利用脉冲星信号重复的精确度，射电天文学家可以非常精确地测量脉冲星的运动。1992年1月，阿雷西博天文台的射电天文学家发现，最近发现的一颗距离地球大约500pc的毫秒脉冲星，在以一种意想不到的但很规律的方式变化其脉冲周期。对数据的仔细分析显示，它的脉冲周期在两个完全不同的时间尺度内波动——一个是67天，另一个是98天。脉冲周期的变化很小，不到$1/10^7$，但重复的观测证实了它们的真实性。

这些波动是由脉冲星在太空中来回摇摆运动引起的多普勒效应产生的。∞（2.5节）但是什么引起了这种摆动？阿雷西博的研究组认为，这是两颗行星而不是一颗行星的引力组合产生的结果，这两颗行星的质量都约为地球质量的3倍!其中一颗行星在距离脉冲星0.4天文单位的轨道上绕转，另一颗则距离脉冲星0.5天文单位。它们的轨道周期分别是67天和98天，与脉冲周期的波动相匹配。1994年4月，该研究组宣布，进一步的观测不仅证实了他们的早期发现，还显示了存在第三个天体，其质量与地球的卫星月亮相似，轨道距离脉冲星仅0.2天文单位。

这些非凡的结果构成了太阳系外存在行星大小天体的第一个明确的证据。之后，其他几颗毫秒脉冲星被发现也具有类似的行为。然而，这些行星中任何一颗的形成方式都不太可能与我们的行星一样。任何环绕脉冲星前身星的行星系统几乎肯定都在形成脉冲星的超新星爆发中被摧毁了。其结果是，科学家仍不确定这些行星是如何形成的。一种可能的解释与双星系统的伴星有关，它提供了必要的物质，使脉冲星的自转速度加速至每秒数百次。有可能脉冲星的强辐射和强大的引力摧毁了伴星，然后将其物质散布到吸积盘（有点像太阳星云）上，在吸积盘低温的外部区域可能凝聚成行星。

假设行星是恒星形成的自然副产品，几十年来，天文学家一直在寻找绕转与太阳一样的主序恒星的行星。正如我们所看到的，这些探索现在已经确认了许多太阳系外行星，虽然目前只发现了少数行星的质量与地球类似。具有讽刺意义的是，第一颗被发现的与地球大小类似的系外行星是围绕着一颗死亡的恒星旋转的，这与我们的世界几乎没有共同之处!

概念理解 检查

√ X射线源和毫秒脉冲星之间的联系是什么?

11.4 伽马射线暴

伽马射线暴在20世纪60年代末由寻找《禁止核试验条约》违规情况的军事卫星偶然发现，并于20世纪70年代首次公开。**伽马射线暴**是明亮且不规则的，通常只持续几秒钟的伽马射线闪耀（如图11.11a）。直到20世纪90年代，人们仍认为伽马射线爆发基本上是X射线暴源的“升级”版本，其核燃烧更猛烈，能释放能量更高的伽马射线。然而，事实并非如此。

距离和亮度

图11.11（b）显示了全天2704个伽马射线暴的位置，它们由康普顿伽马射线天文台（CGRO）在其九年的操作寿命内所探测。∞（4.7节）CGRO发现伽马射线爆发的平均速度是一天一个。注意，爆发均匀地分布在整个天球（也就是说它们的分布是各向同性的），而不是局限在银河系这样相对较窄的条带上（与图4.37进行比较）。爆发似乎永远不会在同一位置重复，也没有显示出明显的聚集，而且无论它们距离远近，都无法与任何已知的大尺度结构相匹配。虽然CGRO无法测量任何观测到的爆发的距离，但数据的各向同性使大多数天文学家相信这种爆发产生于我们银河系之外很远的距离处——即所谓的宇宙学距离，堪比宇宙本身的尺度。

事实上，测量伽马射线爆发的距离并非易事。对伽马射线的观测不能提供足够的信息来告诉我们爆发发生时的距离，所以天文学家必须将爆发与天空中的其他天体相关联。这些天体被称作爆发对应体，它们的距离可以通过其他方式测量得到。研究对应体的技术通常涉及光学或对X射线波段电磁波谱的观测。但问题是，伽马射线望远镜的分辨率很差，所以爆发的位置可能非常不确定，必须在相对较大的一片天区内搜寻对应体。∞（4.7节）此外，X射线爆发的“余晖”在X射线和光学波段迅速衰减，严重限制了完成搜寻的时间。

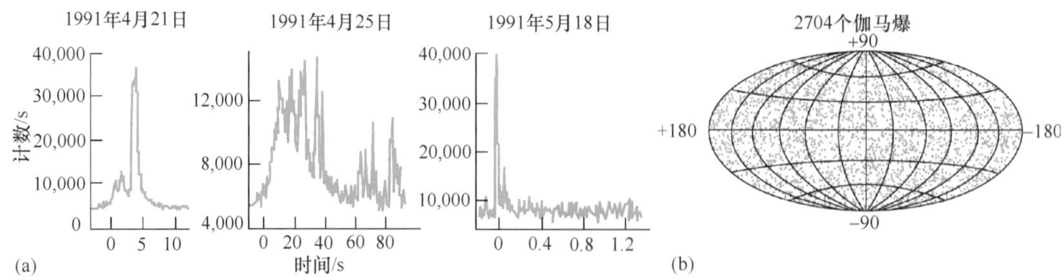

▲图11.11 伽马射线爆发
（a）三次伽马暴爆发的强度与时间（以s为单位）图，注意它们之间的实质性差异。有些爆发是不规则的、尖锐的，而另一些的变化则较为平滑。（b）康普顿天文台在近9年的操作寿命内，在全天探测到的伽马暴。这些爆发似乎均匀地分布在整个天球中，银道面水平位于图片的中心。［美国国家航空航天局（NASA）］

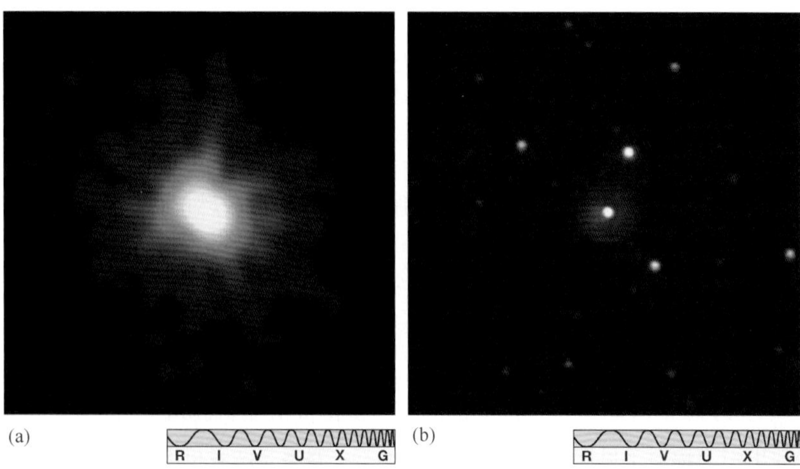

▲图11.12　伽马射线暴的对应体
长时伽马射线暴GRB 080319B是迄今观测到的最明亮的一次爆发。它在2008年3月19日到达地球的光，是在75亿年之前发出的。如果任何人瞄准天空中正确的位置，用肉眼就可见几秒钟的闪耀！在爆发发生片刻之后，它分别在X射线（a）和可见光（b）波段被观测到。［美国国家航空航天局（NASA）、欧洲南方天文台（ESO）］

结合伽马射线探测器和（或）光学望远镜的卫星，天文学家对爆发对应体展开了最成功的搜索。宇航局的雨燕计划（Swift）于2004年发射，目前仍在运行中。它结合了一个广角伽马射线探测器（以监控尽可能大面积的天区）和两个望远镜：一个X射线望远镜和一个光学（紫外）望远镜。伽马射线探测系统以大约4′的精度确定爆发的位置，星载计算机会在几秒钟内自动调整卫星，将X射线和光学望远镜指向该方向。同时，卫星将爆发的位置传递给空间和地面上的其他设备。雨燕号以大约每周一个的速度探测爆发对应体，为推进我们理解这些剧烈的爆发有着关键的作用。图11.12（a）和（b）显示了雨燕号对伽马暴GRB 080319B拍摄的X射线和光学图像，这是迄今为止最明亮的一次伽马射线爆发。在雨燕号检测到爆发后几秒内，自动观测在多波段展开，使这次爆发成为有史以来研究最深入的一次。

1997年，天文学家成功地获得了一次极其剧烈的爆发的可见光余晖光谱，第一次对伽马射线暴的距离进行了直接测量。天文学家获得的光谱含有铁和镁吸收线，但是它们的波长红移了近两倍。红移是宇宙膨胀的结果，它明确证实了这一特殊的伽马暴确实发生在宇宙尺度上，其他所有的伽马暴大概也是如此。（这次伽马暴距离地球超过20亿秒差距。）迄今为止，通过测量余晖，数以百计的伽马射线暴的距离已被确定。所有这些距离都非常遥远，意味着爆发的能量必然非常巨大，否则我们的设备便无法检测到它们。

如果我们假设向各个方向发出的伽马射线是相同的，利用平方反比定律就可以很容易地计算出爆发的总能量。∞（6.2节）通过这种方式，我们会发现，每次爆发产生的能量显然比典型的超新星爆发产生的能量更多，在某些情况下，其能量甚至是典型超新星爆发的数百倍，而且这些能量都在几秒钟内被释放出来!这样巨大的能量不符合理论解释。理论家们很幸运，因为上面简单的估计极大地高估了实际产生的能量。辐射很有可能是从一个非常窄的流束中被释放出来的，所以我们看到的能量可能只来自天空的一小部分。

作为类比，请考虑一个在演讲和讲座中常用的手持激光指示器。它的辐射输出只有几毫瓦，远不到一个家用灯泡的功率，但如果你恰巧直视光束，那它看起来会极其明亮。（顺便提一下，请不要这样做!）像激光束一样，伽马射线暴之所以看起来如此明亮，是因为几乎它所有的能量都集中在一个方向，而不是沿各个方向辐射到太空中。考虑到这一点，伽马射线暴的能量总辐射降低到了可以更好地被理解的程度，但仍然与超新星爆发的能量规模相当。

什么引发了爆发?

伽马射线暴源不仅能量巨大，而且体积也非常小。爆发中的毫秒闪烁脉冲意味着无论起源如何，它们所有的能量都必须来自于一个直径不超过几百千米的天体。推理如下：如果假设能量辐射区域的直径是300 000km，即1光秒，那么即使是辐射源辐射强度的瞬时变化，从地球上看起来也是将在1s的时间间隔内被模糊掉，因为从天体远端发出的光比近端发出的光要多花费1s才能到达地球。由于伽马射线的变化没有被光的传播时间所模糊，所以暴源的直径不能超过1光毫秒，或仅300km。

伽马射线爆的理论模型将爆发描述为一个相对论火球——一团膨胀的超高温气体团，很有可能是一束超高温气体，在伽马射线波段发出强烈的辐射。（“相对论”一词在这里意味着粒子以接近光速运动，需要用爱因斯坦的相对论来描述它们——见11.6节）。随着火球的膨胀、冷却，以及与周围环境的相互作用，产生了复杂的爆发结构和余晖。

如图11.13所描绘的，关于能量来源出现了两个主要的模型。第一个模型［见图11.13（a）］是双星系统的“真正”终点——两个伴星互相并合。假设双星系统的两个成员都演化为中子星。随着系统的继续演化，会释放出引力辐射（见探索11–2），两个致密星会螺旋地接近对方。一旦它们的距离在几千米之内，并合将是不可避免的。这样的并合可能会产生一次相当猛烈的爆发，其能量与超新星爆发的能量相当，足以解释我们观测到的伽马射线闪耀。双星系统的整体旋转会引导能量进入高速、高温的喷流。

第二个模型［见图11.13（b）］有时也被称为巨超新星。它是一个“失败”的超新星。但这是一次多么惊人的失败啊!在这一模型中，一个质量非常巨大的恒星的核心区按照之前的II型超新星的模式坍缩。但它不是形成中子星，而是坍缩为黑洞（见11.5节）。∞（10.2节）同时，向外通过恒星的冲击波停滞。恒星内部区域开始内爆，而不是被炸成碎片，形成吸积盘环绕着黑洞并产生一个相对论的喷流。喷流向外通过恒星，与恒星核燃烧的最后阶段形成的气体壳层发生猛烈撞击，产生伽马射线暴。∞（探索9–2）与此同时，吸积盘的强烈辐射可能点燃已经停滞的超新星，使恒星余下的物质爆发并进入太空。

相对论火球的观点已被天体物理学分支的研究人员广泛接受。由于雨燕号和其他仪器提供的“快速反应网络”，天文学家已经详细观测了长伽马暴和短伽马暴的许多余晖。我们能辨别两个模型中的哪个描述是正确的吗?事实上，这一领域的专家会回答：答案是两者可能都正确。

中子星合并模型自然地揭示了短伽马射线暴。短伽马射线暴迅速暗淡的X射线余晖与这一模型预测的细节相符。最近的观测也表明，虽然并不常见，但一些此类爆发可能涉及理论预测的中子星与黑洞的并合。这类并合应该有它们特有的特征光谱。

巨超新星模型预测了持续时间相对较长的爆发，是对长伽马暴的主要解释。图11.14（a）和图11.14（b）中展示了智利8.2m口径的VLT所拍摄的长伽马暴GRB 030329。∞（4.2节）它的光谱和光变曲线都符合天文学家对由大质量恒星（约25倍太阳质量）形成的超新星的预测。∞（10.3节）

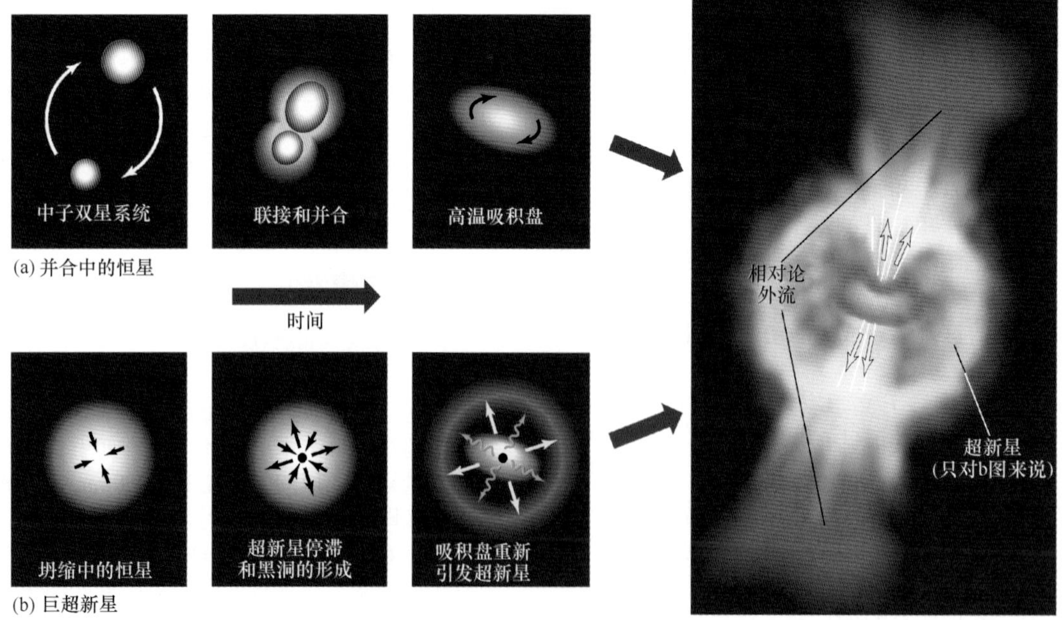

▲图11.13　伽马射线暴模型
为了解释伽马射线暴，出现了两个模型。（a）图描绘了两个中子星的并合；（b）图显示了一颗孤立的大质量恒星的坍缩。这两个模型都预测会产生一个相对论火球，它或许如右图所描述的那样以喷流的形式释放能量。

图11.14（c）显示了另一个长伽马暴的简化光变曲线，说明如何区分即时的“爆发”和后续的“巨超新星”。

蓝色曲线代表被探测到的辐射；虚线和点线概括了解释这一观测曲线的理论模型。

概念理解 检查

✓ 什么是伽马射线爆，为什么它们对当前的理论形成如此大的挑战？

11.5　黑洞

表11.1列出了这里讨论的一些致密的恒星遗迹的性质。褐矮星、白矮星、黑矮星是由简并电子支撑的，电子被紧密地挤压在一起以抵抗恒星的进一步收缩。∞（9.2节、9.3节）正如我们刚看到的，更加致密的中子星由中子产生的类似机制所支撑。中子星的中子挤在一起，形成一个硬球，即使引力也无法将它们进一步压缩。或者它真的还能被压缩？足够多的物质是否有可能被压缩进足够小的体积，而聚合的引力最终能粉碎任何有相反作用的压力？引力可以继续将大质量恒星压缩至一颗行星大小、一个城市大小、一个针头大小——甚至更小吗？显然，答案是肯定的。

恒星演化的最终阶段

大部分研究人员一致认为，中子星的质量不能超过3倍太阳质量。因为还无法准确理解物质在非常致密状态下的行为，因此这一数字的准确值还不确定。中子星的这一质量限制相当于我们在前一章中讨论过的白矮星的钱德拉塞卡质量限制。∞（10.3节）超过这个极限，无法再压得更紧密的中子星将无法承受星体引力的吸引。事实上，一旦超过中子简并压后，没有任何已知的力量可以抵抗引力。如果超新星中心核的质量超过3倍太阳质量的极限，并留下足够多的物质，引力就将在同压力的竞争中彻底获胜，恒星的中心核就将一直坍缩下去。恒星演化理论表明，这是质量超过太阳质量25倍的主序星的命运。

3倍太阳质量的限制是不确定的，部分原因是它忽略了磁场和自转的影响，而这两个因素无疑都会出现在演化后期的恒星的核心中。因为这些影响可以与引力相匹敌，它们会影响恒星的演化。∞（8.1节）此外，我们无法确切地知道，对于快速自转和被强磁化的非常致密的物质，基本的物理定律会发生什么变化。一般来说，理论学家认为在考虑磁场和自转的情况下，中子星的极限质量会有所增加，因为需要更多的质量，引力才能将恒星的中心核压缩成中子星或黑洞，但增加多少目前还不清楚。

(a)

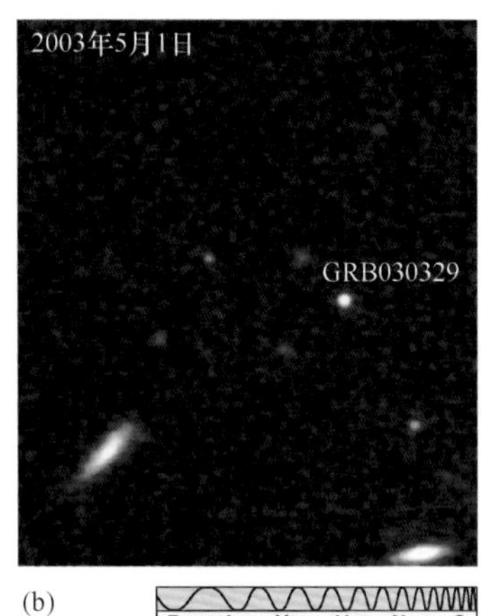

(b)

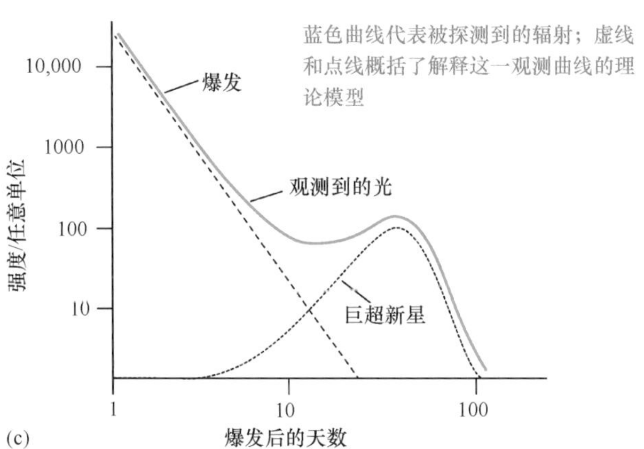

(c)

▲图11.14　巨超新星

在理论学家理解伽马射线暴这一剧烈现象后的物理过程时，伽马射线暴GRB 030329可能至关重要。这次爆发首先由高能暂现源探测器2号卫星所观测到，随后在射电、光学、和X射线波段展开了观测。爆发对应体拥有大质量超新星的所有特征，为巨超新星模型提供了有力的支持。图中显示了对应体在：（a）爆发瞬间后不久和（b）爆发后一个月的图像。（c）这幅简化的示意图显示了另一个相似的伽马射线暴所释放的能量。［欧洲南方天文台（ESO）］

表11.1 恒星残留物的性质

残留物	典型质量/太阳质量	典型半径/km	典型密度/（kg/m³）	支撑力	形成缘由（章节）
褐矮星	不到0.08	70 000	10^5	电子简并	永远不能开始H聚变（8.3节）
白矮星	不到 1.4	10 000	10^9	电子简并	恒星内核在形成C/O后停止核聚变（9.3节）
黑矮星	不到1.4	10 000	10^9	电子简并	"冷却的"白矮星（9.3节）
中子星	1.4~3（近似）	10	10^{18}	中子简并	核坍缩超新星的残留物（11.1节）
黑洞	超过3倍	10	中心无限大	没有	大质量前身星的核坍缩超新星的残留物（11.5节）

随着恒星核的收缩，它周围的引力最终变得巨大无比，甚至连光都无法逃逸出去。最终形成的天体不发光，没有辐射，也没有任何信息。天文学家将这一奇异的恒星演化终点称为**黑洞**。在这种情况下，大质量的内核遗迹将向内坍缩，并永远消失。

逃逸速度

至今，牛顿力学仍是我们理解宇宙可靠的、不可或缺的工具，但它并不能完备地描述黑洞中或黑洞附近的情况。要理解这些坍缩的天体，我们必须转向现代的引力理论——下文即将讨论的爱因斯坦广义相对论。不过，我们仍可以用牛顿力学或多或少地讨论这些奇异天体的某些方面。让我们再次考虑牛顿力学中熟悉的逃逸速度这一概念，即一个物体摆脱另一个物体的引力所需要的速度；同时考虑相对论中两点重要的事实：①没有任何物体的速度能超过光速，②包括光在内的所有事物都会被引力所吸引。

一个物体的逃逸速度与物体质量除以它的半径的商的平方根成正比。地球的半径是6400km，地球表面的逃逸速度仅为11km/s。现在考虑一个假想的实验，地球被一个巨大的老虎钳从各个方向挤压。地球在压力下收缩，它的质量保持不变，但由于地球的半径减小，故其逃逸速度增加。例如，假设地球被压缩至目前大小的四分之一，则地球的逃逸速度将翻一倍。要逃离这个被压缩的地球，一个物体至少需要22km/s的速度。

想象地球被压缩得更小。更大比例地压缩地球，比如说压缩至目前大小的千分之一，使地球半径不超过1km。现在，要摆脱地球引力需要约630km/s的速度。进一步压缩地球，逃逸速度就将持续上升。如果我们假想的老虎钳能足够有力地挤压地球，使其半径达到约1cm，那么逃离地球表面所需的速度将达到300 000km/s。但是，这不是普通的速度——这是光速——目前已知的物理规律所允许的最快速度。

因此，如果通过一些骇人的手段，就可以将整个地球压缩至不到葡萄的大小，逃逸速度就将超过光速。然而，实际上没有什么能够超过这一速度，引人注目的结论是：没有——绝对没有——任何事物能逃离被如此致密压缩的物体表面。

黑洞的性质

现在，黑洞一词的起源变得清晰起来：没有任何形式的辐射能从葡萄大小的地球的强大引力下逃脱，包括射电波、可见光、X射线以及任何波长的光子。由于没有光子能够逃离，因此我们的星球将不可见，也无法交换信息，没有任何形式的信号可以被发送到地表之外的宇宙。以所有实际经验来讲，这样超级紧密的地球可以说已经从宇宙中消失了！只有它的引力场会保留下来，泄露它现在已经缩为一点的质量的蛛丝马迹。

黑洞在能量和物质流入方面的"单向"性，意味着几乎所有关于物质掉落黑洞的信息都一去不复返——包括气体、恒星、宇宙飞船或者人，只有极少数能存留下来。事实上，我们现在知道了，无论形成黑洞的天体的组成、结构或历史如何，黑洞只有三个物理性质可以从外部测量：黑洞的质量、电量以及角动量。其他所有信息和物质一旦进入黑洞便丢失了。因此，完整描述黑洞的外观及其与宇宙其余部分的相互作用只需要三个数字。

在这一章里，我们将集中讨论由无自转、电中性物质形成的黑洞。一旦它们的质量已知，这类天体就完全被指明了。

事件视界

在天体某一半径处，物体的逃逸速度与光速相同，在这一范围之内的物体将不可见。天文学家对这一临界半径有着特殊的名称——**史瓦西半径**。这一名称是为了纪念首先研究其性质的德国科学家卡尔·史瓦西。任何天体的史瓦西半径仅与其质量成正比。就地球而言，史瓦西半径是1cm；木星的质量约为地球质量的300倍，它的史瓦西半径大约是3m；太阳质量是地球质量的300 000倍，它的史瓦西半径是3km；3倍太阳质量的恒星核心残留物的史瓦西半径约为9km。一个便于计算的经验法则是，任一天体的史瓦西半径都是3km乘以以太阳质量为单位的天体质量。每个天体都有一个史瓦西半径，这是它被压缩成为黑洞所需的半径。换句话说，黑洞是恰好位于自己的史瓦西半径之内的天体。

如果一个假想球体的半径等于史瓦西半径，并以一颗坍缩中的恒星为中心，那么它的表面就被称为“**视界**”。它定义了在什么范围内没有任何事件能被处在外面的任何人看到、听到或者知道。尽管视界与任何形式的物质都不相关，但我们仍可以把视界认作是黑洞的“表面”。

一颗1.4倍太阳质量的中子星的半径约为10km，其史瓦西半径为4.2km。如果我们持续增加中子星的质量，中子星的史瓦西半径就将增长，尽管其实际物理半径不会有变化。事实上，随着质量的增加，中子星的半径略有减小。当中子星的质量超过3倍太阳质量时，它会完全位于自己的视界之内，并将自动开始坍缩；到达史瓦西半径后它也不会停止坍缩：视界并不是一个物理边界，而是一个信息传输的障碍。残留物将越过史瓦西半径，不断缩小直至被压成一个点。

因此，如果超新星爆炸后留下的物质质量至少为3倍太阳质量，其核心也将灾难性地坍缩，在不到1s的时间内缩小至视界之内。恒星内核只是简单地“瞬间熄灭”，消失并成为一块小小的黑暗区域，没有任何事物可以从这里逃离——形成太空中确确实实的黑洞。理论表明，这可能是质量超过20 ~ 25倍太阳质量的恒星的命运。

11.6 爱因斯坦的相对论

我们在本章以及之前几章研究的天体远远超出了牛顿力学和万有引力的应用范围。现在，面对极端的物质状态、与光速相当的速度、即使光线也无法逃脱的强烈引力场，这些“主力”理论必须让位于更精致的工具。这些工具便是狭义相对论和广义相对论。

狭义相对论

19世纪后期，物理学家也意识到了光速c的特殊地位。他们知道这是所有电磁波的传播速度。按照他们最好的理解，光速c代表了所有已知粒子的速度上限。但科学家一直没有成功构建一个以c为自然速度极限的力学和辐射理论。

1887年，美国物理学家A. A. 迈克尔逊和E. W. 莫雷共同完成了一项基本试验，展示了光的另一个重要而独特的性质，使理论学家面临的问题更复杂。实验显示，对一束光测量得到的速度与观察者或光源的速度无关（见探索11–1）。无论我们相对辐射源的速度如何，我们总会精确地得到相同的光速299 792 .458km/ s。

片刻思索就能告诉我们，这是一个明显与直觉相违背的论断。例如，如果我们在行驶速度为100km/h的汽车里打出一颗子弹，子弹相对于汽车以1000km/h的速度向前运动，那么路边的观察者将看到子弹以100 + 1000 = 1100km/h的速度运动，如图11.15（a）所示。然而，迈克尔逊–莫雷实验告诉我们，如果我们乘坐速度为十分之一光速的火箭飞船旅行，并点亮我们前面的一束探照灯的话［见图11.15（b）］，与子弹的例子不同，外面的观察者测量得到的光束速度不是1.1c，而是c。以光速或接近光速运动的粒子的规律，不同于适用于我们日常生活的规律。

爱因斯坦在1905年提出了**相对论的狭义理论**（或就叫作狭义相对论），以解决光速的重要地位。这一理论提供的数学框架允许我们将熟悉的物理定律的适用范围，从低速（即速度远低于c，通常被称为非相对论的速度）提升至与c相当的极高速（或相对论速度）。这一理论的基本特征如下：

1）光速c是宇宙中最大的可能速度，并且无论观测者如何运动，他们测量得到的光速值都是相同的。爱因斯坦将这一论述上升为相对性原则：对于所有没有加速度的观测者来说，基本物理原理是相同的。

2）宇宙中没有绝对的参考系，也就是说，相对于其他所有可以被测量的速度，没有“首选”的观测者。换句话说，没有办法区分谁在运动、谁没有在运动；相反，只有观测者与物质之间的相对速度（因此得到术语“相对论”）。

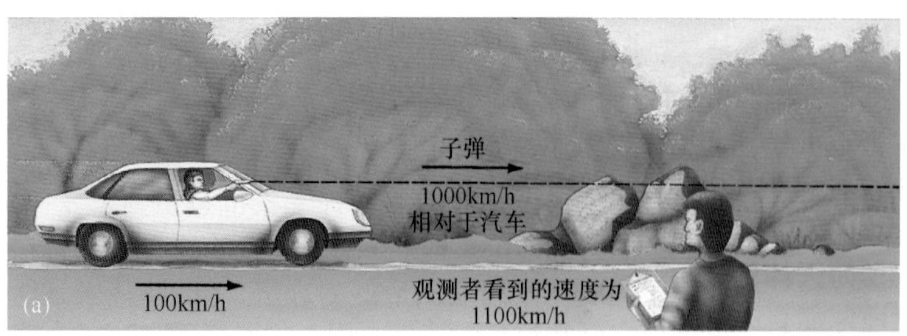

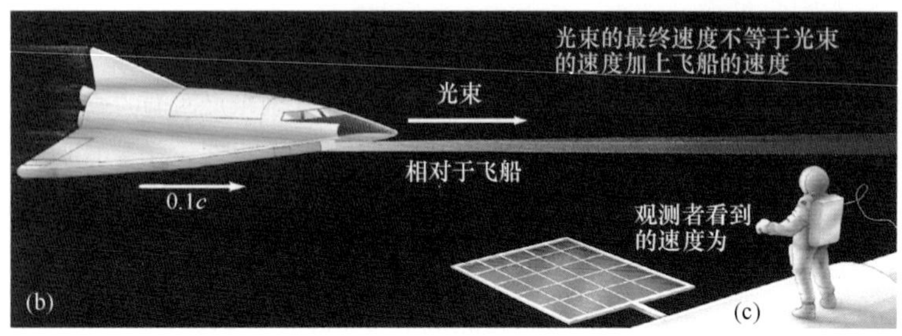

◀图11.15 光速
（a）外部观测者测量从飞驰的汽车中射出的一颗子弹的速度，它等于汽车和子弹的速度之和。（b）从高速运行的宇宙飞船向外发出一束光。无论宇宙飞船的速度是多少，观测者测量得到的这束光的速度仍然是c。光速是独立于光源或观测者的速度。

3）空间和时间都不能被认为是彼此独立的。相反，它们是一个整体——**时空**——的不同组成部分。没有绝对、统一的时间，观测者的时钟以不同的速率发出嘀嗒声，它取决于观测者之间的相对运动。

狭义相对论对应于描述速度比光速慢得多的物体的牛顿力学，但它们在预测以相对论速度运动的物体方面有很大的差别。（见探索11–1）尽管狭义相对论经常有违直观，但该理论的所有预测都能被高度准确地反复验证。今天，狭义相对论是现代科学的核心，没有科学家会怀疑它的正确性。

广义相对论

爱因斯坦的狭义相对论根据的是相互之间以恒定速度运动的参考系（“观测者”）。爱因斯坦构建了自己的理论，重写了两个多世纪以前牛顿描述物体运动的定律。但牛顿的另一伟大遗产——万有引力理论——与以恒定相对速度移动的观测者无关。相反，引力会导致观测者相对于另一个观测者加速，产生更为复杂的数学问题。将引力纳入狭义相对论，又花费了爱因斯坦十年时间。其结果再次推翻了科学家对宇宙的理解。

1915年，爱因斯坦通过以下著名的“思想实验”，揭示了狭义相对论和万有引力之间的联系。想象你身处一个没有窗户的封闭电梯中，无法直接观察到外面的世界，而电梯是漂浮在太空中。你处于失重状态。现在假设你开始感到地板在挤压你的脚，重力显然已经回来了。如图11.16所示，对此有两种可能的解释：有可能大质量物体在附近出现，你感觉它到向下的引力［见图11.16（a）］；或者电梯已开始加速上升，你感受到的作用力源自于电梯在以同样的加速度使你加速［见图11.16（b）］。爱因斯坦的关键论点是：在电梯内（不能往外看）进行的实验，不能让你分辨以上两种可能性。

在没有窗户的电梯内的人无法分辨这两种情况

▶图11.16 爱因斯坦的电梯
爱因斯坦认为，完全在电梯内进行的实验无法告诉乘客，他们感受到的作用力是由（a）附近的一个巨大物体的引力还是由（b）电梯本身的加速度所引起的。

探索11-1　狭义相对论

1887年，迈克尔逊-莫雷实验试图确定地球相对于“绝对”空间的运动，而光则被认为是在“绝对”空间中运动。如第一张图所示，迈克尔逊和莫雷认为，由于他们的仪器随着地球自转并绕太阳公转运动，所以他们测量得到的光速也会变化——当光束运动方向与地球运动方向相反（朝向图片左侧）时，光速更快；当地球运动方向与光束运动方向相同时（朝向图片右侧时），光速变慢。事实上，无论设备的方向如何，他们测量得到的光速都完全相同。这意味着，要么是地球没有在太空中运动，这与我们看到的恒星视差不符；要么当涉及光时，牛顿的考量和人类的直觉出了错。迈克尔逊-莫雷实验并没有测量得到绝对空间的属性，而是最终摧毁了整个概念，以及19世纪对宇宙的认识。

爱因斯坦用狭义相对论解释了迈克尔逊-莫雷实验，并将光速上升为自然界的常数。他重写了力学定律以反映新的事实，开门迎来汹涌而至的新物理学和对宇宙更深刻的见解。但在这一过程中，不得不放弃许多常识性的观点，取而代之的是一些明显不直观的概念。

想象你是一名观测者，看见火箭飞船以相对速度v飞过，飞船离你足够近，可以仔细观察机舱内的情况。如果v远低于光速c，你将不会发现什么反常现象——狭义相对论与熟悉的牛顿力学在低速时是一致的。然而，随着飞船的速度增加，你开始注意到它似乎是在飞行的方向上发生收缩。在起飞时，飞船上的米尺与实验室中的米尺完全相同，但现在却比实验室的米尺要短，这被称为**洛伦兹收缩**（或洛伦兹-费兹杰拉德收缩）。图中显示了测量移动飞船上的米尺得到的长度：速度较低（底部）时，米尺是1m长，但在高速（上部）时米尺缩短了很多。以90%的光速移动时，米尺会缩小至接近0.5m。

同时，飞船上的时钟在起飞时与你自己的时钟同步，但现在它更慢。这种现象被称为时间膨胀，已在实验室的实验中被多次观察到，快速移动的放射性粒子的衰变速度比它们相对于实验室静止时要慢得多。它们内部的时钟，即它们的半衰期，被快速的运动所减缓。尽管没有物质粒子可以达到光速，但爱因斯坦的理论表明，当接近光速c时，测得的米尺长度将降至几乎为零，时钟也将减缓至近乎停止。

当然，从飞船上的宇航员看来，是你在迅速移动。从飞船上看起来，似乎是你在运动方向上被压缩，而你的时钟变得缓慢!这怎么可能呢?答案是，在相对论中，我们熟悉的同时性概念——即两个事件“同时”发生的观点——不再有明确的意义，它取决于观测者。

测量移动米尺的长度时，你根据你的时钟同时注意到米尺两端的位置。但是在宇宙飞船上的宇航员看来，这两个事件、两次测量并不是发生在同一时刻。从她的角度来看，你测量米尺前端的时间早于你测量米尺后端的时间，这导致了你观察到的洛伦兹收缩。类似的争论也适用于时间的测量，例如时钟两次嘀嗒之间的时间。时间膨胀是因为测量发生在一个参考系的同一地点、不同时间上，但在另一参考系的不同的时间和不同的地点上。

进一步的实验表明，随着飞船加速，火箭飞船的质量也会上升。当飞船速度接近光速时，飞船的质量接近无限大。最后，火箭飞船的能量和质量互成比例，由著名的质能方程$E=mc^2$联系在一起。这也许是狭义相对论最著名的预言。

爱因斯坦的革命性思想要求物理学家放弃一些长期珍视的、有关宇宙的“明显的”事实。也许不足为奇的是，这些理论在早期遇到了爱因斯坦很多同事的反对，但是科学认识的发展很快就克服了不熟悉的代价。在短短几年内，狭义相对论几乎就已经被普遍接受了，爱因斯坦正式成为世界上最著名的科学家。

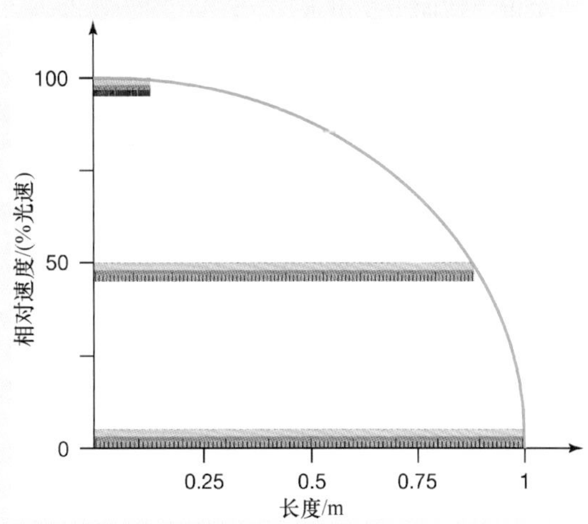

因此，爱因斯坦推断，没有办法区分引力场和加速的参考系（例如“思想实验”中上升的电梯）。这一论断更正式地被称为**等效原理**。利用它，爱因斯坦着手将万有引力纳入狭义相对论并作为所有粒子共有的加速度。然而，他发现需要对狭义相对论进行另一项重要修正。正如我们刚刚看到的，相对论的核心理念是空间和时间在概念上并不是互相独立的，而必须被视为一个整体——时空。要包含万有引力的影响，数学计算不可避免地迫使爱因斯坦得到一个结论：时空必须是弯曲的。将万有引力包含进狭义相对论框架而产生的理论，被称为**广义相对论**。

广义相对论的核心概念是：所有物质都会“扭曲”或“弯曲”附近的空间。诸如行星和恒星等天体通过改变它们的轨迹来对“扭曲”做出反应。按照牛顿对引力的观点，粒子沿着弯曲的轨道运动，是因为它们受到引力的作用。爱因斯坦的相对论认为，这些粒子沿着弯曲的轨道运动，是因为它们在被附近一些大质量物体弯曲的空间中自由下落。这些天体的质量越大，空间越扭曲。因此，在广义相对论中，没有牛顿力学意义上的所谓“引力”。物体之所以移动，是因为遵循时空的曲率，而这取决于物质的质量。更轻松的描述就如同著名物理学家约翰·阿奇博尔德·惠勒所总结的那样：“时空告诉物质如何运动，物质告诉时空如何弯曲。”

一些道具可以帮助你可视化这些想法。但请记住，这些道具不是真实的，只是帮助你掌握一些非常奇怪的概念的工具。想象一个台球桌的桌面由橡胶薄板打造，而不是由通常的硬质材料。图11.17表明，当有重物（如石块）置于其上时，这样的一个胶板会变得弯曲，石块越重，弯曲得越厉害。

试着在台球桌上玩台球，你很快会发现，经过石块附近的球会被桌面的弯曲偏转，如图11.17（b）所示。台球不是被石块以任何方式所吸引的；相反，它们是对石块引起的胶板弯曲做出回应。类似地，任何在空间中运动的物质或辐射都被恒星在其附近时空产生的弯曲所偏转。例如，地球之所以沿着当前的轨道运动，是因为太阳在空间中产生了相对温和的曲率，地球在空间中自由下落。当曲率很小（即引力很弱）时，爱因斯坦和牛顿预测的轨道一样，即我们观测到的轨道。然而，随着引力质量的增大，两种理论开始出现分化。

弯曲的空间和黑洞

对黑洞的现代观念完全建立在广义相对论之上。尽管牛顿的经典引力理论可以充分描述白矮星和（较小程度的）中子星，但只有爱因斯坦的现代相对论才能正确解释黑洞奇异的物理性质。

物体质量的增加会加重空间的弯曲。如图11.17所示，我们看到空间（类似于橡胶板）的弯曲是如何变大的。按照这一说法，黑洞就是一个引力场变得无法被抗拒、空间极度扭曲的空间区域。在视界本身，由于曲率非常大，空间会发生自我“折叠”，导致其内部的事物被困和消失。

让我们考虑另一种类比。想象一个大家庭生活在一个巨大的橡胶板上——一种巨大的蹦床。他们决定举办一个聚会，在一个给定的时间在给定的地方聚集。如图11.18所示，有一个人仍然待在后面，不愿参加。通过沿着胶板表面推出“消息球”，她和她的亲戚保持联系。这些“消息球”类似于携带信息通过空间的辐射。

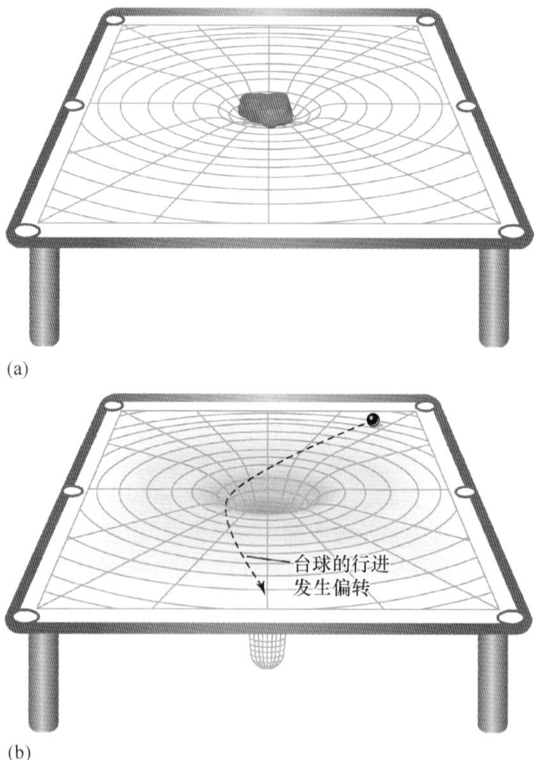

◀互动图11.17 空间弯曲 （a）当在一个台球桌的薄胶板上放置重物时，胶板会凹陷。同样，空间在任何大质量物体附近都会发生弯曲或扭曲。（b）球在桌面上滚动时会被表面曲率所偏转，几乎与此类似，一颗行星的弯曲轨道也由太阳产生的弯曲时空的曲率所决定。

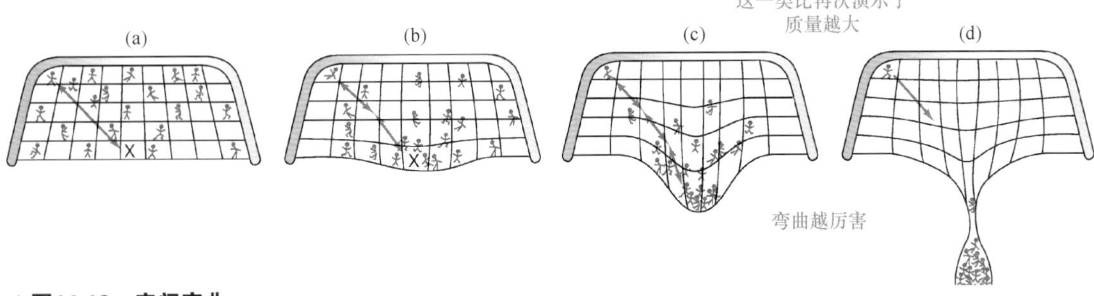

▲图11.18　空间弯曲
质量引起胶板（或空间）弯曲。当人们往胶板上的固定位置（用X表示）聚集时，平面的曲率越来越大，如图（a）（b）和（c）所示。蓝色箭头表示信息可以从一个地方传播到另一个地方。（d）人们最终被密封在球状物内，永远被困，并被切断了与外界的联系。

随着人们的聚集，橡胶板的凹陷越来越厉害。他们的累积质量使空间曲率越来越大。“消息球”仍然可以到达远处近乎水平空间内的孤独的人，但随着胶板变得越来越弯曲和拉伸，消息球越来越少地到达那里——如图11.18（b）和图11.18（c）所示。“消息球”必须爬出越来越深的凹陷。最终，当足够多的人到达约定地点后，质量将大到橡胶无法承受。如图11.18（d）所示，胶板被挤捏成一个“球状物”，迫使人们遗忘并切断与外部孤独的幸存者的通信。这最终的阶段代表在聚会人群周围形成一个视界。

图11.18中从左至右，直到球状物完全形成，双向通信都是可能的。“消息球”能从内部到达外部（随着胶板被拉伸，速度越来越慢），而信息从外部可以毫无困难地进入。然而，形成视界（球状物）后，消息球仍然可以从外部进入，但它们却再也不能向外发回给落在后面的人了，无论它们滚动得有多快，它们都不能通过图11.18（d）中球状物的“边缘”。这一类比（非常）大致描述了一个黑洞如何完全将自己周围的空间扭曲，并将其内部与宇宙的其余部分隔离开来。这其中的基本观点是，视界一旦形成便具有减缓并最终停止信号向外传输，以及单向性等特性。这都与恒星产生的黑洞有着相似之处。

概念理解 检查

✓ 牛顿和爱因斯坦的理论在描述万有引力方面有什么不同?

11.7　黑洞附近的空间旅行

黑洞不是宇宙真空吸尘器，它们并不会在星际空间游荡，吞没视线内的一切。物体在黑洞附近的轨道，与它在一颗质量相同的恒星附近的轨道是基本相同的。只有物体恰好在距离视界几个史瓦西半径（对于超新星爆发形成的典型的5～10倍太阳质量的黑洞，半径可能为5～50或100km）通过时，实际的轨道与牛顿引力和开普勒定律预测的轨道之间才会有显著差异。当然，如果有些物质确实恰巧落入黑洞，如果物体的轨道恰巧使它非常接近于视界，那么它将无法逃出黑洞。黑洞就像十字转门，允许物质只沿一个方向流动——向内。

因为黑洞至少还会从周围环境中吸积一些物质，它的质量随着时间的推移还会缓慢地增加，因此发生变化的还有它的视界半径。

潮汐力

流入黑洞的物质会受到巨大的潮汐力。如果一个不幸的人首先把脚陷入太阳质量大小的黑洞中，他会发现自己在纵向上被急剧地拉伸，而在横向上则被无情地挤压。在到达视界之前，他就会被撕裂，因为他脚部（更加靠近黑洞）的引力比头部的引力更大。在黑洞中和黑洞附近起作用的潮汐力，与引发地球上海洋潮汐和木卫一上壮观火山的基本现象一样。它们唯一的区别在于：黑洞附近的潮汐力远大于太阳系中其他任何已知的力量。

如图11.19所示（有一些艺术加工），等待落入黑洞的任何物质的是相同的命运。无论是气体、人还是空间探测器，落入黑洞后都会在纵向上被拉伸、横向上被压缩，并在该过程中被加速至很高的速度。所有这些拉伸和压缩的最终结果是，撕烂的碎片之间产生无数剧烈地碰撞，掉落的物质因相互摩擦而产生大量的热。当物质落入黑洞时，它会同时被撕裂并加热到高温。

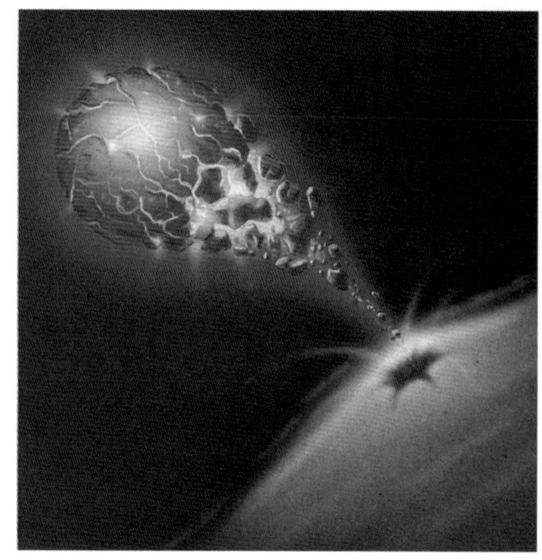

▲**图11.19 黑洞的加热**
任何落入黑洞的物质都将被严重扭曲并加热。这幅草图显示了被黑洞潮汐引力撕裂的一颗虚拟行星。

加热是如此高效，落入黑洞的物质在到达视界之前，便自发发出辐射。质量与太阳质量相当的黑洞将以X射线的形式释放能量。实际上随着物质落向黑洞，物质在黑洞外部的引力能被转化为热能。因此，与我们所期待的没有任何事物可以从中逃逸的定义相反，黑洞周围的区域将成为能量的来源。当然，当物质进入视界后，其辐射将不再能被探测到——它将永远无法离开黑洞。

接近事件视界

研究黑洞的一种安全方式，是进入环绕它的轨道，轨道要远远超过黑洞强大潮汐力发挥破坏性影响的范围。毕竟，地球和太阳系的其他行星都绕着太阳公转，但不会落入太阳中，也不会被太阳撕裂。黑洞周围的引力场本质上没有什么不同；然而，即使是从一个稳定的圆轨道近距离地观察黑洞，对人类来说也是不安全的。美国和苏联宇航员进行的耐力测试表明，人体无法承受大于地球表面重力10～20倍的压力。这一撕裂点会发生在距离10倍太阳质量的黑洞约3000km（它的视界半径约为30km）的地方。在这一距离以内，黑洞的潮汐效应会撕裂人体。

让我们假设用探测器向黑洞中心发送一个虚构的、坚不可摧的宇航员——机器人。我们在绕转的宇宙飞船上从一个安全距离进行观察，我们可以检查黑洞附近的空间和时间的本质。我们的机器人将是理论思想的有益探险家，至少是对视界附近的理论问题。越过视界后，机器人将无法传回它的任何发现。

例如，假设我们的机器人安装有一个精确的时钟和一个已知频率的光源。从远离视界外部的安全角度，我们可以用望远镜看时钟的频率，并测量我们接收到的光的频率。我们可能会发现什么?我们会发现，随着机器人接近视界，机器人发出的光红移会越来越大。即使机器人使用火箭发动机来保持静止，但仍可以检测出红移。这一红移并不是由光源的运动引起的，也不是由机器人落入黑洞的多普勒效应产生的。相反，它是由黑洞引力场引起的红移。爱因斯坦的广义相对论对它做出了预测，并称之为**引力红移**。

我们可以这样解释引力红移：根据广义相对论，光子受到引力的吸引。因此，为了摆脱引力源，光子必须要消耗一些能量。它们必须做功以离开引力场。它们完全不会减速，因为光子总是以光速运动，它们只是失去一些能量。由于光子的能量正比于其辐射频率，所以光损失能量意味着其频率一定会降低（或者说波长会变长）。换句话说，如图11.20所示，来自巨大物体附近的辐射将发生红移，红移的大小在某种程度上取决于物体引力场的大小。

光子从机器人上的光源飞向绕转的宇宙飞船，这将发生引力红移。从宇宙飞船上看过去，随着机器人宇航员靠近黑洞，一束绿色的光会变成黄色，然后变成红色。从机器人的角度看，光线将一直保持为绿色。随着机器人接近视界，光学望远镜将无法探测到光源发出的辐射。到达宇宙飞船的辐射波长会变长，需要用红外望远镜以及射电望远镜来探测。当机器人探测器离视界更近时，它发出的可见光辐射会进一步的红移；当辐射到达我们时，其波长会比传统射电波的波长更长。

正好在视界上发出的光会被引力红移至无限长波长。换句话说，每一个光子都会使用它所有的能量来逃离黑洞的边缘。（机器人发出的）曾经的光，在到达处于安全距离上的宇宙飞船时，能量将消耗殆尽。从理论上讲，这种辐射仍然是以光速运动，它们会到达我们，但那时已经没有任何能量了。因此，原先发出的光辐射将红移至我们的认知范围之外。

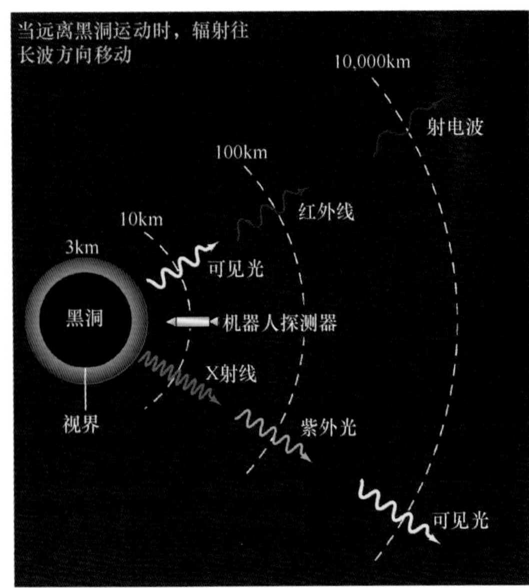

互动图11.20　引力红移
要从黑洞附近的强引力场逃离，光子就必须消耗能量以克服黑洞的引力。因此，光子的波长改变，它们的颜色随之变化，频率也随之降低。这张图显示了引力红移对两束辐射的影响，分别是太空探测器上发出的可见光和X射线，是从1倍太阳质量的黑洞的视界附近发出的。

现在，机器人的时钟又会如何呢?假设我们可以读出时间，但时间又会告诉我们什么呢?随着深入黑洞的引力场，时钟滴答的速率会有任何可观察到的变化吗?在安全的宇宙飞船上，我们会发现，任何接近黑洞的时钟都会比宇宙飞船上相同的时钟走得慢。时钟越接近黑洞，它看起来运转得越慢。在到达视界时，时钟看起来完全停止了，就好像机器人宇航员发现了不朽！所有的行动几乎都将冻结在一个时刻。因此，外部观测者将不会亲眼看见宇航员向下落入视界。这样的过程似乎永远不会停止。

机器人的时钟明显放缓的现象被称为**时间膨胀**。这是广义相对论做出的另一个与引力红移密切相关的明确预言。要了解它们之间的联系，假设我们使用我们的光源作为时钟，每通过一个波峰看作是一次“滴答”，时钟就这样以辐射的频率发出嘀嗒声。随着光的红移，光的频率下降，每秒钟通过远处观测者的波峰越来越少——时钟似乎慢了下来。这个思想实验表明，辐射的红移和时钟的放缓本质上是相同的。

然而，从坚不可摧的机器人看来，相对论没有预测到任何奇怪的现象。在向内落下的机器人看来，光源没有发生红移，时钟也完美地保持着时间。在机器人的参考系中，一切都是正常的，没有什么禁止它进入黑洞的史瓦西半径内，也没有物理规律约束物体通过一个视界。在通过视界时，没有障碍，也没有突然倾斜交叉；它只是空间中的一个假想边界。在通过足够大质量的黑洞（如我们看到的潜伏在银河系中心的黑洞）附近的视界时，旅行者可能甚至没有感觉——至少在他们试图从视界返回前是这样！

大多数天体的引力场太弱，无法产生任何明显的引力红移，虽然在很多情况下仍然可以测量到它的影响。在地球上和近地轨道卫星上进行的精妙实验，成功地检测到了因行星的微弱引力而产生的微小引力红移。太阳光发生的红移仅有约千分之一纳米。然而，一些白矮星对它们发出的光却有明显的引力红移。它们的半径比太阳小得多，因此它们的表面引力也比太阳的强得多。中子星应该在其辐射中体现出相当大的红移，但是很难区分引力、磁场以及环境对我们所观测到的信号的影响。

向下深入

你肯定想知道黑洞的视界内有什么。答案很简单：没人真正知道。然而，问题引起了理论学家的极大兴趣，因为它提出了现代物理学前沿的一些基本问题。

一颗完整的恒星可以缩小到一点并消失吗?广义相对论预言，如果没有什么与引力竞争，大质量恒星的核心残留物就将坍缩成一点，此时，它的密度和引力场是无限的。这样的点被称为**奇点**。然而，我们不应该太严肃地理解无限大密度的预测。奇点并非物理性的，它们总是预示着生成它们的理论的失效。换句话说，目前的物理定律只是不足以描述恒星坍缩的最后时刻。

目前，引力理论还是不完整的，因为它不包含对非常小尺度物质的正确描述（如量子力学）。随着恒星核心坍缩为越来越小的半径，我们最终会无法描述其行为，更不用说预测了。可能被困在黑洞中的物质从来没有真正到达过奇点，也许它只是接近这一奇异的状态，而随着量子引力论的发展，即广义相对论与量子力学的结合，我们总有一天会理解这一状态。

如前所述，我们至少可以估计当前理论仍有效的核心的最小半径。事实证明，达到那一阶段时，核心已经比任何基本粒子小得多了。因此，尽管完整描述恒星坍缩的终点很可能需要对物理定律进行大幅修正，但却是出于实用目的，对到达某一点的坍缩的预测仍是有效的。即使一个新的理论成功地以某种方式除去了中央奇点，但黑洞的外观或视界的存在仍不太可能会改变。对广义相对论的任何修改将只发生在亚微观的尺度上，而不是在史瓦西半径的宏观尺度上（千米级别）。

奇点是打破规则的地方，它附近可能会发生一些非常奇怪的事情。人们展望了许多的可能性——进入其他宇宙的通道、时间旅行以及创造新的物态——但它们中没有一个被证实，当然也没有被观测到。因为这是科学不再有效的地方，它们的出现会导致我们珍视的物理定律出现许多严重的问题，从因果关系（该观念认为原因应该先于结果，如果时间旅行是可能的，该观念将马上遭遇严重的问题）到能量守恒（如果物质能够通过黑洞从一个宇宙进入另一个宇宙，这一规律就将被打破）。目前尚不清楚，未来通过一些包罗万象的理论来剔除中央奇点是否必然也会消除所有这些有问题的副作用。

科学可能出现的这些混乱令人困惑，一些研究者甚至提出了一个“宇宙审查原则”：大自然总是隐藏着任何奇点，例如在黑洞中心、视界内部发现的奇点。在这种情况下，即使物理学不再有效，也不会影响外面的世界，因此我们安全地与奇点可能产生的影响相隔离。如果有一天我们发现了所谓的裸奇点，即未被任何视界包围的奇点，会发生什么呢？相对论仍然有效吗？现在，我们对此一无所知。

我们赋予黑洞什么意义？黑洞以及它周围发生的所有奇怪现象真的存在吗？理解这些奇异天体的基础是质量使空间弯曲的相对论概念。我们发现这一观点已经很好地描述了现实，至少对恒星和行星产生的弱引力场是如此（见详细说明11-1和探索11-2）。质量越集中，时空越弯曲。显然，奇怪的是观测结果。这些结果是广义相对论不可或缺的一部分，而黑洞是其中最引人注目的预测之一。只要广义相对论是宇宙中正确的引力理论，黑洞便是真实的。

11.8 黑洞的观测证据

除了理论推理，黑洞还有任何观测证据吗?我们能证明这些奇异的、不可见的天体真的存在吗?

凌星现象

我们认为，可能让我们发现黑洞的一种方式是，观测它的凌星现象（从恒星前面通过）。但不幸的是，观测这一事件非常困难。当直径约12 000km的金星凌日时，几乎很难被发现。所以当一个10m宽的天体掠过遥远的恒星时，会完全不可见，无论是利用当前的设备还是可预见的未来的任何设备。

实际上，我们面临的情况比上文建议的还要差。假设我们足够接近恒星，能清晰看见凌星黑洞的圆盘，之后的观测效果也不是一个小黑点叠加在明亮的背景上；相反，背景的星光在经过黑洞射向地球时会被偏转，如图11.21所示。偏转的效果与遥远的星光通过太阳边缘时的弯曲效果是一样的。后者已经在过去几十年的日食期间被重复观测到（见详细说明11-1）。在黑洞附近，光线会发生更大的偏转。其结果是，黑洞从明亮伴星前穿过的图像不是一个清晰的、规则的小黑点，而是一幅即使从近处也无法分辨的模糊图像。

概念理解 检查

✓ 为什么你永远不会真正见证物体向内越过黑洞的视界?

双星系统中的黑洞

发现黑洞的一个更好的方法是寻找它对其他物体的影响。我们的银河系中栖息着许多双星系统，它们中只有一个成员可以被看到。回忆我们在6.7节对双星系统的研究，只需要观察一颗恒星的运动就能推断是否存在一颗看不见的伴星，并测量它的一些属性。在大多数情况下，看不见的伴星小而暗，它们只不过是隐藏在O型或B型主序伴星光芒中的一颗M型星，或者被尘埃或其他碎片所笼罩，即使是目前最好的设备也看不见它们。在这两种情况下，看不见的天体不是一个黑洞。

然而，一些密近双星系统的特征表明，其成员之一可能是黑洞。20世纪70年代和80年代由地球轨道卫星完成的一些非常有趣的观测显示，双星系统的无形成员会释放大量的X射线。发出辐射的物体的质量被测定为几倍太阳质量，因此我们知道，它不会是简单的一颗小而暗的恒星。X射线源的可见辐射也不太可能被恒星周围尘土飞扬的碎片所遮挡——对于我们所感兴趣的系统，双星系统的强烈辐射可能早已把碎片驱散进了星际空间。

在天鹅座，有一个受到特别关注的双星系统。图11.22（a）显示了天鹅座的一部分天区，天文学家有非常合理的证据认为，这里有一个黑洞。矩形方框标出了科学家感兴趣的天体系统，它距离地球大约6200光年。黑洞候选

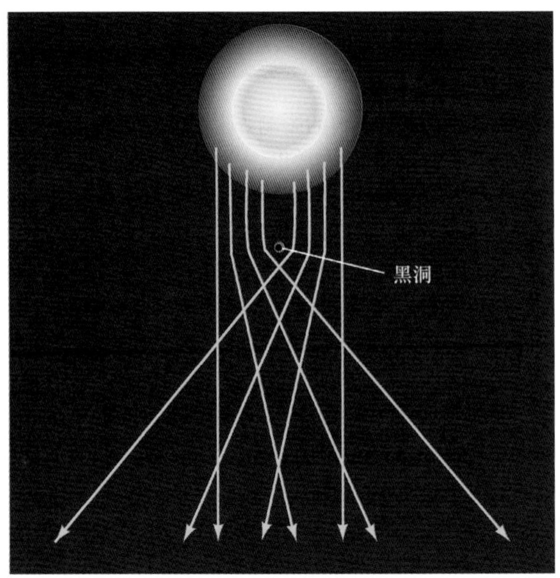

▲图11.21　光线的引力弯曲
体积小但质量巨大的黑洞周围的引力使光线弯曲，因此黑洞叠加在其恒星伴星上的图像不可能是一个黑点叠加在明亮的背景上。

体是一个名为天鹅座X-1的X射线源，20世纪70年代早期，乌呼鲁（Uhuru）卫星对它进行了详细地研究。这个双星系统的主要观测特点如下：

1）X射线源的可见伴星，星表名为HDE 226868的B型蓝超巨星在发现天鹅座X-1几年后被确认。假设伴星位于主序，我们可知它的质量必须是太阳质量的25倍左右。

2）光谱观测表明，双星系统的轨道周期为5.6天。结合这一信息和对可见伴星轨道速度的进一步光谱测量，天文学家估计系统的总质量大约为35倍太阳质量，这意味着天鹅座X-1的质量大约是10倍太阳质量。∞（6.7节）

3）对谱线多普勒红移的其他详细研究表明，热气体从明亮的恒星流向一颗看不见的伴星。∞（3.5节）

4）天鹅座X-1周边的X射线辐射意味着高温气体的存在，其温度也许高达几百万开尔文［参见图11.22（b）］。

5）X射线辐射的快速时变意味着天鹅座X-1的X射线辐射区域必须非常小——事实上，不到几百千米。推理基本上与11.4节中对伽马射线暴的讨论相同：已经观测到天鹅座X-1发出的X射线的辐射强度在仅为毫秒的时间尺度上变化。为了让这一时变不会被光穿过辐射源的传播时间所模糊，天鹅座X-1的直径不能超过1光毫秒或300km。

这些性质表明，无形的X射线辐射伴星可能是黑洞。X射线辐射区域可能是物质从可见恒星螺旋下降到看不见的伴星时形成的吸积盘。X射线辐射的快速变化表明，看不见的伴星一定是致密天体——中子星或黑洞。双星成员中的黑暗伴星的质量极限倾向于后者，因为中子星的质量不能超过3倍太阳质量。图11.23是一位艺术家创作的这个有趣天体的概念图。请注意，来自于可见恒星的大部分气体最终进入了环形的吸积盘。随着气体流向黑洞，它会变得过热，并发出X射线。在被永远困于视界内部前，我们可以观测到这些X射线辐射。

现在，我们已经知道了其他一些黑洞候选体。例如，在大麦哲伦云发现的第三个X射

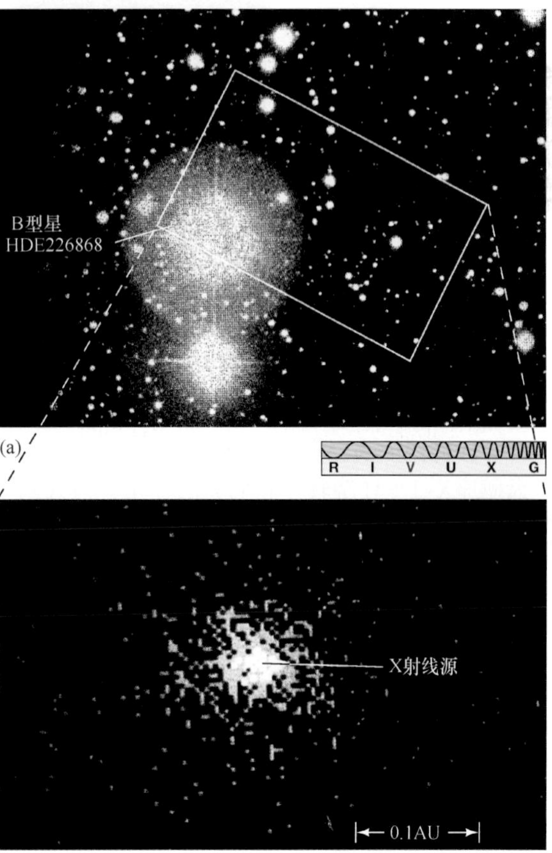

▶图11.22　天鹅座X-1
（a）照片中最亮的恒星（标注了它的星表序号）是双星系统的一个成员。它的看不见的伴星叫天鹅座X-1，是黑洞的优先候选体。（b）图（a）中方框区域的X射线图像。由于无法直接看到X射线，天鹅座X-1发出的X射线辐射被卫星上的探测器捕捉到，并转化为射电信号传输到地面，然后再次转化成电子信号，显示在视频屏幕上，这张照片便是从视频屏幕上拍摄的。［哈佛-史密松天体物理中心（Harvard-Smithsonian Center for Astrophysics）］

详细说明11-1

广义相对论的检验

狭义相对论是科学史上检验最彻底、验证最精确的理论。然而，广义相对论的实验基础却不怎么坚实。

检验广义相对论的问题在于，地球和太阳系是我们最容易开展实验的场所，但广义相对论对地球和太阳系的影响非常小。正如狭义相对论只有当速度接近光速时才会与牛顿力学产生重大偏差，广义相对论预测，只有涉及非常强大的引力场时，比如轨道速度和逃逸速度是相对论性时，才会与牛顿引力理论产生大的偏差。

在这一章里，我们会遇到广义相对论的其他检验和观测测试。(见探索11-2)在这里，我们只考虑对广义相对论的两个“经典”测试——光线被太阳偏转以及相对论对水星轨道的影响。这些测试是对太阳系的观测，它们帮助并确保了爱因斯坦的理论被接受。在它们之后，更加精确的测量验证并加强了测试结果。但请记住，目前仍没有在“强引力场”中对广义相对论展开测试——例如，广义相对论的部分理论预言了黑洞——因此完整的广义相对论从未接受过实验的测试。科学家们希望探索11-2中描述的实验能够测试这一部分的理论。

广义相对论的核心是认为，由于时空的曲率，包括光在内的所有事物都受引力的影响。爱因斯坦1915年在发表他的理论后不久指出，来自恒星的光在通过太阳时应该会发生可衡量的偏转。根据广义相对论，光线越接近太阳，偏转的角度越大。因此，当光线紧贴太阳表面穿过时，偏转的角度应该最大。爱因斯坦计算出这时的偏转角应为1.75″——一个虽然小，但可检测的角度。当然，通常不可能看到恒星接近太阳。但在日食期间，当月亮遮住太阳的光时，观测就成为可能，如第一幅图中所示(高度夸张)。

1919年，英国天文学家阿瑟·爱丁顿爵士领导的观测团队成功地测量了日食期间的光线偏转。结果与广义相对论的预言完美匹配。一夜之间，爱因斯坦举世闻名。抛开他之前的主要成就，仅这一项预测就确保了他世界最著名科学家的永久地位!高精度的依巴谷卫星也观测到许多恒星的视位置变化，这其中甚至包括光线远离太阳的恒星。∞（6.1节）这些变化都与爱因斯坦的理论预测完全吻合。

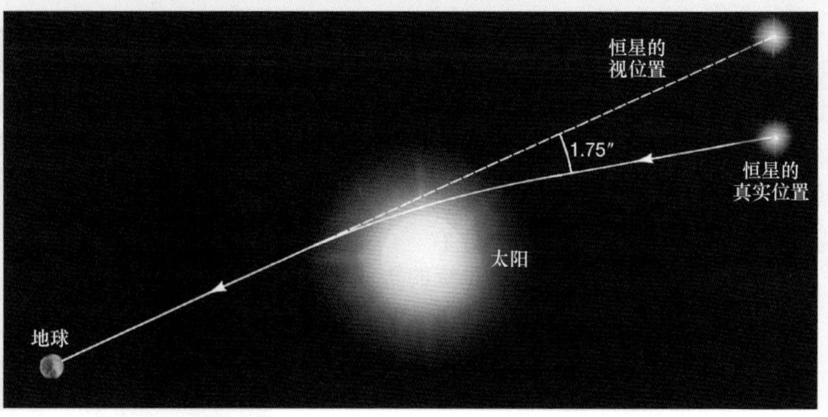

线源LMC X-3是一颗看不见的天体，它和天鹅座X-1一样绕转一颗明亮的伴星。与天鹅座X-1类似的推理表明，LMC X-3质量是10倍太阳质量——质量如此巨大的天体只能是黑洞。同样，X射线双星系统A0620-00包含一个无形的致密天体，它的质量是太阳质量的3.8倍。总的来说，也许我们的银河系以及附近有20多个已知的天体可能就是黑洞。其中，天鹅座X-1、LMC X-3，以及A0620-00的呼声最高。

示例 根据广义相对论，一束光以距离R通过一个质量为M的物体时，光线会偏转的角度是（弧度）$4GM/Rc^2$，其中G为引力常数，$G=6.67\times10^{-11}\text{N m}^2/\text{kg}^2$，$c$为光速，$c=3.00\times10^8\text{m/s}$。将太阳的参数代入，得到$M=1.99\times10^{30}$ kg，$R=$ 696 000km，并记住1弧度= 57.35°；我们可以计算出偏转角度为（$4\times6.67\times10^{-11}\times1.99\times10^{30}$）/［$6.96\times10^8\times(3.00\times10^8)^2$］$\times$ 57.3（度每弧度）$\times$ 3600（角秒每度）= 1.75″，如前所述。∞（详细说明1–2）。使用更方便的单位，我们可以写出

$$偏转（角秒）=1.75\ \frac{M（太阳质量）}{R（太阳半径）}。$$

注意，偏转角度与质量M成正比，与距离R成反比。因此，对于地球，质量$M=3.0\times10^{-6}$、半径$R=9.2\times10^{-3}$太阳单位，产生的偏转角只有0.57毫角秒（角秒的千分之一）。而一个白矮星，如天狼星B，$M=1.1$、$R=0.0073$，单位与上述计算相同，光束将偏转4.4角分。∞（9.3节）（中子星和黑洞会产生更大的影响，但只有当偏转角度不到几度的情况下，前面的简单公式才有效。）

广义相对论在银河系内可检测的第二个预测是，行星轨道会稍微偏离开普勒定律所预言的完美椭圆。再次，当引力最强时该效果最大，即最接近太阳时效果最大。因此，最大的相对论效应在水星轨道上被发现。相对论预测，水星的轨道并不是一个封闭的椭圆。相反，它的轨道应该在慢慢旋转着，如第二幅图（同样夸大了）所示，其旋转的角度很小，每世纪约43″。但水星的轨道非常规则，因此即使是这么微小的效果也可以被测量出来。

事实上，观测到的水星轨道旋转速率是每世纪540″，比相对论的预测要大得多。然而，如果考虑其他（非相对论性）引力的影响，主要是其他行星引起的摄动，上述旋转与预测完美吻合。

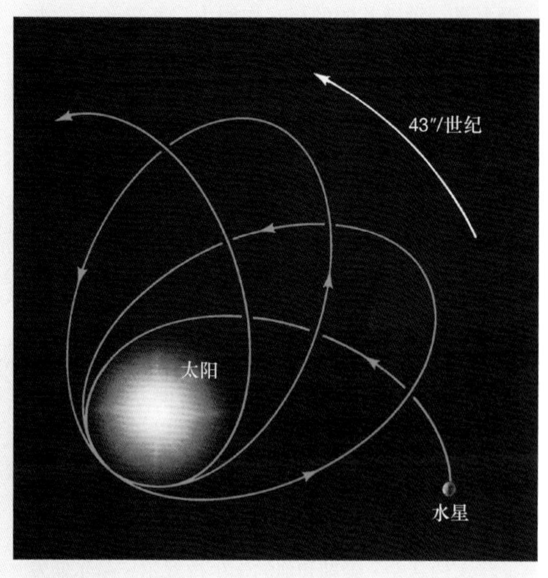

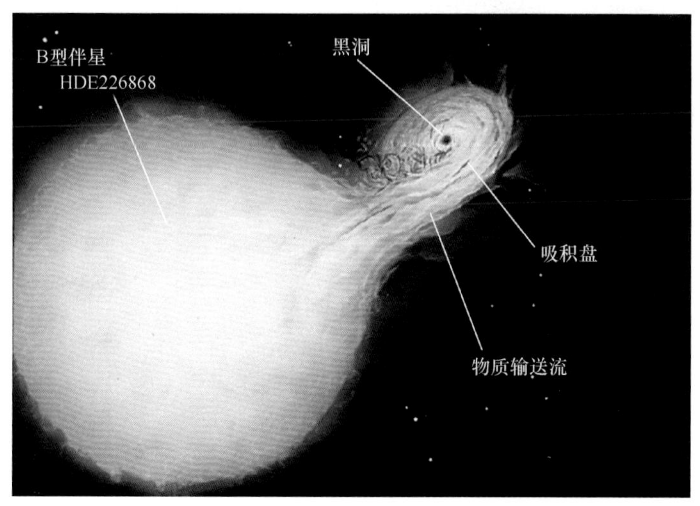

互动图11.23 恒星黑洞

MA 艺术家笔下的双星系统概念图，系统中包含一颗巨大的、明亮的、可见的恒星，以及一个看不见的向外辐射X射线的黑洞。（与图10.2相比）这幅画基于从天鹅座X–1获得的详细观测数据。［L.蔡森（L.Chaisson）］

探索11-2

引力波：探索宇宙的新窗口

电磁波是常见的日常现象。它们涉及电场和磁场强度的周期性变化。∞（2.2节）电磁波在空间传播并传播能量。任何加速运动的带电粒子，如广播天线中的电子或恒星表面的电子，都会产生电磁波。

现代引力理论，即爱因斯坦的引力理论，也预测了在空间传播的波。引力波是与引力相关、与电磁波对应的一种波。引力场强度的变化会引起引力辐射。在任何时间，任何有质量物体的加速都会以光速发出引力波。引力波应该会在它通过的空间内产生小的扭曲。与电磁作用力相比，引力是一种极其弱的相互作用力，所以预计这些扭曲会非常小——实际上，比原子核的直径还要小得多。∞（详细说明5-1）然而，许多研究人员认为，这些微小的扭曲是可以测量的。

最有可能产生在地球上能探测到的引力波的天体，是包含黑洞、中子星或白矮星的密近双星系统。由于这些大质量天体互相绕转，所以它们的加速会产生快速变化的引力场并辐射引力波。能量通过引力波的形式逃逸，导致两个天体沿着螺旋轨道互相靠近，绕转的速度越来越快，释放出更多引力辐射。如我们在11.4节看到的那样，中子星的并合很可能是一些伽马射线暴的源头，因此，引力辐射提供了另一种可能的方式去研究这些剧烈的神秘现象。

实际上，已经发现了一个轨道在缓慢但稳定衰变的双星系统。1974年，马萨诸塞大学的射电天文学家约瑟夫·泰勒和他的学生拉塞尔·赫尔斯发现了一个不寻常的脉冲双星系统。双星系统的两个成员都是中子星，其中一个从地球上看起来是脉冲星，这个系统被称为脉冲双星。对脉冲星辐射周期的多普勒红移测量表明，其轨道正在缩小的速度，与相对论假设的引力波带走它们的一部分能量所导致的轨道缩小速度一致。这两颗中子星并合的时间应该还不到3亿年，它们产生能量巨大的引力辐射和伽马射线暴。（虽然大部分的辐射是在并合的最后几秒钟释放出来的）。尽管还没有探测到引力波本身，但大部分天文学家认为，脉冲双星是广义相对论强有力证据。泰勒和赫尔斯因为这一发现获得了1993年的诺贝尔物理学奖。第一幅附图说明了脉冲双星轨道的大小以及所预测的轨道变化。

2004年，射电天文学家宣布发现了一个双脉冲双星系统，其周期比脉冲双星还要短。这意味着相对论效应和约8500万年的更短的并合时间。

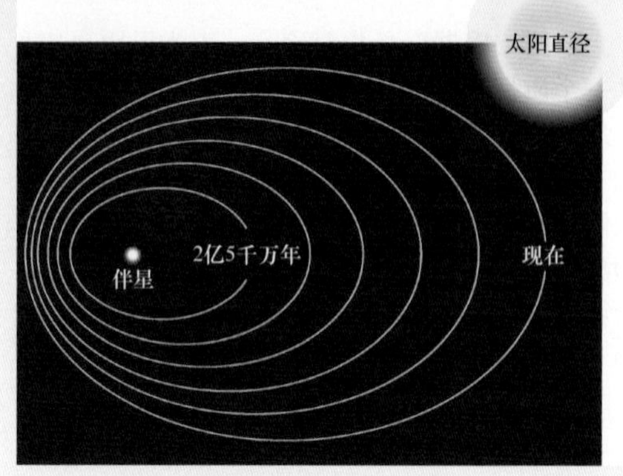

由于两颗成员星都是脉冲星，而且很幸运的是双星系统的侧面几乎正对着地球上的观测者，所以从地球上可以观测到双星的蚀，该系统为中子星和引力物理学提供了丰富的细节信息。

第二幅图是LIGO（激光干涉引力波天文台的英文简称）的一部分。这个雄心勃勃的引力波观测天文台于2003年开始运作。两台分别位于华盛顿州汉福德（如图所示）和路易斯安那州利文斯顿的探测器，利用两束激光束之间的干扰来测量引力辐射产生的微小的空间扭曲。引力波可以从它长度为4km的臂中通过。∞（探索2-1）理论上，仪器能够检测许多银河系内和银河系外的辐射源产生的引力波，然而，尽管在2007年对仪器的升级极大地提高了系统的灵敏度，但到目前为止，仍没有发现任何引力波。2014年左右的另一次升级将探测器的灵敏度提高了10多倍。（译者注：2016年2月11日，LIGO宣布它们的探测器于2015年9月14日首次探测到了来自于两个黑洞并合的引力波信号。）

如果这些实验成功了，引力波的发现就可能预示着天文学的一个新时代。它可能与一个世纪前还未开拓的不可见电磁波一样，彻底地改变传统天文学，并将人们引向现代天体物理学的领域。

[美国国家科学基金会(NSF)]

星系中的黑洞

也许黑洞最有力的证据并非来自于我们星系中的双星系统，而是对包括银河系在内的许多星系中心的观测。利用从射电到紫外波段辐射的高分辨率观测，天文学家已经发现了，许多星系中心附近的恒星和气体围绕着一些非常大质量的、看不见的对象在非常迅速地移动。从牛顿定律得出的质量范围从数百万到数十亿倍太阳质量不等。

这些星系中心的激烈能源释放以及辐射的短时标波动，说明存在巨大的致密天体。此外，如图11.24所示的射电星系，这些天体也被观测到有延展的喷流，让人想起与中子星和黑洞相关的喷流，虽然前者远大于后者。主要的（而且是目前唯一的）解释是，这些能量巨大的天体的能量来自于中央**超大质量黑洞**对周围恒星和气体的吸积。发出射电辐射的喷流位于黑洞周围秒差距大小的吸积盘内。

这样，天文学家知道了质量与太阳质量相当的“恒星级”黑洞，以及几百万或几十亿倍太阳质量的超大质量黑洞。如前几章所讨论的，前者是恒星演化的产物；在本书的第四部分我们将看到，后者成长于星系的中心。这二者之间还有什么吗？2000年，X射线天文学家报告了一些情况，正是他们长期以来寻找的、

▲图11.24　活动星系
许多星系被认为其中心栖息着大质量的黑洞。事实上，宇宙中存在黑洞的最好证据出现在星系核中。图中以伪彩色所示的是星系3C296。蓝色显示，恒星在中央椭圆星系的分布，红色显示巨大的射电辐射喷流，它延伸了500 000光年。［美国国家射电天文台（NRAO）］

却始终不见其踪影的两种类型的黑洞之间缺失环节的第一个证据。图11.25显示了一个极不寻常的星系M82，它目前正经历着一场广泛而激烈的恒星形成；图中的红色羽毛状物体是从许多恒星形成区逃逸的热气体，它位于星系中其他的宁静区域（如蓝色所示）。插入图是钱德拉空间望远镜拍摄的M82中心区域附近几千秒差距的区域，揭示了一些明亮的X射线源位于星系的中心附近，而不是位于其中心。它们的光谱和X射线亮度表明，它们中的一些可能是正在吸积物质的质量为100~近1000倍太阳质量的致密天体。如果被证实，它们将是第一次被观测到的中等质量黑洞。

中等质量黑洞太大，不可能是普通恒星的残留物，但又太小，不足以贴上“超大质量”的标签。这些天体给天文学家提出了一个难题：它们来自哪里？随后，位于莫纳克亚山的昴星团望远镜和凯克望远镜的红外观测提供了一个可能的起源。观测表明，一些X射线源显然与高密度、年轻的星团有关。∞（4.2节、8.6节）理论学家推测，在这些星团密集的核心中，大质量主序星之间的碰撞会导致极大质量且非常不稳定的恒星的增长失控，而后发生坍缩并形成中等质量的黑洞。

图11.26显示了仙女星系中的球状星团G1，它是目前“近邻”星团中栖息有中等质量黑洞的最佳候选体。∞（2.1节）星团中心附近恒星的特殊轨道说明，存在一个质量为太阳质量20 000倍的黑洞，对星团的射电和X射线波段观测与对星团中心如此大质量的天体发出辐射的预测是一致的。然而，理论与观测仍都存有争议。

黑洞存在吗？

你可能已经注意到了，识别一个黑洞其实是靠淘汰法。不太严谨的说法是：“天体X致密且质量巨大。我们不知道有其他什么东西能如此小且质量大。因此，推断天体X是一个黑洞。”对于在星系中心观测到的（被推断为）致密的大质量天体，没有可行的替代方案意味着黑洞假说已经被天文学家广泛接受。然而，天鹅座X-1以及另一个双星系统中疑似的恒星质量黑洞，它们的质量相对接近于中子星与黑洞之间的临界线。考虑到目前观测和理论的不确定性，可能也可以想象它们仅仅是昏暗的、致密的中子星，而不是黑洞。

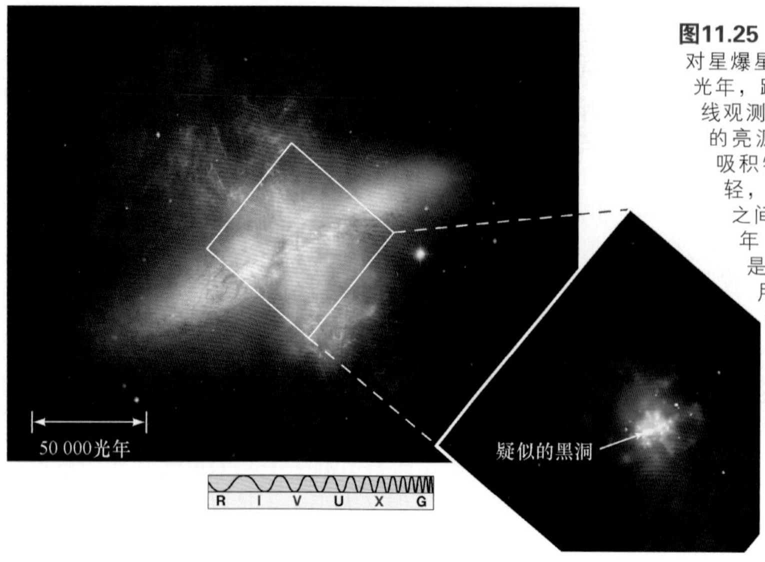

图11.25　中等质量的黑洞?
对星爆星系M82（上图，距离约1200万光年，跨度约100 000光年）中心的X射线观测（下面的嵌入图）揭示了一系列的亮源，它们被认为是中等质量黑洞吸积物质的产物。这些黑洞可能很年轻，质量在100倍~1000倍太阳质量之间，而且它们相对远离（约600光年）M82的中心。最亮的（也可能是规模最大的）黑洞候选体在图中用箭头标记了出来。［昴星团望远镜（Subaru）、美国国家航空航天局（NASA）］

大多数天文学家认为这是可能的，但也突出了一个问题：很难明确区分一个10倍太阳质量的黑洞和一个10倍太阳质量的中子星（如果它能以某种方式存在）。两个天体都会以相同的方式影响伴星的轨道；它们都会从伴星表面撕扯物质，并且都会在周围形成吸积盘并释放出强烈的X射线（尽管许多研究人员认为，吸积盘的细节会有很多区别，中央天体的性质可能可以通过观测来确认）。

本书中，我们一直在强调，不被观测或不被实验所支持的理论注定是不能成立的。∞（1.2节）黑洞是爱因斯坦广义相对论的一个明确预测。这一理论被广泛认为正确地描述了强引力场以及轨道速度接近光速情况下的引力场。但我们也看到，广义相对论只在引力较弱和速度相对较低的情况下进行了最彻底地检验，而完全不是在黑洞附近所预期的极端条件下。所以，我们能合理地提出问题："我们是否有明确的证据表明那些所描述的大质量致密天体真的是黑洞吗？"

简短的回答是否定的——至少是在对质量和体积的测量不足以让你对黑洞的事实感到信服时。对于黑洞属性的详细测量很难进行，而且更难解释。黑洞倾向存在于非常混乱的天体物理环境中。天文学家已经在许多系统中发现了诱人的黑洞视界的线索（而不是中子星的坚硬表面），但它们中没有一个被证明是确定的。然而，随着技术的不断改善，我们可以期待更多这样的观测，它们的精度越来越高，让天文学家可以检验爱因斯坦理论的某个关键预测。

所以，真的发现黑洞了吗？尽管存在不确定性，但答案或许是肯定的。科学中的怀疑论是合理的，但只有最顽固的天文学家（他们确实存在！）会怀疑支持黑洞的诸多理论推理。黑洞在关于恒星演化、伽马射线暴，以及星系结构与演化的理论中扮演着重要角色，这是黑洞在天文学中被广泛接受的明确标志。

▲图11.26　黑洞的宿主
天文学家已经发现，如果星团G1的质量分布与它的光度一样光滑，那么这个巨大的球状星团就不会像预期的那样移动。相反，观测表明星团中心存在一个中等质量的黑洞。［美国国家航空航天局（NASA）］

我们是否可以保证，未来对致密天体理论的修正不会使我们的一些或所有推理变得无效吗？我们不能。但在天文学的许多领域都可以做出类似的陈述——实际上，任何科学领域的任何理论都是如此。我们认为，虽然黑洞很奇怪，但它们已经在我们的银河系以及银河系外被探测到了。也许，未来某一天，太空旅行者将访问天鹅座X-1或银河系的中心，并（仔细）亲自检测这些结论。在那之前，我们将不得不继续依靠改进理论模型和观测技术来指导我们对黑洞这一神秘天体的讨论。

科学过程理解 检查

√ 天文学家是如何"看见"黑洞的?

终极问题　黑洞是真实的吗?几十年前，许多天文学家认为，黑洞是宇宙中一种站不住脚的说法——研究人员所观测到的那些无法解释的奇异现象成为他们最后的借口。但是现在，水平越来越高的观测确实指向了那些真的是非常致密和明亮的恒星残骸。相比已经非常独特的中子星，它们更加令人困惑。不过，是否可能会有其他奇异的坍缩残骸——有可能是夸克星——还差一些才能成为真正的黑洞?

章节回顾

小结

❶ 核坍缩超新星可能留下**遗迹**（p.264）——被称为**中子星**的超压缩物质球（p.264）。中子星非常致密，预测它们在形成时非常热、具有强磁场并且快速自转。它们很快就冷却，失去大部分磁场，其自转也会随着年龄的增长减缓。

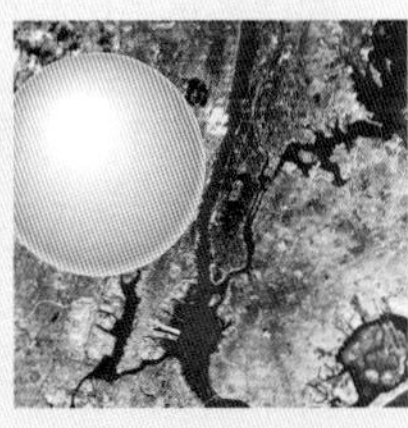

❷ 根据**灯塔模型**（p.265），由于中子星具有磁性并且在自转，所以它们会将爆发的电磁能量送入太空。被强磁场束缚的带电粒子会形成辐射束。如果我们从地球上可以看到辐射束，那么我们称其辐射源为**脉冲星**（p.265）。脉冲星的脉冲周期是中子星的自转周期。由于脉冲能量随辐射束进入太空，并且随着将能量辐射进太空的中子星的自转速度逐渐减缓，因此并不是所有的中子星都是脉冲星。

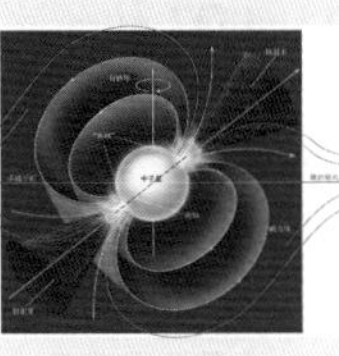

❸ 双星系统中的中子星可以从它的伴星中吸收物质，形成一个吸积盘。吸积盘的物质在到达中子星之前会被加热，使吸积盘成为一个强X射线辐射源。随着气体聚集在中子星表面，温度最终变得足够引发氢聚变。当氢燃烧开始时，便会具有爆发性，从而导致 **X射线暴源**（p.268）的形成。吸积盘内侧的快速旋转会使中子星随着气体落到其表面而越转越快。最终结果是一颗高速自转的中子星——一颗**毫秒脉冲星**（p.270）。许多毫秒脉冲星被发现位于古老的球状星团的中心。它们不可能是近期形成的，因此它们一定因与其他恒星的相互作用而加快自转。对接收到辐射的分析表明，有些脉冲星有行星大小的天体绕转。

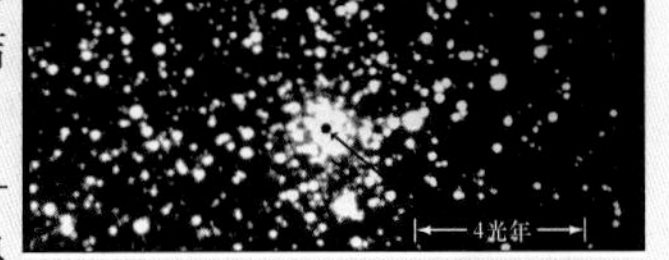

❹ **伽马射线暴**（p.272）是在天空中观测到的能量巨大的伽马射线闪耀。每天可以在天空中观测到一次伽马射线暴，它均匀地分布在整个天空。在一些情况下，它们的距离能被测量得到，显示它们距离我们非常遥远，这说明它们的亮度非常高。解释这些爆发的主要理论模型假设它们源自于遥远双星系统内中子星的剧烈并合，或者是非常大质量的恒星在一次"失败的"超新星爆发后，再次坍缩并随后发生的剧烈爆发。

❺ 爱因斯坦的狭义相对论描述了接近光速运动的粒子的行为。在低速情况下，狭义相对论与牛顿理论一致，但在高速情况下却会产生许多不同的预言。狭义相对论的所有预测都被实验重复验证了。现代取代牛顿万有引力的是爱因斯坦的**广义相对论**（p.280），它将引力描述为**时空**（p.278）在质量作用下的扭曲或弯曲。质量越大，扭曲也越大。包括光子在内的所有粒子在扭曲的时空中沿着弯曲的路径运动。

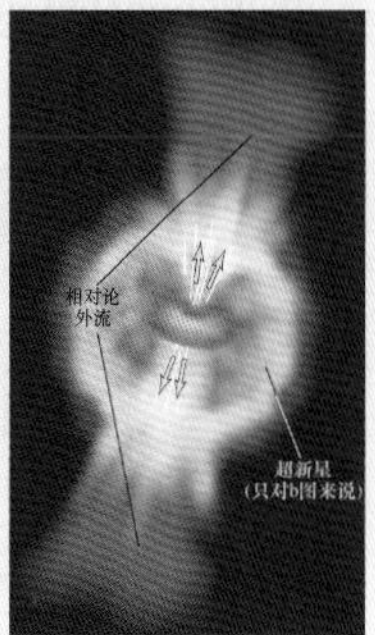

❻ 中子星的质量上限是3倍太阳质量。超过这一上限，恒星就将无法抵抗其自身的引力，并坍缩形成**黑洞**（p.276），即一个没有任何事物能够逃逸的空间区域。质量非常大的恒星在发生超新星爆发后，会形成黑洞，而不是中子星。黑洞内和黑洞附近的情况只能用广义相对论来描述。在某一半径处，坍缩恒星的逃逸速度等于光速，该半径被称为**史瓦西半径**（p.277）。黑洞周围半径等于史瓦西半径的假想球面叫作**视界**（p.277）。

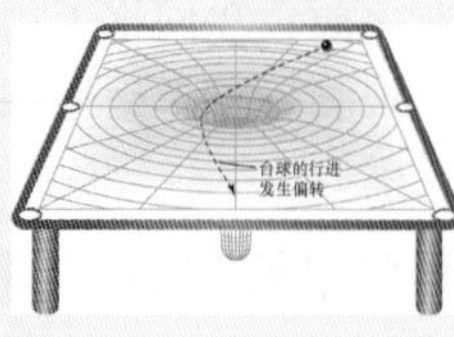

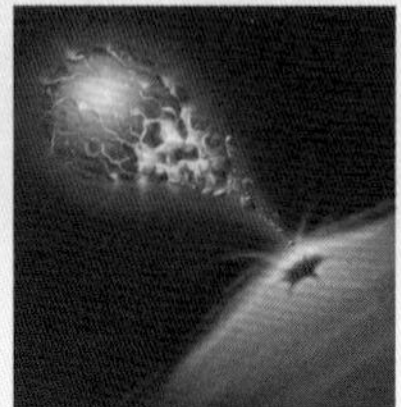

❼ 在一位遥远的观测者看来，从一艘落入黑洞的宇宙飞船上发出的光线会产生**引力红移**（p.282），因为光线会努力从黑洞巨大的引力场中逃逸。同时，同一艘宇宙飞船上的时钟会产生**时间膨胀**（p.283）——随着飞船接近视界，时钟看起来会走得越来越慢。观测者永远不会看见飞船到达黑洞表面。一旦进入视界，没有任何已知的力量能阻止恒星坍缩为一点——**奇点**（p.283），恒星的密度和引力场此时都达到无限大。相对论的这一预测还有待验证。在奇点，所有已知的物理定律都将失效。

❽ 一旦物质落入黑洞，它将再也无法与外界通信。然而，在它进入黑洞的过程中，会形成吸积盘并辐射出X射线，这与中子星的情形相同。黑洞的最佳候选体是含有一个致密X射线源的双星系统。位于天鹅座的天鹅座X-1是一个被深入研究的X射线源，它是一个存在已久的黑洞候选体。对轨道运动的研究表明，一些双星系统中的致密天体质量太大，不可能是中子星，黑洞是唯一的可能。还有强有力的证据表明，在包括我们银河系在内的许多星系中心存在着**超大质量黑洞**（p.289）。

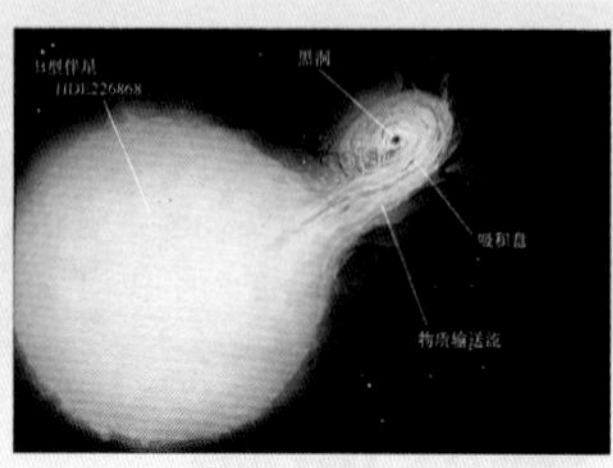

标记**POS** 的问题探索科学过程。标记 **VIS**的问题着重于阅读和视听资讯的理解。
LO 后紧跟的是本章引言中学习目标的编号。

指定的课后作业请访问MasteringAstronomy网站。

复习与讨论

1. **LO1** 形成中子星的过程是如何决定它的大部分基本性质的？
2. 如果一个人站在中子星表面，他身上将会发生什么事情？
3. **LO2** 什么是脉冲星？它们与中子星有什么联系？为什么不是所有的中子星都能被观测为脉冲星？
4. 什么是X射线暴源？
5. **LO3** 对于毫秒脉冲星的快速自转，最好的解释是什么？
6. **LO4** 为什么天文学家认为伽马射线暴非常遥远而且能量巨大？
7. 请描述伽马射线暴的两个主要模型。
8. **LO5** 运用关于逃逸速度的知识来解释为什么说黑洞是“黑”的。
9. **LO6** 根据狭义相对论，光速有什么特殊之处？
10. **POS** 为什么检验广义相对论的预测很困难？请描述对广义相对论的两项检测。
11. **LO7** 什么是视界？当人们靠近视界并落入黑洞时，什么事情会发生在他们身上？
12. **POS** 什么是宇宙监察原则？你认为这是一个可靠的科学原则吗？
13. 为什么天鹅座X-1是一个很好的黑洞候选体？
14. **LO8 POS** 哪些证据说明黑洞的质量比太阳要大得多？
15. **POS** 你认为绕转脉冲星的行星大小的天体应该被称为行星吗？理由是什么？

概念自测：选择题

1. 中子星的大小与什么相仿？（a）一辆校车；（b）一个美国城市；（c）月亮；（d）地球。
2. 中子星巨大的引力主要是因为其较小的半径以及：（a）较快的自转速率；（b）强磁场；（c）大质量；（d）高温度。
3. “闪烁”最快的脉冲星具有以下特征：（a）自转最快；（b）年龄最大；（c）质量最大；（d）温度最高。
4. 双星系统内中子星的X射线辐射主要源自：（a）中子星本身的高温表面；（b）中子星周围吸积盘中被加热的物质；（c）中子星的强磁场；（d）伴星表面。

5. vis 根据图11.11，伽马射线暴被观测发生于：（a）主要是太阳附近；（b）整个银河系；（c）几乎平均分布在整个天空；（d）脉冲星附近。
6. 黑洞产生于初始质量为多少的恒星：（a）小于太阳质量；（b）在太阳质量的1倍～2倍之间；（c）8倍太阳质量；（d）超过25倍太阳质量。
7. 如果太阳奇幻地变成相同质量的黑洞，那么:（a）地球将螺旋状地向内运动；（b）地球轨道将不变；（c）地球将飞向太空；（d）地球将被撕裂。
8. vis 根据探索11-1中的第二幅图，以光速的一半飞行的飞船中的米尺，其长度看起来为：（a）1m；（b）0.87m；（c）0.50m；（d）0.15m。
9. 搜寻黑洞的最好地点是一个________的空间区域：（a）黑暗而且空荡荡的；（b）最近丢失了一些恒星；（c）有强烈X射线辐射；（d）比周围环境温度低。
10. 在星系中心存在超大质量黑洞的最好证据是：（a）那里没有恒星；（b）快速的气体运动和强烈的能量辐射；（c）从中心附近发出辐射的引力红移；（d）未知的可见光谱线和X射线谱线。

问答

问题序号后的圆点表示题目的大致难度。

1. ●刚体的角动量与物体的速度和物体半径平方的乘积成正比。根据角动量守恒定律，请估计一颗每天自转一圈的坍缩中的恒星内核的半径如果从10 000km坍缩至10km后，自转速度将是多少？
2. ●如果你完全由密度为3×10^{17}kg/m^{3}的中子星物质组成，你的质量是多少？（假设你的平均密度是1000kg/m^3。）将你的答案与一颗直径为10km的典型岩质小行星进行对比。
3. ●请计算一颗质量为1.4倍太阳质量、半径为10km的中子星的表面引力加速度和逃逸速度。在一颗相同质量，半径为4km的中子星表面，逃逸速度是多少？
4. ●●请利用半径-光度-温度关系，计算一颗半径为10km的中子星在温度分别为10^5 K、10^7 K和10^9 K时的光度。在每种情况下，恒星在哪一波长的辐射最强烈？它们中的最亮者可以绘制在赫罗图上吗？
5. ●●5000Mpc远的一次伽马射线暴以伽马射线的形式各向同性地释放出10^{45}J的能量，每个光子的能量为250 keV。∞（详细说明3-1）如果地球轨道上一个有效面积为0.7m^{2}的仪器探测到它们中的一些，那么会有多少伽马射线光子进入探测器？
6. ●超大质量黑洞被认为存在于许多星系的中心。100倍和10亿倍太阳质量黑洞的史瓦西半径分别是多少？100倍太阳质量黑洞的大小与太阳相比如何？10亿倍太阳质量黑洞的大小与太阳系相比如何？
7. ●●利用详细说明11-1提供的信息，估计一束光线从以下天体表面经过时的偏转角度（a）月亮；（b）木星；（c）天狼星B；（d）新一代空间天文探测项目可能精确测量小至10^{-6}角秒的角度。距离太阳多远的光线能产生这么大的偏转角？
8. ●●当一个2m高的人失足落入太阳质量大小的黑洞时，计算这个人的潮汐加速度，即计算当他的脚刚好越过视界时，他头部与足部加速度（每单位质量所受的力）的差别。对100万倍太阳质量黑洞和10亿倍太阳质量黑洞重复以上计算（见问题6）。将这些加速度与地球引力导致的加速度（$g = 9.8$ m/s^2）进行对比。

实践活动

协作项目

本书主要讨论了最简单类型的黑洞——不带电、不自转的史瓦西黑洞，而旋转的克尔黑洞在天文学中也极其重要。将你的团队分为两组，分别通过网络研究史瓦西黑洞和克尔黑洞的性质。结合两者的研究，说明两种黑洞的异同之处。重点说明视界、奇点，以及黑洞附近的物质和光的轨道等性质。一个黑洞转动得能有多快？哪种黑洞被认为在自然界更常见？

个人项目

寻找天空中最著名的黑洞候选体——天鹅座X-1的星等为9等的伴星。即使没有望远镜，也很容易找到天鹅座X-1所在的天区。天鹅座的恒星组成一个明显的星群形状——一个大十字。这一星群形状被称为北十字。十字中心的恒星被称为天津一Sadr。十字底部的恒星被称为辇道增七Albireo。恒星辇道增五Eta Cygni大致位于天津一和辇道增七中间。天鹅座X-1距离恒星辇道增五约0.5°。请描绘下你所看到的天区景象，无论是使用望远镜还是肉眼观测。

附 录

附录1 科学计数法

从最小的粒子到我们所知的最广阔的事物——整个宇宙——都是天文学家的研究对象。亚原子粒子的大小约为 0.000 000 000 000 001m，而星系的直径通常有 1 000 000 000 000 000 000 000m。我们所知宇宙中最遥远的天体到地球的距离在 100 000 000 000 000 000 000 000 000m 的量级上。

显然，写那么多零是很不方便的。更重要的是，很容易出错，多写或少写几个零都将使计算错得一塌糊涂！为了避免这种情况，科学家使用速记符号来表示很长的数字，这样一来，数字之后的零或小数点前的零的数目就可以用 10 的指数或幂表示。指数的值就是第一个有效数字（非零）与小数点之间数位的个数（从左到右读）。因此，1 表示为 10^0，10 表示为 10^1，100 表示为 10^2，1000 表示为 10^3，以此类推。对于小于 1 的数，指数是负的，指数的值为小数点与小数点后第一个有效数字之间的数位个数。因此，0.1 表示为 10^{-1}，0.01 表示为 10^{-2}，0.001 表示为 10^{-3}，以此类推。使用这种标记，亚原子粒子的大小可以表示为 10^{-15}m，而星系的直径则可以表示为 10^{21}m，这样就大大缩短了数字的长度。

更复杂一些的数字可以用 10 的指数与乘数因子的组合表示。这个因子通常选择 1~10 之间的数字，从原始数字的第一个有效数字开始。例如，150 000 000 000m（从地球到太阳的距离，约数）可以更简洁地写为 1.5×10^{11}m，0.000 000 025m 可以写为 2.5×10^{-8}m。指数的值就是为了得到乘数因子而必须将小数点左移的数位个数。

科学计数法的其他例子：

- 到仙女星系的近似距离
  =2 500 000 光年 =2.5×10^6 光年
- 氢原子的大小
  =0.000 000 000 05m=5×10^{-11}m
- 太阳的直径 =1 392 000km=1.392×10^6km
- 美国国债（截至 2013 年 5 月 1 日）
  =16 819 254 000 000.00 美元
  =16.819 254 万亿美元=$1.681 925 4 \times 10^{13}$ 美元。

除了提供一种更简单的方法来表示非常大或非常小的数字之外，这种计数方法也使一些基本的数学运算变得更加简单。数字的乘法法则用这种方式表达很简单，即将因子相乘，然后将指数相加。同样地，除法法则可以表示为：因子相除，然后将指数相减。因此，3.5×10^{-2} 乘以 2.0×10^3=（3.5 × 2.0）× 10^{-2+3}=7.0×10^1，即 70。同样地，5×10^6 除以 2×10^4=（5/2）× 10^{6-4}=2.5×10^2=250。可以将这些法则应用到单位转换中，例如，200 000nm=200 000 × 10^{-9}m（因为 1nm=10^{-9}m，见附录 2）或 2 × 10^{5-9}m=2×10^{-4}m=0.2mm。读者可以自行验证这些规则。当涉及天文数字时，这种表示方法的优点尤其明显。

科学家经常使用“四舍五入”后的数字，这样不仅简单，而且易于计算。例如，我们通常会将太阳的直径写为 1.4×10^6km，而不是前面给出的更精确的数字。同样，地球的直径为 12 756km，或 1.2756×10^4km，但对于大致估计来说，我们真的不需要太多的位数，近似值 1.3×10^4km 就足够了。通常，我们进行约算时只使用第一个或前两个有效数字，这就足以获取一个有效数位。例如，为了支持“太阳比地球大得多”的说法，我们只需要说它们的直径之比约为 1.4×10^6 除以 1.3×10^4。因为 1.4/1.3 接近 1，比例约为 $10^6/10^4=10^2$，即 100。这里的重要结论是，这一比例远远大于 1，而更精确的计算（结果为 109.13）并不会给我们额外的有用信息。这种将算法细节剥离出去而获取计算结果的本质的方法，在天文学中非常普遍，我们在本书中也会经常使用。

附录2 天文测量

天文学家在工作中会使用许多不同的单位制，这只是因为没有统一的单位制系统。相比国际单位制（SI），即米－千克－秒（MKS）单位制（大多数高中及大学课程中所使用的公制），许多专业天文学家还是喜欢旧的厘米－克－秒（CGS）单位制。不过，天文学家为了方便还经常引入新的单位。例如，当讨论恒星时，太阳的质量和半径通常被用作参考单位。太阳质量，写成 $M_{\odot}$，等于 2.0×10^{33}g 或 2.0×10^{30}kg。太阳半径写成 $R_{\odot}$，等于 700 000km 或 7.0×10^{8}m，下标⊙代表太阳。同样地，下标⊕代表地球。在本书中，在任何给定的情况下，我们尽量采用天文学家通常使用的单位制，但我们也会在适当的地方给出“标准的”国际单位制下的等价数值。

其中特别重要的是天文学家所使用的长度单位。在小尺度上，使用埃（1 Å = 10^{-10}m = 10^{-8}cm）、纳米（1nm = 10^{-9}m = 10^{-7}cm）和微米（1 μm = 10^{-6}m = 10^{-4}cm）。表示太阳系内的距离通常使用天文单位（AU），即地球和太阳之间的平均距离，一个天文单位约等于 150 000 000km 或 1.5×10^{11}m。在更大尺度上，通常使用光年（1ly = 9.5×10^{15}m = 9.5×10^{12}km）和秒差距（1pc = 3.1×10^{16} m = 3.1×10^{13}km = 3.3ly）。再大的距离使用公制的常规前缀：千表示一千，兆表示百万。因此 1 千秒差距（kpc）= 10^{3} pc = 3.1×10^{19} 米，10 兆秒差距（Mpc）= 10^{7} pc = 3.1×10^{23} 米，等等。

天文学家在特定情况下会使用特定的单位，随着情况的变化，单位也随之变化。例如，测量密度时，我们可能用每立方厘米体积内的克数（g/cm^{3}），每立方米内的原子数目（原子数 /m^{3}），甚至是每立方百万秒差距中以太阳质量为单位的密度（$M_{\odot}$/Mpc^{3}），这都需要根据情况而定。最重要的是，一旦你掌握了单位制，你就可以轻松地从一组单位制转换到另一组单位制。例如，太阳的半径可以等价写为 $R_{\odot}$ = 6.96×10^{3}m，或 6.96×10^{10}cm，或 $10^{9}R_{\oplus}$，或 4.65×10^{-3}AU，甚至是 7.363×10^{-5}ly——只要其中的哪个恰好是最方便使用的。天文学中一些比较常见单位以及它们最有可能使用的情况在下表中列出。

长度（Length）	
1 埃（Å）= 10^{-10} m	
1 纳米（nm）= 10^{-9} m	原子物理，光谱学
1 微米（μm）= 10^{-6}m	星际尘埃和气体
1 厘米（cm）= 0.01m	
1 米（m）= 100cm	在天文学领域内广泛使用
1 千米（km）= 1000m = 10^{5}cm	
地球半径（$R_{\oplus}$）= 6378km	行星天文学
太阳半径（$R_{\odot}$）= 6.96×10^{8}m	
1 天文单位（AU）= 1.496×10^{11}m	太阳系，恒星演化
1 光年（ly）= 9.46×10^{15} m =63 200AU	
1 秒差距（pc）= 3.09×10^{16}m =206 000 AU = 3.26ly	星系天文学，恒星和星团
1 千秒差距（kpc）= 1000pc	
1 兆秒差距（Mpc）= 1000kpc	星系，星系团，宇宙学
质量（Mass）	
1 克（g）	
1 千克（kg）= 1000 g	在许多不同领域内广泛使用
地球质量（$M_{\oplus}$）= 5.98×10^{24}kg	行星天文学
太阳质量（$M_{\odot}$）= 1.99×10^{30}kg	所有比地球质量更大尺度的“标准”单位
时间（Time）	
1 秒（s）	在天文学领域内广泛使用
1 小时（h）= 3600s	
1 天（d）= 86 400s	行星和恒星尺度内
1 年（yr）= 3.16×10^{7}s	几乎在所有比恒星更大尺度上发生的过程中使用

附录3 表格

表1 一些有用的常数及物理量*	
天文单位	$1\ \text{AU} = 1.496 \times 10^{8}$ km (1.5×10^{8} km)
光年	$1\ \text{ly} = 9.46 \times 10^{12}$ km (10^{13} km, 约 6 万亿英里)
秒差距	$1\ \text{pc} = 3.09 \times 10^{13}$ km = 206 000 AU = 3.3 ly
光速	$c = 299\,792.458$ km/s (3×10^{5} km/s)
斯特藩-玻尔兹曼常数	$a = 5.67 \times 10^{-8}\ \text{W/m}^2 \cdot \text{K}^4$
普朗克常数	$h = 6.63 \times 10^{-34}$ J s
引力常数	$G = 6.67 \times 10^{-11}\ \text{Nm}^2/\text{kg}^2$
地球质量	$M_{\oplus} = 5.98 \times 10^{24}$ kg (6×10^{24} kg, 约 60万亿亿千克)
地球半径	$R_{\oplus} = 6378$ km (6500 km)
太阳质量	$M_{\odot} = 1.99 \times 10^{30}$ kg (2×10^{30} kg)
太阳半径	$R_{\odot} = 6.96 \times 10^{5}$ km (7×10^{5} km)
太阳光度	$L_{\odot} = 3.90 \times 10^{26}$ W (4×10^{26} W)
太阳有效温度	$T_{\odot} = 5778$ K (5800 K)
哈勃常数	$H_0 = 70$ km/s/Mpc
电子质量	$m_e = 9.11 \times 10^{-31}$ kg
质子质量	$m_p = 1.67 \times 10^{-27}$ kg

*小括号中是本书使用的四舍五入值

普通英制与公制的转换

英制	公制
1英寸 (in)	= 2.54 厘米 (cm)
1英尺 (ft)	= 0.3048 米 (m)
1英里 (mile)	= 1.609 千米 (km)
1 英镑 (lb) = 453.6 克(g) 或 0.4536 千克 (kg) 【在地球上】	

表 2 元素周期表

周期 \ 族	1	2	3	4	5	6	7	8	9	10	11	12	13	14	15	16	17	18
1	1 **H** 1.0080 氢																	2 **He** 4.003 氦
2	3 **Li** 6.939 锂	4 **Be** 9.012 铍											5 **B** 10.81 硼	6 **C** 12.011 碳	7 **N** 14.007 氮	8 **O** 15.9994 氧	9 **F** 18.998 氟	10 **Ne** 20.183 氖
3	11 **Na** 22.990 钠	12 **Mg** 24.31 镁											13 **Al** 26.98 铝	14 **Si** 28.09 硅	15 **P** 30.974 磷	16 **S** 32.064 硫	17 **Cl** 35.453 氯	18 **Ar** 39.948 氩
4	19 **K** 39.10 钾	20 **Ca** 40.08 钙	21 **Sc** 44.96 钪	22 **Ti** 47.87 钛	23 **V** 50.94 钒	24 **Cr** 52.00 铬	25 **Mn** 53.94 锰	26 **Fe** 55.85 铁	27 **Co** 58.93 钴	28 **Ni** 58.69 镍	29 **Cu** 63.55 铜	30 **Zn** 65.39 锌	31 **Ga** 69.72 镓	32 **Ge** 72.61 锗	33 **As** 74.92 砷	34 **Se** 78.96 硒	35 **Br** 79.904 溴	36 **Kr** 83.80 氪
5	37 **Rb** 85.47 铷	38 **Sr** 87.62 锶	39 **Y** 88.91 钇	40 **Zr** 91.22 锆	41 **Nb** 92.91 铌	42 **Mo** 95.94 钼	43 **Tc** (99) 锝	44 **Ru** 101.07 钌	45 **Rh** 102.91 铑	46 **Pd** 106.42 钯	47 **Ag** 107.87 银	48 **Cd** 112.41 镉	49 **In** 114.82 铟	50 **Sn** 118.71 锡	51 **Sb** 121.76 锑	52 **Te** 127.60 碲	53 **I** 126.904 碘	54 **Xe** 131.29 氙
6	55 **Cs** 132.91 铯	56 **Ba** 137.33 钡	* 71 **Lu** 174.97 镥	72 **Hf** 178.49 铪	73 **Ta** 180.95 钽	74 **W** 183.84 钨	75 **Re** 186.21 铼	76 **Os** 190.23 锇	77 **Ir** 192.22 铱	78 **Pt** 195.09 铂	79 **Au** 196.97 金	80 **Hg** 200.59 汞	81 **Tl** 204.38 铊	82 **Pb** 207.20 铅	83 **Bi** 208.98 铋	84 **Po** (209) 钋	85 **At** (210) 砹	86 **Rn** (222) 氡
7	87 **Fr** (223) 钫	88 **Ra** (226) 镭	** 103 **Lw** (262) 铹	104 **Rf** (263) 鑪	105 **Db** (262) 杜	106 **Sg** (266) 𨭎	107 **Bh** (264) 𨨏	108 **Hs** (269) 𨭆	109 **Mt** (268) 䥑	110 **Ds** (272) 鐽	111 **Rg** (272) 錀	112 **Cn** (277) 鎶	113 **Uut** (284) Ununtrium	114 **Uuq** (289) Ununquadium	115 **Uup** (288) Ununpentium	116 **Uuh** (292) Ununhexium	117 **Uus** (294) Ununseptium	118 **Uuo** (294) Ununoctium

图例：2 ← 原子序数；**He** ← 元素符号；4.003 ← 原子质量；氦 ← 元素名称

*	57 **La** 138.91 镧	58 **Ce** 140.12 铈	59 **Pr** 140.91 镨	60 **Nd** 144.24 钕	61 **Pm** (145) 钷	62 **Sm** 150.36 钐	63 **Eu** 151.96 铕	64 **Gd** 157.25 钆	65 **Tb** 158.93 铽	66 **Dy** 162.50 镝	67 **Ho** 164.93 钬	68 **Er** 167.26 铒	69 **Tm** 168.93 铥	70 **Yb** 173.04 镱
**	89 **AC** (227) 锕	90 **Th** 232.04 钍	91 **Pa** 231.03 镤	92 **U** 238.03 铀	93 **Np** (237) 镎	94 **Pu** (242) 钚	95 **Am** (243) 镅	96 **Cm** (247) 锔	97 **Bk** (247) 锫	98 **Cf** (249) 锎	99 **Es** (252) 锿	100 **Fm** (257) 镄	101 **Md** (258) 钔	102 **No** (259) 锘

117号元素发现于2010年。118号元素“发现”于1999年，2002年撤销，2006年重新上报。

表 3A 行星轨道数据

行星名称	半长轴 (AU)	半长轴 (×10⁶ km)	离心率 (e)	近日点 (AU)	近日点 (×10⁶ km)	远日点 (AU)	远日点 (×10⁶ km)
水星	0.39	57.9	0.206	0.31	46.0	0.47	69.8
金星	0.72	108.2	0.007	0.72	107.5	0.73	108.9
地球	1.00	149.6	0.017	0.98	147.1	1.02	152.1
火星	1.52	227.9	0.093	1.38	206.6	1.67	249.2
木星	5.20	778.4	0.048	4.95	740.7	5.46	816
土星	9.54	1427	0.054	9.02	1349	10.1	1504
天王星	19.19	2871	0.047	18.3	2736	20.1	3006
海王星	30.07	4498	0.009	29.8	4460	30.3	4537

行星名称	平均轨道速度 (km/s)	公转周期 (回归年)	会合周期 (天)	黄道倾角 (°)	从地球看去的最大角直径 (角秒)
水星	47.87	0.24	115.88	7.00	13
金星	35.02	0.62	583.92	3.39	64
地球	29.79	1.00	—	0.01	—
火星	24.13	1.88	779.94	1.85	25
木星	13.06	11.86	398.88	1.31	50
土星	9.65	29.42	378.09	2.49	21
天王星	6.80	83.75	369.66	0.77	4.1
海王星	5.43	163.7	367.49	1.77	2.4

表 3B 行星物理数据

行星名称	赤道半径 (km)	赤道半径 (地球 = 1)	质量 (kg)	质量 (地球 = 1)	平均密度 (kg/m³)	表面引力 (地球 = 1)	逃逸速度 (km/s)
水星	2440	0.38	3.30×10^{23}	0.055	5430	0.38	4.2
金星	6052	0.95	4.87×10^{24}	0.82	5240	0.91	10.4
地球	6378	1.00	5.97×10^{24}	1.00	5520	1.00	11.2
火星	3394	0.53	6.42×10^{23}	0.11	3930	0.38	5.0
木星	71 492	11.21	1.90×10^{27}	317.8	1330	2.53	60
土星	60 268	9.45	5.68×10^{26}	95.16	690	1.07	36
天王星	25 559	4.01	8.68×10^{25}	14.54	1270	0.91	21
海王星	24 766	3.88	1.02×10^{26}	17.15	1640	1.14	24

行星名称	恒星自转周期 (太阳日)	轴倾角 (°)	表面磁场 (地球 = 1)	磁轴倾角 (相对于旋转的角度)	反射率†	表面温度‡	卫星数目**
水星	58.6	0.0	0.011	<10	0.11	100～700	0
金星	−243.0	177.4	<0.001		0.65	730	0
地球	0.9973	23.45	1.0	11.5	0.37	290	1
火星	1.026	23.98	0.001		0.15	180～270	2
木星	0.41	3.08	13.89	9.6	0.52	124	16
土星	0.44	26.73	0.67	0.8	0.47	97	18
天王星	−0.72	97.92	0.74	58.6	0.50	58	27
海王星	0.67	29.6	0.43	46.0	0.5	59	13

*负号表示 反向旋转；†被表面反射的阳光比率；‡木星型行星指有效温度

**直径超过10公里的卫星

表 4　地球夜空中最亮的 20 颗星

名称	恒星编号	光谱类型*		视差（角秒）	距离（pc）	视目视星等*	
		A	B			A	B
天狼星	α CMa	A1V	wd†	0.379	2.6	−1.44	+8.4
老人星	α Car	F0Ib–II		0.010	96	−0.62	
大角星	α Boo	K2III		0.089	11	−0.05	
南门二	α Gen	G2V	K0V	0.742	1.3	−0.01	+1.4
织女星	α Lyr	A0V		0.129	7.8	+0.03	
五车二	α Aur	GIII	M1V	0.077	13	+0.08	+10.2
参宿七	β Ori	B8Ia	B9	0.0042	240	+0.18	+6.6
南河三	α CMi	F5IV–V	wd†	0.286	3.5	+0.40	+10.7
参宿四	α Ori	M2Iab		0.0076	130	+0.45	
水委一	α Eri	B5V		0.023	44	+0.45	
马腹一	β Cen	B1III	?	0.0062	160	+0.61	+4
牛郎星	α Aql	A7IV–V		0.194	5.1	+0.76	
十字架二	α Cru	B1IV	B3	0.010	98	+0.77	+1.9
毕宿五	α Tau	K5III	M2V	0.050	20	+0.87	+13
角宿一	α Vir	B1V	B2V	0.012	80	+0.98	2.1
心宿二	α Sco	M1Ib	B4V	0.005	190	+1.06	+5.1
北河三	β Gem	K0III		0.097	10	+1.16	
北落师门	α PsA	A3V	?	0.130	7.7	+1.17	+6.5
天津四	α Cyg	A2Ia		0.0010	990	+1.25	
十字架三	β Cru	B1IV		0.0093	110	+1.25	

名称	目视光度*（太阳 = 1）		绝对星等		自行（角秒/年）	切向速度（km/s）	径向速度（km/s）
	A	B	A	B			
天狼星	22	0.0025	+1.5	+11.3	1.33	16.7	−7.6‡
老人星	1.4×10^4		−5.5		0.02	9.1	20.5
大角星	110		−0.3		2.28	119	−5.2
南门二	1.6	0.45	+4.3	+5.7	3.68	22.7	−24.6
织女星	50		+0.6		0.34	12.6	−13.9
五车二	130	0.01	−0.5	+9.6	0.44	27.1	30.2‡
参宿七	4.1×10^4	110	−6.7	−0.3	0.00	1.2	20.7‡
南河三	7.2	0.0006	+2.7	+13.0	1.25	20.7	−3.2‡
参宿四	9700		−5.1		0.03	18.5	21.0‡
水委一	1100		−2.8		0.10	20.9	19
马腹一	1.3×10^4	560	−5.4	−2.0	0.04	30.3	−12‡
牛郎星	11		+2.2		0.66	16.3	−26.3
十字架二	4100	2200	−4.2	−3.5	0.04	22.8	−11.2
毕宿五	150	0.002	−0.6	+11.5	0.20	19.0	54.1
角宿一	2200	780	−3.5	−2.4	0.05	19.0	1.0‡
心宿二	1.1×10^4	290	−5.3	−1.3	0.03	27.0	−3.2
北河三	31		+1.1		0.62	29.4	3.3
北落师门	17	0.13	+1.7	+7.1	0.37	13.5	6.5
天津四	2.6×10^5		−8.7		0.003	14.1	−4.6‡
十字架三	3200		−3.9		0.05	26.1	—

*光谱中可见光部分的能量；A、B两列分别表示双星系统的两颗星

†"wd" 代表 "白矮星"

‡平均速度

表 5　离我们最近的 20 颗星

名称	光谱类型		视差	距离	视目视星等*	
	A	B	（角秒）	(pc)	A	B
太阳	G2V				−26.74	
比邻星	M5		0.772	1.30	+11.01	
半人马座阿尔法星	G2V	K1V	0.742	1.35	−0.01	+1.35
巴纳德星	M5V		0.549	1.82	+9.54	
沃尔夫359	M8V		0.421	2.38	+13.53	
拉朗德21185	M2V		0.397	2.52	+7.50	
鲸鱼座UV	M6V	M6V	0.387	2.58	+12.52	+13.02
天狼星	A1V	wd†	0.379	2.64	−1.44	+8.4
罗斯 154	M5V		0.345	2.90	+10.45	
罗斯 248	M6V		0.314	3.18	+12.29	
波江座ε	K2V		0.311	3.22	+3.72	
罗斯 128	M5V		0.298	3.36	+11.10	
天鹅座 61	K5V	K7V	0.294	3.40	+5.22	+6.03
印第安座ε	K5V		0.291	3.44	+4.68	
格尔姆 34	M1V	M6V	0.290	3.45	+8.08	+11.06
路登 789-6	M6V		0.290	3.45	+12.18	
南河三	F5IV–V	wd†	0.286	3.50	+0.40	+10.7
Σ 2398	M4V	M5V	0.285	3.55	+8.90	+9.69
拉卡 9352	M2V		0.279	3.58	+7.35	
G51—15	MV		0.278	3.60	+14.81	

名称	目视光度*（太阳=1）		绝对星等*		自行（角秒/年）	横向速度 (km/s)	径向速度 (km/s)
	A	B	A	B			
太阳	1.0		+4.83				
比邻星	5.6×10^{-5}		+15.4		3.86	23.8	−16
半人马座阿尔法	1.6	0.45	+4.3	+5.7	3.68	23.2	−22
星巴纳德星	4.3×10^{-4}		+13.2		10.34	89.7	−108
沃尔夫359	1.8×10^{-5}		+16.7		4.70	53.0	+13
拉朗德21185	0.0055		+10.5		4.78	57.1	−84
鲸鱼座UV	5.4×10^{-5}	0.000 04	+15.5	+16.0	3.36	41.1	+30
天狼星	22	0.002 5	+1.5	+11.3	1.33	16.7	−8
罗斯 154	4.8×10^{-4}		+13.3		0.72	9.9	−4
罗斯 248	1.1×10^{-4}		+14.8		1.58	23.8	−81
波江座e	0.29		+6.2		0.98	15.3	+16
罗斯 128	3.6×10^{-4}		+13.5		1.37	21.8	−13
天鹅座 61	0.082	0.039	+7.6	+8.4	5.22	84.1	−64
印第安座e	0.14		+7.0		4.69	76.5	−40
格尔姆 34	0.0061	0.000 39	+10.4	+13.4	2.89	47.3	+17
路登 789—6	1.4×10^{-4}		+14.6		3.26	53.3	−60
南河三	7.2	0.000 55	+2.7	+13.0	1.25	2.8	−3
σ 2398	0.0030	0.001 5	+11.2	+11.9	2.28	38.4	+5
拉卡 9352	0.013		+9.6		6.90	117	+10
G51—15	1.1×10^{-5}		+17.0		1.26	21.5	—

*A和B分别表示双星系统的两颗成员星

†“wd” 代表 “白矮星”

检查题答案

第1章

1.1（p.9） 理论永远不可能被证明是“事实”，因为它总是可能因一次矛盾的观测而失效，或被迫改变。然而，一旦理论的预测经过多年的反复实验验证，那它通常就会被视为是“真实的”。**1.2（p.13）**（1）天球可以最为自然地给出天空中星星的位置。天球坐标与地球在空间中的方向直接相关，但与地球的自转无关。（2）距离信息丢失。**1.3（p.17）**（1）在北半球，夏天时太阳处在天球最高（最北）的位置附近，或者等价地说，当地球的北极“倾斜”向太阳时，白天最长，太阳在天空中的位置最高；冬天时，太阳在天空中最低（天球的最南端），白天最短。（2）我们看到不同的星座是因为地球一直沿它的公转轨道运动，随着季节的变换，处于黑暗的半球会面对完全不同的群星。**1.4（p.23）**（1）月球的张角大小保持不变，但太阳的张角会减半，使月亮更容易遮蔽太阳。在这种情况下，我们可以期望看到日全食或日偏食，但不会出现日环食。（2）如果距离减半，太阳张角将翻倍，日全食将不会发生，只可能发生日偏食或日环食。**1.5（p.27）** 因为天体太遥远无法直接（用“卷尺”）测量，所以我们必须依靠间接手段和数学方法来推算。

第2章

2.1（p.39） 光在其他一些场合会显示出波的特征。当它通过障碍物拐角或狭窄的缝隙时，会发生衍射，两束光线可以互相干涉（加强或消除）。这些效应在日常生活中影响很小，但在实验室却很容易被观测到。这些效应与波的理论是一致的，但与辐射的粒子描述不一致。**2.2（p.42）** 都是电磁辐射，都以光速传播。用物理术语来讲，虽然它们作用于我们身体（或探测器）的效应很不相同，但其实它们只是频率（或波长）不同而已。**2.3（p.47）** 开关打开后，灯丝温度上升，灯泡亮度迅速增加，根据斯特藩定律，它的颜色也会随之变化；根据维恩定律，光的颜色将从不可见的红外光变成红光，再变成黄光，最后变成白光。**2.4（p.49）** 在天文学中测量天体的质量通常需要测量绕其旋转的另一个天体（伴星或行星）的轨道速度。在大多数情况下，多普勒效应是天文学家进行这种测量的唯一方法。

第3章

3.1（p.57） 特征频率（波长）是物质吸收或发出电磁波的频率或波长。它们对于每种原子或分子都是独一无二的，从而提供了一种识别产生它们的气体的方法。**3.2（p.61）** 正如第2章所讨论的那样，在宏观尺度（日常）下，光表现为波动性。然而，在微观尺度上，光显示出粒子性，粒子（光子）带有特定的能量——光电效应及原子光谱都基于这一事实。科学家因此得出结论，光既有波动性又有粒子性，是波动性还是粒子性则需要根据情况而定。**3.3（p.64）** 谱线对应于原子中特定轨道之间的跃迁。原子的结构决定了这些轨道的能量，从而决定了可能的跃迁，也就决定了光子的能量（颜色）。**3.4（p.66）** 除了内部电子能量的改变，分子的振动或转动状态的改变也会导致辐射的发射或吸收。**3.5（p.69）** 因为除了少数特例外，光谱分析是我们确定遥远天体物理状态（组成成分、温度、密度、速度等）的唯一方式。如果没有光谱分析，天文学家们对恒星及星系的性质将几乎一无所知。

第4章

4.1（p.79） 因为反射式望远镜比折射式望远镜更容易设计、建造和维护。**4.2（p.82）** 为了收集尽可能多的光，还为了达到尽可能高的角分辨率。**4.3（p.85）** 首先，照相底版的效率很低，几乎都是用CCD；其次，由于需要对亮度、光变和光谱进行精确测量，所以需要使用其他的非成像探测器。**4.4（p.88）** 为了减少或克服大气消光的影响，观测仪器通常被放置在较高的山顶或太空中。为补偿大气湍流，自适应光学技术探测观测站点上空的情况，并相应地调整镜面，以便得到未扭曲的图像。**4.5（p.92）** 射电观测可以让我们看到在可见光波段被星际介质遮蔽的天体，或是那些发出的大部分能量不在光谱可见光部分的天体。**4.6（p.95）** 长波射电辐射。天文学家使用尽可能大的射电望远镜和干涉仪，将从两台或两台以上的独立望远镜获得的信号相结合，达到与更大口径的单一仪器等价的观测效果。**4.7（p.99）** 许多天体在不同波段观测会有非常不同的外观。有些只在特定的带宽发射，还有的天体部分或完全被星际介质遮蔽。天文学家通过观测多个波段，可以获得被研究天体更完整的图像。**4.8（p.102）**益处：它们位于大气层之上，因此不受视宁度或消光的影响；还可以进行全天候的观测。缺陷：成本大，尺寸较小，发射难度大，易受辐射和宇宙射线的影响。

第5章

5.1（p.112）当我们只是简单地用太阳常数乘以面积来获得太阳光度时，我们隐含了一条假设，即如图5.3所示的球面上的单位面积中会发出相同数量的能量。**5.2（p.117）**能量的携带形式可能是：（1）辐射，能量以光的形式传播；（2）对流，能量由太阳气体上涌的物理运动携带。**5.3（p.120）**光谱显示出高度电离元素的（1）发射线（2），这意味着温度极高。**5.4（p.125）**表面之下存在呈东西走向的强磁场，有着良好的组织结构；南半球磁场的方向与北半球相反。然而，磁场的详细情形非常复杂。**5.5（p.129）**由于耀斑和日冕物质抛射产生的高能粒子会影响地球的磁层和大气层，因而会干扰地球上的通信和电力传输。在长期尺度上，似乎太阳活动周期的长期变化也可能与地球上的气候变化相关。**5.6（p.134）**因为阳光是由核聚变产生的，当氢转化为氦时，核聚变会将质量转化为能量。**5.7（p.135）**理论和观测发生冲突时，观测者必须重复并扩展他们的实验来检查或改善观测结果，而理论家则必须寻找他们计算中存在的错误或漏洞。在太阳中微子问题上，新的观测结果与理论计算存在严重分歧。结果就他们看来，计算是正确的，但这一理论是不完整的，因为它忽略了中微子振荡，这是产生分歧的原因，这样就解决了这一问题。

第6章

6.1（p.145）（1）因为恒星是如此遥远，远到它们相对于地球上任何基线的视差都太小，无法准确测量。（2）因为横向速度必须通过测量恒星的自行来确定；当恒星的距离增加时，恒星的自行也会减小。对遥远的恒星来说，自行太小，无法测量。**6.2(p.147)**无。在光度（或绝对星等）可以被测定之前，我们需要知道它们的距离。**6.3（p.151）**因为温度控制着恒星中原子和离子所处的激发态，因此，原子之间的转换是可能的。**6.4（p.154）**是。使用半径—光度—温度关系，但前提是我们能找到不依赖于平方反比定律来测定光度的方法。（6.3节）。**6.5（p.157）**因为巨星是非常明亮的，相比普通的主序恒星或白矮星，巨星可以在更远的距离上被观测到。**6.6（p.159）**所有的恒星都会变得离我们更远，但其测量光谱类型和视亮度不会变化，所以它们的光度会比之前认为的更大。因此在赫罗图中，主序会垂直向上移动（在光谱视差方法中，我们将可以使用更大的光度，因此这一方法所能测定的距离也将增大）。**6.7（p.164）**不会，因为我们假设它们的质量与双星系统中类似的恒星的质量相同。

第7章

7.1（p.173）因为星际空间是很广阔的，即使很低的密度，沿视线到遥远恒星的一路累积也会有数量很可观的物质，会导致光线变得模糊。**7.2（p.178）**因为紫外线被周围星云中的气体氢所吸收，将氢电离形成发射星云。红光是氢辐射；当电子和质子重组形成氢原子时，会发出部分可见光波段的氢光谱。**7.3（p.181）**通过研究星云中原子和分子的吸收线，以及由于尘埃造成的整体消光，只要有足够多的恒星恰好位于星云后面，就可以描绘出星云的性质。**7.4（p.183）**因为星系盘中的大多数星际物质是由氢原子组成的，气体氢的21厘米辐射提供了一种不受星际消光影响的探测方法。**7.5（p.185）**因为主要的成分——氢很难被观测到，因此天文学家必须使用其他分子作为星云属性的示踪物。

第8章

8.1（p.192）引力与热（压力）的竞争效应。引力倾向于驱使星云坍缩，而热（压力）则抵抗坍缩。**8.2（p.197）**（1）光球层的存在意味着星云的内部对自身的辐射开始变得不透明，这是坍缩放缓的信号。（2）核心中的核聚变及压力和引力的平衡。**8.3（p.198）**否。主序的不同部分对应不同质量的恒星。典型恒星一生中的大部分时间都位于主序的同一位置上。**8.4（p.203）**假设我们观测处于许多不同演化阶段的天体，这样的快照会提供一个具有代表性的恒星演化样本。**8.5（p.206）**恒星形成可能会由一些外部事件引发，这些事件可能会导致几个星云同时开始收缩。另外，发射星云形成时产生的激波足以使同一星云附近的部分开始坍缩。**8.6（p.211）**因为恒星以不同的速率形成，在低质量恒星停止形成之前，高质量恒星就会到达主序，并开始破坏母星云。

第9章

9.1（p.216）我们不能观测单颗恒星的演化，但我们可以观测大量处在生命不同阶段的恒星，然后建立能准确描述恒星演化轨迹的统计图像。**9.2（p.222）**因为燃烧的内核没有聚变的支撑开始收缩，并释放引力势能，加热外层气体，使它们更剧烈地燃烧，从而使光度增加。**9.3（p.229）** 在温度达到下一阶段聚变开始所需的温度之前，恒星核心收缩因简并（结构紧凑）电子压而停止。事实上，不管“下一轮”是氢聚变（褐矮星）、氦聚变（氦白矮星）还是碳聚变（碳-氧白矮星），这种描述都是正确的。**9.4（p.232）** 大质量恒星的聚变不会因电子简并压的存在而停止，它们的温度通常会足够高，每个新的燃烧阶段都可以在简并变得重要之前开始。这些恒星接着会融合质量越来越大的核，而且速度越来越快，最终以超新星的形式爆发。**9.5（p.235）** 因为星团给了我们一个质量不同，但年龄和初始成分相同的恒星“快照”，让我们可以直接检验理论的预言。**9.6（p.237）** 因为很多（如果不是大多数的话）恒星都在双星系统中，而双星系统中的恒星可以按照与单星极为不同的演化路径进行演化。

第10章

10.1（p.243） 否。因为它的质量很低，而且也不是双星系统中成员星。**10.2（p.246）** 因为铁融合不能产生能量。因此，不会有进一步的核反应，核心的平衡也无法继续保持。**10.3（p.250）** 这两种类型的超新星有不同的光谱及光度曲线，因而无法用单一的现象来解释。**10.4（p.258）** 因为它们很容易由氦俘获形成。氦俘获是恒星演化中很常见的过程。其他元素（质量数不是4的倍数）必须通过不太常见的反应形成，这些反应包括质子和中子俘获。**10.5（p.259）** 构成地球生命的所有重元素都是由它创造并扩散的。此外，它也可能在引发星云坍缩中起到重要作用，而太阳系就是由星云坍缩形成的。

第11章

11.1（p.265） 否，只有II型超新星。根据理论，II型超新星中往复缩胀的恒星核心会变成中子星。**11.2（p.268）** 因为（1）并不是所有的超新星都会形成中子星，（2）脉冲是束状的，所以并不是所有的脉冲中子星对地球来说都是可见的，（3）数千万年之后，脉冲星的自转会慢下来，变得过于微弱而无法被观测到。**11.3（p.272）** 有些X射线源是包含吸积中子星的双星系统，而且可能正处在自转加速形成毫秒脉冲星的过程中。**11.4（p.275）** 它们是高能伽马射线的大爆发，几乎各向同性地分布在天空中，大约每天发生一次。它们引发科学挑战，而且位置十分遥远，因而必定非常明亮。但问题在于，它们的能量来源于直径不到几十万千米的区域内。它们似乎也有两种不同的类型，有着不同的能量产生机制。**11.5（p.281）** 牛顿引力理论将引力描述成有质量物体产生的一种力，会影响所有其他有质量物体。爱因斯坦广义相对论将引力描述成有质量物体产生的时空曲率；曲率决定着宇宙中所有粒子（物质或辐射）的运行轨迹。**11.6（p.284）** 因为当天体到达视界时，物体似乎需要无限长的时间才能到达事件视界，其发出的光会无限地被红移。**11.7（p.291）** 通过观测它们对其他物体的引力效应，也可以通过观测物质进入事件视界时发出的X射线。

概念自测答案

第1章

选择题:**1.1** b，**1.2** b，**1.3** d，**1.4** a，**1.5** c，**1.6** a，**1.7** c，**1.8** c，**1.9** a，**1.10** d

奇数编号的问答题：**1.1**（c）月球(384 000 km） **1.3** 天蝎座 **1.5**（a）57 300 km;（b）3.44 × 10^6 km;（c）2.063 × 10^8 km **1.7** 391

第2章

选择题:**2.1** a，**2.2** c，**2.3** b，**2.4** b，**2.5** d，**2.6** a，**2.7** b，**2.8** d，**2.9** a，**2.10** b

奇数编号的问答题：**2.1** 1480m/s **2.3** 920 W，假设我们的皮肤温度为 300 K（27℃），表面积大概是 $2m^2$；当然，我们也会从周围环境中吸收能量，所以损耗的净能量要少一些——如果周围的环境温度比体温低 10K 的话，大约为 $2\sigma(300^4-290^4)=120W$ **2.5** 2.9 μm **2.7** 300km/s 远离

第3章

选择题:**3.1** c，**3.2** c，**3.3** d，**3.4** b，**3.5** b，**3.6** b，**3.7** b，**3.8** b，**3.9** b，**3.10** d

奇数编号的问答题：**3.1** 2.8eV，6.2eV **3.3**（a）620nm；（b）12 400nm；（c）0.25nm **3.5** 前 6 条巴尔末线，波长范围从 656nm（H_α）~410nm（H_ζ）**3.7** 122.8 nm

第4章

选择题:**4.1** c，**4.2** d，**4.3** d，**4.4** b，**4.5** c，**4.6** c，**4.7** a，**4.8** d，**4.9** b，**4.10** c

奇数编号的问答题：**4.1** 0.29″；6.8 像素 **4.3** 6.7min；1.7min **4.5** 15.3m **4.7** 5.5km；92m；1.8m

第5章

选择题:**5.1** c，**5.2** b，**5.3** c，**5.4** a，**5.5** a，**5.6** b，**5.7** b，**5.8** c，**5.9** c，**5.10** b

奇数编号的问答题：**5.1** 14600 W/m^2；52 W/m^2 **5.3**（a）3000 km；（b）1460；（c）167 min **5.5** 光球层亮度的 36% **5.7** 10800000 km，设日冕温度为 1 000 000 K

第6章

选择题:**6.1** a，**6.2** d，**5.3** d，**6.4** b，**6.5** c，**6.6** b，**6.7** c，**6.8** b，**6.9** c，**6.10** d

奇数编号的问答题：**6.1** 83 pc；0.36″ **6.3** 太阳光度的 80 倍 **6.5** B 要远三倍 **6.7**（a）100 pc；（b）4200 pc；（c）170 000 pc；（d）1 000 000 pc

第7章

选择题:**7.1** a，**7.2** d，**7.3** c，**7.4** a，**7.5** d，**7.6** c，**7.7** b，**7.8** d，**7.9** a，**7.10** a

奇数编号的问答题：**7.1** 1.9g **7.3** 7.1 × 10^{20} m^3 或边长为 8900km 的立方体的体积 **7.5** 9.03 星等 **7.7** 逃逸速度（km/s）:1.8，1.1，1.1，0.80；分子平均速度：13.6，14.0，14.6，14.2；否

第8章

选择题:**8.1** c，**8.2** a，**8.3** d，**8.4** b，**8.5** b，**8.6** a，**8.7** a，**8.8** b，**8.9** a，**8.10** b

奇数编号的问答题：**8.1** 几乎不能：逃逸速度是 0.93 km/s，分子速度为 0.35 km/s **8.3** 光度减少为 1/7900；绝对星等增加 9.7 **8.5** 8.3 星等 **8.7** 太阳光度的 10^{-6}

第9章

选择题:**9.1** c，**9.2** b，**9.3** a，**9.4** b，**9.5** a，**9.6** c，**9.7** a，**9.8** b，**9.9** b，**9.10** d

奇数编号的问答题：**9.1** 消耗 9.9 × 10^{26}kg，8.9 × 10^{43}J；发射 **9.3**（a）3370；（b）84300 倍太阳光度 **9.5**（a）2.9 倍太阳质量；（b）1.7 倍太阳质量 **9.7** 核心密度为 3.5 × 10^7kg/m^3；太阳核心密度为 1.5 × 10^5kg/m^3，稍小 230 倍；壳层密度 5.7 × 10^{-4} kg/m^3，稍小 6.1 × 10^{13} 倍

第10章

选择题：**10.1** a，**10.2** d，**10.3** d，**10.4** b，**10.5** d，**10.6** c，**10.7** c，**10.8** b，**10.9** b，**10.10** c

奇数编号的问答题：**10.1** *m*=20，3.2 Mpc **10.3** 0.44 pc；否——在这个距离范围内没有 O 或 B 型星（其实没有任何恒星）。对月球来讲：320 pc；是，但很罕见 **10.5** 1.2 × 10^{44}J；电磁输出功率大约是超新星的 10 倍，中微子输出约为超新星的 1/10 **10.7** 大约 1000km/s；

这不是一个很好的假设——虽然它与星际介质相撞时会减速，但星云移动速度仍然太快，以至于受引力影响不大

第11章

选择题：11.1 b，**11.2** c，**11.3** a，**11.4** b，**11.5** c，**11.6** d，**11.7** b，**11.8** b，**11.9** c，**11.10** b

奇数编号的问答题：11.1 1 百万转/天，或11.6转/秒 **11.3** 1.9×10^{12} m/s^2，或 2000 亿地球引力；190 000 km/s，或光速的64%；306 000 km/s **11.5** 6.3×10^4 **11.7** （a）26μs；（b）0.016″；（c）4.1′；（d）8100 AU = 0.039 pc

图片/文字授权

图片

开篇图 1a 马萨诸塞州 / 马萨诸塞大学 / 红外图像处理及分析中心（IPAC）– 加州理工学院 / 美国国家航空航天局 /NS **文前图 1c** 加州理工学院 / 帕洛玛山 / 海尔天文台

第1章

章节开始图 欧洲南方天文台 /Y. 贝莱特斯基 **1.1** 杰瑞 · 罗得里格斯 / 科学数据库 **1.2** 美国国家航空航天局 **1.3** 美国大学天文联盟 **1.4** 罗伯特 · 根德勒 / 科学数据库 **1.5** 美国国家航空航天局 **1.7a–e** 格伦 · 施耐德 **1.8** 佩雷 · 桑茨 /Alamy 图库 **1.12** 美国大学天文联盟 **1.20a–g** 加利福尼亚大学 / 利克天文台 **1.22** 格伦 · 施耐德 **1.23** M. 萨夫科瓦 /B. 安格洛夫 **1.24a** 美国国家海洋和大气管理局 **1.24a–c** 格伦 · 施耐德 **1.25** 格伦 · 施耐德 **p. 29** 杰瑞 · 罗得里格斯 / 科学数据库、美国国家航空航天局、美国大学天文联盟

第2章

章节开始图 美国国家航空航天局 / 喷气推进实验室（JPL）—加州理工学院 **2.1** 罗伯特 · 根德勒 / 科学数据库 **2.11a** 欧洲南方天文台 **2.11b** A. 诺列加 · 克雷斯波 / 美国大学天文联盟（AURA）**2.11c** 斯必泽空间望远镜 **2.11d** 星系演化探测器 / 美国国家航空航天局

第3章

章节开始图 美国国家光学天文台 / 美国大学天文联盟 **3.3** 沃巴什仪器公司 **3.4** 美国大学天文联盟 **3.6** 马特森·芭芭拉、洛克纳·吉姆、吉伯·梅雷迪思、纽曼·菲尔 ."吸收光谱" 科学幻想 . 2006 年 9 月 6 日 . 网络链接：http://imagine.gsfc.nasa.gov/YBA/M31–velocity/spectra–more .html **3.10** 美国国家航空航天局 **3.12** 欧洲南方天文台 **3.14** 博士伦公司 . **3.15** 蔡森 · 埃里克 ."纯氢的多普勒频移" **p. 70** 美国国家航空航天局

第4章

章节开始图 L. 卡尔克达 / 欧洲南方天文台 **4.1** 理查德 · 麦格纳 / 基础图片 **4.7a–b** 凯克天文台 **4.08a** 达纳·贝利 **4.8b–1** 乔治·雅克比、布鲁斯·博安南、马克·汉纳 / 美国国家光学天文台 / 美国大学天文联盟 / 美国国家科学基金会 **4.8b–2** 美国国家航空航天局、欧洲航天局、K. 孔茨（约翰霍普金斯大学）、F. 布雷索林（夏威夷大学）、J. 特拉格（喷气推进实验室）、J. 莫尔德［美国国家光学天文台］、Y–H. 楚（伊利诺斯大学，乌尔班纳市），及空间望远镜科学研究所 **4.9a–b** 美国大学天文联盟 **4.10a** R. 温斯考特 R. 安德伍德 / 凯克天文台 **4.10b** 昴星团望远镜 / 日本国立天文台 **4.11** 欧洲南方天文台 **4.13a–d** 美国大学天文联盟 **4.14a** 麻省理工学院林肯实验室 **4.14b** 美国国家光学天文台 **4.14d** 美国大学天文联盟（AURA）**4.15a–c** 美国大学天文联盟 / 美国国家航空航天局 **4.17** 欧洲南方天文台 **4.18a–b** 欧洲南方天文台 **4.19** 利克天文台 **4.20a–1** 美国国家光学天文台 **4.20a–2** 美国国家光学天文台 **4.20b** 麻省理工学院林肯实验室 **4.21** 美国国家射电天文台 **4.22a–c** D. 帕克 /T. 阿塞维多 / 美国国家天文和电离层中心；康奈尔大学 **4.23** 麻省理工学院 **4.24** 美国大学天文联盟 **4.25a–b** 美国国家射电天文台 **4.27a** 阿塔卡马大型毫米波阵（欧洲南方天文台 / 日本国立天文台 / 美国国家射电天文台）**4.27b** 美国国家航空航天局、欧洲航天局，及哈勃传承团队［空间望远镜科学研究所 / 美国大学天文联盟］——欧洲航天局 / 哈勃合作组 **4.28** E. 西米森 / 海西公司 **4.29a–b** 利克天文台 **4.29c** 美国国家航空航天局 **4.29d** 史密松天体物理观测台 **4.30a** 欧洲南方天文台 / 喷气推进实验室 – 加州理工学院 /S. 克劳斯 **4.30b** 美国国家航空航天局 / 喷气推进实验室 – 加州理工学院 **4.31a** 欧洲航天局 **4.31b** 欧洲南方天文台 **p. 98** 美国国家射电天文台 **p. 98** 美国国家射电天文台、A. C. 博林（佛罗里达大学，萨根 · 费洛）、M. J. 佩恩、E.B. 福特、M. 希伯伦（佛罗里达大学）、S. 科德（北美阿塔卡马大型毫米波阵科学中心、美国国家射电天文台），以及 W. 登特（阿塔卡马大型毫米波阵，智利）、美国国家射电天文台 / 国际时间局 / 国家科学基金会、美国国家航空航天局、欧洲航天局、P. 卡拉斯、J. 格拉哈姆、E. 蒋、E. 凯特（加利福尼亚大学伯克利分校）、M. 克莱姆平（美国国家航空航天局戈达德航天中心）、M. 菲茨杰拉德（劳伦斯利弗莫尔国家实验室），

及 K. 斯特普菲尔德，及 J. 克里斯特（美国国家航空航天局喷气推进实验室）**4.32a** 美国国家航空航天局 **4.32b** 星系演化探测器 **4.34** 美国国家航空航天局 **4.35** 钱德拉 X 射线天文台（CXC）/ 史密松天体物理观测台 **4.36a–b** 美国国家航空航天局 **4.37a** 欧洲航天局 **4.37b** 马萨诸塞大学 / 加州理工学院 **4.37c** A. 梅林格 **4.37d** 马普射电天文研究所（MPI）**4.37e** 美国国家航空航天局 **p. 103** 美国大学天文联盟、麻省理工学院林肯实验室、美国国家射电天文台 **p.104** 欧洲南方天文台 / 美国国家航空航天局 / 喷气推进实验室 – 加州理工学院 /S. 克劳斯、美国国家射电天文台，美国国家航空航天局

第5章

章节开始图 美国国家航空航天局 **5.1** 美国国家光学天文台 **5.3** 美国国家航空航天局 **5.5**“太阳振荡”全球太阳振荡监测网（GONG）、美国国家太阳观测台 **p.115** 美国国家航空航天局 **5.8** 斯必泽空间望远镜 / 瑞典皇家科学院 **5.9** 加州理工学院 / 帕洛玛山 / 海尔天文台 **5.10** 格伦 · 施耐德 **5.11** 美国国家航空航天局 **5.12** 美国国家太阳天文台 **5.14** 加州理工学院 / 帕洛玛山 / 海尔天文台 **5.15a** 加州理工学院 / 帕洛玛山 / 海尔天文台 **5.15b** 斯必泽空间望远镜 / 瑞典皇家科学院 **5.16b** 美国国家航空航天局 **5.18** 美国国家航空航天局 **5.21a** 美国国家航空航天局 / 欧洲航天局 **5.21b** 美国国家航空航天局 **5.22** 美国空军（USAF）**5.23** 美国国家航空航天局 / 欧洲航天局 **5.24a—d** 洛克希德 · 马丁公司 **p.129** 亨德里克 · 阿维坎普（1585—1634），“冬季游戏”油画 . 位置：荷兰阿姆斯特丹国家博物馆 / 布里奇曼艺术图书馆 **5.25** 国家大气研究中心高海拔天文台 **5.28a** 萨德伯里中微子观测站（SNO）**5.28b** 劳伦斯伯克利国家实验室 **p.137** 美国国家航空航天局、格伦 · 施耐德、美国国家航空航天局、美国国家航空航天局、劳伦斯伯克利国家实验室

第6章

章节开始图 美国国家航空航天局 / 欧洲航天局 **6.3a–b** 哈佛大学天文台 **6.7b** 盖提图片 **6.7c** 加州理工学院 / 帕洛玛山 / 海尔天文台 **6.7d** 加利福尼亚大学 / 利克天文台 **6.7e** 美国大学天文联盟 **6.8a** 佩雷 · 桑斯 /Alamy 图库 **6.8b** J. 罗杰 / 美国国家航空航天局 / 喷气推进实验室 **6.11a** 美国国家航空航天局 **6.11b** 美国国家航空航天局 / 史密松天体物理观测台 **6.19a–c** 哈佛大学天文台 **p.165a–c** 哈佛大学天文台

第7章

章节开始图 空间望远镜科学研究所 **7.1a** 欧洲南方天文台 **7.2a–c** 欧洲南方天文台 **7.4** 欧洲南方天文台 /S. 吉萨德 **7.5**（插图）哈佛大学天文台 **7.6** 罗伯特 · 根德勒 / 图片研究者公司 **7.7a** 美国大学天文联盟 **7.7b** 美国国家航空航天局 / 喷气推进实验室 – 加州理工学院 /J. 罗（卫星状况中心 / 加州理工学院）**7.9a** 欧洲航天局 **7.9b** 美国大学天文联盟 **7.9c** 美国国家航空航天局 喷气推进实验室 **7.9d** 詹姆斯 M. 莫兰 / 美国国家航空航天局 **7.10a** 美国国家航空航天局 **7.10b** 美国国家航空航天局 / 肯尼迪航天中心 **7.10c** 欧洲南方天文台 **7.12a–b** 查尔斯. J. 拉达 / 哈佛史密松天体物理中心（CfA）**7.13** 罗伯特 · 根德勒 / 吉姆 · 米斯蒂 / 史蒂夫 · 马兹林 / 图片研究者公司 **7.14a** 比利时皇家天文台 **7.14b** 欧洲南方天文台 **7.19** 美国大学天文联盟 **7.20** 美国大学天文联盟 **p.185** 欧洲南方天文台 **p.186** 美国国家航空航天局 喷气推进实验室、查尔斯. J. 拉达 / 哈佛史密松天体物理中心、美国国家航空航天局

第8章

章节开始图 空间望远镜科学研究所；欧洲航天局 **8.1** 美国国家航空航天局 / 欧洲航天局 **p.479** 美国国家航空航天局、美国国家航空航天局 **8.8a** 美国大学天文联盟 **8.8b**、**c** 美国国家航空航天局 / 喷气推进实验室 **8.9a** 佩雷 · 桑茨 / Alamy 图库 **8.9b**、**c** 美国国家航空航天局 喷气推进实验室 **8.9d**、**e** 美国国家航空航天局 **8.10a**、**b** 美国国家航空航天局 **8.11d** 斯必泽空间望远镜 **8.12a** 美国国家航空航天局 戈达德大气实验室 **8.12b** 达纳 · 贝里 **8.13** 美国国家航空航天局 **8.13**（插图）美国国家航空航天局 **8.15** 美国国家航空航天局 **8.16** 欧洲南方天文台 **8.16**（插图）美国国家航空航天局 戈达德大气实验室 **8.17a** 美国大学天文联盟 **8.18a** P. 塞茨泽 **8.19a** I. 博奈尔及 M. 贝特 **8.20a** 利克天文台出版公司 **8.20b** 美国国家航空航天局 / 喷气推进实验室 **p.210** 欧洲南方天文台，欧洲航天局，美国国家航空航天局 **p.211** 美国国家航空航天局、美国国家航空航天局、美国国家航空航天局、美国国家航空航天局 / 喷气推进实验室 **p.212** 美国国家航空航天局、P. 塞茨泽

第9章

章节开始图 空间望远镜科学研究所 **9.9a** 美国大学天文联盟 **9.9c** 美国国家航空航天局 **9.10a** 美国大学天文联盟 **9.10b** 空间望远镜科学研究所 **9.10c** 美国国家航空航天局 **9.12** 加州理工学院 / 帕洛玛山 / 海尔天文台 **9.13** 美国大学天文联盟、美国国家航空航天局 **9.14** 美国国家航空航天局 **9.15** 美国国家航空航天局 **p.231** 美国国家航空航天局、肯尼迪航天中心 / 美国国家航空航天局、肯尼迪航天中心 / 美国国家航空航天局、肯尼迪航天中心 / 美国国家航空航天局、肯尼迪航天中心 / 美国国家航空航天局 **9.18c** 美国国家航空航天局 / 美国国家光学

天文台 **9.19** 美国国家光学天文台 **9.20** 欧洲南方天文台 **9.20**（插图）美国国家航空航天局 **p.238** 空间望远镜科学研究所、欧洲南方天文台 / 美国国家航空航天局、欧洲南方天文台 / 美国国家航空航天局

第10章

章节开始图 空间望远镜科学研究所 **10.1a–b** 加利福尼亚大学 / 利克天文台 **10.3** 达纳 · 贝里 **10.4a** 加州理工学院 / 帕洛玛山 / 海尔天文台 **10.4b–d** 欧洲航天局 **10.7a–b** 美国大学天文联盟 **10.10b** 美国国家航空航天局 **10.11** 哈佛大学天文台 **10.12a、b** 大卫 · 马林 **p.253a–f** 美国国家航空航天局 **p.253** 空间望远镜科学研究所 **10.18** 美国国家航空航天局 / 钱德拉 X 射线天文台 **11.19a** 欧洲南方天文台 **11.19b、d** 肯尼迪航天中心 / 美国国家航空航天局 **11.19c** 美国国家光学天文台 **p.259** 美国国家航空航天局 **p.260** 喷气推进实验室 / 美国国家航空航天局、哈佛史密松天体物理中心、欧洲南方天文台、肯尼迪航天中心 / 美国国家航空航天局、美国国家光学天文台、肯尼迪航天中心 / 美国国家航空航天局

第11章

章节开始图 肯尼迪航天中心 / 美国国家航空航天局 **11.1** 美国国家航空航天局 **11.4a** 欧洲南方天文台 **11.4b** 肯尼迪航天中心 / 美国国家航空航天局 **11.4c** 利克天文台 **11.5a–b** 美国国家航空航天局 **11.6a** 史密松天体物理观测台 **11.6b–c** 美国国家航空航天局 **11.7a–d** 美国国家射电天文台 **11.9** 欧洲南方天文台、美国国家航空航天局 **11.9b** 欧洲南方天文台；美国国家航空航天局 **11.12a–b** 美国国家航空航天局、欧洲南方天文台 **11.14a–b** 欧洲南方天文台 **11.22a** 哈佛史密松天体物理中心 **11.22b** 美国国家航空航天局 **11.23** L.J 蔡森 **p.288** 美国国家航空航天局 **11.24** 美国国家射电天文台 **11.25** 昴星团望远镜、美国国家航空航天局 **11.25**（插图）昴星团望远镜、美国国家航空航天局 **11.26** 美国国家航空航天局 **p.291** 美国国家航空航天局、史密松天体物理观测台、美国国家航空航天局

文字

p. 22 "日食的周期性 ." 美国国家航空航天局 . 于 2012 年 1 月 12 日 . 网络链接：http://eclipse.gsfc .nasa.gov/SEsaros/SEperiodicity.html

p. 24 图 1.27 "日食轨道" 环形及混合日食轨迹：2001—2025. 网络链接：http://eclipse.gsfc.nasa.gov/SEatlas/SEatlas .html

p.115 "SOHO: 太阳和日球天文台 ." 美国国家航空航天局 . 网络链接：http://sohowww .nascom.nasa.gov/home.html

p.118 表 5.2 "SOHO: 太阳和日球天文台 ." 美国国家航空航天局 . 网络链接：http://sohowww .nascom.nasa.gov/home.html

p.119 "SOHO: 太阳和日球天文台 ." 美国国家航空航天局 . 网络链接：http://sohowww .nascom.nasa.gov/home.html

p.127 "空间实验室任务 ." 太阳物理：马歇尔太空飞行中心 . 美国国家航空航天局 . 2011 年 9 月 . 网络链接：http://solarscience.msfc.nasa .gov/Skylab.shtml

p. 128 "尤利西斯号 ." 喷气推进实验室 . 美国国家航空航天局 .2012 年 12 月 18 日 .

p.218 表 20.1 "恒星形成 ." 天体物理学 . 美国国家航空航天局科学部 .2012 年 10 月 16 日 .

p.225 表 20.2 "白矮星 ." 戈达德飞行中心 . 美国国家航空航天局 .

p.232 表 20.3 "恒星演化 – 恒星的出生，成长和死亡 ." 美国国家航空航天局 .2009 年 4 月 10 日 .

p.252 探索 21.1 "超新星 1987A：快速回到过去 ." 美国国家航空航天局 .2005 年 8 月 8 日 .

p.271 "毫秒脉冲星 ." 阿里西博天文台 . 国家科学基金会 .

p.272 "康普顿伽玛射线天文台任务（1991—2000）." 美国国家航空航天局 .2005 年 9 月 30 日 .

p.273 "雨燕任务 ." 美国国家航空航天局 .2012 年 12 月 28 日 .

p.277 "黑洞 ." 美国国家航空航天局 .

p.277 "迈克耳孙 – 莫雷实验 ." 乔治亚州立大学，物理学系 . 网络链接：http：//hyperphysics.phyastr.

星图

你是否曾经在一个陌生的城市或国家迷过路？你是否使用过地图和路标来寻找道路？无论你处在哪个季节的夜空下，这两样东西都可以帮助你找到自己的方向。幸运的是，除了下面我们将讨论的季节性星图，夜空还为我们提供了两个主要的标志。在每个季节的讲述中我们都将谈到北斗七星——七颗明亮的恒星，它们是大熊座的主体。与此同时，在晚秋到早春的夜空下，猎户座在指引方向中也扮演着重要角色。

每张星图描绘的都是北纬 35° 附近看到的夜空，观测的时间显示在页面的顶部。图的外面标示了四个方向：北、南、东、西。为了找到地平线上的亮星，可以将星图举到头顶，将向东的方向标识指向东方，这样，星图中的一个方向标识就与你所面对的方向相匹配。图中地平线之上的星星与当前夜空中的星星一致。

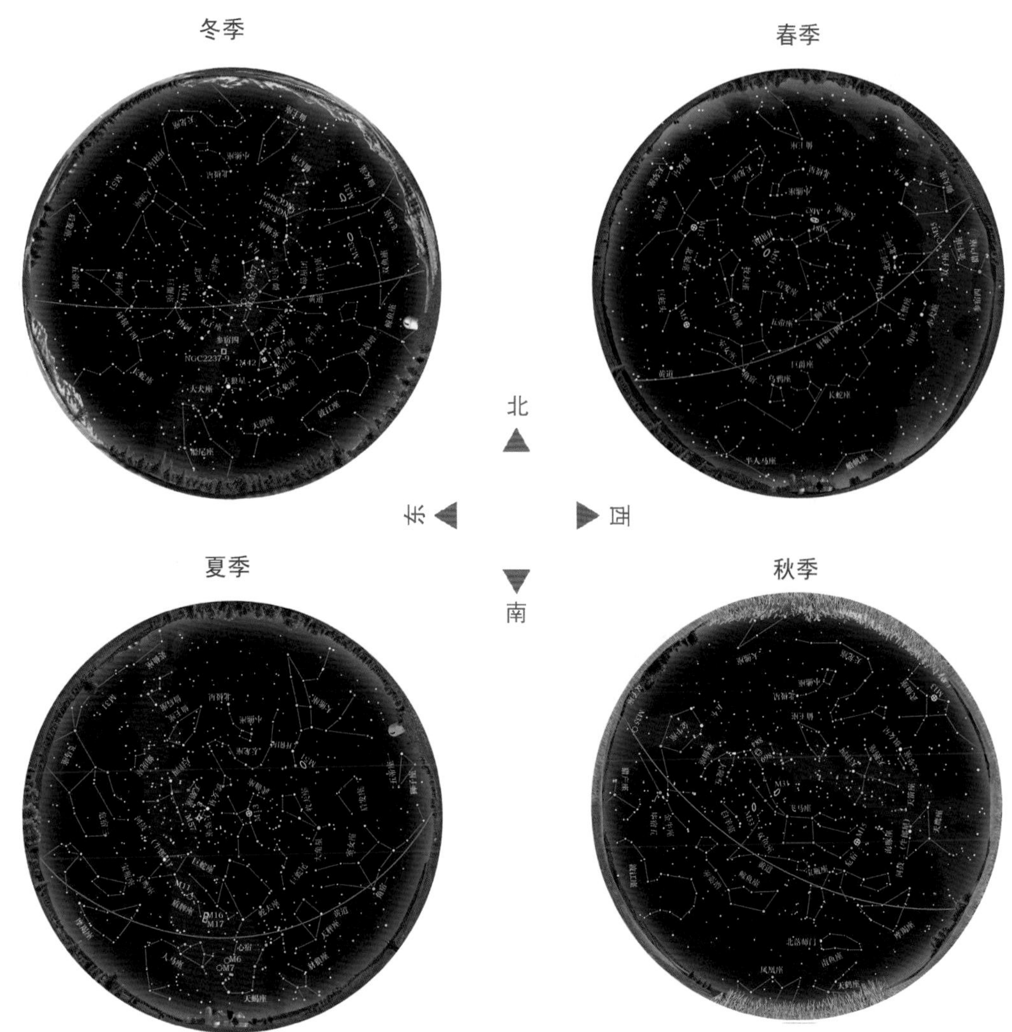

星图重绘许可© 2007,《天文杂志》(*Astronomy Magazine*), 卡姆巴克出版社公司。

探索冬季夜空

冬天，我们可以发现北斗七星位于天空的东北面，勺柄的三颗星指向地平线，另外四颗星位于天空中最高的地方。整个天空绕北极星附近的一点旋转，北极星是一颗 2 等星，可以通过延长勺尖两颗星的连线找到它。北极星还有另外两个功能：北极星与地平线的夹角等于你所在的纬度（赤道以北），北极星与地平线上任意一点的连线都是一条经线。

转身背向北斗七星，你将看到镶满“钻石”的冬季夜空。夜空中第二大标志星座是猎户座，它位于明亮夜空的中心。三颗相隔不远的 2 等星连成一条直线，清楚地标示出猎户座的腰带。向右上方延长这三颗星的连线，就会看到金牛座以及它的 1 等星——毕宿五。将目光移向与之相反的左下角，你一定会看到天狼星 -1.5 等，它是夜空中最亮的星。

现在从腰带最西面的星——参宿三出发，垂直向上移动，你会找到猎户座左上角的红超巨星——参宿四，其直径接近太阳的一千倍，参宿四位于猎户座的一个肩膀上。继续沿着这条线前进，会看到一对明亮的恒星——北河二和北河三。两列较弱的星从这两颗星延伸向猎户座，它们组成了双子座，美丽的疏散星团 M35 就位于这个星座的东北角。目光转向腰带南边，你会看到猎户座的另一颗亮星——蓝超巨星参宿七。

猎户座的上方，几乎位于冬季夜空顶部的是明亮的五车二，它属于御夫座。沿猎户座肩膀向东延伸，你会看到小犬座的南河三。一旦你掌握了这些主要的恒星，使用星图来定位更微弱的星座就将变得简单得多。不过这要慢慢来，享受这一过程吧！在离开猎户座前，将你的双筒望远镜对准“腰带”下面的星。位于中间的模糊的“星”实际上是壮丽的猎户座大星云（M42），是被新近形成的明亮恒星照亮的恒星温床。

冬季

12月1日凌晨2点；1月1日午夜；2月1日晚上10点。

星图重绘许可© 2007,《天文杂志》(*Astronomy Magazine*), 卡姆巴克出版社公司。

探索春季夜空

北斗七星是夜空中的路标，在我们的头顶旋转，它们位于春季星图中心偏北的地方。春天重回大地，温和的气温以及新季节没见过的星星都吸引着我们，激励着我们来到户外欣赏美丽的夜空。

沿着北斗七星勺柄的弧线，你就会看到明亮的大角星。这颗橙色的亮星主宰着春季夜空，位于呈风筝状的牧夫座中。牧夫座的正西面是狮子座。沿着北斗七星中指极星的逆方向看去，可以看到狮子座的主星轩辕十四。轩辕十四位于一个形状像镰刀或反问号的星群的底部，代表狮子的头。

位于轩辕十四和双子座北河三之间，正在沉到西方去的是很小的巨蟹座。这个星群的中心是一个模糊的光团，用双筒望远镜可以看到，它是蜂巢星团（M44）。

狮子座的东南部是星系的王国，室女座就在那里。室女座中最亮的星是角宿一，是1等星。

在春季，银河与地平线平行。很容易想象，我们正在看向银河系平面之外。在室女座、狮子座、后发座、大熊座方向，坐落着数以千计的星系，它们的光线不受银河系尘埃的阻隔。然而，这些星系都难以用肉眼观察，需要用双筒望远镜或天文望远镜才能看到。

牧夫座位于这个充满星系的季节的东部天空中。位于大角星和织女星——从东北方向升起的明亮的“夏季”恒星——之间，这是一个没有亮于2等星的区域。一个半圆形的星座是北冕座，与之相邻的大片区域坐落着武仙座，它是天空中的第五大星座。在这里，我们可以找到北方天空中最亮的球状星团——M13。这是一个在黑暗地方用肉眼就能看到的天体，通过望远镜观测时更为壮观。

回到大熊座，检查勺柄上的倒数第二颗星。大多数人会看到这是一颗双星，利用双筒望远镜就能很容易地看出这一点。这两颗星的名字分别叫作开阳、辅，它们相隔仅0.2°。用天文望远镜可以揭示出开阳星本身也是一颗双星，其伴星的亮度为4.0等，距开阳星14″。

春季

3月1日凌晨1点；4月1日晚上11点；5月1日晚上9点。

北

东

西

南

星图重绘许可© 2007,《天文杂志》(*Astronomy Magazine*), 卡姆巴克出版社公司。

探索夏季夜空

壮丽的银河是夏季丰富多彩的夜空的例证。从北方地平线的英仙座到头顶十字形的天鹅座，最后是位于南方的人马座，银河之中当真多姿多彩，其中包括星团、星云、双星和变星，琳琅满目。

让我们先从我们的常年路标北斗七星开始，它现在位于西北方，勺柄仍然指向大角星。高悬头顶、日落之后出现的第一颗亮星是天琴座的织女星。织女星构成夏季大三角的一角，夏季大三角是由三颗恒星组成的引人注目的星群。织女星附近是著名的双 – 双星系统——天琴座 ε。两颗 5 等星，相隔刚刚超过 3″，通过双筒望远镜就可以分辨开来。这两颗星又分别都是双星，但这需要天文望远镜才能分辨出来。

织女星的东部是大三角的第二颗亮星——天鹅座（看上去像一个十字架）的天津四。天津四构成了这只优美大鸟的尾巴，十字架代表它张开的翅膀，十字架的基座代表它的头，无与伦比的双星天鹅座 β 是头部的标志。天鹅座 β 有一颗 3 等的黄色星及一颗 5 等的蓝色星，在天空中发出绚烂的色彩。天津四是一颗超巨星，发出的光是太阳的 60 000 倍。还要注意的是，银河在天鹅座分裂成两部分，这个巨大的裂缝是由于星际尘埃阻挡星光造成的。

牛郎星，夏季大三角的第三颗星，位于最远的南部，是三颗星中第二亮的，距离我们 17 光年，是天鹰座中最亮的星。

天津四的北面是经常被忽视的仙王座。它的形状就像主教的帽子。仙王座南部的几颗亮星组成一个紧凑的三角形，其中包括造父变星 δ。这颗著名的恒星是利用造父变星确定附近星系距离的原型。它的亮度经常从 3.6 等变到 4.3 等，周期为 5.37 天。

拥抱南部地平线的是人马座和天蝎座，位于银河最宽阔的位置上。天蝎座的主星——心宿二，是一颗红超巨星，它的名字意思是“火星竞争者”，得名于它有着与火星相似的颜色和亮度。

夏季

6月1日凌晨1点；7月1日晚上11点；8月1日晚上9点。

星图重绘许可© 2007,《天文杂志》(*Astronomy Magazine*)，卡姆巴克出版社公司。

探索秋季夜空

凉爽的秋夜在这里提醒我们，寒冷的冬天已经不远了。伴着凉风，夏季大三角中灿烂的星星落到西方，被看起来很空旷的天区所取代。但是，不要让最初的表象欺骗了你，隐藏在天空中的是与夏季星空同样绚烂的宝石。

北斗七星在秋季转动到很低的地方，在美国南部的部分地区它会落到地平线以下。仙后座——由五颗亮星组成的“W”或“M”，位于头顶的最高点，就在六个月前北斗七星所在的位置。仙后座的东面是高高升起的英仙座。坐落在这两个星座之间的是奇妙的双星团NGC 869和NGC 884——用双筒望远镜或小型天文望远镜就能看到。

银河的南侧是一个窗口，离开了我们的星系平面，并与我们春天看到的位置相反。这让我们可以看到本星系群。在仙后座的南面是仙女星系（M31），这是一个4等的小光斑，11月中旬晚上大约9点时几乎位于头顶。再往南，在仙女座和三角座之间，是M33，这是一个盘面正对我们的旋涡星系，最适合用双筒望远镜或大视场的天文望远镜欣赏。

飞马座大四边形就在天顶的南面。这个四边形由四颗2等星或3等星组成，但四边形里面几乎看不到别的星。如果你沿四边形西侧的两颗星向南画一条线，你会看到一颗1等星——南鱼座的北落师门。北落师门是低垂于南方天空中的孤独亮星。利用四边形东侧的边作为指针，向南可以找到位于巨大的、朦胧的鲸鱼座中的土司空星。

四边形的东面是位于金牛座的昴星团（M45），这提醒我们冬天即将到来。从10月的后半夜一直到12月的前半夜，金牛座和猎户座都清晰地位于地平线上，双子座则从东北方向升起。看向西北方，与冬季星座的出现相呼应，我们发现夏季的天鹅座和天琴座即将要沉入地平线。不管是在地球上还是在夜空中，秋季都是伟大的过渡期，是体验这些星座的微妙之处的好时机。

秋季

9月1日凌晨1点；10月1日晚上11点；11月1日晚上9点。

北

东

西

南

星图重绘许可© 2007,《天文杂志》(*Astronomy Magazine*)，卡姆巴克出版社公司。

译者简介

高　健，理学博士，毕业于北京师范大学天文系，现为北京师范大学副教授、北京天文学会会员、中国天文学会会员和国际天文联合会会员。2002 年留校任教，教授天文专业课程《球面天文学》和《天体力学基础》，以及通识教育课程《行星科学初探》和《遨游太阳系》等。长期关注天文学的普及工作，多次参与天文奥林匹克竞赛培训及赛事工作；2005 年起在北京师范大学开设《行星科学初探》通识课程（学院路共同体校际课程），受到广大同学的欢迎，并因此获 2008 年北京师范大学“最受本科生欢迎的十佳教师”殊荣。曾主持和承担过多项国家和省部级项目，特别是曾参与中国科学院高能物理所的天文卫星 HMXT、中国科学院光电研究院有关神舟飞船定轨的工作，现主要从事星际 / 星周尘埃领域的科研工作。

詹　想，理学硕士，毕业于北京师范大学天文系，现为北京天文馆副研究员、北京天文学会会员、中国博物馆协会和北京博物馆学会会员。主要从事天文科普教育、天文观测和摄影、太阳系小天体等领域的研究。曾在《天文爱好者》杂志上连载“观测攻略”系列文章；是天文科普图书《跟我一起去追星——星空摄影指南》的作者和《相约星空下》的主要作者；为北京地区户外观星组织“星缘山风队”创始人和队长，长期带领队员在京郊各地赏美景和星空。致力于让所有人知道：在你身边就有壮美的星空！微博账号 @ 北京天文馆詹想，有 4.3 万粉丝，在中国天文科普界有很大的影响力。

教学支持申请表

为了确保您及时有效地申请培生整体教学资源，请您务必完整填写如下表格，加盖学院的公章后传真给我们，我们将会在2-3个工作日内为您处理。

需要申请的资源（请在您需要的项目后划"√"）：

□ 教师手册、PPT、题库、试卷生成器等常规教辅资源

□ MyLab学科在线教学作业系统

□ CourseConnect整体教学方案解决平台

请填写所需教辅的开课信息：

采用教材			□中文版 □英文版 □双语版
作　者		出版社	
版　次		ISBN	
课程时间	始于　年　月　日	学生人数	
	止于　年　月　日	学生年级	□专科　□本科1/2年级 □研究生　□本科3/4年级

请填写您的个人信息：

学　校			
院系/专业			
姓　名		职　称	□助教 □讲师 □副教授 □教授
通信地址/邮编			
手　机		电　话	
传　真			
Official E-mail(必填) (eg:xxx@ruc.edu.cn)		E-mail (eg:xxx@163.com)	
是否愿意接受我们定期的新书讯息通知：　□是　□否			

系 / 院主任：___________（签字）

（系 / 院办公室章）

___年___月___日

100037　北京市西城区百万庄大街22号　机械工业出版社高教分社　张金奎
电话：(010)88379722
传真：(010)68997455

Please send this form to: jinkui_zhang@163.com
Website: www.pearson.com